CAD工程设计详解系列

详解 AutoCAD 2022 室内设计

（第 6 版）

CAD/CAM/CAE 技术联盟

胡仁喜　编著

電子工業出版社
Publishing House of Electronics Industry
北京 · BEIJING

内容简介

本书以 AutoCAD 2022 为平台，介绍室内装饰图形的绘制方法与技巧。全书分为 2 篇，共 14 章。第一篇为基础知识篇，主要介绍 AutoCAD 2022 入门知识、基本绘图命令、图形设计辅助工具和室内设计的基本概念等；第二篇为室内设计实例篇，主要介绍住宅、商业广场展示中心、咖啡吧设计的常用图块、平面图和立面图的绘制等。

本书的配套资源包含全书所有实例的源文件和实例操作过程的视频文件，视频文件可以帮助读者更加形象直观、轻松自如地学习本书。另外本书还赠送大量 AutoCAD 电子书和设计图纸，以及对应的操作视频文件。

本书所讲述的知识和案例内容既翔实细致，又丰富典型，而且密切结合工程实际，具有很强的操作性和实用性。本书适合建筑设计、室内外装饰装潢设计、环境设计、房地产等相关专业的工程技术人员和在校师生学习，还可作为装饰图绘制的参考书。

图书在版编目（CIP）数据

详解 AutoCAD 2022 室内设计 / 胡仁喜编著. —6 版. —北京：电子工业出版社，2022.3
（CAD 工程设计详解系列）
ISBN 978-7-121-43059-6
Ⅰ. ①详… Ⅱ. ①胡… Ⅲ. ①室内装饰设计－计算机辅助设计－AutoCAD 软件 Ⅳ. ①TU238.2-39
中国版本图书馆 CIP 数据核字（2022）第 037707 号

责任编辑：许存权　　　　文字编辑：康　霞
印　　刷：北京市大天乐投资管理有限公司
装　　订：北京市大天乐投资管理有限公司
出版发行：电子工业出版社
　　　　　北京市海淀区万寿路 173 信箱　　邮编：100036
开　　本：787×1 092　1/16　印张：24.75　字数：634 千字
版　　次：2009 年 4 月第 1 版
　　　　　2022 年 3 月第 6 版
印　　次：2022 年 3 月第 1 次印刷
定　　价：79.00 元

凡所购买电子工业出版社图书有缺损问题，请向购买书店调换。若书店售缺，请与本社发行部联系，联系及邮购电话：（010）88254888，88258888。

质量投诉请发邮件至 zlts@phei.com.cn，盗版侵权举报请发邮件至 dbqq@phei.com.cn。

本书咨询联系方式：（010）88254484，xucq@phei.com.cn。

前　　言

随着科技的进步，计算机辅助设计(CAD)得到了飞速发展，其技术也有了巨大突破，已由传统的专业化、单一化的操作方式逐渐向简单明了的可视化、多元化方向飞跃，不断满足设计者在 CAD 设计过程中发挥个性设计理念和创新灵感、表现个人创作风格的新需求，其中最为出色的 CAD 设计软件是美国 Autodesk 公司的 AutoCAD。AutoCAD 不仅具有强大的二维平面绘图功能，而且具有出色、灵活、可靠的三维建模功能，是绘制室内装饰图形最为有力的工具之一。使用 AutoCAD 绘制室内装饰图形，不仅可以利用人机交互界面进行实时修改，快速地把多人的意见反映到设计中，而且可以感受修改后的效果，从多个角度进行任意观察图形。

室内装饰设计是建筑的内部空间环境设计，与人的生活关系最为密切，室内设计水平的高低直接反映居住与工作环境质量的好坏。现代室内设计是根据建筑空间的使用性质和所处环境，运用物质技术手段和艺术处理手法，从内部把握空间，设计其形状和大小。室内设计的根本目的，在于创造满足物质与精神两方面需要的空间环境。因此，室内设计具有物质功能和精神功能的两重性，设计在合理满足物质功能的基础上，更重要的是满足精神功能的要求，创造出别具一格的风格、意境和情趣来满足人的审美要求。

一、本书特色

● 作者权威

本书作者是 Autodesk 公司中国认证考试官方教材指定执笔作者，有多年的计算机辅助室内设计领域工作经验和教学经验，本书针对初中级用户学习 AutoCAD 室内设计的难点和疑点，由浅入深、全面细致地讲解 AutoCAD 2022 在室内设计应用领域的各种功能和使用方法。

● 实例专业

本书中引用的实例都来自室内设计工程实践，结构典型，真实实用。这些实例经过作者精心提炼和改编，不仅保证了读者能够学好知识点，更重要的是能帮助读者掌握实际操作技能。

● 提升技能

本书从全面提升室内设计与 AutoCAD 应用能力的角度出发，结合具体的案例来讲解如何利用 AutoCAD 2022 进行室内设计，真正让读者掌握计算机辅助室内设计技能，从而独立完成各种室内工程设计。

● 内容全面

本书在有限的篇幅内，讲解了 AutoCAD 常用的功能和常见的室内设计类型，涵盖了 AutoCAD 绘图基础知识、室内设计基础技能、各种典型室内工程设计案例等知识。本书不仅有透彻的讲解，还有非常典型的工程实例，通过实例的演练，能够帮助读者找到学习 AutoCAD 室内设计的便捷之路。

● 知行合一

结合典型的室内设计实例，详细讲解 AutoCAD 2022 室内设计知识要点，让读者在学习案例的过程中潜移默化地掌握 AutoCAD 2022 软件的操作技巧，同时提高读者工程设计的实践能力。

二、本书组织结构和主要内容

本书以最新的 AutoCAD 2022 为平台，全面介绍 AutoCAD 软件从基础到实例制作的全部知识，帮助读者从入门走向精通。全书分为 2 篇共 14 章，各部分内容如下。

1. 基础知识篇——介绍必要的基本操作方法和技巧

第 1 章主要介绍室内设计基本概念。
第 2 章主要介绍 AutoCAD 2022 入门知识。
第 3 章主要介绍二维绘图命令。
第 4 章主要介绍编辑命令。
第 5 章主要介绍文字表格和尺寸标注。

2. 室内设计实例篇——以实例来讲解室内设计的方法与思路

第 6 章主要介绍住宅平面图的绘制。
第 7 章主要介绍住宅顶棚布置图的绘制。
第 8 章主要介绍住宅立面图的绘制。
第 9 章主要介绍商业广场展示中心平面图的绘制。
第 10 章主要介绍商业广场展示中心地坪图与顶棚图的绘制。
第 11 章主要介绍商业广场展示中心立面图、剖面图与详图的绘制。
第 12 章主要介绍咖啡吧室内装潢设计。
第 13 章主要介绍咖啡吧顶棚和地面平面图的绘制。
第 14 章主要介绍咖啡吧室内设计立面及详图的绘制。

三、本书的配套资源

本书提供了极为丰富的配套学习资源，读者利用这些资源可以在短时间内学会并精通室内设计技术。读者可以登录百度网盘，百度网盘资源下载地址为 https://pan.baidu.com/s/1SYFQn5-Vu68LY5ecGEERZQ 下载资源，密码为 swsw，或者扫描下面的二维码进行下载。

1. 配套教学视频

作者针对本书专门制作了全部实例的配套教学视频，读者可以先看视频，像看电影一样轻松愉悦地学习本书内容，然后对照本书加以实践和练习，可以大大提高学习效率。

2．AutoCAD应用技巧、疑难解答等资源

(1) AutoCAD 应用技巧大全：汇集了 AutoCAD 各类绘图技巧，对提高作图效率很有帮助。

(2) AutoCAD 疑难问题汇总：疑难问题及解答汇总，对入门读者来说非常有用，可以扫除学习障碍，少走弯路。

(3) AutoCAD 经典练习题：额外精选了不同类型的练习，读者只要认真练习，到一定程度就可以实现从量变到质变的飞跃。

(4) AutoCAD 常用图块集：在实际工作中，积累大量的图块可以拿来就用，或者稍做修改就可以用，对提高作图效率极为重要。

(5) AutoCAD 快捷键命令速查手册：汇集了 AutoCAD 常用快捷键命令，熟记并应用这些命令可以提高作图效率。

(6) AutoCAD 快捷键速查手册：汇集了 AutoCAD 常用快捷键，绘图高手通常会直接使用快捷键。

(7) AutoCAD 常用工具按钮速查手册：熟练掌握 AutoCAD 工具按钮的使用方法也是提高作图效率的有效手段。

3．6套大型图纸设计方案及时长达12小时的同步教学视频

为了帮助读者拓展视野，特意赠送 6 套设计图集、图纸源文件和视频教学录像（动画演示，总时长达 12 小时）。

4．全书实例的源文件和素材

另外还附带了很多实例素材，包含正文实例和练习实例的源文件和素材，读者可以在 AutoCAD 2022 中打开并使用它们。

四、致谢

本书由 CAD/CAM/CAE 技术联盟策划，主要由 Autodesk 中国认证考试中心首席专家、河北交通职业技术学院的胡仁喜博士编写。石家庄三维书屋文化传播有限公司的张亭等也参与了具体章节的编写，并为本书的出版提供了必要的帮助，在此表示真诚的感谢。

CAD/CAM/CAE 技术联盟是一个集 CAD/CAM/CAE 技术研讨、工程开发、培训咨询和图书创作的工程技术人员协作联盟，包含 20 多位专职和众多兼职 CAD/CAM/CAE 工程技术专家。CAD/CAM/CAE 技术联盟负责人由 Autodesk 中国认证考试中心首席专家担任，全面负责 Autodesk 中国官方认证考试大纲制定、题库建设、技术咨询和师资力量培训工作，成员精通 Autodesk 系列软件。其创作的很多教材已成为国内具有引导性的旗舰作品，在国内相关专业方向图书创作领域具有很大的影响力。

读者可以加入本书学习交流群（QQ：602121564），作者随时在线提供本书的学习指导以及诸如软件下载、软件安装、授课 PPT 下载等一系列的后续服务，能使读者无障碍地学习本书。读者也可以将问题发至邮箱 714491436@qq.com，我们将及时予以回复。

注：本书中未特别注明的相关尺寸单位，均为软件默认单位 mm（毫米）；书中相关 X、Y 字母用正体表述，与图和代码保持一致。

编　者

目　　录

第一篇　基础知识篇

第二篇 室内设计实例篇

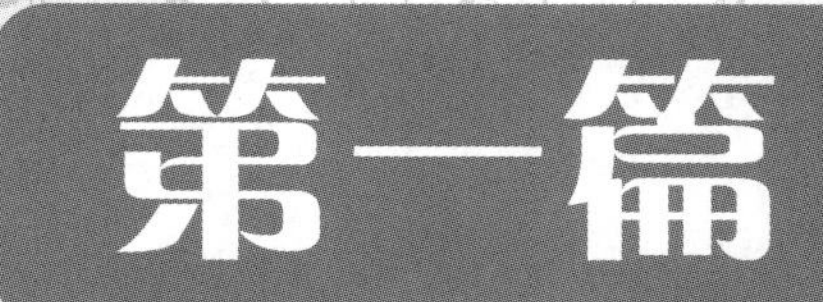

第一篇

基础知识篇

本篇主要介绍室内设计的基本理论和 AutoCAD 2022 的基础知识。

对室内设计基本理论进行介绍的目的是使读者对室内设计的各种基本概念、基本规则有一个感性认识，了解当前应用于室内设计领域的各种计算机辅助设计软件的功能特点和发展概况，帮助读者做一个全景式的知识扫描。

对 AutoCAD 2022 的基础知识做介绍的目的是为下一步室内设计案例讲解进行必要的知识准备。这一部分内容主要介绍 AutoCAD 2022 的基本绘图方法、快速绘图工具的使用及各种室内设计基本模块的绘制方法。

1

Chapter

室内设计基本概念

1

本章主要介绍室内设计的基本概念和基本理论。在掌握基本概念的基础上，才能理解和领会室内设计布置图中的内容和方法，才能更好地学习室内设计的相关知识。

1.1 知识要点

1.1.1 室内设计的意义

所谓设计，通常是指人们通过调查研究、分析综合、头脑加工，发挥自己的创造性，做出某种有特定功能的系统或成品以及生产某种产品的构思过程，具有高度的精确性、先进性和科学性。经过严格检测，达到预期的合格标准后，即可依据此设计蓝本，进入系统建立或产品生产的实践阶段，最终达到该项系统的建成或产品生产的目的。

随着当代社会的飞速发展，人民生活水平的提高，人们对居住环境的要求也越来越高，品位不断提升，建筑室内设计也越来越被人们重视。人们要求建筑结构内部逐渐向形态多样化、实用功能多极化和内部构造复杂化的方向发展。室内设计需要考虑美学与人机工程学，这些在室内空间的“整合”和“再造”方面发挥了巨大的作用。

1.1.2 当前我国室内设计概况

我国室内设计行业正在蓬勃发展，但还存在一定的问题，值得广大设计人员重视，以促进行业健康发展。

（1）人们对室内设计的重要性不够重视。随着社会的发展，社会分工越来越细、越来越明确。而建筑业也应如此，过去由建筑设计师总揽的情况已不适应现阶段建筑行业的发展要求。然而许多建筑业内人士并没有意识到这一点，认为建筑室内设计是可有可无的行业，没有得到足够的重视。但是随着人们对建筑结构内部使用功能、视觉要求的不断提高，室内设计将逐步被人们重视，建筑设计

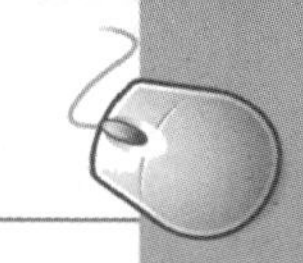

和室内设计的分离是不可避免的。因此，室内设计人员要有足够的信心，并积极摄取各方面的知识，丰富自己的创意，提高设计水平。

（2）室内设计管理机制不健全。由于我国室内设计尚处于发展阶段，相应的管理体制、规范、法规不够健全，未形成体系，设计人员在从业过程中缺乏依据，管理不规范，导致许多问题现在还不能有效解决。

（3）我国建筑设计及室内设计人员素质偏低，设计质量不高。目前我国建筑师不断增加，但他们并非全部受过专业教育，有些不具备室内建筑师的素养。许多略懂美术、不通建筑的人滥竽充数，影响了设计质量的提高。同时，我国相关主管部门尚未建立完善的管理体制和法规规范，致使设计过程的监督、设计作品分类和文件的编制不统一，这也是影响我国室内设计水平偏低的重要原因之一。

（4）我国室内设计行业并没有形成良好的学术氛围，对外交流和借鉴也不足，满足于现状。同时，现在建筑设计、结构设计及室内设计为了适应工程工期的需要，常常缩短设计时间，不能做到精心设计，导致设计水平下降，作品参差不齐。

1.2 室内设计原理

1.2.1 概况

在进行室内设计的过程中，要始终以使建筑物的使用功能和精神功能达到理想要求，创建完美统一的使用空间为目标。室内设计的原理是指导室内建筑师进行室内设计的最重要的理论技术依据。

室内设计原理包括：设计主体——人、设计构思以及理想室内空间创造。

（1）人是室内设计的主体，室内空间创造的目的就是满足人的生理需求，其次是满足心理因素的要求。两者区分主次，但是密不可分，缺一不可。因此，室内设计原理的基础就是围绕人的活动规律制定出的理论，其内容包括空间使用功能的确定、人的活动流线分析、室内功能区分和虚拟界定以及人体尺寸等。

（2）设计构思是室内设计活动中的灵魂，一套好的建筑室内设计，应是通过有效的设计构思方法得到的。好的构思，能够给设计提供丰富的创意和无限的生机。构思的内容和阶段包括：初始阶段、深化阶段、设计方案的调整以及对空间创造境界升华时各种处理的规则和手法。

（3）理想室内空间创造，是一种以严格的技术建立的完备的使用功能，兼有高度审美法则创造的意境。它的标准有两个：一是对于使用者，它应该是使用功能和精神功能达到完美统一的理想生活环境；二是对于空间本身，它应该是具有形、体、质高度统一的有机空间构成。

1.2.2 室内设计主体——人

人的活动决定了室内设计的目的和意义，人是室内环境的使用者和创造者。有了人，才区分出了室内和室外。

人的活动规律之一是在动态和静态之间交替进行：动态－静态－动态－静态。

人的活动规律之二是个人活动与多人活动交叉进行。

人们在室内空间活动时，按照一般的活动规律，可将活动空间分为三种功能区：

- 静态功能区；
- 动态功能区；
- 动静双重功能区。

根据人们的具体活动行为，又有更加详细的划分。例如，静态功能区又可分为睡眠区、休息区，如图 1-1 所示；动态功能区可划分为运动区、大厅，如图 1-2 所示。动静双重功能区可分为会客区、车站候车室、生产车间等，如图 1-3 所示。

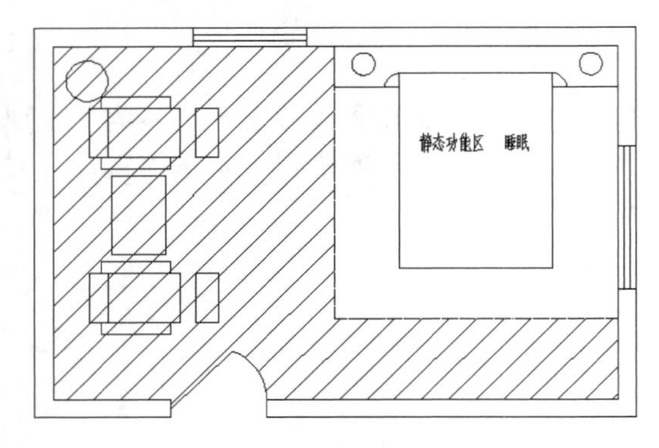

图 1-1　静态功能区

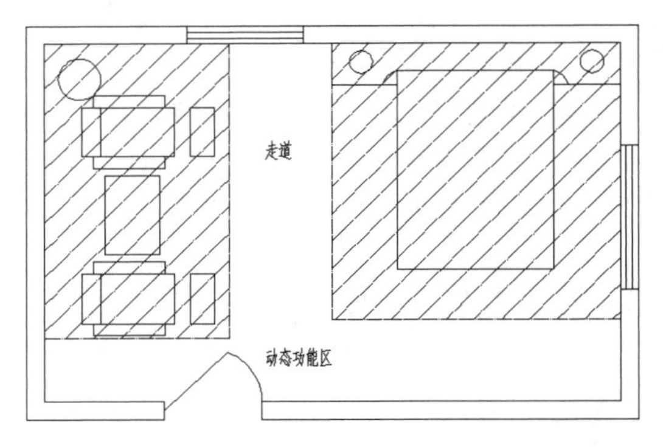

图 1-2　动态功能区

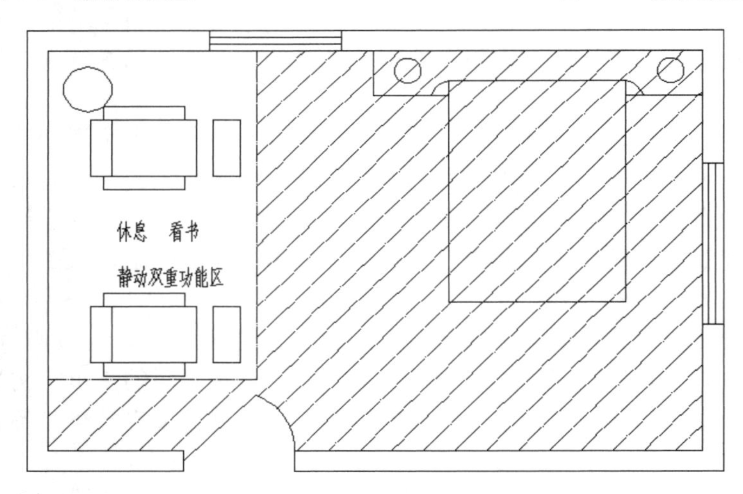

图 1-3　动静双重功能区

同时，要明确使用空间的性质。其性质通常是由其使用功能决定的，虽然往往许多空间中都设置了其他使用功能的设施，但要明确其主要的使用功能。如在起居室内设置酒吧台、视听区等，但其主要功能仍然是起居室。

空间流线分析是室内设计中的重要步骤，其目的有以下几个方面。

（1）明确人的活动规律和使用功能的参数，如数量、体积、常用位置等。

（2）明确设备、物品的运行规律以及摆放位置、数量、体积等。

（3）分析各种活动因素的平行、互动、交叉关系。

（4）经过以上三部分分析，提出初步设计思路和设想。

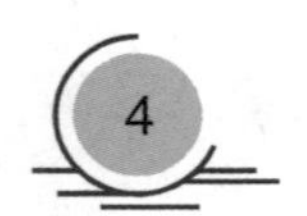

空间流线分析从构成情况上可分为水平流线和垂直流线，从使用状况上可分为单人流线和多人流线，从流线性质上可分为单一功能流线和多功能流线。

某单人流线分析如图 1-4 所示，某大厅多人流线平面图如图 1-5 所示。

功能流线组合形式分为中心型、自由型、对称型、簇型和线型等，如图 1-6 所示。

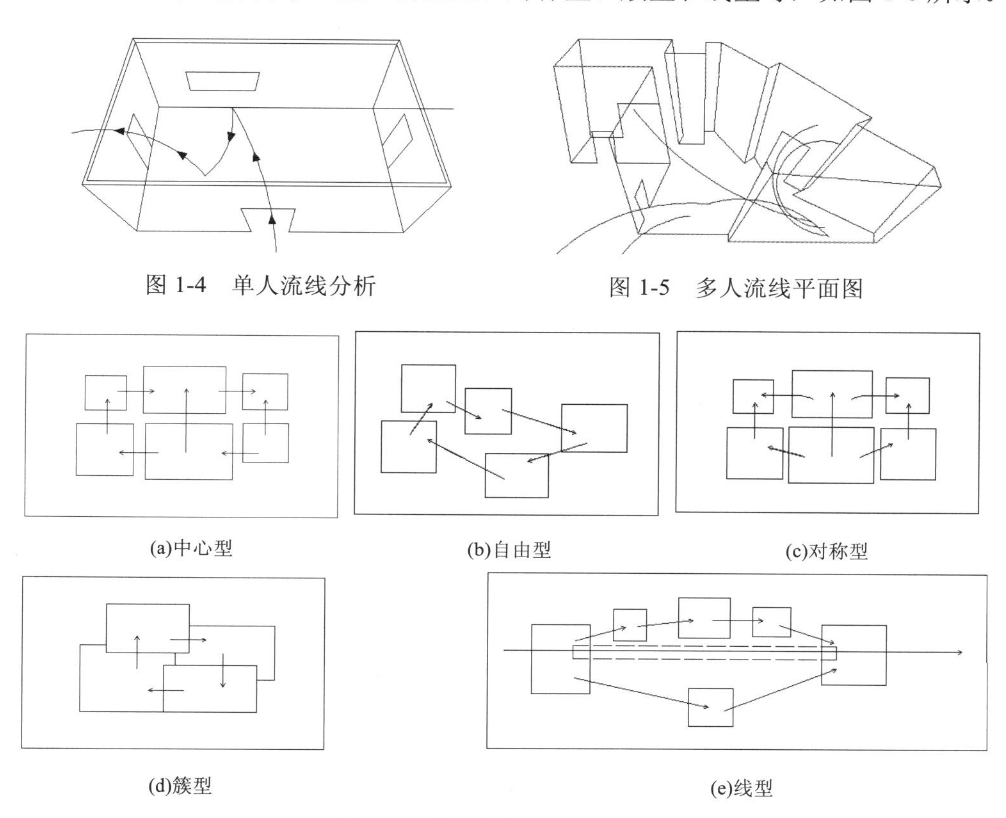

图 1-4　单人流线分析

图 1-5　多人流线平面图

(a)中心型

(b)自由型

(c)对称型

(d)簇型

(e)线型

图 1-6　功能流线组合形式图例

1.2.3　室内设计构思

1．初始阶段

室内设计的构思在设计过程中起着举足轻重的作用。因此在设计初始阶段，要进行一系列的构思设计，以保证后续工作能够有效、完美地进行。构思的初始阶段主要包括以下几个方面的内容。

（1）空间性质/使用功能。室内设计是在建筑主体完成后的原型空间内进行的，因此，室内设计的首要工作就是要认定原型空间的使用功能，也就是原型空间的使用性质。

（2）水平流线组织。当原型空间认定之后，着手构思的第一步是进行流线分析和组织，包括水平流线和垂直流线。流线功能按需要可能是单一功能流线，也可能是多功能流线。

（3）功能分区图式化。空间流线组织之后，应进行功能分区图式化布置，以进一步接近平面布局设计。

（4）图式选择。选择最佳图式布局作为平面设计的最终依据。

（5）平面初步组合。经过前面几个步骤的操作，最后形成了空间平面组合的形式，有待进一步深化。

2．深化阶段

经过初始阶段的室内设计构成最初的构思方案后，在此基础上即可进行构思深化阶段的设计。深化阶段构思的内容和步骤如图 1-7 所示。

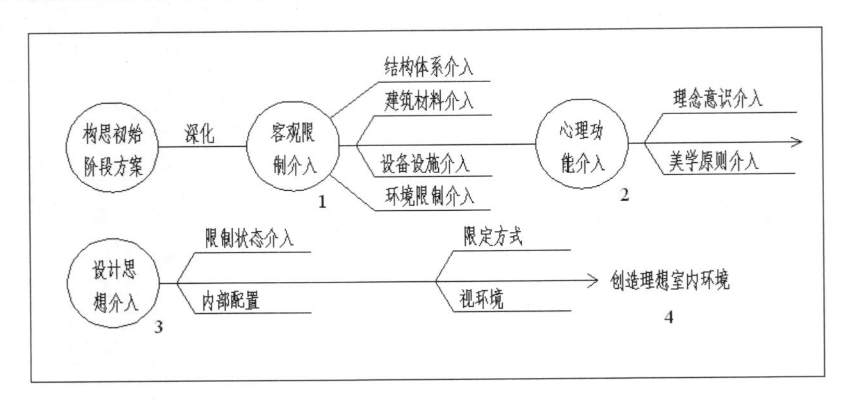

图 1-7　深化阶段构思的内容和步骤

结构技术对室内设计构思的影响主要表现在两个方面：一是原型空间墙体结构方式，二是原型空间屋顶结构方式。

原型空间墙体结构方式关系到室内设计内部空间改造的饰面采用的方法和材料。基本的原型空间墙体结构方式有：板柱墙、砌块墙、柱间墙和轻隔断墙。

原型空间屋顶（屋盖）结构关系到室内设计的顶棚做法。屋顶结构主要分为：构架结构体系、梁板结构体系、大跨度结构体系和异型结构体系。

另外，室内设计要考虑建筑所用材料对设计内涵和色彩、光影、情趣的影响，室内外露管道和布线的处理，通风条件、采光条件、噪声和空气清新、温度的影响等。

随着人们对室内设计要求的提高，在进行室内设计时还要结合个人喜好，定好室内设计的基调。一般人们对室内设计的格调要求有三种类型：现代新潮观念、怀旧情调观念和随意舒适观念（折中型）。

1.2.4 创造理想室内空间

经过前面两个构思阶段的设计，可以形成较完美的设计方案。创造理想室内空间的第一个标准就是要使其具备形态、体量、质量，即形、体、质三个方向的统一协调；第二个标准是使用功能和精神功能的统一。例如，在住宅的书房中除布置写字台、书柜外，还布置了绿化等装饰物，使室内空间在满足书房的使用功能的同时，也活跃了气氛，净化了空气，满足了人们的精神需要。

一个完美的室内设计作品，是经过初始构思阶段和深入构思阶段，最后又通过设计师对各种因素和功能的协调平衡创造出来的。要提高室内设计的水平，就要综合利用各个领域的知识进行深入地构思设计。室内设计方案最终形成的基本图纸方案，一般包括设计平面图、设计剖面图和室内透视图。

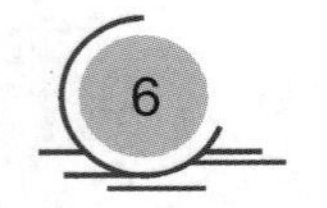

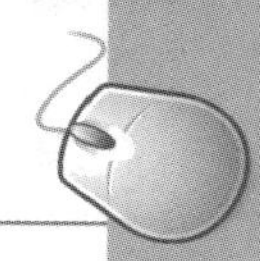

1.3 室内设计制图的内容

一套完整的室内设计图一般包括室内平面图、室内顶棚图、室内立面图、构造详图和透视图。下面简要介绍各种图纸的概念及内容。

1.3.1 室内平面图

室内平面图是以平行于地面的切面在距地面 1.5mm 左右的位置将上部切去而形成的正投影图。室内平面图应表达的内容有以下几部分。

（1）墙体、隔断及门窗、各空间的大小及布局、家具陈设、人流交通路线、室内绿化等，若不单独绘制地面材料平面图，则应该在平面图中表示地面材料。

（2）标注各房间尺寸、家具陈设尺寸及布局尺寸，对于复杂的公共建筑，则应标注轴线编号。

（3）注明地面材料的名称及规格。

（4）注明房间名称、家具名称。

（5）注明室内地坪标高。

（6）注明详图索引符号、图例及立面内视符号。

（7）注明图名和比例。

（8）需要辅助文字说明的平面图，还要注明文字说明、统计表格等。

1.3.2 室内顶棚图

室内顶棚图是根据顶棚在其下方假想的水平镜面上的正投影绘制而成的镜像投影图。室内顶棚图应表达的内容有以下几部分。

（1）顶棚的造型及材料说明。

（2）顶棚灯具和电器的图例、名称规格等说明。

（3）顶棚造型尺寸标注、灯具、电器的安装位置标注。

（4）顶棚标高标注。

（5）顶棚细部做法的说明。

（6）详图索引符号、图名、比例等。

1.3.3 室内立面图

以平行于室内墙面的切面将前面部分切去后，剩余部分的正投影图即室内立面图。室内立面图应表达的内容有以下几部分。

（1）墙面造型、材质及家具陈设在立面上的正投影图。

（2）门窗立面及其他装饰元素立面。

（3）立面各组成部分的尺寸、地坪吊顶标高。

（4）材料名称及细部做法说明。

（5）详图索引符号、图名、比例等。

1.3.4 构造详图

为了放大个别设计内容和细部做法，多以剖面图的方式表达局部剖开后的情况，这就是构造详图。构造详图应表达的内容有以下几部分。

（1）以剖面图的绘制方法绘制出各材料断面、构配件断面及其相互关系。

（2）用细线表示从剖视方向上看到的部位轮廓及相互关系。

（3）标出材料断面图例。

（4）用指引线标出构造层次的材料名称及做法。

（5）标出其他构造做法。

（6）标注各部分的尺寸。

（7）标注详图编号和比例。

1.3.5 透视图

透视图是根据透视原理在平面上绘制的能够反映三维空间效果的图形，它与人的视觉空间感受相似。室内设计常用的绘制方法有一点透视、两点透视（成角透视）、鸟瞰图三种。

透视图可以通过人工绘制，也可以应用计算机绘制。它能直观地表达设计思想和效果，故也称作效果图或表现图，是一个完整的设计方案不可缺少的部分。

1.4 室内设计制图的要求及规范

1.4.1 图幅、标题栏及会签栏

1. 图幅（即图面）的大小

根据国家标准的规定，按图面的长和宽大小确定图幅的等级。室内设计常用的图幅有 A0（也称 0 号图幅，其余类推）、A1、A2、A3 及 A4，每种图幅的尺寸如表 1-1 所示，表中的尺寸代号意义如图 1-8 和图 1-9 所示。

表 1-1 图幅标准（单位：mm）

<table>
<tr><th rowspan="2">尺寸代号</th><th colspan="5">图幅代号</th></tr>
<tr><th>A0</th><th>A1</th><th>A2</th><th>A3</th><th>A4</th></tr>
<tr><td>$b \times l$</td><td>841×1189</td><td>594×841</td><td>420×594</td><td>297×420</td><td>210×297</td></tr>
<tr><td>c</td><td colspan="2">20</td><td colspan="3">10</td></tr>
<tr><td>a</td><td colspan="5">25</td></tr>
</table>

2. 标题栏

图纸的标题栏包括设计单位名称、工程名称、签字区、图名区及图号区等内容。一般标题栏格式如图 1-10 所示。如今不少设计单位采用自己个性化的格式，但是都必须包含这几项内容。

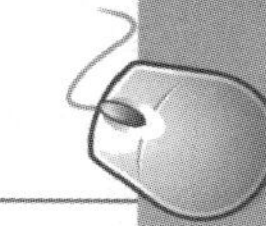

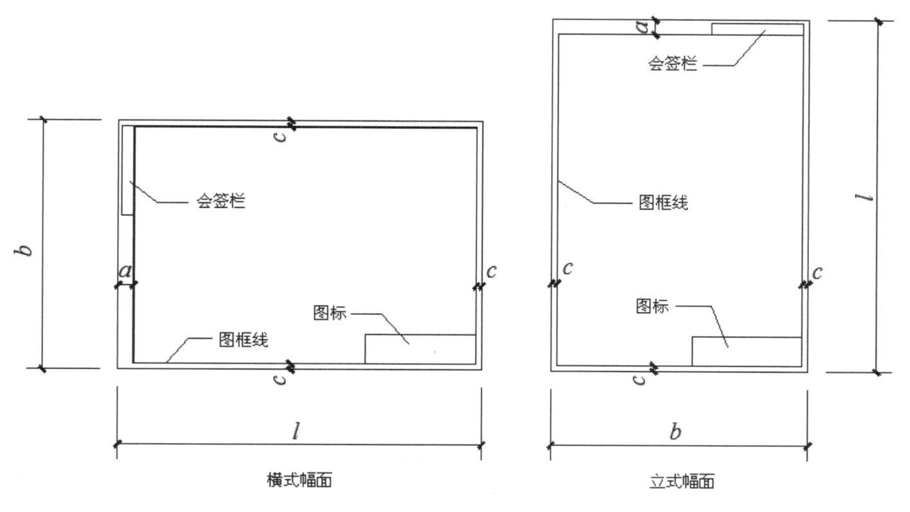

图 1-8　A0～A3 图幅格式

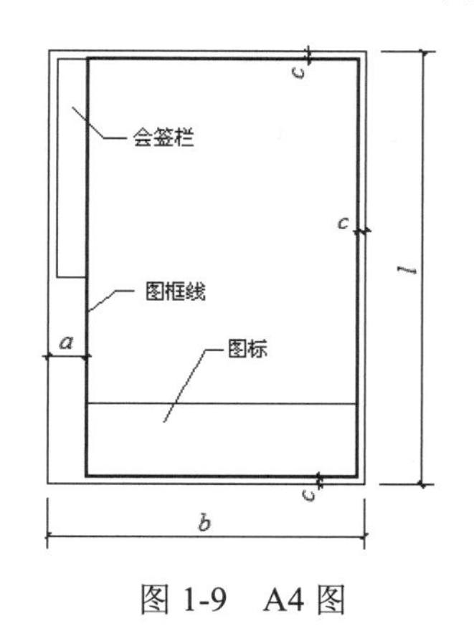

图 1-9　A4 图

设计单位名称	工程名称区	图号区
签字区	图名区	

180　40(30,50)

图 1-10　标题栏格式

3．会签栏

会签栏是为各工种负责人审核后签名用的表格，包括专业、姓名、日期等内容，具体内容根据需要设置，如图 1-11 所示为其中一种格式。对于不需要会签的图纸，可以不设此栏。

（专业）	（姓名）	（签名）	（日期）

25　25　25　25　100　5　5　5　5　20

图 1-11　会签栏格式

1.4.2　线型要求

室内设计图主要由各种线条构成，不同的线型表示不同的对象和不同的部位，代表着不同的含义。为了图面能够清晰、准确、美观地表达设计思想，工程实践中采用了一套常用的线型，并规定了它们的使用范围，如表 1-2 所示。在 AutoCAD 2022 中，可以通过图层中“线型”“线宽”的设置来选定所需线型。

表 1-2　常用线型

名称		线型	线宽	适用范围
实线	粗		b	建筑平面图、剖面图、构造详图的被剖切截面的轮廓线；建筑立面图、室内立面图外轮廓线；图框线
	中		0.5b	室内设计图中被剖切的次要构件的轮廓线；室内平面图、顶棚图、立面图、家具三视图中构配件的轮廓线等
	细		≤0.25b	尺寸线、图例线、索引符号、地面材料线及其他细部刻画用线
虚线	中		0.5b	构造详图中不可见的实物轮廓
	细		≤0.25b	其他不可见的次要实物轮廓线
点划线	细		≤0.25b	轴线、构配件的中心线、对称线等
折断线	细		≤0.25b	省略画出时的断开界限
波浪线	细		≤0.25b	构造层次的断开界线，有时也表示省略画出时的断开界限

注意：标准实线宽度 b=0.4 ~ 0.8mm。

1.4.3 尺寸标注

对室内设计图进行标注时，需要注意下面一些标注原则。

（1）尺寸标注应力求准确、清晰、美观大方，在同一张图纸中，标注风格应保持一致。

（2）尺寸线应尽量标注在图纸轮廓线以外，从内到外依次标注从小到大的尺寸，不能将大尺寸标在内，而小尺寸标在外，如图 1-12 所示。

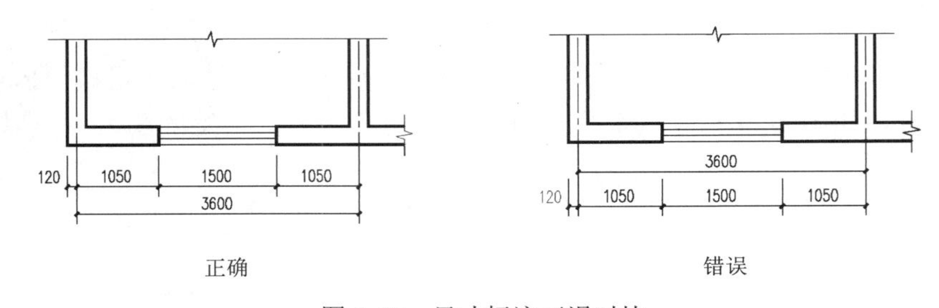

图 1-12　尺寸标注正误对比

（3）最外一道尺寸线与图纸轮廓线之间的距离不应小于 10mm，两道尺寸线之间的距离一般为 7～10mm。

（4）尺寸延伸线朝向图纸的一端距图纸轮廓的距离应不小于 2mm，不宜直接与之相连。

（5）在图线拥挤的地方，应合理安排尺寸线的位置，但不宜与图线、文字及符号相交，可以考虑将轮廓线用作尺寸延伸线，但不能作为尺寸线。

（6）对于连续相同的尺寸，可以采用“均分”或“（EQ）”字样代替，如图 1-13 所示。

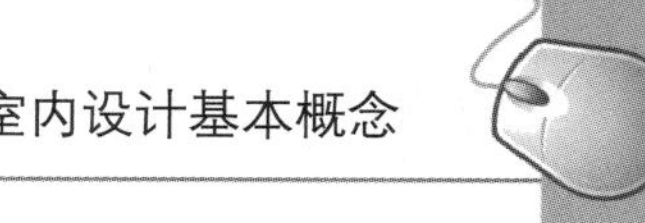

图 1-13　相同尺寸的省略标注方法

1.4.4 文字说明

在一幅完整的图纸中用图线方式表现得不充分和无法用图线表示的地方，就需要进行文字说明，如材料名称、构件名称、构造做法、统计表及图名等。文字说明是图纸内容的重要组成部分，制图规范对文字标注中的字体、字号等方面作了一些具体规定。

（1）一般原则：字体端正，排列整齐，清晰准确，美观大方，避免过于个性化的文字标注。

（2）字体：一般标注推荐采用仿宋字，标题可用楷体、隶书、黑体字等。例如：

仿宋：室内设计（小四）室内设计（四号）室内设计（二号）

黑体：室内设计（四号）室内设计（小二）

楷体：室内设计（四号）室内设计（二号）

隶书：室内设计（三号）室内设计（一号）

字母、数字及符号：01234abcd%@或*01234abcd%@*

（3）字的大小：标注的文字高度要适中，同一类型的文字采用同样的大小，较大的字用于较概括性的说明内容，较小的字用于较细致的说明内容。

（4）字体及大小的搭配注意体现层次感。

1.4.5 常用图示标志

1. 详图索引符号及详图符号

室内平面图、立面图、剖面图中，在需要另设详图表示的部位，标注一个索引符号，以表明该详图的位置，这个索引符号就是详图索引符号。详图索引符号采用细实线绘制，圆圈直径为 10mm。如图 1-14 所示，图中(d)、(e)、(f)、(g)用于索引剖面详图，当详图就在本张图纸中时，采用如图 1-14(a)所示的形式，详图不在本张图纸中时，采用如图 1-14(b)、(c)、(d)、(e)、(f)、(g)所示的形式。

详图符号即详图的编号，用粗实线绘制，圆圈直径为 14mm，如图 1-15 所示。

2. 引出线

由图纸引出一条或多条线段指向文字说明，该线段就是引出线。引出线与水平方向的夹角一般采用 0°、30°、45°、60°或 90°，常见的引出线形式如图 1-16 所示。图 1-16(a)～(d)为普通引出线，图 1-16(e)～(h)为多层构造引出线。使用多层构造引出线时，应注意构造分层的顺序要与文字说明的分层顺序一致。文字说明可以放在引出线的端头，如图 1-16(a)～(h)所示；也可放在引出线水平段之上，如图 1-16(i)所示。

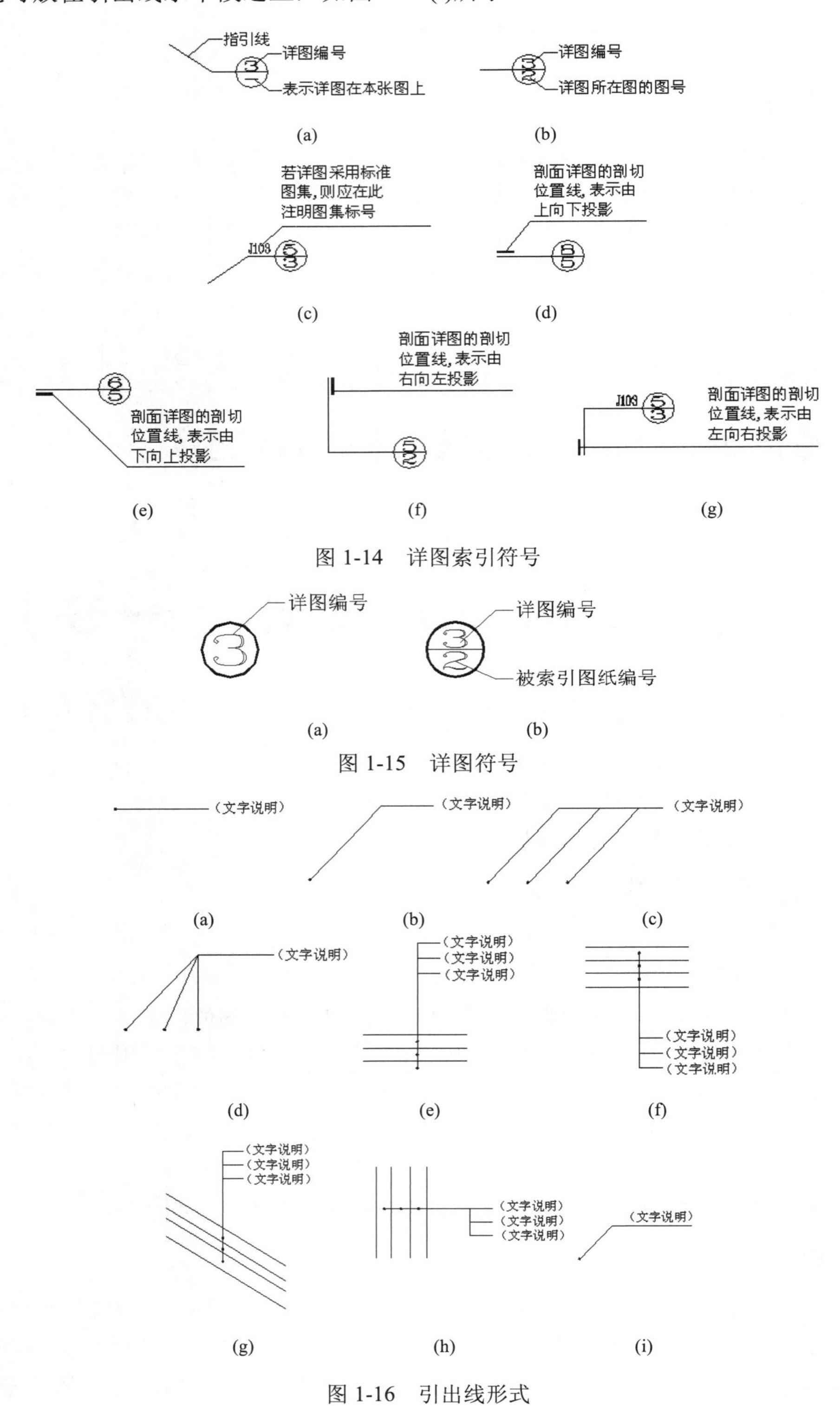

图 1-14　详图索引符号

图 1-15　详图符号

图 1-16　引出线形式

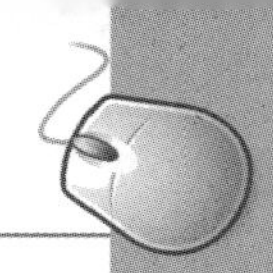

3. 内视符号

在房屋建筑中，一个特定的室内空间领域总存在竖向分隔（隔断或墙体）来界定。因此，根据具体情况，就存在绘制 1 个或多个立面图来表达隔断、墙体及家具、构配件的设计情况。内视符号标注在平面图中，包含视点位置、方向和编号三个信息，建立平面图和室内立面图之间的联系。内视符号的形式如图 1-17 所示，图中立面图编号可用英文字母或阿拉伯数字表示，黑色的箭头指向表示立面的方向。图 1-17(a)为单向内视符号，图 1-17(b)为双向内视符号，图 1-17(c)为四向内视符号，A、B、C、D 顺时针标注。

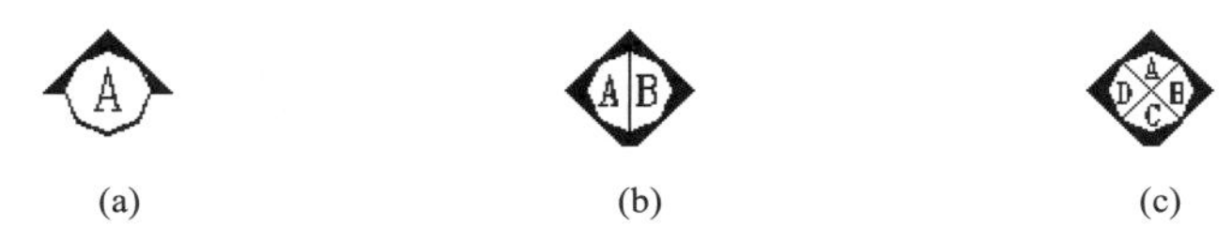

(a)　　(b)　　(c)

图 1-17　内视符号

其他室内设计常用符号及其意义如表 1-3 所示。

表 1-3　室内设计图常用符号图例

符　号	说　明	符　号	说　明
3.600 3.600	标高符号，线上数字为标高值，单位为 m，下面一种符号在标注位置比较拥挤时采用	i=5%	表示坡度
1　1	标注剖切位置的符号，标数字的方向为投影方向，“1”与剖面图的编号“3-1”对应	2　2	标注绘制断面图的位置，标数字的方向为投影方向，“2”与断面图的编号“3-2”对应
	对称符号。在对称图形的中轴位置画此符号，可以省画另一半图形		指北针
	楼板开方孔		楼板开圆孔
@	表示重复出现的固定间隔，如“双向木格栅@500”	ϕ	表示直径，如 ϕ30
平面图 1:100	图名及比例	1　1：5	索引详图名及比例
	单扇平开门		旋转门
	双扇平开门		卷帘门
	子母门		单扇推拉门
	单扇弹簧门		双扇推拉门

续表

符　　号	说　　明	符　　号	说　　明
	四扇推拉门		折叠门
	窗		首层楼梯
	顶层楼梯		中间层楼梯

1.4.6 常用材料符号

室内设计图中经常应用材料图例来表示材料，在无法用图例表示的地方，一般采用文字说明。常用材料图例如表 1-4 所示。

表 1-4　常用材料图例

材料图例	说　　明	材料图例	说　　明
	自然土壤		夯实土壤
	毛石砌体		普通砖
	石材		砂、灰土
	空心砖		松散材料
	混凝土		钢筋混凝土
	多孔材料		金属
	矿渣、炉渣		玻璃
	纤维材料		防水材料，上下两种根据绘图比例大小选用
	木材		液体，须注明液体名称

1.4.7 常用绘图比例

下面列出常用绘图比例，读者根据实际情况灵活使用。

（1）室内平面图：1∶50，1∶100 等。

（2）室内立面图：1∶20，1∶30，1∶50，1∶100 等。

（3）室内顶棚图：1∶50，1∶100 等。

（4）构造详图：1∶1，1∶2，1∶5，1∶10，1∶20 等。

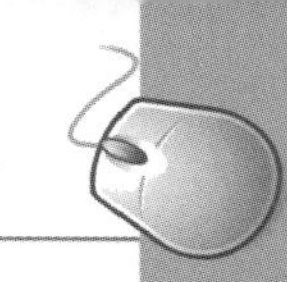

1.5 室内装饰设计手法

室内设计要美化环境是无可置疑的，但要达到美化的目的有多种不同的表现手法。

1. 现代室内设计手法

该手法是在满足功能要求的情况下，利用材料、色彩、质感、光影等有序的布置创造美。

2. 空间分割手法

组织和划分平面与空间，是室内设计的一个主要手法。利用该设计手法，巧妙地布置平面和利用空间，有时可以突破原有的建筑平面和空间的限制，满足室内需要。在另一种情况下，设计又能使室内空间流通、平面灵活多变。

3. 民族特色手法

在表达民族特色方面，应采用设计手法，使室内充满民族韵味，而不是民族符号、语言的堆砌。

4. 其他设计手法

突出主题、人流导向、制造气氛等都是室内设计的表现手法。

室内设计人员往往首先拿到的是一个建筑的外壳，这个外壳或许是新建筑，或许是老建筑，设计的魅力就在于在原有建筑的各种限制下得到最理想的方案。

Chapter

AutoCAD 2022 入门

2

本章学习 AutoCAD 2022 绘图的基本知识。了解如何设置图形的系统参数、样板图，熟悉创建新的图形文件、打开已有文件的方法等，为进入系统学习准备必要的前提知识。

2.1 操作界面

AutoCAD 操作界面是 AutoCAD 显示、编辑图形的区域，一个完整的 AutoCAD 操作界面如图 2-1 所示，包括标题栏、菜单栏、快速访问工具栏、交互信息工具栏、功能区、绘图区、十字光标、坐标系图标、命令行窗口、状态栏、布局标签、滚动条等。

注意：需要将 AutoCAD 的工作空间切换到“草图与注释”模式下（单击操作界面右下角中的“切换工作空间”按钮，在打开的菜单中单击“草图与注释”命令），才能显示如图 2-1 所示的操作界面。本书中的所有操作均在“草图与注释”模式下进行。

1. 标题栏

在 AutoCAD 2022 中文版操作界面的最上端是标题栏。在标题栏中，显示了系统当前正在运行的应用程序（AutoCAD 2022）和用户正在使用的图形文件。在第一次启动 AutoCAD 2022 时，标题栏将显示 AutoCAD 2022 启动时创建并打开的图形文件的名称“Drawing1.dwg”，如图 2-1 所示。

2. 菜单栏

在 AutoCAD 标题栏的下方是菜单栏，同其他 Windows 程序一样，AutoCAD 的菜单也是下拉形式的，并在菜单中包含子菜单。AutoCAD 的菜单栏中包含 13 个菜单：“文件”“编辑”“视图”“插入”“格式”“工具”“绘图”“标注”“修改”“参数”“窗口”“帮助”和“Express”，这些菜单几乎包含了 AutoCAD 的所有绘图命令，后面的章节将对这些菜单功能做详细的讲解。一般来讲，AutoCAD 下拉菜单中的命令有以下 3 种。

（1）带有子菜单的菜单命令。这种类型的菜单命令后面带有小三角形。例如，选择菜单栏中的“绘图”命令，指向其下拉菜单中的“圆”命令，系统就会进一步显示出“圆”子菜单中所包含的命令，如图 2-2 所示。

（2）打开对话框的菜单命令。这种类型的命令后面带有省略号。例如，选择菜单栏中的“格式”→“文字样式”命令，如图 2-3 所示，系统就会打开“文字样式”对话框，如图 2-4 所示。

（3）直接执行操作的菜单命令。这种类型的命令后面既不带小三角形，也不带省略号，选择该命令将直接进行相应的操作。例如，选择菜单栏中的“视图”→“重画”命令，系统将刷新显示所有视口。

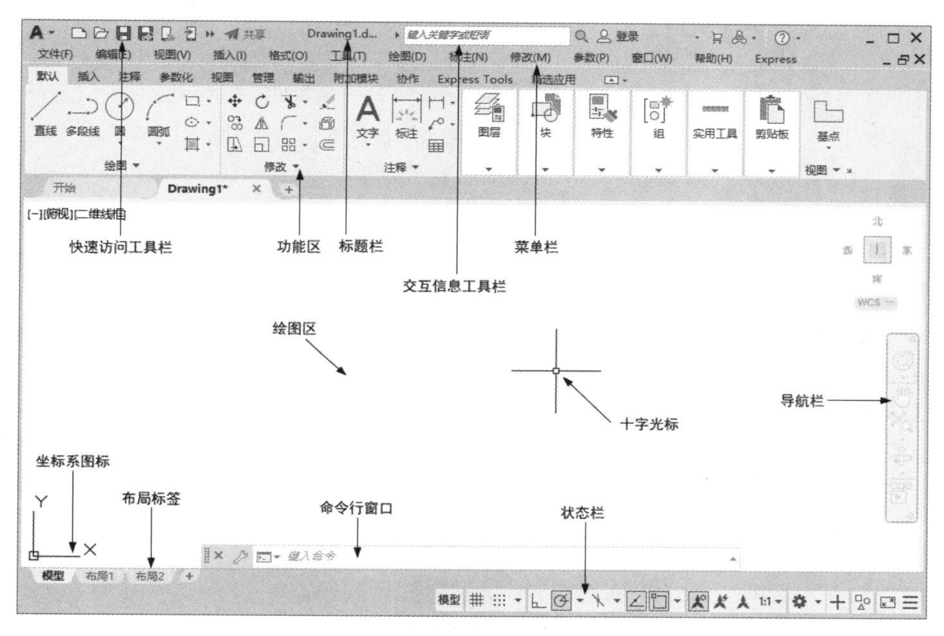

图 2-1　AutoCAD 2022 中文版操作界面

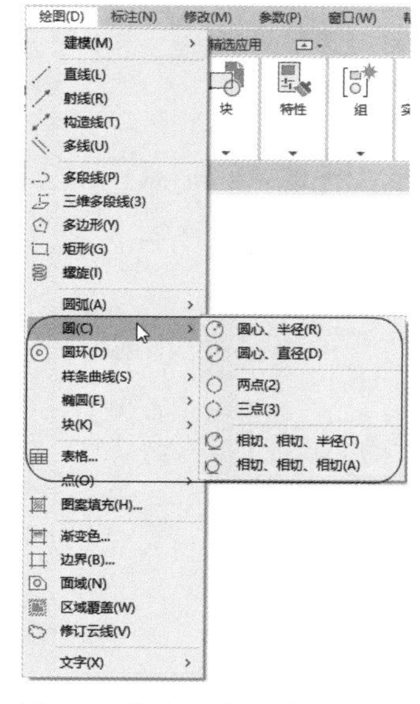

图 2-2　带有子菜单的菜单命令

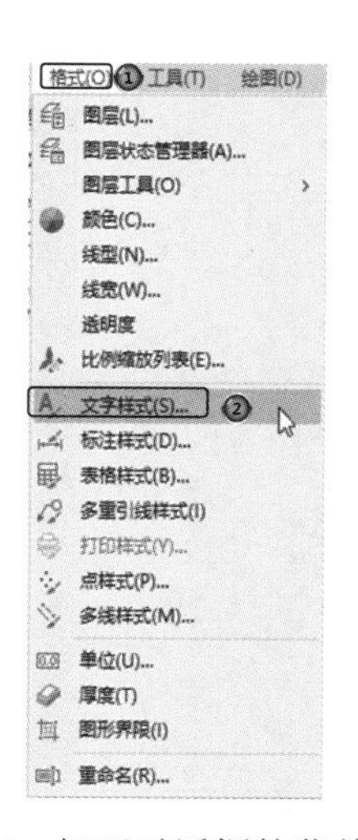

图 2-3　打开对话框的菜单命令

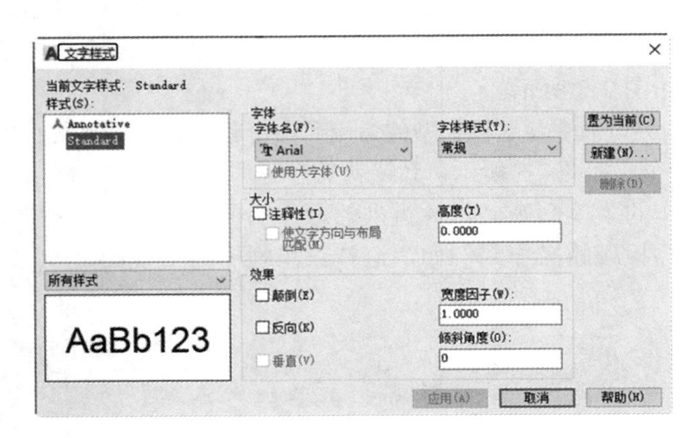

图 2-4 “文字样式”对话框

3. 工具栏

工具栏是一组按钮工具的集合。

（1）设置工具栏。AutoCAD 2022 提供了几十种工具栏，选择菜单栏中的❶“工具”→❷“工具栏”→❸“AutoCAD”，系统会自动打开单独的工具栏标签，如图 2-5 所示。❹单击某一个未在界面显示的工具栏，系统自动在界面打开该工具栏；反之，关闭工具栏。

（2）工具栏的“固定”“浮动”与“打开”。工具栏可以在绘图区“浮动”显示（如图 2-6 所示），此时显示该工具栏标题，并可关闭该工具栏，可以拖动“浮动”工具栏到绘图区边界，使它变为“固定”工具栏，此时该工具栏标题隐藏。也可以把“固定”工具栏拖出，使它成为“浮动”工具栏。

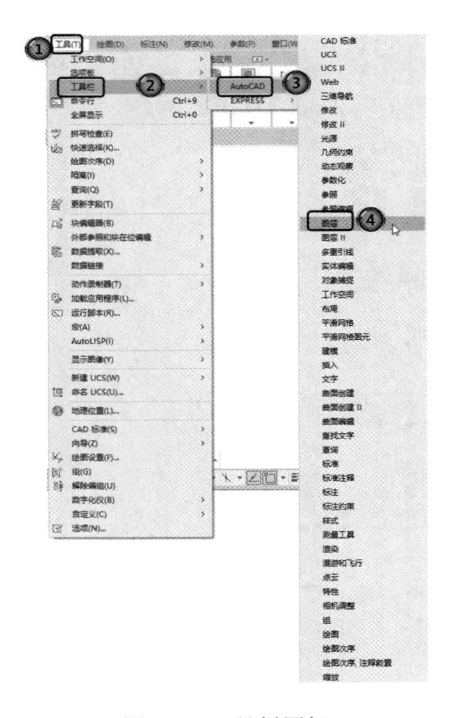

图 2-5 工具栏图标

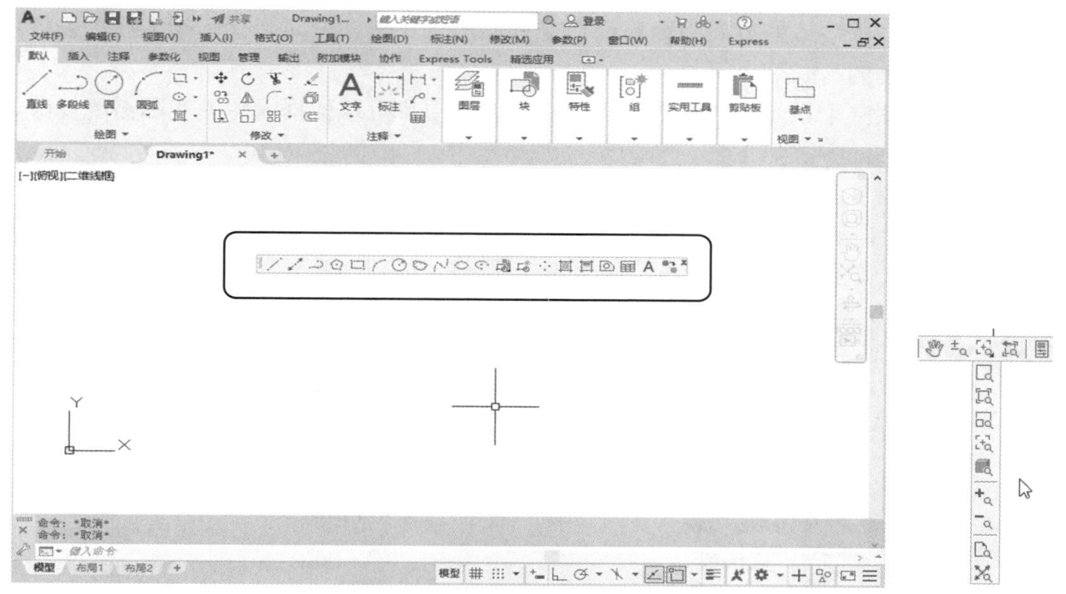

图 2-6　“浮动”工具栏

图 2-7　打开工具栏

有些工具栏按钮的右下角带有一个小三角，单击它会打开相应的工具栏，将光标移动到某一按钮上并单击鼠标左键，该按钮就变为当前显示的按钮。单击当前显示的按钮，即可执行相应的命令（如图 2-7 所示）。

4．快速访问工具栏和交互信息工具栏

（1）快速访问工具栏。该工具栏包括“新建”“打开”“保存”“另存为”“从 Web 和 Mobile 中打开”“保存到 Web 和 Mobile”“打印”“放弃”“重做”等几个最常用的工具按钮。用户也可以单击此工具栏后面的小三角下拉按钮，选择设置需要的常用工具。

（2）交互信息工具栏。该工具栏包括“搜索”“Autodesk Account”“Autodesk App Store”“保持连接”和“单击此处访问帮助”几个常用的数据交互访问工具按钮。

5．功能区

包括“默认”“插入”“注释”“参数化”“视图”“管理”“输出”“附加模块”“协作”“Express Tools”和“精选应用”等几个选项卡，在功能区中集成了相关的操作工具，方便用户使用。用户可以单击功能区选项板后面的▲▼按钮，控制功能的展开与收缩。打开或关闭功能区的操作方法如下。

> 命令行：RIBBON（或 RIBBONCLOSE）。
> 菜单栏：选择菜单栏中的“工具”→“选项板”→“功能区”命令。

6．绘图区

绘图区是指在标题栏下方的大片空白区域，绘图区是用户使用 AutoCAD 绘制图形的区域，用户要完成一幅设计图形，其主要工作都是在绘图区中完成的。

在绘图区中，有一个作用类似光标的十字线，其交点坐标反映了光标在当前坐标系中的位置。在 AutoCAD 中，将该十字线称为光标，如图 2-1 所示，AutoCAD 通过光标坐标值显

示当前点的位置。十字线的方向与当前用户坐标系的 X、Y 轴方向平行，十字线的长度系统预设为绘图区大小的 5%。

（1）修改绘图区十字光标的大小。光标的长度，用户可以根据绘图的实际需要修改其大小，修改光标大小的方法如下。

① 选择菜单栏中的“工具”→“选项”命令，❶打开“选项”对话框。

② ❸单击“显示”选项卡，❷在“十字光标大小”文本框中直接输入数值，或拖动文本框后面的滑块，即可以对十字光标的大小进行调整，如图 2-8 所示。

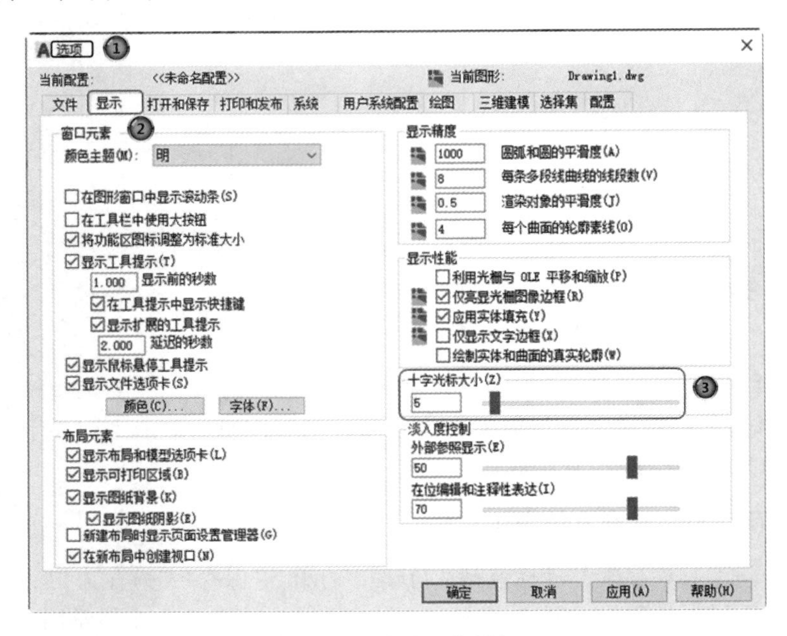

图 2-8 “显示”选项卡

此外，还可以通过设置系统变量 CURSORSIZE 的值，修改其大小，其方法是在命令行中输入如下命令。

```
命令：CURSORSIZE↙
输入 CURSORSIZE 的新值 <5>:
```

在提示下输入新值即可修改光标大小，默认值为 5%。

（2）修改绘图区的颜色。在默认情况下，AutoCAD 的绘图区是黑色背景、白色线条，这不符合大多数用户的习惯，因此修改绘图区颜色，是大多数用户都要进行的操作。修改绘图区颜色的方法如下。

① 在绘图区中右击，打开快捷菜单，❶选择“选项”命令，如图 2-9 所示，然后❷单击“显示”选项卡，如图 2-10 所示，继续❸单击“窗口元素”选项组中的“颜色”按钮，打开如图 2-11 所示的“图形窗口颜色”对话框。

② ❹在“颜色”下拉列表框中，选择需要的窗口颜色，此时 AutoCAD 的绘图区就变换了背景色，通常按视觉习惯选择白色为窗口颜色，然后❺单击“应用并关闭”按钮，返回到“显示”选项卡，❻单击“确定”按钮，退出对话框。

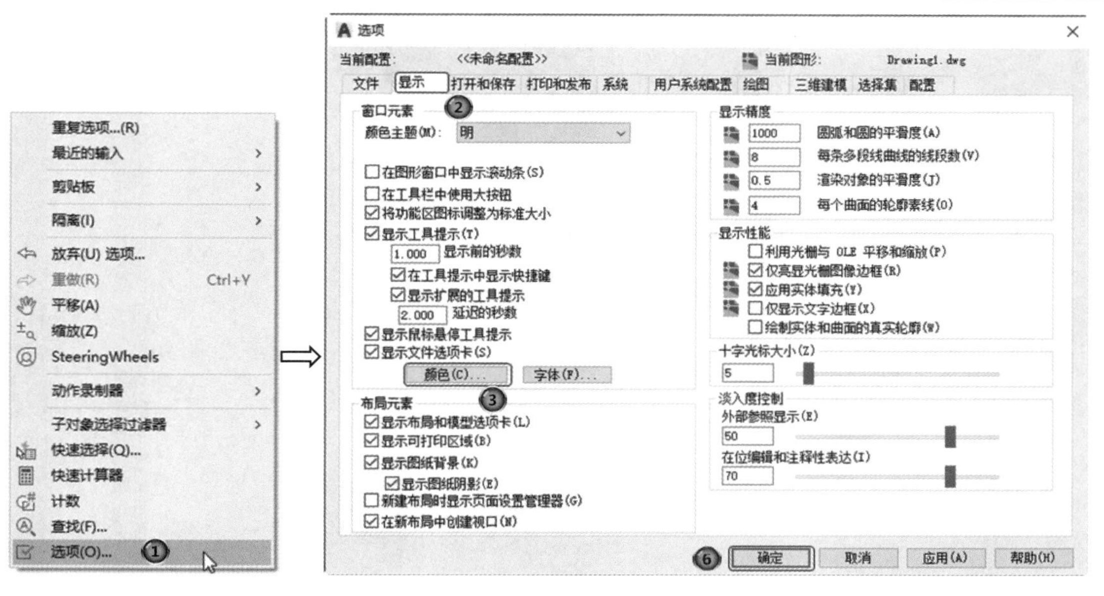

图 2-9　快捷菜单　　　　图 2-10　“显示”选项卡

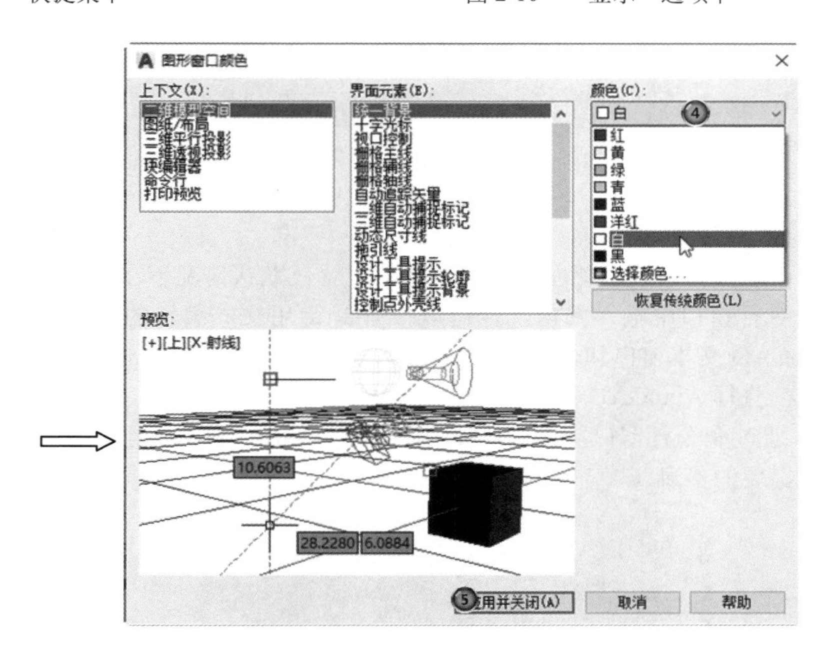

图 2-11　“图形窗口颜色”对话框

7. 坐标系图标

在绘图区的左下角，有一个直线图标，称之为坐标系图标，表示用户绘图时正使用的坐标系样式。坐标系图标的作用是为点的坐标确定一个参照系。根据工作需要，用户可以选择将其关闭，其方法是选择菜单栏中的①“视图”→②“显示”→③“UCS 图标”→④“开”命令，如图 2-12 所示。

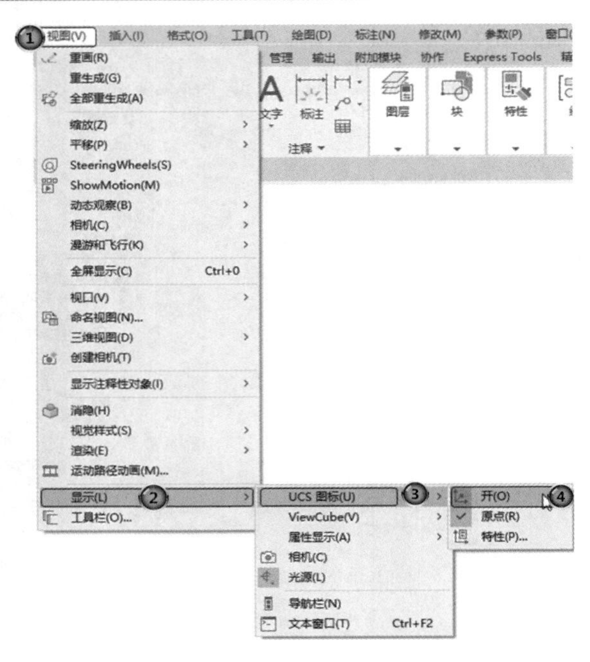

图 2-12 “视图”菜单

8．命令行窗口

命令行窗口是输入命令名和显示命令提示的区域，默认命令行窗口布置在绘图区下方，由若干文本行构成。对命令行窗口，有以下几点需要说明。

（1）移动拆分条，可以扩大和缩小命令行窗口。

（2）可以拖动命令行窗口，布置在绘图区的其他位置。默认情况下在图形区的下方。

（3）对当前命令行窗口中输入的内容，可以按<F2>键用文本编辑的方法进行编辑，如图 2-13 所示。AutoCAD 文本窗口和命令行窗口相似，可以显示当前 AutoCAD 进程中命令的输入和执行过程。在执行 AutoCAD 某些命令时，会自动切换到文本窗口，列出有关信息。

（4）AutoCAD 通过命令行窗口，反馈各种信息，也包括出错信息，因此，用户要时刻关注在命令行窗口中出现的信息。

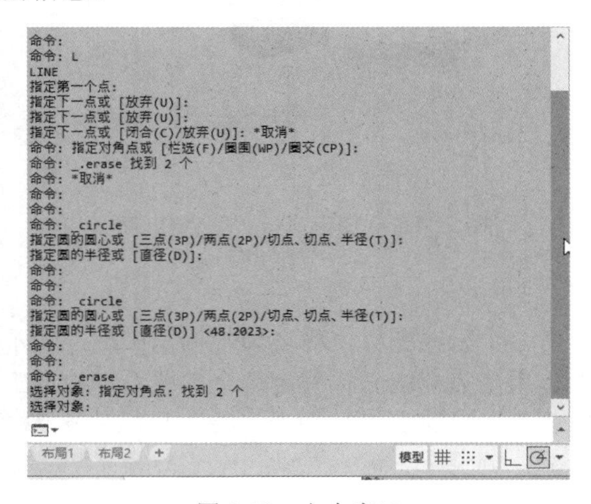

图 2-13 文本窗口

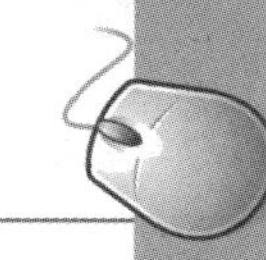

9．状态栏

状态栏在操作界面的底部，依次显示的有“坐标”“模型空间”“栅格”“捕捉模式”“推断约束”“动态输入”“正交模式”“极轴追踪”“等轴测草图”“对象捕捉追踪”“二维对象捕捉”“线宽”“透明度”“选择循环”“三维对象捕捉”“动态 UCS”“选择过滤”“小控件”“注释可见性”“自动缩放”“注释比例”“切换工作空间”“注释监视器”“单位”“快捷特性”“图形性能”“锁定用户界面”“隔离对象”“全屏显示”“自定义”这 30 个功能按钮。单击这些开关按钮，可以实现这些功能的开和关。这些开关按钮的功能与使用方法将在之后的章节中进行详细介绍，在此从略。

下面对状态栏中的按钮做简单介绍，如图 2-14 所示。

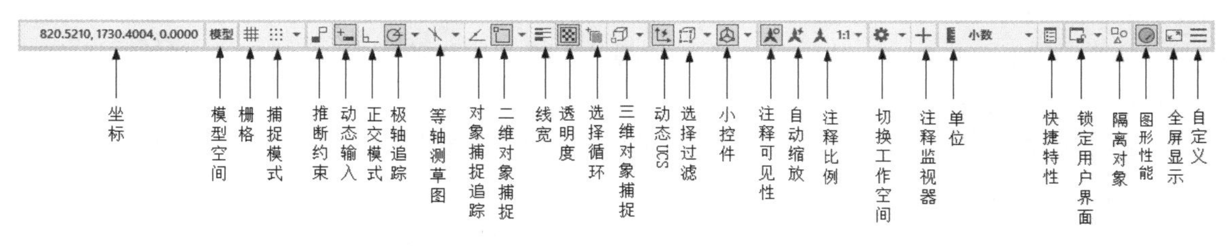

图 2-14　状态栏

（1）坐标：显示工作区鼠标放置点的坐标。

（2）模型空间：在模型空间与布局空间之间进行转换。

（3）栅格：栅格是覆盖整个坐标系（UCS）XY 平面的直线或点组成的矩形图案。使用栅格类似于在图形下放置一张坐标纸。利用栅格可以对齐对象并直观显示对象之间的距离。

（4）捕捉模式：对象捕捉对于在对象上指定精确位置非常重要。不论何时提示输入点，都可以指定对象捕捉。默认情况下，当光标移到对象的对象捕捉位置时，将显示标记和工具提示。

（5）推断约束：自动在正在创建或编辑的对象与对象捕捉的关联对象或点之间应用约束。

（6）动态输入：在光标附近显示出一个提示框（称之为“工具提示”），工具提示中显示出对应的命令提示和光标的当前坐标值。

（7）正交模式：将光标限制在水平或垂直方向上移动，以便于精确地创建和修改对象。当创建或移动对象时，可以使用“正交”模式将光标限制在相对于用户坐标系（UCS）的水平或垂直方向上。

（8）极轴追踪：使用极轴追踪，光标将按指定角度进行移动。创建或修改对象时，可以使用“极轴追踪”来显示由指定的极轴角度所定义的临时对齐路径。

（9）等轴测草图：通过设定“等轴测捕捉/栅格”，可以很容易沿三个等轴测平面之一对齐对象。尽管等轴测图形看似三维图形，但它实际上是由二维图形表示的。因此不能期望提取三维距离和面积、从不同视点显示对象或自动消除隐藏线。

（10）对象捕捉追踪：使用对象捕捉追踪，可以沿着基于对象捕捉点的对齐路径进行追踪。已获取的点将显示一个小加号（+），一次最多可以获取 7 个追踪点。获取点之后，在绘图路径上移动光标，将显示相对于获取点的水平、垂直或极轴对齐路径。例如，可以基于对象端点、中点或者对象的交点，沿着某个路径选择一点。

（11）二维对象捕捉：使用二维对象捕捉（也称为对象捕捉），可以在对象上的精确位置指定捕捉点。选择多个选项后，将应用选定的捕捉模式，以返回距离靶框中心最近的点。按 Tab 键以在这些选项之间循环。

（12）线宽：分别显示对象所在图层中设置的不同宽度，而不是统一线宽。

（13）透明度：使用该命令，调整绘图对象显示的明暗程度。

（14）选择循环：当一个对象与其他对象彼此接近或重叠时，准确地选择某一个对象是很困难的，使用选择循环的命令，单击鼠标左键，打开“选择集”列表框，里面列出了鼠标点周围的图形，然后在列表中选择所需的对象。

（15）三维对象捕捉：三维中的对象捕捉与在二维中工作的方式类似，不同之处在于在三维中可以投影对象捕捉。

（16）动态 UCS：在创建对象时使 UCS 的 XY 平面自动与实体模型上的平面临时对齐。

（17）选择过滤：根据对象特性或对象类型对选择集进行过滤。当按下图标后，只选择满足指定条件的对象，其他对象将被排除在选择集之外。

（18）小控件：帮助用户沿三维轴或平面移动、旋转或缩放一组对象。

（19）注释可见性：当图标亮显时表示显示所有比例的注释性对象；当图标变暗时表示仅显示当前比例的注释性对象。

（20）自动缩放：注释比例更改时，自动将比例添加到注释对象。

（21）注释比例：单击注释比例右下角小三角符号打开注释比例列表，如图 2-15 所示，可以根据需要选择适当的注释比例。

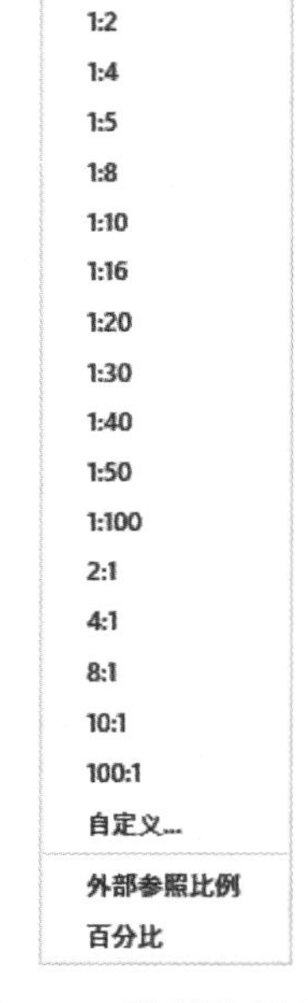

图 2-15　注释比例列表

（22）切换工作空间：进行工作空间转换。

（23）注释监视器：打开仅用于所有事件或模型文档事件的注释监视器。

（24）单位：指定线性和角度单位的格式和小数位数。

（25）快捷特性：控制快捷特性面板的使用与禁用。

（26）锁定用户界面：按下该按钮，锁定工具栏、面板和可固定窗口的位置和大小。

（27）隔离对象：当选择隔离对象时，在当前视图中显示选定对象。所有其他对象都暂时隐藏；当选择隐藏对象时，在当前视图中暂时隐藏选定对象。所有其他对象都可见。

（28）图形性能：设定图形卡的驱动程序以及设置硬件加速的选项。

（29）全屏显示：该选项可以清除 Windows 窗口中的标题栏、功能区和选项板等界面元素，使 AutoCAD 的绘图窗口全屏显示，如图 2-16 所示。

（30）自定义：状态栏可以提供重要信息，而无须中断工作流。使用 MODEMACRO 系

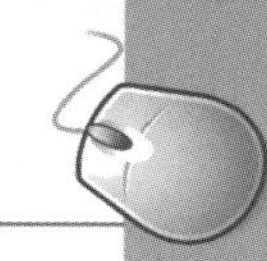

统变量可将应用程序所能识别的大多数数据显示在状态栏中。使用该系统变量的计算、判断和编辑功能可以完全按照用户的要求构造状态栏。

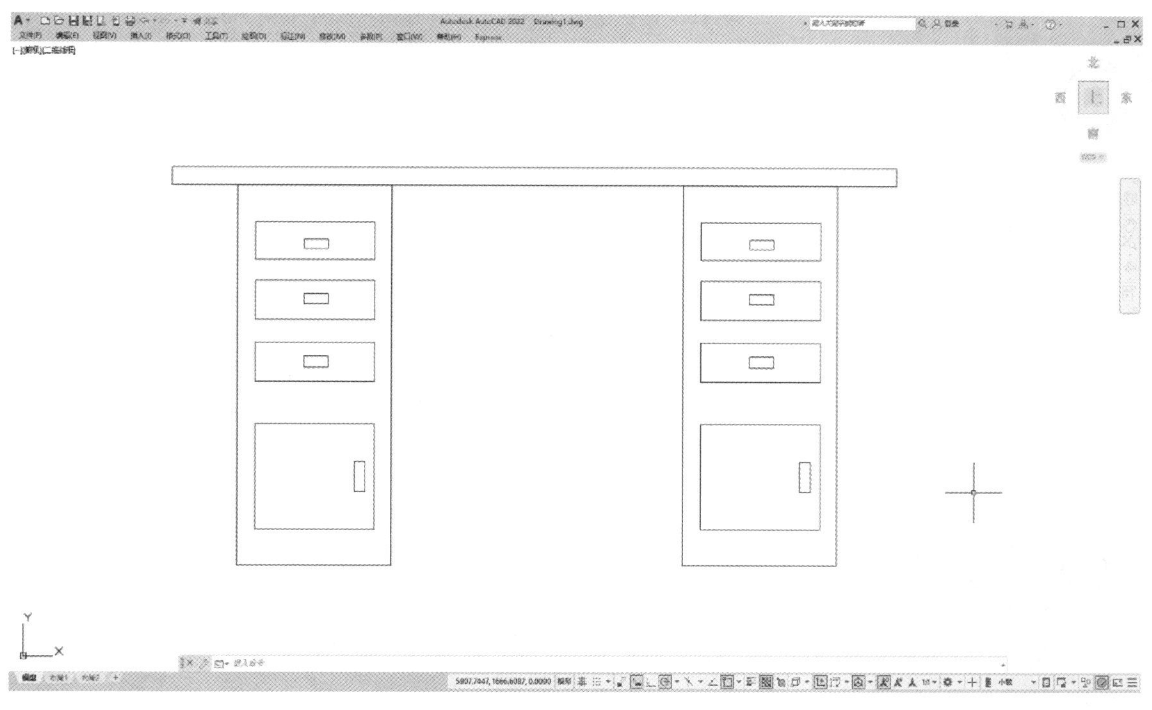

图 2-16　全屏显示

10. 布局标签

AutoCAD 系统默认设定一个“模型”空间和“布局 1”“布局 2”两个图样空间布局标签。在这里有两个概念需要解释一下。

（1）布局。布局是系统为绘图设置的一种环境，包括图样大小、尺寸单位、角度设定、数值精确度等，在系统预设的 3 个标签中，这些环境变量都按默认设置。用户根据实际需要改变这些变量的值，在此暂且从略。用户也可以根据需要设置符合自己要求的新标签。

（2）模型。AutoCAD 的空间分模型空间和图样空间两种。模型空间是通常绘图的环境，而在图样空间中，用户可以创建叫做“浮动视口”的区域，以不同视图显示所绘图形。用户可以在图样空间中调整浮动视口并决定所包含视图的缩放比例。如果用户选择图样空间，可打印多个视图，也可以打印任意布局的视图。AutoCAD 系统默认打开模型空间，用户可以通过单击操作界面下方的布局标签，选择需要的布局。

11. 滚动条

在绘图区中右击，打开快捷菜单，❶选择“选项”命令，如图 2-17 所示，然后❷单击“显示”选项卡，如图 2-18 所示，❸勾选“在图形窗口中显示滚动条”选项，❹单击“确定”按钮，退出对话框。这样 AutoCAD 的绘图区下方和右侧就会显示用来浏览图形的水平和竖直方向的滚动条。拖动滚动条中的滚动块，可以在绘图区按水平或竖直两个方向浏览图形。

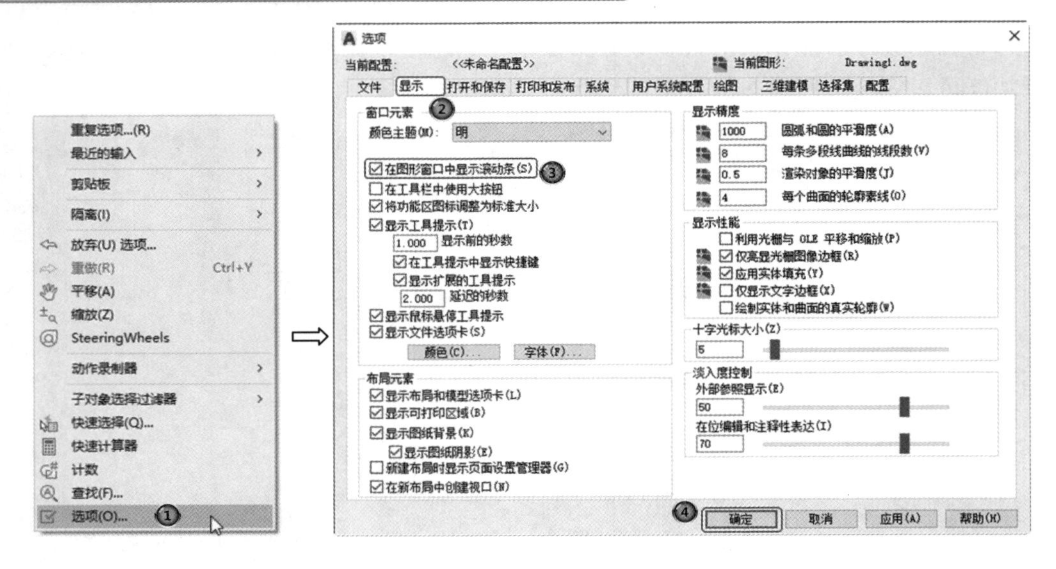

图 2-17　快捷菜单　　　　图 2-18　“显示”选项卡

2.2　设置绘图环境

绘制一幅图形时，需要设置一些基本参数，如图形单位、图幅界限等，这里进行简要的介绍。

2.2.1　设置图形单位

在 AutoCAD 2022 中对于任何图形而言，总有其大小、精度和所采用的单位，屏幕上显示的仅为屏幕单位，但屏幕单位应该对应一个真实的单位，不同的单位其显示格式也不同。

1．执行方式

命令行：DDUNITS（或 UNITS，快捷命令：UN）。

菜单栏：选择菜单栏中的“格式”→“单位”命令。

执行上述命令后，系统打开“图形单位”对话框，如图 2-19 所示，该对话框用于定义单位和角度格式。

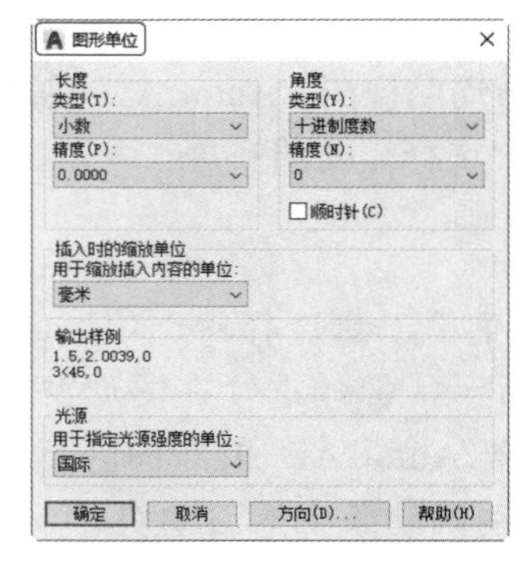

图 2-19　“图形单位”对话框

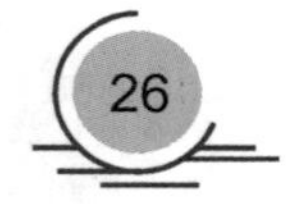

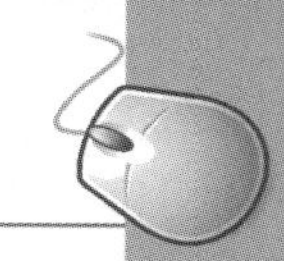

2．选项说明

选项的含义如表 2-1 所示。

表 2-1 “图形单位”对话框选项含义

选　项	含　义
“长度”与“角度”选项组	指定长度与角度的当前单位及精度
“插入时的缩放单位”选项组	控制插入当前图形中的块和图形的测量单位。如果块或图形创建时使用的单位与该选项指定的单位不同，则在插入这些块或图形时，将对其按比例进行缩放。插入比例是原块或图形使用的单位与目标图形使用的单位之比。如果插入块时不按指定单位缩放，则在其下拉列表框中选择“无单位”选项
“输出样例”选项组	显示用当前单位和角度设置的例子
“光源”选项组	控制当前图形中光度控制光源的强度测量单位。为创建和使用光度控制光源，必须从下拉列表框中指定非“常规”的单位。如果“插入比例”设置为“无单位”，则将显示警告信息，通知用户渲染输出可能不正确
“方向”按钮	单击该按钮，系统打开“方向控制”对话框，如图 2-20 所示，可进行方向控制设置。 方向控制 基准角度(B) 东(E) 0 北(N) 90 西(W) 180 南(S) 270 其他(O) 拾取/输入 角度(A): 0 确定 取消 图 2-20 “方向控制”对话框

2.2.2 设置图形界限

绘图界限用于标明用户的工作区域和图纸的边界，为了便于用户准确地绘制和输出图形，避免绘制的图形超出某个范围，就可以使用 CAD 的绘图界限功能。

1．执行方式

命令行：LIMITS。
菜单栏：选择菜单栏中的“格式”→“图形界限”命令。

2．操作步骤

命令行提示与操作如下。

```
命令：LIMITS↙
重新设置模型空间界限：
指定左下角点或 [开(ON)/关(OFF)] <0.0000,0.0000>:输入图形界限左下角的坐标，按<Enter>键。
指定右上角点 <12.0000,9.0000>:输入图形界限右上角的坐标，按<Enter>键。
```

3．选项说明

选项的含义如表 2-2 所示。

表 2-2 “图形界限”命令选项含义

选　　项	含　　义
开（ON）	使图形界限有效。系统在图形界限以外拾取的点将视为无效。
关（OFF）	使图形界限无效。用户可以在图形界限以外拾取点或实体。
动态输入角点坐标组	可以直接在绘图区的动态文本框中输入角点坐标，输入了横坐标值后，按<，>键，接着输入纵坐标值，如图 2-21 所示。也可以按光标位置直接单击，确定角点位置。 指定第一个点: 3026.7181 10776.702 图 2-21　动态输入

2.3　配置绘图系统

每台计算机所使用的显示器、输入设备和输出设备的类型不同，用户喜好的风格及计算机的目录设置也不同。一般来讲，使用 AutoCAD 2022 的默认配置就可以绘图，但为了使用用户的特定设备或打印机，以及提高绘图的效率，推荐用户在开始作图前先进行必要的配置。

1．执行方式

命令行：preferences。

菜单栏：选择菜单栏中的“工具”→“选项”命令。

快捷菜单：在绘图区右击，系统打开快捷菜单，如图 2-22 所示，选择“选项”命令。

图 2-22　快捷菜单

2．操作步骤

执行上述命令后，系统打开“选项”对话框。用户可以在该对话框中设置有关选项，对绘图系统进行配置。下面就其中主要的两个选项卡做一下说明，其他配置选项，在后面用到时再做具体说明。

（1）系统配置。“选项”对话框中的第 5 个选项卡为“系统”选项卡，如图 2-23 所示。该选项卡用来设置 AutoCAD 系统的有关特性。其中“常规选项”选项组确定是否选择系统配置的有关基本选项。

（2）显示配置。“选项”对话框中的第 2 个选项卡为“显示”选项卡，该选项卡用于控制 AutoCAD 系统的外观，如图 2-24 所示。该选项卡设定窗口元素、布局元素、显示精度、显示性能、十字光标大小、淡入度控制等。

注意： 设置实体显示精度时，请务必记住，显示质量越高，即精度越高，计算机计算的时间越长，建议不要将精度设置得太高，显示质量设定在一个合理的范围即可。

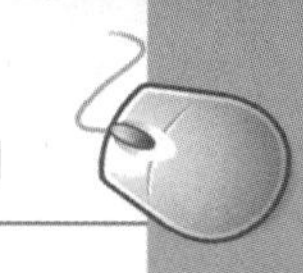

图 2-23　“系统”选项卡

图 2-24　“显示”选项卡

2.4　文件管理

本节介绍有关文件管理的一些基本操作方法，包括新建文件、打开已有文件、保存文件、删除文件等，这些都是 AutoCAD 2022 操作最基础的知识。

1. 新建文件

执行方式如下。

命令行：NEW。

菜单栏：选择菜单栏中的“文件”→“新建”命令。

工具栏：单击“标准”工具栏中的“新建”按钮。

执行上述命令后，系统打开如图 2-25 所示的“选择样板”对话框。

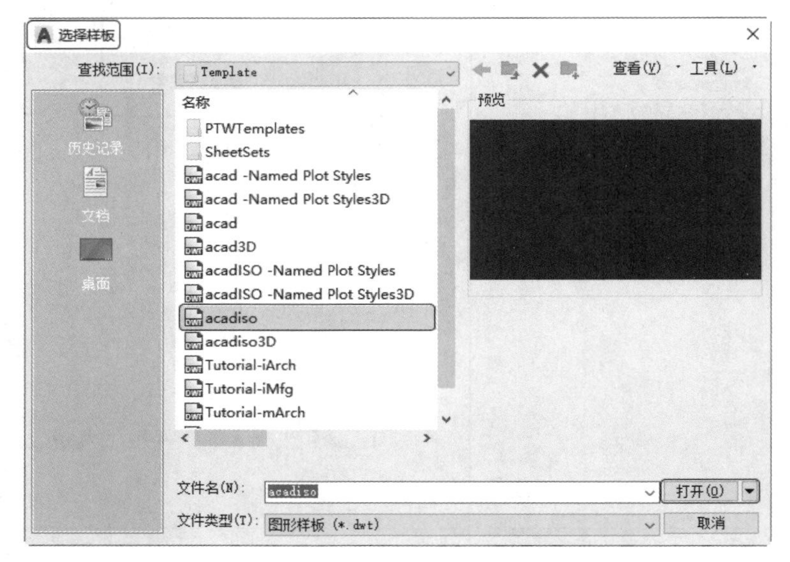

图 2-25　“选择样板”对话框

另外还有一种快速创建图形的功能，该功能是开始创建新图形的最快捷方法。

命令行：QNEW↙

执行上述命令后，系统立即从所选的图形样板中创建新图形，而不显示任何对话框或提示。

在运行快速创建图形功能之前必须进行如下设置。

（1）在命令行中输入“FILEDIA”命令，按<Enter>键，设置系统变量为 1；在命令行输入“STARTUP”，设置系统变量为 0。

（2）选择菜单栏中的“工具”→“选项”命令，在“选项”对话框中选择默认图形样板文件。具体方法是：选择菜单栏中的“工具”→“选项”命令，❶在弹出的“选项”对话框中选择“文件”选项卡，❷单击“样板设置”前面的“+”图标，❸在展开的选项列表中选择“快速新建的默认样板文件名”选项，如图 2-26 所示。❹单击“浏览”按钮，打开“选择文件”对话框，然后选择需要的样板文件即可。

2．打开文件

执行方式如下。

命令行：OPEN。

菜单栏：选择菜单栏中的“文件”→“打开”命令。

工具栏：单击“标准”工具栏中的“打开”按钮。

快捷键：按 Ctrl+O 键。

执行上述命令后，打开“选择文件”对话框，如图 2-27 所示，在“文件类型”下拉列表框中用户可选.dwg 文件、.dwt 文件、.dxf 文件和.dws 文件。.dws 文件是包含标准图层、标注样式、线型和文字样式的样板文件；.dxf 文件是用文本形式存储的图形文件，能够被其他程序读取，许多第三方应用软件都支持.dxf 格式。

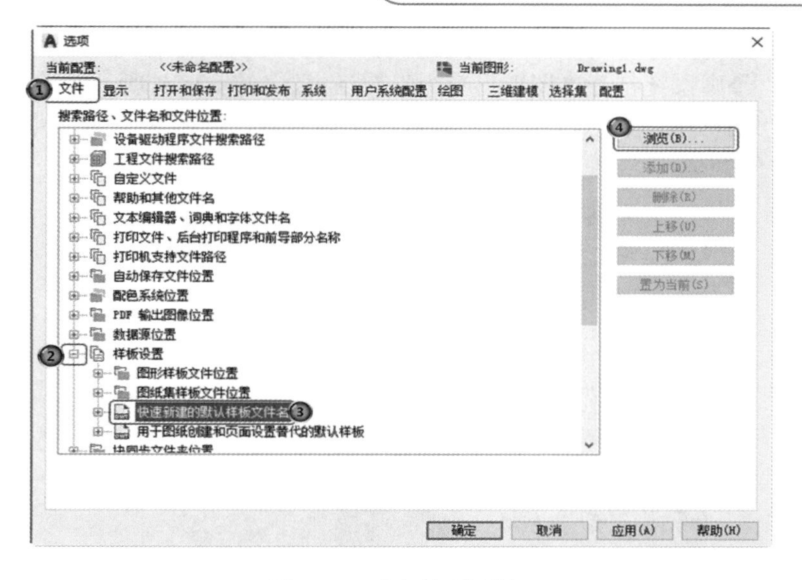

图 2-26 “文件”选项卡

注意：有时在打开.dwg 文件时，系统会打开一个信息提示对话框，提示用户图形文件不能打开，在这种情况下先退出打开操作，然后选择菜单栏中的“文件”→“图形实用工具”→“修复”命令，或在命令行中输入“recover”命令，接着在“选择文件”对话框中输入要恢复的文件，确认后系统开始执行恢复文件操作。

3. 保存文件

执行方式如下。

命令名：QSAVE（或 SAVE）。

菜单栏：选择菜单栏中的“文件”→“保存”命令。

工具栏：单击“标准”工具栏中的→“保存”按钮。

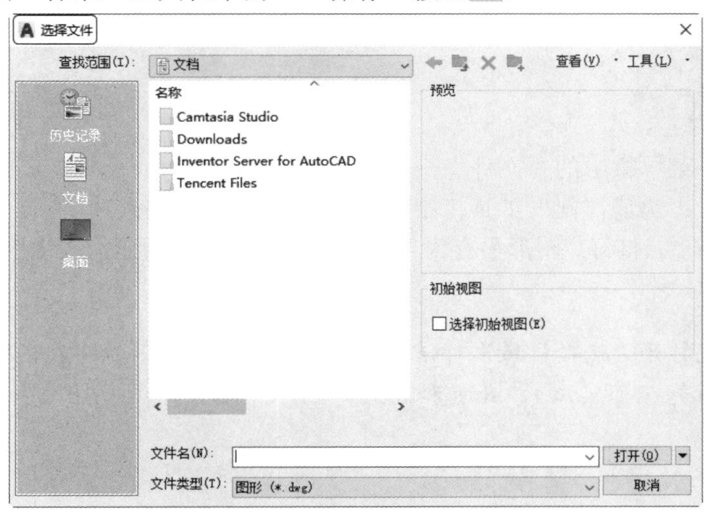

图 2-27 “选择文件”对话框

执行上述命令后，若文件已命名，则系统自动保存文件，若文件未命名（即为默认名drawing1.dwg），❶则系统打开“图形另存为”对话框，如图 2-28 所示，❷用户可以重新命名保存。❸在“保存于”下拉列表框中指定保存文件的路径，❹在“文件类型”下拉列表框中指定保存文件的类型。

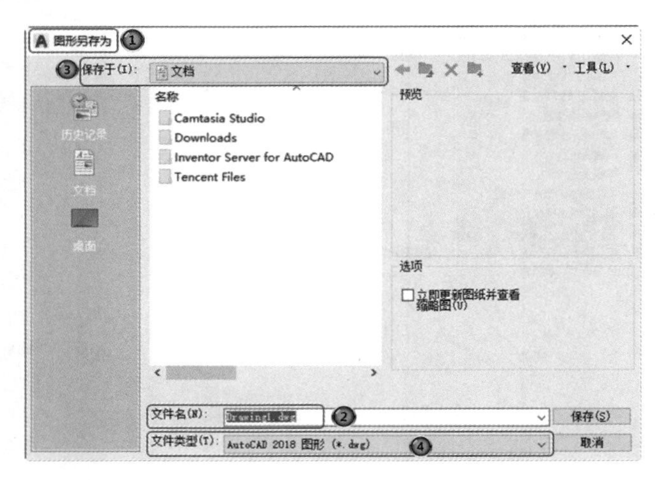

图 2-28 “图形另存为”对话框

为了防止因意外操作或计算机系统故障导致正在绘制的图形文件丢失，可以对当前图形文件设置自动保存，其操作方法如下。

（1）在命令行中输入“SAVEFILEPATH”命令，按<Enter>键，设置所有自动保存文件的位置，如“D:\HU\”。

（2）在命令行中输入“SAVEFILE”命令，按<Enter>键，设置自动保存文件名。该系统变量储存的文件名文件是只读文件，用户可以从中查询自动保存的文件名。

（3）在命令行中输入“SAVETIME”命令，按<Enter>键，指定在使用自动保存时，多长时间保存一次图形，单位是分钟。

4. 另存为

执行方式如下。

命令行：SAVEAS。

菜单栏：选择菜单栏中的“文件”→“另存为”命令。

工具栏：单击“快速访问”工具栏中的→“另存为”按钮。

执行上述命令后，打开“图形另存为”对话框，如图 2-28 所示，系统用新的文件名保存，并为当前图形更名。

注意：系统打开“选择样板”对话框，在“文件类型”下拉列表框中有 4 种格式的图形样板，后缀分别是.dwt、.dwg、.dws 和.dxf。

5. 退出

执行方式如下。

命令行：QUIT 或 EXIT。

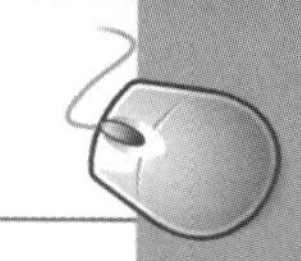

菜单栏：选择菜单栏中的“文件”→“退出”命令。

按钮：单击 AutoCAD 操作界面右上角的“关闭”按钮×。

执行上述命令后，若用户对图形所做的修改尚未保存，则会打开如图 2-29 所示的系统警告对话框。单击“是”按钮，系统将保存文件，然后退出；单击“否”按钮，系统将不保存文件。若用户对图形所做的修改已经保存，则直接退出。

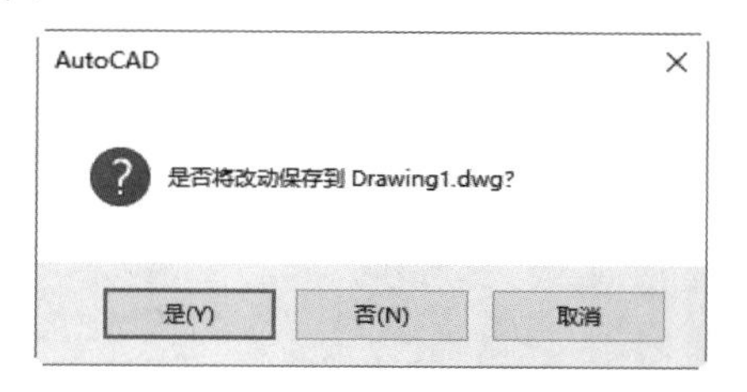

图 2-29　系统警告对话框

2.5　基本输入操作

2.5.1　命令输入方式

AutoCAD 交互绘图必须输入必要的指令和参数。有多种 AutoCAD 命令输入方式，下面以画直线为例，介绍命令输入方式。

（1）在命令行输入命令名。命令字符可不区分大小写，例如，命令“LINE”。执行命令时，在命令行提示中经常会出现命令选项。在命令行输入绘制直线命令“LINE”后，命令行中的提示如下。

```
命令: LINE↙
指定第一个点:在绘图区指定一点或输入一个点的坐标
指定下一点或 [放弃(U)]:
```

命令行中不带括号的提示为默认选项（如上面的“指定下一点或”），因此可以直接输入直线段的起点坐标或在绘图区指定一点，如果要选择其他选项，则应该首先输入该选项的标识字符，如“放弃”选项的标识字符“U”，然后按系统提示输入数据即可。在命令选项的后面有时还带有尖括号，尖括号内的数值为默认数值。

（2）在命令行输入命令缩写字。如 L（Line）、C（Circle）、A（Arc）、Z（Zoom）、R（Redraw）、M（Move）、CO（Copy）、PL（Pline）、E（Erase）等。

（3）选择“绘图”菜单栏中对应的命令，在命令行窗口中可以看到对应的命令说明及命令名。

（4）单击“绘图”工具栏中对应的按钮，命令行窗口中也可以看到对应的命令说明及命令名。

（5）在绘图区打开快捷菜单。如果在前面刚使用过要输入的命令，可以在绘图区右击，打开快捷菜单，在“最近的输入”子菜单中选择需要的命令，如图 2-30 所示。“最近的输入”子菜单中储存最近使用的几个命令，如果是经常使用的命令，这种方法就比较快速简洁。

（6）直接按 Enter 键。如果用户要重复使用上次使用的命令，可以直接在绘图区右击，系统立即重复执行上次使用的命令，这种方法适用于重复执行某个命令。

注意：在命令行中输入坐标时，请检查此时的输入法是否是英文输入。如果是中文输入法，例如输入“150，20”，则由于逗号“，”的原因，系统会认定该坐标输入无效。这时，只需将输入法改为英文输入状态即可。

图 2-30　命令行快捷菜单

2.5.2 命令的重复、撤销、重做

（1）命令的重复。单击<Enter>键，可重复调用上一个命令，不管上一个命令是完成了还是被取消了。

（2）命令的撤销。在命令执行的任何时刻都可以取消和终止命令的执行。

命令行：UNDO。

菜单栏：选择菜单栏中的“编辑”→“放弃”命令。

快捷键：按<Esc>键。

（3）命令的重做。已被撤销的命令要恢复重做，可以恢复撤销的最后一个命令。

命令行：REDO。

菜单栏：选择菜单栏中的“编辑”→“重做”命令。

快捷键：按<Ctrl>+<Y>键。

AutoCAD 2022 可以一次执行多重放弃和重做操作。单击“标准”工具栏中的“放弃”按钮或“重做”按钮后面的小三角，可以选择要放弃或重做的操作，如图 2-31 所示。

图 2-31　多重放弃选项

2.6 图层操作

AutoCAD 提供了图层工具，对每个图层规定其颜色和线型，并把具有相同特征的图形对象放在同一图层上绘制，这样绘图时不用分别设置对象的线型和颜色，不仅方便绘图，而且保存图形时只需存储其几何数据和所在图层即可，因而既节省了存储空间，又可以提高工作效率。

2.6.1 建立新图层

新建的 CAD 文档中只能自动创建一个名为 0 的特殊图层。默认情况下，图层 0 将被指

定使用 7 号颜色、CONTINUOUS 线型、默认线宽以及 NORMAL 打印样式。不能删除或重命名图层 0。通过创建新的图层，可以将类型相似的对象指定给同一个图层使其相关联。例如，可以将构造线、文字、标注和标题栏置于不同的图层上，并为这些图层指定通用特性。通过将对象分类放到各自的图层中，可以快速有效地控制对象的显示以及对其进行更改。

1．执行方式

命令行：LAYER。

菜单："格式"→"图层"。

工具栏："图层"→"图层特性管理器"，如图 2-32 所示。

功能区：单击"默认"选项卡"图层"面板中的"图层特性"按钮或单击"视图"选项卡"选项板"面板中的"图层特性"按钮。

图 2-32 "图层"工具栏

2．操作步骤

执行上述命令后，系统打开"图层特性管理器"对话框，如图 2-33 所示。

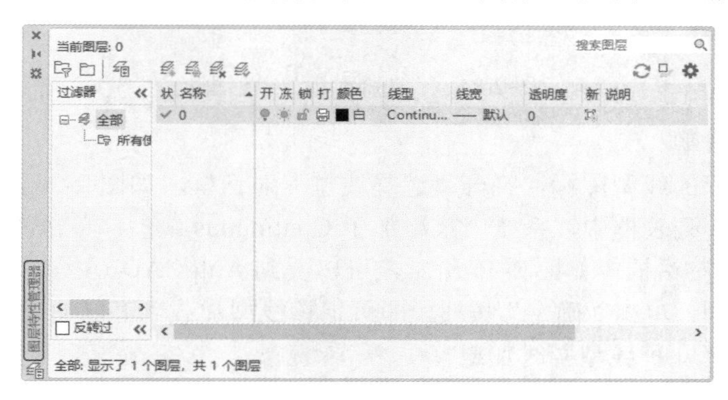

图 2-33 "图层特性管理器"对话框

单击"图层特性管理器"对话框中"新建图层"按钮，建立新图层，默认的图层名为"图层 1"。可以根据绘图需要，更改图层名，例如改为实体层、中心线层或标准层等。

在一个图形中可以创建的图层数以及在每个图层中可以创建的对象数实际上是无限的。图层最长可使用 255 个字符的字母数字命名。图层特性管理器按名称的字母顺序排列图层。

注意：如果要建立不只一个图层，无需重复单击"新建"按钮。更有效的方法是：在建立一个新的图层"图层 1"后，改变图层名，在其后输入一个逗号"，"，这样就会自动建立一个新图层"图层 1"，改变图层名，再输入一个逗号，又建立一个新的图层，依次建立各个图层。也可以按两次 Enter 键，建立另一个新的图层。图层的名称也可以更改，直接双击图层名称，输入新的名称。

在每个图层属性设置中，包括"状态""名称""开/关闭""冻结/解冻""锁定/解锁""颜色""线型""线宽""透明度""打印样式""打印/不打印" "新视口冻结"和"说明"13 个参数。下面将讲述如何设置其中部分图层参数。

（1）设置图层线条颜色

在工程制图中，整个图形包含多种不同功能的图形对象，例如实体、剖面线与尺寸标注等，为了便于直观区分它们，有必要针对不同的图形对象使用不同的颜色，例如实体层使用白色、剖面线层使用青色等。

要改变图层的颜色时，单击图层所对应的颜色图标，打开“选择颜色”对话框，如图 2-34 所示。它是一个标准的颜色设置对话框，可以使用索引颜色、真彩色和配色系统 3 个选项卡来选择颜色。系统显示 RGB 配比，即 Red（红）、Green（绿）和 Blue（蓝）3 种颜色。

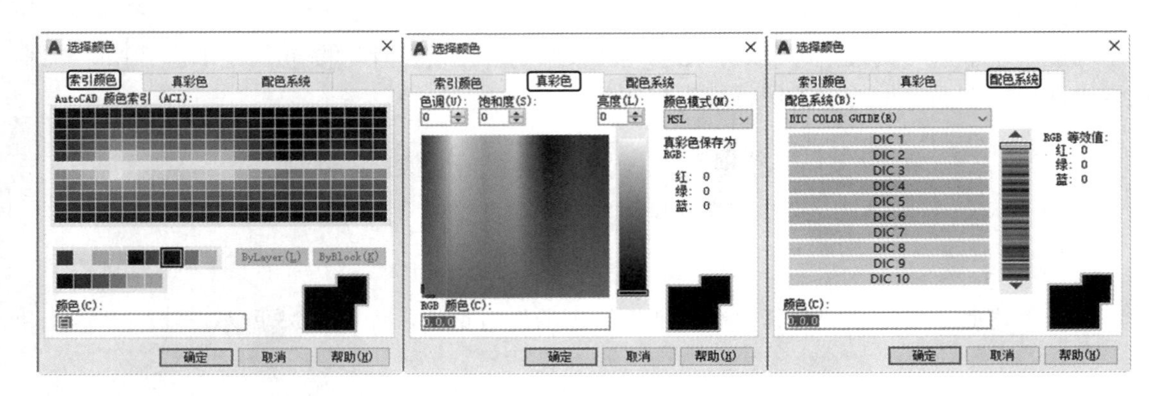

图 2-34　“选择颜色”对话框

（2）设置图层线型

单击图层所对应的线型图标，打开“选择线型”对话框，如图 2-35 所示。默认情况下，在“已加载的线型”列表框中，系统中只添加了 Continuous 线型。单击“加载”按钮，打开“加载或重载线型”对话框，如图 2-36 所示，可以看到 AutoCAD 还提供了许多其他的线型，用鼠标选择所需线型，单击“确定”按钮，即可把该线型加载到“已加载的线型”列表框中，可以按住 Ctrl 键选择几种线型同时加载。

（3）设置图层线宽

单击图层所对应的线宽图标，打开“线宽”对话框，如图 2-37 所示。选择一个线宽，单击“确定”按钮完成对图层线宽的设置。

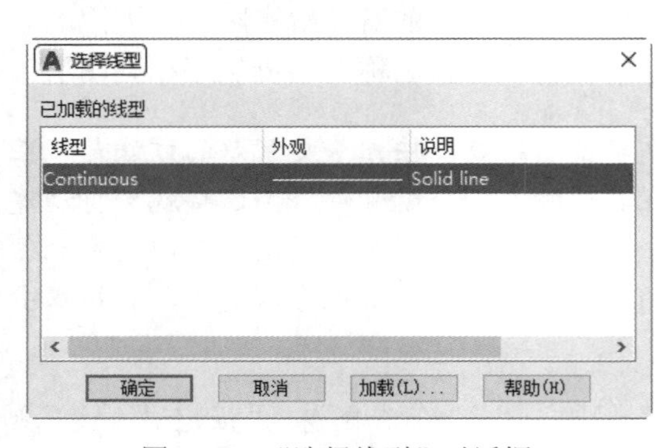

图 2-35　“选择线型”对话框

图 2-36　“加载或重载线型”对话框

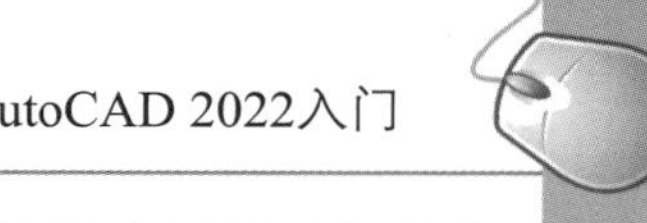

图层线宽的默认值为 0.25mm。在状态栏为“模型”状态时，显示的线宽同计算机的像素有关。线宽为零时，显示为一个像素的线宽。单击状态栏中的“线宽”按钮，屏幕上显示的图形线宽，显示的线宽与实际线宽成比例，如图 2-38 所示，但线宽不随着图形的放大和缩小而变化。“线宽”功能关闭时，不显示图形的线宽，图形的线宽均为默认宽度值显示。可以在“线宽”对话框选择需要的线宽。

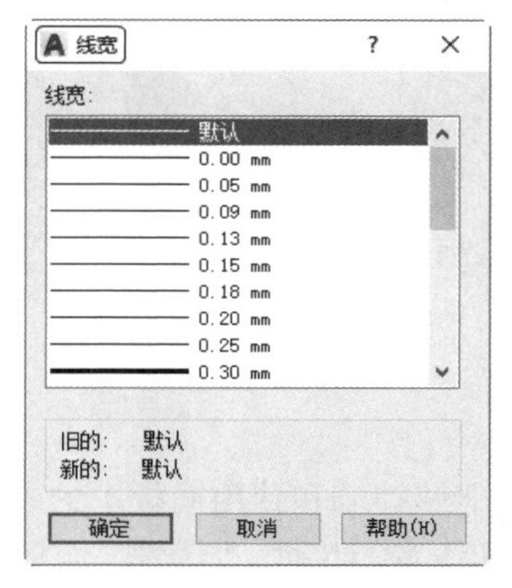

图 2-37 “线宽”对话框

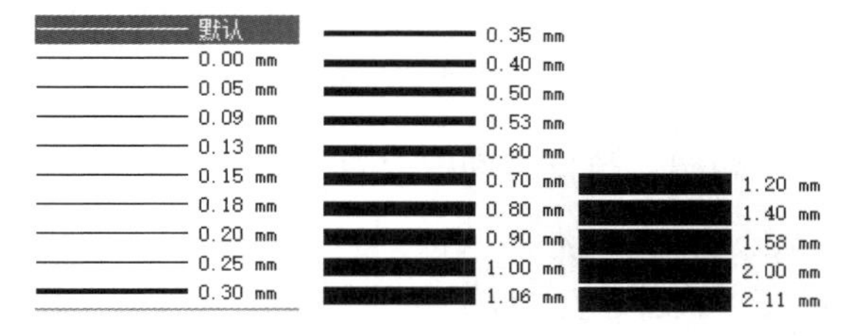

图 2-38 线宽显示效果图

2.6.2 设置图层

除上面讲述的通过图层管理器设置图层的方法外，还有几种其他的简便方法可以设置图层的颜色、线宽、线型等参数。

1. 直接设置图层

可以直接通过命令行或菜单设置图层的颜色、线宽、线型。

（1）颜色执行方式

命令行：COLOR。

菜单栏：“格式”→“颜色”。

（2）颜色操作步骤

执行上述命令后，系统打开“选择颜色”对话框，如图 2-35 所示。

（3）线型执行方式

命令行：LINETYPE。

菜单栏：“格式”→“线型”。

（4）线型操作步骤

执行上述命令后，系统打开“线型管理器”对话框，如图 2-39 所示。

（5）线宽执行方式

命令行：LINEWEIGHT 或 LWEIGHT。

菜单栏：“格式”→“线宽”。

（6）线宽操作步骤

执行上述命令后，系统打开“线宽设置”对话框，如图 2-40 所示。该对话框的使用方法与图 2-37 所示的“线宽”对话框类似。

图 2-39 “线型管理器”对话框

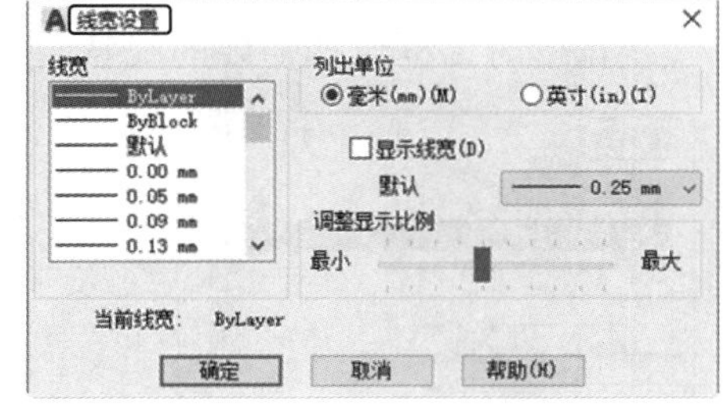

图 2-40 “线宽设置”对话框

2. 利用“特性”面板设置图层

AutoCAD 提供了一个“特性”面板，如图 2-41 所示。用户能够控制和使用面板上的“对象特性”面板快速地查看和改变所选对象的图层、颜色、线型和线宽等特性。“特性”面板上的图层颜色、线型、线宽和打印样式的控制增强了查看和编辑对象属性的命令。在绘图屏幕上选择任何对象都将在面板上自动显示它所在图层、颜色、线型等属性。

也可以在“特性”面板上的“颜色”“线型”“线宽”和“打印样式”下拉列表中选择需要的参数值。如果在“颜色”下拉列表中选择“更多颜色”选项，如图 2-42 所示，系统就会打开“选择颜色”对话框，如图 2-35 所示；同样，如果在“线型”下拉列表中选择“其他”选项，如图 2-43 所示，系统就会打开“线型管理器”对话框，如图 2-39 所示。

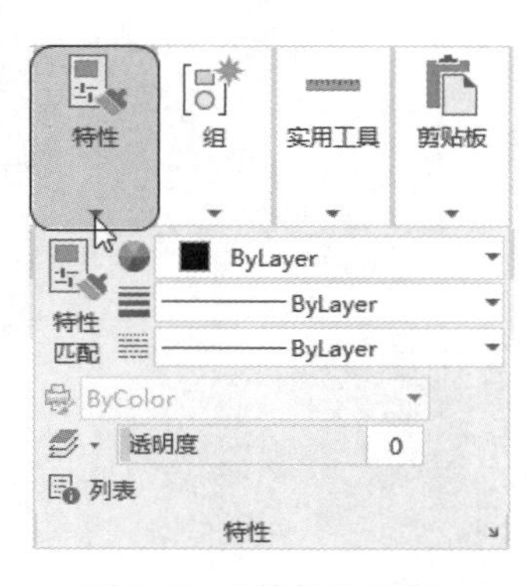

图 2-41 “特性”面板

图 2-42 “选择颜色”选项

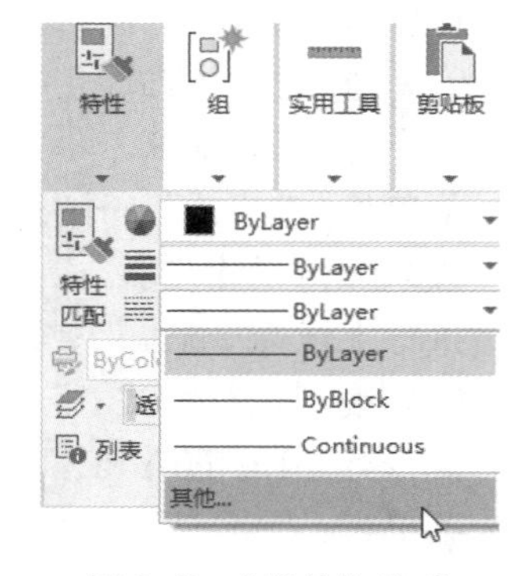

图 2-43 “其他”选项

3. 用“特性”选项板设置图层

（1）执行方式

命令行：DDMODIFY 或 PROPERTIES。

菜单：“修改”→“特性”。

工具栏：“标准”→“特性”。

功能区：单击“视图”选项卡“选项板”面板中的“特性”按性”或单击“默认”选

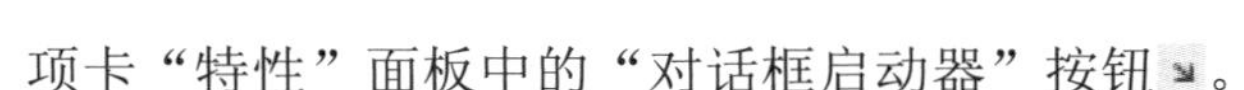
项卡“特性”面板中的“对话框启动器”按钮。

（2）操作步骤

执行上述命令后，系统打开“特性”选项板，如图 2-44 所示。在其中可以方便地设置或修改图层、颜色、线型、线宽等属性。

图 2-44 “特性”选项板

2.7 精确定位工具

精确定位工具是指能够快速准确地定位某些特殊点（如端点、中点、圆心等）和特殊位置（如水平位置、垂直位置）的工具，包括“栅格”“捕捉模式”“推断约束”“动态输入”“正交模式”“极轴追踪”“等轴测草图”“对象捕捉追踪”“二维对象捕捉”“线宽”“透明度”“选择循环”“三维对象捕捉”和“动态 UCS”14 个功能开关按钮，如图 2-45 所示。

图 2-45 功能开关按钮

2.7.1 正交模式

在 AutoCAD 绘图过程中，经常需要绘制水平直线和垂直直线，但是用光标控制选择线段的端点时很难保证两个点严格在水平或垂直方向，为此，AutoCAD 提供了正交功能。当启用正交模式时，画线或移动对象时只能沿水平方向或垂直方向移动光标，也只能绘制平行于坐标轴的正交线段。

1. 执行方式

命令行：ORTHO。

状态栏：按下状态栏中的“正交模式”按钮。

快捷键：按<F8>键。

2. 操作步骤

命令行提示与操作如下。

```
命令：ORTHO↙
输入模式 [开(ON)/关(OFF)] <开>：设置开或关
```

2.7.2 栅格显示

用户可以应用栅格显示工具使绘图区显示网格，它是一个形象的画图工具，就像传统的坐标纸一样。本节介绍控制栅格显示及设置栅格参数的方法。

1. 执行方式

菜单栏：选择菜单栏中的“工具”→“绘图设置”命令。

状态栏：按下状态栏中的“栅格显示”按钮▦（仅限于打开与关闭）。
快捷键：按<F7>键（仅限于打开与关闭）。

2. 操作步骤

选择菜单栏中的“工具”→“绘图设置”命令，❶系统打开“草图设置”对话框，❷选择“捕捉和栅格”选项卡，如图 2-46 所示。

其中，“启用栅格”复选框用于控制是否显示栅格；“栅格 X 轴间距”和“栅格 Y 轴间距”文本框用于设置栅格在水平与垂直方向的间距。如果“栅格 X 轴间距”和“栅格 Y 轴间距”设置为 0，则 AutoCAD 系统会自动将捕捉栅格间距应用于栅格，且其原点和角度总是与捕捉栅格的原点和角度相同。另外，还可以通过“Grid”命令在命令行设置栅格间距。

注意：在“栅格 X 轴间距”和“栅格 Y 轴间距”文本框中输入数值时，若在“栅格 X 轴间距”文本框中输入一个数值后按<Enter>键，系统将自动传送这个值给“栅格 Y 轴间距”，这样可减少工作量。

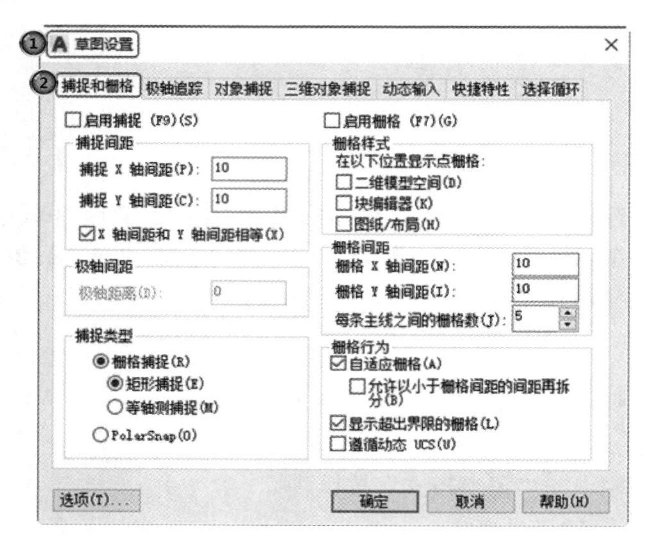

图 2-46 “捕捉与栅格”选项卡

2.7.3 捕捉模式

为了准确地在绘图区捕捉点，AutoCAD 提供了捕捉工具，可以在绘图区生成一个隐含的栅格（捕捉栅格），这个栅格能够捕捉光标，约束它只能落在栅格的某一个节点上，使用户能够高精确度地捕捉和选择这个栅格上的点。本节主要介绍捕捉栅格的参数设置方法。

1. 执行方式

菜单栏：选择菜单栏中的“工具”→“绘图设置”命令。
状态栏：按下状态栏中的“捕捉模式”按钮⠿（仅限于打开与关闭）。
快捷键：按<F9>键（仅限于打开与关闭）。

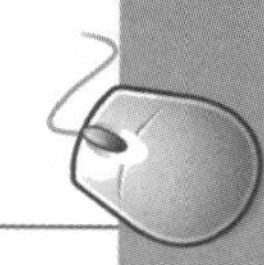

2. 操作步骤

选择菜单栏中的“工具”→“绘图设置”命令，打开“草图设置”对话框，单击“捕捉和栅格”选项卡，如图 2-46 所示。

3. 选项说明

选项含义如表 2-3 所示。

表 2-3 “捕捉与栅格”选项卡选项的含义

选　项	含　义
“启用捕捉”复选框	控制捕捉功能的开关，与按<F9>快捷键或按下状态栏上的“捕捉模式”按钮功能相同
“捕捉间距”选项组	设置捕捉参数，其中“捕捉 X 轴间距”与“捕捉 Y 轴间距”文本框用于确定捕捉栅格点在水平和垂直两个方向上的间距
“捕捉类型”选项组	确定捕捉类型和样式。AutoCAD 提供了两种捕捉栅格的方式：“栅格捕捉”和“PolarSnap”（极轴捕捉）。“栅格捕捉”是指按正交位置捕捉位置点，“极轴捕捉”则可以根据设置的任意极轴角捕捉位置点。 “栅格捕捉”又分为“矩形捕捉”和“等轴测捕捉”两种方式。在“矩形捕捉”方式下捕捉栅格是标准的矩形，在“等轴测捕捉”方式下捕捉栅格和光标十字线不再互相垂直，而是成绘制等轴测图时的特定角度，这种方式对于绘制等轴测图十分方便
“极轴间距”选项组	该选项组只有在选择“PolarSnap”捕捉类型时才可用。可在“极轴距离”文本框中输入距离值，也可以在命令行输入“SNAP”，再设置捕捉的有关参数

2.8 图块操作

图块也称块，它是由一组图形对象组成的集合，一组对象一旦被定义为图块，它们将成为一个整体，选中图块中任意一个图形对象即可选中构成图块的所有对象。AutoCAD 把一个图块作为一个对象进行编辑修改等操作，用户可根据绘图需要把图块插入图中指定的位置，在插入时还可以指定不同的缩放比例和旋转角度。如果需要对组成图块的单个图形对象进行修改，还可以利用“分解”命令把图块炸开，分解成若干个对象。图块还可以重新定义，一旦被重新定义，整个图中基于该块的对象都将随之改变。

2.8.1 定义图块

1. 执行方式

命令行：BLOCK（快捷命令：B）。

菜单栏：选择菜单栏中的“绘图”→“块”→“创建”命令。

工具栏：单击“绘图”工具栏中的“创建块”按钮。

功能区：单击“默认”选项卡“块”面板中的“创建”按钮或单击“插入”选项卡“块定义”面板中的“创建块”按钮。

执行上述命令后，系统打开如图 2-47 所示的“块定义”对话框，利用该对话框可定义图块并为之命名。

2．选项说明

选项含义如表 2-4 所示。

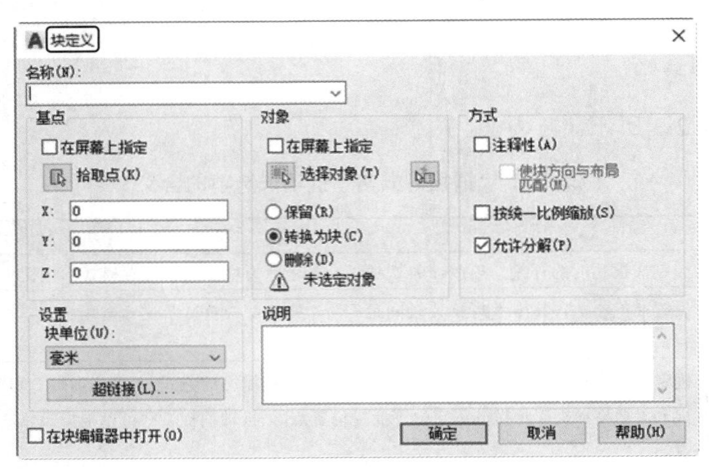

图 2-47　“块定义”对话框

表 2-4　“块定义”对话框选项含义

选　　项	含　　义	
“基点”选项组	确定图块的基点，默认值是（0,0,0），也可以在下面的 X、Y、Z 文本框中输入块的基点坐标值。单击“拾取点”按钮，系统临时切换到绘图区，在绘图区选择一点后，返回“块定义”对话框中，把选择的点作为图块的放置基点	
“对象”选项组	用于选择制作图块的对象，以及设置图块对象的相关属性。如图 2-48 所示，把图(a)中的正五边形定义为图块，图(b)为点选“删除”单选钮的结果，图(c)为点选“保留”单选钮的结果。 (a)　(b)　(c) 图 2-48　设置图块对象	
“设置”选项组	指定从 AutoCAD 设计中心拖动图块时用于测量图块的单位，以及缩放、分解和超链接等设置	
“在块编辑器中打开”复选框	勾选此复选框，可以在块编辑器中定义动态块，后面将详细介绍	
“方式”选项组	指定块的行为	
	“注释性”复选框	指定在图纸空间中块参照的方向与布局方向匹配
	“按统一比例缩放”复选框	指定是否阻止块参照不按统一比例缩放
	“允许分解”复选框	指定块参照是否可以被分解

2.8.2　图块的存盘

利用 BLOCK 命令定义的图块保存在其所属的图形当中，该图块只能在该图形中插入，而不能插入其他的图形中。但是有些图块在许多图形中要经常用到，这时可以用 WBLOCK 命令把图块以图形文件的形式（后缀为.dwg）写入磁盘。图形文件可以在任意图形中用 INSERT 命令插入。

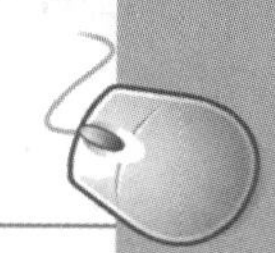

1. 执行方式

命令行：WBLOCK（快捷命令：W）。

功能区：单击“插入”选项卡“块定义”面板中的“写块”按钮。

执行上述命令后，系统打开“写块”对话框，如图 2-49 所示，利用此对话框可把图形对象保存为图形文件或把图块转换成图形文件。

2. 选项说明

选项含义如表 2-5 所示。

表 2-5　“写块”对话框选项含义

选　项	含　义
“源”选项组	确定要保存为图形文件的图块或图形对象。点选“块”单选钮，单击右侧的下拉列表框，在其展开的列表中选择一个图块，将其保存为图形文件；点选“整个图形”单选钮，则把当前的整个图形保存为图形文件；点选“对象”单选钮，则把不属于图块的图形对象保存为图形文件。对象的选择通过“对象”选项组来完成
“目标”选项组	用于指定图形文件的名称、保存路径和插入单位

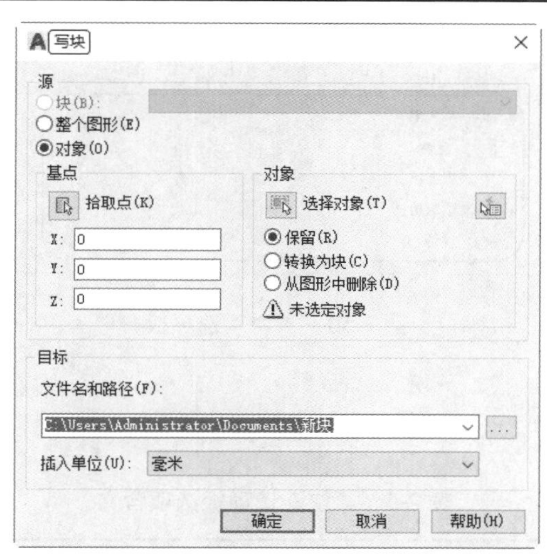

图 2-49　“写块”对话框

2.8.3 图块的插入

在 AutoCAD 绘图过程中，可根据需要随时把已经定义好的图块或图形文件插入当前图形的任意位置，在插入的同时还可以改变图块的大小、旋转一定角度或把图块炸开等。插入图块的方法有多种，本节将逐一进行介绍。

1. 执行方式

命令行：INSERT（快捷命令：I）。

菜单栏：选择菜单栏中的“插入”→“块选项板”命令。

工具栏：单击“插入”工具栏中的“插入块”按钮或“绘图”工具栏中的“插入块”按块。

功能区：单击“默认”选项卡“块”面板中的 “插入”下拉菜单，或单击“插入”选项卡“块”面板中的“插入”下拉菜单。

执行上述命令，在下拉菜单中选择“最近使用的块”，❶打开“块”选项板，如图 2-50 所示。利用此选项板❷设置插入点位置、插入比例以及旋转角度，可以指定要插入的图块及插入位置。

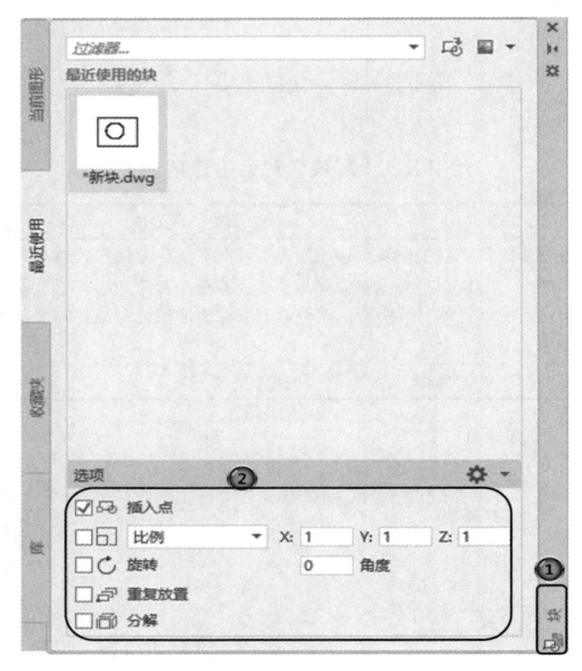

图 2-50 “块”选项板

2. 选项说明

选项含义如表 2-6 所示。

表 2-6 “块”选项板选项含义

选 项	含 义
“路径”显示框	显示图块的保存路径
“插入点”选项组	指定插入点，插入图块时该点与图块的基点重合。可以在绘图区指定该点，也可以在下面的文本框中输入坐标值
“比例”选项组	确定插入图块时的缩放比例。图块被插入当前图形中时，可以以任意比例放大或缩小
“旋转”选项组	指定插入图块时的旋转角度。图块被插入当前图形中时，可以绕其基点旋转一定角度，角度可以是正数（表示沿逆时针方向旋转），也可以是负数（表示沿顺时针方向旋转）。 如果勾选“在屏幕上指定”复选框，系统切换到绘图区，在绘图区选择一点，AutoCAD 自动测量插入点与该点连线和 X 轴正方向之间的夹角，并把它作为块的旋转角。也可以在“角度”文本框中直接输入插入图块时的旋转角度
“分解”复选框	勾选此复选框，则在插入块的同时把其炸开，插入图形中的组成块对象不再是一个整体，可对每个对象单独进行编辑操作

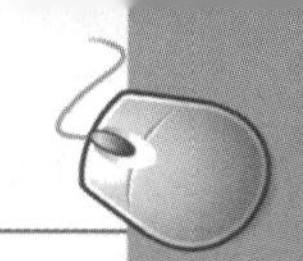

2.9 设计中心

使用 AutoCAD 设计中心可以很容易组织设计内容，并把它们拖动到自己的图形中。可以使用 AutoCAD 设计中心窗口的内容显示框，来观察用 AutoCAD 设计中心资源管理器浏览资源的细目，如图 2-51 所示。在该图中，左侧方框为 AutoCAD 设计中心的资源管理器，右侧方框为 AutoCAD 设计中心的内容显示区。其中上面窗口为文件显示框，中间窗口为图形预览显示框，下面窗口为说明文本显示框。

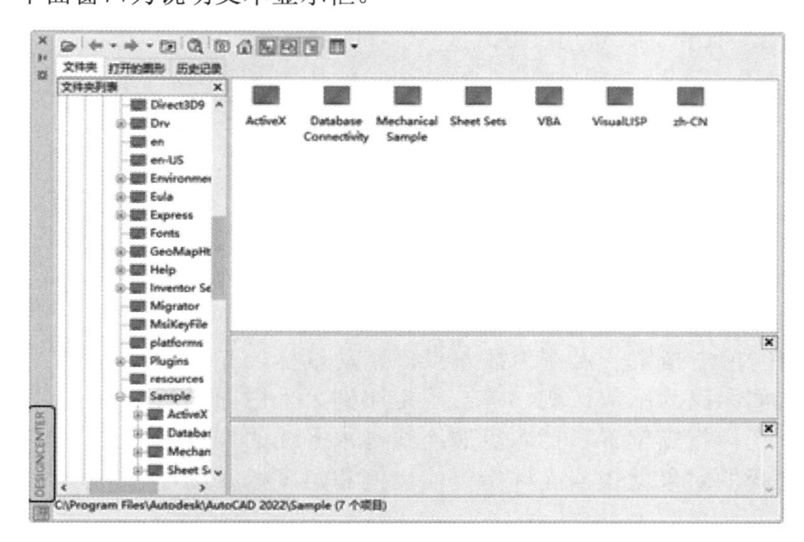

图 2-51 AutoCAD 设计中心的资源管理器和内容显示区

2.9.1 启动设计中心

执行方式如下。

命令行：ADCENTER（快捷命令：ADC）。

菜单栏：选择菜单栏中的“工具”→“选项板”→“设计中心”命令。

工具栏：单击“标准”工具栏中的“设计中心”按钮。

快捷键：按<Ctrl>+<2>键。

功能区：单击“视图”选项卡“选项板”面板中的“设计中心”按钮。

执行上述命令后，系统打开“设计中心”选项板。第一次启动设计中心时，默认打开的选项卡为“文件夹”选项卡。内容显示区采用大图标显示，左边的资源管理器采用树状显示方式显示系统的树形结构，浏览资源的同时，在内容显示区显示所浏览资源的有关细目或内容，如图 2-51 所示。

可以利用鼠标拖动边框的方法来改变 AutoCAD 设计中心资源管理器和内容显示区以及 AutoCAD 绘图区的大小，但内容显示区的最小尺寸应能显示两列大图标。

如果要改变 AutoCAD 设计中心的位置，可以按住鼠标左键并拖动它，松开鼠标左键后，AutoCAD 设计中心便处于当前位置，到新位置后，仍可用鼠标改变各窗口的大小。也可以通过设计中心边框左上方的“自动隐藏”按钮来自动隐藏设计中心。

2.9.2 插入图块

在利用 AutoCAD 绘制图形时，可以将图块插入图形当中。将一个图块插入图形中时，块定义就被复制到图形数据库当中。在一个图块被插入图形之后，如果原来的图块被修改，则插入图形当中的图块也随之改变。

当其他命令正在执行时，不能插入图块到图形当中。例如，如果在插入块时，提示行提示正在执行一个命令，此时光标变成一个带斜线的圆，提示操作无效。另外，一次只能插入一个图块。AutoCAD 设计中心提供了插入图块的两种方法："利用鼠标指定比例和旋转方式"和"精确指定坐标、比例和旋转角度方式"。

1. 利用鼠标指定比例和旋转方式插块

系统根据光标拉出的线段长度、角度确定比例与旋转角度，插入图块的步骤如下。

（1）从文件夹列表或查找结果列表中选择要插入的图块，按住鼠标左键，将其拖动到打开的图形中。松开鼠标左键，此时选择的对象被插入当前被打开的图形当中。利用当前设置的捕捉方式，可以将对象插入任何存在的图形当中。

（2）在绘图区单击指定一点作为插入点，移动鼠标，光标位置点与插入点之间距离为缩放比例，单击确定比例。采用同样的方法移动鼠标，光标指定位置和插入点的连线与水平线的夹角为旋转角度。被选择的对象就根据光标指定的比例和角度插入图形当中。

2. 精确指定坐标、比例和旋转角度方式插入图块

利用该方法可以设置插入图块的参数，插入图块的步骤如下。

（1）从文件夹列表或查找结果列表框中选择要插入的对象，拖动对象到打开的图形中。

（2）选中图块并右击，可以选择快捷菜单中的"缩放""旋转"等命令，如图 2-52 所示。

（3）在相应的命令行提示下输入比例和旋转角度等数值。被选择的对象根据指定的参数插入图形当中。

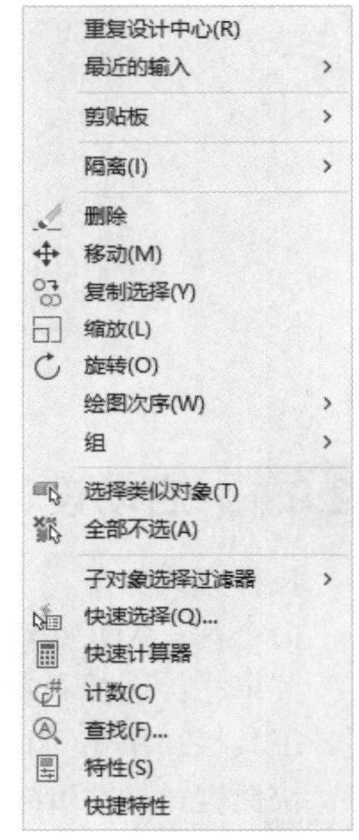

图 2-52 快捷菜单

2.9.3 图形复制

1. 在图形之间复制图块

利用 AutoCAD 设计中心可以浏览和装载需要复制的图块，然后将图块复制到剪贴板中，再利用剪贴板将图块粘贴到图形当中，具体方法如下。

（1）在"设计中心"选项板选择需要复制的图块，右击，选择快捷菜单中的"复制"命令。

（2）将图块复制到剪贴板上，然后通过"粘贴"命令粘贴到当前图形中。

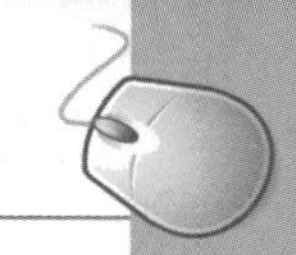

2. 在图形之间复制图层

利用 AutoCAD 设计中心可以将任何一个图形的图层复制到其他图形。如果已经绘制了一个包括设计所需的所有图层的图形，在绘制新图形的时候，可以新建一个图形，并通过AutoCAD 设计中心将已有的图层复制到新的图形中，这样可以节省时间，并保证图形间的一致性。现对图形之间复制图层的两种方法介绍如下。

（1）拖动图层到已打开的图形。确认要复制图层的目标图形文件被打开，并且是当前的图形文件。在“设计中心”选项板中选择要复制的一个或多个图层，按住鼠标左键拖动图层到打开的图形文件，松开鼠标后，被选择的图层即被复制到打开的图形当中。

（2）复制或粘贴图层到打开的图形。确认要复制图层的图形文件被打开，并且是当前的图形文件。在“设计中心”选项板中选择要复制的一个或多个图层，右击，选择快捷菜单中的“复制”命令。如果要粘贴图层，确认粘贴的目标图形文件被打开，并为当前文件。

2.10 工具选项板

“工具选项板”中的选项卡提供了组织、共享和放置块及填充图案的有效方法。“工具选项板”还可以包含由第三方开发人员提供的自定义工具。

2.10.1 打开工具选项板

执行方式如下。

命令行：TOOLPALETTES（快捷命令：TP）。

菜单栏：选择菜单栏中的“工具”→“选项板”→“工具选项板”命令。

工具栏：单击“标准”工具栏中的“工具选项板窗口”按钮。

快捷键：按<Ctrl>+<3>键。

功能区：单击“视图”选项卡“选项板”面板中的“工具选项板”按钮。

执行上述命令后，系统自动打开工具选项板，如图 2-53 所示。

在工具选项板中，系统设置了一些常用图形选项卡，这些常用图形可以方便用户绘图。

注意：在绘图中还可以将常用命令添加到工具选项板中。“自定义”对话框打开后，就可以将工具按钮从工具栏拖到工具选项板中，或将工具从“自定义用户界面（CUI）”编辑器拖到工具选项板中。

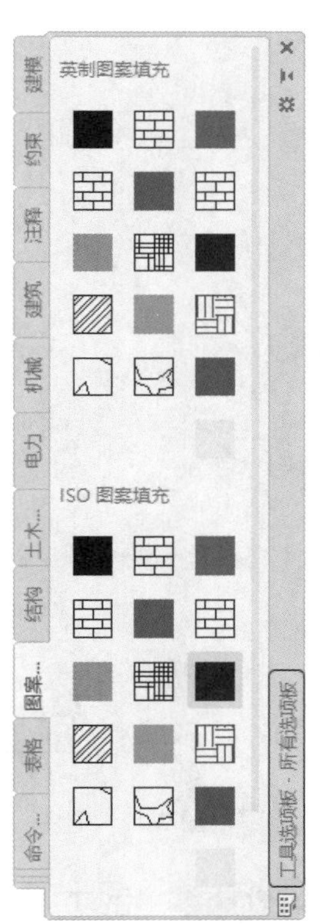

图 2-53 工具选项板

2.10.2 新建工具选项板

用户可以创建新的工具选项板，这样有利于个性化作图，也能够满足特殊作图需要。

执行方式如下。

命令行：CUSTOMIZE。

菜单栏：选择菜单栏中的“工具”→“自定义”→“工具选项板”命令。

工具选项板：单击“工具选项板”中的“特性”按钮，在打开的快捷菜单中选择“自定义选项板”（或“新建选项板”）命令。

执行上述命令后，系统打开“自定义”对话框，如图 2-54 所示。在“选项板”列表框中右击，打开快捷菜单，如图 2-55 所示，选择“新建选项板”命令，在“选项板”列表框中出现一个“新建选项板”，可以为新建的工具选项板命名，确定后，工具选项板中就增加了一个新的选项卡，如图 2-56 所示。

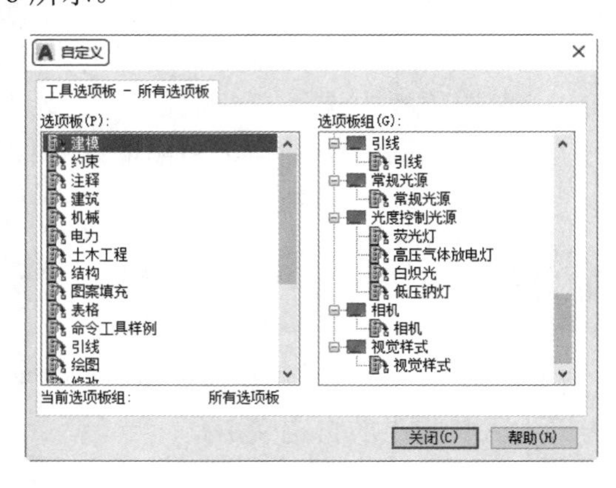

图 2-54 “自定义”对话

上移(U)
下移(W)
新建选项板(E)
重命名选项板(N)

图 2-55 选择“新建选项板”命令

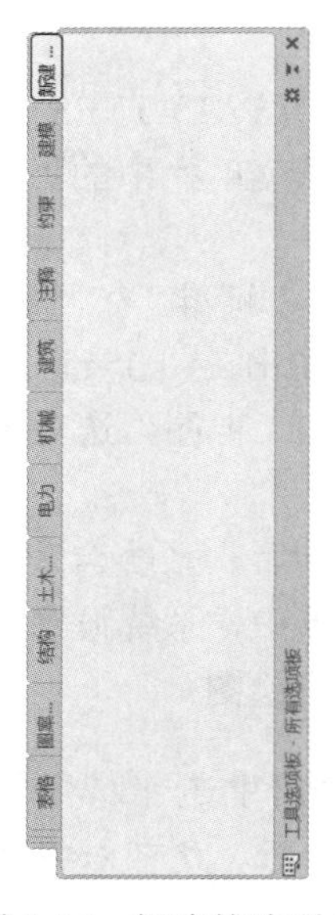

图 2-56 新建的选项卡

2.10.3 向工具选项板中添加内容

将图形、块和图案填充从设计中心拖动到工具选项板中。

例如，单击“视图”选项卡“选项板”面板中的“设计中心”按钮，❶打开“设计中心”选项板。在 DesigncEnter 文件夹上右击，❷在弹出的快捷菜单中选择“创建块的工具选项板”

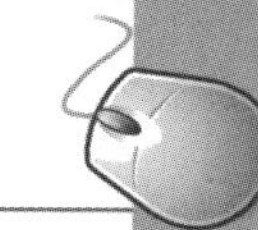

命令，如图 2-57(a)所示。设计中心中储存的图元就出现在❸工具选项板中新建的❹DesignCEnter选项卡中，如图 2-57(b)所示，这样就可以将设计中心与工具选项板结合起来，创建一个快捷方便的工具选项板。将工具选项板中的图形拖到另一个图形中时，图形将作为块插入。

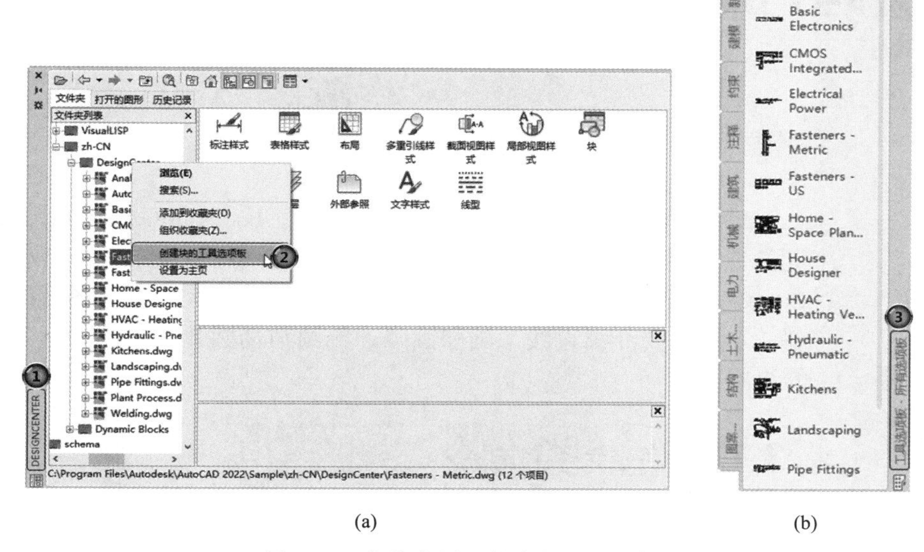

(a)　　　　　　　　(b)

图 2-57　将储存图元创建成“设计中心”工具选项板

Chapter

二维绘图命令

3

二维图形是指在二维平面空间绘制的图形，AutoCAD 提供了大量的绘图工具，可以帮助用户完成二维图形的绘制。用户利用 AutoCAD 提供的二维绘图命令，可以快速方便地完成某些图形的绘制。本章主要介绍直线、圆和圆弧、椭圆与椭圆弧、平面图形和点的绘制。

3.1 直线类命令

直线类命令包括直线段、射线和构造线命令。这几个命令是 AutoCAD 中最简单的绘图命令。

3.1.1 直线段

1. 执行方式

命令行：LINE（快捷命令：L）。

菜单栏：选择菜单栏中的“绘图”→“直线”命令。

工具栏：单击“绘图”工具栏中的“直线”按钮。

功能区：单击“默认”选项卡“绘图”面板中的“直线”按钮。

2. 操作步骤

命令行提示与操作如下。

命令：LINE↙

指定第一个点：输入直线段的起点坐标或在绘图区单击指定点

指定下一点或 [放弃(U)]：输入直线段的端点坐标，或利用光标指定一定角度后，直接输入直线的长度

指定下一点或 [放弃(U)]：输入下一直线段的端点，或输入选项“U”表示放弃前面的输入；右击或按<Enter>键，结束命令

指定下一点或 [闭合(C)/放弃(U)]：输入下一直线段的端点，或输入选项“C”使图形闭合，结束命令

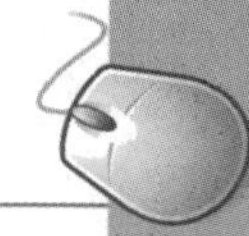

3. 选项说明

选项含义如表 3-1 所示。

表 3-1 “直线”命令选项含义

选　项	含　义
“指定第一个点”提示	若按<Enter>键响应“指定第一个点”提示，系统会把上一次绘制图线的终点作为本次图线的起始点。若上一次操作为绘制圆弧，按<Enter>键响应后，绘出通过圆弧终点并与该圆弧相切的直线段，该线段的长度为光标在绘图区指定的一点与切点之间线段的距离
“指定下一点”提示	在“指定下一点”提示下，用户可以指定多个端点，从而绘出多条直线段。但是，每一条直线段是一个独立的对象，可以进行单独编辑操作
若采用输入选项“C”响应“指定下一点”提示	绘制两条以上直线段后，若采用输入选项“C”响应“指定下一点”提示，系统会自动连接起始点和最后一个端点，从而绘出封闭的图形
若采用输入选项“U”响应提示	若采用输入选项“U”响应提示，则删除最近一次绘制的直线段

注意：若设置正交方式（按下状态栏中的“正交模式”按钮），只能绘制水平线段或垂直线段。若设置动态数据输入方式（按下状态栏中的“动态输入”按钮），则可以动态输入坐标或长度值，效果与非动态数据输入方式类似。除特别需要外，以后不再强调，而只按非动态数据输入方式输入相关数据。

3.1.2 数据输入法

在 AutoCAD 2022 中，点的坐标可以用直角坐标、极坐标、球面坐标和柱面坐标表示，每一种坐标又分别具有两种坐标输入方式：绝对坐标和相对坐标。其中直角坐标法和极坐标法最为常用，具体输入方法如下。

（1）直角坐标法。

用点的 X、Y 坐标值表示的坐标。在命令行中输入点的坐标“15,18”，则表示输入了一个 X、Y 的坐标值分别为 15、18 的点，此为绝对坐标输入方式，表示该点的坐标是相对于当前坐标原点的坐标值，如图 3-1(a)所示。如果输入“@10,20”，则为相对坐标输入方式，表示该点的坐标是相对于前一点的坐标值，如图 3-1(b)所示。

（2）极坐标法。

用长度和角度表示的坐标，只能用来表示二维点的坐标。在绝对坐标输入方式下，表示为“长度<角度”，如“25<50”，其中长度表示该点到坐标原点的距离，角度表示该点到原点的连线与 X 轴正向的夹角，如图 3-1(c)所示。

在相对坐标输入方式下，表示为“@长度<角度”，如“@25<45”，其中长度为该点到前一点的距离，角度为该点至前一点的连线与 X 轴正向的夹角，如图 3-1(d)所示。

（3）动态数据输入。

按下状态栏中的“动态输入”按钮，系统打开动态输入功能，可以在绘图区动态地输入某些参数数据。例如，绘制直线时，在光标附近，会动态地显示“指定第一个角点或”，以及后面的坐标框。当前坐标框中显示的是目前光标所在位置，可以输入数据，两个数据之间用逗号隔开，如图 3-2 所示。指定第一点后，系统动态显示直线的角度，同时要求输入线段长度值，如图 3-3 所示，其输入效果与“@长度<角度”方式相同。

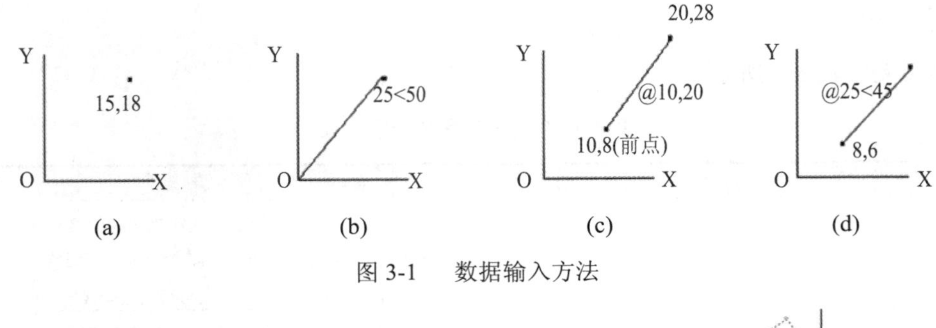

图 3-1　数据输入方法

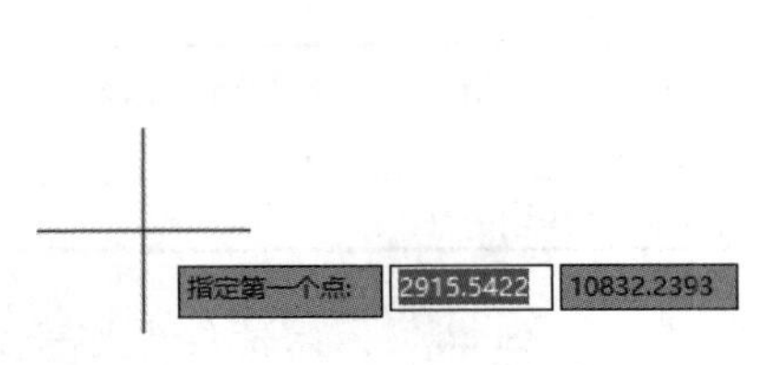

图 3-2　动态输入坐标值

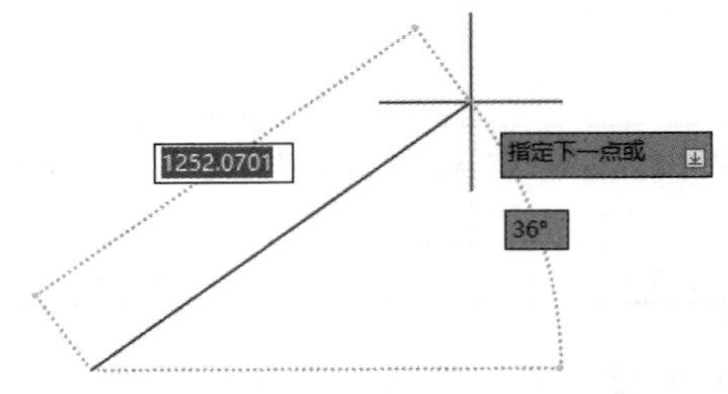

图 3-3　动态输入长度值

下面分别介绍点与距离值的输入方法。

①点的输入。在绘图过程中，常需要输入点的位置，AutoCAD 提供了如下几种输入点的方式。

（a）用键盘直接在命令行输入点的坐标。直角坐标有两种输入方式：x,y（点的绝对坐标值，如“100,50”）和@ x,y（相对于上一点的相对坐标值，如“@ 50,-30”）。

极坐标的输入方式为“长度<角度”（其中，长度为点到坐标原点的距离，角度为原点至该点连线与 X 轴的正向夹角，如“20<45”）或“@长度<角度”（相对于上一点的相对极坐标，如“@ 50<-30”）。

输入点坐标时，逗号只能是在西文状态下，否则会出现错误。

（b）用鼠标等定标设备移动光标，在绘图区单击直接取点。

（c）用目标捕捉方式捕捉绘图区已有图形的特殊点（如端点、中点、中心点、插入点、交点、切点、垂足点等）。

（d）直接输入距离。先拖拉出直线以确定方向，然后用键盘输入距离。这样有利于准确控制对象的长度，如要绘制一条 10mm 长的线段，命令行提示与操作方法如下。

```
命令: _line
指定第一个点:在绘图区指定一点
指定下一点或 [放弃(U)]:
```

这时在绘图区移动光标指明线段的方向，但不要单击鼠标，然后在命令行输入“10”，这样就在指定方向上准确地绘制了长度为 10mm 的线段，如图 3-4 所示。

图 3-4　绘制直线

②距离值的输入。在 AutoCAD 中，有时需要提供高度、宽度、半径、长度等表示距离的值。AutoCAD 系统提供了两种输入距离值的方式：一种是用键盘在命令行中直接输入数值；另一种是在绘图区选择两点，以两点的距离值确定所需的数值。

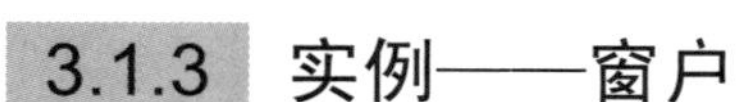

3.1.3 实例——窗户

绘制如图 3-5 所示的一个窗户图形。

绘制步骤

单击状态栏中的“动态输入”按钮，关闭“动态输入”功能。单击“默认”选项卡“绘图”面板中的“直线”按钮，绘制窗户图形，命令行提示与操作如下：

```
命令: _line
指定第一个点: 120,120↙
指定下一点或 [放弃(U)]: 120,400↙
指定下一点或 [放弃(U)]: 420,400↙
指定下一点或 [闭合(C)/放弃(U)]: 420,120↙
指定下一点或 [闭合(C)/放弃(U)]: 120,120↙
指定下一点或 [闭合(C)/放弃(U)]: ↙
命令: ↙(直接回车表示重复执行上次命令)
LINE 指定第一个点: 270,400↙
指定下一点或 [放弃(U)]: 270,120↙
指定下一点或 [放弃(U)]: ↙
```

注意：

（1）输入坐标值时，逗号必须是在西文状态下，否则会出现错误。

（2）一般每个命令有 4 种执行方式，这里只给出了命令行执行方式，其他两种执行方式的操作方法与命令行执行方式相同。

动手练一练——绘制标高符号

利用“直线”命令绘制如图 3-6 所示的标高符号。

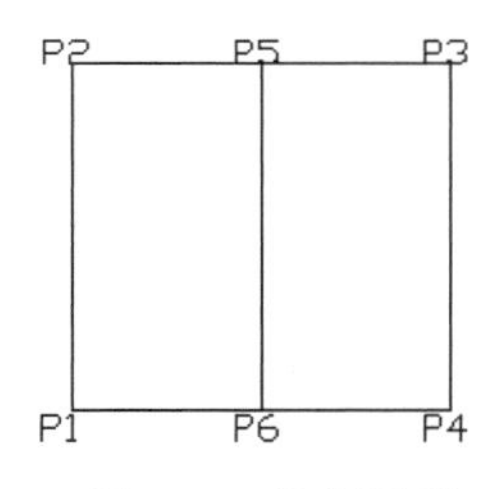

图 3-5 窗户图形

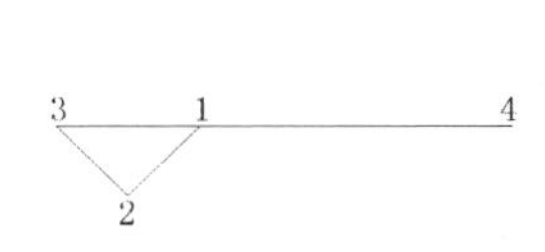

图 3-6 标高符号

思路点拨

源文件：源文件\第 3 章\标高符号.dwg

为了做到准确无误，要求通过坐标值的输入指定直线的相关点，从而使读者灵活掌握直线的绘制方法。

3.2 圆类命令

圆类命令主要包括“圆”“圆弧”“圆环”“椭圆”及“椭圆弧”命令，这几个命令是 AutoCAD 中最简单的曲线命令。

3.2.1 圆

1. 执行方式

命令行：CIRCLE（快捷命令：C）。

菜单栏：选择菜单栏中的“绘图”→“圆”命令。

工具栏：单击“绘图”工具栏中的“圆”按钮。

功能区：单击①“默认”选项卡“绘图”面板中的②“圆”下拉菜单（如图 3-7 所示）。

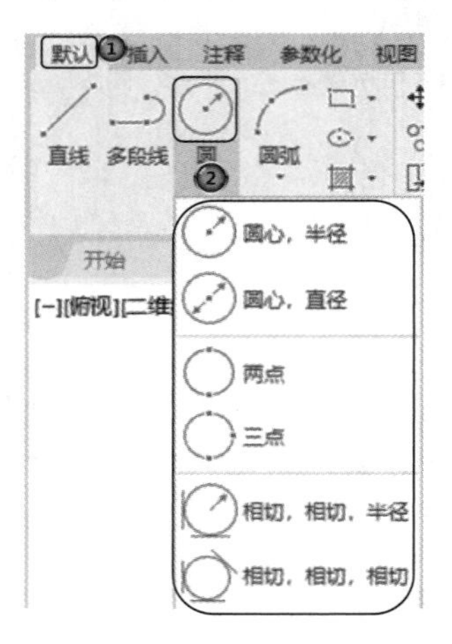

图 3-7 “圆”下拉菜单

2. 操作步骤

命令行提示与操作如下。

```
命令：CIRCLE↙
指定圆的圆心或 [三点(3P)/两点(2P)/切点、切点、半径(T)]：指定圆心
指定圆的半径或 [直径(D)]：直接输入半径值或在绘图区单击指定半径长度
指定圆的直径 <默认值>：输入直径值或在绘图区单击指定直径长度
```

3. 选项说明

选项含义如表 3-2 所示。

注意：选择菜单栏中的①“绘图”→②“圆”命令，③其子菜单中多了一种“相切、相切、相切”的绘制方法，当选择此方式时（如图 3-8 所示），命令行提示与操作如下：

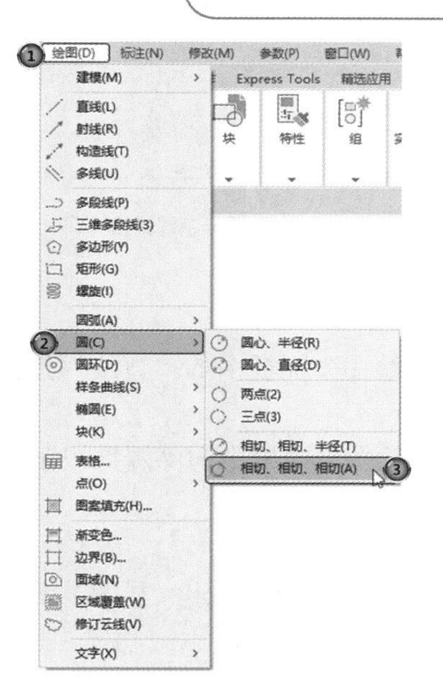

图 3-8 “相切、相切、相切” 绘制方法

表 3-2 “圆”命令选项含义

选　项	含　义
三点（3P）	通过指定圆周上三点绘制圆
两点（2P）	通过指定直径的两端点绘制圆
切点、切点、半径（T）	通过先指定两个相切对象，再给出半径的方法绘制圆。如图 3-9(a)～(d)所示给出了以“切点、切点、半径”方式绘制圆的各种情形（加粗的圆为最后绘制的圆）。 (a) (b) (c) (d) 图 3-9 圆与另外两个对象相切

```
指定圆的圆心或 [三点(3P)/两点(2P)/切点、切点、半径(T)]: _3p
指定圆上的第一个点: _tan 到: 选择相切的第一个圆弧
指定圆上的第二个点: _tan 到: 选择相切的第二个圆弧
指定圆上的第三个点: _tan 到: 选择相切的第三个圆弧
```

注意：对于圆心点的选择，除了直接输入圆心点外，还可以利用圆心点与中心线的对应关系，利用对象捕捉的方法选择。按下状态栏中的“对象捕捉”按钮，命令行中会提示<打开对象捕捉>。

3.2.2 实例——擦背床

绘制如图 3-10 所示的一个擦背床图形。

图 3-10　擦背床

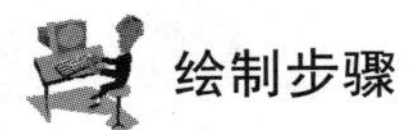

绘制步骤

（1）单击“默认”选项卡“绘图”面板中的“直线”按钮，取适当尺寸，绘制矩形外轮廓，如图 3-11 所示。

（2）单击“默认”选项卡“绘图”面板中的“圆”按钮，绘制圆。命令行提示与操作如下。

```
命令: _circle
指定圆的圆心或[三点(3P)/两点(2P)/切点、切点、半径(T)]: 在适当位置指定一点。
指定圆的半径或[直径(D)]:" 后用鼠标指定一点。
```

绘制结果如图 3-10 所示。

动手练一练——绘制射灯

利用“直线”和“圆”命令绘制如图 3-12 所示的射灯。

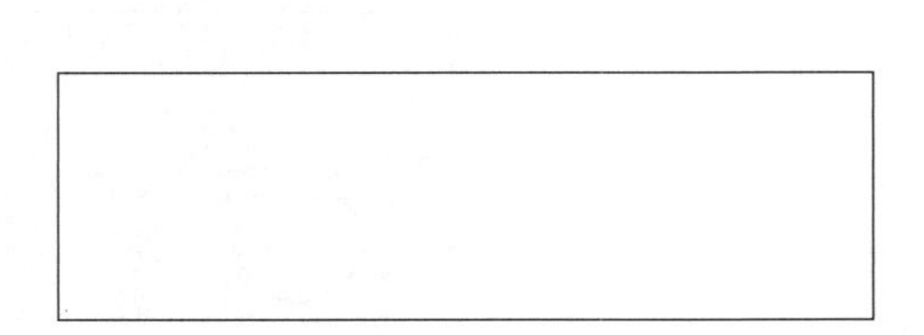

图 3-11　绘制外轮廓

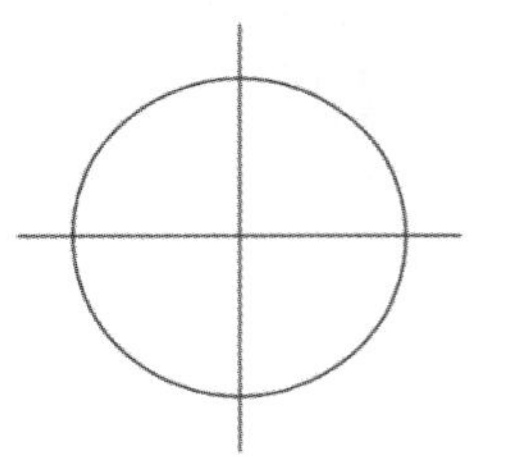

图 3-12　射灯

思路点拨

源文件：源文件\第 3 章\射灯.dwg

（1）利用“直线”命令绘制中心线。

（2）利用“圆”命令绘制灯轮廓。

3.2.3 圆弧

1. 执行方式

命令行：ARC（快捷命令：A）。

菜单栏：选择菜单栏中的“绘图”→“圆弧”命令。

工具栏：单击“绘图”工具栏中的“圆弧”按钮。

功能区：单击❶“默认”选项卡❷“绘图”面板中的❸“圆弧”下拉菜单（如图 3-13 所示）。

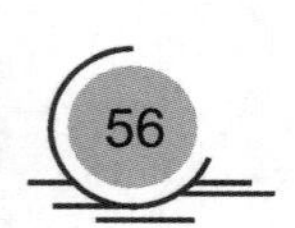

图 3-13 “圆弧”下拉菜单

2. 操作步骤

命令行提示与操作如下。

```
命令：ARC↙
指定圆弧的起点或 [圆心(C)]：指定起点
指定圆弧的第二个点或 [圆心(C)/端点(E)]：指定第二点
指定圆弧的端点：指定末端点
```

3. 选项说明

（1）用命令行方式绘制圆弧时，可以根据系统提示选择不同的选项，具体功能和利用菜单栏中的“绘图”→“圆弧”中子菜单提供的 11 种方式相似。这 11 种方式绘制的圆弧分别如图 3-14(a)～(k)所示。

（2）需要强调的是：“连续”方式绘制的圆弧与上一线段圆弧相切；继续绘制圆弧段，只提供端点即可。

注意：绘制圆弧时，注意圆弧的曲率是遵循逆时针方向的，所以在选择指定圆弧两个端点和半径模式时，需要注意端点的指定顺序，否则有可能导致圆弧的凹凸形状与预期的相反。

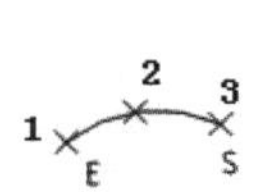

（a）三点

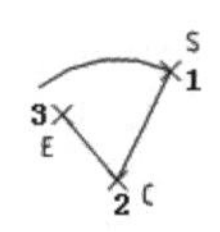

（b）起点、圆心、端点

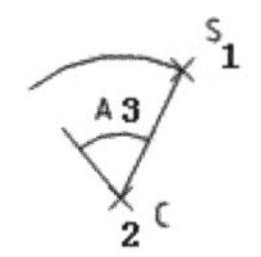

（c）起点、圆心、角度

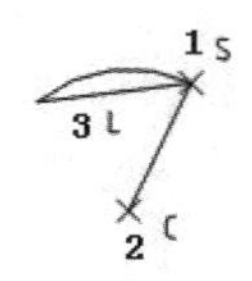

（d）起点、圆心、长度

图 3-14 11 种圆弧绘制方法的效果

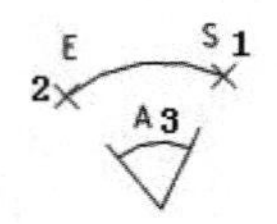

（e）起点、端点、角度

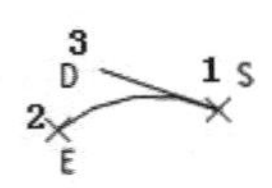

（f）起点、端点、方向

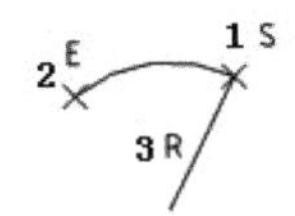

（g）起点、端点、半径

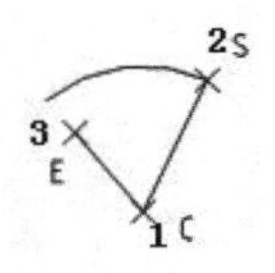

（h）圆心、起点、端点

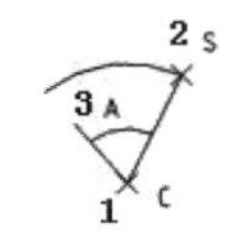

（i）圆心、起点、角度

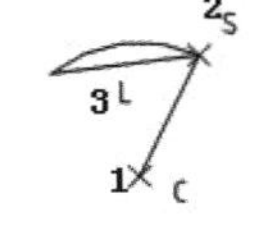

（j）圆心、起点、长度

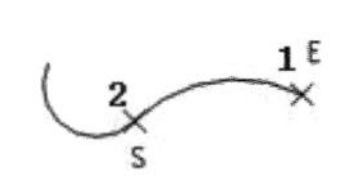

（k）连续

图 3-14　11 种圆弧绘制方法的效果（续）

3.2.4 实例——椅子

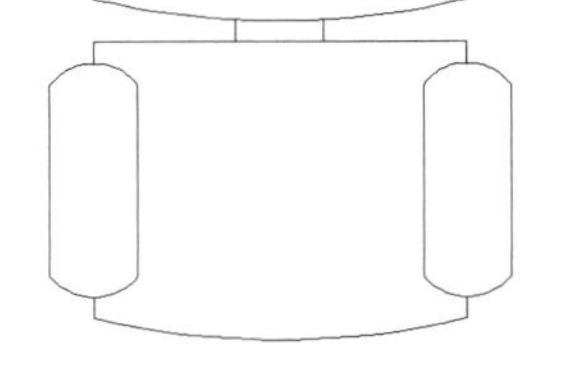

图 3-15　椅子

利用直线和圆弧命令绘制如图 3-15 所示的一个椅子。

绘制步骤

（1）单击“默认”选项卡“绘图”面板中的“直线”按钮，绘制初步轮廓结果如图 3-16 所示。

（2）单击“默认”选项卡“绘图”面板中的“圆弧”按钮和“直线”按钮，完成绘制。命令行提示与操作如下：

```
命令：_arc
指定圆弧的起点或 [圆心(C)]：(用鼠标指定左上方竖线段端点 1，如图 3-16 所示)
指定圆弧的第二个点或 [圆心(C)/端点(E)]：(用鼠标在上方两竖线段正中间指定一点 2)
指定圆弧的端点：(用鼠标指定右上方竖线段端点 3)
命令：_line
指定第一个点：（用鼠标在刚才绘制圆弧上指定一点）
指定下一点或 [放弃(U)]：（在垂直方向上用鼠标在中间水平线段上指定一点）
指定下一点或 [放弃(U)]：
```

同样方法圆弧上指定一点为起点向下绘制另一条竖线段。再以图 3-16 中 1、3 两点下面的水平线段的端点为起点各向下适当距离绘制两条竖直线段，如图 3-17 所示。命令行提示如下：

```
命令：_arc
指定圆弧的起点或 [圆心(C)]：(用鼠标指定左边第一条竖线段上端点 4，如图 3-17 所示)
指定圆弧的第二个点或 [圆心(C)/端点(E)]：（用上面刚绘制的竖线段上端点 5）
指定圆弧的端点：(用鼠标指定左下方第二条竖线段上端点 6)
```

同样方法绘制扶手位置另外三段圆弧。

```
命令：_line
指定第一个点：（用鼠标在刚才绘制圆弧正中间指定一点）
```

```
指定下一点或 [放弃(U)]: (在垂直方向上用鼠标指定一点)
指定下一点或 [放弃(U)]:
```

同样方法绘制另一条竖线段。

```
命令: _arc
指定圆弧的起点或 [圆心(C)]:(用鼠标指定刚才绘制线段的下端点)
指定圆弧的第二个点或 [圆心(C)/端点(E)]: E↙
指定圆弧的端点:(用鼠标指定刚才绘制另一线段的下端点)
指定圆弧的中心点(按住 Ctrl 键以切换方向)或 [角度(A)/方向(D)/半径(R)]: D↙
指定圆弧起点的相切方向(按住 Ctrl 键以切换方向): (用鼠标指定圆弧起点切向)
```

绘制结果如图 3-15 所示。

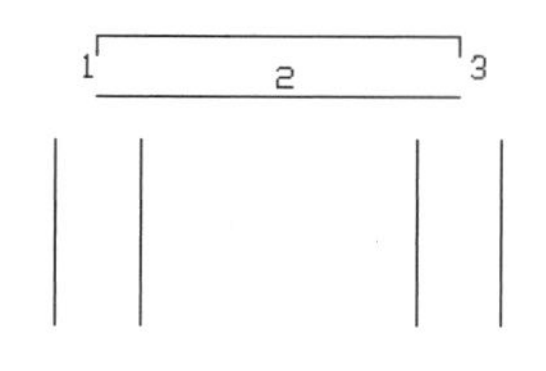

图 3-16 椅子初步轮廓

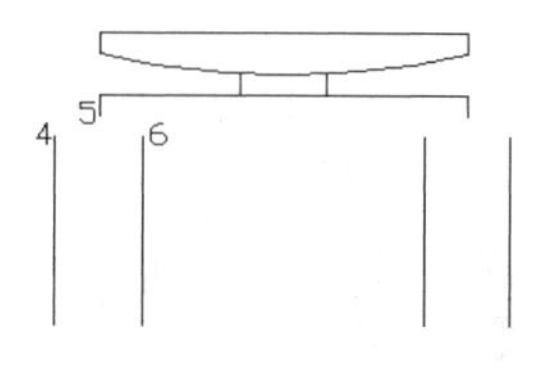

图 3-17 绘制过程

动手练一练——绘制靠背椅

利用“直线”“圆”和“圆弧”命令绘制如图 3-18 所示的靠背椅。

思路点拨

源文件：源文件\第 3 章\靠背椅.dwg

（1）利用“圆”命令绘制座板。

（2）利用“圆弧”命令绘制靠背。

（3）利用“直线”命令绘制连接板。

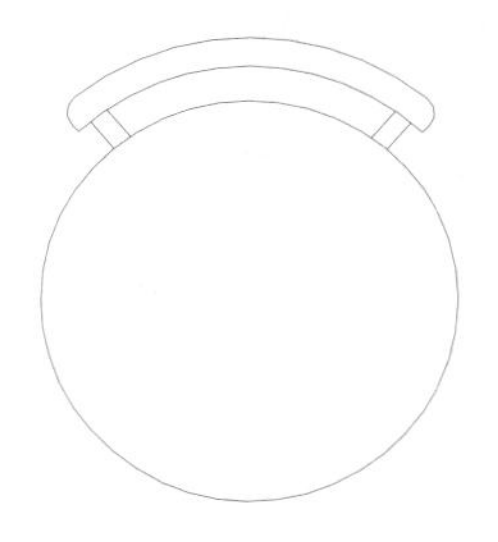

图 3-18 靠背椅

3.2.5 圆环

1. 执行方式

命令行：DONUT（快捷命令：DO）。

菜单栏：选择菜单栏中的“绘图”→“圆环”命令。

功能区：单击“默认”选项卡“绘图”面板中的“圆环”按钮◎。

2. 操作步骤

命令行提示与操作如下。

```
命令: DONUT↙
指定圆环的内径 <默认值>:指定圆环内径
指定圆环的外径 <默认值>:指定圆环外径
```

```
指定圆环的中心点或 <退出>:指定圆环的中心点
指定圆环的中心点或 <退出>:继续指定圆环的中心点，则继续绘制相同内外径的圆环
```

按<Enter>、<space>键或右击，结束命令，如图 3-19(a)所示。

3．选项说明

（1）若指定内径为零，则画出实心填充圆，如图 3-19(b)所示。

（2）用命令 FILL 可以控制圆环是否填充，具体方法如下。

```
命令: FILL↙
输入模式 [开(ON)/关(OFF)] <开>:(选择“开”表示填充，选择“关”表示不填充，如图 3-19(c)所示)
```

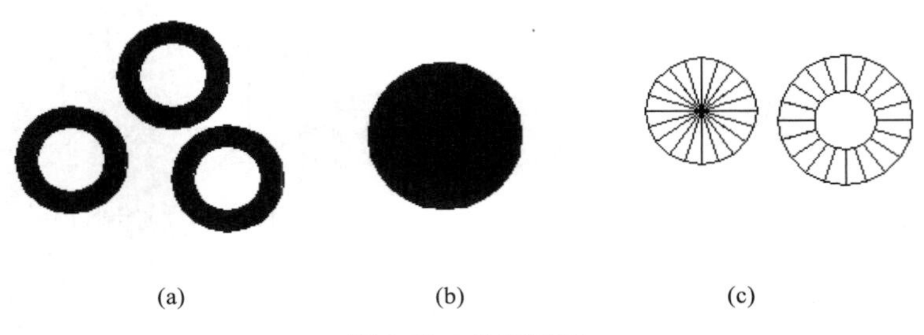

(a) (b) (c)

图 3-19 绘制圆环

3.2.6 椭圆与椭圆弧

1．执行方式

命令行：ELLIPSE（快捷命令：EL）。

菜单栏：选择菜单栏中的“绘图”→“椭圆”→“圆弧”命令。

工具栏：单击“绘图”工具栏中的“椭圆”按钮或“椭圆弧”按钮。

功能区：单击①“默认”选项卡②“绘图”面板中的③“椭圆”下拉菜单（如图 3-20 所示）。

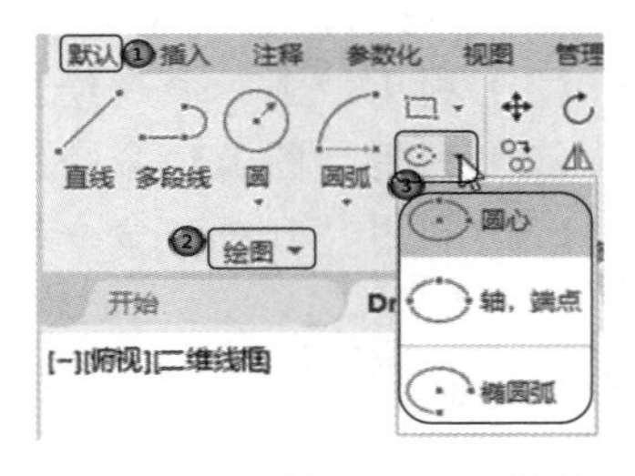

图 3-20 “椭圆”下拉菜单

2．操作步骤

命令行提示与操作如下。

```
命令: ELLIPSE↙
指定椭圆的轴端点或 [圆弧(A)/中心点(C)]: 指定轴端点 1，如图 3-21(a)所示
指定轴的另一个端点: 指定轴端点 2，如图 3-21(a)所示
指定另一条半轴长度或 [旋转(R)]:
```

3．选项说明

选项含义如表 3-3 所示。

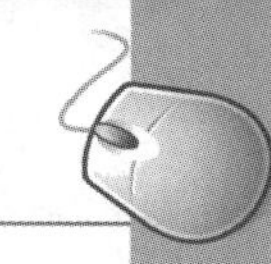

表 3-3 “椭圆与椭圆弧”命令选项含义

<table>
<tr><th>选　项</th><th colspan="2">含　义</th></tr>
<tr><td>指定椭圆的轴端点</td><td colspan="2">根据两个端点定义椭圆的第一条轴，第一条轴的角度确定了整个椭圆的角度。第一条轴既可定义椭圆的长轴，也可定义其短轴</td></tr>
<tr><td rowspan="4">圆弧(a)</td><td colspan="2">用于创建一段椭圆弧，与“单击‘绘图’工具栏中的‘椭圆弧’按钮”功能相同。其中第一条轴的角度确定了椭圆弧的角度。第一条轴既可定义椭圆弧长轴，也可定义其短轴。选择该项，系统命令行中继续提示如下。
指定椭圆弧的轴端点或 [中心点(C)]：指定端点或输入“C”↙
指定轴的另一个端点:指定另一端点
指定另一条半轴长度或 [旋转(R)]：指定另一条半轴长度或输入“R”↙
指定起点角度或 [参数(P)]：指定起始角度或输入“P”↙
指定端点角度或 [参数(P)/ 夹角(I)]：
其中选项含义如下</td></tr>
<tr><td>起点角度</td><td>指定椭圆弧端点的两种方式之一，光标与椭圆中心点连线的夹角为椭圆端点位置的角度,如图 3-21(b)所示。
(a)椭圆　(b)椭圆弧
图 3-21　椭圆和椭圆弧</td></tr>
<tr><td>参数（P）</td><td>指定椭圆弧端点的另一种方式，该方式同样是指定椭圆弧端点的角度，但通过以下矢量参数方程式创建椭圆弧。
$P(u) = c + a\times\cos(u) + b\times\sin(u)$
其中，c 是椭圆的中心点，a 和 b 分别是椭圆的长轴和短轴，u 为光标与椭圆中心点连线的夹角</td></tr>
<tr><td>夹角（I）</td><td>定义从起始角度开始的包含角度</td></tr>
<tr><td>中心点（C）</td><td colspan="2">通过指定的中心点创建椭圆</td></tr>
<tr><td>旋转（R）</td><td colspan="2">通过绕第一条轴旋转圆来创建椭圆。相当于将一个圆绕椭圆轴翻转一个角度后的投影视图</td></tr>
</table>

注意：椭圆命令生成的椭圆是以多段线还是以椭圆为实体，是由系统变量 PELLIPSE 决定的，当其为 1 时，生成的椭圆就是以多段线形式存在。

3.2.7 实例——洗脸盆

绘制如图 3-22 所示的一个浴室洗脸盆。

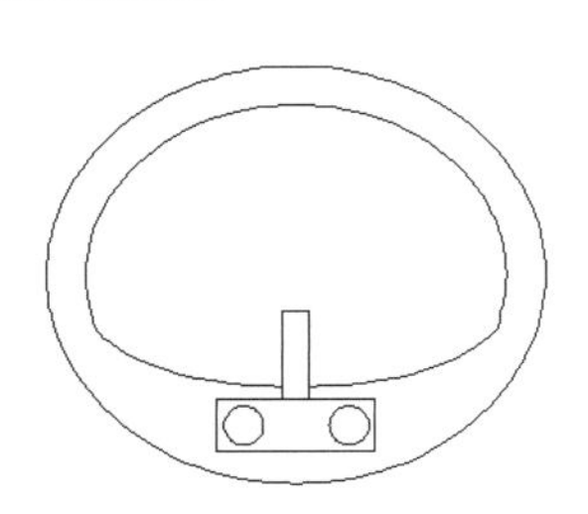

图 3-22　浴室洗脸盆

绘制步骤

（1）单击“默认”选项卡“绘图”面板中的“直线”按钮，绘制水龙头图形，结果如图 3-23 所示。

（2）单击“默认”选项卡“绘图”面板中的“圆”按钮，绘制两个水龙头旋钮，结果如图 3-24 所示。

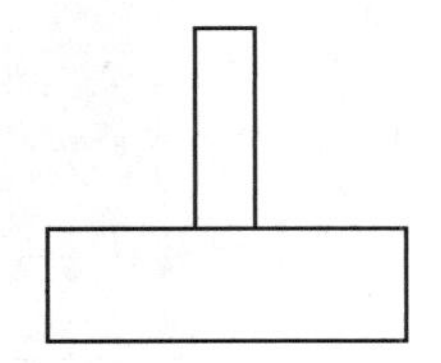

图 3-23　绘制水龙头

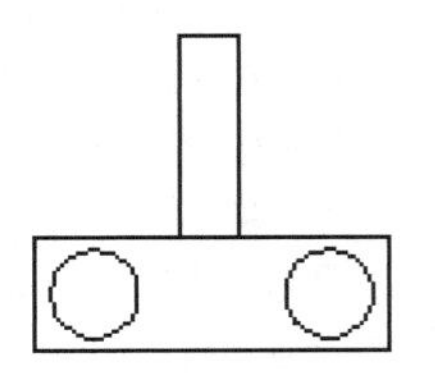

图 3-24　绘制旋钮

（3）单击“默认”选项卡“绘图”面板中的“椭圆”按钮，绘制脸盆外沿，命令行提示与操作如下。

```
命令：_ellipse
指定椭圆的轴端点或 [圆弧(A)/中心点(C)]：(用鼠标指定椭圆轴端点)
指定轴的另一个端点：(用鼠标指定另一端点)
指定另一条半轴长度或 [旋转©]：(用鼠标在屏幕上拉出另一半轴长度)
```

结果如图 3-25 所示。

（4）单击“默认”选项卡“绘图”面板中的“椭圆弧”按钮，绘制脸盆部分内沿，命令行提示与操作如下。

```
命令：_ellipse
指定椭圆的轴端点或 [圆弧(A)/中心点(C)]：-a
指定椭圆弧的轴端点或 [中心点©]：C↙
指定椭圆弧的中心点：(捕捉上步绘制的椭圆中心点)
指定轴的端点：(适当指定一点)
指定另一条半轴长度或 [旋转©]：R↙
指定绕长轴旋转的角度：(用鼠标指定椭圆轴端点)
指定起点角度或 [参数(P)]：(用鼠标拉出起点角度)
指定端点角度或 [参数(P)/夹角(I)]：(用鼠标拉出端点角度)
```

结果如图 3-26 所示。

（5）单击“默认”选项卡“绘图”面板中的“圆弧”按钮，绘制脸盆内沿其他部分，结果如图 3-22 所示。

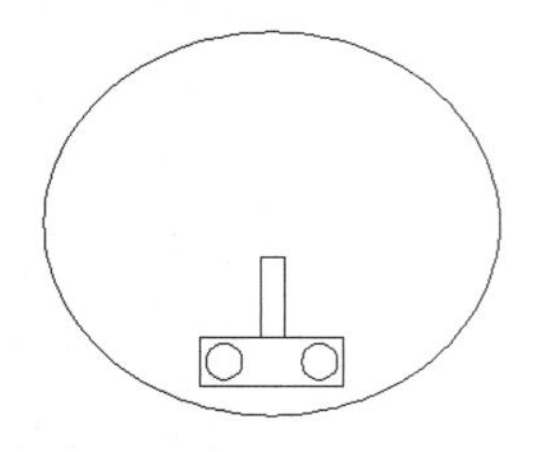

图 3-25　绘制脸盆外沿

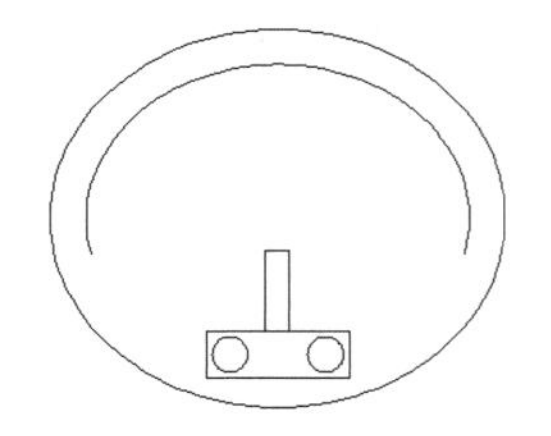

图 3-26　绘制脸盆部分内沿

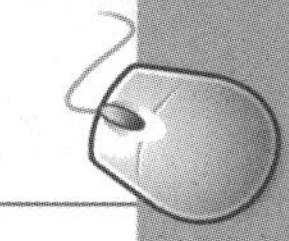

（6）单击“快速访问”工具栏中的“保存”按钮，保存图形。命令行中的提示与操作如下。

```
命令：SAVEAS↙（将绘制完成的图形以“浴室洗脸盆.dwg”为文件名保存在指定的路径中）
```

动手练一练——绘制马桶

利用“直线”和“椭圆弧”命令绘制如图 3-27 所示的马桶。

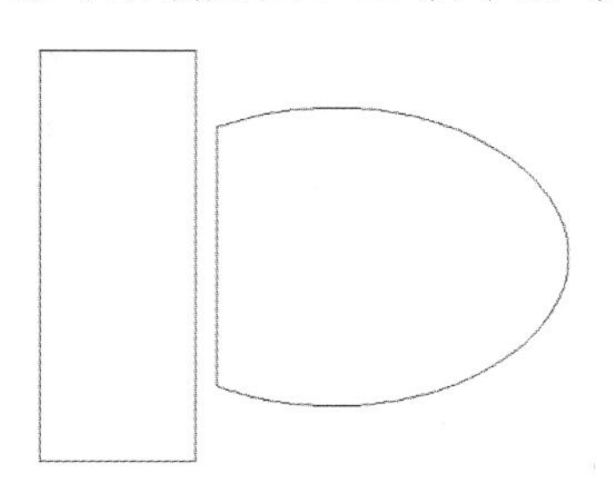

图 3-27　马桶

思路点拨

源文件：源文件\第 3 章\马桶.dwg

（1）利用“椭圆弧”命令绘制马桶外沿。

（2）利用“直线”命令绘制马桶后沿和水箱。

3.3　平面图形

3.3.1　矩形

1. 执行方式

命令行：RECTANG（快捷命令：REC）。

菜单栏：选择菜单栏中的“绘图”→“矩形”命令。

工具栏：单击“绘图”工具栏中的“矩形”按钮。

功能区：单击“默认”选项卡“绘图”面板中的“矩形”按钮。

2. 操作步骤

命令行提示与操作如下。

```
命令：RECTANG↙
指定第一个角点或 [倒角(C)/标高(E)/圆角(F)/厚度(T)/宽度(W)]：指定角点
指定另一个角点或 [面积(A)/尺寸(D)/旋转(R)]：
```

3. 选项说明

选项含义如表 3-4 所示。

表 3-4 “矩形”命令选项含义

选　　项	含　　义
第一个角点	通过指定两个角点确定矩形，如图 3-28(a)所示。 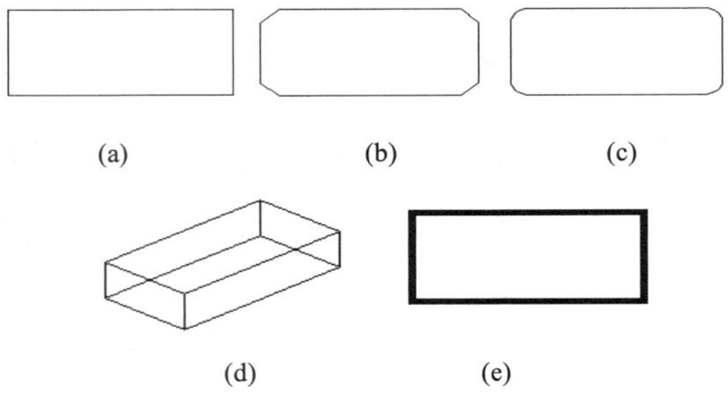 (a)　(b)　(c) (d)　(e) 图 3-28　绘制矩形
倒角（C）	指定倒角距离，绘制带倒角的矩形，如图 3-28(b)所示。每一个角点的逆时针和顺时针方向的倒角可以相同，也可以不同，其中第一个倒角距离是指角点逆时针方向倒角距离，第二个倒角距离是指角点顺时针方向倒角距离
标高（E）	指定矩形标高（Z 坐标），即把矩形放置在标高为 Z 并与 XOY 坐标面平行的平面上，并作为后续矩形的标高值
圆角（F）	指定圆角半径，绘制带圆角的矩形，如图 3-28(c)所示
厚度（T）	指定矩形的厚度，如图 3-28(d)所示
宽度（W）	指定线宽，如图 3-28(e)所示
面积（A）	指定面积和长或宽创建矩形。选择该项，命令行提示与操作如下。 输入以当前单位计算的矩形面积 <20.0000>:输入面积值 计算矩形标注时依据 [长度(L)/宽度(W)] <长度>:按<Enter>键或输入“W” 输入矩形长度 <4.0000>: 指定长度或宽度 指定长度或宽度后，系统自动计算另一个维度，绘制出矩形。如果矩形被倒角或圆角，则长度或面积计算中也会考虑此设置，如图 3-29 所示。 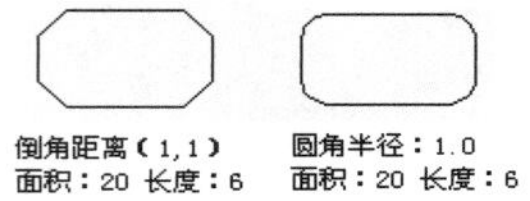 倒角距离（1,1）面积：20 长度：6　圆角半径：1.0 面积：20 长度：6 图 3-29　按面积绘制矩形
尺寸（D）	使用长和宽创建矩形，第二个指定点将矩形定位在与第一角点相关的 4 个位置之一
旋转（R）	使所绘制的矩形旋转一定角度。选择该项，命令行提示与操作如下。 指定旋转角度或 [拾取点(P)] <135>:指定角度 指定另一个角点或 [面积(A)/尺寸(D)/旋转(R)]: 指定另一个角点或选择其他选项 指定旋转角度后，系统按指定角度创建矩形，如图 3-30 所示。 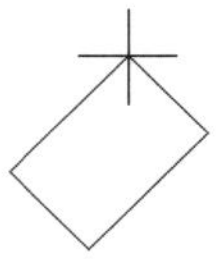 图 3-30　按指定旋转角度绘制矩形

3.3.2 实例——办公桌

绘制如图 3-31 所示的一个办公桌。

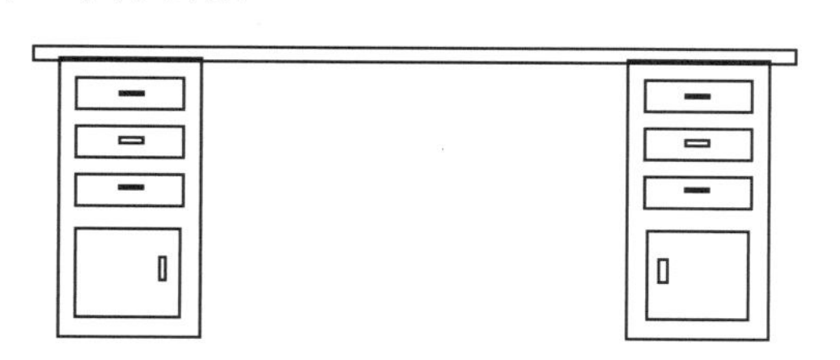

图 3-31 办公桌

绘制步骤

（1）单击“默认”选项卡“绘图”面板中的“矩形”按钮，在合适的位置绘制矩形，命令行提示与操作如下。

```
命令: _rectang
指定第一个角点或 [倒角(C)/标高(E)/圆角(F)/厚度(T)/宽度(W)]: （在适当位置指定一点）
指定另一个角点或 [面积(A)/尺寸(D)/旋转(R)]:（在适当位置指定另一点）
```

结果如图 3-32 所示。

（2）单击“默认”选项卡“绘图”面板中的“矩形”按钮，在合适的位置绘制一系列的矩形，结果如图 3-33 所示。

图 3-32 作矩形（一）

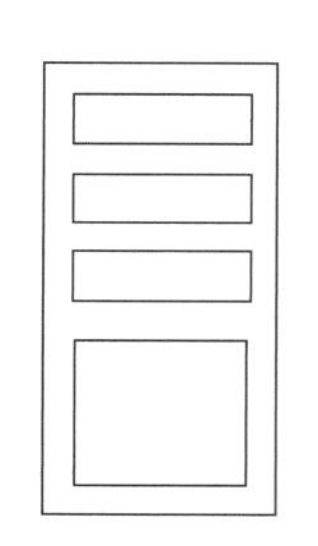

图 3-33 作矩形（二）

（3）单击“默认”选项卡“绘图”面板中的“矩形”按钮，在合适的位置绘制一系列的矩形，结果如图 3-34 所示。

（4）单击“默认”选项卡“绘图”面板中的“矩形”按钮，在合适的位置绘制一矩形，结果如图 3-35 所示。

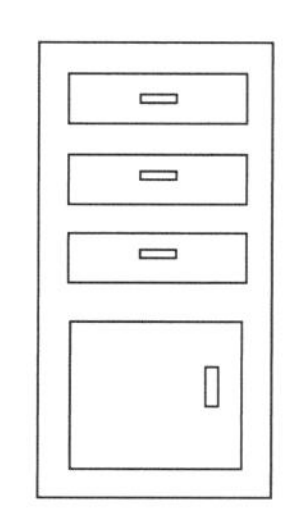

图 3-34 作矩形（三）

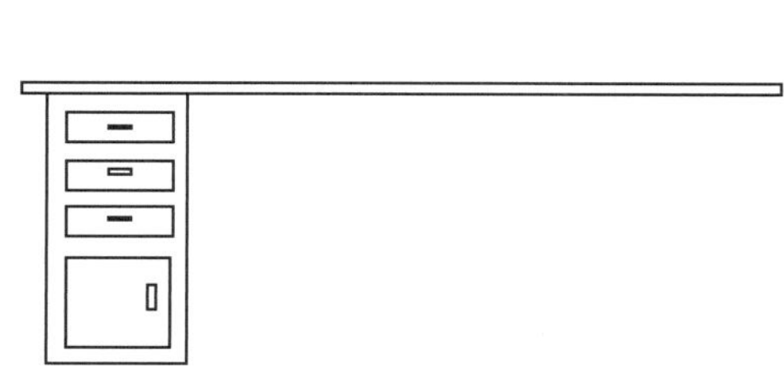

图 3-35 作矩形（四）

（5）单击“默认”选项卡“绘图”面板中的“矩形”按钮□，绘制右边的抽屉，完成办公桌的绘制。结果如图 3-31 所示。

动手练一练——绘制平顶灯

利用“直线”和“矩形”命令绘制如图 3-36 所示的平顶灯。

图 3-36　平顶灯

思路点拨

源文件：源文件\第 3 章\平顶灯.dwg

（1）利用“矩形”命令绘制灯轮廓。

（2）利用“直线”命令绘制斜线。

3.3.3 多边形

1. 执行方式

命令行：POLYGON（快捷命令：POL）。

菜单栏：选择菜单栏中的“绘图”→“多边形”命令。

工具栏：单击“绘图”工具栏中的“多边形”按钮⬠。

功能区：单击“默认”选项卡“绘图”面板中的“多边形”按钮⬠。

2. 操作步骤

命令行提示与操作如下。

```
命令：POLYGON↙
输入侧面数 <4>:指定多边形的边数，默认值为 4
指定正多边形的中心点或 [边(E)]：指定中心点
输入选项 [内接于圆(I)/外切于圆(C)] <I>:指定是内接于圆或外切于圆
指定圆的半径:指定外接圆或内切圆的半径
```

3. 选项说明

选项含义如表 3-5 所示。

表 3-5 “多边形”选项含义

选　　项	含　　义
边（E）	选择该选项，则只要指定多边形的一条边，系统就会按逆时针方向创建该正多边形，如图 3-37(a)所示
内接于圆（I）	选择该选项，绘制的多边形内接于圆，如图 3-37(b)所示
外切于圆（C）	选择该选项，绘制的多边形内接于圆，如图 3-37(c)所示。 (a)　(b)　(c) 图 3-37　绘制正多边形

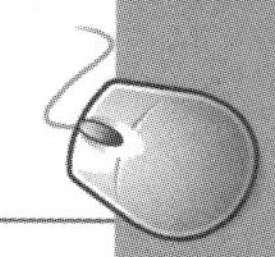

3.3.4 实例——八角凳

绘制如图 3-38 所示的八角凳。

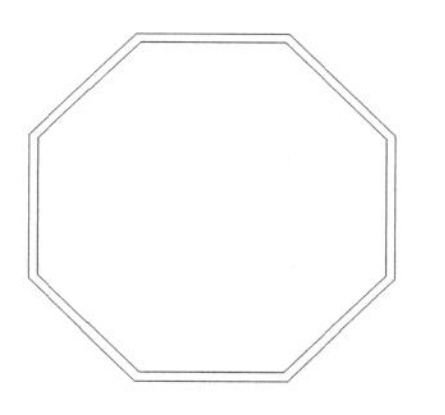

图 3-38 八角凳

绘制步骤

（1）单击“默认”选项卡“绘图”面板中的“多边形”按钮，绘制外轮廓线。命令行提示与操作如下。

```
命令：_polygon
输入侧面数 <8>：8↙
指定正多边形的中心点或 [边(E)]：0,0↙
输入选项 [内接于圆(I)/外切于圆(C)] <I>：c↙
指定圆的半径：100↙
```

结果如图 3-39 所示。

（2）单击“默认”选项卡“绘图”面板中的“多边形”按钮，绘制中心点位（0,0），绘制内轮廓线，结果如图 3-38 所示。

动手练一练——绘制卡通造型

利用“直线”和“圆”等命令制如图 3-40 所示的卡通造型。

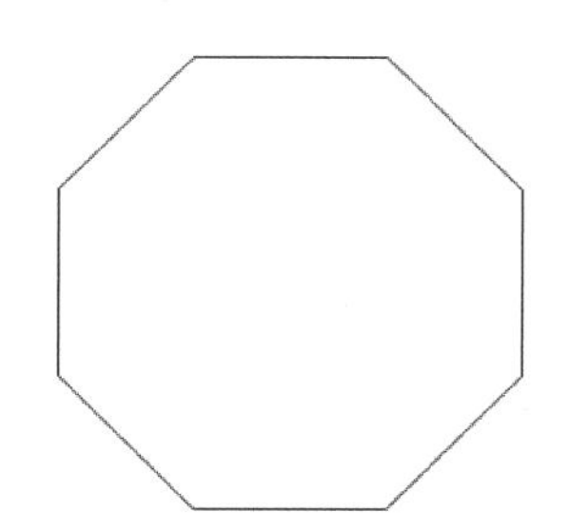

图 3-39 绘制轮廓线图

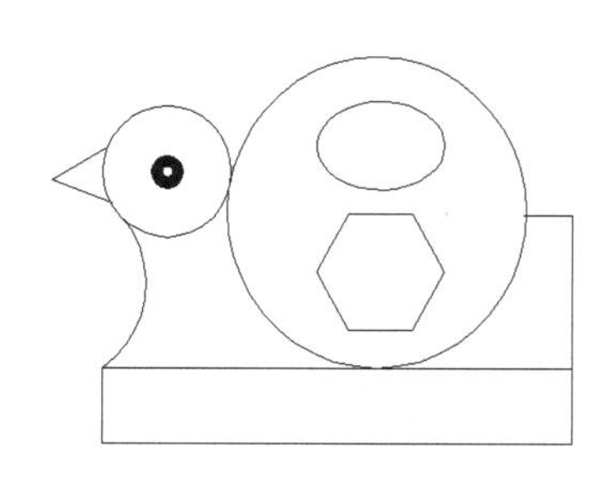

图 3-40 卡通造型

思路点拨

源文件：源文件\第 3 章\卡通造型.dwg

本练习图形涉及“直线”“圆”“圆弧”“椭圆”“圆环”“矩形”和“正多边形”等命令，可使读者灵活掌握本章各种图形的绘制方法。

3.4 点类命令

点在 AutoCAD 中有多种不同的表示方式，用户可以根据需要进行设置，也可以设置等分点和测量点。

3.4.1 点

1. 执行方式

命令行：POINT（快捷命令：PO）。

菜单栏：选择菜单栏中的“绘图”→“单点”或“多点”命令。

工具栏：单击“绘图”工具栏中的“点”按钮。

功能区：单击“默认”选项卡“绘图”面板中的“多点”按钮。

2. 操作步骤

命令行提示与操作如下。

```
命令：POINT↙
当前点模式： PDMODE=0  PDSIZE=0.0000
指定点:指定点所在的位置。
```

3. 选项说明

（1）通过菜单方式操作时（如图 3-41 所示），“单点”命令表示只输入一个点，“多点”命令表示可输入多个点。

（2）可以按下状态栏中的“对象捕捉”按钮，设置点捕捉模式，帮助用户选择点。

（3）点在图形中的表示样式，共有 20 种。可通过“DDPTYPE”命令或选择菜单栏中的“格式”→“点样式”命令，通过打开的“点样式”对话框来设置，如图 3-42 所示。

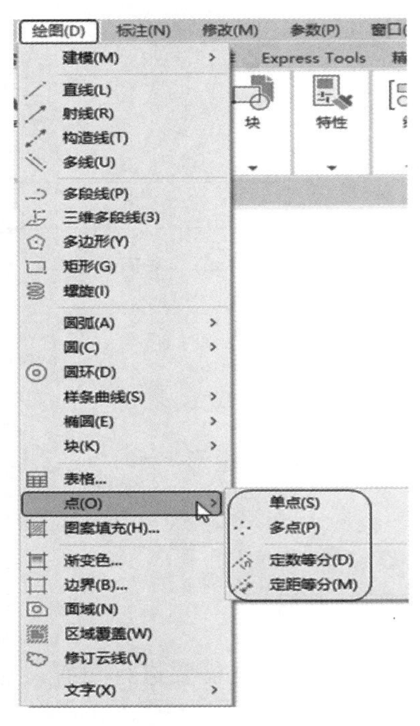

图 3-41 “点”的子菜单

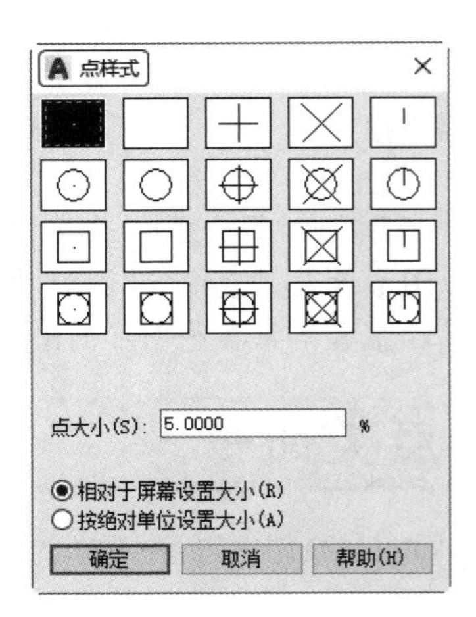

图 3-42 “点样式”对话框

3.4.2 实例——桌布

绘制如图 3-43 所示的桌布。

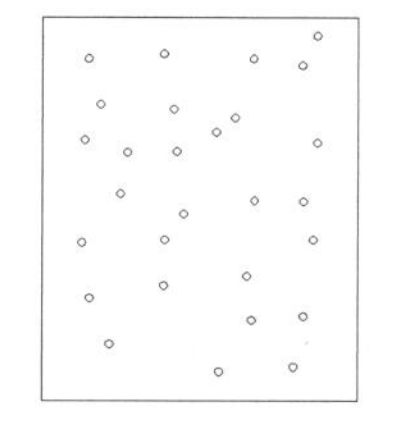
图 3-43 桌布

绘制步骤

选择菜单栏中的“格式”→“点样式”命令，在打开的“点样式”对话框中选择“O”样式。

（1）单击“默认”选项卡“绘图”面板中的“直线”按钮，绘制桌布外轮廓线，命令行提示与操作如下。

```
命令: _line
指定第一个点: 100，100↙
点无效。（这里之所以提示输入点无效，主要是因为分隔坐标值的逗号不是在西文状态下输入的）
指定第一个点: 100,100↙
指定下一点或 [放弃(U)]: 900,100↙
指定下一点或 [放弃(U)]: @0,800↙
指定下一点或 [闭合(C)/放弃(U)]: u↙
指定下一点或 [放弃(U)]: @0,1000↙
指定下一点或 [闭合(C)/放弃(U)]: @-800,0↙
指定下一点或 [闭合(C)/放弃(U)]: c↙
```

绘制结果如图 3-44 所示。

（2）单击“默认”选项卡“绘图”面板中的“多点”按钮，绘制桌布内装饰点。命令行提示与操作如下。

```
命令: _point
当前点模式:  PDMODE=33  PDSIZE=20.0000
指定点: （在屏幕上单击）
```

绘制结果如图 3-45 所示。

图 3-44 桌布外轮廓线

图 3-45 绘制结果

动手练一练——绘制楼梯

利用“直线”和“定数等分”命令绘制如图 3-46 所示的楼梯。

思路点拨

源文件：源文件\第 3 章\楼梯.dwg

（1）利用“直线”命令绘制墙体和扶手。

（2）利用“订数等分”命令把次内层圆等分为 8 等分。

（3）利用“直线”命令以等分点为起点绘制水平楼梯。

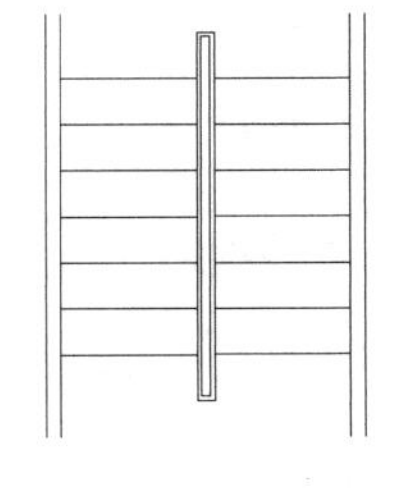

图 3-46　绘制楼梯

3.4.3 等分点

1. 执行方式

命令行：DIVIDE（快捷命令：DIV）。

菜单栏：选择菜单栏中的“绘图”→“点”→“定数等分”命令。

功能区：单击“默认”选项卡“绘图”面板中的“定数等分”按钮。

2. 操作步骤

命令行提示与操作如下。

```
命令：DIVIDE↙
选择要定数等分的对象：
输入线段数目或 [块(B)]:指定实体的等分数
```

如图 3-47(a)所示为绘制等分点的图形。

3. 选项说明

（1）等分数目范围为 2～32767。

（2）在等分点处，按当前点样式设置画出等分点。

（3）在第二提示行选择“块（B）”选项时，表示在等分点处插入指定的块。

3.4.4 测量点

1. 执行方式

命令行：MEASURE（快捷命令：ME）。

菜单栏：选择菜单栏中的“绘图”→“点”→“定距等分”命令。

单击“默认”选项卡“绘图”面板中的“定距等分”按钮。

2. 操作步骤

命令行提示与操作如下。

```
命令：MEASURE↙
选择要定距等分的对象:选择要设置测量点的实体
指定线段长度或 [块(B)]:指定分段长度
```

如图 3-47(b)所示为绘制测量点的图形。

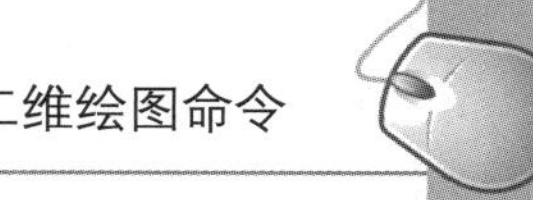

3．选项说明

（1）设置的起点一般是指定线的绘制起点。
（2）在第二提示行选择“块（B）”选项时，表示在测量点处插入指定的块。
（3）在等分点处，按当前点样式设置来绘制测量点。
（4）最后一个测量段的长度不一定等于指定分段的长度。

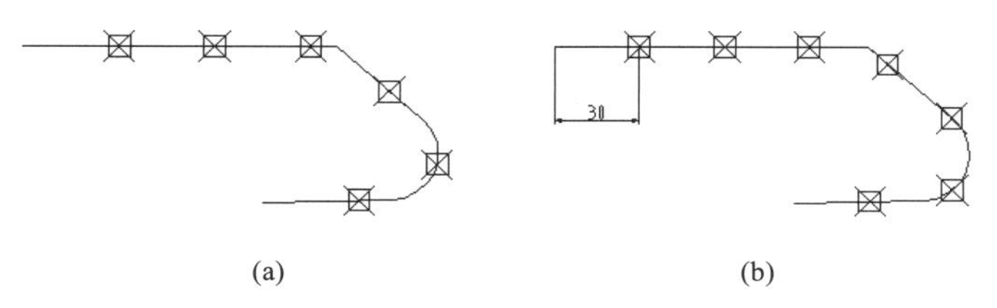

图 3-47　绘制等分点和测量点

3.5　多段线

多段线是一种由线段和圆弧组合而成的，可以有不同线宽的多线。由于多段线组合形式多样，线宽可以变化，弥补了直线和圆弧功能的不足，适合绘制各种复杂的图形轮廓，因而得到了广泛的应用。

3.5.1　绘制多段线

1．执行方式

命令行：PLINE（快捷命令：PL）。
菜单栏：选择菜单栏中的“绘图”→“多段线”命令。
工具栏：单击“绘图”工具栏中的“多段线”按钮。
功能区：单击“默认”选项卡“绘图”面板中的“多段线”按钮。

2．操作步骤

命令行提示与操作如下。

```
命令: PLINE↙
指定起点:指定多段线的起点
当前线宽为 0.0000
指定下一个点或 [圆弧(A)/半宽(H)/长度(L)/放弃(U)/宽度(W)]:指定多段线的下一个点
```

3．选项说明

多段线主要由连续且不同宽度的线段或圆弧组成，如果在上述提示中选择“圆弧（A）”选项，则命令行提示如下。

```
指定圆弧的端点(按住 Ctrl 键以切换方向)或[角度(A)/圆心(CE)/闭合(CL)/方向(D)/半宽(H)/直线(L)/半径(R)/第二个点(S)/放弃(U)/宽度(W)]:
```

绘制圆弧的方法与“圆弧”命令相似。

3.5.2 实例——飞机模型

绘制如图 3-48 所示的飞机模型。

首先利用多段线命令绘制飞机头部，然后利用多段线命令绘制机翼和飞机尾部。最后进行细节处理和镜像处理。

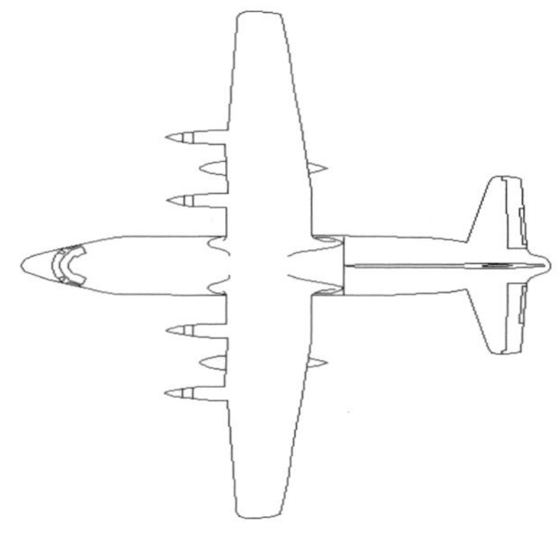

图 3-48　飞机模型

绘制步骤

（1）单击“默认”选项卡“绘图”面板中的“多段线”按钮，绘制飞机头部，命令行提示与操作如下。

```
命令：_pline
指定起点：0,0↙
当前线宽为 0.0000
指定下一个点或 [圆弧(A)/半宽(H)/长度(L)/放弃(U)/宽度(W)]：a↙
指定圆弧的端点(按住 Ctrl 键以切换方向)或[角度(A)/圆心(CE)/闭合(CL)/方向(D)/半宽(H)/直线(L)/半径(R)/第二个点(S)/放弃(U)/宽度(W)]：s↙
指定圆弧上的第二个点：1,2.7↙
指定圆弧的端点：5.5,6↙
指定圆弧的端点(按住 Ctrl 键以切换方向)或[角度(A)/圆心(CE)/闭合(CL)/方向(D)/半宽(H)/直线(L)/半径(R)/第二个点(S)/放弃(U)/宽度(W)]：l↙
指定下一点或 [圆弧(A)/闭合(C)/半宽(H)/长度(L)/放弃(U)/宽度(W)]：32.9,15.9↙
指定下一点或 [圆弧(A)/闭合(C)/半宽(H)/长度(L)/放弃(U)/宽度(W)]：39,17.2↙
指定下一点或 [圆弧(A)/闭合(C)/半宽(H)/长度(L)/放弃(U)/宽度(W)]：45,17.6↙
指定下一点或 [圆弧(A)/闭合(C)/半宽(H)/长度(L)/放弃(U)/宽度(W)]：85.9,17.9↙
指定下一点或 [圆弧(A)/闭合(C)/半宽(H)/长度(L)/放弃(U)/宽度(W)]：↙
```

绘制结果如图 3-49 所示。

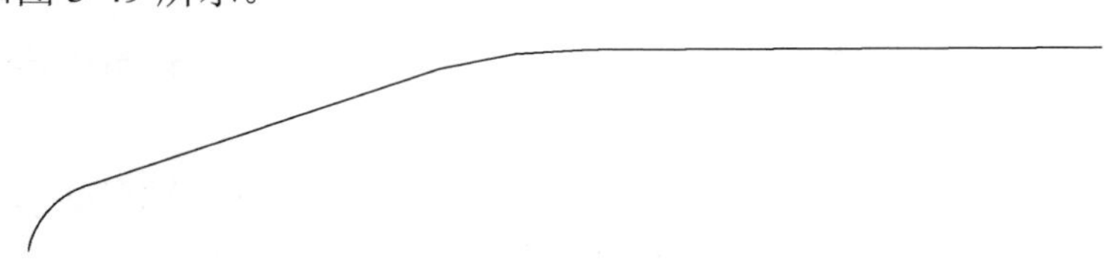

图 3-49　绘制飞机头部

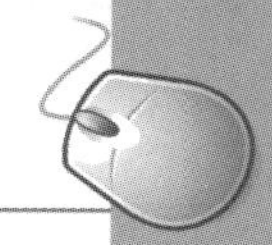

（2）单击“默认”选项卡“绘图”面板中的“多段线”按钮，绘制机翼，命令行提示与操作如下。

```
命令: _pline
指定起点: 85.9,17.9↙
当前线宽为 0.0000
指定下一个点或 [圆弧(A)/半宽(H)/长度(L)/放弃(U)/宽度(W)]: 85.7,35.6↙
指定下一点或 [圆弧(A)/闭合(C)/半宽(H)/长度(L)/放弃(U)/宽度(W)]: a↙
指定圆弧的端点(按住 Ctrl 键以切换方向)或[角度(A)/圆心(CE)/闭合(CL)/方向(D)/半宽(H)/直线(L)/半径(R)/第二个点(S)/放弃(U)/宽度(W)]: s↙
指定圆弧上的第二个点: 73.3,36.2↙
指定圆弧的端点: 60.5,39.7↙
指定圆弧的端点(按住 Ctrl 键以切换方向)或[角度(A)/圆心(CE)/闭合(CL)/方向(D)/半宽(H)/直线(L)/半径(R)/第二个点(S)/放弃(U)/宽度(W)]: s↙
指定圆弧上的第二个点: 72.5,43.2↙
指定圆弧的端点: 86.2,44.3↙
指定圆弧的端点(按住 Ctrl 键以切换方向)或[角度(A)/圆心(CE)/闭合(CL)/方向(D)/半宽(H)/直线(L)/半径(R)/第二个点(S)/放弃(U)/宽度(W)]: l↙
指定下一点或 [圆弧(A)/闭合(C)/半宽(H)/长度(L)/放弃(U)/宽度(W)]: 85.3,74.3↙
指定下一点或 [圆弧(A)/闭合(C)/半宽(H)/长度(L)/放弃(U)/宽度(W)]: a↙
指定圆弧的端点(按住 Ctrl 键以切换方向)或[角度(A)/圆心(CE)/闭合(CL)/方向(D)/半宽(H)/直线(L)/半径(R)/第二个点(S)/放弃(U)/宽度(W)]: s↙
指定圆弧上的第二个点: 73,74.9↙
指定圆弧的端点: 60.2,78.4↙
指定圆弧的端点(按住 Ctrl 键以切换方向)或[角度(A)/圆心(CE)/闭合(CL)/方向(D)/半宽(H)/直线(L)/半径(R)/第二个点(S)/放弃(U)/宽度(W)]: s↙
指定圆弧上的第二个点: 72.2,82↙
指定圆弧的端点: 86.5,83↙
指定圆弧的端点(按住 Ctrl 键以切换方向)或[角度(A)/圆心(CE)/闭合(CL)/方向(D)/半宽(H)/直线(L)/半径(R)/第二个点(S)/放弃(U)/宽度(W)]: l↙
指定下一点或 [圆弧(A)/闭合(C)/半宽(H)/长度(L)/放弃(U)/宽度(W)]: 91,155↙
指定下一点或 [圆弧(A)/闭合(C)/半宽(H)/长度(L)/放弃(U)/宽度(W)]: a↙
指定圆弧的端点(按住 Ctrl 键以切换方向)或[角度(A)/圆心(CE)/闭合(CL)/方向(D)/半宽(H)/直线(L)/半径(R)/第二个点(S)/放弃(U)/宽度(W)]: s↙
指定圆弧上的第二个点: 96.6,157.5↙
指定圆弧的端点: 108.7,153.9↙
指定圆弧的端点(按住 Ctrl 键以切换方向)或[角度(A)/圆心(CE)/闭合(CL)/方向(D)/半宽(H)/直线(L)/半径(R)/第二个点(S)/放弃(U)/宽度(W)]: l↙
指定下一点或 [圆弧(A)/闭合(C)/半宽(H)/长度(L)/放弃(U)/宽度(W)]: 121.4,45.7↙
指定下一点或 [圆弧(A)/闭合(C)/半宽(H)/长度(L)/放弃(U)/宽度(W)]: 121.5,18↙
指定下一点或 [圆弧(A)/闭合(C)/半宽(H)/ 长度(L)/放弃(U)/宽度(W)]: 174.6,16.4↙
指定下一点或 [圆弧(A)/闭合(C)/半宽(H)/长度(L)/放弃(U)/宽度(W)]: 186.6,14.2↙
指定下一点或 [圆弧(A)/闭合(C)/半宽(H)/长度(L)/放弃(U)/宽度(W)]:
```

绘制结果如图 3-50 所示。

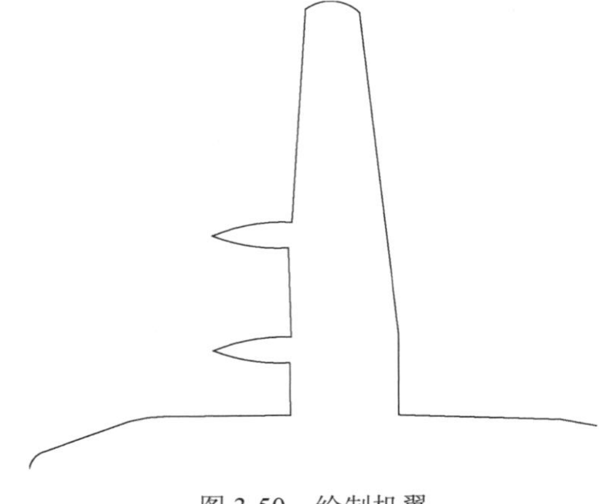

图 3-50 绘制机翼

（3）单击“默认”选项卡“绘图”面板中的“多段线”按钮，绘制飞机尾部，命令行提示与操作如下。

```
命令: _pline
指定起点: 186.6,14.2↙
当前线宽为 0.0000
指定下一个点或 [圆弧(A)/半宽(H)/长度(L)/放弃(U)/宽度(W)]: 195.9,49↙
指定下一点或 [圆弧(A)/闭合(C)/半宽(H)/长度(L)/放弃(U)/宽度(W)]: a↙
指定圆弧的端点(按住 Ctrl 键以切换方向)或[角度(A)/圆心(CE)/闭合(CL)/方向(D)/半宽(H)/直线(L)/半径(R)/第二个点(S)/放弃(U)/宽度(W)]: s↙
指定圆弧上的第二个点: 196.8,52.1↙
指定圆弧的端点: 197.3,53.6↙
指定圆弧的端点(按住 Ctrl 键以切换方向)或[角度(A)/圆心(CE)/闭合(CL)/方向(D)/半宽(H)/直线(L)/半径(R)/第二个点(S)/放弃(U)/宽度(W)]: s↙
指定圆弧上的第二个点: 204.6,54.2↙
指定圆弧的端点: 209.2,52.8↙
指定圆弧的端点(按住 Ctrl 键以切换方向)或[角度(A)/圆心(CE)/闭合(CL)/方向(D)/半宽(H)/直线(L)/半径(R)/第二个点(S)/放弃(U)/宽度(W)]: l↙
指定下一点或 [圆弧(A)/闭合(C)/半宽(H)/长度(L)/放弃(U)/宽度(W)]: 211.9,10.5↙
指定下一点或 [圆弧(A)/闭合(C)/半宽(H)/长度(L)/放弃(U)/宽度(W)]: a↙
指定圆弧的端点(按住 Ctrl 键以切换方向)或[角度(A)/圆心(CE)/闭合(CL)/方向(D)/半宽(H)/直线(L)/半径(R)/第二个点(S)/放弃(U)/宽度(W)]: s↙
指定圆弧上的第二个点: 212.8,8↙
指定圆弧的端点: 217.2,5.4↙
指定圆弧的端点(按住 Ctrl 键以切换方向)或[角度(A)/圆心(CE)/闭合(CL)/方向(D)/半宽(H)/直线(L)/半径(R)/第二个点(S)/放弃(U)/宽度(W)]: s↙
指定圆弧上的第二个点: 220.3,3.2↙
指定圆弧的端点: 221,0↙
指定圆弧的端点(按住 Ctrl 键以切换方向)或[角度(A)/圆心(CE)/闭合(CL)/方向(D)/半宽(H)/直线(L)/半径(R)/第二个点(S)/放弃(U)/宽度(W)]: ↙
```

绘制结果如图 3-51 所示。

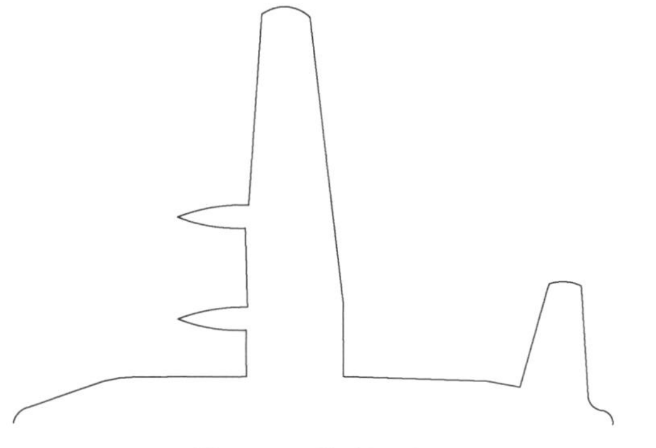

图 3-51　绘制尾部

（4）单击“默认”选项卡“绘图”面板中的“多段线”按钮，绘制细节，命令行提示与操作如下。

```
命令: _pline
指定起点: 12,0↙
当前线宽为 0.0000
指定下一个点或 [圆弧(A)/半宽(H)/长度(L)/放弃(U)/宽度(W)]: a↙
指定圆弧的端点(按住 Ctrl 键以切换方向)或[角度(A)/圆心(CE)/闭合(CL)/方向(D)/半宽(H)/直线(L)/半径(R)/第二个点(S)/放弃(U)/宽度(W)]: s↙
指定圆弧上的第二个点: 14.2,6.4↙
指定圆弧的端点: 16.9,9.5↙
指定圆弧的端点(按住 Ctrl 键以切换方向)或[角度(A)/圆心(CE)/闭合(CL)/方向(D)/半宽(H)/直线(L)/半径(R)/第二个点(S)/放弃(U)/宽度(W)]: l↙
指定下一点或 [圆弧(A)/闭合(C)/半宽(H)/长度(L)/放弃(U)/宽度(W)]: 18.1,7.9↙
指定下一点或 [圆弧(A)/闭合(C)/半宽(H)/长度(L)/放弃(U)/宽度(W)]: 17.1,6.7↙
指定下一点或 [圆弧(A)/闭合(C)/半宽(H)/长度(L)/放弃(U)/宽度(W)]: 15.4,7.8↙
指定下一点或 [圆弧(A)/闭合(C)/半宽(H)/长度(L)/放弃(U)/宽度(W)]: ↙
命令: ↙
PLINE
指定起点: 16,0↙
当前线宽为 0.0000
指定下一个点或 [圆弧(A)/半宽(H)/长度(L)/放弃(U)/宽度(W)]: a↙
指定圆弧的端点(按住 Ctrl 键以切换方向)或[角度(A)/圆心(CE)/闭合(CL)/方向(D)/半宽(H)/直(L)/半径(R)/第二个点(S)/放弃(U)/宽度(W)]: s↙
指定圆弧上的第二个点: 19.5,7.9↙
指定圆弧的端点: 25.6,11.3↙
指定圆弧的端点(按住 Ctrl 键以切换方向)或[角度(A)/圆心(CE)/闭合(CL)/方向(D)/半宽(H)/直线(L)/半径(R)/第二个点(S)/放弃(U)/宽度(W)]: l↙
指定下一点或 [圆弧(A)/闭合(C)/半宽(H)/长度(L)/放弃(U)/宽度(W)]: 26,7.4↙
指定下一点或 [圆弧(A)/闭合(C)/半宽(H)/长度(L)/放弃(U)/宽度(W)]: 23.4,5↙
指定下一点或 [圆弧(A)/闭合(C)/半宽(H)/长度(L)/放弃(U)/宽度(W)]: 21.6,5.4↙
指定下一点或 [圆弧(A)/闭合(C)/半宽(H)/长度(L)/放弃(U)/宽度(W)]: a↙
指定圆弧的端点(按住 Ctrl 键以切换方向)或[角度(A)/圆心(CE)/闭合(CL)/方向(D)/半宽(H)/直线(L)/半径(R)/第二个点(S)/放弃(U)/宽度(W)]: s↙
指定圆弧上的第二个点: 20.3,3.2↙
指定圆弧的端点: 19,0↙
```

```
指定圆弧的端点(按住 Ctrl 键以切换方向)或[角度(A)/圆心(CE)/闭合(CL)/方向(D)/半宽(H)/直线(L)/半径(R)/第二个点(S)/放弃(U)/宽度(W)]: ↙
```

绘制效果如图 3-52 所示。

反复运用“多线段”命令，绘制结果如图 3-53 所示。

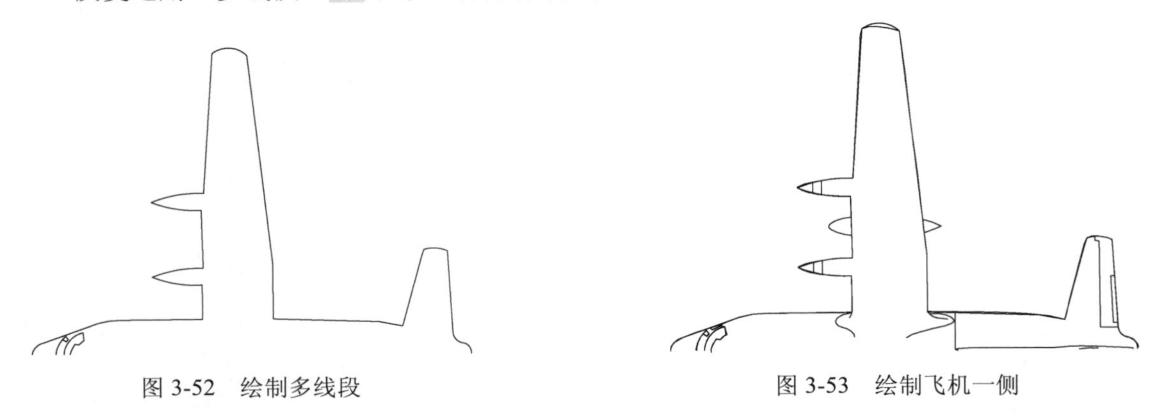

图 3-52　绘制多线段　　图 3-53　绘制飞机一侧

（5）单击“默认”选项卡“修改”面板中的“镜像”按钮，（下一章介绍，此处可以先不操作）以 X 轴上两点为轴做镜像处理，绘制结果如图 3-54 所示。

动手练一练——绘制浴缸

利用“多段线”和“椭圆”命令绘制如图 3-55 所示的浴缸。

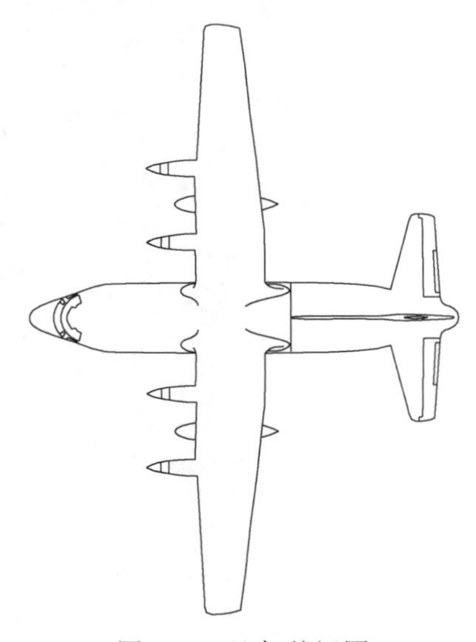

图 3-54　飞机俯视图

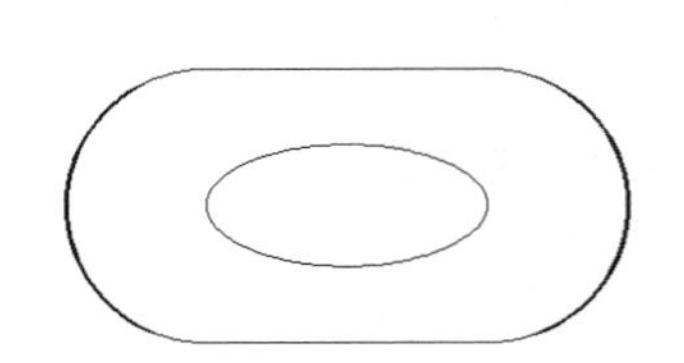

图 3-55　浴缸

思路点拨

源文件：源文件\第 3 章\浴缸.dwg

（1）利用“多段线”命令绘制外沿。

（2）利用“椭圆”命令底部。

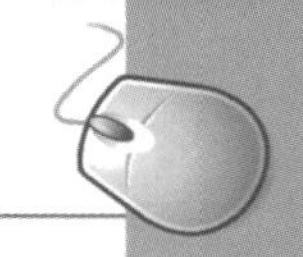

3.6 样条曲线

在 AutoCAD 中使用的样条曲线为非一致有理 B 样条（NURBS）曲线，使用 NURBS 曲线能够在控制点之间产生一条光滑的曲线，如图 3-56 所示。样条曲线可用于绘制形状不规则的图形，如为地理信息系统（GIS）或汽车设计绘制轮廓线。

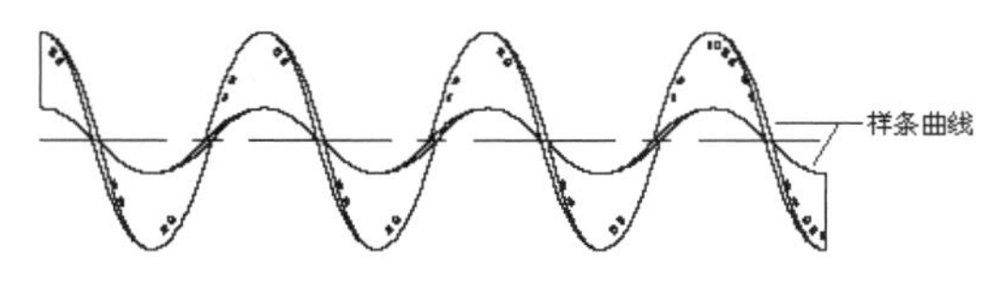

图 3-56　样条曲线

3.6.1 绘制样条曲线

1. 执行方式

命令行：SPLINE（快捷命令：SPL）。

菜单栏：选择菜单栏中的“绘图”→“样条曲线”命令。

工具栏：单击“绘图”工具栏中的“样条曲线”按钮。

功能区：单击“默认”选项卡“绘图”面板中的“样条曲线拟合”按钮或“样条曲线控制点”按钮。

2. 操作步骤

命令行提示与操作如下。

```
命令：SPLINE↙
当前设置：方式=拟合　　节点=弦
指定第一个点或 [方式(M)/节点(K)/对象(O)]：（指定一点或选择“对象(O)”选项）
输入下一个点或 [起点切向(T)/公差(L)]：
输入下一个点或 [端点相切(T)/公差(L)/放弃(U)]：
输入下一个点或 [端点相切(T)/公差(L)/放弃(U)/闭合(C)]：
```

3. 选项说明

选项含义如表 3-6 所示。

表 3-6　“样条曲线”命令选项含义

选　项	含　义
方式（M）	控制是使用拟合点还是使用控制点来创建样条曲线。选项会因选择的是使用拟合点创建样条曲线的选项还是使用控制点创建样条曲线的选项而异
节点（K）	指定节点参数化，它会影响曲线在通过拟合点时的形状
对象（O）	将二维或三维的二次或三次样条曲线拟合多段线转换为等价的样条曲线，然后（根据 DELOBJ 系统变量的设置）删除该多段线

续表

选　项	含　义
起点切向（T）	定义样条曲线的第一点和最后一点的切向。如果在样条曲线的两端都指定切向，可以输入一个点或使用“切点”和“垂足”对象捕捉模式使样条曲线与已有的对象相切或垂直。如果按<Enter>键，系统将计算默认切向
端点相切（T）	停止基于切向创建曲线。可通过指定拟合点继续创建样条曲线
公差（L）	指定距样条曲线必须经过的指定拟合点的距离。公差应用于除起点和端点外的所有拟合点
闭合（C）	将最后一点定义与第一点一致，并使其在连接处相切，以闭合样条曲线。选择该项，命令行提示如下。 指定切向:指定点或按<Enter>键 用户可以指定一点来定义切向矢量，或按下状态栏中的“对象捕捉”按钮，使用“切点”和“垂足”对象捕捉模式使样条曲线与现有对象相切或垂直

3.6.2 实例——雨伞

图 3-57　雨伞

绘制如图 3-57 所示的雨伞。

绘制步骤

（1）单击“绘图”工具栏中的“圆弧”按钮，绘制伞的外框，命令行提示与操作如下。

```
命令: _arc
指定圆弧的起点或 [圆心（C）]: C↙
指定圆弧的圆心:（在屏幕上指定圆心）
指定圆弧的起点:（在屏幕上圆心位置右边指定圆弧的起点）
指定圆弧的端点(按住 Ctrl 键以切换方向)或[角度（A）/弦长（L）]: A↙
指定夹角(按住 Ctrl 键以切换方向): 180↙（注意角度的逆时针转向）
```

（2）单击“默认”选项卡“绘图”面板中的“样条曲线拟合”按钮，绘制伞的底边，命令行提示与操作如下。

```
命令: SPLINE↙
当前设置: 方式=拟合    节点=弦
指定第一个点或 [方式(M)/节点(K)/对象(O)]:（指定样条曲线的起点 1）
输入下一个点或: [起点切向(T)/公差(L)]:（输入下一个点 2）
输入下一个点或 [端点相切(T)/公差(L)/放弃(U)/闭合(C)]:（指定样条曲线的下一个点 3）
输入下一个点或 [端点相切(T)/公差(L)/放弃(U)/闭合(C)]:（指定样条曲线的下一个点 4）
输入下一个点或 [端点相切(T)/公差(L)/放弃(U)/闭合(C)]:（指定样条曲线的下一个点 5）
输入下一个点或 [端点相切(T)/公差(L)/放弃(U)/闭合(C)]:（指定样条曲线的下一个点 6）
输入下一个点或 [端点相切(T)/公差(L)/放弃(U)/闭合(C)]:（指定样条曲线的下一个点 7）
输入下一个点或 [端点相切(T)/公差(L)/放弃(U)/闭合(C)]:↙
指定起点切向:（指定一点并右击鼠标确认）
指定端点切向:（指定一点并右击鼠标确认）
```

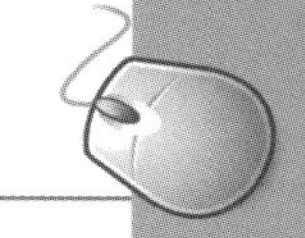

（3）单击“默认”选项卡“绘图”面板中的“圆弧”按钮，绘制伞面，绘制起点在正中点 8，第二个点在点 9，端点在点 2 的圆弧，如图 3-58（a）所示。命令行提示与操作如下。

```
命令：_arc
指定圆弧的起点或 [圆心（C）]：(指定圆弧的起点)
指定圆弧的第二个点或[圆心（C）/端点（E）]：(指定圆弧的第二个点)
指定圆弧的端点：(指定圆弧的端点)
```

重复“圆弧”命令，绘制另外 4 段圆弧，结果如图 3-58（b）所示。

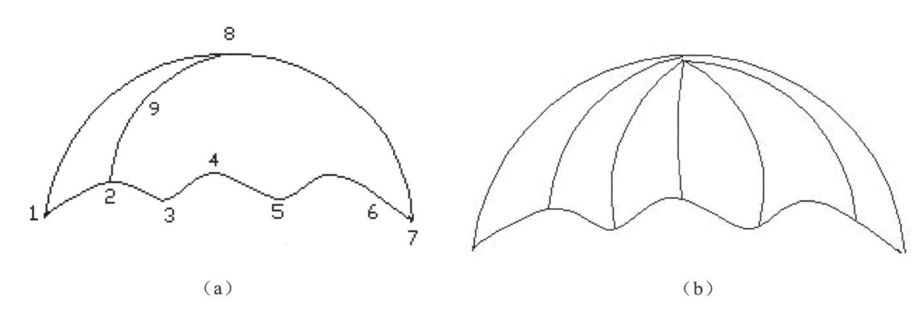

图 3-58　绘制伞面

（4）单击“默认”选项卡“绘图”面板中的“多段线”按钮，绘制伞顶和伞把，命令行提示与操作如下。

```
命令：_pline
指定起点：(指定伞顶起点)
当前线宽为 3.0000
指定下一个点或 [圆弧（A）/半宽（H）/长度（L）/放弃（U）/宽度（W）]：W↙
指定起点宽度 <3.0000>:4↙
指定端点宽度 <4.0000>:2↙
指定下一个点或 [圆弧（A）/半宽（H）/长度（L）/放弃（U）/宽度（W）]：(指定伞顶终点)
指定下一点或 [圆弧（A）/闭合（C）/半宽（H）/长度（L）/放弃（U）/宽度（W）]:U↙（觉得位置不合适，取消）
指定下一个点或 [圆弧（A）/半宽（H）/长度（L）/放弃（U）/宽度（W）]：(重新指定伞顶终点)
指定下一点或 [圆弧（A）/闭合（C）/半宽（H）/长度（L）/放弃（U）/宽度（W）]：(右击鼠标确认)
命令：_pline
指定起点：(指定伞把起点)
当前线宽为 2.0000
指定下一个点或 [圆弧（A）/半宽（H）/长度（L）/放弃（U）/宽度（W）]：H↙
指定起点半宽 <1.0000>: 1.5↙
指定端点半宽 <1.5000>: ↙
指定下一个点或 [圆弧（A）/半宽（H）/长度（L）/放弃（U）/宽度（W）]：(指定下一点)
指定下一点或 [圆弧（A）/闭合（C）/半宽（H）/长度（L）/放弃（U）/宽度（W）]:A↙
指定圆弧的端点(按住 Ctrl 键以切换方向)或[角度（A）/圆心（CE）/闭合（CL）/方向（D）/半
```

```
宽（H）/直线（L）/半径（R）/第二个点（S）/放弃（U）/宽度（W）]：(指定圆弧的端点)
    指定圆弧的端点(按住 Ctrl 键以切换方向)或[角度（A）/圆心（CE）/闭合（CL）/方向（D）/半
宽（H）/直线（L）/半径（R）/第二个点（S）/放弃（U）/宽度（W）]：(右击鼠标确认)
```

最终绘制的图形如图 3-57 所示。

动手练一练——绘制壁灯

利用“矩形”“样条曲线”和“多段线”命令绘制如图 3-59 所示的壁灯。

思路点拨

源文件：源文件\第 3 章\壁灯.dwg

（1）利用“矩形”命令绘制底座。

（2）利用“样条曲线”命令绘制装饰曲线。

（3）利用“多段线”命令绘制其他部分。

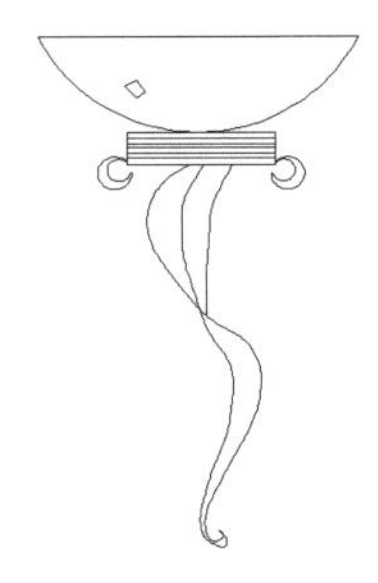

图 3-59　壁灯

3.7　多线

多线是一种复合线，由连续的直线段复合组成。多线的突出优点就是能够大大提高绘图效率，保证图线之间的统一性。

3.7.1　绘制多线

1. 执行方式

命令行：MLINE（快捷命令：ML）。

菜单栏：选择菜单栏中的“绘图”→“多线”命令。

2. 操作步骤

命令行提示与操作如下。

```
    命令：MLINE↙
    当前设置：对正 = 上，比例 = 20.00，样式 = STANDARD
    指定起点或 [对正(J)/比例(S)/样式(ST)]：指定起点
    指定下一点：指定下一点
    指定下一点或 [放弃(U)]：继续指定下一点绘制线段；输入“U”，则放弃前一段多线的绘制；右击
或按<Enter>键，结束命令
    指定下一点或 [闭合(C)/放弃(U)]：继续给定下一点绘制线段；输入“C”，则闭合线段，结束命令
```

3. 选项说明

选项含义如表 3-7 所示。

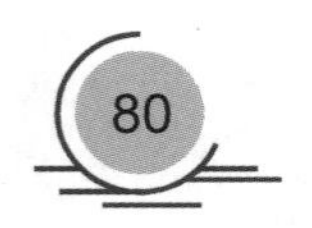

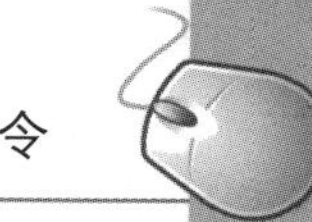

表 3-7 “多线”命令选项含义

选　项	含　义
对正（J）	该项用于指定绘制多线的基准。共有 3 种对正类型“上”“无”和“下”。其中，“上”表示以多线上侧的线为基准，其他两项依此类推
比例（S）	选择该项，要求用户设置平行线的间距。输入值为零时，平行线重合；输入值为负时，多线的排列倒置
样式（ST）	用于设置当前使用的多线样式

3.7.2 定义多线样式

1. 执行方式

命令行：MLSTYLE。

菜单栏：选择菜单栏中的“格式”→“多线样式”命令。

2. 操作步骤

执行上述命令后，❶系统打开如图 3-60 所示的“多线样式”对话框。在该对话框中，用户可以对多线样式进行定义、保存和加载等操作。下面通过定义一个新的多线样式来介绍该对话框的使用方法。欲定义的多线样式由 3 条平行线组成，中心轴线和两条平行的实线相对于中心轴线上、下各偏移 0.5，其操作步骤如下。

（1）在“多线样式”对话框中❷单击“新建”按钮，❸系统打开“创建新的多线样式”对话框，如图 3-61 所示。

（2）❹在“创建新的多线样式”对话框的“新样式名”文本框中输入“duoxian”，❺单击“继续”按钮。

（3）❻系统打开“新建多线样式”对话框，如图 3-62 所示。

（4）在“封口”选项组中可以设置多线起点和端点的特性，包括直线、外弧还是内弧封口及封口线段或圆弧的角度。

（5）在“填充颜色”下拉列表框中可以选择多线填充的颜色。

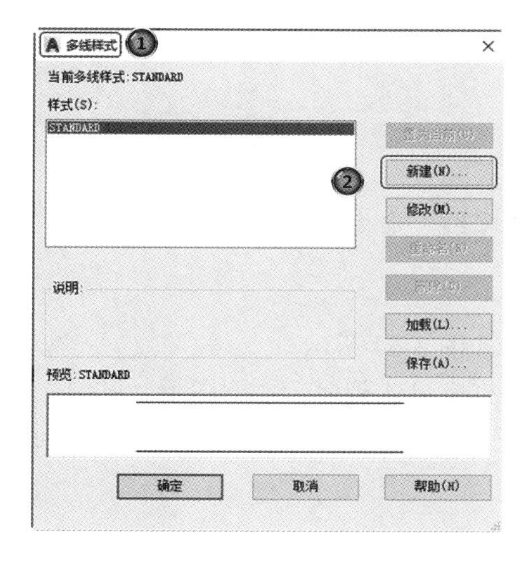

图 3-60 “多线样式”对话框

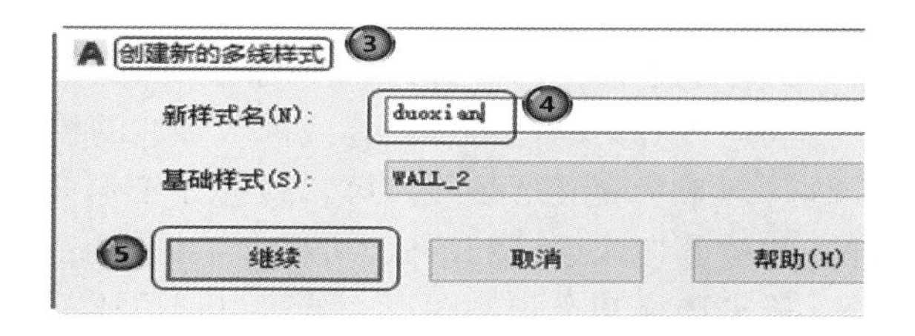

图 3-61 “创建新的多线样式”对话框

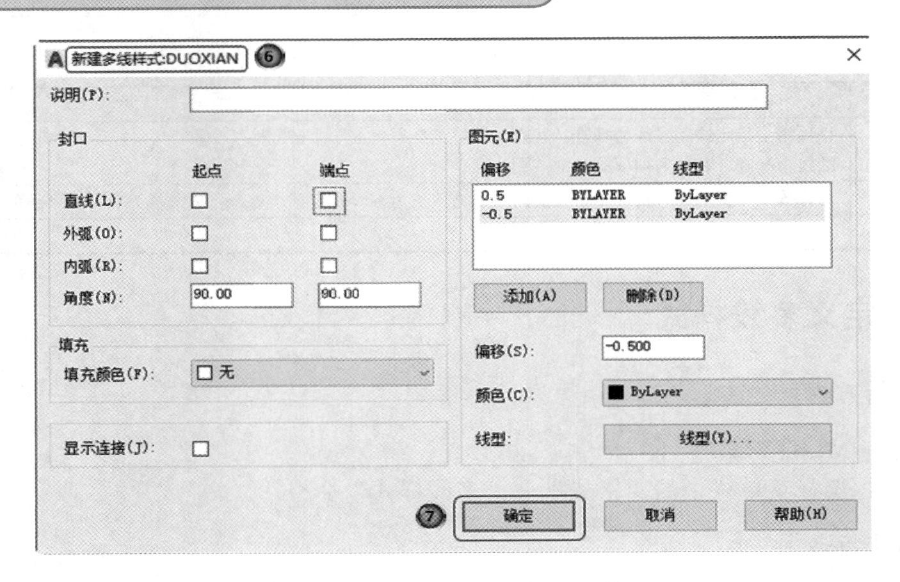

图 3-62　“新建多线样式”对话框

（6）在“图元”选项组中可以设置组成多线元素的特性。单击“添加”按钮，可以为多线添加元素；反之，单击“删除”按钮，为多线删除元素。在“偏移”文本框中可以设置选中元素的位置偏移值。在“颜色”下拉列表框中可以为选中的元素选择颜色。单击“线型”按钮，系统打开“选择线型”对话框，可以为选中的元素设置线型。

（7）设置完毕后，⑦单击“确定”按钮，返回到如图 3-60 所示的“多线样式”对话框。在“样式”列表中会显示刚设置的多线样式名，选择该样式，单击“置为当前”按钮，则将刚设置的多线样式设置为当前样式，下面的预览框中会显示所选的多线样式。

（8）单击“确定”按钮，完成多线样式设置。

如图 3-63 所示为按设置后的多线样式绘制的多线。

图 3-63　绘制的多线

3.7.3　编辑多线

1．执行方式

命令行：MLEDIT。

菜单栏：选择菜单栏中的“修改”→“对象”→“多线”命令。

2．操作步骤

执行上述命令后，打开“多线编辑工具”对话框，如图 3-64 所示。

利用该对话框，可以创建或修改多线的模式。对话框中分 4 列显示示例图形。其中，第一列管理十字交叉形多线，第二列管理 T 形多线，第三列管理拐角接合点和节点，第四列管理多线被剪切或连接的形式。

单击选择某个示例图形，就可以调用该项编辑功能。

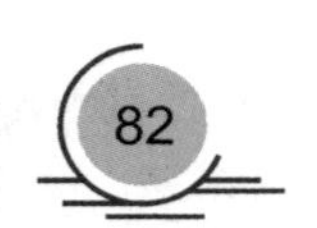

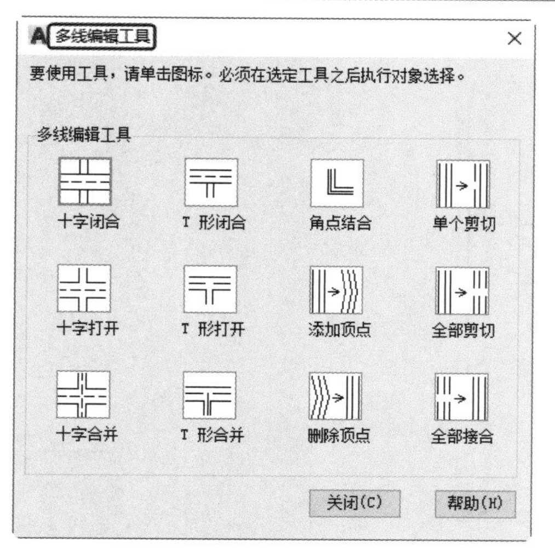

图 3-64 “多线编辑工具”对话框

下面以“十字打开”为例，介绍多线编辑的方法，把选择的两条多线打开交叉。命令行提示与操作如下。

选择第一条多线：选择第一条多线
选择第二条多线：选择第二条多线
选择完毕后，第二条多线被第一条多线横断交叉，命令行提示如下。
选择第一条多线：

可以继续选择多线进行操作。选择“放弃”选项会撤销前次操作。执行结果如图 3-65 所示。

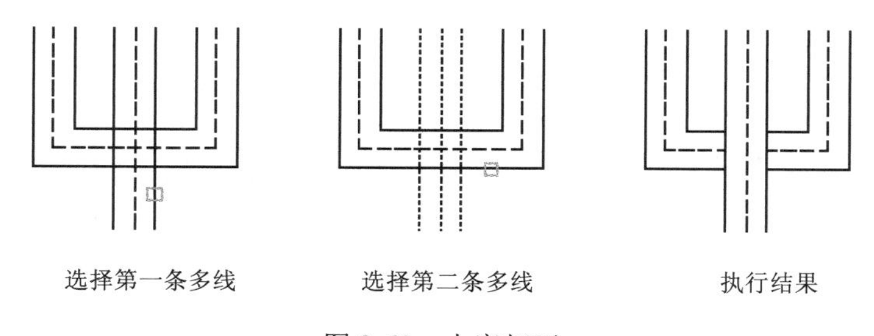

图 3-65 十字打开

3.7.4 实例——绘制居室平面图墙线

绘制如图 3-66 所示的一个居室平面图墙线。

本实例外墙厚 240mm，内墙厚 120mm。

绘制步骤

（1）单击“默认”选项卡“绘图”面板中的“构造线”按钮，绘制一条水平构造线和一条竖直构造线，组成“十”字辅助线，如图 3-67 所示。继续绘制辅助线，命令行提示与操作如下。

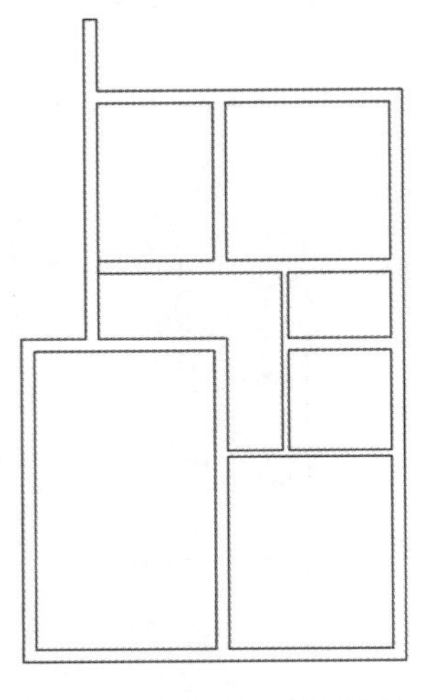

图 3-66　居室平面图墙线

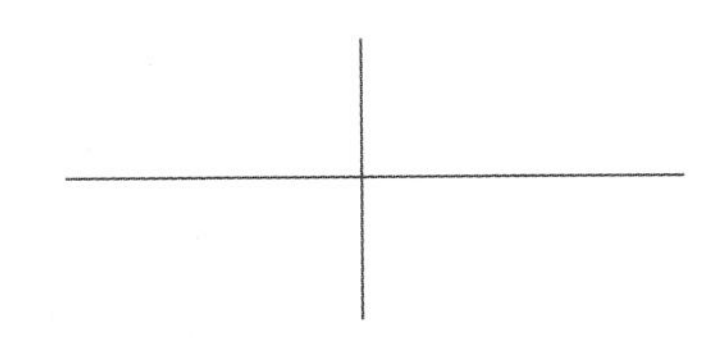

图 3-67　“十”字辅助线

```
命令: _xline
指定点或 [水平(H)/垂直(V)/角度(A)/二等分(B)/偏移(O)]: O↙
指定偏移距离或[通过（T）]<通过>: 1200
选择直线对象: 选择竖直构造线
指定向哪侧偏移: 指定右侧一点
```

采用相同的方法将偏移得到的竖直构造线依次向右偏移 2400mm、1200mm 和 2100mm，绘制的水平构造线如图 3-68 所示。采用同样的方法绘制水平构造线，依次向下偏移 1500mm、3300mm、1500mm、2100mm 和 3900mm，绘制完成的住宅墙体辅助线网格如图 3-69 所示。

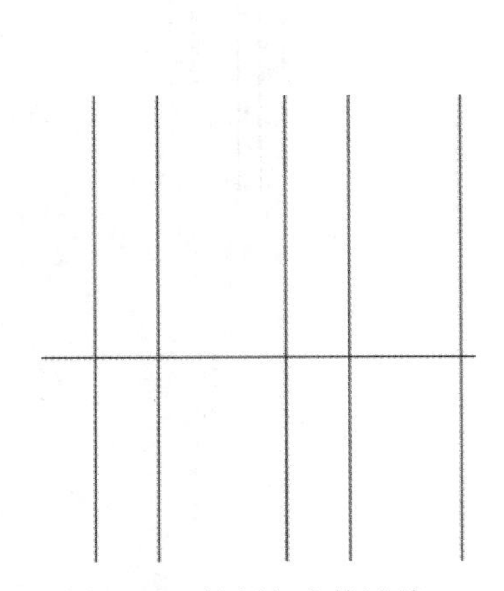

图 3-68　绘制竖直构造线

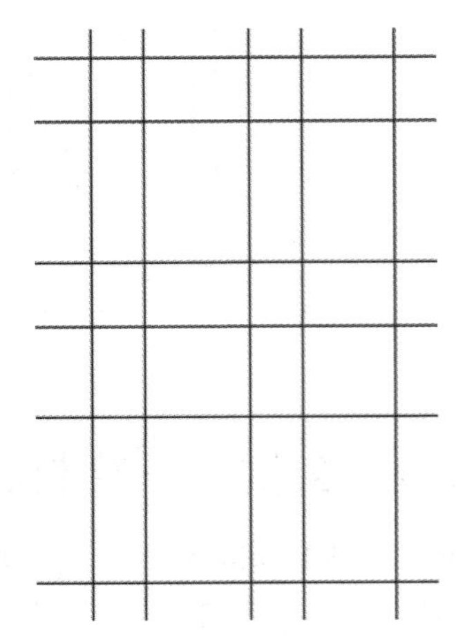

图 3-69　住宅墙体辅助线网格

（2）定义 240 多线样式。选择菜单栏中的“格式”→“多线样式”命令，❶系统打开如图 3-70 所示的“多线样式”对话框。❷单击“新建”按钮，❸系统打开如图 3-71 所示的“创建新的多线样式”对话框，❹在该对话框的“新样式名”文本框中输入“240 墙”，❺单击“继续”按钮。

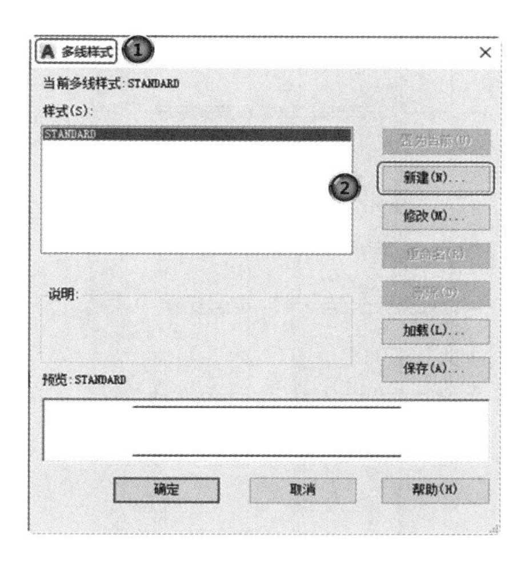

图 3-70 “多线样式”对话框

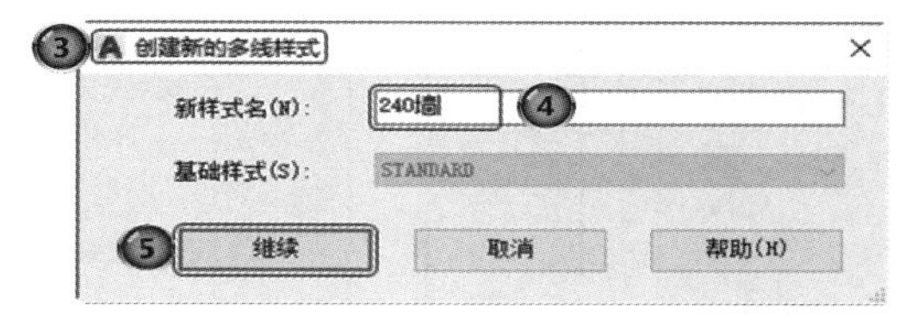

图 3-71 “创建新的多线样式”对话框

（3）⑥系统打开“新建多线样式”对话框，⑦进行如图 3-72 所示的多线样式设置，⑧单击“确定”按钮，返回到“多线样式”对话框，单击“置为当前”按钮，将 240 墙样式置为当前，单击“确定”按钮，完成 240 墙的设置。

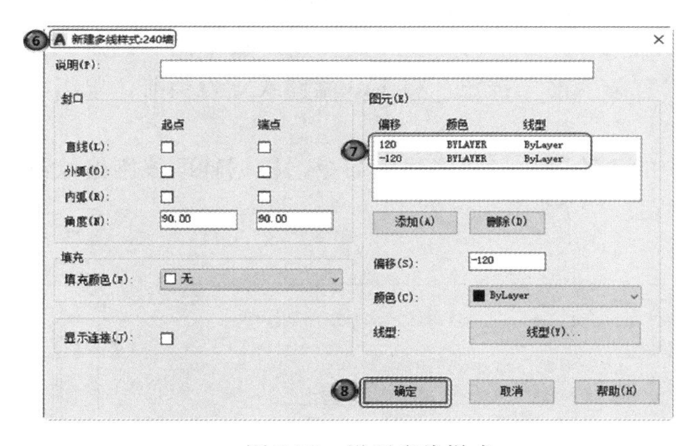

图 3-72 设置多线样式

（4）选择菜单栏中的“绘图”→“多线”命令，绘制 240 墙体，命令行提示与操作如下。

```
命令: _mline
当前设置: 对正 = 无，比例 = 1.00，样式 = 240 墙
指定起点或 [对正(J)/比例(S)/样式(ST)]: s↙
输入多线比例 <1.00>:
当前设置: 对正 = 无，比例 = 1.00，样式 = 240 墙
指定起点或 [对正(J)/比例(S)/样式(ST)]: J↙
输入对正类型 [上(T)/无(Z)/下(B)] <无>: Z↙
当前设置: 对正 = 无，比例 = 1.00，样式 = 240 墙
指定起点或 [对正(J)/比例(S)/样式(ST)]: 在绘制的辅助线交点上指定一点
指定下一点: 在绘制的辅助线交点上指定下一点
```

结果如图 3-73 所示，采用相同的方法根据辅助线网格绘制其余的 240 墙线，绘制结果如图 3-74 所示。

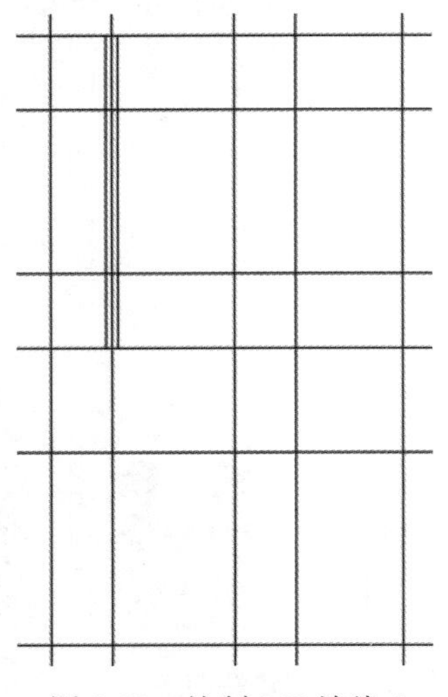

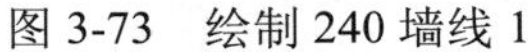

图 3-73　绘制 240 墙线 1

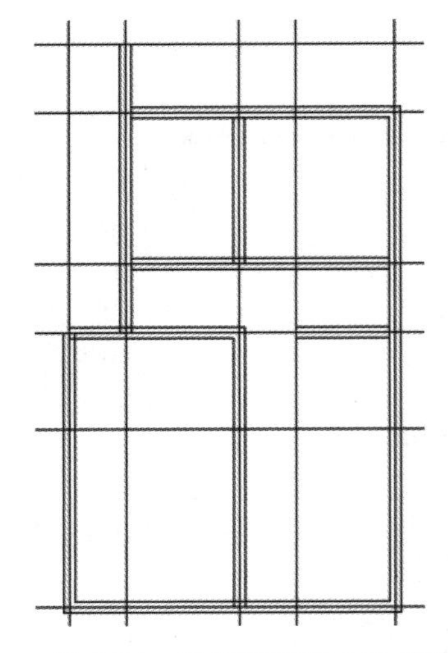

图 3-74　绘制所有的 240 墙线

（5）定义 120 多线样式。选择菜单栏中的“格式”→“多线样式”命令，系统打开“多线样式”对话框。单击“新建”按钮，系统打开“创建新的多线样式”对话框，在该对话框的“新样式名”文本框中输入“120 墙”，单击“继续”按钮。❶系统打开“新建多线样式”对话框，❷进行如图 3-75 所示的多线样式设置，❸单击“确定”按钮，返回到“多线样式”对话框，单击“置为当前”按钮，将 120 墙样式置为当前，单击“确定”按钮，完成 120 墙的设置。

（6）选择菜单栏中的“绘图”→“多线”命令，根据辅助线网格绘制 120 的墙体，结果如图 3-76 所示。命令行提示与操作如下。

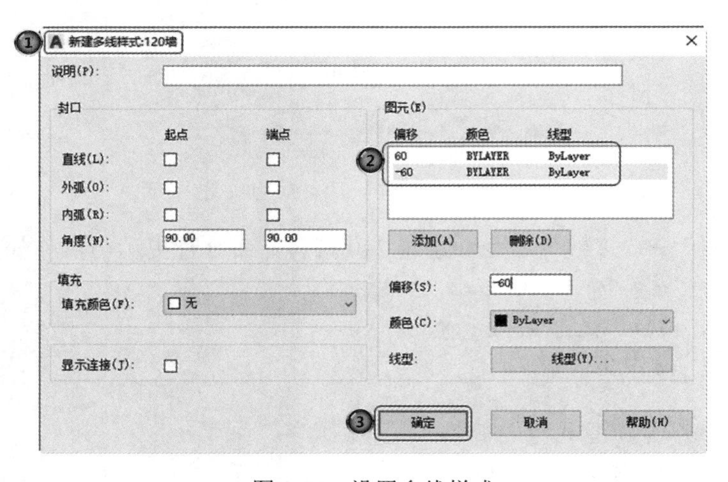

图 3-75　设置多线样式

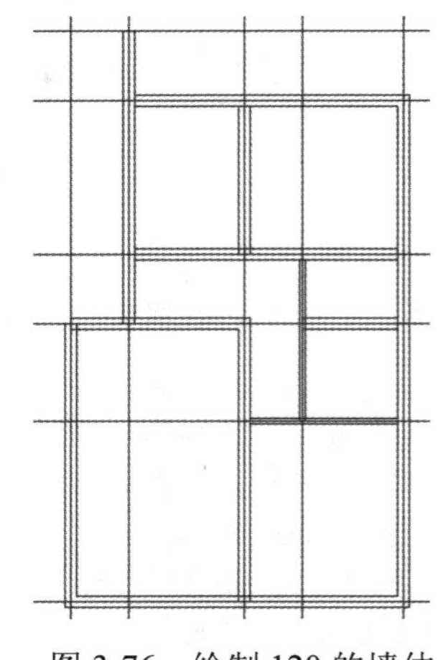

图 3-76　绘制 120 的墙体

```
命令: _mline
当前设置: 对正 = 无, 比例 = 1.00, 样式 = 240 墙
指定起点或 [对正(J)/比例(S)/样式(ST)]: st
输入多线样式名或 [?]: 120 墙
当前设置: 对正 = 无, 比例 = 1.00, 样式 = 120 墙
```

```
指定起点或 [对正(J)/比例(S)/样式(ST)]:
指定下一点:
指定下一点或 [放弃(U)]:
```

（7）编辑多线。选择菜单栏中的“修改”→“对象”→“多线”命令，❶系统打开“多线编辑工具”对话框，如图 3-77 所示。❷选择“T 形打开”选项，命令行提示与操作如下。

```
命令: _mledit
选择第一条多线: 选择多线
选择第二条多线: 选择多线
选择第一条多线或 [放弃(U)]: 选择多线
```

采用同样的方法继续进行多线编辑，如图 3-78 所示。

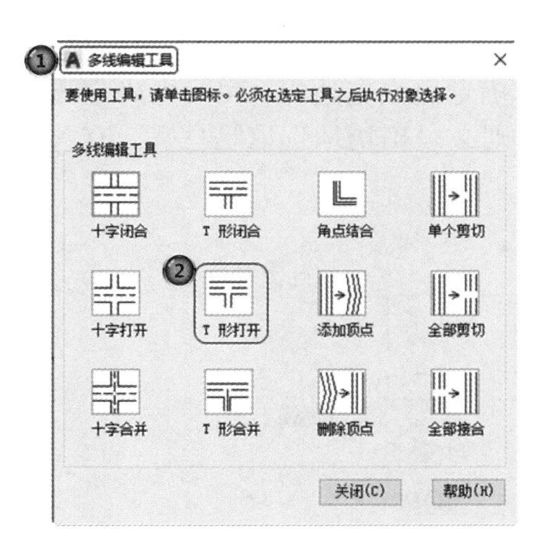

图 3-77 “多线编辑工具”对话框

图 3-78 T 形打开效果

然后在“多线编辑工具”对话框选择“角点结合”选项，对墙线进行编辑，并删除辅助线，最后结果如图 3-66 所示。

动手练一练——绘制墙体

利用“多线”和“多线编辑”命令绘制如图 3-79 所示的墙体。

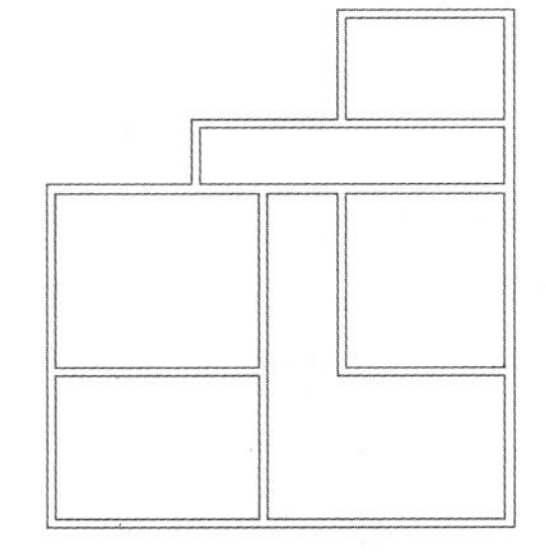

图 3-79 墙体

思路点拨

源文件：源文件\第 3 章\墙体.dwg

（1）设置多线样式。

（2）利用“多线”命令绘制多线墙体。

（3）利用“多线编辑”命令对墙体进行编辑。

3.8 图案填充

当用户需要用一个重复的图案（pattern）填充一个区域时，可以使用“BHATCH”命令，创建一个相关联的填充阴影对象，即所谓的图案填充。

3.8.1 基本概念

1. 图案边界

当进行图案填充时，首先要确定填充图案的边界。定义边界的对象只能是直线、双向射线、单向射线、多段线、样条曲线、圆弧、圆、椭圆、椭圆弧、面域等对象或用这些对象定义的块，而且作为边界的对象在当前图层上必须全部可见。

2. 孤岛

在进行图案填充时，我们把位于总填充区域内的封闭区称为孤岛，如图 3-80 所示。在使用“BHATCH”命令填充时，AutoCAD 系统允许用户以拾取点的方式确定填充边界，即在希望填充的区域内任意拾取一点，系统会自动确定出填充边界，同时也确定该边界内的岛。如果用户以选择对象的方式确定填充边界，则必须确切地选取这些岛，有关知识将在后面介绍。

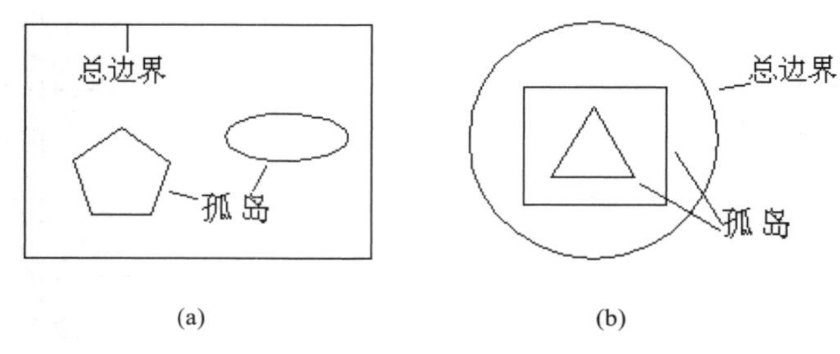

图 3-80 孤岛

3. 填充方式

在进行图案填充时，需要控制填充的范围，AutoCAD 系统为用户设置了以下 3 种填充方式，以实现对填充范围的控制。

（1）普通方式。如图 3-81(a)所示，该方式从边界开始，从每条填充线或每个填充符号的两端向里填充，遇到内部对象与之相交时，填充线或符号断开，直到遇到下一次相交时再继续填充。采用这种填充方式时，要避免剖面线或符号与内部对象的相交次数为奇数，该方式为系统内部的缺省方式。

（2）最外层方式。如图 3-81(b)所示，该方式从边界向里填充，只要在边界内部与对象相交，剖面符号就会断开，而不再继续填充。

（3）忽略方式。如图 3-81(c)所示，该方式忽略边界内的对象，所有内部结构都被剖面符号覆盖。

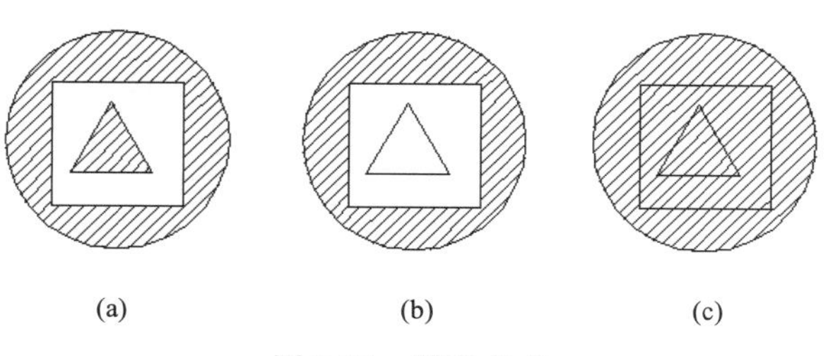

图 3-81　填充方式

3.8.2 图案填充的操作

1. 执行方式

命令行：BHATCH（快捷命令：H）。
菜单栏：选择菜单栏中的“绘图”→“图案填充”或“渐变色”命令。
工具栏：单击“绘图”工具栏中的“图案填充”按钮或“渐变色”按钮。
功能区：单击“默认”选项卡“绘图”面板中的“图案填充”按钮。

2. 操作步骤

执行上述命令后，系统打开如图 3-82 所示的“图案填充创建”选项卡，其中的选项含义介绍如下。

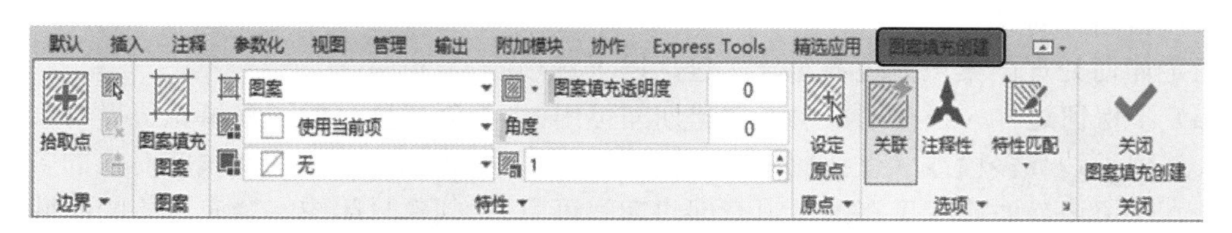

图 3-82　“图案填充创建”选项卡

（1）“边界”面板

①拾取点：通过选择由一个或多个对象形成的封闭区域内的点，确定图案填充边界（如图 3-83 所示）。指定内部点时，可以随时在绘图区域中单击鼠标右键以显示包含多个选项的快捷菜单。

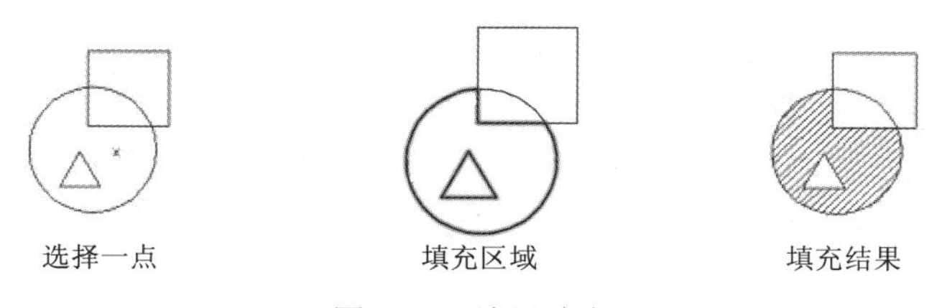

图 3-83　边界确定

②选择边界对象：指定基于选定对象的图案填充边界。使用该选项时，不会自动检测内部对象，必须选择选定边界内的对象，以按照当前孤岛检测样式填充这些对象（如图 3-84 所示）。

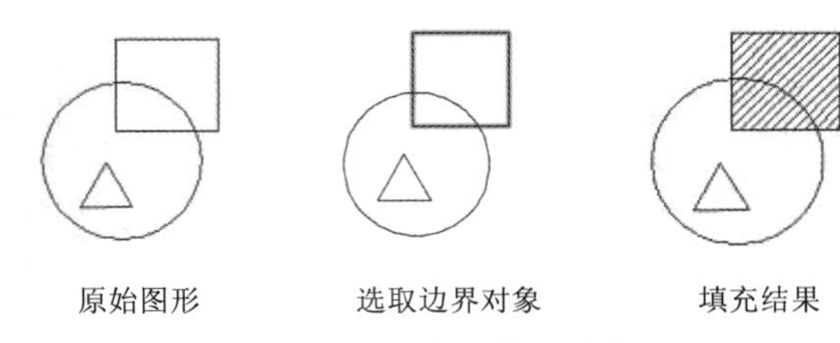

图 3-84　选取边界对象

③删除边界对象：从边界定义中删除之前添加的任何对象（如图 3-85 所示）。

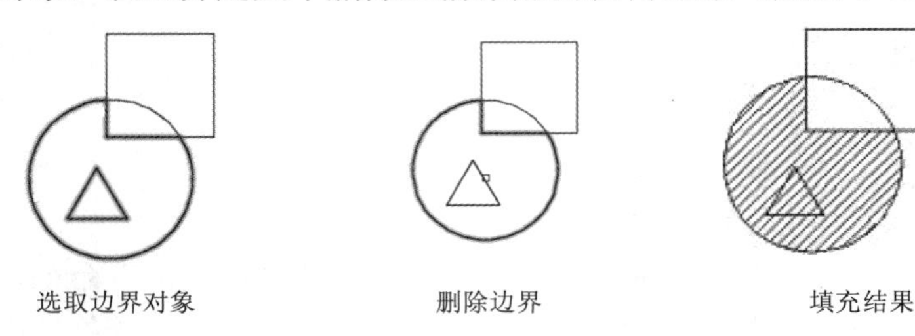

图 3-85　删除“岛”后的边界

④重新创建边界：围绕选定的图案填充或填充对象创建多段线或面域，并使其与图案填充对象相关联（可选）。

⑤显示边界对象：选择构成选定关联图案填充对象的边界的对象，使用显示的夹点可修改图案填充边界。

⑥保留边界对象。

指定如何处理图案填充边界对象。包括以下选项：

（a）不保留边界（仅在图案填充创建期间可用）。不创建独立的图案填充边界对象。

（b）保留边界多段线（仅在图案填充创建期间可用）。创建封闭图案填充对象的多段线。

（c）保留边界面域（仅在图案填充创建期间可用）。创建封闭图案填充对象的面域对象。

（d）选择新边界集。指定对象的有限集（称为边界集），以便通过创建图案填充时的拾取点进行计算。

（2）“图案”面板

显示所有预定义和自定义图案的预览图像。

（3）“特性”面板

①图案填充类型：指定是使用纯色、渐变色、图案还是用户定义的来填充。

②图案填充颜色：替代实体填充和填充图案的当前颜色。

③背景色：指定填充图案背景的颜色。

④图案填充透明度：设定新图案填充或填充的透明度，替代当前对象的透明度。

⑤图案填充角度：指定图案填充或填充的角度。

⑥填充图案比例：放大或缩小预定义或自定义填充图案 。

⑦相对图纸空间：仅在布局中可用，相对于图纸空间单位缩放填充图案。使用此选项，可很容易地做到以适合于布局的比例显示填充图案。

⑧双向：仅当图案填充类型设定为用户定义时可用，将绘制第二组直线，与原始直线成 90 度角，从而构成交叉线。

⑨ISO 笔宽：仅对于预定义的 ISO 图案可用，基于选定的笔宽缩放 ISO 图案。

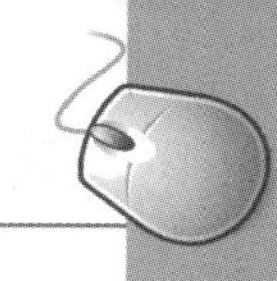

（4）“原点”面板

①设定原点：直接指定新的图案填充原点。

②左下：将图案填充原点设定在图案填充边界矩形范围的左下角。

③右下：将图案填充原点设定在图案填充边界矩形范围的右下角。

④左上：将图案填充原点设定在图案填充边界矩形范围的左上角。

⑤右上：将图案填充原点设定在图案填充边界矩形范围的右上角。

⑥中心：将图案填充原点设定在图案填充边界矩形范围的中心。

⑦使用当前原点：将图案填充原点设定在 HPORIGIN 系统变量中存储的默认位置。

⑧存储为默认原点：将新图案填充原点的值存储在 HPORIGIN 系统变量中。

（5）“选项”面板

①关联：指定图案填充或填充为关联图案。关联的图案填充或填充在用户修改其边界对象时将会更新。

②注释性：指定图案填充为注释性。此特性会自动完成缩放注释过程，从而使注释能够以正确的大小在图纸上打印或显示。

③特性匹配

使用当前原点：使用选定图案填充对象（除图案填充原点外）设定图案填充的特性。

使用源图案填充的原点：使用选定图案填充对象（包括图案填充原点）设定图案填充的特性。

④允许的间隙：设定将对象用作图案填充边界时可以忽略的最大间隙。默认值为 0，此值指定对象必须封闭区域而没有间隙。

⑤创建独立的图案填充：控制当指定了几个单独的闭合边界时，是创建单个图案填充对象，还是创建多个图案填充对象。

⑥孤岛检测

（a）普通孤岛检测：从外部边界向内填充。如果遇到内部孤岛，填充将关闭，直到遇到孤岛中的另一个孤岛。

（b）外部孤岛检测：从外部边界向内填充。此选项仅填充指定的区域，不会影响内部孤岛。

（c）忽略孤岛检测：忽略所有内部的对象，填充图案时将通过这些对象。

⑦绘图次序：为图案填充或填充指定绘图次序。选项包括不更改、后置、前置、置于边界之后和置于边界之前。

（6）“关闭”面板

关闭“图案填充创建”：退出 HATCH 并关闭上下文选项卡。也可以按 Enter 键或 Esc 键退出 HATCH。

3.8.3 编辑填充的图案

利用 HATCHEDIT 命令可以编辑已经填充的图案。

执行方式如下。

命令行：HATCHEDIT（快捷命令：HE）。

菜单栏：选择菜单栏中的“修改”→“对象”→“图案填充”命令。

工具栏：单击“修改 II”工具栏中的“编辑图案填充”按钮。

功能区：单击“默认”选项卡“修改”面板中的“编辑图案填充”按钮。

执行上述命令后，系统提示“选择图案填充对象”。选择填充对象后，系统打开如图 3-86 所示的“图案填充编辑器”选项卡。

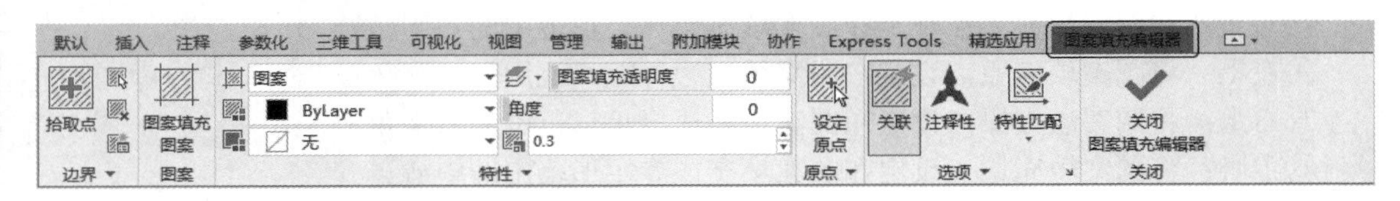

图 3-86 “图案填充编辑器”选项卡

在图 3-86 中，只有亮显的选项才可以对其进行操作。该选项卡中各项的含义与图 3-82 所示的“图案填充创建”选项卡中各项的含义相同，利用该选项卡，可以对已填充的图案进行一系列的编辑修改。

3.8.4 实例——小房子

绘制如图 3-87 所示的小房子。

利用直线命令绘制屋顶和外墙轮廓，再利用矩形、圆环、多段线及多行文字命令绘制门、把手、窗、牌匾，最后利用图案填充命令填充图案，绘制流程如下。

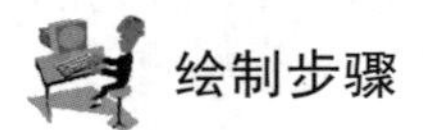

绘制步骤

1. 绘制屋顶轮廓

（1）单击“默认”选项卡“绘图”面板中的“直线”按钮，以{(0,500)、(600,500)}为端点坐标绘制直线。

（2）单击“默认”选项卡“绘图”面板中的“直线”按钮，单击状态栏中的“对象捕捉”按钮，捕捉绘制好的直线的中点，以其为起点，以坐标为（@0,50）的点为第二点，绘制直线。连接各端点，结果如图 3-88 所示。

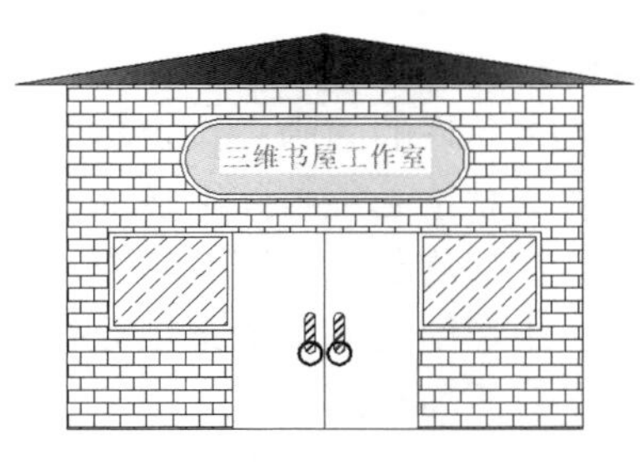

图 3-87 小房子

2. 绘制墙体轮廓

（1）单击“默认”选项卡“绘图”面板中的“矩形”按钮，以（50,500）为第一角点，以（@500,-350）为第二角点绘制墙体轮廓，结果如图 3-89 所示。

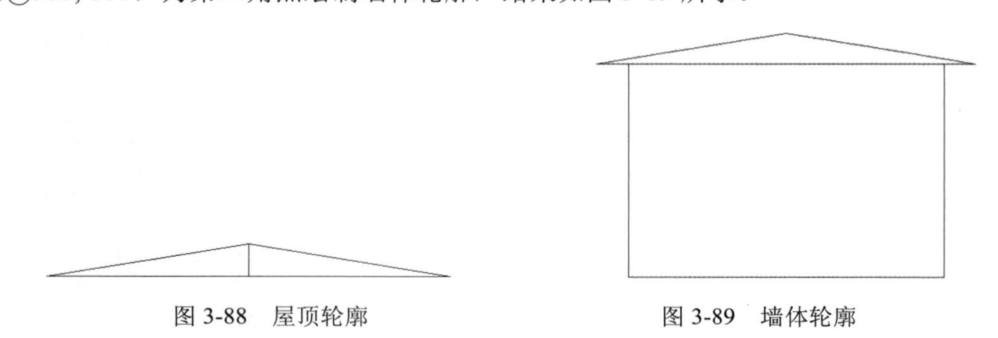

图 3-88 屋顶轮廓　　图 3-89 墙体轮廓

（2）单击状态栏中的“线宽”按钮，结果如图 3-90 所示。

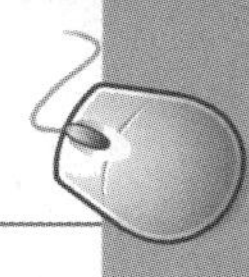

3．绘制门

（1）绘制门体。将“门窗”层设置为当前层。单击“默认”选项卡“绘图”面板中的“矩形”按钮，以墙体底面的中点为第一角点，以（@90,200）为第二角点绘制右边的门，同理，以墙体底面的中点作为第一角点，以（@-90,200）为第二角点绘制左边的门。结果如图 3-91 所示。

（2）绘制门把手。单击“默认”选项卡“绘图”面板中的“矩形”按钮，在适当的位置绘制一个长度为 10mm，高度为 24mm，倒圆半径为 5mm 的矩形，命令行提示与操作如下。

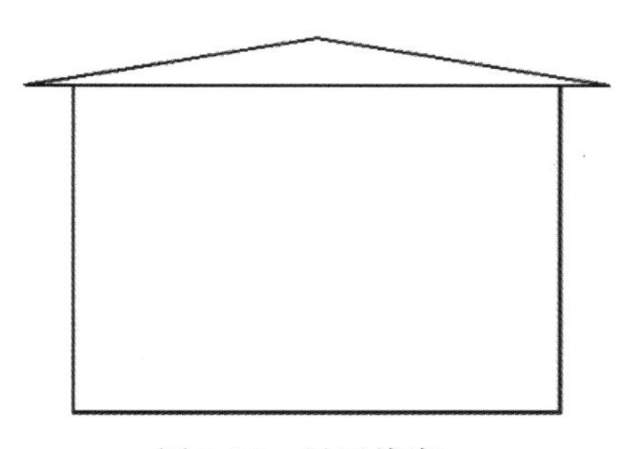
图 3-90　显示线宽

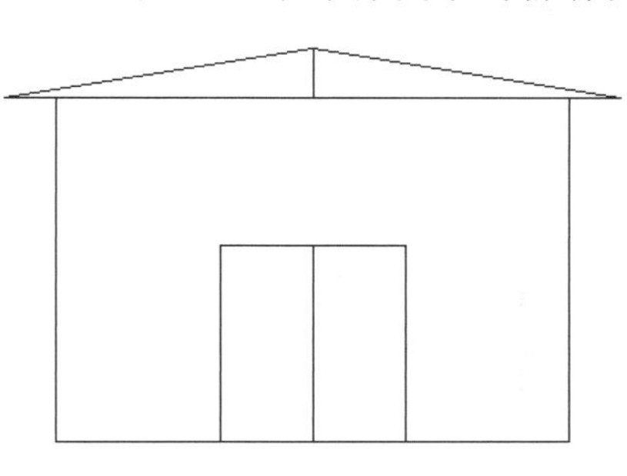
图 3-91　绘制门体

```
命令: _rectang
指定第一个角点或 [倒角(C)/标高(E)/圆角(F)/厚度(T)/宽度(W)]: f↙
指定矩形的圆角半径 <0.0000>: 5↙
指定第一个角点或 [倒角(C)/标高(E)/圆角(F)/厚度(T)/宽度(W)]:（在图上选取合适的位置）
指定另一个角点或 [面积(A)/尺寸(D)/旋转(R)]: @10,40↙
```

用同样的方法，绘制另一个门把手，结果如图 3-92 所示。

（3）绘制门环。单击“默认”选项卡“绘图”面板中的“圆环”按钮◎，在适当的位置绘制两个内径为 20mm，外径为 24mm 的圆环，命令行提示与操作如下。

```
命令: _donut
指定圆环的内径 <30.0000>: 20↙
指定圆环的外径 <35.0000>: 24↙
指定圆环的中心点或 <退出>:（适当指定一点）
指定圆环的中心点或 <退出>:（适当指定一点）
指定圆环的中心点或 <退出>:↙
```

结果如图 3-93 所示。

4．绘制窗户

（1）单击“默认”选项卡“绘图”面板中的“矩形”按钮，绘制左边外玻璃窗，指定门的左上角点为第一个角点，指定第二角点为（@–120,–100）；接着指定门的右上角点为第一个角点，指定第二角点为（@120,–100），绘制右边外玻璃窗。

（2）单击“默认”选项卡“绘图”面板中的“矩形”按钮，以（205,345）为第一角点，（@–110,–90）为第二角点绘制左边内玻璃窗，以（505,345）为第一角点，（@–110,–90）为第二角点绘制右边的内玻璃窗，结果如图 3-94 所示。

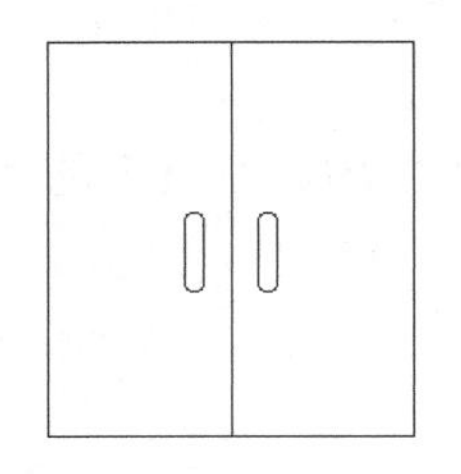

图 3-92　绘制门把手

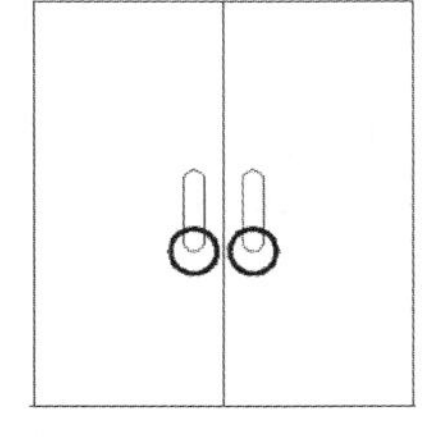

图 3-93　绘制门环

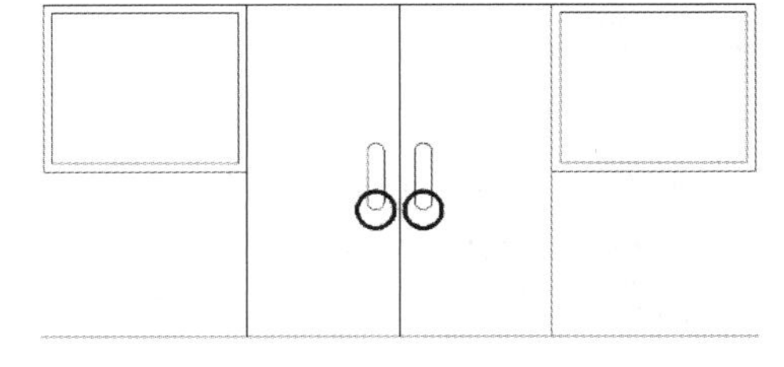

图 3-94　绘制窗户

5．绘制牌匾

单击“默认”选项卡“绘图”面板中的“多段线”按钮，绘制牌匾，命令行提示与操作如下。

```
命令：_pline
指定起点：（用光标拾取一点作为多段线的起点）
当前线宽为 0.0000
指定下一点或 [圆弧(A)/半宽(H)/长度(L)/放弃(U)/宽度(W)]：@200,0↙
指定下一点或 [圆弧(A)/闭合(C)/半宽(H)/长度(L)/放弃(U)/宽度(W)]：a↙
指定圆弧的端点(按住 Ctrl 键以切换方向)或[角度(A)/圆心(CE)/闭合(CL)/方向(D)/半宽(H)/直线(L)/半径(R)/第二个点(S)/放弃(U)/宽度(W)]：a↙
指定夹角：180↙
指定圆弧的端点(按住 Ctrl 键以切换方向)或 [圆心(CE)/半径(R)]：r↙
指定圆弧的半径：40↙
指定圆弧的弦方向(按住 Ctrl 键以切换方向) <0>：90↙
指定圆弧的端点(按住 Ctrl 键以切换方向)或[角度(A)/圆心(CE)/闭合(CL)/方向(D)/半宽(H)/直线(L)/半径(R)/第二个点(S)/放弃(U)/宽度(W)]：l↙
指定下一点或 [圆弧(A)/闭合(C)/半宽(H)/长度(L)/放弃(U)/宽度(W)]：@-200,0↙
指定下一点或 [圆弧(A)/闭合(C)/半宽(H)/长度(L)/放弃(U)/宽度(W)]：a↙
指定圆弧的端点(按住 Ctrl 键以切换方向)或[角度(A)/圆心(CE)/闭合(CL)/方向(D)/半宽(H)/直线(L)/半径(R)/第二个点(S)/放弃(U)/宽度(W)]：a↙
指定夹角：180↙
指定圆弧的端点(按住 Ctrl 键以切换方向)或[圆心(CE)/半径(R)]：r↙
指定圆弧的半径：40↙
指定圆弧的弦方向(按住 Ctrl 键以切换方向) <180>：-90↙
指定圆弧的端点(按住 Ctrl 键以切换方向)或[角度(A)/圆心(CE)/闭合(CL)/方向(D)/半宽(H)/直线(L)/半径(R)/第二个点(S)/放弃(U)/宽度(W)]：↙
```

结果如图 3-95 所示。

6．输入牌匾中的文字

单击“默认”选项卡“注释”面板中的“多行文字”按钮 A，系统打开“文字编辑器”选项卡，输入书店的名称，并设置字体的属性，结果如图 3-96 所示。单击“关闭”按钮，即可完成牌匾的绘制，如图 3-97 所示。（此处可以暂时不操作，第 5 章有具体讲述）

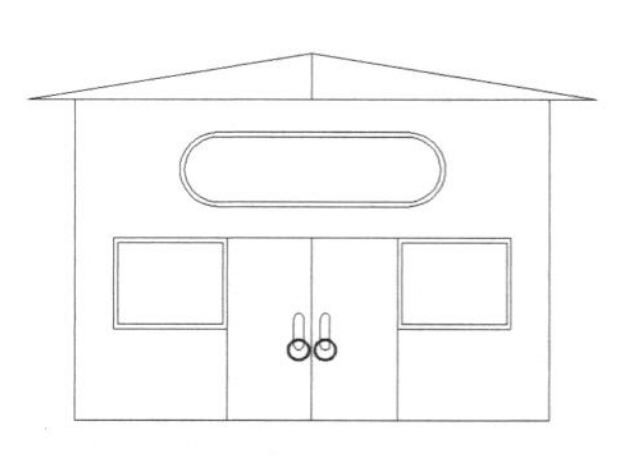

图 3-95　牌匾轮廓

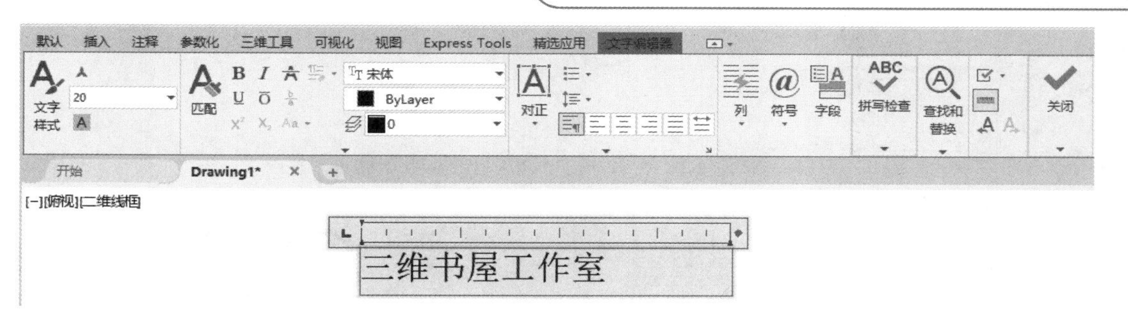

图 3-96　牌匾文字

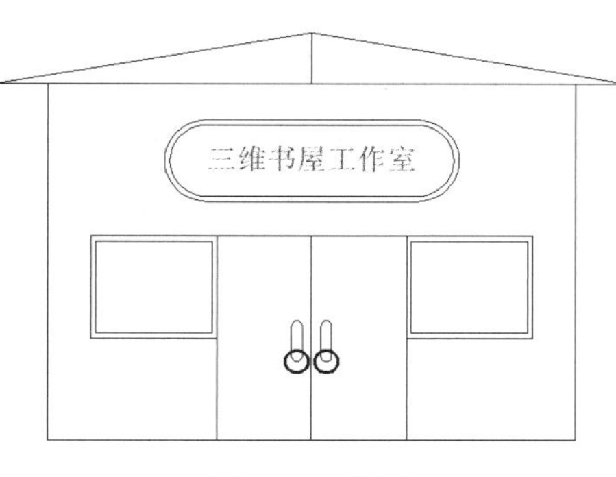

图 3-97　牌匾

7．填充图形

图案的填充主要包括 5 部分，即墙面、玻璃窗、门把手、牌匾和屋顶等的填充。利用“图案填充”命令选择适当的图案，即可分别填充这 5 部分图形。

（1）外墙图案填充

单击“默认”选项卡“绘图”面板中的“图案填充”按钮，❶系统打开“图案填充创建”选项卡，❷选择 BRICK 图案，如图 3-98 所示，❸将“比例”设置为 2。❹单击拾取点按钮，切换到绘图平面，在墙面区域中选取一点，❺按关闭键后，完成墙面填充，如图 3-99 所示。

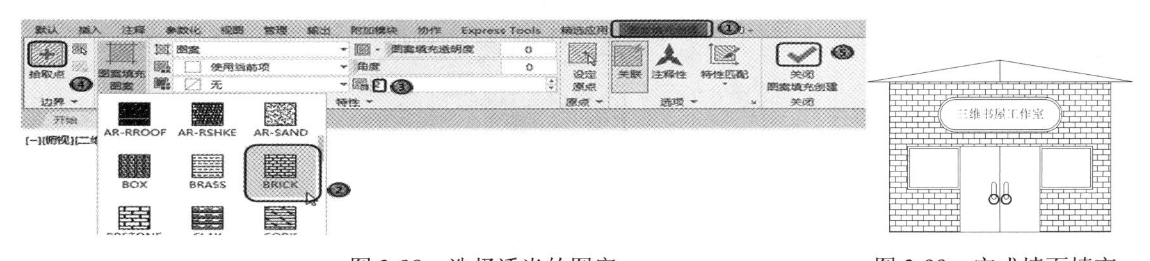

图 3-98　选择适当的图案　　图 3-99　完成墙面填充

（2）窗户图案填充

用相同的方法，选择 STEEL 图案，将其“比例”设置为 4，选择窗户区域进行填充，结果如图 3-100 所示。

（3）门把手图案填充

用相同的方法，选择 ANSI34 图案，将其“比例”设置为 0.4，选择门把手区域进行填充，结果如图 3-101 所示。

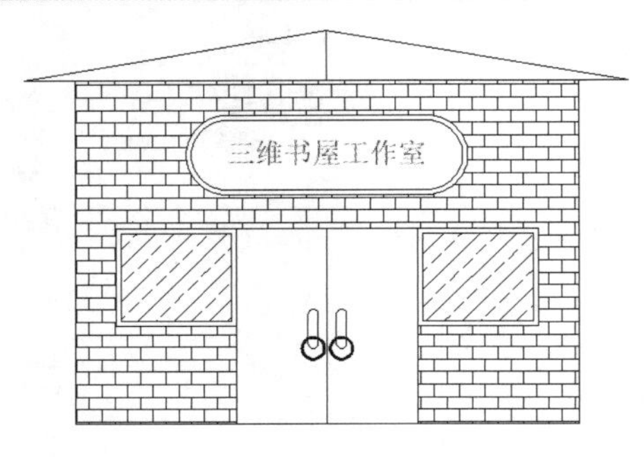

图 3-100　完成窗户填充

图 3-101　完成门把手填充

（4）牌匾图案填充

单击“默认”选项卡“绘图”面板中的“渐变色”按钮，❶系统打开“图案填充创建”选项卡，如图 3-102 所示，❷在“颜色”处选择黄色，❸单击“选项”面板中的“箭头”按钮，❹打开“图案填充和渐变色”对话框，如图 3-103 所示，❺在“颜色”处选择“单色”单选按钮，❻将颜色渐变滑块移动到中间位置，❼单击“确定”按钮，返回到“图案填充创建”选项卡，如图 3-104 所示，❽单击“添加：拾取点”按钮，选择牌匾，❾单击“关闭”按钮，完成牌匾填充图案的编辑，如图 3-105 所示。

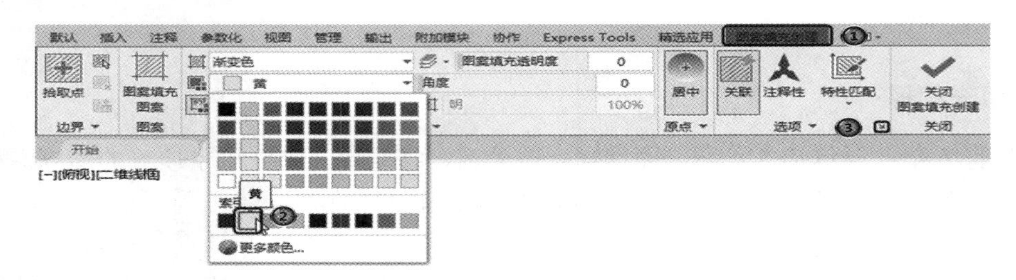

图 3-102　“图案填充创建”选项卡

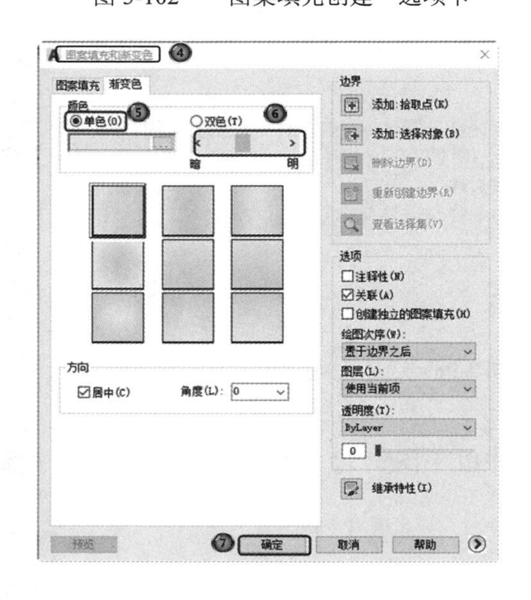

图 3-103　“图案填充和渐变色”对话框

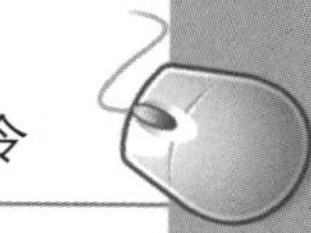

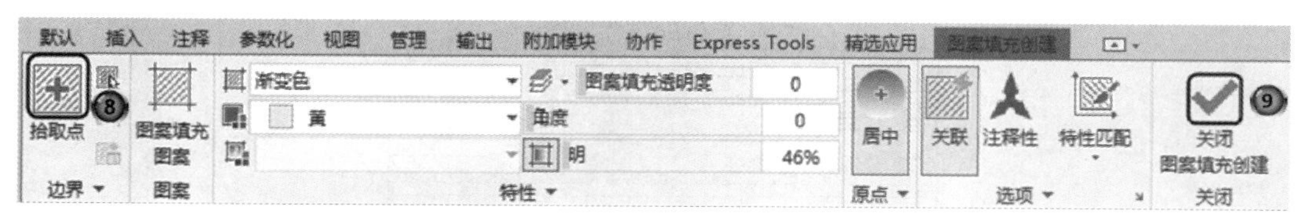

图 3-104 “图案填充创建”选项卡

（5）屋顶图案填充

用同样的方法，打开“图案填充和渐变色”对话框，如图 3-106 所示，❶选中“双色”单选按钮，❷选择一种颜色过渡方式，❸单击“确定”按钮，❹返回到“图案填充创建”选项卡，❺分别设置“颜色 1”和“颜色 2”为红色和绿色，如图 3-107 所示，❻单击“添加：拾取点”按钮，选择屋顶区域进行填充，❼单击“关闭”按钮，结果如图 3-108 所示。

图 3-105 填充牌匾

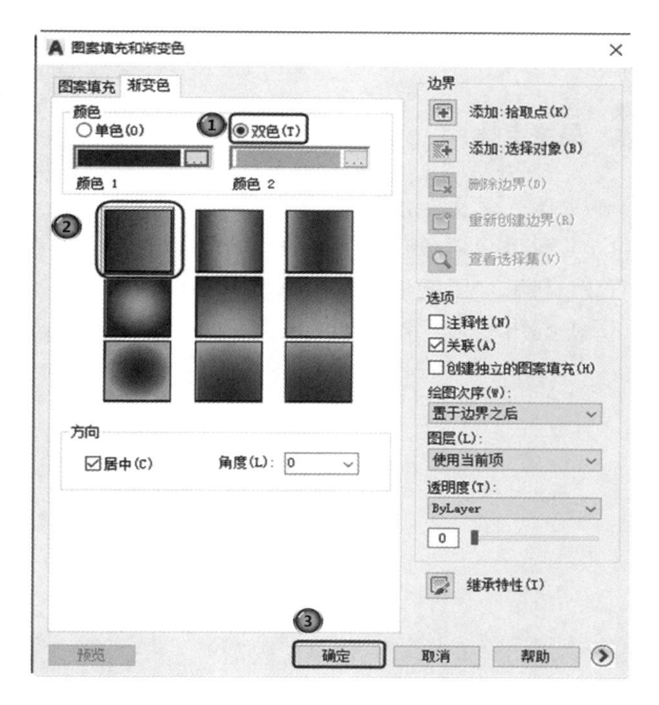

图 3-106 “图案填充和渐变色”对话框

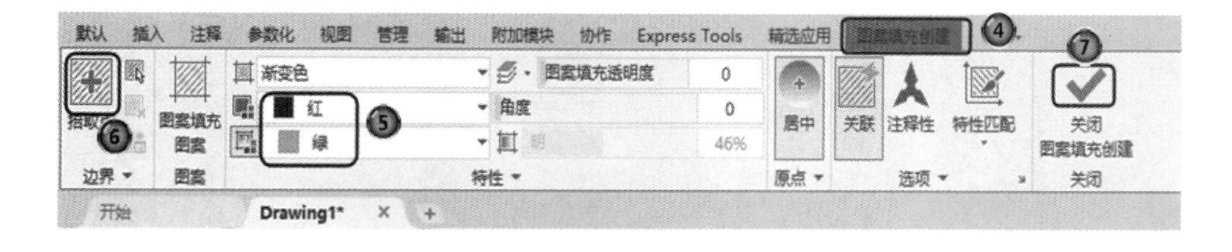

图 3-107 “图案填充创建”选项卡

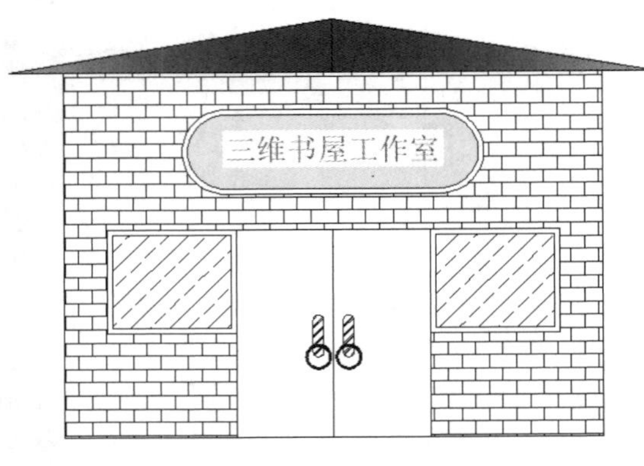

图 3-108　三维书屋

动手练一练——绘制镜子

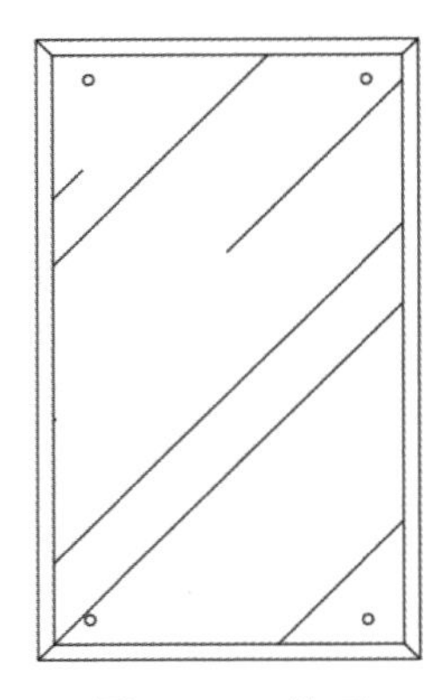

图 3-109　镜子

利用“直线”“矩形”和“图案填充”命令绘制如图 3-109 所示的镜子。

思路点拨

源文件：源文件\第 3 章\镜子.dwg

（1）利用“矩形”和“直线”命令绘制镜子外框。

（2）利用“图案填充”命令填充图案。

（3）利用“圆”命令绘制固定钉。

Chapter

编辑命令

4

二维图形编辑操作配合绘图命令的使用可以进一步完成复杂图形的绘制工作，并可使用户合理安排和组织图形，保证作图准确，减少重复，对编辑命令的熟练掌握和使用有助于提高设计和绘图的效率。本章主要介绍复制类命令、改变位置类命令、删除及恢复类命令、改变几何特性类命令和对象编辑命令。

4.1 选择对象

AutoCAD 2022 提供了以下几种方法选择对象。

（1）先选择一个编辑命令，然后选择对象，按<Enter>键结束操作。

（2）使用 SELECT 命令。在命令行中输入“SELECT”命令，按<Enter>键，按提示选择对象，按<Enter>键结束。

（3）利用定点设备选择对象，然后调用编辑命令。

（4）定义对象组。无论使用哪种方法，AutoCAD 2022 都将提示用户选择对象，并且光标的形状由十字光标变为拾取框。下面结合 SELECT 命令说明选择对象的方法。

SELECT 命令可以单独使用，也可以在执行其他编辑命令时被自动调用。在命令行中输入“SELECT”命令，按<Enter>键，命令行提示如下。

```
选择对象：
```

等待用户以某种方式选择对象作为回答。AutoCAD 2022 提供多种选择方式，可以输入“？”，查看这些选择方式。选择选项后，出现如下提示。

```
需要点或窗口(W)/上一个(L)/窗交(C)/框(BOX)/全部(ALL)/栏选(F)/圈围(WP)/圈交(CP)/编组(G)/添加(A)/删除(R)/多个(M)/上一个(P)/放弃(U)/自动(AU)/单个(SI)/子对象（SU）/对象（O）
选择对象：
```

其中，部分选项含义如下。

（1）点：表示直接通过点取的方式选择对象。利用鼠标或键盘移动拾取框，使其框住要选择的对象，然后单击，被选中的对象就会高亮显示。

（2）窗口（W）：用由两个对角顶点确定的矩形窗口选择位于其范围内部的所有图形，与边界相交的对象不会被选中。指定对角顶点时应该按照从左向右的顺序，执行结果如图 4-1 所示。

（3）上一个（L）：在“选择对象”提示下输入“L”，按<Enter>键，系统自动选择最后绘出的一个对象。

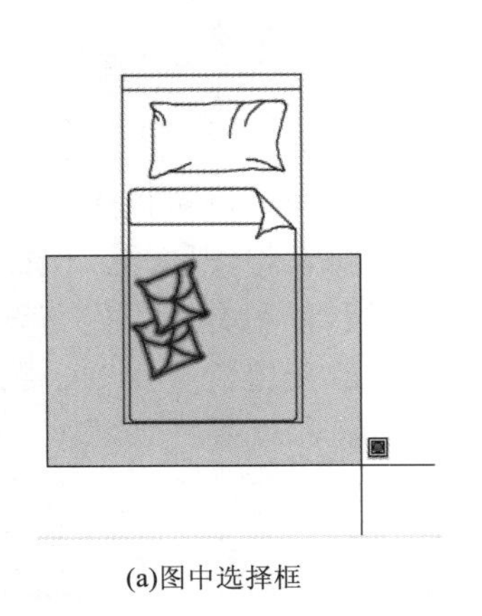

(a)图中选择框

(b)选择后的图形

图 4-1 “窗口”对象选择方式

（4）窗交（C）：该方式与“窗口”方式类似，其区别在于它不但选中矩形窗口内部的对象，也选中与矩形窗口边界相交的对象，执行结果如图 4-2 所示。

（5）框（BOX）：使用框时，系统根据用户在绘图区指定的两个对角点的位置而自动引用“窗口”或“窗交”选择方式。若从左向右指定对角点，则为“窗口”方式；反之，则为“窗交”方式。

（6）全部（ALL）：选择绘图区所有对象。

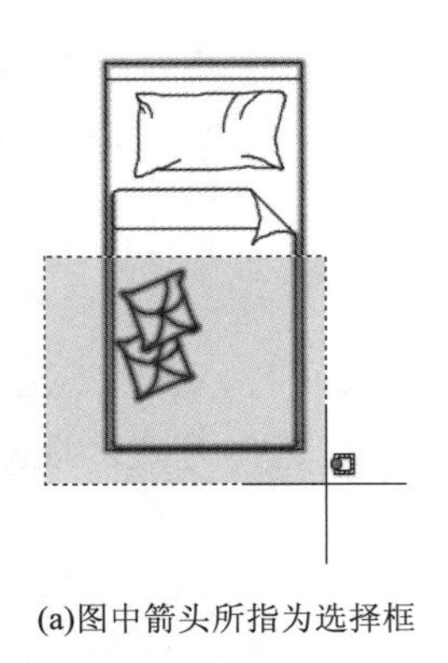

(a)图中箭头所指为选择框

(b)选择后的图形

图 4-2 “窗交”对象选择方式

（7）栏选（F）：用户临时绘制一些直线，这些直线不必构成封闭图形，凡是与这些直线相交的对象均被选中，执行结果如图 4-3 所示。

（8）圈围（WP）：使用一个不规则的多边形来选择对象。根据提示，用户依次输入构成多边形所有顶点的坐标，直到最后按<Enter>键结束操作，系统将自动连接第一个顶点与最后一个顶点，形成封闭的多边形。凡是被多边形围住的对象均被选中（不包括边界），执行结果如图 4-4 所示。

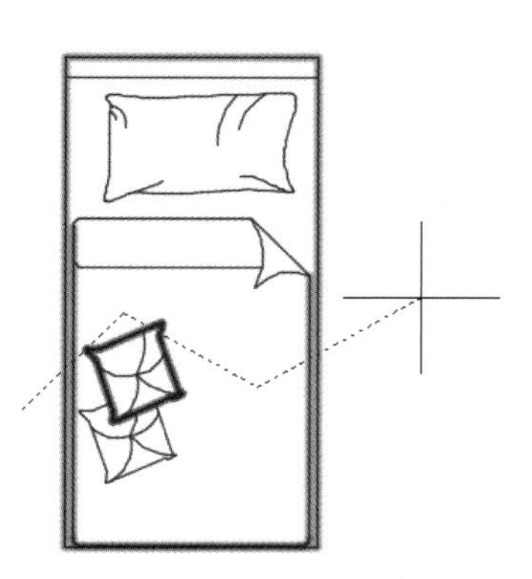

(a)图中虚线为选择栏

(b)选择后的图形

图 4-3 “栏选”对象选择方式

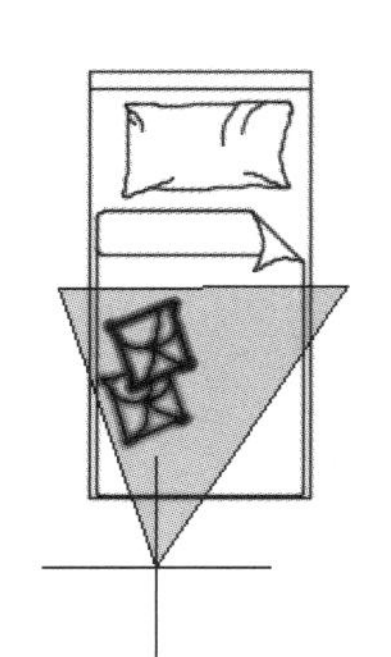

(a)箭头所指十字线拉出的多边形为选择框

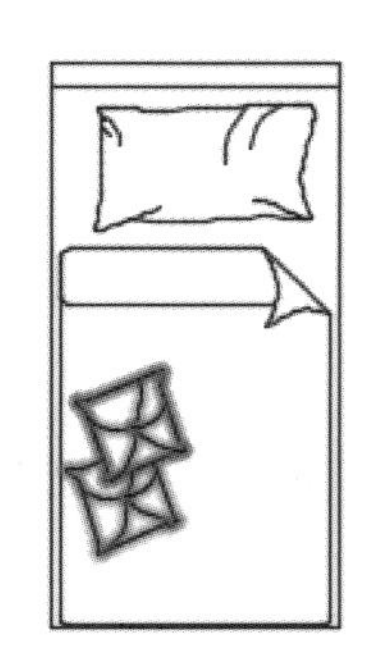

(b)选择后的图形

图 4-4 “圈围”对象选择方式

（9）圈交（CP）：类似于“圈围”方式，在提示后输入“CP”，按<Enter>键，后续操作与“圈围”方式相同。区别在于，执行此命令后与多边形边界相交的对象也被选中。

其他几个选项的含义与上面选项含义类似，这里不再赘述。

注意：若矩形框从左向右定义，即第一个选择的对角点为左侧的对角点，矩形框内部的对象被选中，框外部及与矩形框边界相交的对象不会被选中；若矩形框从右向左定义，矩形框内部及与矩形框边界相交的对象都会被选中。

4.2 复制类命令

本节详细介绍 AutoCAD 2022 的复制类命令，利用这些编辑功能，可以方便地编辑绘制的图形。

4.2.1 复制命令

1. 执行方式

命令行：COPY（快捷命令：CO）。
菜单栏：选择菜单栏中的“修改”→“复制”命令。
工具栏：单击“修改”工具栏中的“复制”按钮。
快捷菜单：选中要复制的对象右击，选择快捷菜单中的“复制”命令。
功能区：单击“默认”选项卡“修改”面板中的“复制”按钮。

2. 操作步骤

命令行提示与操作如下。

```
命令: COPY↙
选择对象: （选择要复制的对象）
```

用前面介绍的对象选择方法选择一个或多个对象，回车结束选择操作。系统继续提示：

```
当前设置： 复制模式 = 多个
指定基点或 [位移(D)/模式(O)] <位移>:
指定第二个点或[阵列(A)]  <使用第一个点作为位移>:（指定基点或位移）
```

3. 选项说明

选项的含义如表 4-1 所示。

表 4-1 “复制”命令选项含义

选　　项	含　　义
指定基点	指定一个坐标点后，AutoCAD 系统把该点作为复制对象的基点，命令行提示“指定位移的第二点或 [阵列(A)]<用第一点作位移>:”。在指定第二个点后，系统将根据这两点确定的位移矢量把选择的对象复制到第二点处。如果此时直接按<Enter>键，即选择默认的“用第一点作位移”，则第一个点被当作相对于 X、Y、Z 的位移。例如，如果指定基点为（2,3），并在下一个提示下按<Enter>键，则该对象从它当前的位置开始在 X 方向上移动 2 个单位，在 Y 方向上移动 3 个单位。复制完成后，命令行提示“指定位移的第二点:”。这时，可以不断指定新的第二点，从而实现多重复制
位移（D）	直接输入位移值，表示以选择对象时的拾取点为基准，以拾取点坐标为移动方向，按纵横比移动指定位移后确定的点为基点。例如，选择对象时拾取点坐标为（2,3），输入位移为 5，则表示以点（2,3）为基准，沿纵横比为 3∶2 的方向移动 5 个单位所确定的点为基点
模式（O）	控制是否自动重复该命令，该设置由 COPYMODE 系统变量控制

4.2.2 实例——洗手台

绘制如图 4-5 所示的洗手台。

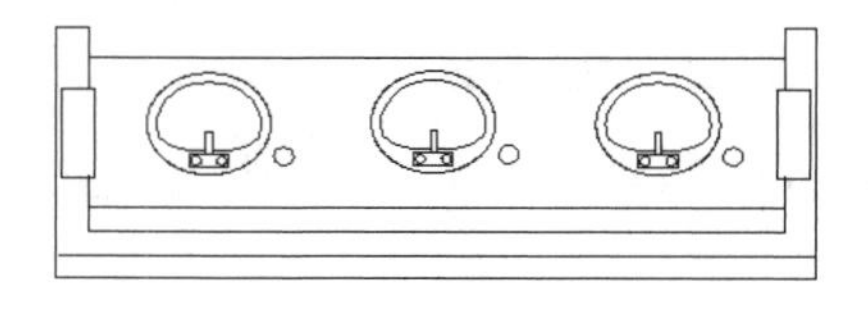

图 4-5 洗手台

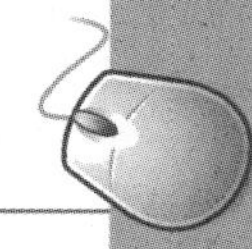

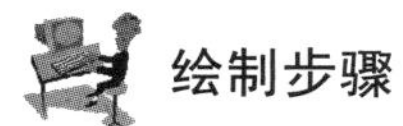

绘制步骤

（1）单击“默认”选项卡“绘图”面板中的“直线”按钮 和“矩形”按钮，绘制洗手台架，如图 4-6 所示。

（2）单击“默认”选项卡“绘图”面板中的“直线”按钮 、“圆”按钮 、“圆弧”按钮 及“椭圆弧”按钮 等命令绘制一个洗手盆及肥皂盒，如图 4-7 所示。

图 4-6　绘制洗手台架

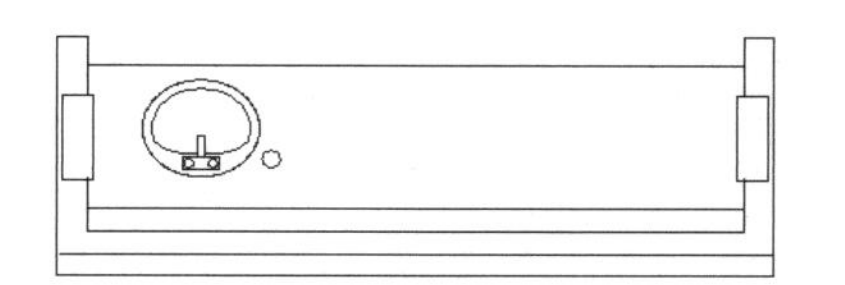

图 4-7　绘制洗手盆肥皂盒

（3）单击“默认”选项卡“修改”面板中的“复制”按钮 ，复制另两个洗手盆及肥皂盒，命令行提示与操作如下。

```
命令：_copy
选择对象：（框选上面绘制的洗手盆及肥皂盒）
指定对角点：找到 23 个
选择对象：↙
当前设置：  复制模式 = 多个
指定基点或 [位移(D)/模式(O)] <位移>：（指定一点为基点）
指定第二个点或 [阵列(A)] <使用第一个点作为位移>:：（打开状态栏上的“正交”开关，指定适当位置一点）
指定第二个点或 [阵列(A)/退出(E)/放弃(U)] <退出>：（指定适当位置一点）
指定第二个点或 [阵列(A)/退出(E)/放弃(U)] <退出>:： ↙
```

结果如图 4-5 所示。

动手练一练——绘制洗手盆

利用“直线”“圆”和“矩形”等命令绘制如图 4-8 所示的洗手盆。

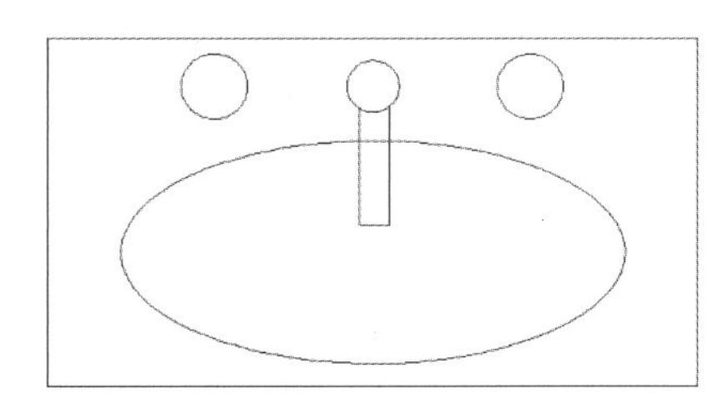

图 4-8　洗手盆

思路点拨

源文件：源文件\第 4 章\洗手盆.dwg

（1）利用“圆”“矩形”“直线”和“椭圆”命令绘制基本轮廓。

（2）利用“复制”命令复制旋钮。

4.2.3 镜像命令

镜像命令是指把选择的对象以一条镜像线为轴作对称复制。镜像操作完成后，可以保留源对象，也可以将其删除。

1. 执行方式

命令行：MIRROR（快捷命令：MI）。

菜单栏：选择菜单栏中的“修改”→“镜像”命令。

工具栏：单击“修改”工具栏中的“镜像”按钮。

功能区：单击“默认”选项卡“修改”面板中的“镜像”按钮。

2. 操作步骤

命令行提示与操作如下。

```
命令：MIRROR↙
选择对象：选择要镜像的对象
选择对象：↙
指定镜像线的第一点：指定镜像线的第一个点
指定镜像线的第二点：指定镜像线的第二个点
要删除源对象吗？[是(Y)/否(N)] <否>：确定是否删除源对象
```

选择的两点确定一条镜像线，被选择的对象以该直线为对称轴进行镜像。包含该线的镜像平面与用户坐标系统的 XY 平面垂直，即镜像操作在与用户坐标系统的 XY 平面平行的平面上。

4.2.4 实例——办公桌

绘制如图 4-9 所示的办公桌。

图 4-9　办公桌

绘制步骤

（1）单击“默认”选项卡“绘图”面板中的“矩形”按钮，在合适的位置绘制矩形，如图 4-10 所示。

（2）单击“默认”选项卡“绘图”面板中的“矩形”按钮，在合适的位置绘制一系列矩形，结果如图 4-11 所示。

（3）单击“默认”选项卡“绘图”面板中的“矩形”按钮，在合适的位置绘制一系列矩形，结果如图 4-12 所示。

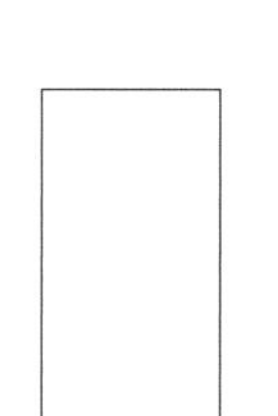
图 4-10 作矩形

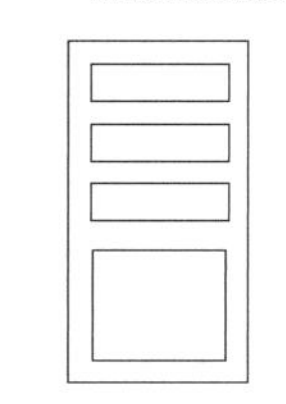
图 4-11 作矩形

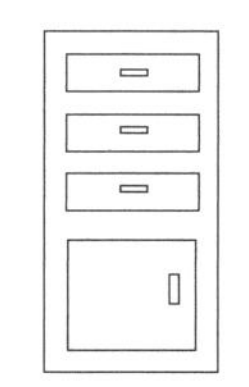
图 4-12 作矩形

（4）单击“默认”选项卡“绘图”面板中的“矩形”按钮 ，在合适的位置绘制矩形，结果如图 4-13 所示。

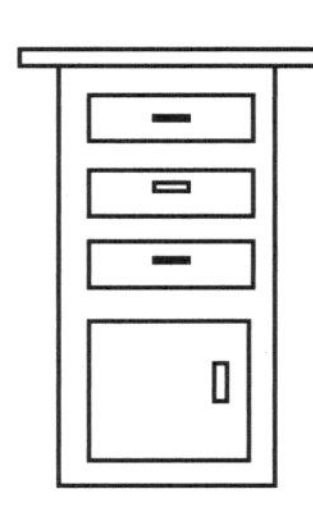
图 4-13 作矩形

（5）单击“默认”选项卡“修改”面板中的“镜像”按钮 ，将左边的一系列矩形以桌面矩形的顶边中点和底边中点的连线为对称轴进行镜像，命令行提示与操作如下。

```
命令：_mirror
选择对象：（选取左边的一系列矩形）
选择对象：↙
指定镜像线的第一点：选择桌面矩形的底边中点
指定镜像线的第二点：选择桌面矩形的顶边中点
要删除源对象吗？[是(Y)/否(N)] <否>:↙
```

绘制结果如图 4-8 所示。

动手练一练——绘制锅

利用“直线”“圆弧”“多段线”和“镜像”命令绘制如图 4-14 所示的锅。

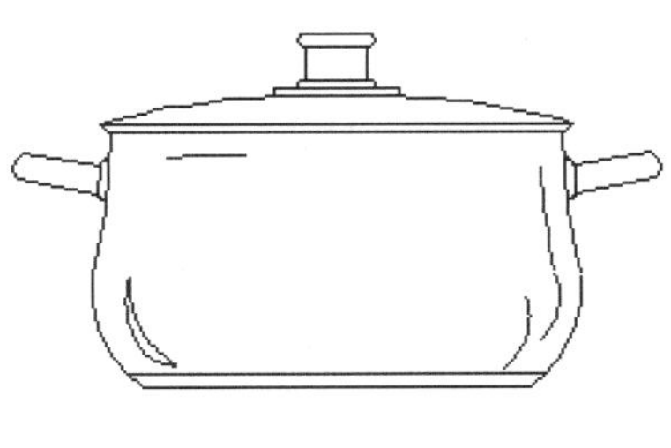
图 4-14 锅

思路点拨

源文件：源文件\第 4 章\锅.dwg

（1）利用“直线”“圆弧”和“多段线”命令绘制基本轮廓。

（2）利用“镜像”命令对称复制。

（3）利用“直线”和“圆弧”命令绘制装饰线。

4.2.5 偏移命令

偏移命令是指保持选择对象的形状、在不同的位置以不同尺寸大小新建一个对象。

1. 执行方式

命令行：OFFSET（快捷命令：O）。
菜单栏：选择菜单栏中的“修改”→“偏移”命令。
工具栏：单击“修改”工具栏中的“偏移”按钮⊆。
功能区：单击“默认”选项卡“修改”面板中的“偏移”按钮⊆。

2. 操作步骤

命令行提示与操作如下。

```
命令： OFFSET↙
当前设置：删除源=否  图层=源  OFFSETGAPTYPE=0
指定偏移距离或 [通过(T)/删除(E)/图层(L)] <通过>：指定偏移距离值
选择要偏移的对象，或 [退出(E)/放弃(U)] <退出>：选择要偏移的对象，按<Enter>键结束操作
指定要偏移的那一侧上的点，或 [退出(E)/多个(M)/放弃(U)] <退出>：指定偏移方向
选择要偏移的对象，或 [退出(E)/放弃(U)] <退出>：
```

3. 选项说明

选项的含义如表 4-2 所示。

表 4-2 “偏移”命令选项含义

选　　项	含　　义
指定偏移距离	输入一个距离值，或按<Enter>键使用当前的距离值，系统把该距离值作为偏移距离，如图 4-15(a)所示。  偏移距离　选择要偏移的对象　指定偏移方向　选中的对象　执行结果 (a)指定偏移距离 要偏移的对象　指定通过点　执行结果 (b)通过点 图 4-15　偏移选项说明 1
通过（T）	指定偏移的通过点，选择该选项后，命令行提示如下。 选择要偏移的对象或 <退出>：选择要偏移的对象，按<Enter>键结束操作 指定通过点：指定偏移对象的一个通过点 执行上述命令后，系统会根据指定的通过点绘制出偏移对象，如图 4-15(b)所示
删除（E）	偏移源对象后将其删除，如图 4-16(a)所示，选择该项后命令行提示如下。 要在偏移后删除源对象吗？ [是(Y)/否(N)] <当前>： 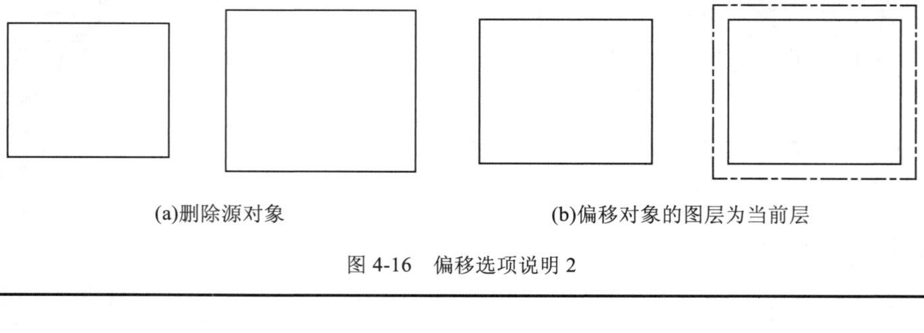 (a)删除源对象　　(b)偏移对象的图层为当前层 图 4-16　偏移选项说明 2

续表

选　　项	含　　义
图层（L）	确定将偏移对象创建在当前图层上还是源对象所在的图层上，这样就可以在不同图层上偏移对象，选择该项后，命令行提示如下。 输入偏移对象的图层选项 ［当前(C)/源(S)］ <当前>: 如果偏移对象的图层选择为当前层，则偏移对象的图层特性与当前图层相同，如图 4-16(b)所示
多个（M）	使用当前偏移距离重复进行偏移操作，并接受附加的通过点，执行结果如图 4-17 所示。 图 4-17　偏移选项说明 3

注意：在 AutoCAD 2022 中，可以使用“偏移”命令，对指定的直线、圆弧、圆等对象作定距离偏移复制操作。在实际应用中，常利用“偏移”命令创建平行线或等距离分布图形，效果与“阵列”相同。默认情况下，需要先指定偏移距离，再选择要偏移复制的对象，然后指定偏移方向，以复制出需要的对象。

4.2.6 实例——单开门

绘制如图 4-18 所示的单开门。

图 4-18　单开门

绘制步骤

（1）单击“默认”选项卡“绘图”面板中的“矩形”按钮，绘制角点坐标分别为（0,0）和（@900,2400）的矩形，结果如图 4-19 所示。

（2）单击“默认”选项卡“修改”面板中的“偏移”按钮，将上步绘制的矩形进行偏移操作。命令行提示与操作如下。

```
命令: _offset
当前设置: 删除源=否　图层=源　OFFSETGAPTYPE=0
指定偏移距离或 ［通过(T)/删除(E)/图层(L)］ <通过>:  60↙
选择要偏移的对象，或 ［退出(E)/放弃(U)］ <退出>:（选择上述矩形）
指定要偏移的那一侧上的点，或 ［退出(E)/多个(M)/放弃(U)］ <退出>: （选择矩形内侧）
选择要偏移的对象，或 ［退出(E)/放弃(U)］ <退出>:↙
```

结果如图 4-20 所示。

（3）单击“默认”选项卡“绘图”面板中的“直线”按钮，绘制端点坐标分别为（60,2000）和（@780,0）的直线。结果如图 4-21 所示。

（4）单击“默认”选项卡“修改”面板中的“偏移”按钮，将上一步绘制的直线向下偏移，偏移距离为 60mm。结果如图 4-22 所示。

（5）单击“默认”选项卡“绘图”面板中的“矩形”按钮，绘制角点坐标分别为（200,1500）和（700,1800）的矩形。绘制结果如图 4-18 所示。

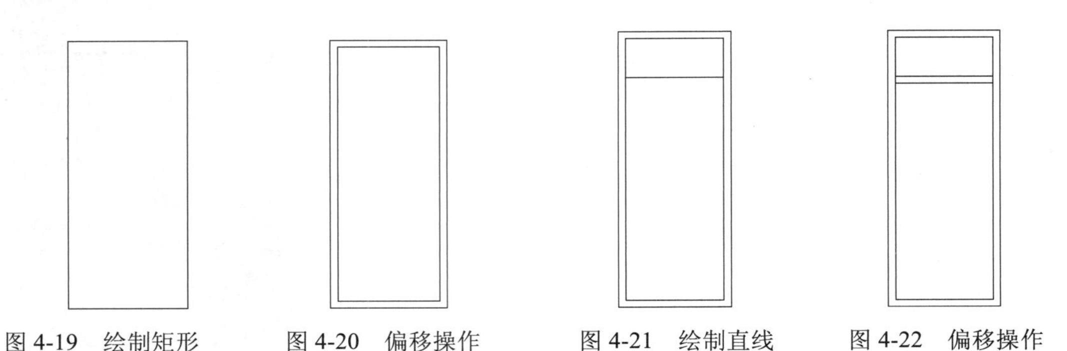

图 4-19　绘制矩形　　图 4-20　偏移操作　　图 4-21　绘制直线　　图 4-22　偏移操作

动手练一练——绘制显示器

利用“直线”“矩形”和“偏移”等命令绘制如图 4-23 所示的显示器。

思路点拨

图 4-23　显示器

源文件：源文件\第 4 章\显示器.dwg

（1）利用“矩形”命令绘制外框。

（2）利用“偏移”命令生成显示屏边界。

（3）利用“直线”“圆”“复制”“矩形”和“圆弧”命令绘制其他部分。

4.2.7 阵列命令

阵列是指多重复制选择对象并把这些副本按矩形、路径或环形排列。把副本按矩形排列称为建立矩形阵列，把副本按路径排列称为建立路径阵列，把副本按环形排列称为建立环形阵列。

1．执行方式

命令行：ARRAY（快捷命令：AR）。

菜单栏：选择菜单栏中的“修改”→“阵列”→“矩形阵列/路径阵列/环形阵列”命令。

工具栏：单击“修改”工具栏中的“矩形阵列”按钮、“路径阵列”按钮和“环形阵列”按钮。

功能区：单击“默认”选项卡“修改”面板中的“矩形阵列”按钮/“路径阵列”按钮/“环形阵列”按钮。

2．操作步骤

```
命令：ARRAY↙
选择对象：（使用对象选择方法）
选择对象：↙
输入阵列类型[矩形（R）/路径（PA）/极轴（PO）]<矩形>:
```

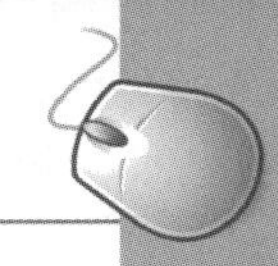

3. 选项说明

（1）矩形（R）

将选定对象的副本分布到行数、列数和层数的任意组合。选择该选项后出现如下提示：

> 选择夹点以编辑阵列或 [关联(AS)/基点(B)/计数(COU)/间距(S)/列数(COL)/行数(R)/层数(L)/退出(X)] <退出>：（通过夹点，调整阵列间距，列数，行数和层数；也可以分别选择各选项输入数值）

（2）路径（PA）

沿路径或部分路径均匀分布选定对象的副本。选择该选项后出现如下提示：

> 选择路径曲线：（选择一条曲线作为阵列路径）
> 选择夹点以编辑阵列或 [关联(AS)/方法(M)/基点(B)/切向(T)/项目(I)/行(R)/层(L)/对齐项目(A)/Z 方向(Z)/退出(X)] <退出>：（通过夹点，调整阵行数和层数；也可以分别选择各选项输入数值）

（3）极轴（PO）

在绕中心点或旋转轴的环形阵列中均匀分布对象副本。选择该选项后出现如下提示：

> 指定阵列的中心点或 [基点(B)/旋转轴(A)]：（选择中心点、基点或旋转轴）
> 选择夹点以编辑阵列或 [关联(AS)/基点(B)/项目(I)/项目间角度(A)/填充角度(F)/行(ROW)/层(L)/旋转项目(ROT)/退出(X)] <退出>：（通过夹点，调整角度，填充角度；也可以分别选择各选项输入数值）

注意：

阵列在平面作图时有三种方式，可以在矩形、路径或环形（圆形）阵列中创建对象的副本。对于矩形阵列，可以控制行和列的数目及它们之间的距离。对于路径阵列，可以沿整个路径或部分路径平均分布对象副本，对于环形阵列，可以控制对象副本的数目并决定是否旋转副本。

4.2.8 实例——VCD

绘制如图 4-24 所示的 VCD 图形。

图 4-24 VCD

绘制步骤

（1）单击“默认”选项卡“绘图”面板中的“矩形”按钮 ▭，绘制角点坐标为{(0，15)(396，107)}{(19.1，0) (59.3，15)}{(336.8，0) (377，15)}的 3 个矩形，结果如图 4-25 所示。

（2）单击“默认”选项卡“绘图”面板中的“矩形”按钮 ▭，绘制角点坐标为{(15.3，86)(28.7，93.7)}{(166.5，45.9)(283.2，91.8)}{(55.5，66.9)(88，70.7)}的 3 个矩形，结果如图 4-26 所示。

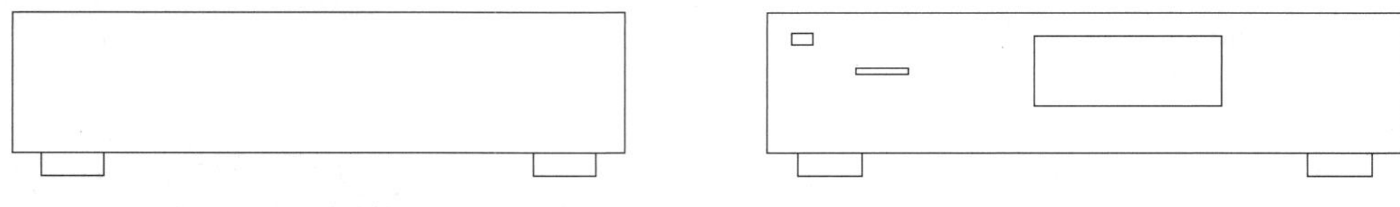

图 4-25　绘制矩形　　　　图 4-26　绘制矩形

（3）单击“默认”选项卡“修改”面板中的“矩形阵列”按钮，选择矩形阵列，阵列对象为上述绘制的第二个矩形，行数为 2，列数为 2，行间距为 9.6mm，列间距为 47.8，命令行操作与提示如下。

```
命令：_arrayrect
选择对象：（选取第二个矩形）
选择对象：↙
类型 = 矩形  关联 = 是
选择夹点以编辑阵列或 [关联(AS)/基点(B)/计数(COU)/间距(S)/列数(COL)/行数(R)/层数(L)/退出(X)] <退出>: r↙
输入行数数或 [表达式(E)] <3>: 2↙
指定 行数 之间的距离或 [总计(T)/表达式(E)] <186.7071>:9.6↙
指定 行数 之间的标高增量或 [表达式(E)] <0>: ↙
选择夹点以编辑阵列或 [关联(AS)/基点(B)/计数(COU)/间距(S)/列数(COL)/行数(R)/层数(L)/退出(X)] <退出>: col↙
输入列数数或 [表达式(E)] <4>: 2↙
指定 列数 之间的距离或 [总计(T)/表达式(E)] <254.1584>: 47.8↙
选择夹点以编辑阵列或 [关联(AS)/基点(B)/计数(COU)/间距(S)/列数(COL)/行数(R)/层数(L)/退出(X)] <退出>: *取消*
```

效果如图 4-27 所示。

（4）单击“默认”选项卡“绘图”面板中的“圆”按钮，以（30.6，36.3）为圆心，绘制半径为 6mm 的圆。

（5）单击“默认”选项卡“绘图”面板中的“圆”按钮，以（338.7，72.6）为圆心，绘制半径为 23mm 的圆，绘制结果如图 4-28 所示。

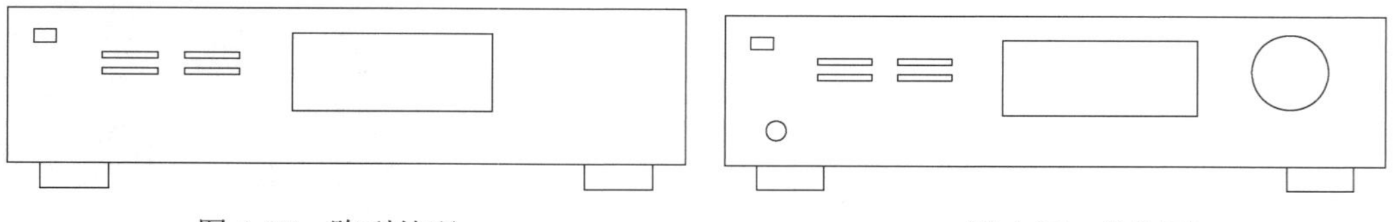

图 4-27　阵列处理　　　　图 4-28　绘制圆

（6）单击“默认”选项卡“修改”面板中的“矩形阵列”按钮，选择矩形阵列，阵列对象为上述步骤中绘制的第一个圆，行数为 1，列数为 5，列间距为 23mm，绘制结果如图 4-24 所示。

动手练一练——绘制会议桌

利用“直线”“圆弧”“椭圆弧”和“环形阵列”命令绘制如图 4-29 所示的会议桌。

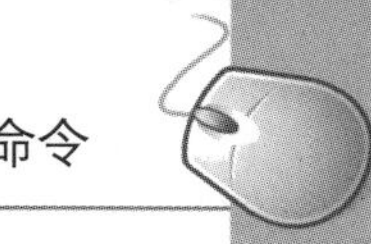

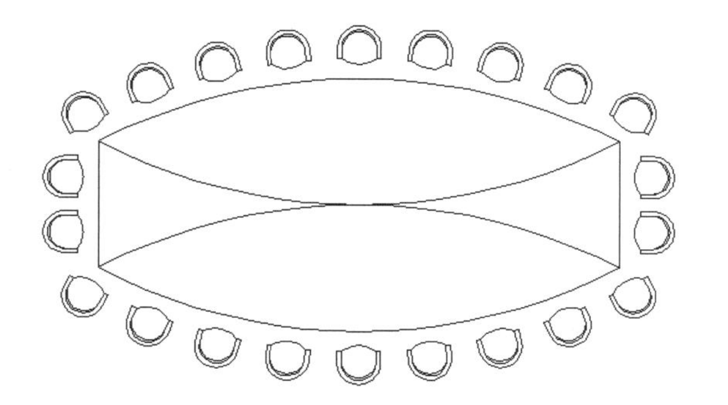

图 4-29　会议桌

思路点拨

源文件：源文件\第 4 章\会议桌.dwg

（1）利用“直线”和“圆弧”命令绘制桌子。

（2）利用“直线”“圆弧”“椭圆弧”命令绘制一个椅子。

（3）利用“环形阵列”命令阵列椅子。

4.3　改变位置类命令

改变位置类编辑命令是指按照指定要求改变当前图形或图形中某部分的位置。主要包括移动、旋转和缩放命令。

4.3.1　移动命令

1．执行方式

命令行：MOVE（快捷命令：M）。

菜单栏：选择菜单栏中的“修改”→“移动”命令。

工具栏：单击“修改”工具栏中的“移动”按钮。

快捷菜单：选择要复制的对象，在绘图区右击，选择快捷菜单中的“移动”命令。

功能区：单击“默认”选项卡“修改”面板中的“移动”按钮。

2．操作步骤

命令行提示与操作如下。

```
命令：MOVE↙
选择对象：用前面介绍的对象选择方法选择要移动的对象
选择对象：↙
指定基点或位移：指定基点或位移
指定基点或［位移(D)］<位移>：指定基点或位移
指定第二个点或 <使用第一个点作为位移>：
```

“移动”命令功能与“复制”命令类似。

4.3.2 实例——沙发茶几

绘制如图 4-30 所示的客厅沙发茶几。

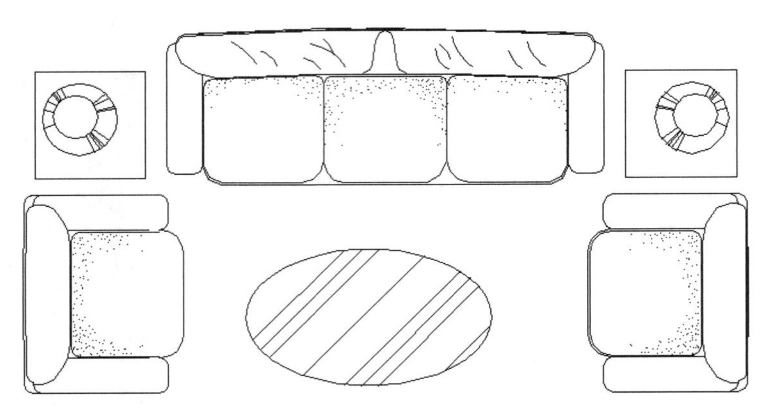

图 4-30　客厅沙发茶几

(1) 单击“默认”选项卡“绘图”面板中的“直线”按钮，绘制其中的单个沙发面 4 边，如图 4-31 所示。

注意：使用“直线”命令绘制沙发面的 4 边，尺寸适当选取，注意其相对位置和长度的关系。

(2) 单击“默认”选项卡“绘图”面板中的“圆弧”按钮，将沙发面 4 边连接起来，得到完整的沙发面，如图 4-32 所示。

(3) 单击“默认”选项卡“绘图”面板中的“直线”按钮，绘制侧面扶手轮廓，如图 4-33 所示。

图 4-31　创建沙发面 4 边　　图 4-32　连接边角　　图 4-33　绘制扶手轮廓

(4) 单击“默认”选项卡“绘图”面板中的“圆弧”按钮，绘制侧面扶手的弧边线，如图 4-34 所示。

(5) 单击“默认”选项卡“修改”面板中的“镜像”按钮，镜像绘制另外一个侧面的扶手轮廓，如图 4-35 所示。

图 4-34　绘制扶手的弧边

图 4-35　创建另外一侧扶手

注意：以中间的轴线作为镜像线，镜像另一侧的扶手轮廓。

（6）单击“默认”选项卡“绘图”面板中的“圆弧”按钮和单击“默认”选项卡“修改”面板中的“镜像”按钮，绘制沙发背部扶手轮廓，如图 4-36 所示。

（7）单击“默认”选项卡“绘图”面板中的“圆弧”按钮、“直线”按钮和单击“默认”选项卡“修改”面板中的“镜像”按钮，完善沙发背部扶手，如图 4-37 所示。

（8）单击“默认”选项卡“修改”面板中的“偏移”按钮，对沙发面进行修改，使其更加形象，如图 4-38 所示。

（9）单击“默认”选项卡“绘图”面板中的“多点”按钮，在沙发座面上绘制点，细化沙发面，如图 4-39 所示。

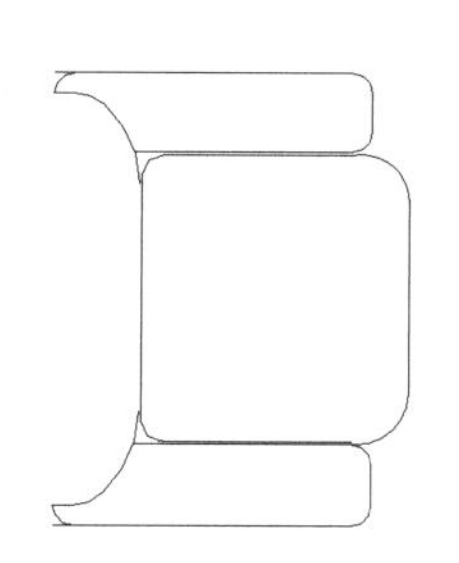

图 4-36　创建背部扶手

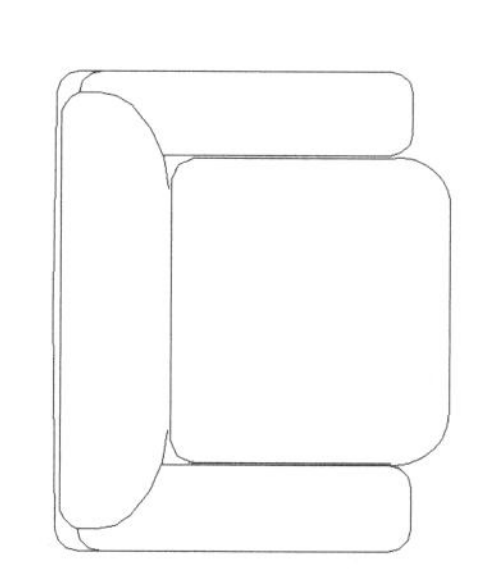

图 4-37　完善背部扶手

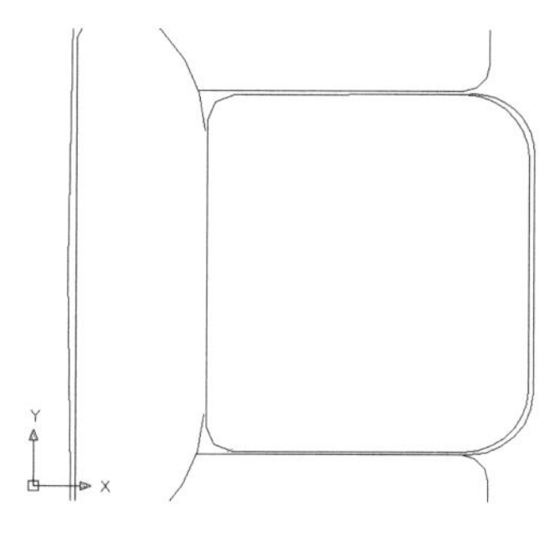

图 4-38　修改沙发面

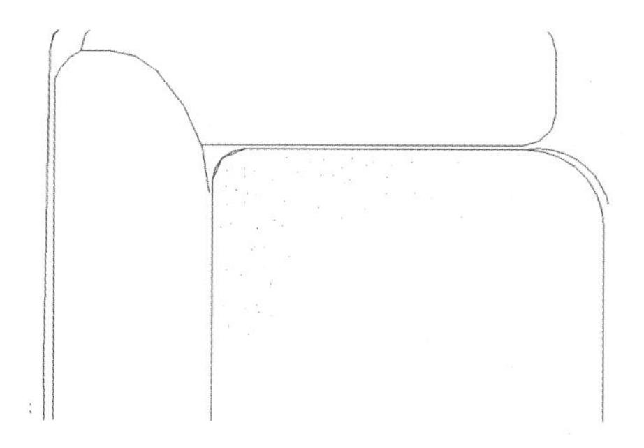

图 4-39　细化沙发面

（10）单击“默认”选项卡“修改”面板中的“镜像”按钮，进一步完善沙发面造型，使其更形象，如图 4-40 所示。

（11）采用相同的方法，绘制 3 人座的沙发面造型，如图 4-41 所示。

注意：要先绘制沙发面造型。

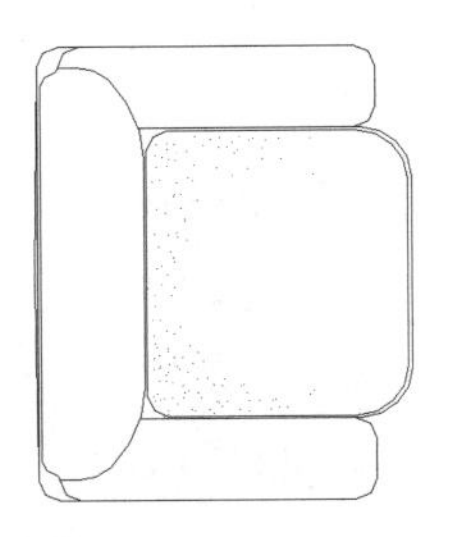

图 4-40　完善沙发面造型

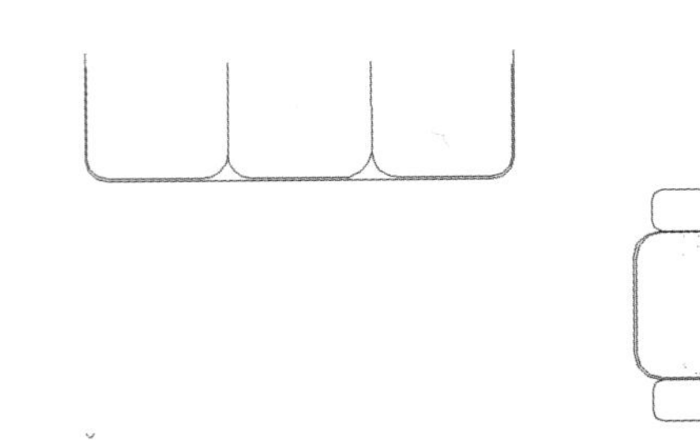

图 4-41　绘制 3 人座的沙发面造型

（12）单击“默认”选项卡“绘图”面板中的“直线”按钮、“圆弧”按钮和单击“默认”选项卡“修改”面板中的“镜像”按钮，绘制 3 人座沙发扶手造型，如图 4-42 所示。

（13）单击“默认”选项卡“绘图”面板中的“圆弧”按钮和“直线”按钮，绘制 3 人座沙发背部造型，如图 4-43 所示。

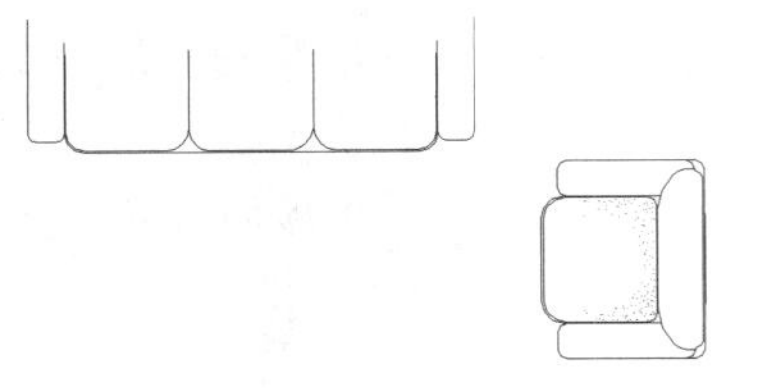

图 4-42　绘制 3 人座沙发扶手选型

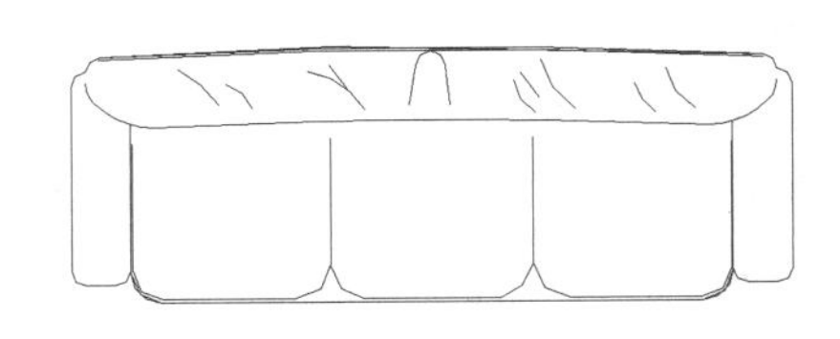

图 4-43　建立 3 人座沙发背部造型

（14）单击“默认”选项卡“绘图”面板中的“多点”按钮，对 3 人座沙发面造型进行细化，如图 4-44 所示。

（15）单击“默认”选项卡“修改”面板中的“移动”按钮，调整两个沙发造型的位置。命令行提示与操作如下。

```
命令：_move
选择对象：（选取 2 人座沙发）
选择对象：↙
指定基点或 [位移(D)] <位移>:（在小沙发上拾取一点为基点）
指定第二个点或 <使用第一个点作为位移>:（放置到适当位置）
```

结果如图 4-45 所示。

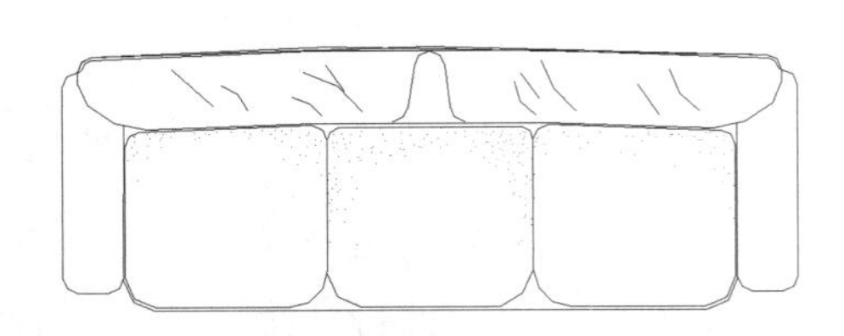

图 4-44　细化 3 人座沙发面造型

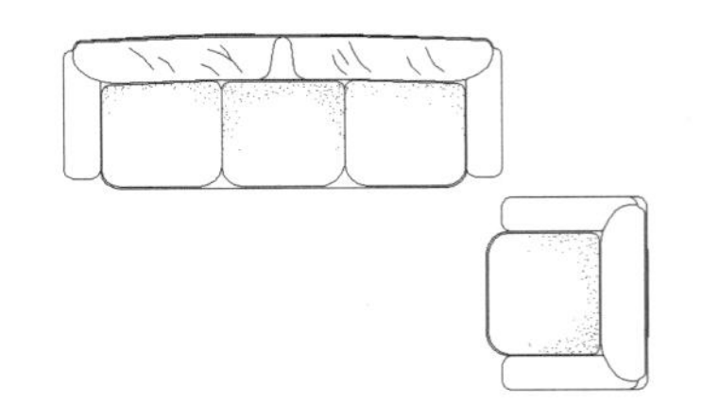

图 4-45　调整两个沙发的位置造型

（16）单击“默认”选项卡“修改”面板中的“镜像”按钮，对单个沙发进行镜像，得到沙发组造型，如图 4-46 所示。

（17）单击“默认”选项卡“绘图”面板中的“椭圆”按钮，绘制 1 个椭圆形，建立椭圆型茶几造型，如图 4-47 所示。

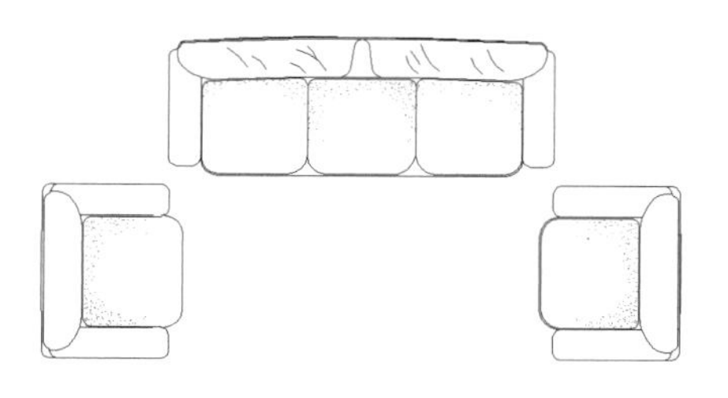
图 4-46 沙发组

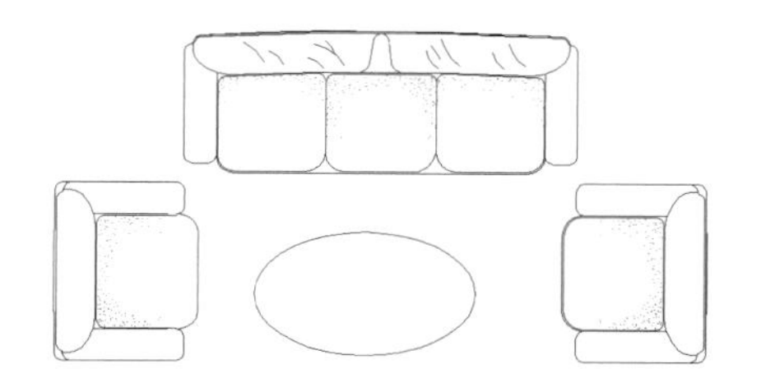
图 4-47 建立椭圆型茶几造型

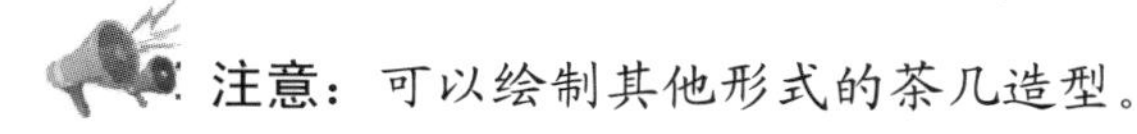
注意：可以绘制其他形式的茶几造型。

（18）单击“默认”选项卡“绘图”面板中的“图案填充”按钮，打开“图案填充创建”选项卡，选择适当的图案，对茶几进行图案填充，如图 4-48 所示。

（19）单击“默认”选项卡“绘图”面板中的“多边形”按钮，绘制沙发之间的一个正方形桌面灯造型，如图 4-49 所示。

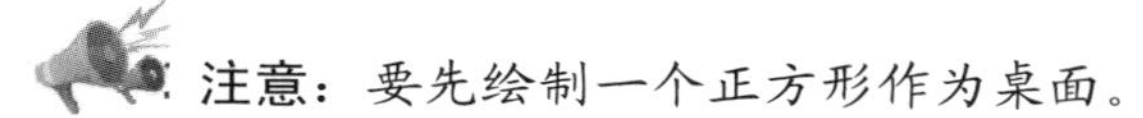
注意：要先绘制一个正方形作为桌面。

（20）单击“默认”选项卡“绘图”面板中的“圆”按钮，绘制两个大小和圆心位置都不同的圆形，如图 4-50 所示。

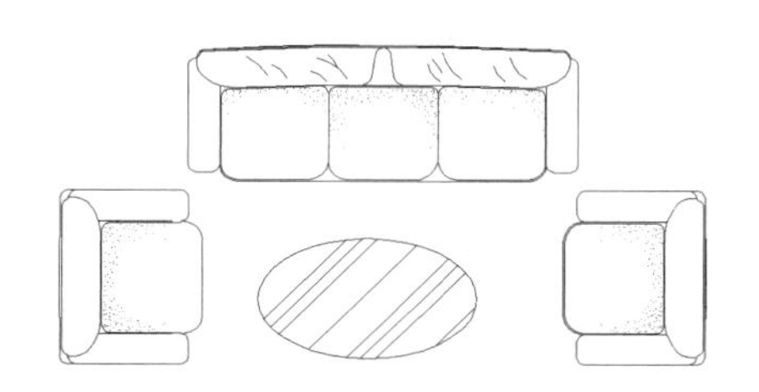
图 4-48 填充茶几图案

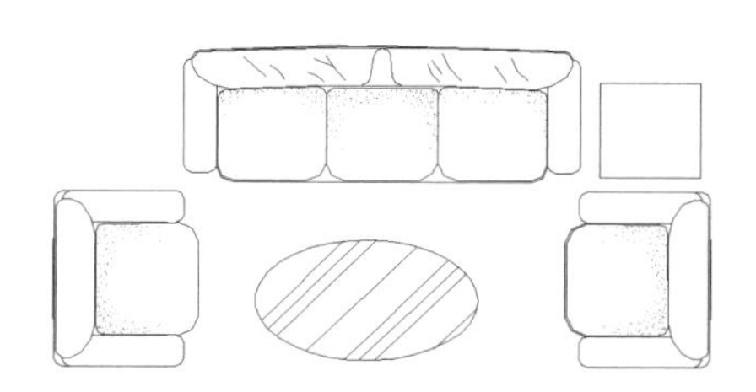
图 4-49 绘制桌面灯造型

（21）单击“默认”选项卡“绘图”面板中的“直线”按钮，绘制随机斜线，形成灯罩效果，如图 4-51 所示。

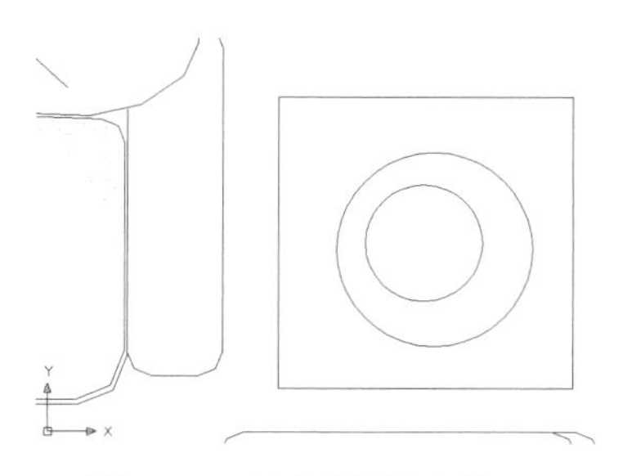
图 4-50 绘制两个圆形

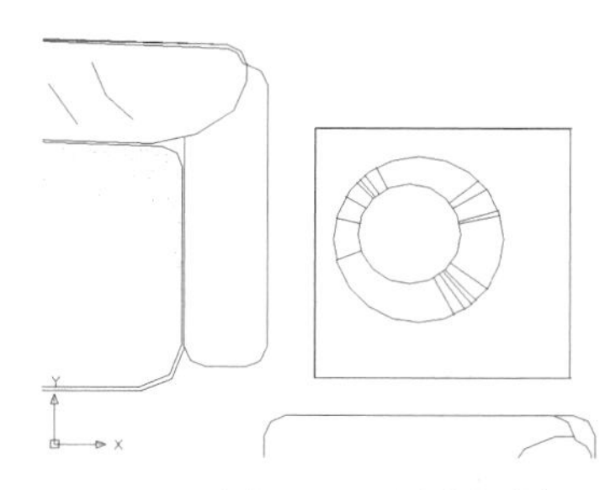
图 4-51 创建灯罩

（22）单击“默认”选项卡“修改”面板中的“镜像”按钮，进行镜像得到两个沙发桌面灯，完成客厅沙发茶几图的绘制，结果如图 4-30 所示。

动手练一练——绘制推拉门

利用“矩形”“复制”和“移动”命令绘制如图 4-52 所示的推拉门。

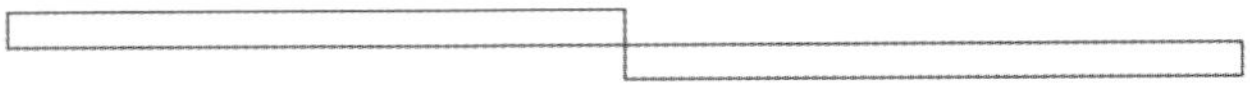

图 4-52 推拉门

思路点拨

源文件：源文件\第 4 章\推拉门.dwg

（1）利用“矩形”命令绘制门。

（2）利用“复制”命令绘制另一个门。

（3）利用“移动”命令移动刚复制的门。

4.3.3 旋转命令

1．执行方式

命令行：ROTATE（快捷命令：RO）。

菜单栏：选择菜单栏中的“修改”→“旋转”命令。

工具栏：单击“修改”工具栏中的“旋转”按钮。

快捷菜单：选择要旋转的对象，在绘图区右击，选择快捷菜单中的“旋转”命令。

功能区：单击“默认”选项卡“修改”面板中的“旋转”按钮。

2．操作步骤

命令行提示与操作如下。

```
命令：ROTATE↙
UCS 当前的正角方向： ANGDIR=逆时针  ANGBASE=0
选择对象：选择要旋转的对象
选择对象：↙
指定基点：指定旋转基点，在对象内部指定一个坐标点
指定旋转角度，或 [复制(C)/参照(R)] <0>：指定旋转角度或其他选项
```

3．选项说明

选项的含义如表 4-3 所示。

表 4-3 “旋转”命令选项含义

选 项	含 义
复制（C）	选择该选项，则在旋转对象的同时，保留原对象
参照（R）	采用参照方式旋转对象时，命令行提示与操作如下。 指定参照角 <0>：指定要参照的角度，默认值为 0 指定新角度或 [点(P)] <0>：输入旋转后的角度值 操作完毕后，对象被旋转至指定的角度位置

注意：可以用拖动鼠标的方法旋转对象。选择对象并指定基点后，从基点到当前光标位置会出现一条连线，拖动鼠标，选择的对象会动态地随着该连线与水平方向夹角的变化而旋转，按<Enter>键确认旋转操作，如图 4-53 所示。

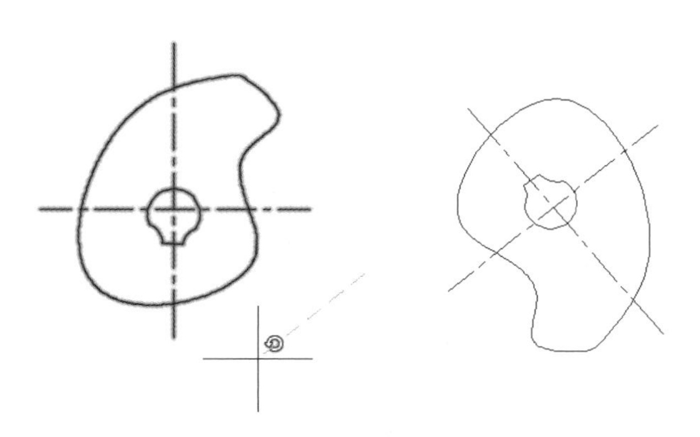

图 4-53　拖动鼠标旋转对象

4.3.4 实例——电脑

绘制如图 4-54 所示的电脑图形。

绘制步骤

（1）单击“默认”选项卡“图层”面板中的“图层特性”按钮，打开“图层特性管理器”对话框，新建如下 2 个图层。

①“1”图层，颜色为红色，其余属性默认。

②“2”图层，颜色为绿色，其余属性默认。

（2）将图层“1”设为当前图层，单击“默认”选项卡“绘图”面板中的“矩形”按钮，绘制角点为{(0,16)(450,130)}的矩形，绘制结果如图 4-55 所示。

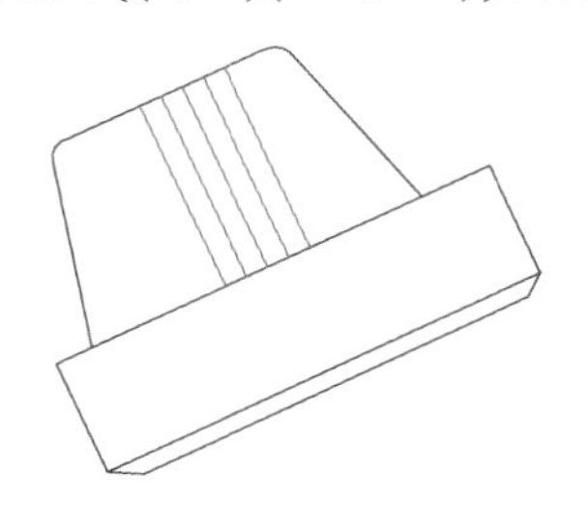

图 4-54　电脑

图 4-55　绘制矩形

（3）单击“默认”选项卡“绘图”面板中的“多段线”按钮，绘制电脑外框。命令行提示与操作如下。

```
命令: _pline
指定起点: 0,16 ↙
当前线宽为 0.0000
指定下一个点或 [圆弧(A)/半宽(H)/长度(L)/放弃(U)/宽度(W)]: 30,0 ↙
```

```
指定下一点或 [圆弧(A)/闭合(C)/半宽(H)/长度(L)/放弃(U)/宽度(W)]: 430,0 ↙
指定下一点或 [圆弧(A)/闭合(C)/半宽(H)/长度(L)/放弃(U)/宽度(W)]: 450,16 ↙
指定下一点或 [圆弧(A)/闭合(C)/半宽(H)/长度(L)/放弃(U)/宽度(W)]:
命令: _pline
指定起点: 37,130 ↙
当前线宽为 0.0000
指定下一个点或 [圆弧(A)/半宽(H)/长度(L)/放弃(U)/宽度(W)]: 80,308 ↙
指定下一点或 [圆弧(A)/闭合(C)/半宽(H)/长度(L)/放弃(U)/宽度(W)]: a ↙
指定圆弧的端点(按住 Ctrl 键以切换方向)或[角度(A)/圆心(CE)/闭合(CL)/方向(D)/半宽(H)/直线(L)/半径(R)/第二个点(S)/放弃(U)/宽度(W)]: 101,320 ↙
指定圆弧的端点(按住 Ctrl 键以切换方向)或[角度(A)/圆心(CE)/闭合(CL)/方向(D)/半宽(H)/直线(L)/半径(R)/第二个点(S)/放弃(U)/宽度(W)]: l ↙
指定下一点或 [圆弧(A)/闭合(C)/半宽(H)/长度(L)/放弃(U)/宽度(W)]: 306,320 ↙
指定下一点或 [圆弧(A)/闭合(C)/半宽(H)/长度(L)/放弃(U)/宽度(W)]: a ↙
指定圆弧的端点(按住 Ctrl 键以切换方向)或[角度(A)/圆心(CE)/闭合(CL)/方向(D)/半宽(H)/直线(L)/半径(R)/第二个点(S)/放弃(U)/宽度(W)]: 326,308 ↙
指定圆弧的端点(按住 Ctrl 键以切换方向)或[角度(A)/圆心(CE)/闭合(CL)/方向(D)/半宽(H)/直线(L)/半径(R)/第二个点(S)/放弃(U)/宽度(W)]: l ↙
指定下一点或 [圆弧(A)/闭合(C)/半宽(H)/长度(L)/放弃(U)/宽度(W)]: 380,130 ↙
指定下一点或 [圆弧(A)/闭合(C)/半宽(H)/长度(L)/放弃(U)/宽度(W)]: ↙
```

绘制结果如图 4-56 所示。

（4）将图层“2”设为当前图层，单击“默认”选项卡“绘图”面板中的“直线”按钮，绘制坐标点为{(176,130)(176,320)}的直线。绘制结果如图 4-57 所示。

（5）单击“默认”选项卡“修改”面板中的“矩形阵列”按钮，阵列对象为步骤（4）中绘制的直线，行数设为 1，列数设为 5，列间距设为 22mm，命令行提示与操作如下。

```
命令: _arrayrect
选择对象: (选择直线)
选择对象: ↙
类型 = 矩形  关联 = 是
选择夹点以编辑阵列或 [关联(AS)/基点(B)/计数(COU)/间距(S)/列数(COL)/行数®/层数(L)/退出(X)] <退出>: R↙
输入行数数或 [表达式(E)] <3>: 1↙ (指定行数)
指定 行数 之间的距离或 [总计(T)/表达式(E)] <1527.2344>: 1↙
指定 行数 之间的标高增量或 [表达式(E)] <0>: ↙
选择夹点以编辑阵列或 [关联(AS)/基点(B)/计数(COU)/间距(S)/列数(COL)/行数®/层数(L)/退出(X)] <退出>: COL ↙
输入列数数或 [表达式(E)] <4>: 5 ↙ (指定列数)
指定 列数 之间的距离或 [总计(T)/表达式(E)] <2245.3173>: 22 ↙ (指定列间距)
选择夹点以编辑阵列或 [关联(AS)/基点(B)/计数(COU)/间距(S)/列数(COL)/行数®/层数(L)/退出(X)] <退出>: ↙
```

绘制结果如图 4-58 所示。

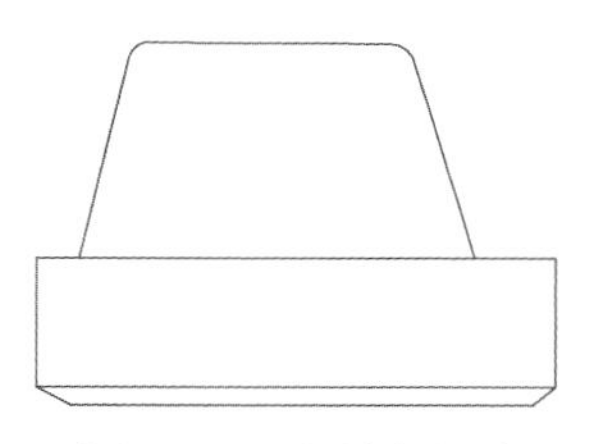

图 4-56 绘制多段线

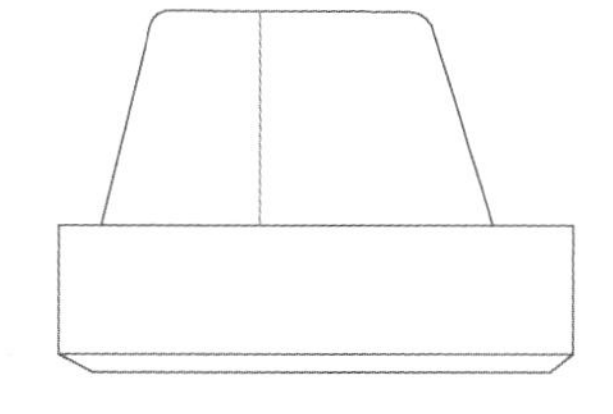

图 4-57 绘制直线

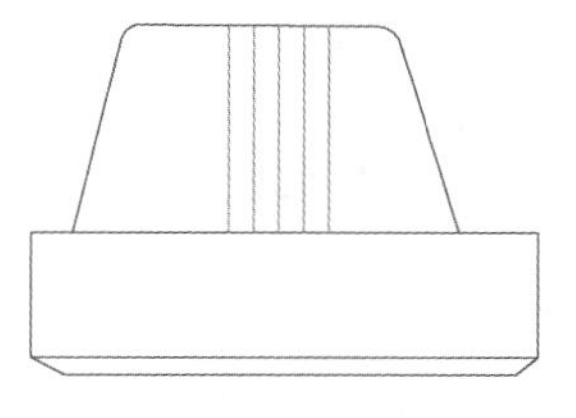

图 4-58 阵列

（6）单击“默认”选项卡“修改”面板中的“旋转”按钮，旋转绘制电脑，命令行提示与操作如下。

```
命令：_rotate
UCS 当前的正角方向： ANGDIR=逆时针 ANGBASE=0
选择对象：（选择绘制好的电脑）
选择对象：↙
指定基点：0,0↙
指定旋转角度，或 [复制(C)/参照(R)] <0>： 25↙
```

绘制结果如图 4-54 所示。

动手练一练——绘制接待台

利用“直线”“圆弧”和“镜像”等命令绘制如图 4-59 所示的接待台。

思路点拨

源文件：源文件\第 4 章\接待台.dwg

（1）利用“直线”“圆弧”和“样条曲线”命令绘制办公椅。

（2）利用“矩形”命令绘制桌面。

（3）利用“镜像”命令镜像桌面。

（4）利用“圆弧”命令绘制连接桌面

（5）利用“旋转”命令旋转办公椅

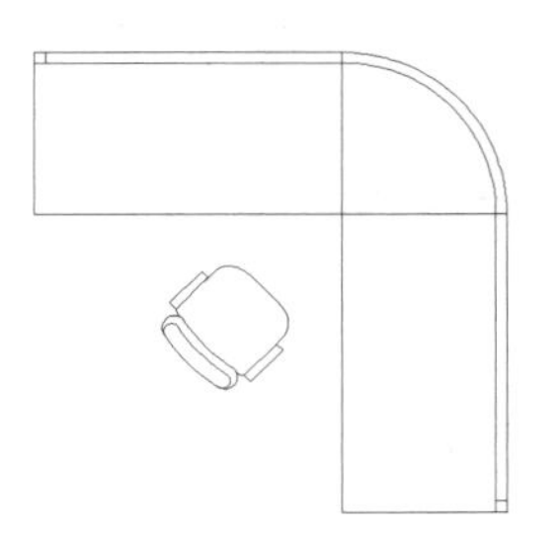

图 4-59 接待台

4.3.5 缩放命令

1. 执行方式

命令行：SCALE（快捷命令：SC）。

菜单栏：选择菜单栏中的“修改”→“缩放”命令。

工具栏：单击“修改”工具栏中的“缩放”按钮。

快捷菜单：选择要缩放的对象，在绘图区右击，选择快捷菜单中的“缩放”命令。

功能区：单击“默认”选项卡“修改”面板中的“缩放”按钮。

2. 操作步骤

命令行提示与操作如下。

```
命令：SCALE↙
选择对象：选择要缩放的对象
```

```
选择对象：↙
指定基点：指定缩放基点
指定比例因子或 [复制（C）/参照(R)]：
```

3．选项说明

选项的含义如表 4-4 所示。

表 4-4 “缩放”命令选项含义

选　项	含　义
参照	采用参照方向缩放对象时，命令行提示如下。 指定参照长度 <1>：指定参照长度值 指定新的长度或 [点(P)] <1.0000>：指定新长度值 若新长度值大于参照长度值，则放大对象；否则，缩小对象。操作完毕后，系统以指定的基点按指定的比例因子缩放对象。如果选择“点（P）”选项，则选择两点来定义新的长度
缩放	可以用拖动鼠标的方法缩放对象。选择对象并指定基点后，从基点到当前光标位置会出现一条连线，线段的长度即为比例大小。拖动鼠标，选择的对象会动态地随着该连线长度的变化而缩放，按<Enter>键确认缩放操作
复制	选择“复制（C）”选项时，可以复制缩放对象，缩放对象时，保留源对象，如图 4-60 所示。 缩放前　缩放后 图 4-60　复制缩放

4.3.6 实例——装饰盘

绘制如图 4-61 所示的装饰盘。

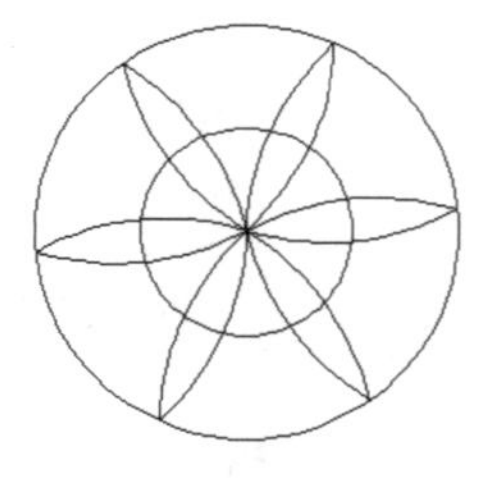

图 4-61　装饰盘

绘制步骤

（1）单击“默认”选项卡“绘图”面板中的“圆”按钮，以（100，100）为圆心，绘制半径为 200mm 的圆作为盘外轮廓线，如图 4-62 所示。

（2）单击“默认”选项卡“绘图”面板中的“圆弧”按钮，绘制装饰线，如图 4-63 所示。

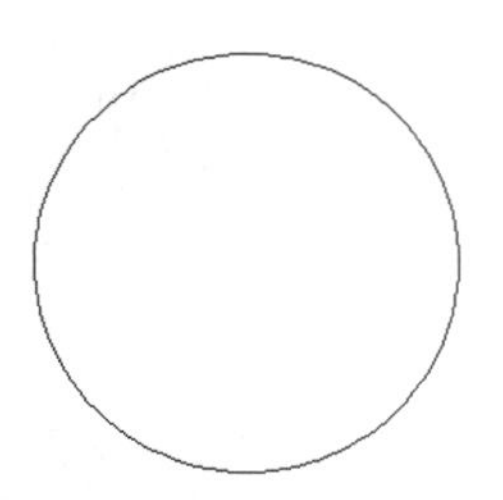

图 4-62　绘制圆形

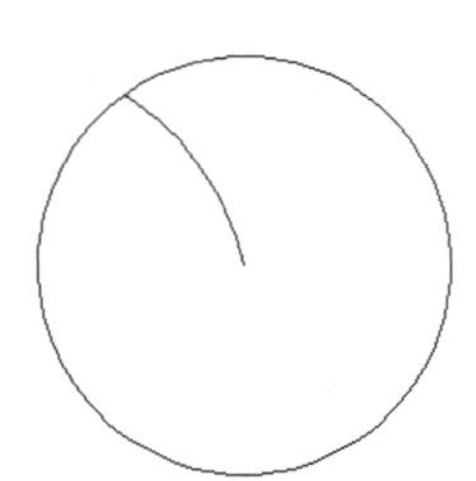

图 4-63　绘制装饰线

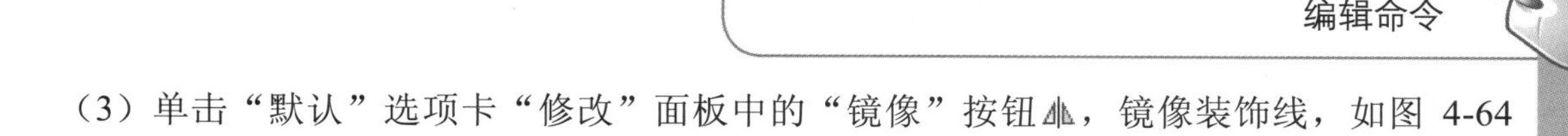

（3）单击“默认”选项卡“修改”面板中的“镜像”按钮，镜像装饰线，如图 4-64 所示。

（4）单击“默认”选项卡“修改”面板中的“环形阵列”按钮，选择装饰线为源对象，以圆心为阵列中心点阵列装饰线，命令行操作与提示如下。

```
命令：_arraypolar
选择对象：（选择装饰线）
选择对象：↙
类型 = 极轴  关联 = 是
指定阵列的中心点或 [基点(B)/旋转轴(A)]：(选取圆心)
选择夹点以编辑阵列或 [关联(AS)/基点(B)/项目(I)/项目间角度(A)/填充角度(F)/行(ROW)/层(L)/旋转项目(ROT)/退出(X)] <退出>: i↙
输入阵列中的项目数或 [表达式(E)] <6>: 6↙
选择夹点以编辑阵列或 [关联(AS)/基点(B)/项目(I)/项目间角度(A)/填充角度(F)/行(ROW)/层(L)/旋转项目(ROT)/退出(X)] <退出>:↙
```

结果如图 4-65 所示。

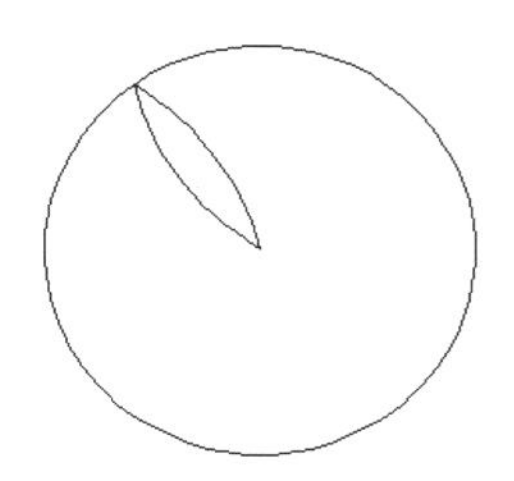

图 4-64　镜像装饰线

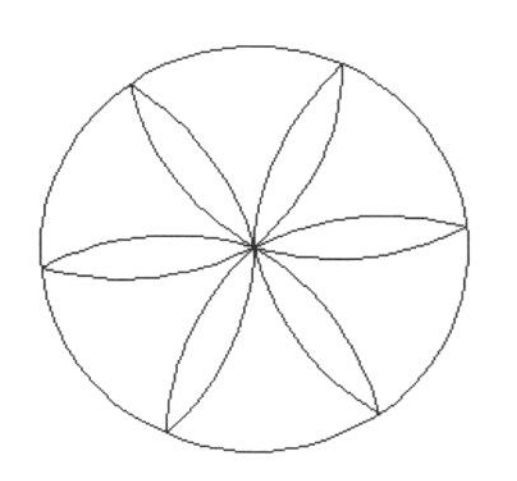

图 4-65　阵列装饰线

（5）单击“默认”选项卡“修改”面板中的“缩放”按钮，缩放一个圆作为装饰盘内装饰圆，命令行操作与提示如下。

```
命令：_scale
选择对象：(选择圆) 找到 1 个
选择对象：↙
指定基点：(指定圆心)
指定比例因子或 [复制 (C) /参照 (R) ]<1.0000>: C↙
指定比例因子或 [复制 (C) /参照 (R) ]<1.0000>:0.5↙
```

绘制结果如图 4-61 所示。

动手练一练——绘制子母门

利用“直线”“矩形”和“镜像”等命令绘制如图 4-66 所示的子母门。

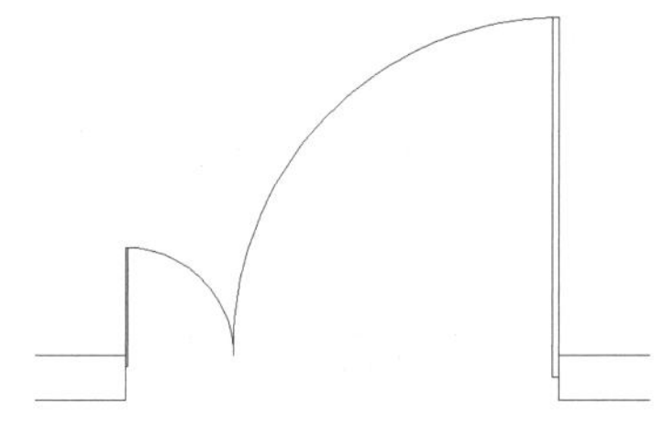

图 4-66　子母门

思路点拨

源文件：源文件\第 4 章\子母门.dwg

（1）利用“矩形”“直线”“圆弧”和“镜像”命令绘制双开门。

（2）利用“缩放”命令生成子母门。

4.4 删除及恢复类命令

删除及恢复类命令主要用于删除图形某部分或对已被删除的部分进行恢复，包括删除、恢复、重做、清除等命令。

4.4.1 删除命令

如果所绘制的图形不符合要求或不小心错绘了图形，可以使用删除命令“ERASE”将其删除。

命令行：ERASE（快捷命令：E）。

菜单栏：选择菜单栏中的“修改”→“删除”命令。

工具栏：单击“修改”工具栏中的“删除”按钮。

快捷菜单：选择要删除的对象，在绘图区右击，选择快捷菜单中的“删除”命令。

功能区：单击“默认”选项卡“修改”面板中的“删除”按钮。

可以先选择对象后再调用删除命令，也可以先调用删除命令后再选择对象。选择对象时可以使用前面介绍的对象选择的各种方法。

当选择多个对象时，多个对象都被删除；若选择的对象属于某个对象组，则该对象组中的所有对象都被删除。

注意：在绘图过程中，如果出现了绘制错误或绘制了不满意的图形，需要删除时，可以单击“标准”工具栏中的“放弃”按钮，也可以按<Delete>键，命令行提示“_.erase”。删除命令可以一次删除一个或多个图形，如果删除错误，可以利用“放弃”按钮来补救。

4.4.2 恢复命令

若不小心误删了图形，可以使用恢复命令“OOPS”，恢复误删的对象。

命令行：OOPS 或 U。

工具栏：单击“标准”工具栏中的“放弃”按钮。

快捷键：按<Ctrl>+<Z>键。

4.4.3 清除命令

此命令与删除命令功能完全相同。

快捷键：按<Delete>键。

执行上述命令后，命令行提示如下。

```
选择对象：选择要清除的对象，按<Enter>键执行清除命令。
```

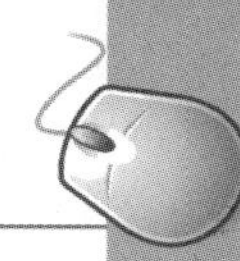

4.5 改变几何特性类命令

改变几何特性类命令在对指定对象进行编辑后，使编辑对象的几何特性发生改变，包括修剪、延伸、拉伸、拉长、圆角、倒角、打断等命令。

4.5.1 修剪命令

1．执行方式

命令行：TRIM（快捷命令：TR）。
菜单栏：选择菜单栏中的“修改”→“修剪”命令。
工具栏：单击“修改”工具栏中的“修剪”按钮。
功能区：单击“默认”选项卡“修改”面板中的“修剪”按钮。

2．操作步骤

命令行提示与操作如下。

```
命令：TRIM↙
当前设置:投影=UCS，边=无
选择剪切边...
选择对象或 <全部选择>：选择用作修剪边界的对象，按<Enter>键结束对象选择
选择要修剪的对象，或按住 Shift 键选择要延伸的对象，或[栏选(F)/窗交(C)/投影(P)/边(E)/删除(R)/放弃(U)]：
```

3．选项说明

选项含义如表 4-5 所示。

表 4-5 “修剪”命令选项含义

选　项	含　义
延伸	在选择对象时，如果按住<Shift>键，系统就会自动将“修剪”命令转换成“延伸”命令，“延伸”命令将在后面介绍
栏选（F）	选择“栏选（F）”选项时，系统以栏选的方式选择被修剪的对象，如图 4-67 所示。 选定剪切边　使用栏选选定的修剪对象　结果 图 4-67 “栏选”修剪对象
窗交（C）	选择“窗交（C）”选项时，系统以窗交的方式选择被修剪的对象，如图 4-68 所示

续表

选　项	含　义	
窗交（C）	使用窗交选定剪切边　选定要修剪的对象　结果 图 4-68 “窗交”修剪对象	
边（E）	选择“边（E）”选项时，可以选择对象的修剪方式	
	延伸（E）	延伸边界进行修剪。在此方式下，如果剪切边没有与要修剪的对象相交，系统会延伸剪切边直至与对象相交，然后再修剪，如图 4-69 所示。 选择剪切边　选择要修剪的对象　修剪后的结果 图 4-69 “延伸”修剪对象
	不延伸（N）	不延伸边界修剪对象，只修剪与剪切边相交的对象
边界和被修剪对象	被选择的对象可以互为边界和被修剪对象，此时系统会在选择的对象中自动判断边界	

注意：在使用修剪命令选择修剪对象时，我们通常是逐个单击选择的，有时显得效率低，要比较快地实现修剪过程，可以先输入修剪命令“TR”或“TRIM”，然后按<Space>或<Enter>键，命令行中就会提示选择修剪的对象，这时可以不选择对象，继续按<Space>或<Enter>键，系统默认选择全部，这样做就可以很快地完成修剪过程。

4.5.2 实例——落地灯

绘制如图 4-70 所示的灯具图形。

绘制步骤

（1）单击“默认”选项卡“绘图”面板中的“矩形”按钮，绘制轮廓线。单击“默认”选项卡“修改”面板中的“镜像”按钮，使轮廓线左右对称，如图 4-71 所示。

（2）单击“默认”选项卡“绘图”面板中的“圆弧”按钮和单击“默认”选项卡“修改”面板中的“偏移”按钮，绘制两条圆弧，端点分别捕捉到矩形的角点，绘制的下面的圆弧中间一点捕捉到中间矩形上边的中点，如图 4-72 所示。

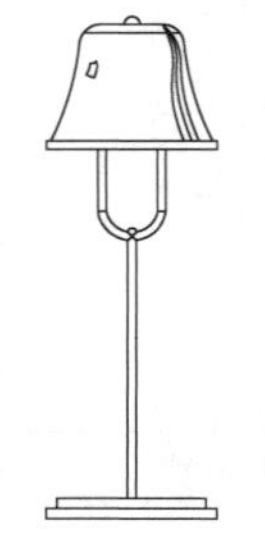
图 4-70　灯具

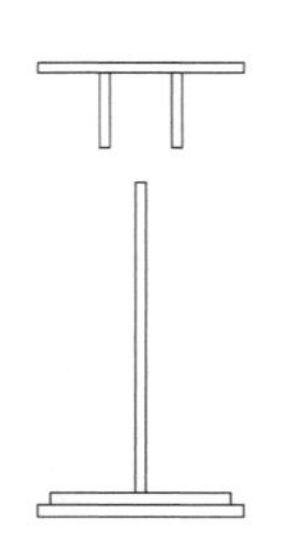
图 4-71　绘制轮廓线

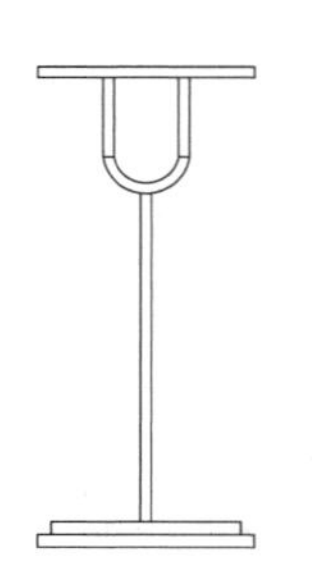
图 4-72　绘制圆弧

（3）单击“默认”选项卡“绘图”面板中的“圆弧”按钮和“直线”按钮，绘制灯柱上的结合点，如图4-73所示的轮廓线。

（4）单击“默认”选项卡“修改”面板中的“修剪”按钮，修剪多余图线。命令行提示与操作如下。

```
命令: _trim
当前设置:投影=UCS, 边=无
选择剪切边...
选择对象或<全部选择>:(选择修剪边界对象)
选择对象: ↙
选择要修剪的对象,或按住 Shift 键选择要延伸的对象,或
[栏选(F)/窗交(C)/投影(P)/边(E)/删除(R)/放弃(U)]:(选择修剪对象)
选择要修剪的对象,或按住 Shift 键选择要延伸的对象,或
[栏选(F)/窗交(C)/投影(P)/边(E)/删除(R)/放弃(U)]: ↙
```

修剪结果如图4-74所示。

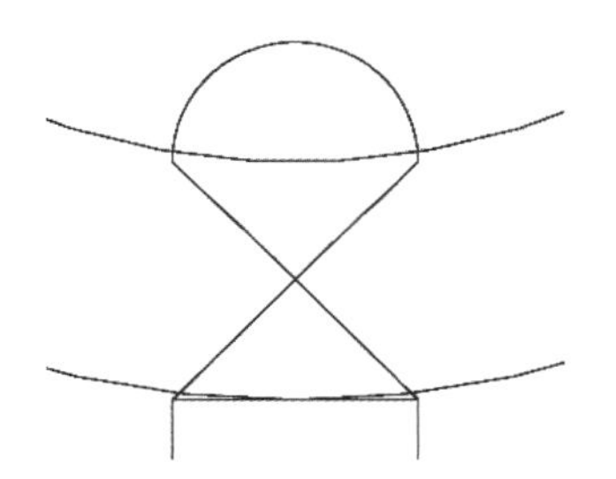

图4-73　绘制灯柱上的结合点

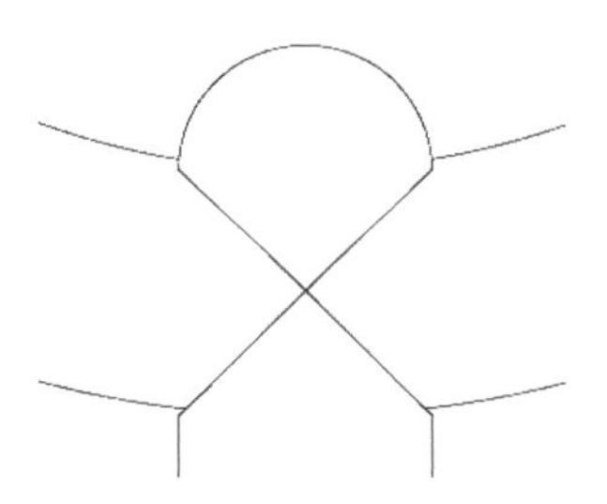

图4-74　修剪图形

（5）单击“默认”选项卡“绘图”面板中的“样条曲线拟合”按钮和单击“默认”选项卡“修改”面板中的“镜像”按钮，绘制灯罩轮廓线，如图4-75所示。

（6）单击“默认”选项卡“绘图”面板中的“直线”按钮，补齐灯罩轮廓线，直线端点捕捉对应样条曲线端点，如图4-76所示。

（7）单击“默认”选项卡“绘图”面板中的“圆弧”按钮，绘制灯罩顶端的凸起。

（8）单击“默认”选项卡“绘图”面板中的“样条曲线拟合”按钮，绘制灯罩上的装饰线，最终结果如图4-77所示。

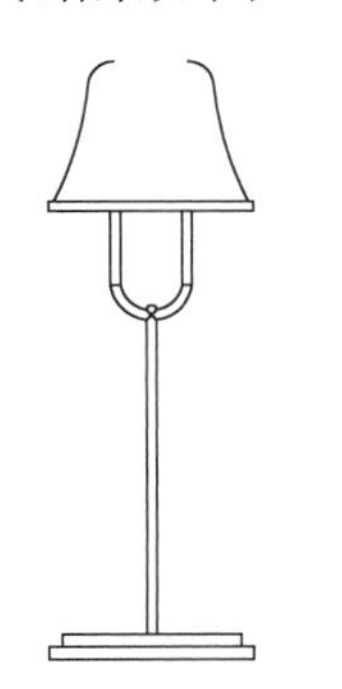

图4-75　绘制灯罩轮廓线

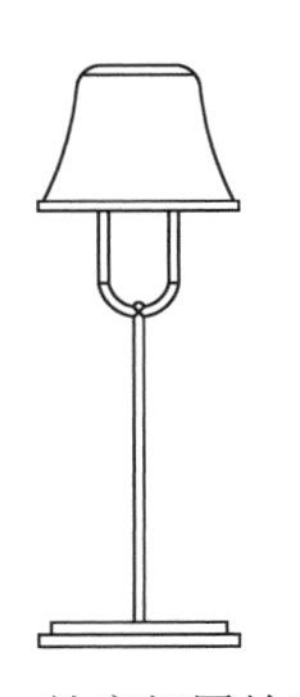

图4-76　补齐灯罩轮廓线

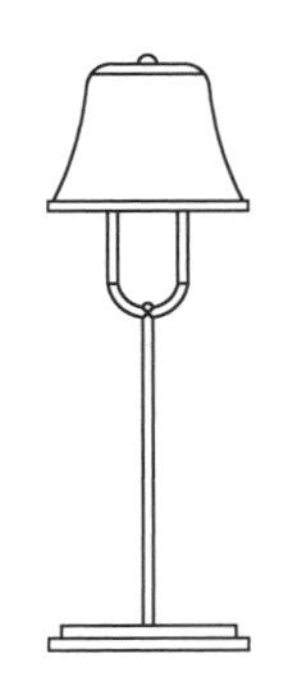

图4-77　绘制灯罩顶端的凸起

动手练一练——绘制门帘

利用“直线”“偏移”和“修剪”命令绘制如图 4-78 所示的门帘。

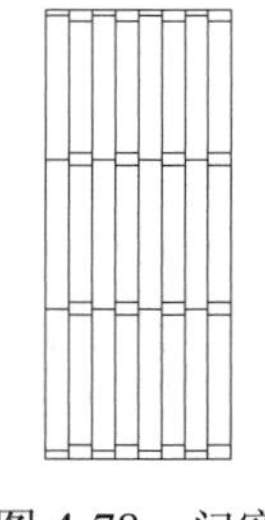

图 4-78 门帘

思路点拨

源文件：源文件\第 4 章\门帘.dwg

（1）利用“直线”和“偏移”命令绘制基本轮廓。

（2）利用“修剪”命令生成最终轮廓。

4.5.3 延伸命令

“延伸”命令是指延伸对象直到另一个对象的边界线，如图 4-79 所示。

选择边界

选择要延伸的对象

执行结果

图 4-79 延伸对象 1

1. 执行方式

命令行：EXTEND（快捷命令：EX）。

菜单栏：选择菜单栏中的“修改”→“延伸”命令。

工具栏：单击“修改”工具栏中的“延伸”按钮 。

功能区：单击“默认”选项卡“修改”面板中的“延伸”按钮 。

2. 操作步骤

命令行提示与操作如下。

```
命令：EXTEND↙
当前设置:投影=UCS，边=无
选择边界的边...
选择对象或 <全部选择>：选择边界对象
```

此时可以选择对象来定义边界，若直接按<Enter>键，则选择所有对象作为可能的边界对象。

系统规定可以用作边界对象的对象有：直线段、射线、双向无限长线、圆弧、圆、椭圆、二维/三维多段线、样条曲线、文本、浮动的视口、区域。如果选择二维多段线作为边界对象，系统会忽略其宽度而把对象延伸至多段线的中心线。

选择边界对象后，命令行提示如下。

```
选择要延伸的对象，或按住 Shift 键选择要修剪的对象，或[栏选(F)/窗交(C)/投影(P)/边(E)/放弃(U)]：
```

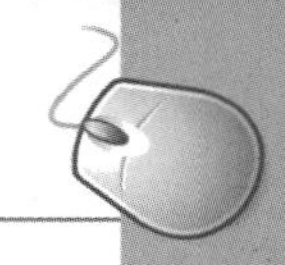

3．选项说明

（1）如果要延伸的对象是适配样条多段线，则延伸后会在多段线的控制框上增加新节点；如果要延伸的对象是锥形的多段线，系统会修正延伸端的宽度，使多段线从起始端平滑地延伸至新终止端；如果延伸操作导致终止端宽度可能为负值，则取宽度值为 0，操作提示如图 4-80 所示。

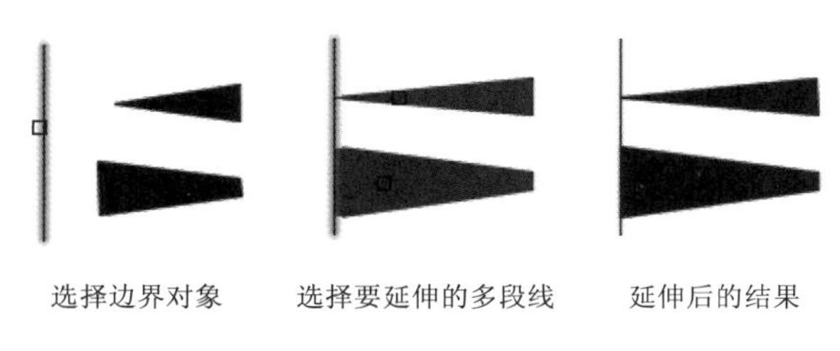

选择边界对象　　选择要延伸的多段线　　延伸后的结果

图 4-80　延伸对象 2

（2）选择对象时，如果按住<Shift>键，系统就会自动将“延伸”命令转换成“修剪”命令。

4.5.4 实例——绘制梳妆凳

绘制如图 4-81 所示的梳妆凳。

图 4-81　梳妆凳

绘制步骤

（1）单击“默认”选项卡“绘图”面板中的“直线”按钮和“圆弧”按钮，绘制梳妆凳的初步轮廓，如图 4-82 所示。

（2）单击“默认”选项卡“修改”面板中的“偏移”按钮，将绘制的圆弧向内偏移一定距离，如图 4-83 所示。

（3）单击“默认”选项卡“修改”面板中的“延伸”按钮，将偏移后的圆弧进行延伸。

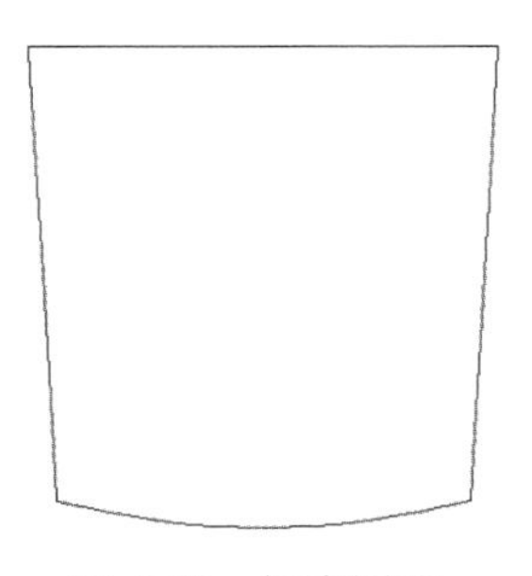

图 4-82　初步图形

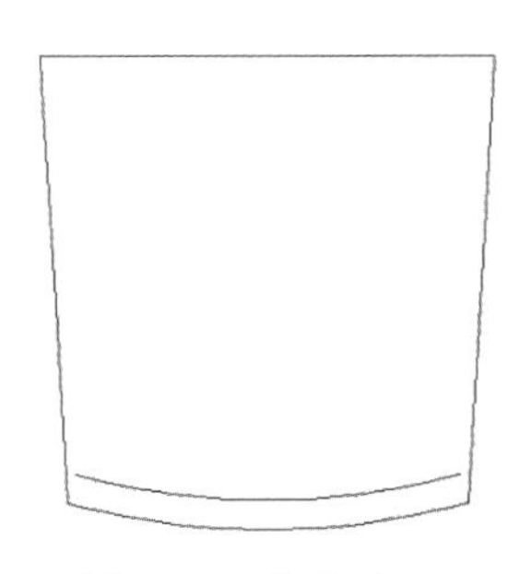

图 4-83　偏移处理

```
命令: _extend
当前设置:投影=UCS，边=无
选择边界的边...
选择对象或 <全部选择>:”（选择左右两条斜直线）
选择对象:” ↙
选择要延伸的对象，或按住 Shift 键选择要修剪的对象，或[栏选(F)/窗交(C)/投影(P)/边(E)/
```

```
放弃(U)]:”（选择偏移的圆弧左端）
    选择要延伸的对象，或按住 Shift 键选择要修剪的对象，或[栏选(F)/窗交(C)/投影(P)/边(E)/
放弃(U)]:”（选择偏移的圆弧右端）
    选择要延伸的对象，或按住 Shift 键选择要修剪的对象，或[栏选(F)/窗交(C)/投影(P)/边(E)/
放弃(U)]:” ↙
```

结果如图 4-81 所示。

动手练一练——绘制窗户

利用“直线”“矩形”和“延伸”命令绘制如图 4-84 所示的窗户。

思路点拨

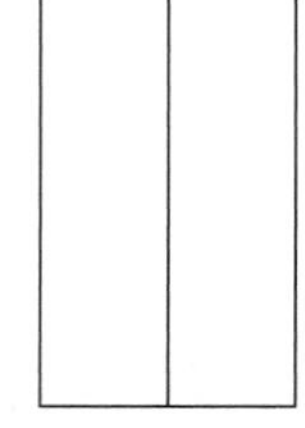

图 4-84　窗户

源文件：源文件\第 4 章\窗户.dwg

（1）利用“矩形”和“直线”命令绘制外框和中分线。

（2）利用“延伸”命令将中分线延伸到外框边缘。

4.5.5 拉伸命令

拉伸命令是指拖拉选择的对象，且使对象的形状发生改变。拉伸对象时应指定拉伸的基点和移置点。利用一些辅助工具，如捕捉、钳夹功能及相对坐标等，可以提高拉伸的精度。

1. 执行方式

命令行：STRETCH（快捷命令：S）。

菜单栏：选择菜单栏中的“修改”→“拉伸”命令。

工具栏：单击“修改”工具栏中的“拉伸”按钮。

功能区：单击“默认”选项卡“修改”面板中的“拉伸”按钮。

2. 操作步骤

命令行提示与操作如下。

```
命令：STRETCH↙
以交叉窗口或交叉多边形选择要拉伸的对象...
选择对象：C↙
指定第一个角点：指定对角点：找到 2 个：采用交叉窗口的方式选择要拉伸的对象
选择对象：↙
指定基点或 [位移(D)] <位移>：指定拉伸的基点
指定第二个点或 <使用第一个点作为位移>：指定拉伸的移至点
```

此时，若指定第二个点，系统将根据这两点决定矢量拉伸的对象；若直接按<Enter>键，系统会把第一个点作为 X 和 Y 轴的分量值。

拉伸命令将使完全包含在交叉窗口内的对象不被拉伸，部分包含在交叉选择窗口内的对象被拉伸，如图 4-85 所示。

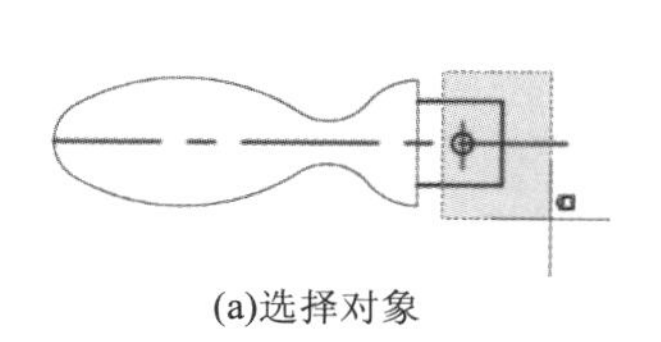

(a)选择对象

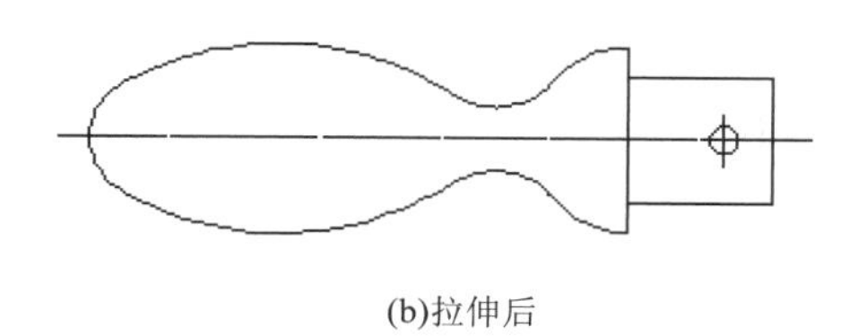

(b)拉伸后

图 4-85 拉伸

4.5.6 拉长命令

1. 执行方式

命令行：LENGTHEN（快捷命令：LEN）。
菜单栏：选择菜单栏中的“修改”→“拉长”命令。
功能区：单击“默认”选项卡“修改”面板中的“拉长”按钮。

2. 操作步骤

命令行提示与操作如下。

```
命令:LENGTHEN↙
选择要测量的对象或 [增量(DE)/ 百分比(P)/ 总计(T)/动态(DY)]: 选择要拉长的对象
当前长度: 30.5001(给出选定对象的长度，如果选择圆弧，还将给出圆弧的包含角)
选择要测量的对象或 [增量(DE)/ 百分比(P)/ 总计(T)/动态(DY)]: DE↙(选择拉长或缩短的方式为增量方式)
输入长度增量或 [角度(A)] <0.0000>: 10↙(在此输入长度增量数值。如果选择圆弧段，则可输入选项“A”，给定角度增量)
选择要修改的对象或 [放弃(U)]: 选定要修改的对象，进行拉长操作
选择要修改的对象或 [放弃(U)]: 继续选择，或按<Enter>键结束命令
```

3. 选项说明

选项含义如表 4-6 所示。

表 4-6 “拉长”命令选项含义

选 项	含 义
增量（DE）	用指定增加量的方法改变对象的长度或角度
百分比（P）	用指定占总长度百分比的方法改变圆弧或直线段的长度
总计（T）	用指定新总长度或总角度值的方法改变对象的长度或角度
动态（DY）	在此模式下，可以使用拖拉鼠标的方法来动态地改变对象的长度或角度

4.5.7 圆角命令

圆角命令是指用一条指定半径的圆弧平滑连接两个对象。可以平滑连接一对直线段、非圆弧的多段线、样条曲线、双向无限长线、射线、圆、圆弧和椭圆，并且可以在任何时候平滑连接多段线的每个节点。

1. 执行方式

命令行：FILLET（快捷命令：F）。
菜单栏：选择菜单栏中的“修改”→“圆角”命令。
工具栏：单击“修改”工具栏中的“圆角”按钮。
功能区：单击“默认”选项卡“修改”面板中的“圆角”按钮。

2. 操作步骤

命令行提示与操作如下。

```
命令：FILLET↙
当前设置：模式 = 修剪，半径 = 0.0000
选择第一个对象或 [放弃(U)/多段线(P)/半径(R)/修剪(T)/多个(M)]：选择第一个对象或别的选项
选择第二个对象，或按住 Shift 键选择对象以应用角点或 [半径(R)]：选择第二个对象
```

3. 选项说明

选项含义如表 4-7 所示。

表 4-7 “圆角”命令选项含义

选　　项	含　　义
多段线（P）	在二维多段线的两段直线段的节点处插入圆弧。选择多段线后系统会根据指定的圆弧半径把多段线各顶点用圆弧平滑连接起来
修剪（T）	决定在平滑连接两条边时，是否修剪这两条边，如图 4-86 所示。 (a)修剪方式　(b)不修剪方式 图 4-86　圆角连接
多个（M）	同时对多个对象进行圆角编辑，而不必重新启用命令
按住<Shift>键并选择两条直线	按住<Shift>键并选择两条直线，可以快速创建零距离倒角或零半径圆角

4.5.8 实例——单人床

在住宅的室内设计图中，床是必不可少的内容。床分单人床和双人床。一般的住宅建筑，卧室的位置及床的摆放均需要进行精心设计，以方便房主居住生活，同时要考虑舒适、采光、美观等因素。本例绘制的单人床图形如图 4-87 所示。

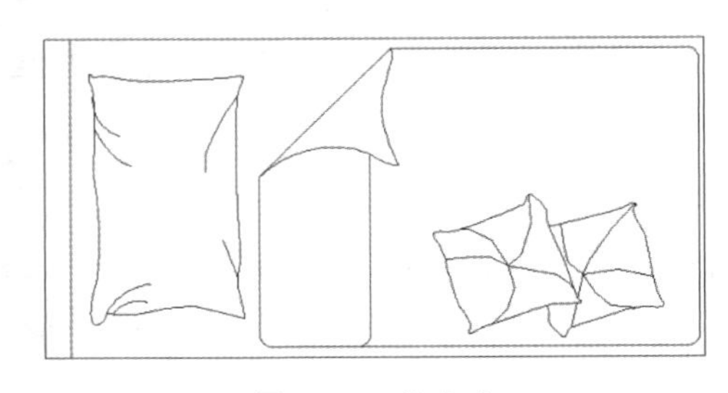

图 4-87　单人床

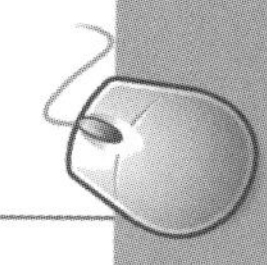

绘制步骤

（1）单击“默认”选项卡“绘图”面板中的“矩形”按钮，绘制长边为 300mm、短边为 150mm 的矩形作为轮廓，如图 4-88 所示。

（2）绘制完床的轮廓后，单击“默认”选项卡“绘图”面板中的“直线”按钮，在床左侧绘制一条垂直的直线，作为床头的平面图，如图 4-89 所示。

（3）单击“默认”选项卡“绘图”面板中的“矩形”按钮，绘制一个长 200mm、宽 140mm 的矩形。

（4）单击“默认”选项卡“修改”面板中的“移动”按钮，移动到床的右侧。注意上下两边的间距要尽量相等，右侧距床轮廓的边缘稍稍近一些，如图 4-90 所示。此矩形即为被子的轮廓。

图 4-88　床轮廓

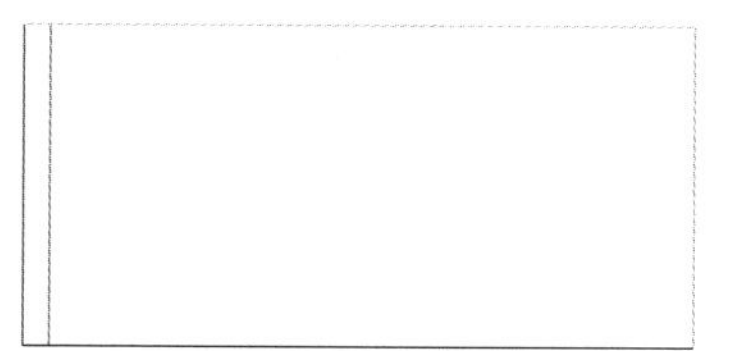

图 4-89　绘制床头

图 4-90　绘制被子轮廓

（5）单击“默认”选项卡“绘图”面板中的“矩形”按钮，在被子左顶端绘制一水平方向为 30mm、垂直方向为 140mm 的矩形，如图 4-91 所示。

（6）单击“默认”选项卡“修改”面板中的“圆角”按钮，修改矩形的角部。

```
命令: _fillet
当前设置: 模式 = 不修剪, 半径 = 0.0000
选择第一个对象或 [放弃(U)/多段线(P)/半径(R)/修剪(T)/多个(M)]: r↙
指定圆角半径 <0.0000>: 6↙
选择第一个对象或 [放弃(U)/多段线(P)/半径(R)/修剪(T)/多个(M)]: 选择内部矩形左边
选择第二个对象，或按住 Shift 键选择对象以应用角点或 [半径(R)]: 选择内部矩形上边
```

重复“圆角”命令，修改圆角如图 4-92 所示。

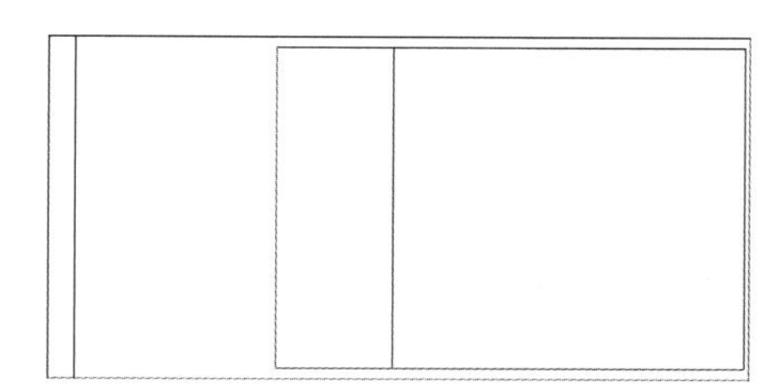

图 4-91　绘制矩形

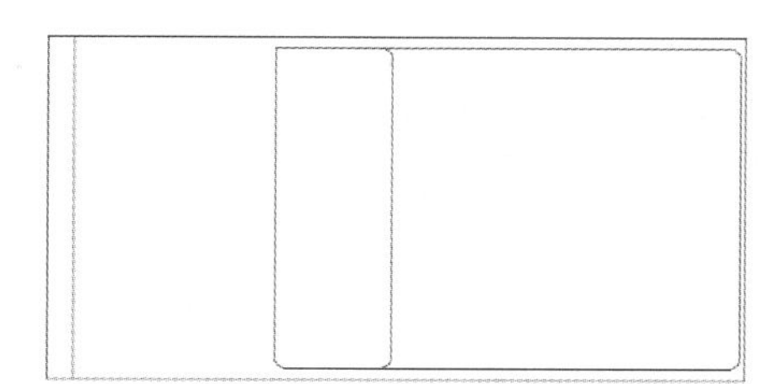

图 4-92　修改圆角

（7）单击“默认”选项卡“绘图”面板中的“直线”按钮，绘制一条水平直线。

（8）单击“默认”选项卡“修改”面板中的“旋转”按钮，选择线段一段为旋转基点，在角度提示行后面输入“45”并按 Enter 键，旋转直线效果如图 4-93 所示。

（9）单击“默认”选项卡“修改”面板中的“移动”按钮，将旋转后的直线移动到适当位置。

（10）单击“默认”选项卡“修改”面板中的“修剪”按钮，将多余线段删除，得到如图 4-94 所示效果。

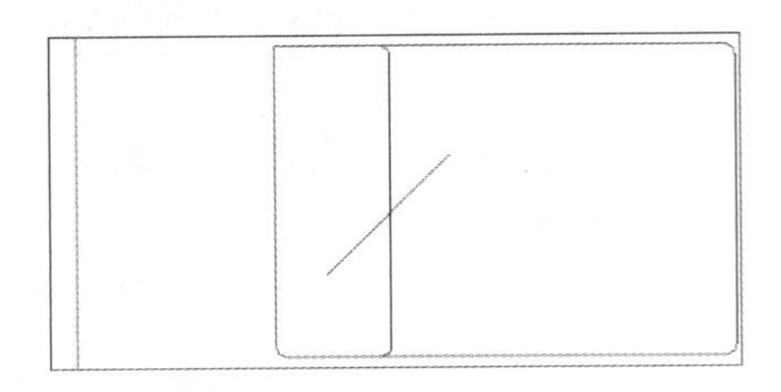

图 4-93　绘制 45° 直线

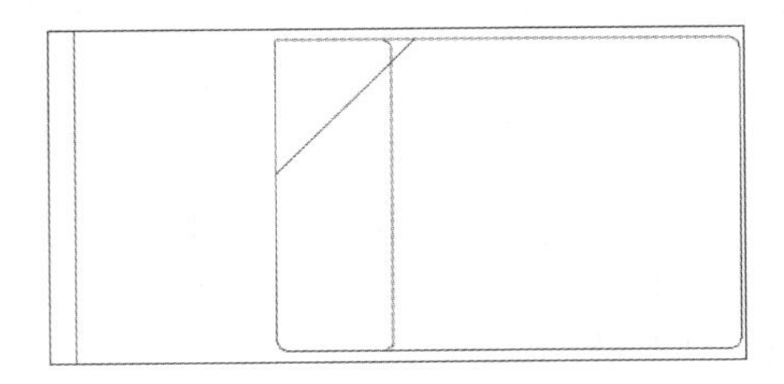

图 4-94　移动并删除直线

（11）删除直线左上侧的多余部分，如图 4-95 所示。

（12）单击“默认”选项卡“绘图”面板中的“样条曲线拟合”按钮，首先单击刚刚绘制的 45° 斜线的端点，然后如图 4-96 所示，依次单击点 A、B、C，按 Enter 键或空格键确认；然后单击 D 点，设置起点的切线方向；再单击 E 点，设置端点的切线方向。

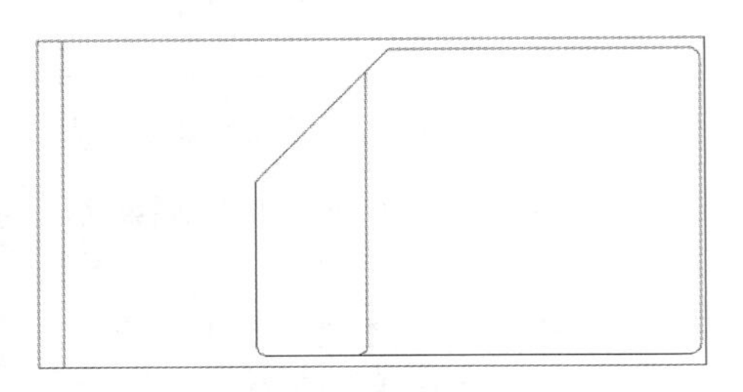

图 4-95　删除多余线段

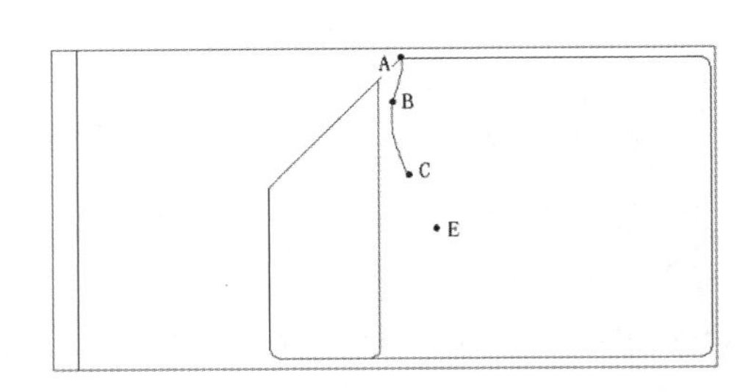

图 4-96　绘制样条曲线 1

（13）单击“默认”选项卡“绘图”面板中的“样条曲线拟合”按钮，首先依次单击点 A、B、C，然后按 Enter 键，以 D 点为切线起点方向，E 点为切线终点方向，如图 4-97 所示。

（14）单击“默认”选项卡“绘图”面板中的“样条曲线拟合”按钮，绘制样条曲线 1。

```
命令：_spline
当前设置：方式=拟合　　节点=弦
指定第一个点或 [方式(M)/节点(K)/对象(O)]： _M
输入样条曲线创建方式 [拟合(F)/控制点(CV)] <拟合>： _FIT
当前设置：方式=拟合　　节点=弦
指定第一个点或 [方式(M)/节点(K)/对象(O)]： <对象捕捉追踪 开> <对象捕捉 开> <对象捕捉追踪 关>（选择点 A）
输入下一个点或 [起点切向(T)/公差(L)]：　（选择点 B）
输入下一个点或 [端点相切(T)/公差(L)/放弃(U)]：（选择点 C）
输入下一个点或 [端点相切(T)/公差(L)/放弃(U)/闭合(C)]：：（选择点 D）
输入下一个点或 [端点相切(T)/公差(L)/放弃(U)/闭合(C)]：：（选择点 E）
输入下一个点或 [端点相切(T)/公差(L)/放弃(U)/闭合(C)]：↙
```

此为被子的掀开角，绘制完成后删除角内的多余直线，如图 4-98 所示。

（15）用同样的方法，单击“默认”选项卡“绘图”面板中的“样条曲线拟合”按钮，绘制枕头和垫子的图形，如图 4-87 所示。

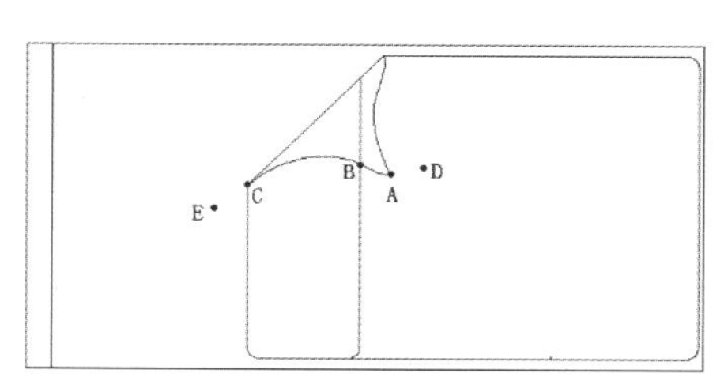

图 4-97　绘制样条曲线 2

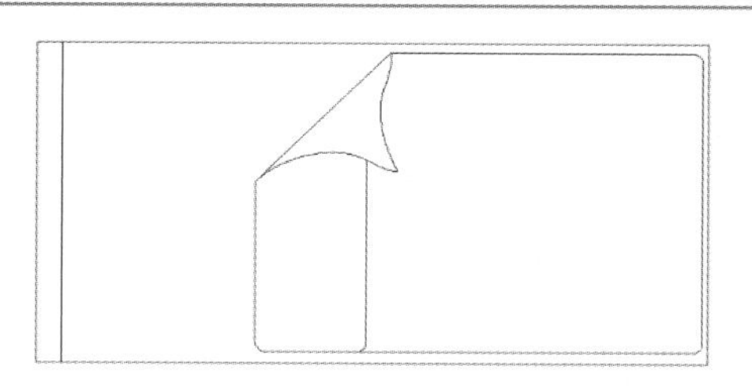
图 4-98　绘制掀起角

动手练一练——绘制小便器

利用“直线”“矩形”和“圆角”等命令绘制如图 4-99 所示的小便器。

思路点拨

源文件：源文件\第 4 章\小便器.dwg

（1）利用“矩形”命令绘制四个矩形。

（2）利用“圆角”命令进行处理。

（3）利用“直线”“矩形”“圆”和“多段线”命令绘制冲水钮部分。

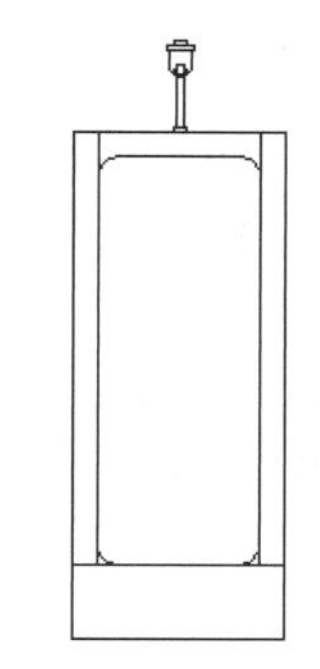
图 4-99　小便器

4.5.9 倒角命令

倒角命令即斜角命令，是用斜线连接两个不平行的线型对象。可以用斜线连接直线段、双向无限长线、射线和多段线。

系统采用两种方法确定连接两个对象的斜线：指定两个斜线距离，以及指定斜线角度和一个斜线距离。下面分别介绍这两种方法的使用。

1. 指定两个斜线距离

斜线距离是指从被连接对象与斜线的交点到被连接的两对象交点之间的距离，如图 4-100 所示。

2. 指定斜线角度和一个斜线距离

采用这种方法连接对象时，需要输入两个参数：斜线与一个对象的斜线距离和斜线与该对象的夹角，如图 4-101 所示。

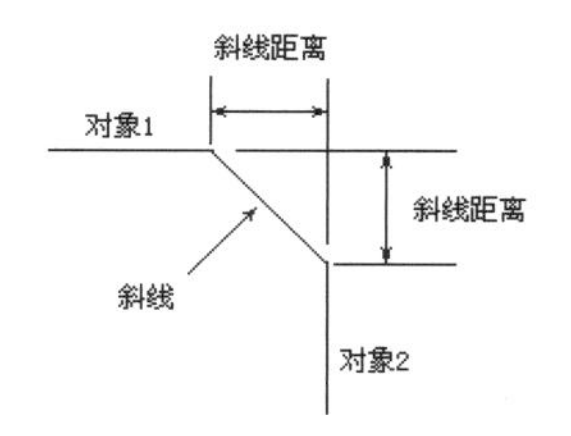

图 4-100　斜线距离

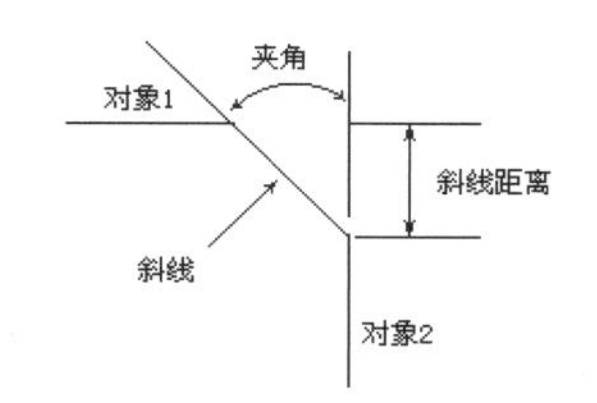

图 4-101　斜线距离与夹角

（1）执行方式

命令行：CHAMFER（快捷命令：CHA）。

菜单：选择菜单栏中的“修改”→“倒角”命令。

工具栏：单击“修改”工具栏中的“倒角”按钮。

功能区：单击“默认”选项卡“修改”面板中的“倒角”按钮。

（2）操作步骤

命令行提示与操作如下。

```
命令：CHAMFER↙
（“不修剪”模式）当前倒角距离 1 = 0.0000，距离 2 = 0.0000
选择第一条·直线或 [放弃(U)/多段线(P)/距离(D)/角度(A)/修剪(T)/方式(E)/多个(M)]：选择第一条直线或别的选项
选择第二条直线，或按住 Shift 键选择直线以应用角点或 [距离(D)/角度(A)/方法(M)]：选择第二条直线
```

（3）选项说明

选项含义如表 4-8 所示。

表 4-8 “倒角”命令选项含义

选　项	含　义
多段线（P）	对多段线的各个交叉点倒斜角。为了得到最好的连接效果，一般设置斜线具有相等的值，系统根据指定的斜线距离把多段线的每个交叉点都作斜线连接，连接的斜线成为多段线新的构成部分，如图 4-102 所示。 (a)选择多段线　(b)倒斜角结果 图 4-102　斜线连接多段线
距离（D）	选择倒角的两个斜线距离。这两个斜线距离可以相同也可以不相同，若二者均为 0，则系统不绘制连接的斜线，而是把两个对象延伸至相交并修剪超出的部分
角度（A）	选择第一条直线的斜线距离和第一条直线的倒角角度
修剪（T）	与圆角连接命令“FILLET”相同，该选项决定连接对象后是否剪切源对象
方式（E）	决定采用“距离”方式还是“角度”方式来倒斜角
多个（M）	同时对多个对象进行倒斜角编辑

4.5.10 实例——洗脸盆

绘制如图 4-103 所示的洗脸盆图形。

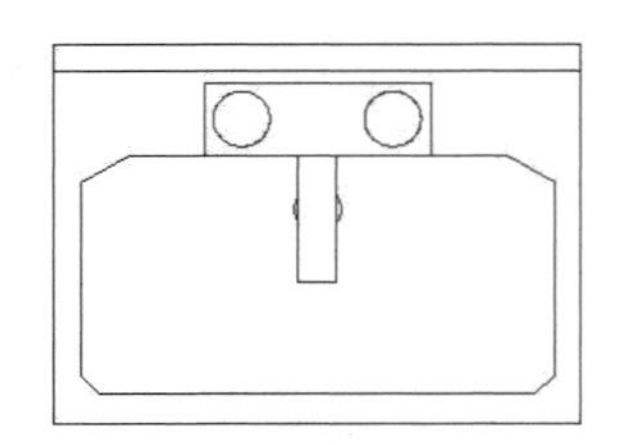

图 4-103　洗脸盆

绘制步骤

（1）单击“默认”选项卡“绘图”面板中的“直线”按钮，可以绘制出初步轮廓，大约尺寸如图 4-104 所示。

（2）单击“默认”选项卡“绘图”面板中的“圆”按钮，以图 4-104 中长 240mm 宽 80mm 的矩形大约左中位置处为圆心，绘制半径为 35mm 的圆。

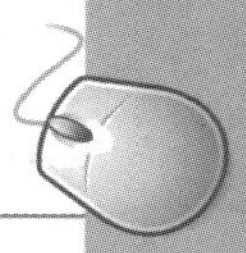

（3）单击“默认”选项卡“修改”面板中的“复制”按钮，选择刚绘制的圆，复制到右边合适的位置，完成复制绘制。

（4）单击“默认”选项卡“绘图”面板中的“圆”按钮，以图 4-104 中长 139mm 宽 40mm 的矩形大约正中位置为圆心，绘制半径为 25mm 的圆作为出水口。

（5）单击“默认”选项卡“修改”面板中的“修剪”按钮，将绘制的出水口圆修剪成如图 4-105 所示。

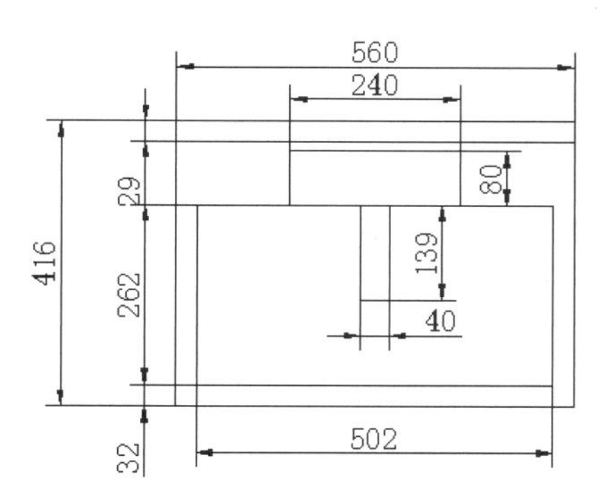

图 4-104　初步轮廓图

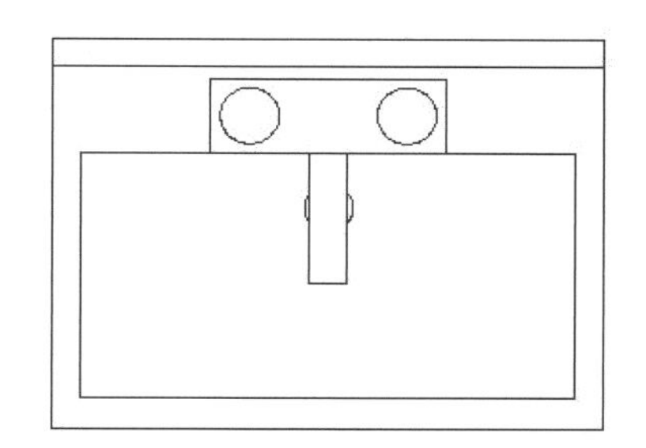
图 4-105　绘制水笼头和出水口

（6）单击“默认”选项卡“修改”面板中的“倒角”按钮，绘制水盆 4 个角，命令行提示与操作如下。

```
命令：_chamfer
（“修剪”模式）当前倒角距离 1 = 0.0000，距离 2 = 0.0000
选择第一条直线或 [放弃(U)/多段线(P)/距离(D)/角度(A)/修剪(T)/方式(E)/多个(M)]:D↙
指定第一个倒角距离 <0.0000>: 50↙
指定第二个倒角距离 <50.0000>: 30↙
选择第一条直线或 [放弃(U)/多段线(P)/距离(D)/角度(A)/修剪(T)/方式(E)/多个(M)]:: M↙
选择第一条直线或 [放弃(U)/多段线(P)/距离(D)/角度(A)/修剪(T)/方式(E)/多个(M)]:(选择左上角横线段)
选择第二条直线，或按住 Shift 键选择直线以应用角点或 [距离(D)/角度(A)/方法(M)]::(选择左上角竖线段)
选择第一条直线或 [放弃(U)/多段线(P)/距离(D)/角度(A)/修剪(T)/方式(E)/多个(M)]:(选择右上角横线段)
选择第二条直线，或按住 Shift 键选择直线以应用角点或 [距离(D)/角度(A)/方法(M)]::(选择右上角竖线段)
选择第一条直线或 [放弃(U)/多段线(P)/距离(D)/角度(A)/修剪(T)/方式(E)/多个(M)]: ↙
命令：_chamfer
（“修剪”模式）当前倒角距离 1 = 50.0000，距离 2 = 30.0000
选择第一条直线或 [放弃(U)/多段线(P)/距离(D)/角度(A)/修剪(T)/方式(E)/多个(M)]:A↙
指定第一条直线的倒角长度 <20.0000>: ↙
指定第一条直线的倒角角度 <0>: 45↙
选择第一条直线或 [放弃(U)/多段线(P)/距离(D)/角度(A)/修剪(T)/方式(E)/多个(M)]: M↙
选择第一条直线或 [放弃(U)/多段线(P)/距离(D)/角度(A)/修剪(T)/方式(E)/多个(M)]: (选择左下角横线段)
选择第二条直线，或按住 Shift 键选择直线以应用角点或 [距离(D)/角度(A)/方法(M)]::(选择左下角竖线段)
```

```
选择第一条直线或 [放弃(U)/多段线(P)/距离(D)/角度(A)/修剪(T)/方式(E)/多个(M)]: （选择右下角横线段）
选择第二条直线，或按住 Shift 键选择直线以应用角点或 [距离(D)/角度(A)/方法(M)]::（选择右下角竖线段）
选择第一条直线或 [放弃(U)/多段线(P)/距离(D)/角度(A)/修剪(T)/方式(E)/多个(M)]: ↙
```

洗脸盆绘制结果如图 4-103 所示。

动手练一练——绘制四人餐桌

利用“直线”“矩形”和“偏移”等命令绘制如图 4-106 所示的四人餐桌。

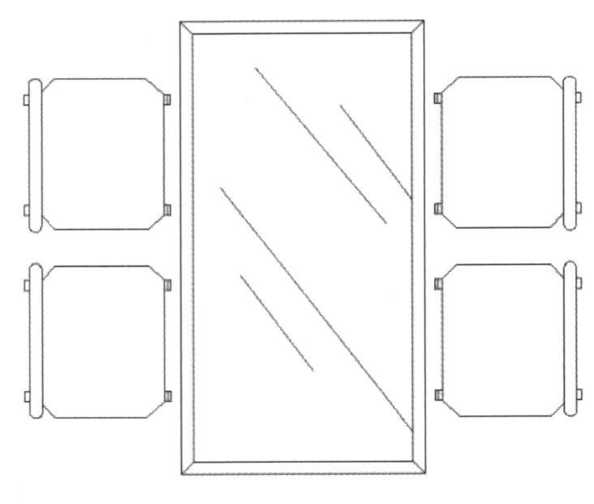

图 4-106　四人餐桌

思路点拨

源文件：源文件\第 4 章\四人餐桌.dwg

（1）利用“矩形”“直线”和“偏移”命令绘制餐桌。

（2）利用“矩形”“倒角”“圆角”“直线”和“复制”命令绘制椅子。

（3）利用“镜像”命令布置椅子。

4.5.11 打断命令

1. 执行方式

命令行：BREAK（快捷命令：BR）。

菜单栏：选择菜单栏中的“修改”→“打断”命令。

工具栏：单击“修改”工具栏中的“打断”按钮。

功能区：单击“默认”选项卡“修改”面板中的“打断”按钮。

2. 操作步骤

命令行提示与操作如下。

```
命令: BREAK↙
选择对象: 选择要打断的对象
指定第二个打断点或 [第一点(F)]: 指定第二个断开点或输入“F”↙
```

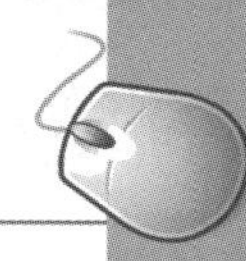

3．选项说明

如果选择“第一点（F）”选项，系统将放弃前面选择的第一个点，重新提示用户指定两个断开点。

4.5.12 打断于点命令

打断于点命令是指在对象上指定一点，从而把对象在此点拆分成两部分，此命令与打断命令类似。

1．执行方式

工具栏：单击“修改”工具栏中的“打断于点”按钮。
功能区：单击“默认”选项卡“修改”面板中的“打断与点”按钮。

2．操作步骤

命令行提示与操作如下。

```
命令：breakatpoint↙
选择对象：
指定打断点：
```

4.5.13 实例——吸顶灯

绘制如图 4-107 所示的吸顶灯图形。

绘制步骤

（1）单击“默认”选项卡“图层”面板中的“图层特性”按钮，新建两个图层。

（2）“1”图层，颜色为蓝色，其余属性默认。

（3）“2”图层，颜色为黑色，其余属性默认。

（4）单击“默认”选项卡“绘图”面板中的“直线”按钮，绘制两条相交的直线，坐标点为{(50,100),(100,100)}、{(75,75),(75,125)}，如图 4-108 所示。

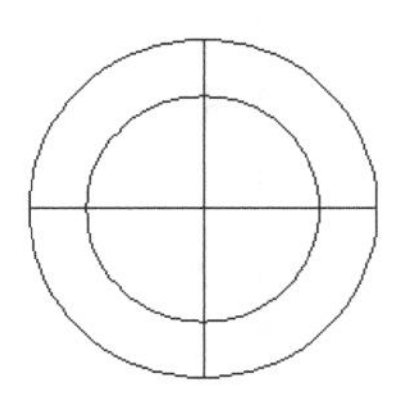

图 4-107　吸顶灯

（5）单击“默认”选项卡“绘图”面板中的“圆”按钮，以（75,100）为圆心，15mm 和 10mm 为半径绘制两个同心圆，如图 4-109 所示。

（6）单击“默认”选项卡“修改”面板中的“打断于点”按钮，将超出圆外的直线修剪掉。

```
命令：breakatpoint↙
选择对象：(选择竖直直线)
指定打断点：(选择竖直直线与大圆上面的交点)
```

用同样的方法将其他 3 段超出圆外的直线打断，将打断后的直线删除，结果如图 4-107 所示。

图 4-108　绘制相交直线　　　　图 4-109　绘制同心圆

动手练一练——绘制梳妆台

利用“直线”“矩形”和“圆”等命令绘制如图 4-110 所示的梳妆台。

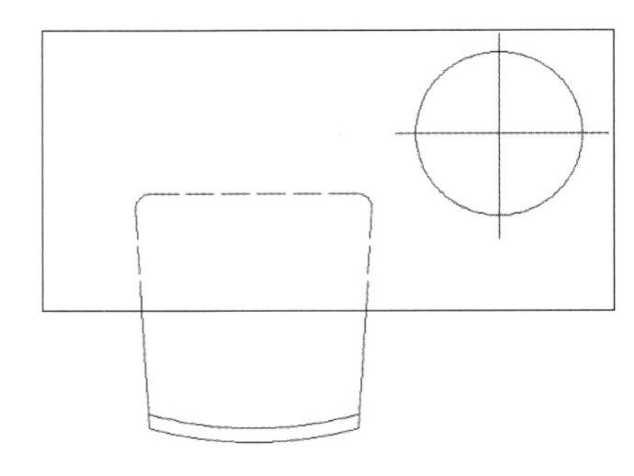

图 4-110　梳妆台

思路点拨

源文件：源文件\第 4 章\梳妆台.dwg

（1）设置图层。

（2）利用“矩形”“圆”与“直线”命令绘制梳妆桌。

（3）利用上面所学知识绘制梳妆凳。

（4）利用“打断”命令将梳妆凳被挡住部分打断开。

（5）将梳妆凳被挡住部分的图层改变到虚线图层。

4.5.14　分解命令

1. 执行方式

命令行：EXPLODE（快捷命令：X）。

菜单栏：选择菜单栏中的“修改”→“分解”命令。

工具栏：单击“修改”工具栏中的“分解”按钮。

功能区：单击“默认”选项卡“修改”面板中的“分解”按钮。

2. 操作步骤

```
命令：EXPLODE↙
选择对象：选择要分解的对象
选择一个对象后，该对象会被分解，系统继续提示该行信息，允许分解多个对象。
```

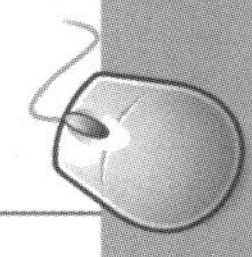

注意：分解命令是将一个合成图形分解为其部件的工具。例如，一个矩形被分解后就会变成4条直线，且一个有宽度的直线分解后就会失去其宽度属性。

4.5.15 实例——沙发

绘制如图4-111所示的沙发图形。

绘制步骤

（1）单击“默认”选项卡“绘图”面板中的“矩形”按钮，绘制圆角为10、第一角点坐标为（20,20）、长度和宽度分别为140mm和100mm的矩形作为沙发的外框。

单击“默认”选项卡“绘图”面板中的“直线”按钮，绘制坐标分别为（40,20）、（@0,80）、（@100,0）、（@0,-80）的连续线段，绘制结果如图4-112所示。

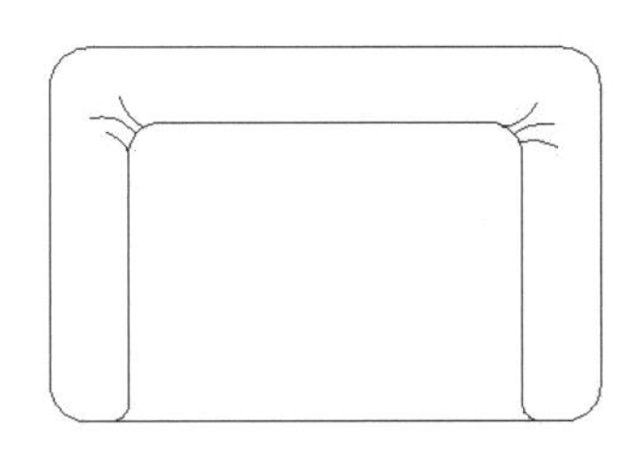

图4-111　沙发

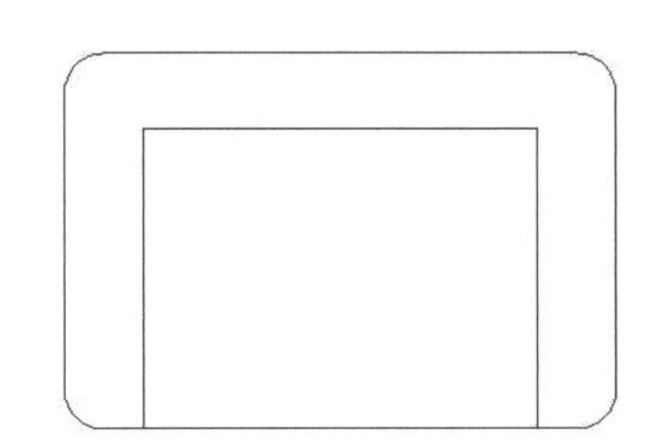

图4-112　绘制初步轮廓

（2）单击“默认”选项卡“修改”面板中的“分解”按钮和“圆角”按钮，修改沙发轮廓，命令行提示与操作如下。

```
命令：_explode
选择对象：选择外面倒圆矩形
选择对象：
命令：_fillet
当前设置：模式 = 修剪，半径 = 6.0000
选择第一个对象或[放弃(U)/多段线(P)/半径(R)/修剪(T)/多个(M)]：M↙
选择第一个对象或[放弃(U)/多段线(P)/半径(R)/修剪(T)/多个(M)]：选择内部四边形左边
选择第二个对象，或按住 Shift 键选择对象以应用角点或 [半径(R)]：选择内部四边形上边
选择第一个对象或 [放弃(U)/多段线(P)/半径(R)/修剪(T)/多个(M)]：选择内部四边形右边
选择第二个对象，或按住 Shift 键选择对象以应用角点或 [半径(R)]：选择内部四边形上边
选择第一个对象或 [放弃(U)/多段线(P)/半径(R)/修剪(T)/多个(M)]：
```

（3）单击“默认”选项卡“修改”面板中的“圆角”按钮，选择内部四边形左边和外部矩形下边左端为对象，进行圆角处理，绘制结果如图4-113所示。

（4）单击“默认”选项卡“修改”面板中的“延伸”按钮，命令行提示与操作如下。

```
命令：_ extend
当前设置：投影=UCS，边=无
选择边界的边...
选择对象或 <全部选择>：选择如图 4-74 所示的右下角圆弧
选择对象：↙
选择要延伸的对象，或按住 Shift 键选择要修剪的对象，或[栏选(F)/窗交(C)/投影(P)/边(E)/
```

放弃(U)]：选择如图 4-114 所示的左端短水平线
选择要延伸的对象，或按住 Shift 键选择要修剪的对象，或[栏选(F)/窗交(C)/投影(P)/边(E)/放弃(U)]：↙

（5）单击“默认”选项卡“修改”面板中的“圆角”按钮，选择内部四边形右边和外部矩形下边为倒圆角对象，进行圆角处理。

单击“默认”选项卡“修改”面板中的“修剪”按钮，以刚倒出的圆角圆弧为边界，对内部四边形右边下端进行修剪，绘制结果如图 4-114 所示。

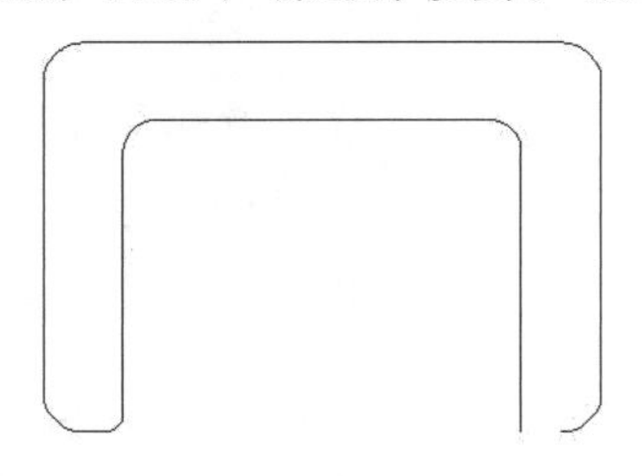

图 4-113　绘制倒圆

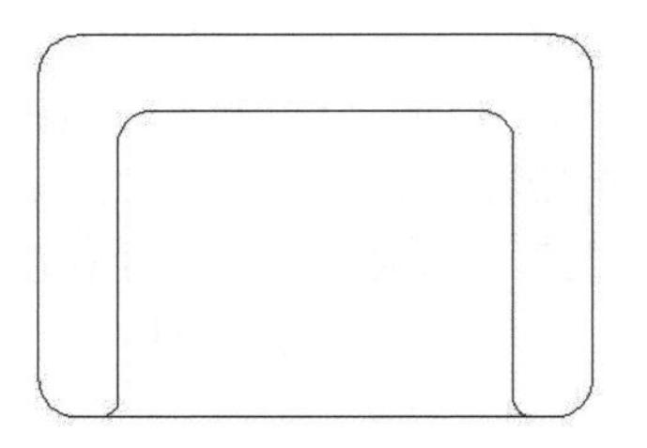

图 4-114　完成倒圆角

（6）单击“默认”选项卡“绘图”面板中的“圆弧”按钮，绘制沙发皱纹。在沙发拐角位置绘制六条圆弧，最终绘制结果如图 4-111 所示。

动手练一练——绘制吧台

利用“矩形”“圆”“分解”和“修剪”命令绘制如图 4-115 所示的吧台。

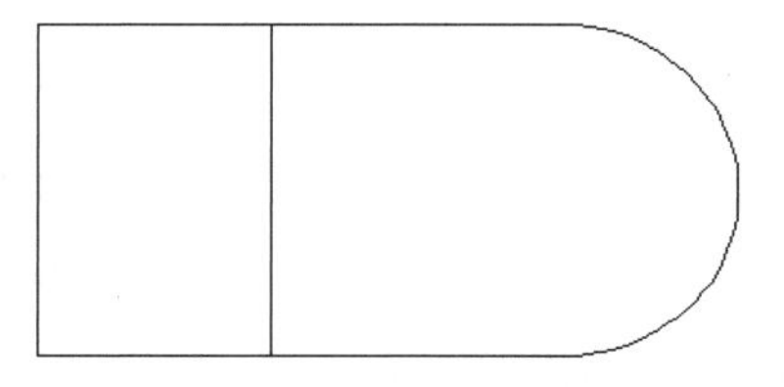

图 4-115　吧台

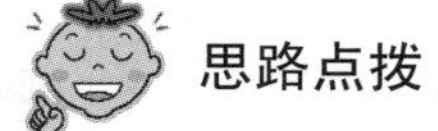

思路点拨

源文件：源文件\第 4 章\吧台.dwg

（1）利用“矩形”和“圆”命令绘制两个矩形和一个圆。

（2）利用“分解”命令分解右边矩形。

（3）利用“修剪”命令修剪右边矩形边。

4.5.16　合并命令

可以将直线、圆、椭圆弧和样条曲线等独立的图线合并为一个对象，如图 4-116 所示。

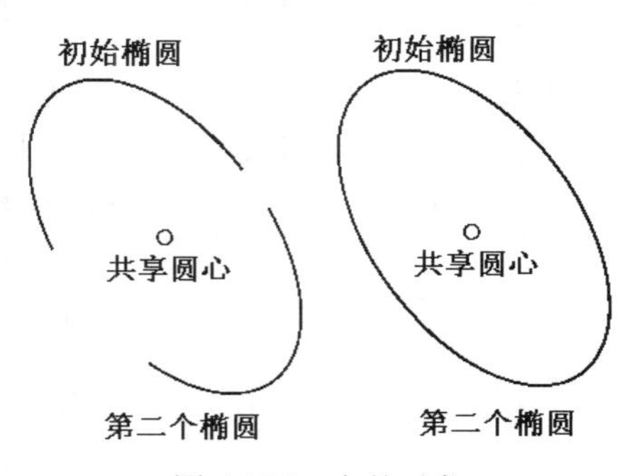

图 4-116　合并对象

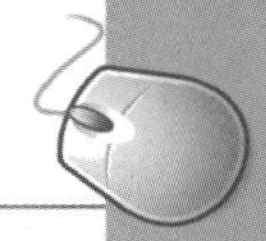

1．执行方式

命令行：JOIN。
菜单：选择菜单栏中的“修改”→“合并”命令。
工具栏：单击“修改”工具栏中的“合并”按钮 。
功能区：单击“默认”选项卡“修改”面板中的“合并”按钮 。

2．操作步骤

命令行提示与操作如下。

```
命令：JOIN↙
选择源对象或要一次合并的多个对象：选择一个对象
选择要合并到源的直线：选择另一个对象
找到 1 个
选择要合并的对象：选择另一个对象
找到 1 个，总计 2 个
选择要合并的对象：↙
2 条直线已合并为 1 条直线
```

4.6 对象编辑命令

在对图形进行编辑时，还可以对图形对象本身的某些特性进行编辑，从而方便地进行图形绘制。

4.6.1 钳夹功能

利用钳夹功能可以快速方便地编辑对象。AutoCAD 在图形对象上定义了一些特殊点，称为夹持点。利用夹持点可以灵活地控制对象，如图 4-117 所示。

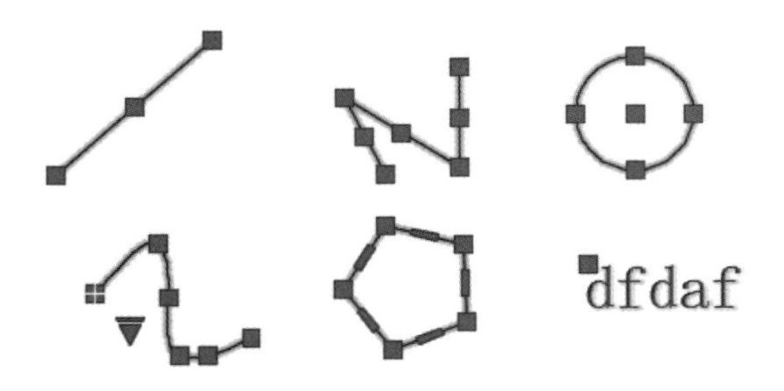

图 4-117　夹持点

要使用钳夹功能编辑对象，必须先打开钳夹功能，打开方法是：选择菜单栏中的“工具”→“选项”命令，系统打开“选项”对话框。单击“选择集”选项卡，勾选“夹点”选项组中的“显示夹点”复选框。在该选项卡中还可以设置代表夹点的小方格尺寸和颜色。

也可以通过 GRIPS 系统变量控制是否打开钳夹功能，1 代表打开，0 代表关闭。

打开了钳夹功能后，应该在编辑对象之前先选择对象。夹点表示对象的控制位置。

使用夹点编辑对象，要选择一个夹点作为基点，称为基准夹点。然后，选择一种编辑操作，如删除、移动、复制选择、旋转和缩放。可以用按<Space>或<Enter>键循环选择这些功能。

下面就以其中的拉伸对象操作为例进行讲解，其他操作类似。

在图形上选择一个夹点，该夹点改变颜色，此点为夹点编辑的基准点，此时命令行提示如下。

```
** 拉伸 **
指定拉伸点或 [基点(B)/复制(C)/放弃(U)/退出(X)]:
```

在上述拉伸编辑提示下，输入“缩放”命令或右击，选择快捷菜单中的“缩放”命令，系统就会转换为“缩放”操作，其他操作类似。

4.6.2 修改对象属性

执行方式如下。

命令行：DDMODIFY 或 PROPERTIES。

菜单栏：选择菜单栏中的“修改”→“特性”命令。

工具栏：单击“标准”工具栏中的“特性”按钮。

功能区：单击“默认”选项卡“特性”面板中的“对话框启动器”按钮。

执行上述命令后，系统打开“特性”选项板，如图 4-118 所示。利用它可以方便地设置或修改对象的各种属性。不同对象属性种类的值不同，修改属性值，对象改变为新的属性。

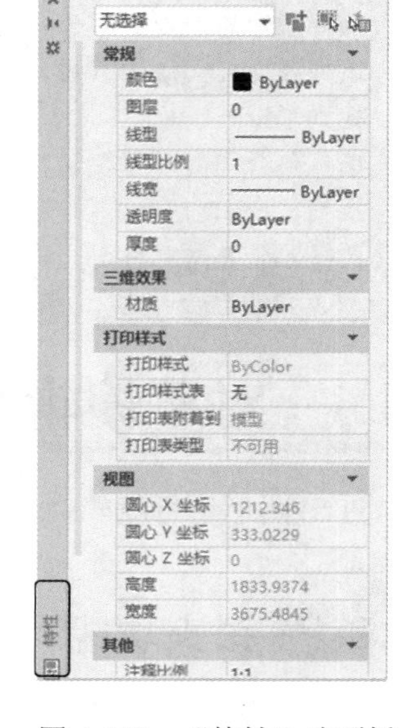

图 4-118　“特性”选项板

4.6.3 实例——花朵的绘制

绘制如图 4-119 所示的花朵图形。

图 4-119　花朵

绘制步骤

（1）单击“默认”选项卡“绘图”面板中的“圆”按钮，绘制花蕊。

（2）单击“默认”选项卡“绘图”面板中的“多边形”按钮，绘制以图 4-120 中的圆心为正多边形中心点内切于圆的正五边形，结果如图 4-121 所示。

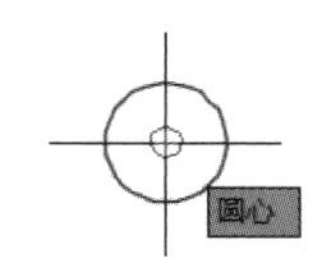

图 4-120　捕捉圆心

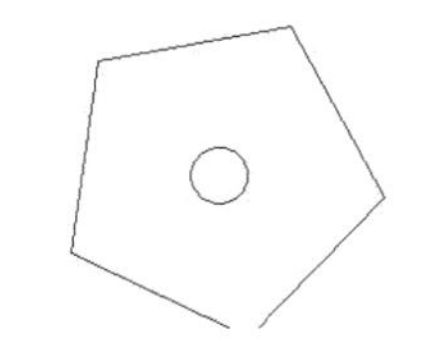

图 4-121　绘制正五边形

注意：一定要先绘制中心的圆，因为正五边形的外接圆与此圆同心，必须通过捕捉获得正五边形的外接圆圆心位置。如果反过来，先画正五边形，再画圆，会发现无法捕捉正五边形外接圆圆心。

（3）单击“默认”选项卡“绘图”面板中的“圆弧”按钮，以最上斜边的中点为圆弧起点，左上斜边中点为圆弧端点，绘制花朵。绘制结果如图 4-122 所示。重复“圆弧”命令，绘制另外 4 段圆弧，结果如图 4-123 所示。

最后删除正五边形，结果如图 4-124 所示。

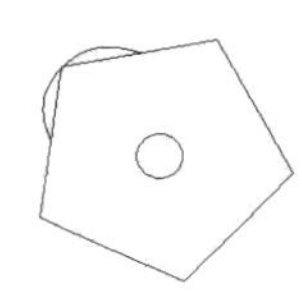

图 4-122　绘制一段圆弧

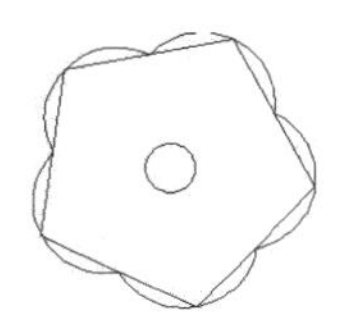

图 4-123　绘制所有圆弧

图 4-124　绘制花朵

（4）单击“默认”选项卡“绘图”面板中的“多段线”按钮，绘制枝叶。花枝的宽度为 4mm；叶子的起点半宽为 12mm，端点半宽为 3mm。用同样方法绘制另两片叶子，结果如图 4-125 所示。

（5）选择枝叶，枝叶上显示夹点标志，在一个夹点上单击鼠标右键，打开右键快捷菜单，选择其中的“特性”命令，如图 4-126 所示。系统打开特性选项板，在“颜色”下拉列表框中选择“绿”，如图 4-127 所示。

图 4-125　绘制出花朵图案

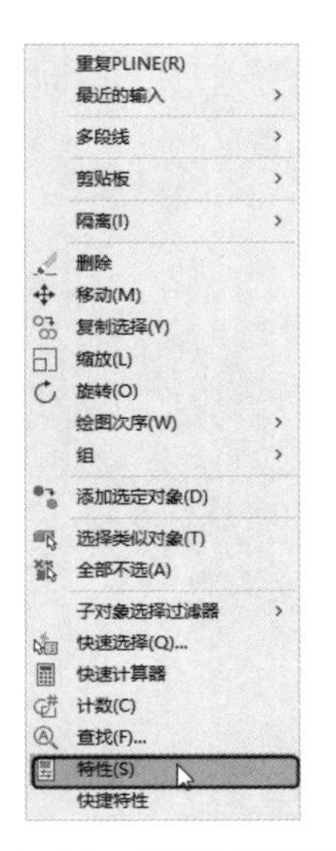

图 4-126　右键快捷菜单

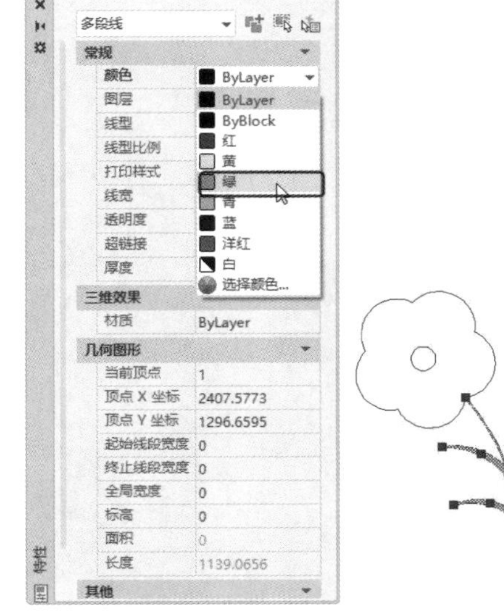

图 4-127　修改枝叶颜色

（6）按照步骤（5）的方法修改花朵颜色为红色，花蕊颜色为洋红色，最终结果如图 4-119 所示。

动手练一练——绘制五环

利用“复制”“圆环”和“特性”命令绘制如图 4-128 所示的五环。

图 4-128　五环

思路点拨

源文件：源文件\第 4 章\五环.dwg

（1）利用“圆环”和“复制”命令绘制五个圆环。

（2）利用“特性”命令修改五个环的颜色。

Chapter

文字表格和尺寸标注

5

文字注释是绘制图形的重要内容，在进行各种设计时，不仅要绘制出图形，还要在图形中标注一些注释性的文字，如技术要求、注释说明等，对图形对象加以解释。AutoCAD 提供了多种在图形中输入文字的方法，本章将详细介绍文字的标注和编辑功能。图表在 AutoCAD 图形中也有大量应用，如名细表、参数表和标题栏等。

5.1 文字标注

在绘制图形的过程中，文字传递了很多设计信息，它可能是一个很复杂的说明，也可能是一个简短的文字信息。当标注的文本不太长时，可以利用 TEXT 命令创建单行文本；当标注很长、很复杂的文字信息时，可以利用 MTEXT 命令创建多行文本。

5.1.1 文字样式

所有 AutoCAD 图形中的文字都有与其相对应的文字样式。当输入文字对象时，AutoCAD 使用当前设置的文字样式。文字样式是用来控制文字基本形状的一组设置。AutoCAD 2022 提供了“文字样式”对话框，通过这个对话框可以方便直观地设置需要的文字样式，或对已有样式进行修改。

1. 执行方式

命令行：STYLE（快捷命令：ST）或 DDSTYLE。

菜单栏：选择菜单栏中的“格式”→“文字样式”命令。

工具栏：单击“文字”工具栏中的“文字样式”按钮。

功能区：单击“默认”选项卡“注释”面板中的“文字样式”按钮，或单击“注释”选项卡“文字”面板上的“文字样式”下拉菜单中的“管理文字样式”按钮，或单击“注释”选项卡“文字”面板中“文字样式”按钮。

执行上述命令后，系统打开“文字样式”对话框，如图 5-1 所示。

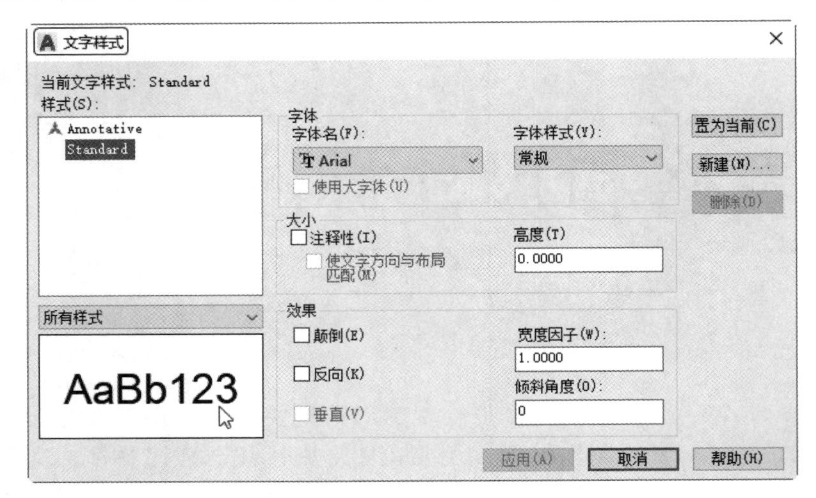

图 5-1 “文字样式”对话框

2. 选项说明

选项含义如表 5-1 所示。

表 5-1 “文字样式”对话框选项含义

<table>
<tr><th>选　项</th><th colspan="2">含　义</th></tr>
<tr><td>“样式”列表框</td><td colspan="2">列出所有已设定的文字样式名或对已有样式名进行相关操作</td></tr>
<tr><td>“新建”按钮</td><td colspan="2">系统打开如图 5-2 所示的“新建文字样式”对话框。在该对话框中可以为新建的文字样式输入名称。
新建文字样式
样式名：样式 1　确定　取消
图 5-2 “新建文字样式框”对话框</td></tr>
<tr><td>“字体”选项组</td><td colspan="2">用于确定字体样式。文字的字体确定字符的形状，在 AutoCAD 中，除了它固有的 SHX 形状字体文件，还可以使用 TrueType 字体（如宋体、楷体、Italley 等）。一种字体可以设置不同的效果，从而被多种文本样式使用</td></tr>
<tr><td>“大小”选项组</td><td colspan="2">用于确定文本样式使用的字体文件、字体风格及字高。“高度”文本框用来设置创建文字时的固定字高，在用 TEXT 命令输入文字时，AutoCAD 不再提示输入字高参数。如果在此文本框中设置字高为 0，系统会在每一次创建文字时提示输入字高，所以，如果不想固定字高，就可以把“高度”文本框中的数值设置为 0</td></tr>
<tr><td rowspan="2">“效果”选项组</td><td>“颠倒”复选框</td><td>勾选该复选框，表示将文本文字倒置标注，如图 5-3 所示。
ABCDEFGHIJKLMN
图 5-3 文字倒置标注</td></tr>
<tr><td>“反向”复选框</td><td>确定是否将文本文字反向标注，如图 5-4 所示的标注效果。
ABCDEFGHIJKLMN
图 5-4 文字反向标注</td></tr>
</table>

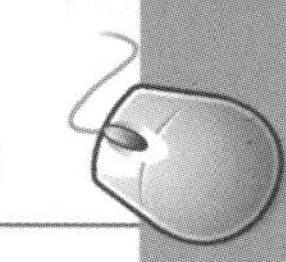

续表

选　项	含　义	
	“垂直”复选框	确定文本是水平标注还是垂直标注。勾选该复选框时为垂直标注，否则为水平标注，垂直标注如图 5-5 所示。 $abcd$ a b c d 图 5-5　垂直标注
	“宽度因子”文本框	设置宽度系数，确定文本字符的宽高比。当比例系数为 1 时，表示将按字体文件中定义的宽高比标注文字。当此系数小于 1 时，字会变窄，反之变宽
	“倾斜角度”文本框	用于确定文字的倾斜角度。角度为 0 时不倾斜，为正数时向右倾斜，为负数时向左倾斜
“应用”按钮	确认对文字样式的设置。当创建新的文字样式或对现有文字样式的某些特征进行修改后，都需要单击此按钮，系统才会确认所做的改动	

5.1.2 单行文字标注

1. 执行方式

命令行：TEXT。

菜单：选择菜单栏中的“绘图”→“文字”→“单行文字”命令。

工具栏：单击“文字”工具栏中的“单行文字”按钮A。

功能区：单击“默认”选项卡“注释”面板中的“单行文字”按钮A，或单击“注释”选项卡“文字”面板中的“单行文字”按钮A。

2. 操作步骤

命令行提示与操作如下。

```
命令: TEXT↙
当前文字样式:  Standard  文字高度:  0.2000  注释性: 否  对正: 左
指定文字的起点或 [对正(J)/样式(S)]:
```

3. 选项说明

（1）指定文字的起点：此提示下直接在绘图区选择一点作为输入文本的起始点，命令行提示如下。

```
指定高度 <0.2000>: 确定文字高度
指定文字的旋转角度 <0>: 确定文本行的倾斜角度
```

执行上述命令后，即可在指定位置输入文本文字，输入后按<Enter>键，文本文字另起一行，可继续输入文字，待全部输入完后按两次<Enter>键，退出 TEXT 命令。可见，TEXT 命令也可创建多行文本，只是这种多行文本的每一行是一个对象，不能对多行文本同时进行操作。

注意：只有当前文本样式中设置的字符高度为 0，在使用 TEXT 命令时，系统才出现要求用户确定字符高度的提示。AutoCAD 允许将文本行倾斜排列，如图 5-6 所示为倾斜角度分别是 0°、45°和–45°时的排列效果。在“指定文字的旋转角度<0>”提示下输入文本行的倾斜角度或在绘图区拉出一条直线来指定倾斜角度。

图 5-6　文本行倾斜排列的效果

（2）对正（J）：在“指定文字的起点或[对正（J）/样式（S）]”提示下输入“J”，用于确定文本的对齐方式，对齐方式决定文本的哪部分与所选插入点对齐。执行此选项，命令行提示如下。

```
输入选项[左(L)/居中(C)/右(R)/对齐(A)/中间(M)/布满(F)/左上(TL)/中上(TC)/右上(TR)/左中(ML)/正中(MC)/右中(MR)/左下(BL)/中下(BC)/右下(BR)]:
```

在此提示下选择一个选项作为文本的对齐方式。当文本文字水平排列时，AutoCAD 为标注文本的文字定义如图 5-7 所示的顶线、中线、基线和底线，各种对齐方式如图 5-8 所示，图中大写字母对应上述提示中各命令。下面以“对齐”方式为例进行简要说明。

图 5-7　文本行的底线、基线、中线和顶线

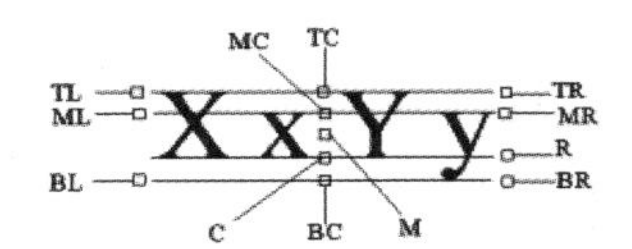

图 5-8　文本的对齐方式

选择“对齐（A）”选项，要求用户指定文本行基线的起始点与终止点的位置，命令行提示与操作如下。

```
指定文字基线的第一个端点：指定文本行基线的起点位置
指定文字基线的第二个端点：指定文本行基线的终点位置，输入所需要的文字
```

执行结果：输入的文本文字均匀地分布在指定的两点之间，如果两点间的连线不水平，则文本行倾斜放置，倾斜角度由两点间的连线与 X 轴夹角确定；字高、字宽根据两点间的距离、字符的多少以及文本样式中设置的宽度系数自动确定。指定了两点之后，每行输入的字符越多，字宽和字高越小。其他选项与“对齐”类似，此处不再赘述。

在实际绘图时，有时需要标注一些特殊字符，例如直径符号、上划线或下划线、温度符号等，由于这些符号不能直接从键盘上输入，AutoCAD 提供了一些控制码，用来实现这些要求。控制码用两个百分号（%%）加一个字符构成，常用的控制码及功能如表 5-2 所示。

表 5-2　AutoCAD 常用控制码

控　制　码	标注的特殊字符	控　制　码	标注的特殊字符
%%O	上划线	\u+0278	电相位
%%U	下划线	\u+E101	流线
%%D	“度”符号（°）	\u+2261	标识
%%P	正负符号（±）	\u+E102	界碑线
%%C	直径符号（Φ）	\u+2260	不相等（≠）

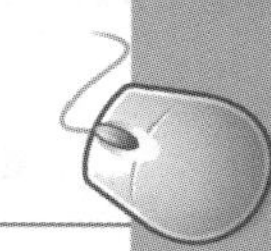

续表

控　制　码	标注的特殊字符	控　制　码	标注的特殊字符
%%%	百分号（%）	\u+2126	欧姆（Ω）
\u+2248	约等于（≈）	\u+03A9	欧米伽（Ω(ω)）
\u+2220	角度（∠）	\u+214A	低界线
\u+E100	边界线	\u+2082	下标 2
\u+2104	中心线	\u+00B2	上标 2
\u+0394	差值		

其中，%%O 和%%U 分别是上划线和下划线的开关，第一次出现此符号开始画上划线和下划线，第二次出现此符号，上划线和下划线终止。例如输入“I want to %%U go to Beijing%%U.”，则得到如图 5-9(a)所示的文本行，输入“50%%D+%%C75%%P12”，则得到如图 5-9(b)所示的文本行。

I want to go to Beijing. (a)

50°+Ø75±12 (b)

图 5-9　文本行

利用 TEXT 命令可以创建一个或若干个单行文本，即此命令可以标注多行文本。在“输入文字”提示下输入一行文本文字后按<Enter>键，命令行继续提示“输入文字”，用户可输入第二行文本文字，依此类推，直到文本文字全部输写完毕，再在此提示下按两次<Enter>键，结束文本输入。每一次按<Enter>键就结束一个单行文本的输入，每一个单行文本是一个对象，可以单独修改其文本样式、字高、旋转角度、对齐方式等。

用 TEXT 命令创建文本时，在命令行输入的文字同时显示在绘图区，而且在创建过程中可以随时改变文本的位置，只要移动光标到新的位置单击，则当前行结束，随后输入的文字在新的文本位置出现，用这种方法可以把多行文本标注到绘图区的不同位置。

5.1.3 多行文字标注

1. 执行方式

命令行：MTEXT（快捷命令：T 或 MT）。

菜单栏：选择菜单栏中的“绘图”→“文字”→“多行文字”命令。

工具栏：单击“绘图”工具栏中的“多行文字”按钮 A 或单击“文字”工具栏中的“多行文字”按钮 A。

功能区：单击“默认”选项卡“注释”面板中的“多行文字”按钮 A，或单击“注释”选项卡“文字”面板中的“多行文字”按钮 A。

2. 操作步骤

命令行提示与操作如下。

```
命令:MTEXT↙
当前文字样式:“Standard”  文字高度:1.9122   注释性: 否
指定第一角点: 指定矩形框的第一个角点
指定对角点或 [高度(H)/对正(J)/行距(L)/旋转(R)/样式(S)/宽度(W)/栏(C)]:
```

3．选项说明

选项含义如表 5-3 所示。

表 5-3 “多行文字”命令选项含义

选　　项	含　　义
指定对角点	在绘图区选择两个点作为矩形框的两个角点，AutoCAD 以这两个点为对角点构成一个矩形区域，其宽度作为将来要标注的多行文本的宽度，第一个点作为第一行文本顶线的起点。响应后 AutoCAD 打开如图 5-10 所示的“文字编辑器”选项卡和多行文字编辑界面，可利用此编辑器输入多行文本文字并对其格式进行设置。关于该对话框中各项的含义及编辑器功能，稍后再详细介绍。 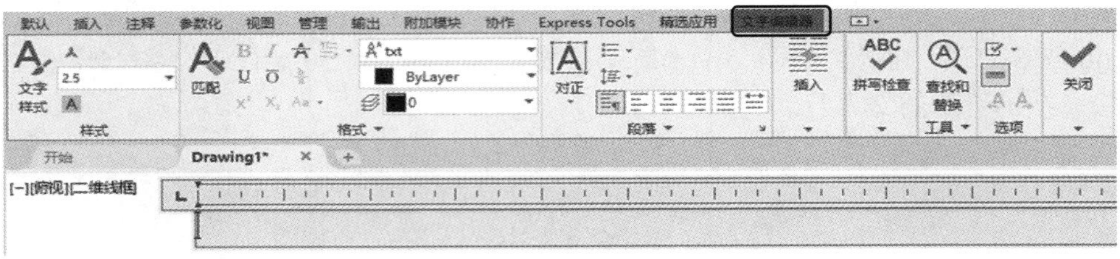 图 5-10　文字编辑器
对正（J）	用于确定所标注文本的对齐方式。选择此选项，命令行提示如下。 输入对正方式［左上(TL)/中上(TC)/右上(TR)/左中(ML)/正中(MC)/右中(MR)/左下(BL)/中下(BC)/右下(BR)］<左上(TL)>: 这些对齐方式与 TEXT 命令中的各对齐方式相同。选择一种对齐方式后按<Enter>键，系统回到上一级提示
行距（L）	用于确定多行文本的行间距。这里所说的行间距是指相邻两文本行基线之间的垂直距离。选择此选项，命令行提示如下。 输入行距类型［至少(A)/精确(E)］<至少(A)>: 在此提示下有“至少”和“精确”两种方式确定行间距。在“至少”方式下，系统根据每行文本中最大的字符自动调整行间距；在“精确”方式下，系统为多行文本赋予一个固定的行间距，可以直接输入一个确切的间距值，也可以输入“nx”的形式，其中 n 是一个具体数，表示行间距设置为单行文本高度的 n 倍，而单行文本高度是本行文本字符高度的 1.66 倍
旋转（R）	用于确定文本行的倾斜角度。选择此选项，命令行提示如下。 指定旋转角度 <0>: 输入角度值后按<Enter>键，系统返回到“指定对角点或［高度(H)/对正(J)/行距(L)/旋转（R）/样式(S)/宽度(W)]:”的提示
样式（S）	用于确定当前的文本文字样式
宽度（W）	用于指定多行文本的宽度。可在绘图区选择一点，与前面确定的第一个角点组成一个矩形框的宽作为多行文本的宽度；也可以输入一个数值，精确设置多行文本的宽度。 在创建多行文本时，只要指定文本行的起始点和宽度后，系统就会打开如图 5-12 所示的文字编辑器，该编辑器包含一个“文字格式”对话框和一个快捷菜单。用户可以在编辑器中输入和编辑多行文本，包括设置字高、文本样式以及倾斜角度等。该编辑器与 Microsoft Word 编辑器界面相似，事实上该编辑器与 Word 编辑器在某些功能上趋于一致。这样既增强了多行文字的编辑功能，又能使用户更熟悉和方便使用
栏（C）	根据栏宽，栏间距宽度和栏高组成矩形框，打开如图 5-10 所示的文字编辑器
“文字格式”对话框	用来控制文本文字的显示特性。可以在输入文本文字前设置文本的特性，也可以改变已输入的文本文字特性。要改变已有文本文字显示特性，首先应选择要修改的文本，选择文本的方式有以下 3 种。 将光标定位到文本文字开始处，按住鼠标左键，拖到文本末尾。 双击某个文字，则该文字被选中。 3 次单击鼠标，则选中全部内容。 选项卡中部分选项的功能介绍如下

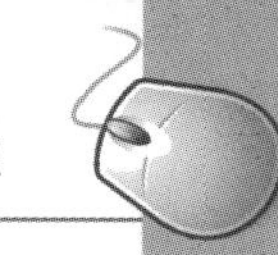

续表

选　项		含　义
“文字格式”对话框	“文字高度”下拉列表框	用于确定文本的字符高度，可在文本编辑器中输入新的字符高度，也可从此下拉列表框中选择已设定过的高度值
	“加粗”**B**和“斜体”*I*按钮	用于设置加粗或斜体效果，但这两个按钮只对 TrueType 字体有效
	“下划线”U和“上划线”Ō按钮	用于设置或取消文字的上下画线
	“堆叠”按钮 $\frac{b}{a}$	为层叠或非层叠文本按钮，用于层叠所选的文本文字，也就是创建分数形式。当文本中某处出现“/”“^”或“#”3 种层叠符号之一时，可层叠文本，其方法是选中需层叠的文字，然后单击此按钮，则符号左边的文字作为分子，右边的文字作为分母进行层叠。AutoCAD 提供了 3 种分数形式：如选中“abcd/efgh”后单击此按钮，得到如图 5-11(a)所示的分数形式；如果选中“abcd^efgh”后单击此按钮，则得到如图 5-11(b)所示的形式，此形式多用于标注极限偏差；如果选中“abcd # efgh”后单击此按钮，则创建斜排的分数形式，如图 5-11(c)所示。如果选中已经层叠的文本对象后单击此按钮，则恢复到非层叠形式。 abcd efgh　　abcd efgh　　abcd/efgh (a)　　(b)　　(c) 图 5-11　文本层叠
	“倾斜角度”（0/）下拉列表框	用于设置文字的倾斜角度
	“符号”按钮@	用于输入各种符号。单击此按钮，系统打开符号列表，如图 5-12 所示，可以从中选择符号输入到文本中。 度数 %%d 正/负 %%p 直径 %%c 几乎相等 \U+2248 角度 \U+2220 边界线 \U+E100 中心线 \U+2104 差值 \U+0394 电相角 \U+0278 流线 \U+E101 恒等于 \U+2261 初始长度 \U+E200 界碑线 \U+E102 不相等 \U+2260 欧姆 \U+2126 欧米加 \U+03A9 地界线 \U+214A 下标 2 \U+2082 平方 \U+00B2 立方 \U+00B3 不间断空格 Ctrl+Shift+Space 其他... 图 5-12　符号列表

续表

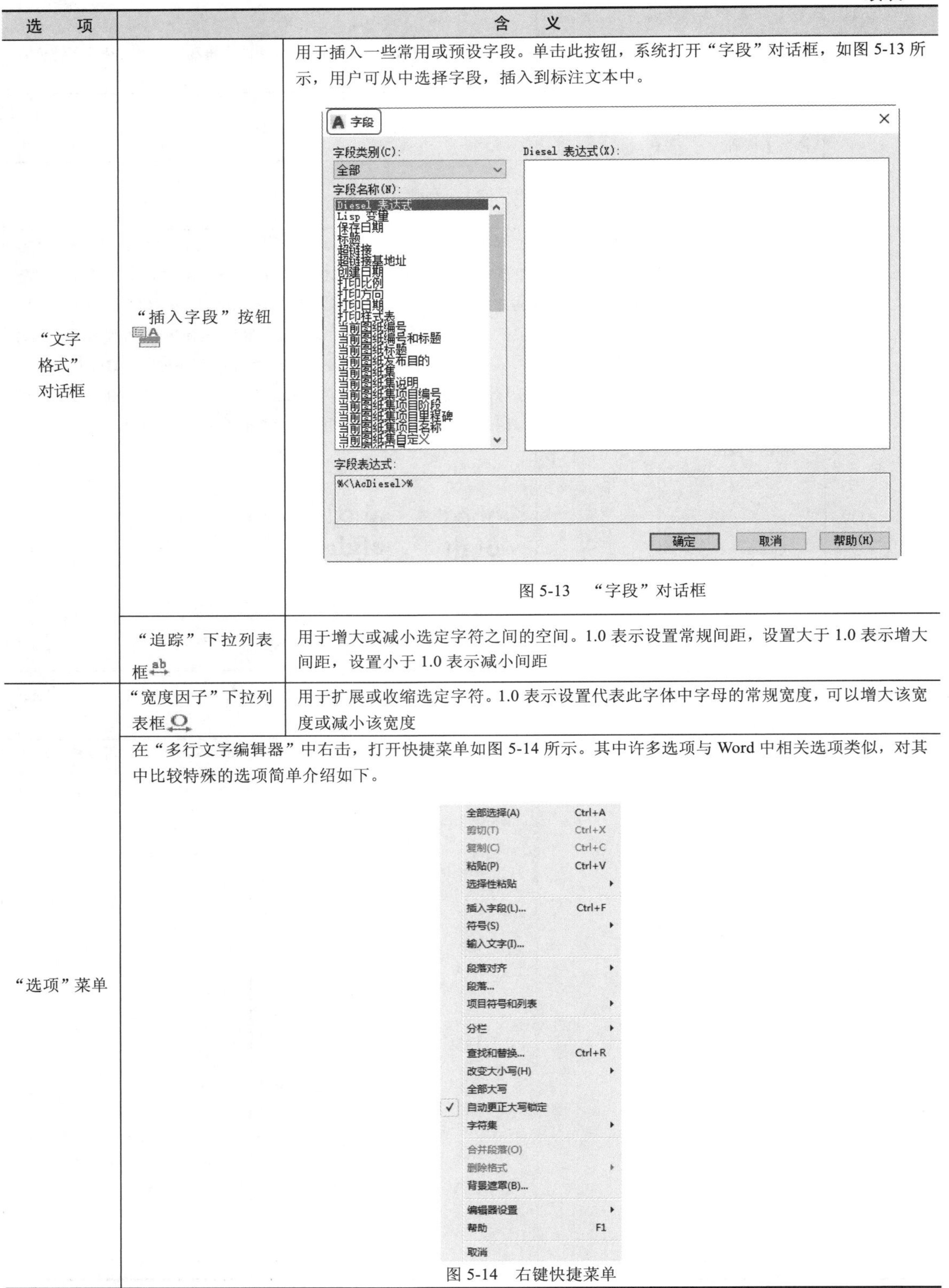

选　项	含　义	
“文字格式”对话框	“插入字段”按钮	用于插入一些常用或预设字段。单击此按钮，系统打开“字段”对话框，如图 5-13 所示，用户可从中选择字段，插入到标注文本中。 图 5-13　“字段”对话框
	“追踪”下拉列表框	用于增大或减小选定字符之间的空间。1.0 表示设置常规间距，设置大于 1.0 表示增大间距，设置小于 1.0 表示减小间距
	“宽度因子”下拉列表框	用于扩展或收缩选定字符。1.0 表示设置代表此字体中字母的常规宽度，可以增大该宽度或减小该宽度
“选项”菜单	在“多行文字编辑器”中右击，打开快捷菜单如图 5-14 所示。其中许多选项与 Word 中相关选项类似，对其中比较特殊的选项简单介绍如下。 图 5-14　右键快捷菜单	

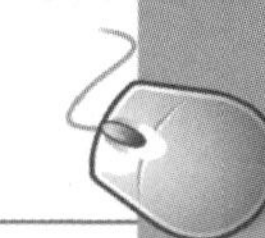

续表

选　项	含　义	
“选项”菜单	符号	在光标位置插入列出的符号或不间断空格，也可手动插入符号
	输入文字	选择此项，系统打开“选择文件”对话框，如图 5-15 所示。选择任意 ASCII 或 RTF 格式的文件。输入的文字保留原始字符格式和样式特性，但可以在多行文字编辑器中编辑和格式化输入的文字。选择要输入的文本文件后，可以替换选定的文字或全部文字，或在文字边界内将插入的文字附加到选定的文字中。输入文字的文件必须小于 32KB。 图 5-15 “选择文件”对话框
	字符集	显示代码页菜单，可以选择一个代码页并将其应用到选定的文本文字中
	删除格式	清除选定文字的粗体、斜体或下划线格式
	背景遮罩	用设定的背景对标注的文字进行遮罩。选择此项，系统打开“背景遮罩”对话框，如图 5-16 所示。 图 5-16 “背景遮罩”对话框

注意：倾斜角度与斜体效果是两个不同的概念，前者可以设置任意倾斜角度，后者是在任意倾斜角度的基础上设置斜体效果，如图 5-17 所示。第一行倾斜角度为 0°，非斜体效果；第二行倾斜角度为 12°，非斜体效果；第三行倾斜角度为 12°，斜体效果。

都市农夫

都市农夫

都市农夫

图 5-17　倾斜角度与斜体效果

多行文字是由任意数目的文字行或段落组成的，布满指定的宽度，还可以沿垂直方向无限延伸。多行文字中，无论行数是多少，单个编辑任务中创建的每个段落集将构成单个对象；用户可对其进行移动、旋转、删除、复制、镜像或缩放操作。

5.1.4 实例——图签模板

绘制如图 5-18 所示的图签模板图形。

注意：如图 5-18 所示，本例绘制建筑图中常用的图签模板。在熟悉上一篇所介绍的基本绘图命令和修改命令的基础上，本例着重介绍“多行文字”命令以及“块”的操作。此外，本例还讲解了文字样式“格式”/“文字样式”。

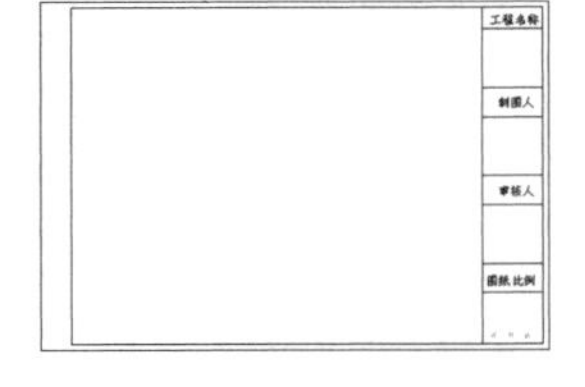

图 5-18　图签模板

绘制步骤

（1）图层设计。单击“默认”选项卡“图层”面板中的“图层特性”按钮，建立如图 5-19 所示的六个图层。

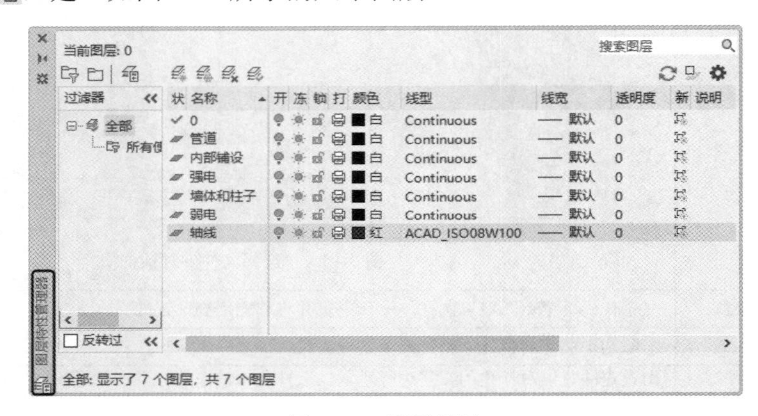

图 5-19　图层设计

①“图签”图层，所有属性默认。

②“文字”图层，所有属性默认。

③“内部铺设”图层，所有属性默认。

④“强电”图层，所有属性默认。

⑤“墙体和柱子”图层，所有属性默认。

⑥“弱电”图层，所有属性默认。

（2）设置线型。选择菜单栏中的“格式”→“线型”命令，❶打开如图 5-20 所示的“线型管理器”对话框。❷单击“显示细节”按钮，显示详细信息，❸将全局比例因子设为 100。

（3）设置文字样式。单击“默认”选项卡“注释”面板中的“文字样式”按钮，❶打开如图 5-21 所示的“文字样式”对话框。❷单击“新建”按钮，❸打开如图 5-22 所示的“新建文字样式”对话框，❹在样式名中输入“文字标注”，❺单击“确定”按钮。❻在“文字样式”对话框中的“字体名”下拉列表中选择“仿宋_GB2312”，❼文字高度为 500，❽单击“应用”按钮，❾然后单击“关闭”按钮，关闭对话框。

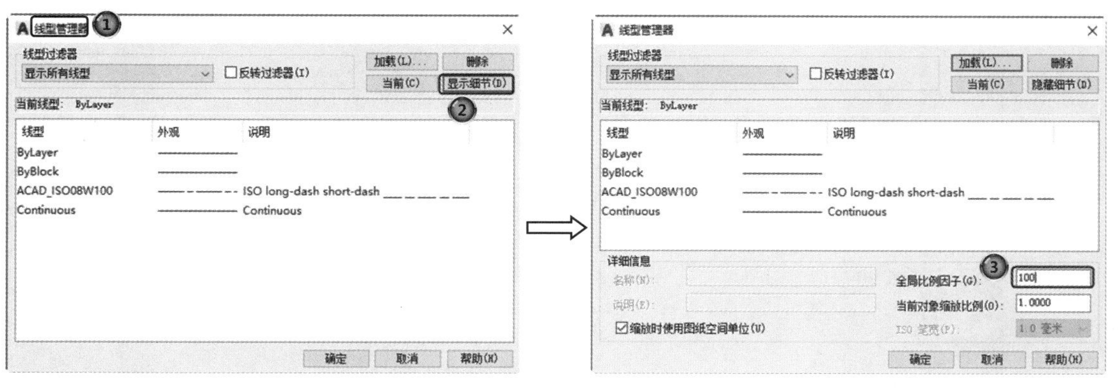

图 5-20 “线型管理器”对话框

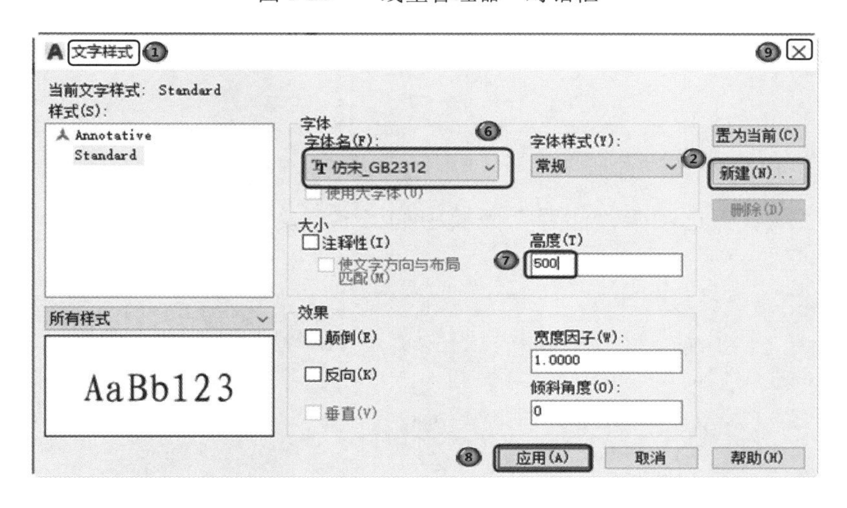

图 5-21 “文字样式”对话框

（4）单击“默认”选项卡“绘图”面板中的“矩形”按钮▭，绘制长度为 42000mm、宽度为 29700mm 的矩形。结果如图 5-23 所示。

（5）单击“默认”选项卡“修改”面板中的“分解”按钮，将矩形分解成为四条直线。

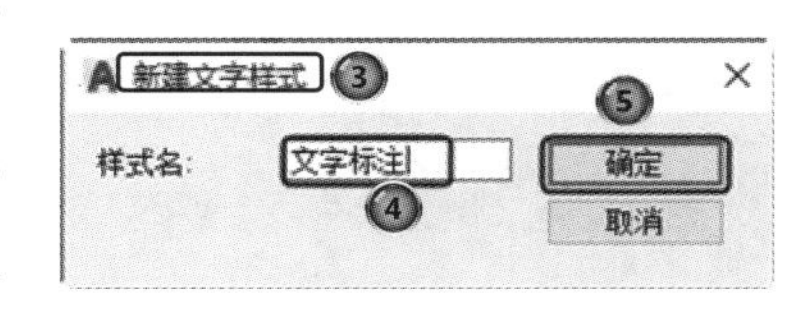

图 5-22 “新建文字样式”对话框

（6）单击“默认”选项卡“修改”面板中的“偏移”按钮，将左边的直线偏移 2500mm，其他三条边偏移 500mm，偏移方向均向内。绘制结果如图 5-24 所示。

（7）单击“默认”选项卡“修改”面板中的“修剪”按钮，修剪结果图 5-25 所示。

（8）单击“默认”选项卡“绘图”面板中的“直线”按钮╱，用直线命令绘制 8 条直线，两端点坐标分别为{(36500,500)，(@0,28700)}、{(36500,4850)，(@5000,0)}、{(36500,7350)，(@5000,0)}、{(36500,12350)，(@5000,0)}、{(36500,14850)，(@5000,0)}、{(36500,19850)，(@5000,0)}、{(36500,22350)，(@5000,0)}、{(36500,27350)，(@5000,0)}。绘制结果如图 5-26 所示。

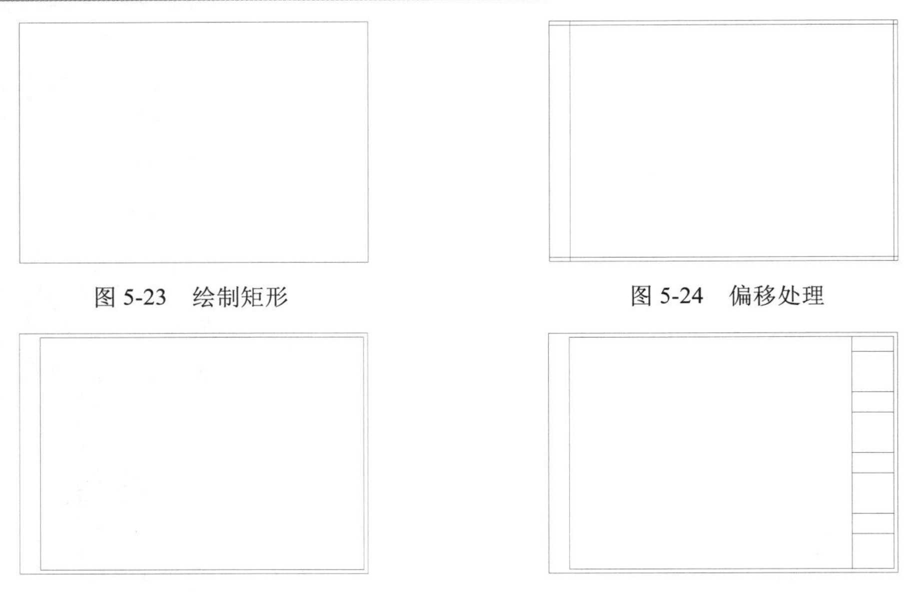

图 5-23　绘制矩形　　图 5-24　偏移处理

图 5-25　偏移处理　　图 5-26　绘制直线

（9）单击“默认”选项卡“注释”面板中的“多行文字”按钮 A，命令行提示与操作如下。

```
命令: _mtext
当前文字样式: "文字标注"  文字高度:  2.5  注释性:  否
指定第一角点: 36500,29200↙
指定对角点或 [高度(H)/对正(J)/行距(L)/旋转(R)/样式(S)/宽度(W)/栏(C)]: h↙
指定高度 <2.5>: 700↙
指定对角点或 [高度(H)/对正(J)/行距(L)/旋转(R)/样式(S)/宽度(W)/栏(C)]: j↙
输入对正方式 [左上(TL)/中上(TC)/右上(TR)/左中(ML)/正中(MC)/右中(MR)/左下(BL)/中下(BC)/右下(BR)] <左上(TL)>: mc↙
指定对角点或 [高度(H)/对正(J)/行距(L)/旋转(R)/样式(S)/宽度(W)/栏(C)]: 41500,27350↙
```

在图 5-27 所示的多行文字编辑器内输入“工程名称”。

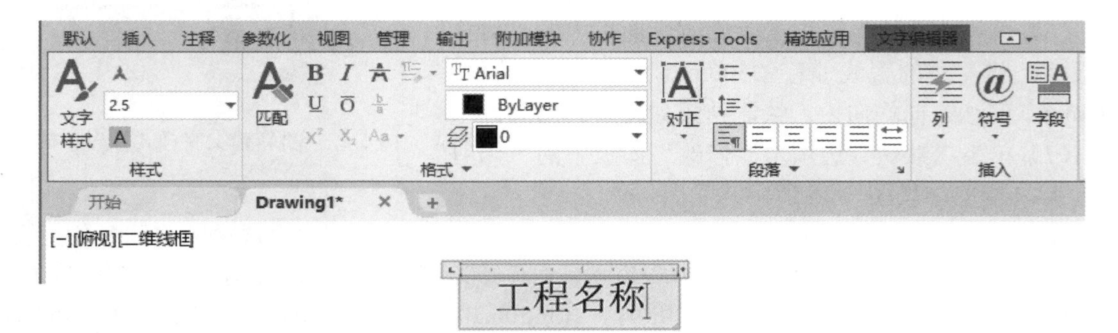

图 5-27　文字输入

重复上述命令，在图签中输入如图 5-28 所示的表头文字。

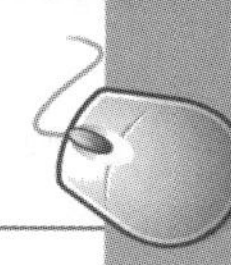

图 5-28 图签模板

（10）在命令行中输入“WBLOCK”命令，❶打开“写块”对话框，如图 5-29 所示。❷单击“拾取点”按钮，拾取上面图形左下角点为基点，❸单击“选择对象”按钮，拾取上面图形为对象，❹输入图块名称“图签模板”，并指定路径，❺确认保存。

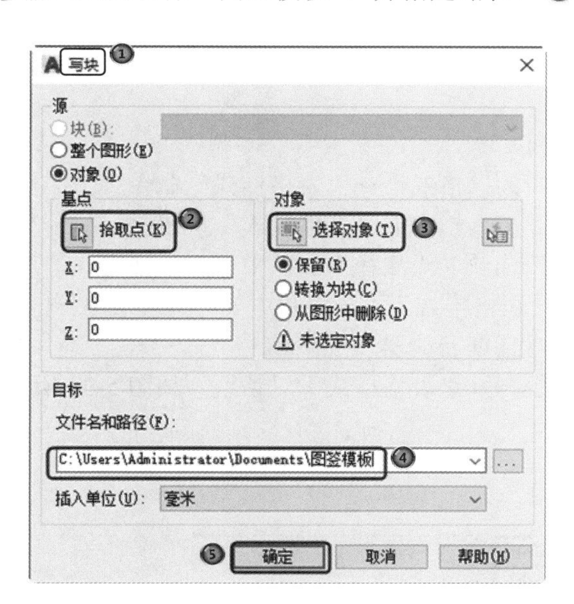

图 5-29 “写块”对话框

动手练一练——绘制内视符号

利用“直线”“圆”和“多边形”等命令绘制如图 5-30 所示的内视符号。

图 5-30 内视符号

思路点拨

源文件：源文件\第 5 章\内视符号.dwg

（1）利用“圆”“多边形”和“直线”命令绘制内视符号的大体轮廓。

（2）利用“图案填充”命令，填充正四边形和圆之间的区域。

（3）设置文字样式。

（4）利用“多行文字”命令输入文字。

5.2 表格

在以前的 AutoCAD 版本中，要绘制表格必须采用绘制图线或结合偏移、复制等编辑命令来完成，这样的操作过程烦琐而复杂，不利于提高绘图效率。有了该功能，创建表格就变得非常容易，用户可以直接插入设置好样式的表格，而不用绘制由单独图线组成的表格。

5.2.1 定义表格样式

和文字样式一样，所有 AutoCAD 图形中的表格都有与其相对应的表格样式。当插入表格对象时，系统使用当前设置的表格样式。表格样式是用来控制表格基本形状和间距的一组设置。模板文件 ACAD.DWT 和 ACADISO.DWT 中定义了名为“Standard”的默认表格样式。

1. 执行方式

命令行：TABLESTYLE。

菜单栏：选择菜单栏中的“格式”→“表格样式”命令。

工具栏：单击“样式”工具栏中的“表格样式”按钮。

功能区：单击“默认”选项卡“注释”面板中的“表格样式”按钮，或单击“注释”选项卡“表格”面板上的“表格样式”下拉菜单中的“管理表格样式”按钮，或单击“注释”选项卡“表格”面板中“对话框启动器”按钮。

执行上述命令后，系统打开“表格样式”对话框，如图 5-31 所示。

2. 选项说明

选项含义如表 5-4 所示。

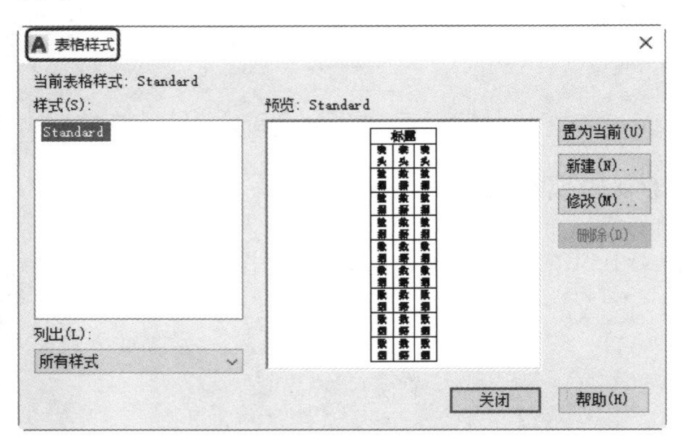

图 5-31 “表格样式”对话框

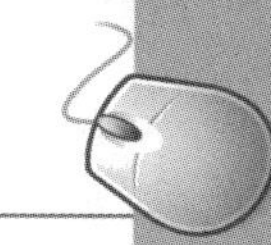

表 5-4 “表格样式”对话框选项含义

<table>
<tr><th>选 项</th><th colspan="2">含 义</th></tr>
<tr><td rowspan="4">“新建”按钮</td><td colspan="2">单击该按钮，系统打开“创建新的表格样式”对话框，如图 5-32 所示。输入新的表格样式名后，单击“继续”按钮，系统打开“新建表格样式”对话框，如图 5-33 所示，从中可以定义新的表格样式。
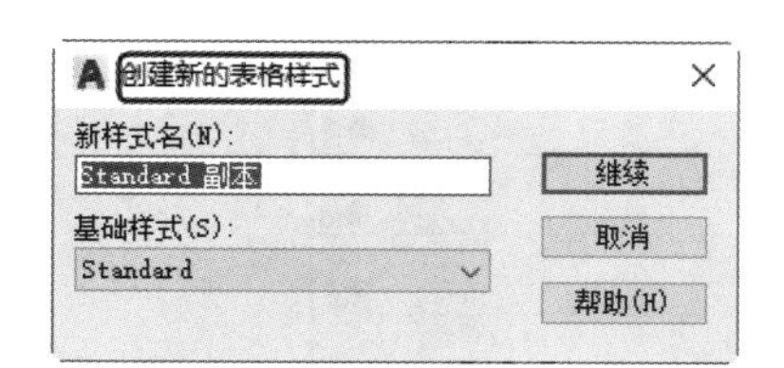

图 5-32 “创建新的表格样式”对话框
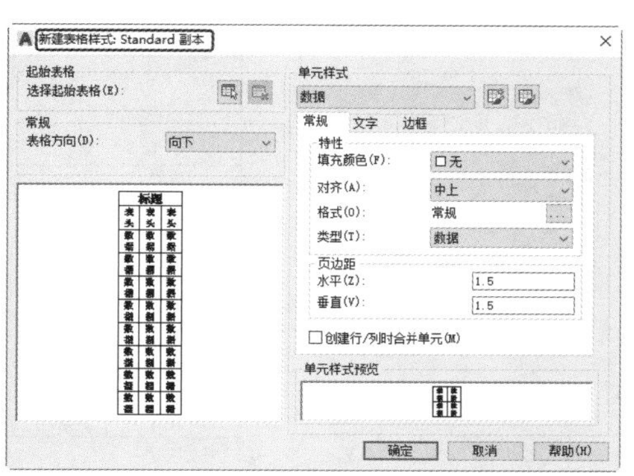

图 5-33 “新建表格样式”对话框
“新建表格样式”对话框的“单元样式”下拉列表框中有 3 个重要的选项：“数据”“表头”和“标题”，分别控制表格中数据、列标题和总标题的有关参数，如图 5-34 所示。在“新建表格样式”对话框中有 3 个重要选项卡，分别介绍如下。
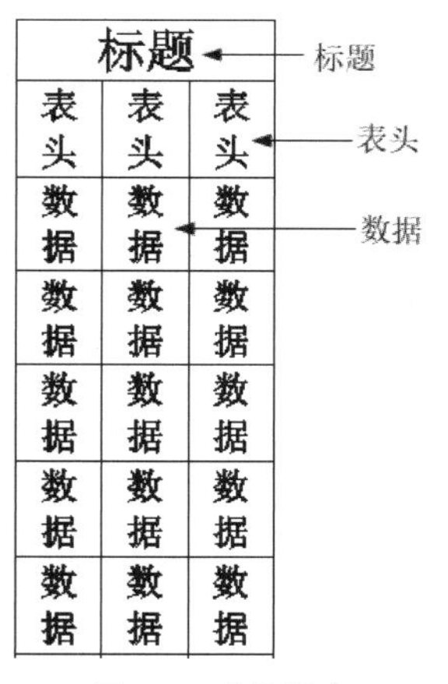

图 5-34 表格样式</td></tr>
<tr><td>“常规”选项卡</td><td>用于控制数据栏格与标题栏格的上下位置关系</td></tr>
<tr><td>“文字”选项卡</td><td>用于设置文字属性，单击此选项卡，在“文字样式”下拉列表框中可以选择已定义的文字样式并应用于数据文字，也可以单击右侧的按钮[...]重新定义文字样式。其中“文字高度”“文字颜色”和“文字角度”各选项设定的相应参数格式可供用户选择</td></tr>
<tr><td>“边框”选项卡</td><td>用于设置表格的边框属性，下面的边框线按钮控制数据边框线的各种形式，如绘制所有数据边框线、只绘制数据边框外部边框线、只绘制数据边框内部边框线、无边框线、只绘制底部边框线等。选项卡中的“线宽”“线型”和“颜色”下拉列表框则控制边框线的线宽、线型和颜色；选项卡中的“间距”文本框用于控制单元边界和内容之间的间距</td></tr>
<tr><td>“修改”按钮</td><td colspan="2">用于对当前表格样式进行修改，方式与新建表格样式相同</td></tr>
</table>

如图 5-35 所示，数据文字样式为“Standard”，文字高度为 4.5，文字颜色为“红色”，对齐方式为“右下”；标题文字样式为“Standard”，文字高度为 6，文字颜色为“蓝色”，

对齐方式为“正中”，表格方向为“上”，水平单元边距和垂直单元边距都为“1.5”的表格样式。

数据	数据	数据
数据	数据	数据
数据	数据	数据
数据	数据	数据
数据	数据	数据
数据	数据	数据
数据	数据	数据
数据	数据	数据
数据	数据	数据
标题		

图 5-35　表格示例

5.2.2 创建表格

在设置好表格样式后，用户可以利用 TABLE 命令创建表格。

1. 执行方式

命令行：TABLE。

菜单栏：选择菜单栏中的“绘图”→“表格”命令。

工具栏：单击“绘图”工具栏中的“表格”按钮▦。

功能区：单击“默认”选项卡“注释”面板中的“表格”按钮▦或单击“注释”选项卡“表格”面板中的“表格”按钮▦。

执行上述命令后，系统打开“插入表格”对话框，如图 5-36 所示。

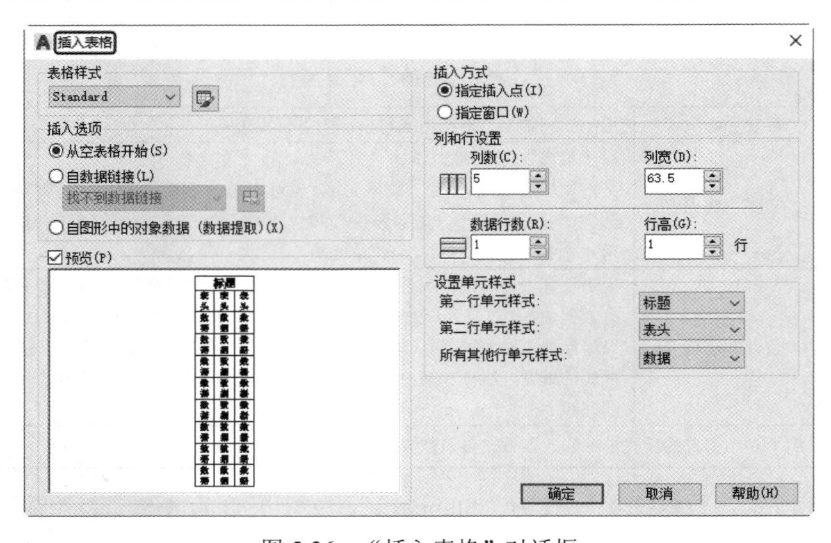

图 5-36　“插入表格”对话框

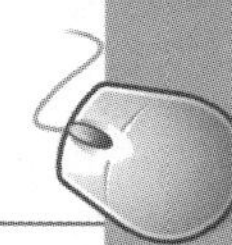

2. 选项说明

选项含义如表 5-5 所示。

表 5-5 “插入表格”对话框选项含义

选 项	含 义	
“表格样式”选项组	可以在“表格样式”下拉列表框中选择一种表格样式，也可以通过单击后面的“...”按钮来新建或修改表格样式	
“插入选项”选项组	“从空表格开始”单选钮	创建可以手动填充数据的空表格
	“自数据链接”单选钮	通过启动数据链接管理器来创建表格
“插入方式”选项组	“自图形中的对象数据（数据提取）”单选钮	通过启动“数据提取”向导来创建表格
	“指定插入点”单选钮	指定表格的左上角位置。可以使用定点设备，也可以在命令行中输入坐标值。如果表格样式将表格的方向设置为由下而上读取，则插入点位于表格的左下角
	“指定窗口”单选钮	指定表的大小和位置。可以使用定点设备，也可以在命令行中输入坐标值。选定此选项时，行数、列数、列宽和行高取决于窗口的大小以及列和行设置
“列和行设置”选项组	指定列和数据行的数目以及列宽与行高	
“设置单元样式”选项组	指定“第一行单元样式”“第二行单元样式”和“所有其他行单元样式”分别为标题、表头或者数据样式	

在“插入表格”对话框中进行相应设置后，单击“确定”按钮，系统在指定的插入点或窗口自动插入一个空表格，并显示“文字编辑器”选项卡，用户可以逐行逐列输入相应的文字或数据，如图 5-37 所示。

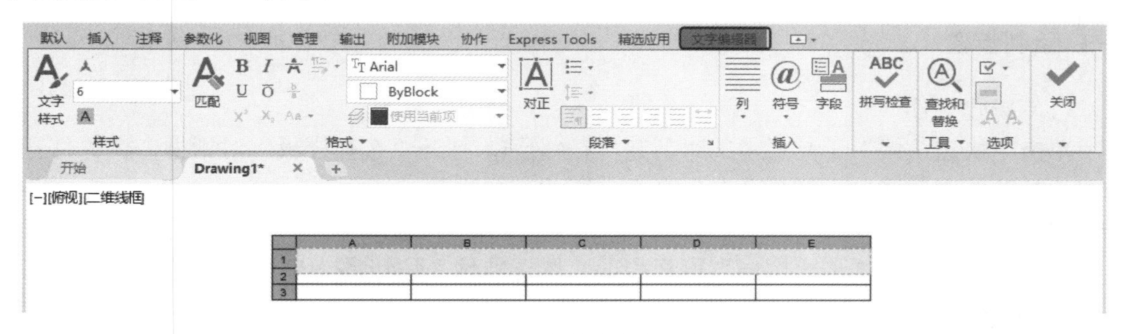

图 5-37 “文字编辑器”选项卡

注意：

在“插入方式”选项组中点选“指定窗口”单选钮后，列与行设置的两个参数中只能指定一个，另外一个由指定窗口的大小自动等分来确定。

在插入后的表格中选择某一个单元格，单击后出现钳夹点，通过移动钳夹点可以改变单元格的大小，如图 5-38 所示。

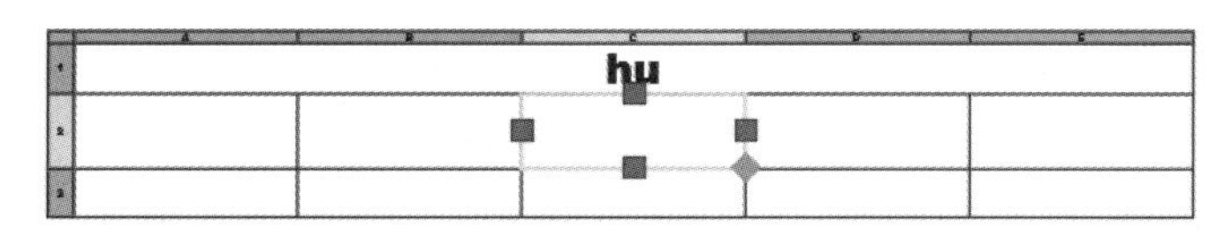

图 5-38 改变单元格大小

5.2.3 实例——建筑制图 A3 样板图

绘制如图 5-39 所示的建筑制图 A3 样板图。图形样板指扩展名为“dwt”的文件，也叫样板文件。它一般包含单位、图形界限、图层、文字样式、标注样式、线型等标准设置。当新建图形文件时，将样板文件载入，同时也就加载了相应的设置。

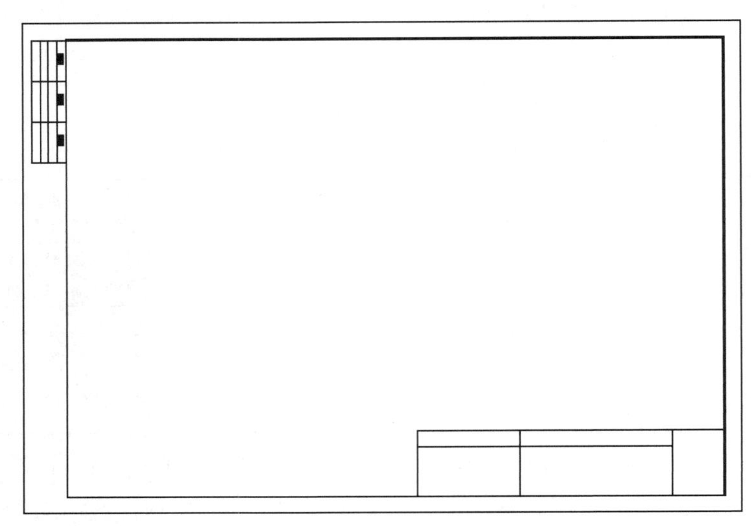

图 5-39　A3 样板图

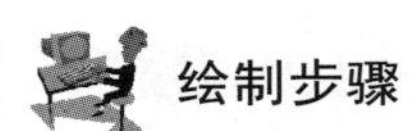

绘制步骤

（1）新建文件

单击“快速访问”工具栏中的“新建”按钮，打开“选择样板”对话框，在“打开”按钮下拉菜单中选择“无样板公制”命令，新建空白文件。

（2）设置图层

单击“默认”选项卡“图层”面板中的“图层特性”按钮，新建如下两个图层。

①图框层：颜色为白色，其余参数默认。

②标题栏层：颜色为白色，其余参数默认。

（3）绘制图框

将“图框层”图层设定为当前图层。单击“默认”选项卡“绘图”面板中的“矩形”按钮，绘制角点坐标为（25,10）和（410,287）的矩形，绘制结果如图 5-40 所示。

注意：A3 图纸标准的幅面大小是 420×297，这里留出了带装订边的图框到纸面边界的距离。

将“标题栏层”图层设定为当前图层。

①标题栏示意图如图 5-41 所示，由于分隔线并不整齐，所以可以先绘制一个 9×4（每个单元格的尺寸是 0×10）的标准表格，然后在此基础上编辑或合并单元格以形成如图 5-35 所示的形式。

图 5-40　绘制的矩形

②单击“默认”选项卡“注释”面板中的“表格样式”按钮，❶系统打开“表格样式”对话框，如图 5-42 所示。

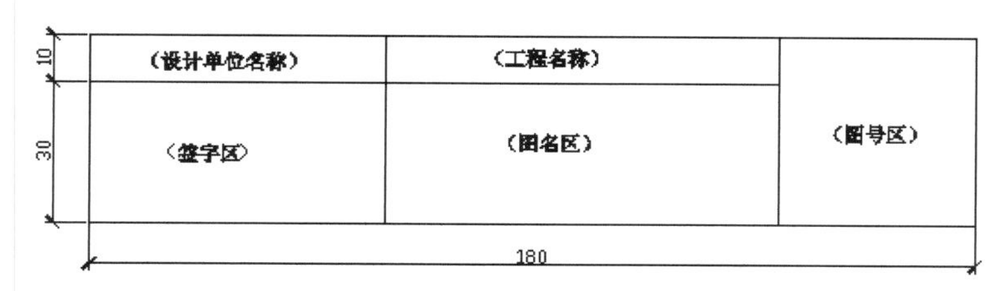

图 5-41　标题栏示意图

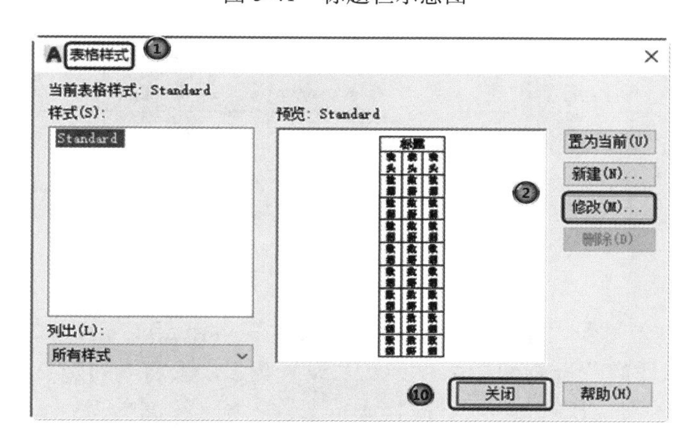

图 5-42　“表格样式”对话框

③❷单击“表格样式”对话框中的“修改”按钮，❸系统打开“修改表格样式”对话框，❹在“单元样式”下拉列表中选择“数据”选项，❺单击下面的“文字”选项卡，❻将“文字高度”设置为 6，如图 5-43 所示。❼再打开“常规”选项卡，❽将“页边距”选项组中的“水平”和“垂直”都设置成 1，如图 5-44 所示。

④ ❾单击“确定”按钮，系统回到“表格样式”对话框，❿单击“关闭”按钮退出。

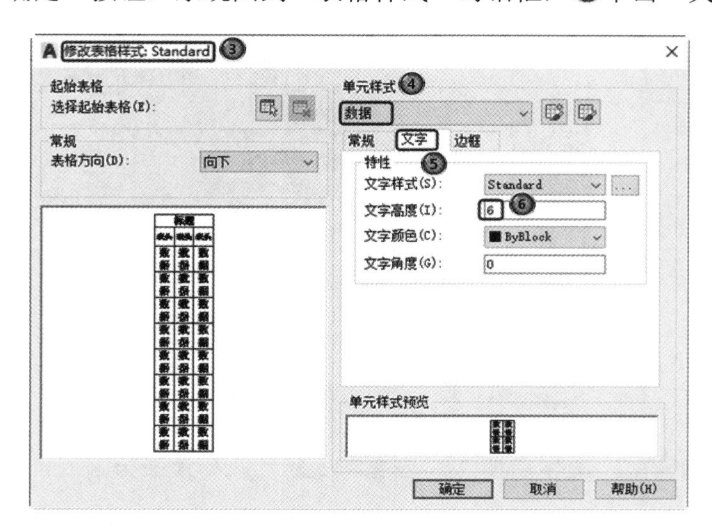

图 5-43　“修改表格样式”对话框

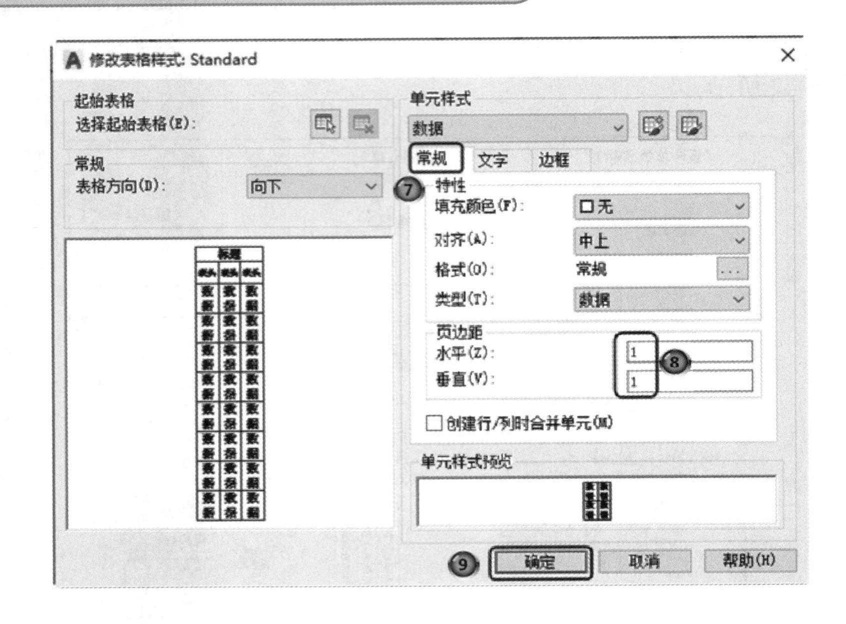

图 5-44　设置“常规”选项卡

⑤单击“默认”选项卡“注释”面板中的“表格”按钮，❶系统打开“插入表格”对话框，❷在“列和行设置”选项组中将“列数”设置为 9，❸将“列宽”设置为 20，❹将“数据行数”设置为 2（加上标题行和表头行共 4 行），❺将“行高”设置为 1 行（即为 10）；❻在“设置单元样式”选项组中，将“第一行单元样式”“第二行单元样式”和“所有其他行单元样式”都设置为“数据”，❼单击“确定”按钮，如图 5-45 所示。

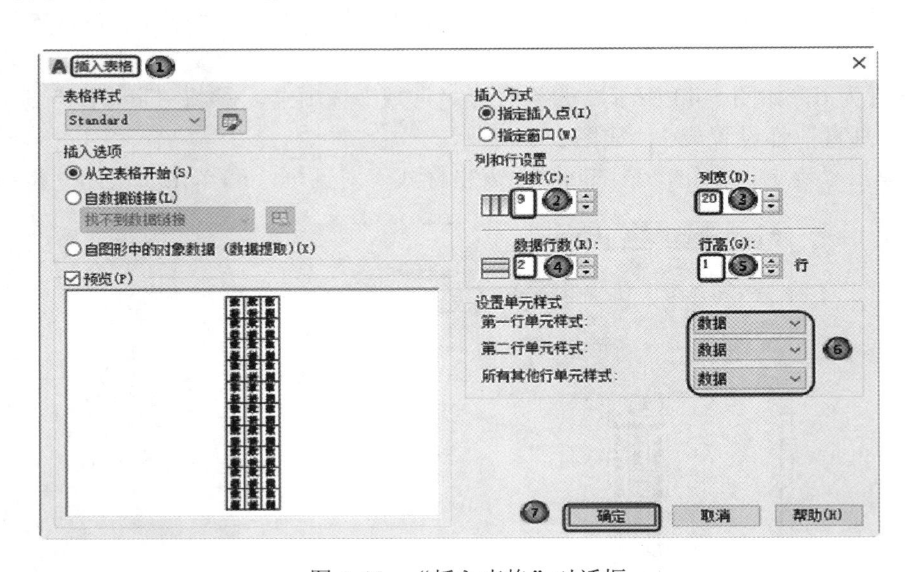

图 5-45　“插入表格”对话框

注意：表格的行高=文字高度+2×垂直页边距，此处设置为 8+2×1=10。

⑥在图框线右下角附近指定表格位置，系统生成表格，不输入文字，如图 5-46 所示。

⑦移动标题栏。无法准确确定刚生成的标题栏与图框的相对位置，因此需要移动标题栏。单击“默认”选项卡“修改”面板中的“移动”按钮，将刚绘制的表格准确放置在图框的右下角，如图 5-47 所示。

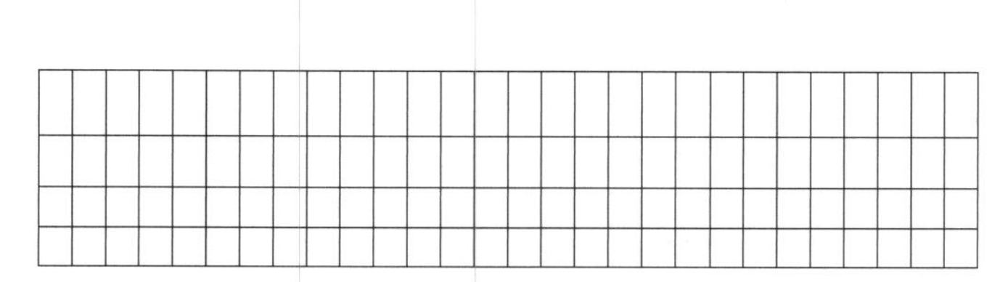

图 5-46　生成表格

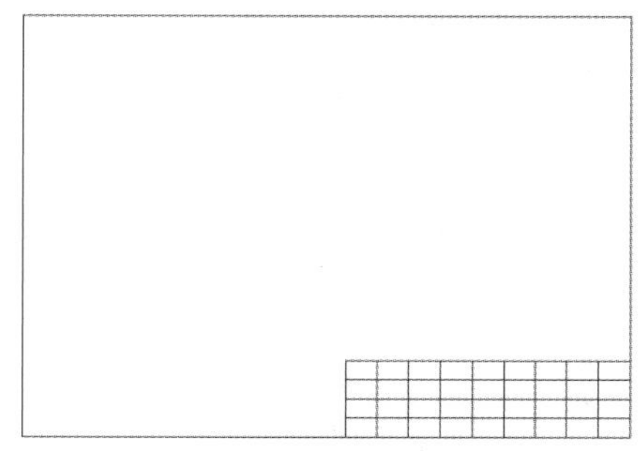

图 5-47　移动表格

⑧选择 A 单元格，按住 Shift 键，同时选择 B 和 C 单元格，在“表格单元”选项卡中单击“合并单元格”按钮，在打开胡下拉菜单中选择“合并全部”命令，如图 5-48 所示.重复上述方法，对其他单元格进行合并，结果如图 5-49 所示。

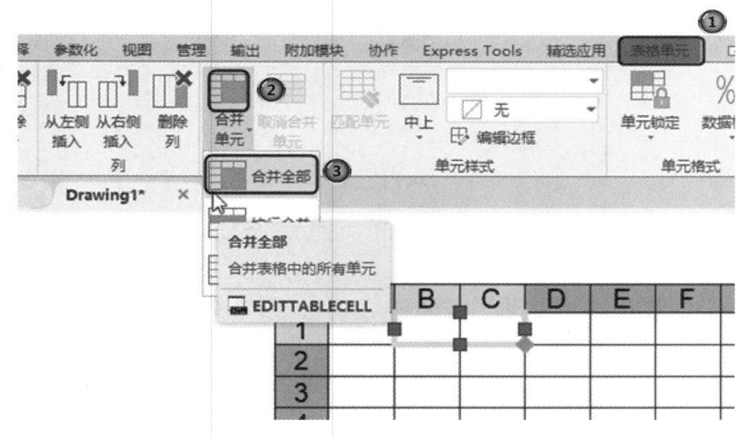

图 5-48　合并单元格

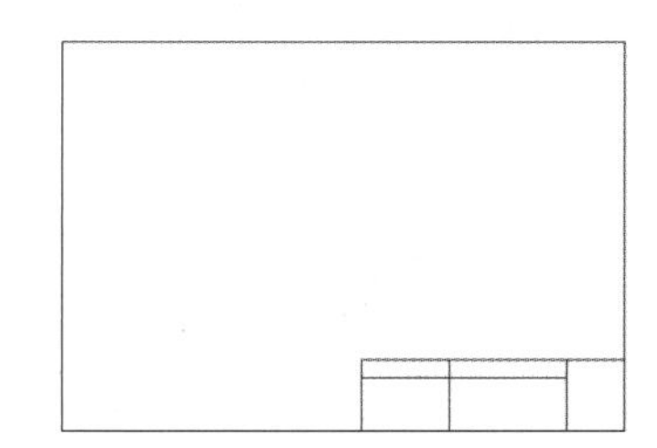

图 5-49　完成标题栏单元格编辑

（5）绘制会签栏。会签栏具体大小和样式如图 5-50 所示。用户可以采取和标题栏相同的绘制方法来绘制会签栏。

①在“修改表格样式”对话框中的“文字”选项卡中，将“文字高度”设置为 4，再把“常规”选项卡中“页边距”选项组中“水平”和“垂直”都设置为 0.5。

（专业）	（姓名）	（日期）

25　25　25（列宽）；5　5　5　5（行高）

图 5-50　会签栏示意图

②单击“默认”选项卡“注释”面板中的“表格”按钮，❶系统打开“插入表格”对

话框，❷在“列和行设置”选项组中将“列数”设置为 3，❸将“列宽”设置为 25，❹将“数据行数”设置为 2，❺将“行高”设置为 1 行；❻在“设置单元样式”选项组中，将“第一行单元样式”“第二行单元样式”和“所有其他行单元样式”都设置为“数据”，❼单击“确定”按钮，如图 5-51 所示。

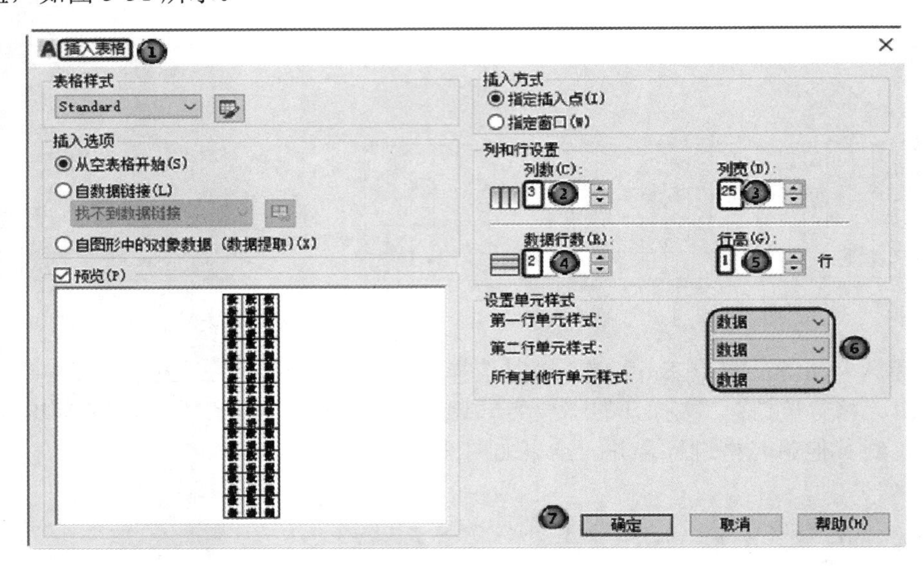

图 5-51　设置表格行和列

③在表格中输入文字，结果如图 5-52 所示。

（6）旋转和移动会签栏。

①单击“默认”选项卡“修改”面板中的“旋转”按钮，旋转会签栏，结果如图 5-53 所示。

②单击“默认”选项卡“修改”面板中的“移动”按钮，将会签栏移动到图框的左上角，结果如图 5-54 所示。

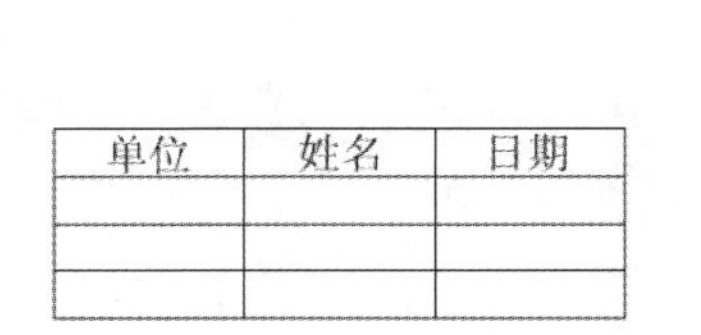

图 5-52　会签栏的绘制

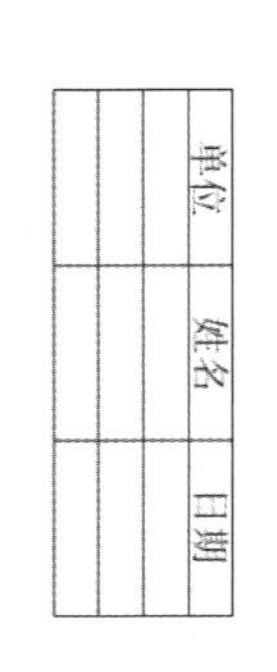

图 5-53　旋转会签栏

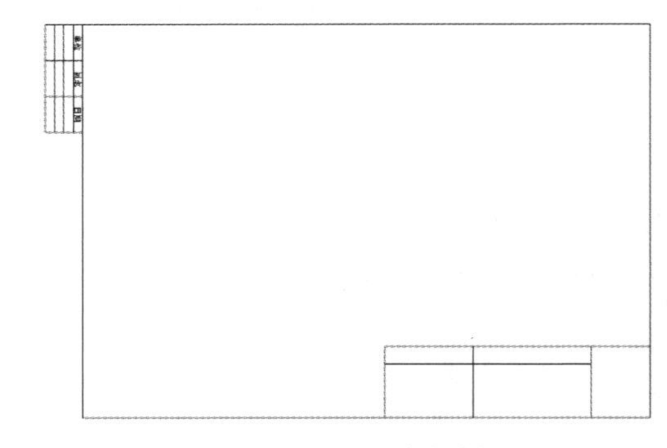

图 5-54　移动会签栏

（7）单击“默认”选项卡“绘图”面板中的“矩形”按钮，绘制外框。在最外侧绘制一个 420×297 的外框，最终完成样板图的绘制，如图 5-39 所示。

（8）选择菜单栏中的“文件”→“另存为”命令，系统打开“图形另存为”对话框，保存样板图,将图形保存为 DWT 格式的文件即可，如图 5-55 所示。

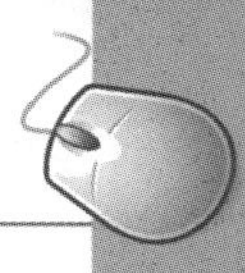

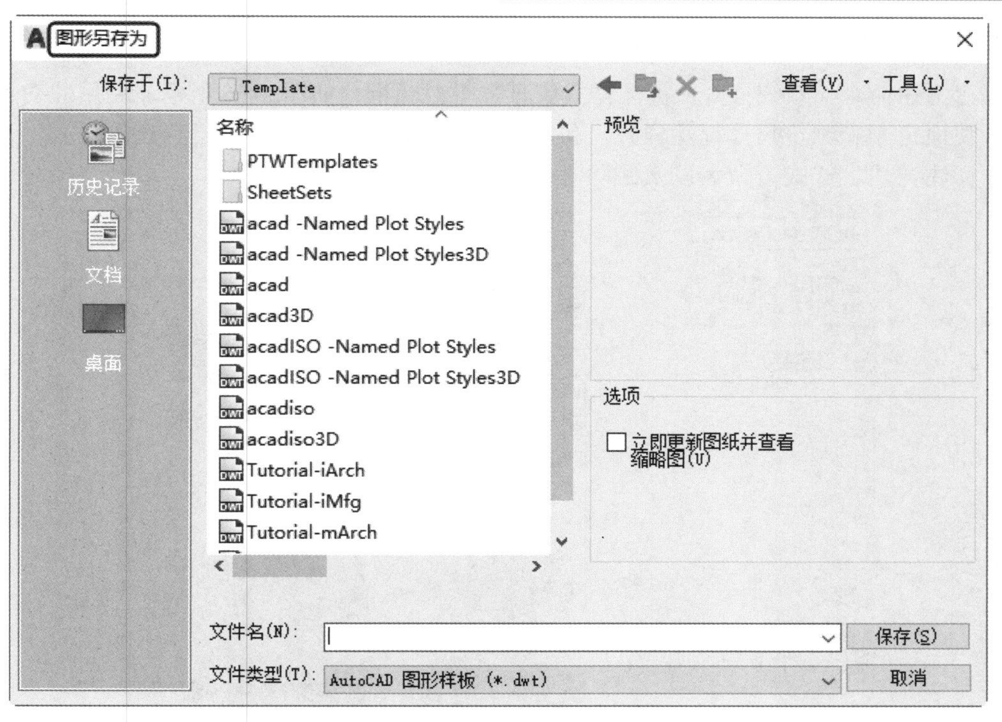

图 5-55 “图形另存为”对话框

5.3 尺寸标注

5.3.1 尺寸样式

组成尺寸标注的尺寸线、尺寸界线、尺寸文本和尺寸箭头可以采用多种形式，尺寸标注以什么形态出现，取决于当前所采用的尺寸标注样式。标注样式决定尺寸标注的形式，包括尺寸线、尺寸界线、尺寸箭头和中心标记的形式、尺寸文本的位置、特性等。在 AutoCAD 2022 中用户可以利用“标注样式管理器”对话框方便地设置自己需要的尺寸标注样式。

在进行尺寸标注前，先要创建尺寸标注的样式。如果用户不创建尺寸样式而直接进行标注，系统使用默认名称为 Standard 的样式。如果用户认为使用的标注样式某些设置不合适，也可以修改标注样式。

1. 执行方式

命令行：DIMSTYLE（快捷命令：D）。

菜单栏：选择菜单栏中的“格式”→“标注样式”命令或“标注”→“标注样式”命令。

工具栏：单击“标注”工具栏中的“标注样式”按钮。

功能区：单击“默认”选项卡“注释”面板中的“标注样式”按钮，或单击“注释”选项卡“标注”面板上的“标注样式”下拉菜单中的“管理标注样式”按钮，或单击“注释”选项卡“标注”面板中“对话框启动器”按钮。

2．操作步骤

执行上述命令，系统打开“标注样式管理器”对话框，如图 5-56 所示。利用此对话框可方便直观地定制和浏览尺寸标注样式，包括建立新的标注样式、修改已存在的样式、设置当前尺寸标注样式、样式重命名以及删除一个已有样式等。

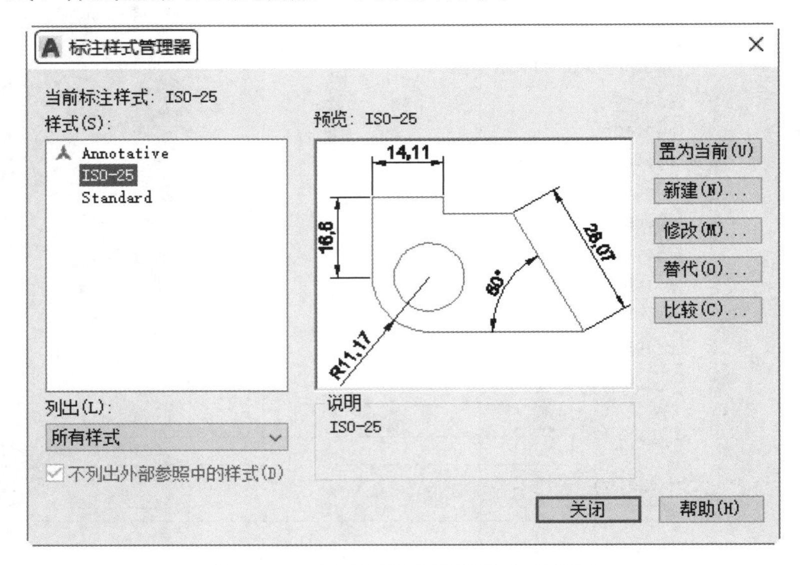

图 5-56 “标注样式管理器”对话框

3．选项说明

（1）“置为当前”按钮。点取此按钮，把在“样式”列表框中选中的样式设置为当前样式。

（2）“新建”按钮。定义一个新的尺寸标注样式。单击此按钮，①A utoCAD 打开“创建新标注样式”对话框，如图 5-57 所示；利用此对话框可创建一个新的尺寸标注样式，②单击“继续”按钮，系统打开“新建标注样式”对话框，如图 5-58 所示；利用此对话框可对新样式的各项特性进行设置。该对话框中各部分的含义和功能将在后面介绍。

（3）“修改”按钮。修改一个已存在的尺寸标注样式。单击此按钮，AutoCAD 打开“修改标注样式”对话框，该对话框中的各选项与“新建标注样式”对话框中完全相同，可以对已有标注样式进行修改。

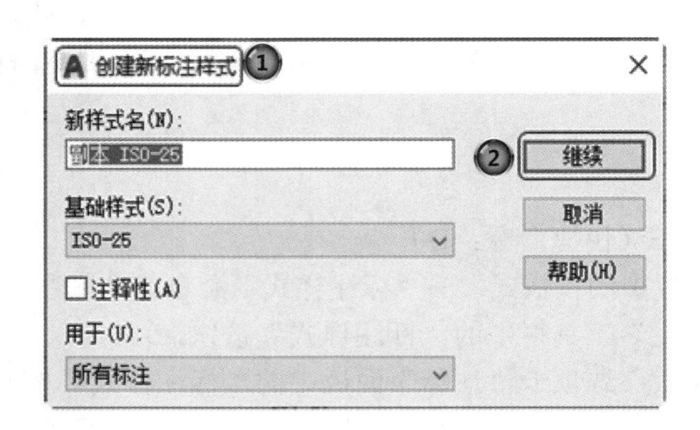

图 5-57 “创建新标注样式”对话框

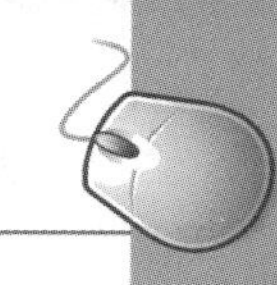

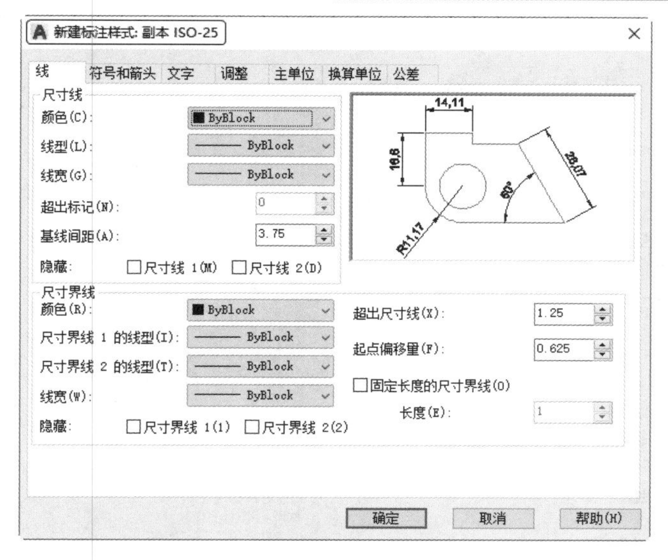

图 5-58 “新建标注样式”对话框

（4）“替代”按钮。设置临时覆盖尺寸标注样式。单击此按钮，AutoCAD 打开“替代当前样式”对话框，该对话框中各选项与“新建标注样式”对话框完全相同，用户可改变选项的设置覆盖原来的设置，但这种修改只对指定的尺寸标注起作用，而不影响当前尺寸变量的设置。

（5）“比较”按钮。比较两个尺寸标注样式在参数上的区别或浏览一个尺寸标注样式的参数设置。单击此按钮，AutoCAD 打开“比较标注样式”对话框，如图 5-59 所示。可以把比较结果复制到剪切板上，然后再粘贴到其他的 Windows 应用软件上。

在图 5-58 所示的“新建标注样式”对话框中有 7 个选项卡，分别说明如下。

（1）线。该选项卡对尺寸线、尺寸界线的形式和特性各个参数进行设置。包括尺寸线的颜色、线宽、超出标记、基线间距、隐藏等参数，尺寸界线的颜色、线宽、超出尺寸线、起点偏移量、隐藏等参数。

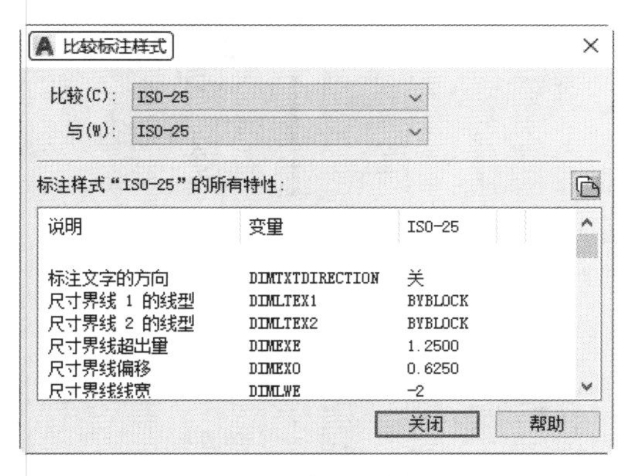

图 5-59 “比较标注样式”对话框

（2）符号和箭头。该选项卡主要对箭头、圆心标记、弧长符号和半径折弯标注的形式和特性进行设置，如图 5-60 所示。包括箭头的大小、引线、形状等参数以及圆心标记的类型和大小等参数。

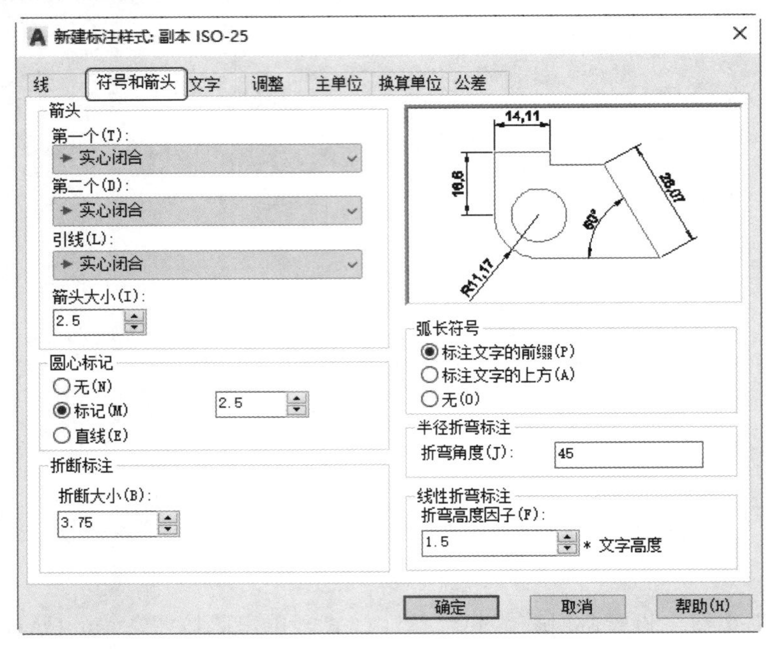

图 5-60 “符号和箭头”选项卡

（3）文字。该选项卡对文字的外观、位置、对齐方式等各个参数进行设置，如图 5-61 所示。包括文字外观的文字样式、颜色、填充颜色、文字高度、分数高度比例和是否绘制文字边框等参数，文字位置的垂直、水平和从尺寸线偏移量等参数。对齐方式有水平、与尺寸线对齐、ISO 标准 3 种方式。图 5-62 所示为尺寸文本在垂直方向放置的 4 种不同情形，图 5-63 所示为尺寸文本在水平方向放置的 5 种不同情形。

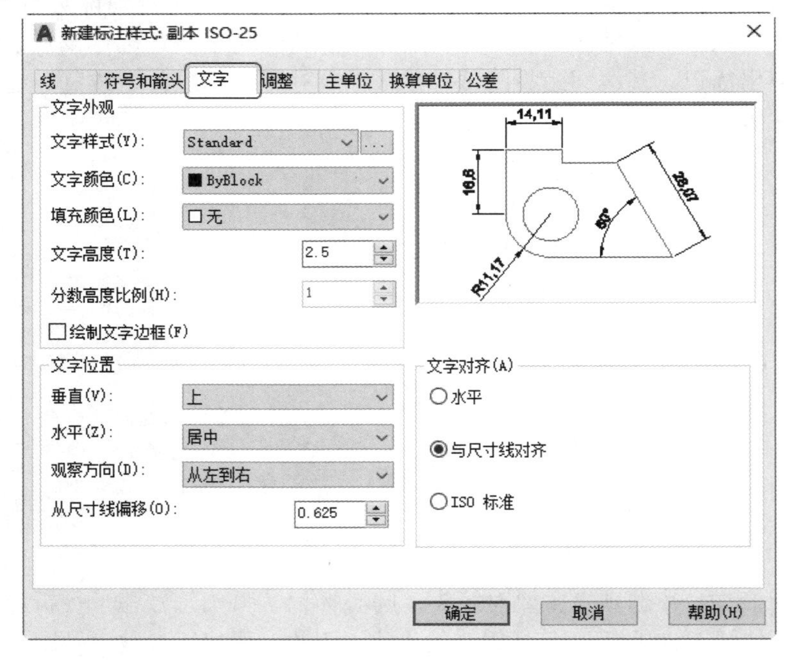

图 5-61 “文字”选项卡

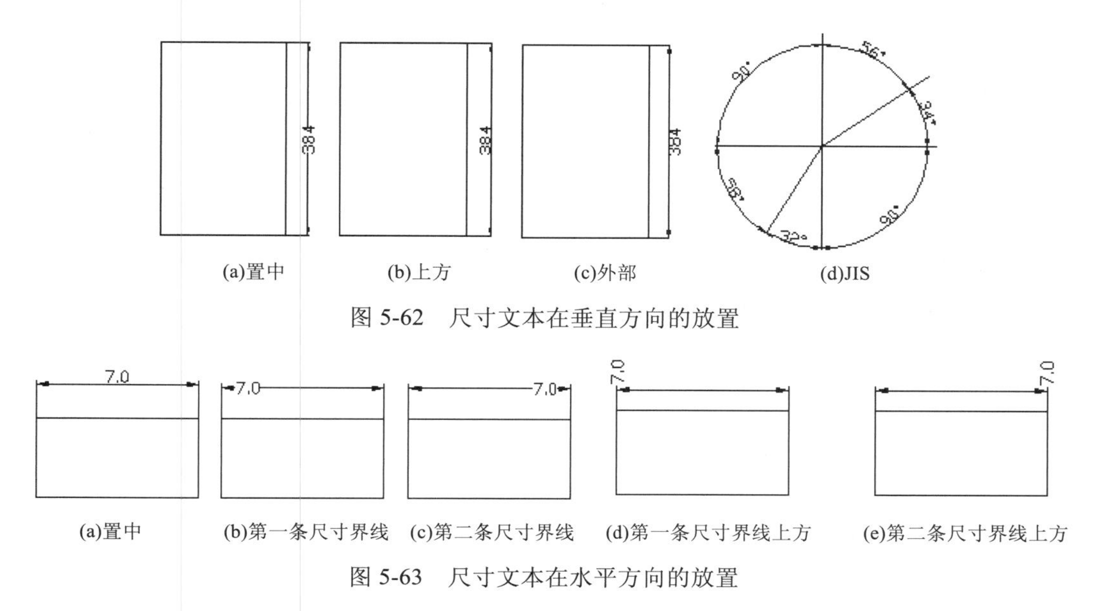

(a)置中　(b)上方　(c)外部　(d)JIS

图 5-62　尺寸文本在垂直方向的放置

(a)置中　(b)第一条尺寸界线　(c)第二条尺寸界线　(d)第一条尺寸界线上方　(e)第二条尺寸界线上方

图 5-63　尺寸文本在水平方向的放置

（4）调整。该选项卡对调整选项、文字位置、标注特征比例、调整等各个参数进行设置，如图 5-64 所示。包括调整选项选择、文字不在默认位置时的放置位置、标注特征比例选择，以及调整尺寸要素位置等参数。图 5-65 所示为文字不在默认位置时的放置位置的 3 种不同情形。

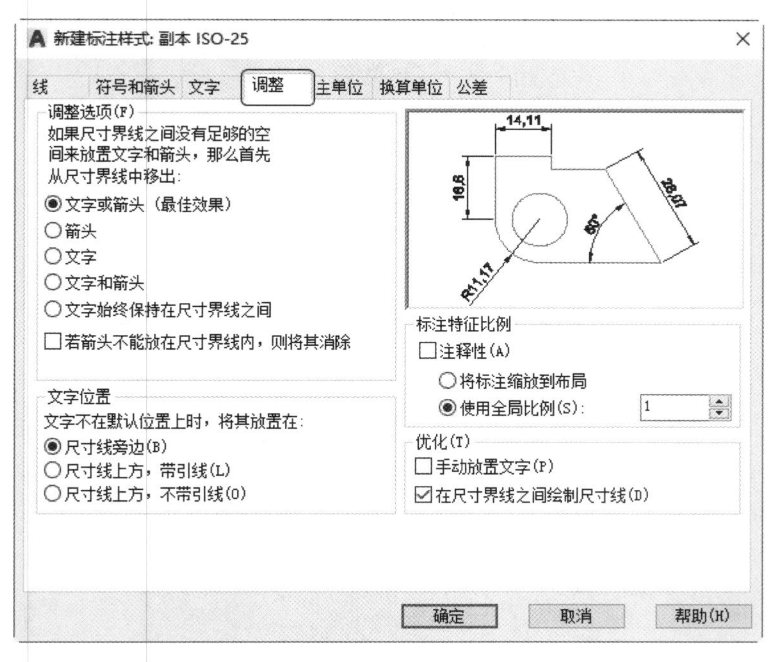

图 5-64　“调整”选项卡

（5）主单位。该选项卡用于设置尺寸标注的主单位和精度，以及给尺寸文本添加固定的前缀或后缀。本选项卡含有两个选项组，分别对长度型标注和角度型标注进行设置，如图 5-66 所示。

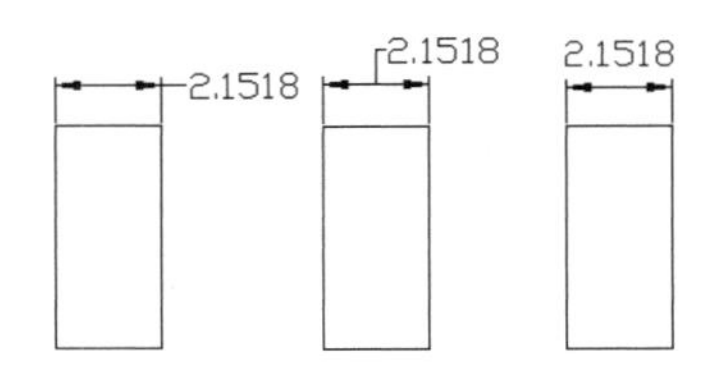

图 5-65　尺寸文本的位置

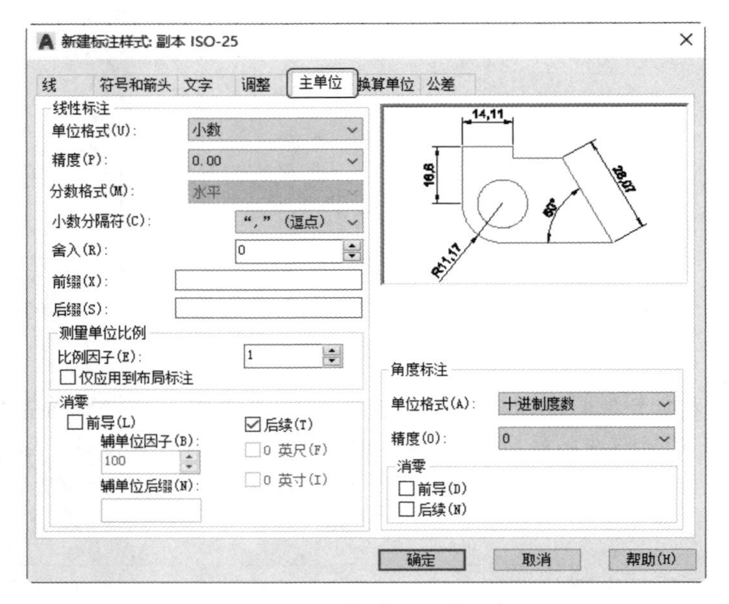

图 5-66　“主单位”选项卡

（6）换算单位。该选项卡用于对替换单位进行设置，如图 5-67 所示。

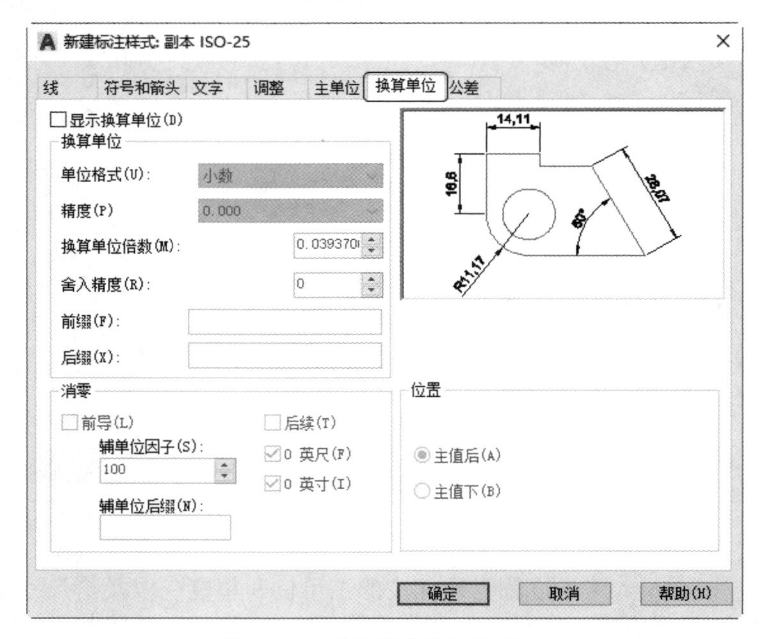

图 5-67　“换算单位”选项卡

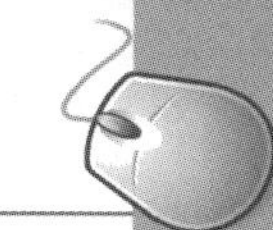

（7）公差。该选项卡用于对尺寸公差进行设置，如图 5-68 所示。其中“方式”下拉列表框列出了 AutoCAD 提供的 5 种标注公差的形式，用户可从中选择。这 5 种形式分别是“无”“对称”“极限偏差”“极限尺寸”和“基本尺寸”，其中“无”表示不标注公差。其余 4 种标注情况如图 5-69 所示。在“精度”“上偏差”“下偏差”“高度比例”“垂直位置”等文本框中输入或选择相应的参数值。

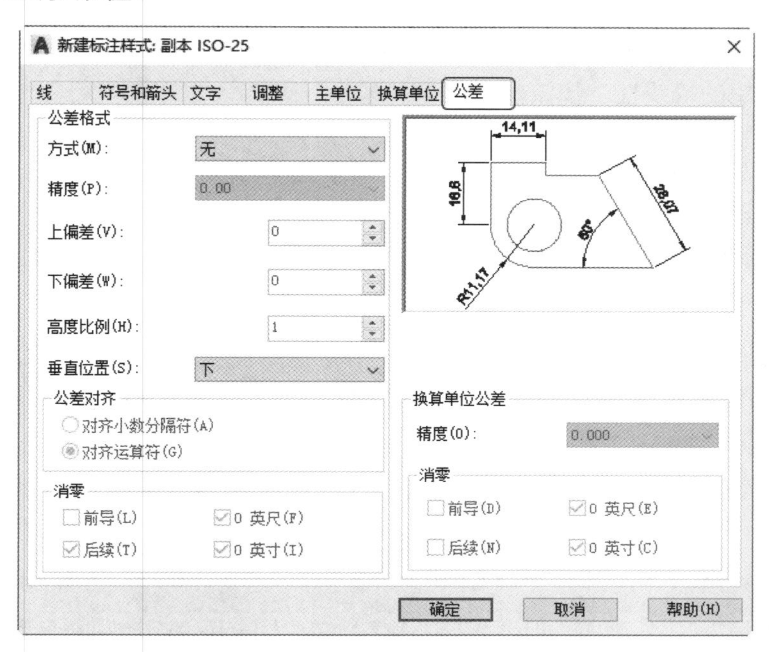

图 5-68　“公差”选项卡

注意：系统自动在上偏差数值前加一个“+”号，在下偏差数值前加一个“–”号。如果上偏差是负值或下偏差是正值，都需要在输入的偏差值前加负号。如下偏差是+0.005，则需要在“下偏差”微调框中输入–0.005。

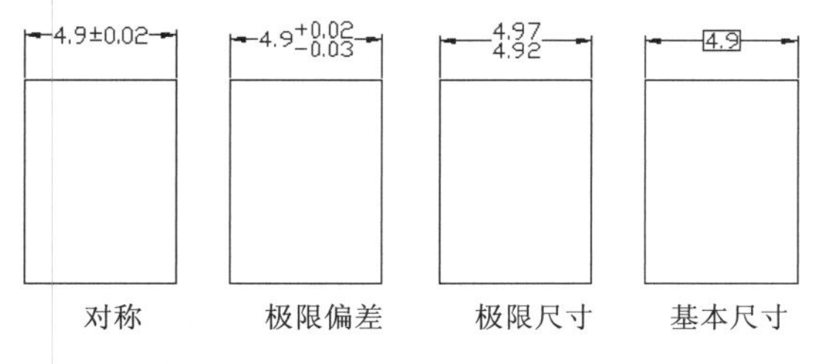

图 5-69　公差标注的形式

5.3.2 标注尺寸

正确地进行尺寸标注是绘图设计工作中非常重要的一个环节，AutoCAD 2022 提供了方便快捷的尺寸标注方法，可通过执行命令实现，也可利用菜单或工具按钮实现。本节重点介绍如何对各种类型的尺寸进行标注。

1. 线性标注

（1）执行方式

命令行：DIMLINEAR（缩写名：DIMLIN，快捷命令：DLI）。

菜单栏：选择菜单栏中的“标注”→“线性”命令。

工具栏：单击“标注”工具栏中的“线性”按钮⊢⊣。

功能区：单击“默认”选项卡“注释”面板中的“线性”按钮⊢⊣，或单击“注释”选项卡“标注”面板中的“线性”按钮⊢⊣。

（2）操作步骤

命令行提示与操作如下。

```
命令：DIMLIN↙
指定第一个尺寸界线原点或 <选择对象>:
```

直接按“回车”键，光标变为拾取框，并在命令行提示如下。

```
选择标注对象：用拾取框选择要标注尺寸的线段
指定尺寸线位置或[多行文字(M)/文字(T)/角度(A)/水平(H)/垂直(V)/旋转(R)]:
```

（3）选项说明

选项含义如表 5-6 所示。

表 5-6 “线性”命令选项含义

选　项	含　义
指定尺寸线位置	用于确定尺寸线的位置。用户可移动鼠标选择合适的尺寸线位置，然后按<Enter>键或单击，AutoCAD 则自动测量要标注线段的长度并标注出相应的尺寸
多行文字（M）	用多行文本编辑器确定尺寸文本
文字（T）	用于在命令行提示下输入或编辑尺寸文本。选择此选项后，命令行提示如下。 输入标注文字 <默认值>: 其中的默认值是 AutoCAD 自动测量得到的被标注线段的长度，直接按<Enter>键即可采用此长度值，也可输入其他数值代替默认值。当尺寸文本中包含默认值时，可使用尖括号“<>”表示默认值
角度（A）	用于确定尺寸文本的倾斜角度
水平（H）	水平标注尺寸，不论标注什么方向的线段，尺寸线总保持水平放置
垂直（V）	垂直标注尺寸，不论标注什么方向的线段，尺寸线总保持垂直放置
旋转（R）	输入尺寸线旋转的角度值，旋转标注尺寸

注意： 线性标注有水平、垂直或对齐放置。使用对齐标注时，尺寸线将平行于两尺寸界线原点之间的直线（想像或实际）。基线（或平行）和连续（或链）标注是一系列基于线性标注的连续标注，连续标注是首尾相连的多个标注。在创建基线或连续标注之前，必须创建线性、对齐或角度标注。可从当前任务最近创建的标注中以增量方式创建基线标注。

2. 基线标注

基线标注用于产生一系列基于同一尺寸界线的尺寸标注，适用于长度尺寸、角度和坐标标注。在使用基线标注方式之前，应该先标注出一个相关的尺寸作为基线标准。

（1）执行方式

命令行：DIMBASELINE（快捷命令：DBA）。

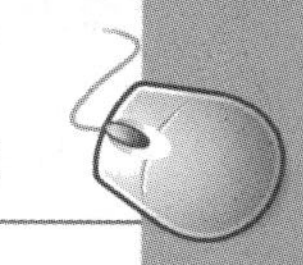

菜单栏：选择菜单栏中的“标注”→“基线”命令。

工具栏：单击“标注”工具栏中的“基线”按钮。

功能区：单击“注释”选项卡“标注”面板中的“基线”按钮。

（2）操作步骤

命令行提示与操作如下。

```
命令：DIMBASELINE↙
指定第二条尺寸界线原点或 [选择(S)/放弃(U)] <选择>:
```

（3）选项说明

选项含义如表 5-7 所示。

表 5-7 “基线”命令选项含义

选　项	含　义
指定第二条尺寸界线原点	直接确定另一个尺寸的第二条尺寸界线的起点，AutoCAD 以上次标注的尺寸为基准标注，标注出相应尺寸
选择（S）	在上述提示下直接按<Enter>键，命令行提示如下。 选择基准标注：选择作为基准的尺寸标注

3. 连续标注

连续标注又叫尺寸链标注，用于产生一系列连续的尺寸标注，后一个尺寸标注均把前一个标注的第二条尺寸界线作为它的第一条尺寸界线。适用于长度型尺寸、角度型和坐标标注。在使用连续标注方式之前，应该先标注出一个相关的尺寸。

（1）执行方式

命令行：DIMCONTINUE（快捷命令：DCO）。

菜单栏：选择菜单栏中的“标注”→“连续”命令。

工具栏：单击“标注”工具栏中的“连续”按钮。

功能区：单击“注释”选项卡“标注”面板中的“连续”按钮。

（2）操作步骤

命令行提示与操作如下。

```
命令：DIMCONTINUE↙
选择连续标注:
指定第二条尺寸界线原点或 [选择(S)/放弃(U)] <选择>:
```

此提示下的各选项与基线标注中完全相同，此处不再赘述。

注意：AutoCAD 允许用户利用基线标注方式和连续标注方式进行角度标注，如图 5-70 所示。

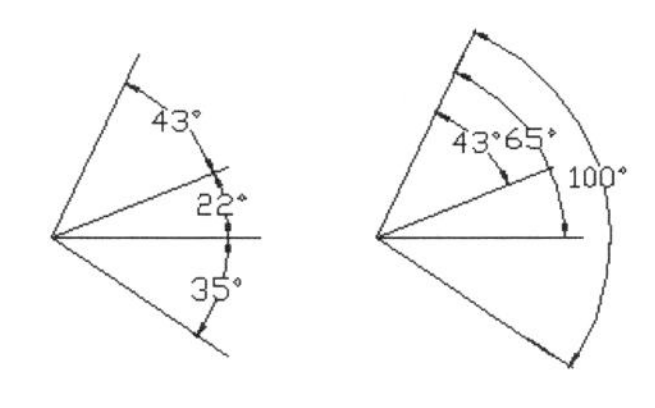

图 5-70　连续型和基线型角度标注

4．一般引线标注

LEADE 命令可以创建灵活多样的引线标注形式，可根据需要把指引线设置为折线或曲线，指引线可带箭头，也可不带箭头，注释文本可以是多行文本，也可以是形位公差，还可以从图形其他部位复制，还可以是一个图块。

（1）执行方式

命令行：LEADER

（2）操作步骤

```
命令：LEADER↙
指定引线起点：（输入指引线的起始点）
指定下一点：（输入指引线的另一点）
指定下一点或 [注释(A)/格式(F)/放弃(U)] <注释>:
```

（3）选项说明

选项含义如表 5-8 所示。

表 5-8 “LEADER”命令选项含义

选　项		含　义
指定下一点		直接输入一点，AutoCAD 根据前面的点画出折线作为指引线
<注释>		输入注释文本，为默认项。在上面提示下直接回车，AutoCAD 提示： 输入注释文字的第一行或 <选项>：
	输入注释文本	在此提示下输入第一行文本后回车，可继续输入第二行文本，如此反复执行，直到输入全部注释文本，然后在此提示下直接回车，AutoCAD 会在指引线终端标注出所输入的多行文本，并结束 LEADER 命令
		如果在上面的提示下直接回车，AutoCAD 提示： 输入注释选项 [公差(T)/副本(C)/块(B)/无(N)/多行文字(M)] <多行文字>： 在此提示下选择一个注释选项或直接回车。其中选项的含义如下
	公差(T)	标注形位公差
	副本(C)	把已由 LEADER 命令创建的注释拷贝到当前指引线末端。执行该选项，系统提示： 选择要复制的对象： 在此提示下选取一个已创建的注释文本，则 AutoCAD 把它复制到当前指引线的末端
	块(B)	插入块，把已经定义好的图块插入指引线的末端。执行该选项，系统提示： 输入块名或 [?]： 在此提示下输入一个已定义好的图块名，AutoCAD 把该图块插入指引线的末端。或输入“？”列出当前已有图块，用户可从中选择
	无(N)	不进行注释，没有注释文本
	<多行文字>	用多行文本编辑器标注注释文本并定制文本格式，为默认选项
格式（F）		确定指引线的形式。选择该项，AutoCAD 提示： 输入引线格式选项 [样条曲线(S)/直线(ST)/箭头(A)/无(N)] <退出>： 选择指引线形式，或直接回车回到上一级提示
	样条曲线(S)	设置指引线为样条曲线
	直线(ST)	设置指引线为直线
	箭头(A)	在指引线的起始位置画箭头
	无(N)	在指引线的起始位置不画箭头
	<退出>	此项为默认选项，选取该项退出“格式”选项，返回“指定下一点或 [注释(A)/格式(F)/放弃(U)] <注释>:”提示，并且指引线形式按默认方式设置

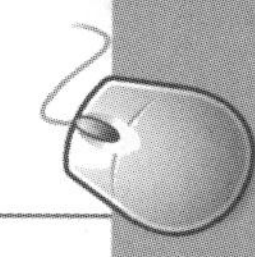

5.3.3 实例——给居室平面图标注尺寸

标注如图 5-71 所示的户型平面图尺寸。

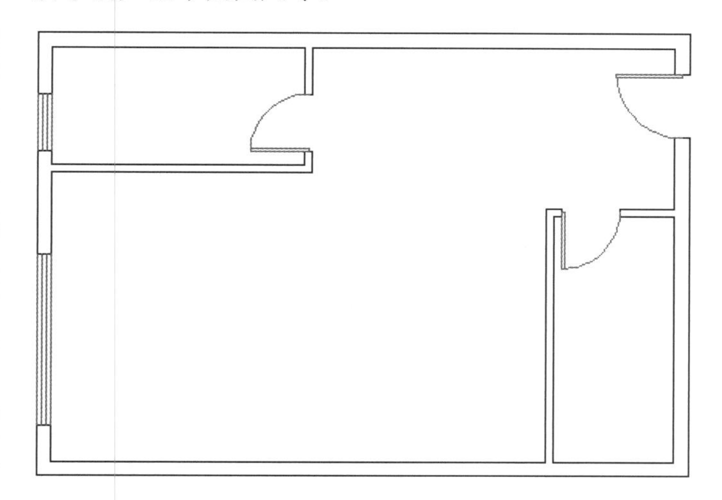

图 5-71　居室平面图

绘制步骤

本实例标注居室平面图。

（1）单击“快速访问”工具栏中的“打开”按钮，打开“户型平面图”文件，如图 5-72 所示。

（2）设置尺寸标注样式。单击“默认”选项卡“注释”面板中的“标注样式”按钮，❶打开“标注样式管理器”对话框，如图 5-72 所示。❷单击“新建”按钮，❸打开“创建新标注样式”对话框，如图 5-73 所示。❹设置“新样式名”为“标注”，❺单击“继续”按钮，❻打开“新建标注样式：标注”对话框，如图 5-74 所示，❼选择“符号和箭头”选项卡，❽设置箭头为“建筑标记”。其他设置默认，❾完成后确认退出。

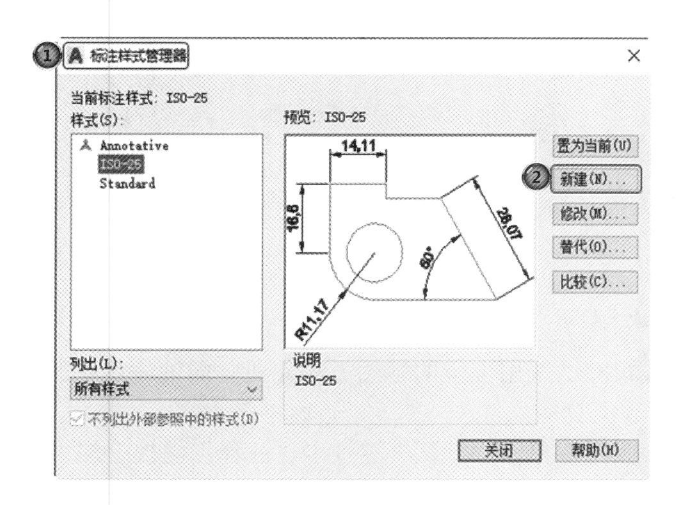

图 5-72　“标注样式管理器”对话框

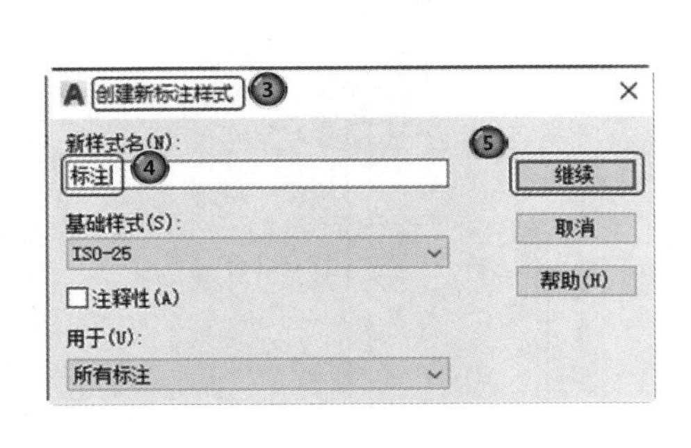

图 5-73　“创建新标注样式”对话框

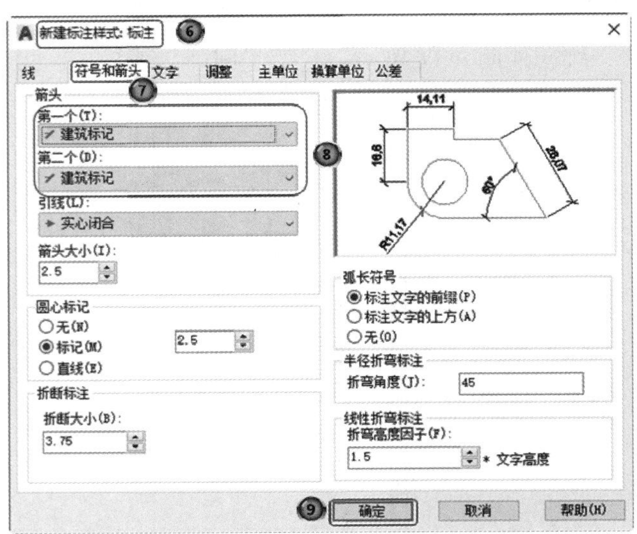

图 5-74　设置“符号和箭头”选项卡

（3）标注水平轴线尺寸。首先将“标注”样式置为当前状态，并把墙体和轴线的上侧放大显示，如图 5-75 所示。然后单击“默认”选项卡“注释”面板中的“线性”按钮⟼，标注水平方向上的尺寸，如图 5-76 所示。

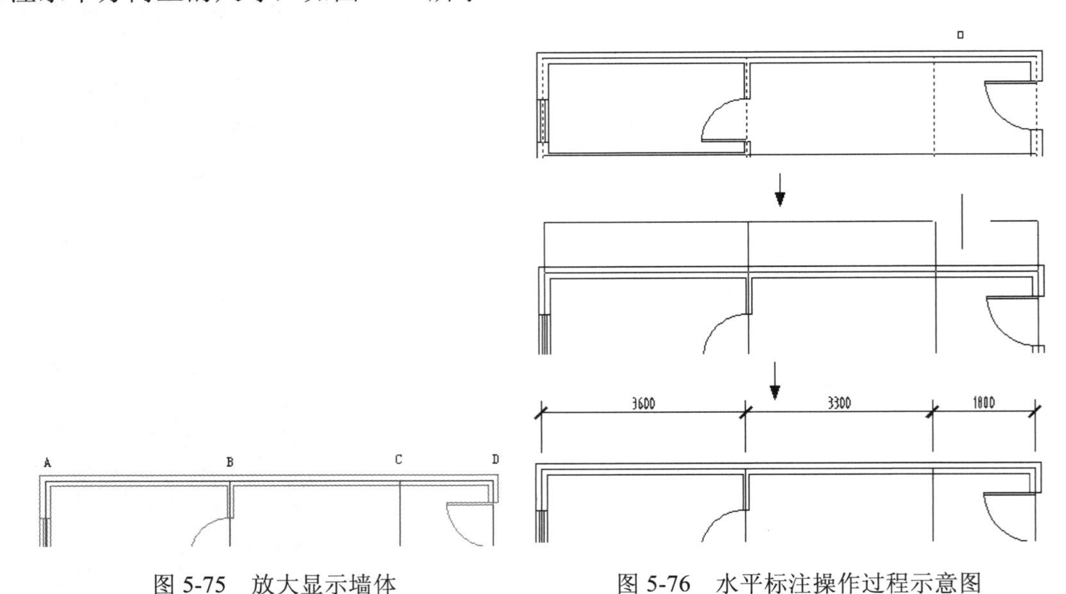

图 5-75　放大显示墙体　　　　图 5-76　水平标注操作过程示意图

（4）标注竖向轴线尺寸。采用上步的标注方法完成竖向轴线尺寸的标注，结果如图 5-77 所示。

（5）标注门窗洞口尺寸。单击“默认”选项卡“注释”面板中的“线性”按钮⟼，依次选取尺寸的两个界线源点，完成每一个需要标注的尺寸，结果如图 5-78 所示。

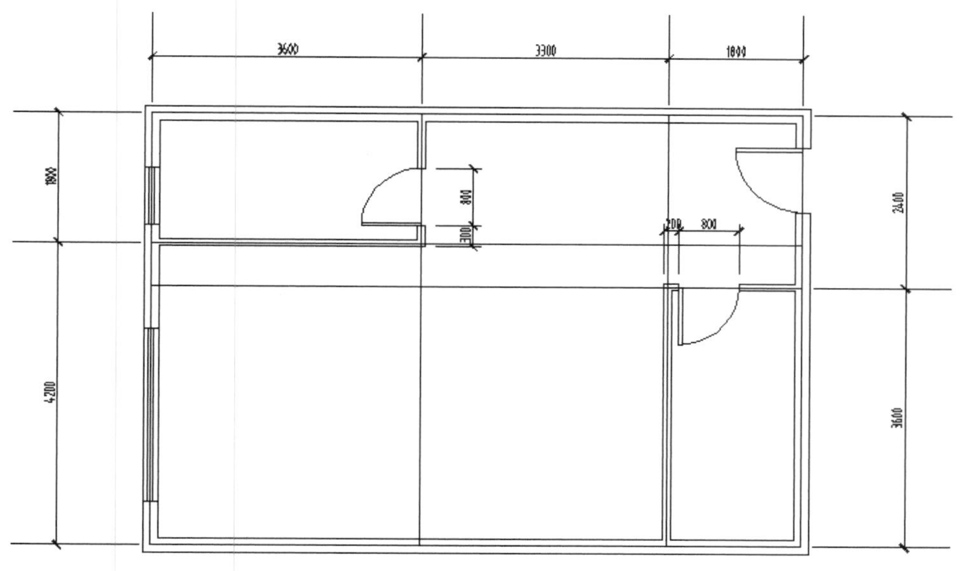

图 5-77 完成轴线标注

（6）标注编辑。选中尺寸值，将标注的文字放置在适当位置，结果如图 5-79 所示。为了便于操作，在调整时可暂时将“对象捕捉”关闭。

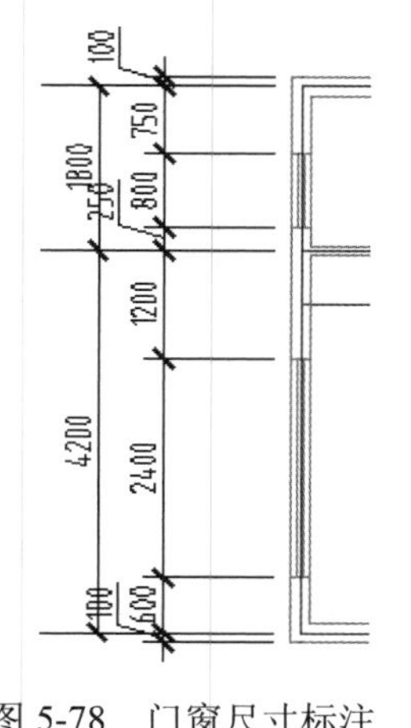

图 5-78 门窗尺寸标注

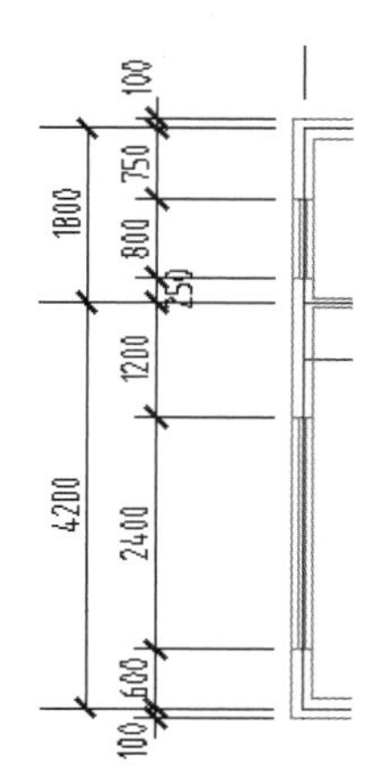

图 5-79 门窗尺寸调整

注意：在处理字样重叠的问题时，可以在标注样式中进行相关设置，这样计算机会自动处理，但处理效果有时不太理想，也可以通过单击“标注”工具栏中的“编辑标注文字”按钮来调整文字位置，读者可以试一试。

（7）标注其他细部尺寸和总尺寸。按照步骤（5）～（6）的方法完成其他细部尺寸和总尺寸的标注，结果如图 5-80 所示。注意总尺寸的标注位置。

动手练一练——标注户型平面图尺寸

利用“线性”“连续”和“标注样式”命令标注如图 5-81 所示的户型平面图。

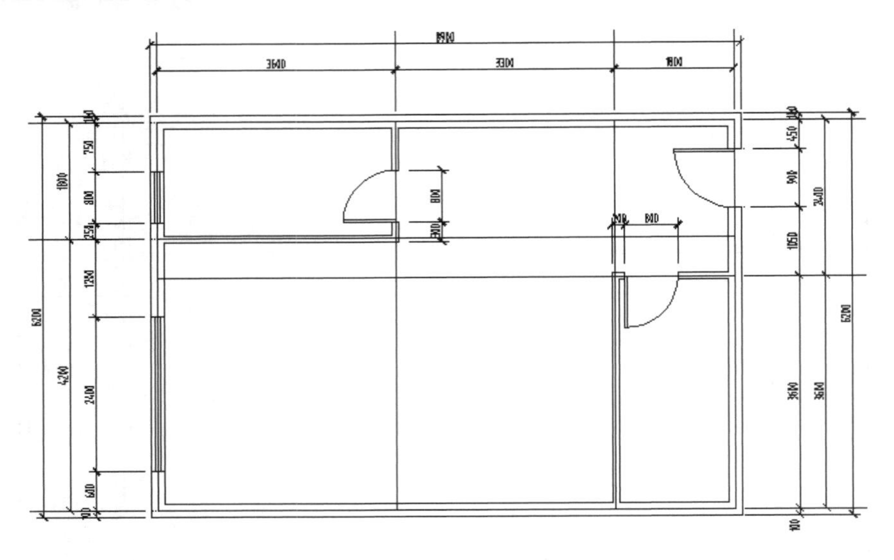

图 5-80　居室平面图尺寸

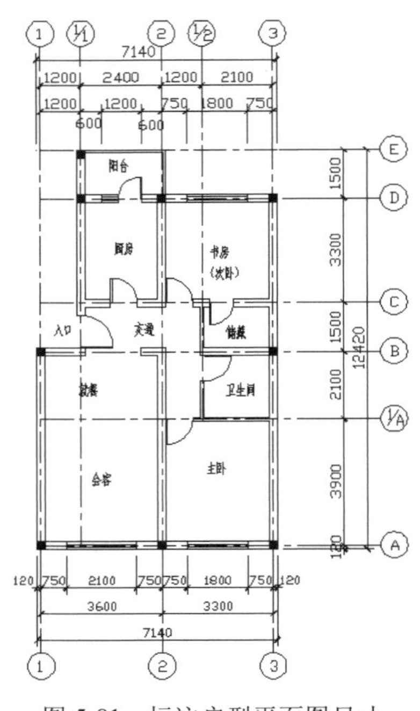

图 5-81　标注户型平面图尺寸

思路点拨

源文件：源文件\第 5 章\标注户型平面图尺寸.dwg

（1）设置文字样式和标注样式。

（2）标注线性尺寸。

（3）标注连续尺寸。

（4）标注总尺寸。

第二篇

室内设计实例篇

本篇通过多个实例来介绍室内设计的完整过程，包括常见住宅单元模块的绘制，以及住宅平面图、住宅顶棚图、住宅立面图、商业广场展示中心、咖啡吧室内装饰图的绘制等内容。

通过本篇的学习，读者可以完整掌握一般室内设计的基本方法与技巧，提高自身的工程设计能力。

2

Chapter

住宅平面图

6

本章将以三居室住宅建筑室内设计为例，详细讲述住宅室内设计平面图的绘制过程。在讲述过程中，将逐步带领读者完成平面图的绘制，并讲述关于住宅平面图设计的相关知识和技巧。本章包括住宅平面图绘制的知识要点、平面图绘制、装饰图块的插入、尺寸和文字的标注等内容。

6.1 知识要点

6.1.1 住宅室内设计简介

住宅自古以来就是人类生活的必需品，随着社会的发展，其使用功能以及风格流派不断变化和衍生。现代居室不仅是人类居住的环境和空间，同时也是房屋居住者一种品位的体现，一种生活理念的象征。不同风格的住宅不仅能给居住者提供舒适的居住环境，而且能营造不同的生活气氛，改变居住者的心情。一个好的室内设计是设计师通过精心布置、仔细雕琢，根据一定的设计理念和设计风格完成的。

典型的住宅装饰风格有：中式风格、古典主义风格、新古典主义风格、现代简约风格、实用主义风格等。本章将主要介绍现代简约风格的住宅平面图的绘制，对于其他风格读者可参考相关书籍。

住宅室内装饰设计有以下几点原则。

（1）住宅室内装饰设计应遵循实用、安全、经济、美观的基本设计原则。

（2）在住宅室内装饰设计时，必须确保建筑物安全，不得任意改变建筑物承重结构和建筑构造。

（3）在住宅室内装饰设计时，不得破坏建筑物外立面，若开安装孔洞，在设备安装后必须修整，以保持原建筑立面效果。

（4）住宅室内装饰设计应在住宅分户门以内的住房面积范围内进行，不得占用公用部位。

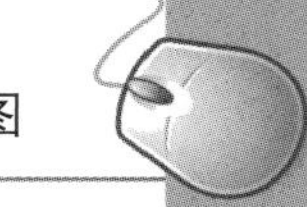

（5）住宅装饰室内设计，在考虑客户的经济承受能力的同时，宜采用新型的节能型和环保型装饰材料及用具，不得采用对人体健康有害的伪劣建材。

（6）住宅室内装饰设计应贯彻国家颁布实施的建筑、电气等设计规范的相关规定。

（7）住宅室内装饰设计必须贯彻现行的国家和地方有关防火、环保、建筑、电气、给排水等标准的有关规定。

6.1.2 住宅室内设计平面图

室内设计平面图同建筑平面图类似，是将住宅结构利用水平剖切的方法，俯视得到的平面图。其作用是详细说明住宅建筑内部结构、装饰材料、平面形状、位置以及大小等，同时表明室内空间的构成、各个主体之间的布置形式以及各个装饰结构之间的相互关系。

6.1.3 绘图过程

本章将逐步介绍三居室建筑装饰平面图的绘制。在讲述过程中，将循序渐进地介绍室内设计的基本知识及 AutoCAD 的基本操作方法。

如图 6-1 所示即为一个住宅室内平面图的最终形式，其基本绘制过程如下。

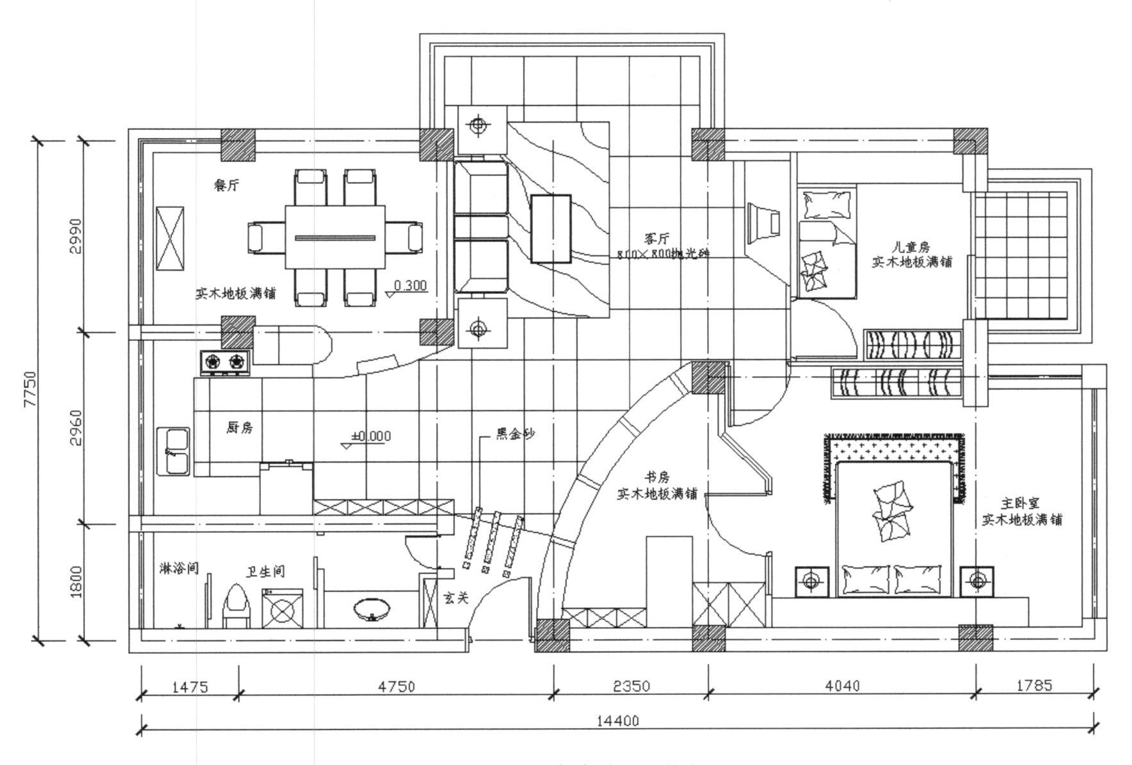

图 6-1　住宅室内平面图

（1）首先绘制平面图的轴线，确定好位置以便绘制墙线及室内装饰的其他内容。在绘图过程中逐步熟悉“直线”“定位”“捕捉”“修剪”等绘图基本命令。

（2）在绘制好的轴线上绘制墙线，逐步熟悉“修剪”“偏移”等绘图编辑命令。

（3）绘制室内装饰及门窗等部分，掌握弧线和块的基本操作方法。

（4）对平面图添加必要的文字说明，学习文字编辑、文字样式的创建等操作。

（5）对平面图添加尺寸标注，学习尺寸线的绘制、尺寸标注样式的修改，以及连续标注等操作。

6.2 绘制轴线

6.2.1 绘图准备

首先建立名称为“平面图”的文件，并保存到适当的位置。新建文件时，可以利用样板文件，这样可以省去很多设置。

（1）单击“默认”选项卡“图层”面板中的“图层特性”按钮，打开“图层特性管理器”对话框。

注意：在绘图过程中，往往有不同的绘图内容，如轴线、墙线、装饰布置图块、地板、标注、文字等，如果将这些内容放置在一起，绘图之后要删除或编辑某一类型图形，将带来选取上的困难。AutoCAD 提供了图层功能，为编辑带来了极大的方便。

在绘图初期可以建立不同的图层，将不同类型的图形绘制在不同的图层中，在编辑时可以利用图层的显示和隐藏功能、锁定功能来操作图层中的图形，十分便于编辑运用。

（2）单击“图层特性管理器”对话框中的“新建图层”按钮，新建图层，如图 6-2 所示。

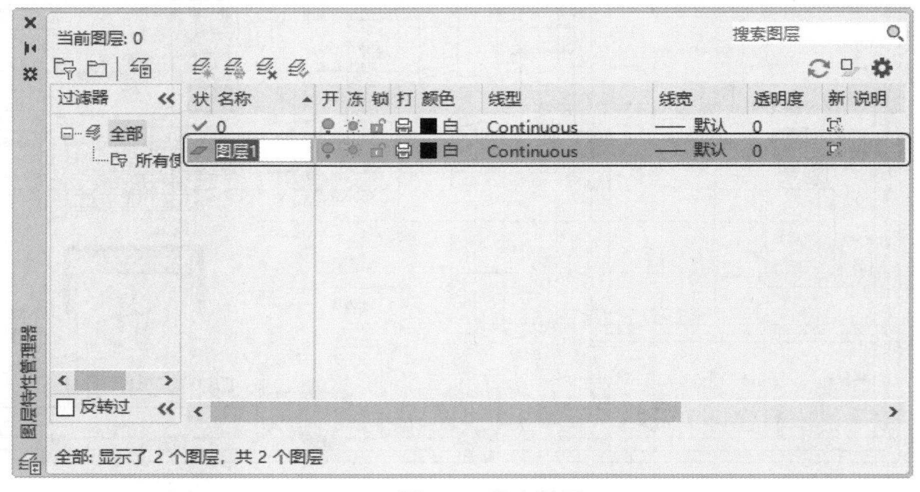

图 6-2　新建图层

（3）新建图层的图层名称默认为“图层 1”，将其修改为“轴线”。图层名称后面的选项由左至右依次为：开/关图层、在所有视口中冻结/解冻图层、锁定/解锁图层、图层默认颜色、图层默认线型、图层默认线宽、打印样式等。其中，编辑图形时最常用的是图层的开/关、锁定以及图层颜色、线型的设置等。

（4）单击新建的“轴线”图层“颜色”栏中的色块，打开“选择颜色”对话框，如图 6-3 所示，选择红色为轴线图层的默认颜色。单击“确定”按钮，返回“图层特性管理

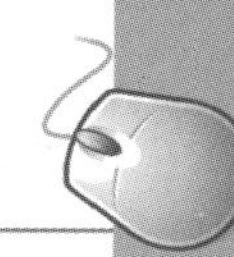

器”对话框。

（5）单击“线型”栏中的选项，打开“选择线型”对话框，如图 6-4 所示。轴线一般在绘图中应用点画线进行绘制，因此应将“轴线”图层的默认线型设为点画线。单击“加载”按钮，打开“加载或重载线型”对话框，如图 6-5 所示。

（6）在“可用线型”列表框中选择“CENTER”线型，单击“确定”按钮，返回“选择线型”对话框。选择刚刚加载的线型，如图 6-6 所示，单击“确定”按钮，轴线图层设置完毕。

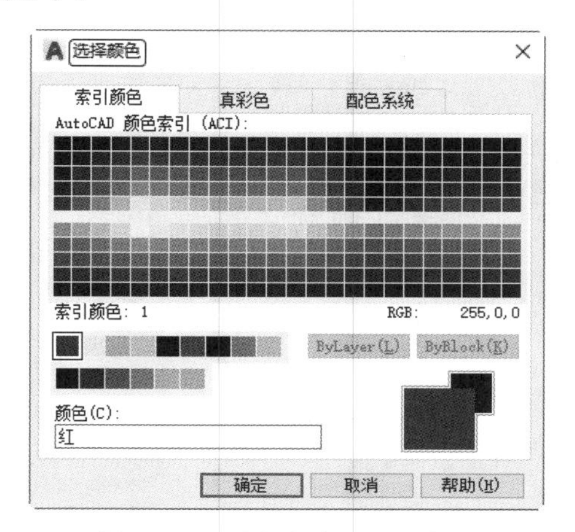

图 6-3　“选择颜色”对话框

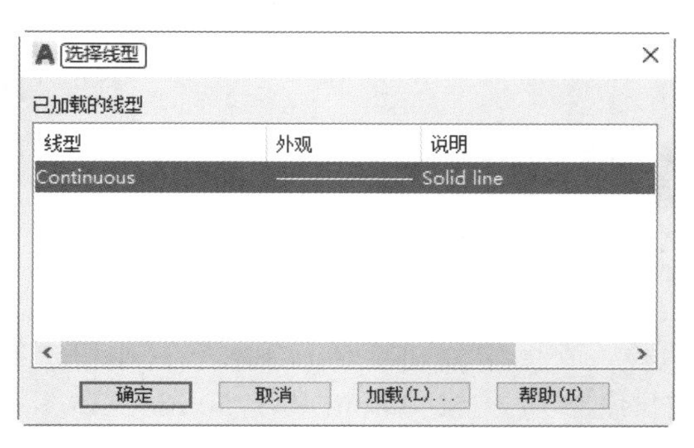

图 6-4　“选择线型”对话框

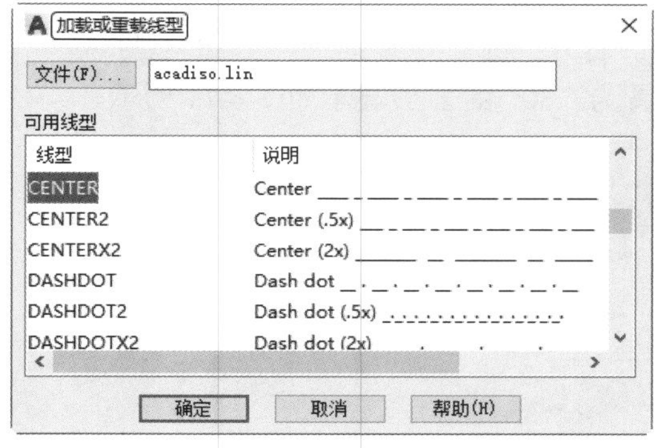

图 6-5　“加载或重载线型”对话框

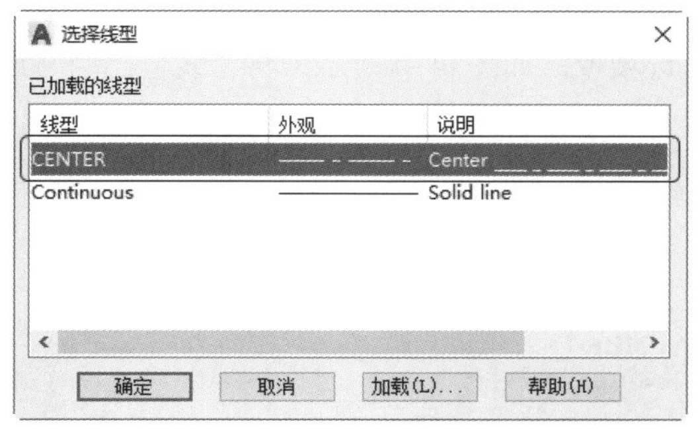

图 6-6　加载线型

（7）采用相同的方法按照以下说明，新建其他几个图层。

①“墙线”图层：颜色为白色，线型为实线，线宽为 0.3mm。

②“门窗”图层：颜色为蓝色，线型为实线，线宽为默认。

③“装饰”图层：颜色为蓝色，线型为实线，线宽为默认。

④“地板”图层：颜色为 9，线型为实线，线宽为默认。

⑤“文字”图层：颜色为白色，线型为实线，线宽为默认。

⑥“尺寸标注”图层：颜色为蓝色，线型为实线，线宽为默认。

在绘制平面图时，包括轴线、门窗、装饰、地板、文字和尺寸标注几项内容，分别按照上面所介绍的方式设置图层。其中的颜色可以依照读者的绘图习惯自行设置，并没有具体的要求。设置完成后的“图层特性管理器”对话框如图 6-7 所示。

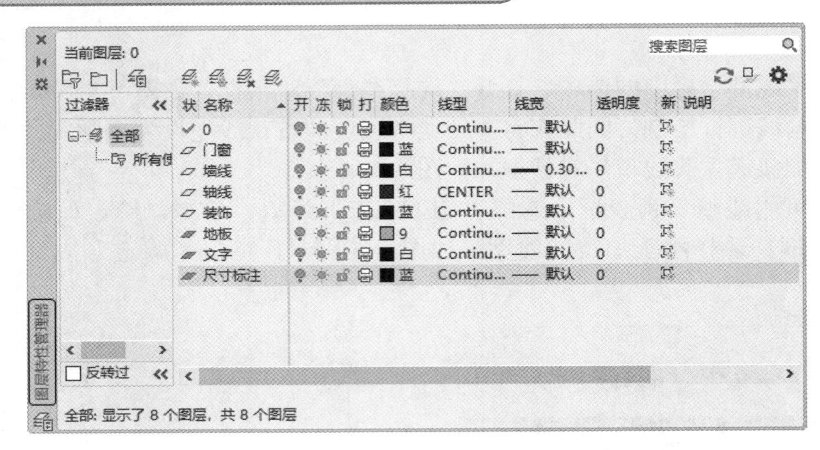

图 6-7 设置图层

6.2.2 绘制轴线

（1）将“轴线”图层设置为当前图层。

（2）单击“默认”选项卡“绘图”面板中的“直线”按钮，在图中分别绘制一条水平直线和一条竖直直线，直线长度分别为 14400mm 和 7750mm，如图 6-8 所示。

图 6-8 绘制轴线

（3）此时绘制的轴线线型虽然为点划线，但是由于比例太小，显示出来还是实线的形式。选择刚刚绘制的轴线并右击，打开如图 6-9 所示的快捷菜单，选择“特性”命令，打开“特性”选项板，如图 6-10 所示。将“线型比例”设置为“30”，轴线显示如图 6-11 所示。

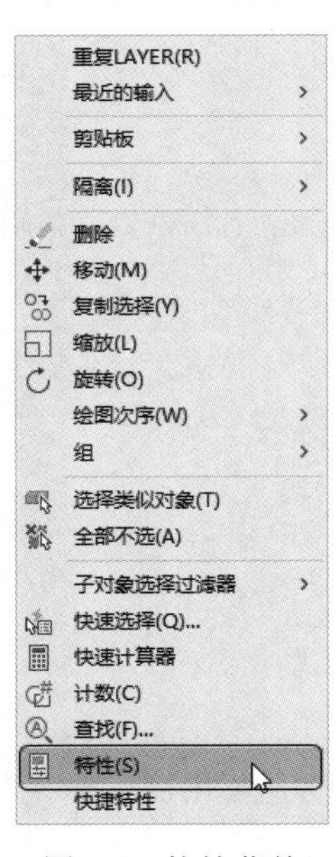

图 6-9 快捷菜单

图 6-10 “特性”选项板

图 6-11 轴线显示

（4）单击“默认”选项卡“修改”面板中的“偏移”按钮，将竖直轴线向右偏移，偏移距离为 1475mm，如图 6-12 所示。重复“偏移”命令，将水平轴线向上分别偏移 1800mm、4240mm、4760mm、7750mm；将竖直轴线分别向右偏移 4465mm、6225mm、8575mm、12615mm、14400mm，结果如图 6-13 所示。

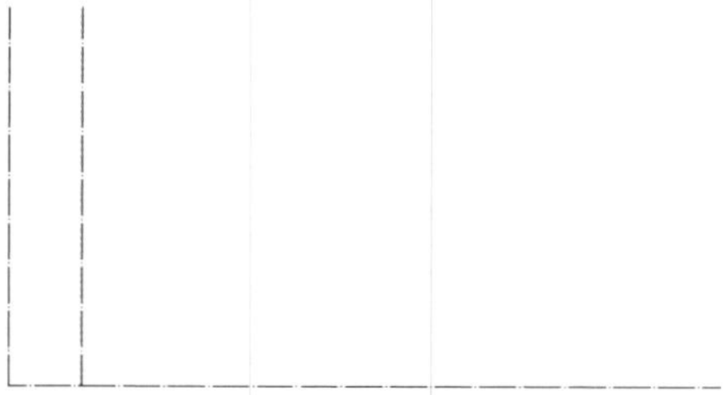

图 6-12　偏移竖直轴线

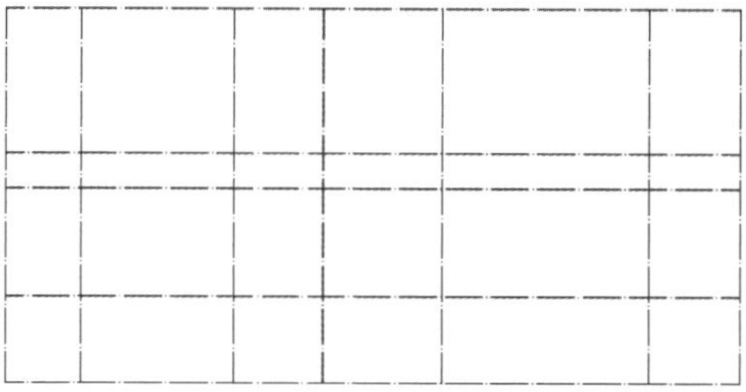

图 6-13　偏移轴线

（5）单击“默认”选项卡“修改”面板中的“修剪”按钮，选择图中第 5 条竖直轴（从左至右数）作为修剪的基准线，修剪第 3 条水平轴线（从上至下数）的左侧，修剪结果如图 6-14 所示。

（6）重复“修剪”命令，修剪其他多余的轴线，修剪结果如图 6-15 所示。

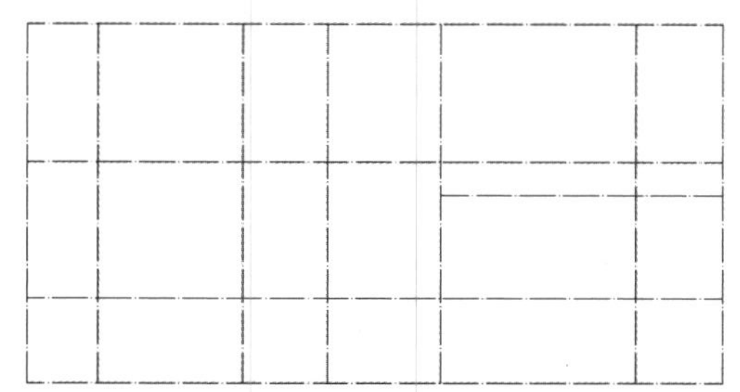

图 6-14　修剪水平轴线

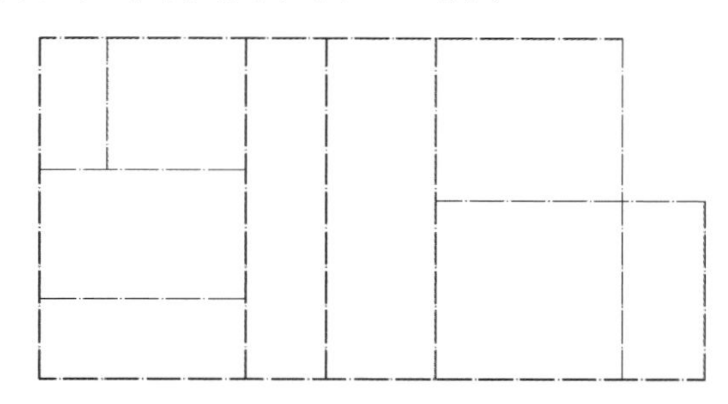

图 6-15　修剪其他轴线

6.3　绘制墙线

6.3.1　编辑多线

一般建筑结构的墙线均是利用“多线”命令绘制的。本例中将利用“多线”“修剪”和“偏移”命令完成多线的绘制。

（1）将“墙线”图层设为当前层。选择菜单栏中的“格式”→“多线样式”命令，①打开“多线样式”对话框，如图 6-16 所示。

（2）②单击“新建”按钮，③打开“创建新的多线样式”对话框，如图 6-17 所示。④在“新样式名”文本框中输入“wall_1”，作为多线的名称。⑤单击“继续”按钮，⑥打开“新建多线样式：WALL_1”对话框，如图 6-18 所示。⑦将“偏移”分别修改为“185”和“–185”，⑧勾选“封口”选项组中“直线”右侧的两个复选框，⑨单击“确定”按钮。

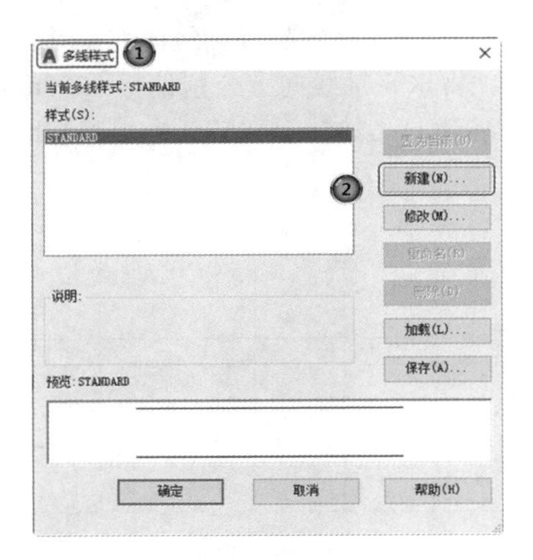

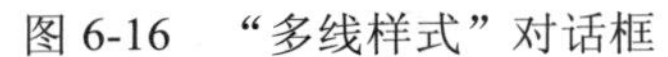
图 6-16 “多线样式”对话框

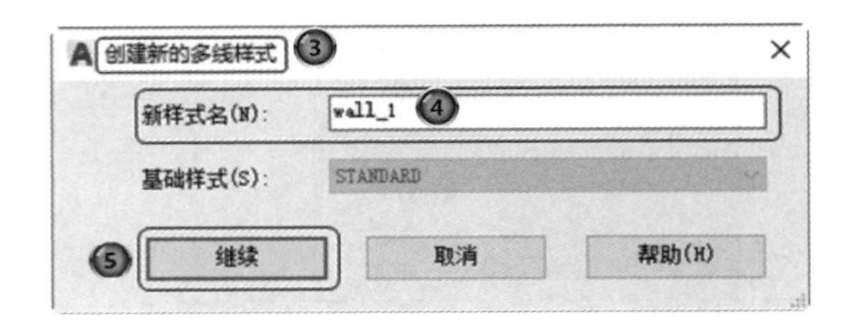

图 6-17 “创建新的多线样式”对话框

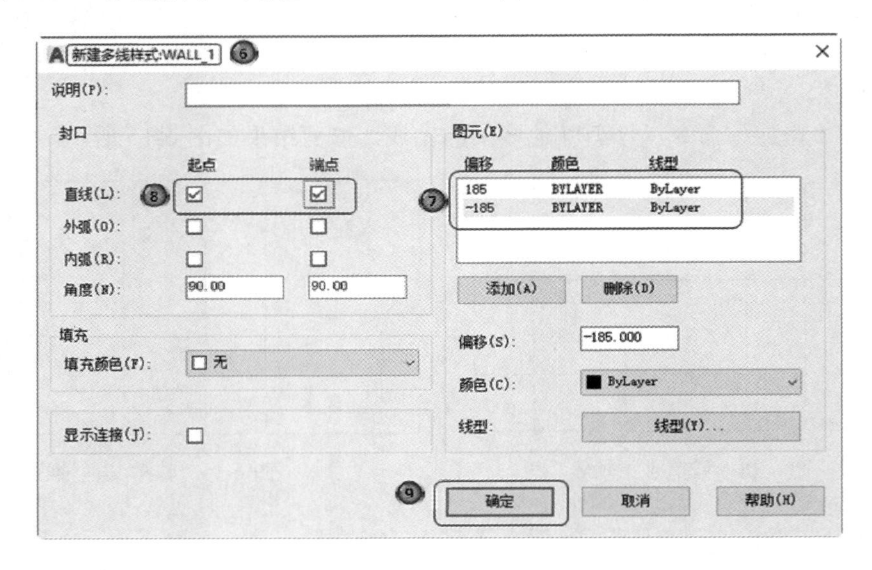

图 6-18 “新建多线样式：WALL_1”对话框

6.3.2 绘制墙线

选择菜单栏中的“绘图”→“多线”命令，绘制墙线，命令行提示与操作如下。

```
命令：_mline
当前设置：对正=上，比例=20.00，样式=STANDARD
指定起点或[对正(J)/比例(S)/样式(ST)]：ST↙（设置多线样式）
输入多线样式名或[?]：wall_1 （多线样式为 wall_1）
当前设置：对正=上，比例=20.00，样式=WALL_1
指定起点或[对正(J)/比例(S)/样式(ST)]：J↙
输入对正类型[上(T)/无(Z)/下(B)]<上>：Z↙（设置对中模式为无）
当前设置：对正=无，比例=20.00，样式=WALL_1
指定起点或[对正(J)/比例(S)/样式(ST)]：S↙
```

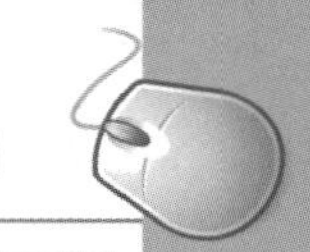

```
输入多线比例<20.00>：1↙（设置线型比例为 1）
当前设置：对正=无，比例=1.00，样式=WALL_1
指定起点或[对正(J)/比例(S)/样式(ST)]：（选择底端水平轴线左端）
指定下一点：（选择底端水平轴线右端）
指定下一点或[放弃(U)]：↙
```

继续绘制其他外墙墙线，结果如图 6-19 所示。

选择菜单栏中的“格式”→“多线样式”命令，新建多线样式，并命名为“wall_2”，将偏移量设置为“120”和“–120”，作为内墙墙线的多线样式。在图中绘制内墙墙线，结果如图 6-20 所示。

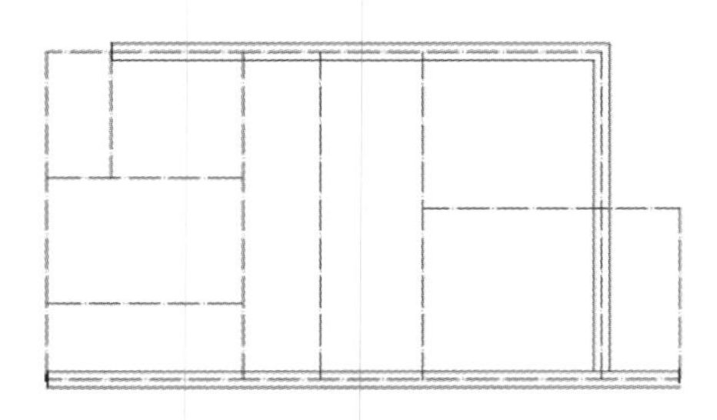

图 6-19　绘制外墙墙线

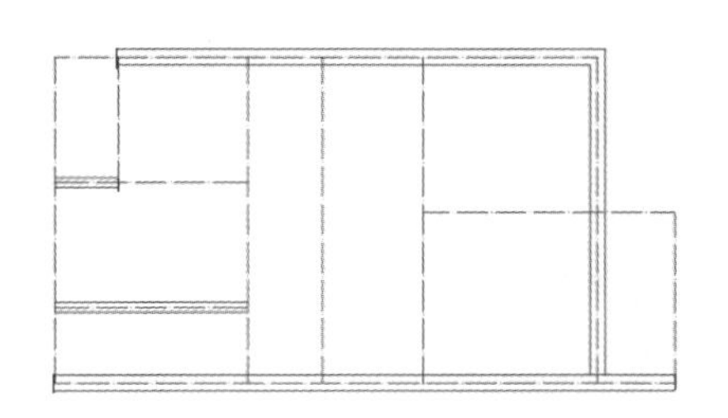

图 6-20　绘制内墙墙线

6.3.3 绘制柱子

本例中柱子的尺寸有 500mm×500mm 和 500mm×400mm 两种，首先在空白处将柱子绘制好，然后再将其移动到适当的轴线位置。

（1）单击“默认”选项卡“绘图”面板中的“矩形”按钮▭，在图中绘制边长为 500mm×500mm 和 500mm×400mm 的两个矩形，如图 6-21 所示。

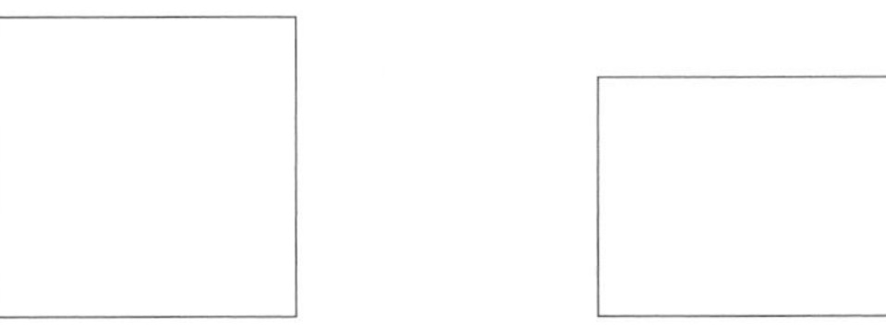

图 6-21　绘制柱子轮廓

（2）单击“默认”选项卡“绘图”面板中的“图案填充”按钮▧，❶系统打开“图案填充创建”选项卡，❷选择图案填充图案为“ANSI31”图案，❸将填充图案比例设置为“30”，❹单击拾取点按钮⊞，切换到绘图平面，在柱子区域中选取一点，❺按关闭键✔后，完成填充，如图 6-22 所示。

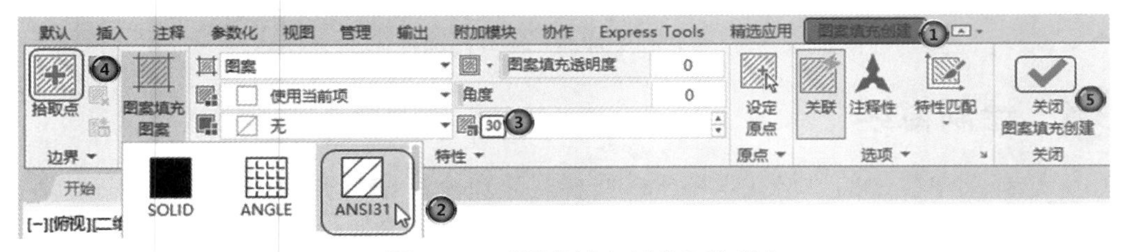

图 6-22　“图案填充创建”选项卡

重复“图案填充”命令，填充另外一个矩形。注意，不能同时填充两个矩形，因为如果同时填充，填充的图案将是一个对象，两个矩形的位置就无法变化，不利于编辑。填充后的图形如图 6-23 所示。

（3）单击“默认”选项卡“绘图”面板中的“直线”按钮，此时可以打开状态栏中的“对象捕捉”按钮，在柱子截面的中心绘制两条辅助线，分别通过两个对边的中心，绘制完成后的图形如图 6-24 所示。

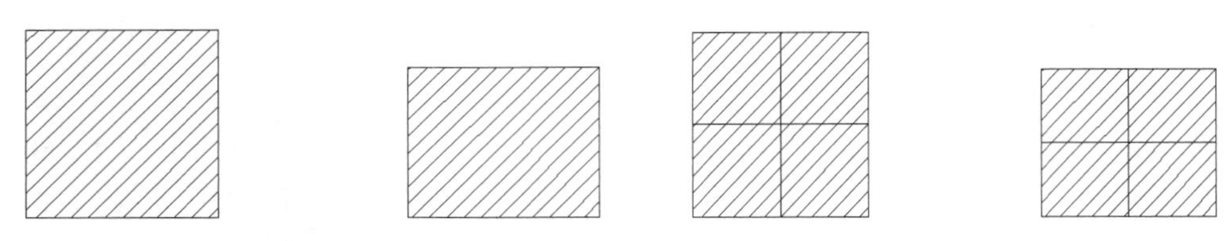

图 6-23　图案填充　　　　图 6-24　绘制辅助线

（4）单击“默认”选项卡“修改”面板中的“复制”按钮，选择 500mm×500mm 截面中辅助线上端与边的交点为基点，如图 6-25 所示，复制到轴线上，如图 6-26 所示。

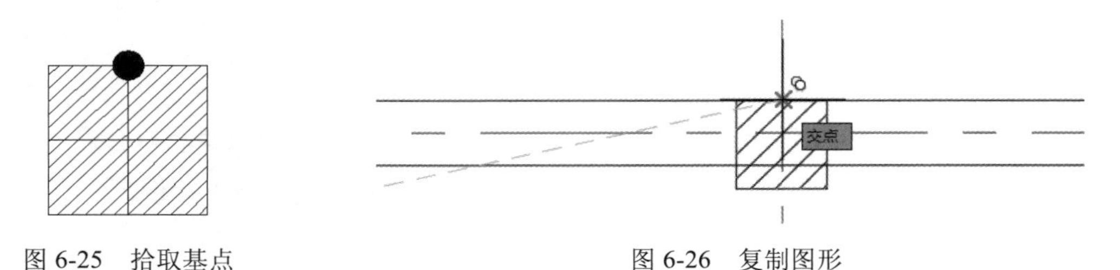

图 6-25　拾取基点　　　　图 6-26　复制图形

（5）重复“复制”命令，将其他柱子截面插入轴线图中，插入完成后的图形如图 6-27 所示。

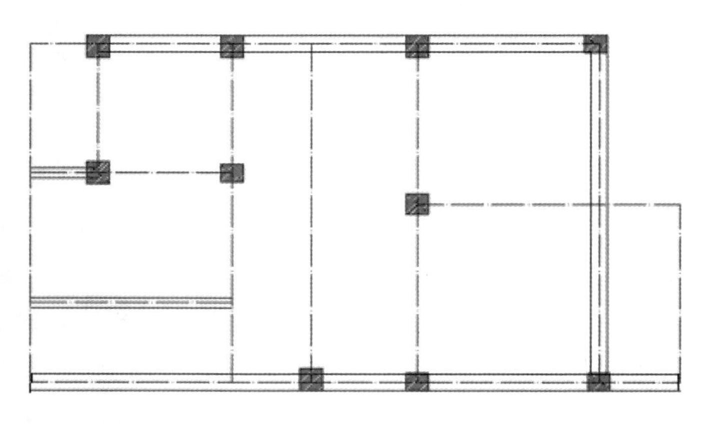

图 6-27　插入柱子界面图形

6.3.4 绘制窗线

（1）选择菜单栏中的“格式”→“多线样式”命令，❶打开的“多线样式”对话框，如图 6-28 所示，❷单击“新建”按钮，❸打开“创建新的多线样式”对话框，❹在对话框中输入新样式名为“window”，如图 6-29 所示。❺单击“继续”按钮，❻在打开的“新建多线样式：WINDOW”对话框中进行参数设置，如图 6-30 所示。

（2）❼单击“图元”选项组中的“添加”按钮两次，添加两条线段，然后将四条线的偏移距离分别修改为“185”“30”“–30”和“–185”，❽单击“确定”按钮。

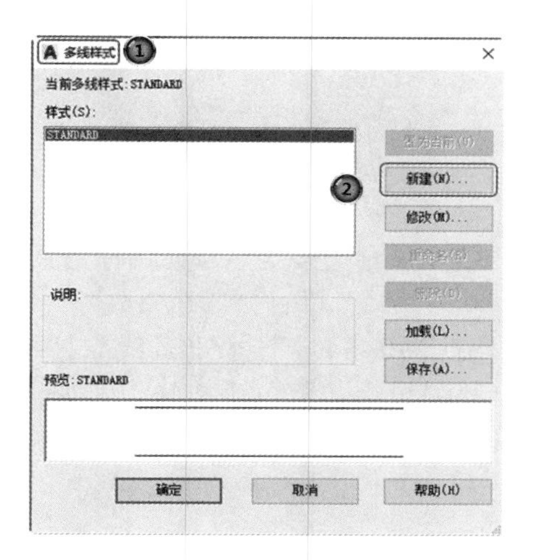

图 6-28　“多线样式”对话框

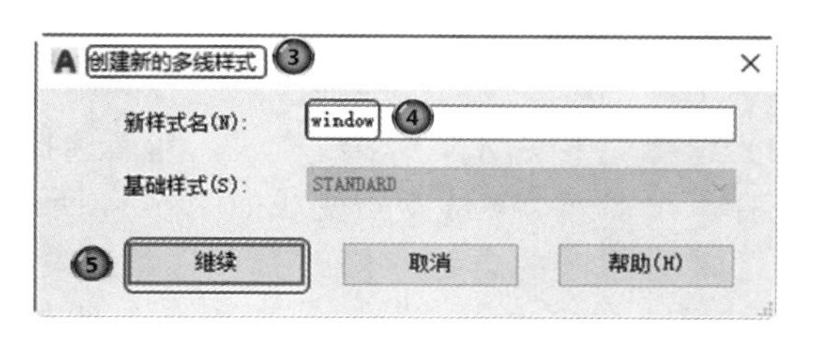

图 6-29　“创建新的多线样式”对话框

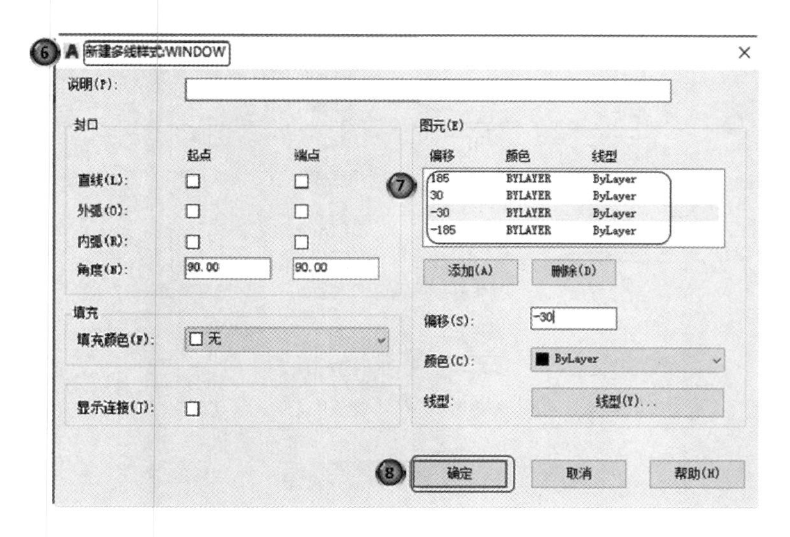

图 6-30　“新建多线样式：WINDOW”对话框

（3）选择菜单栏中的“绘图”→“多线”命令，将多线样式修改为“window”，然后设置比例为“1”，对正方式为无，绘制窗线，结果如图 6-31 所示。

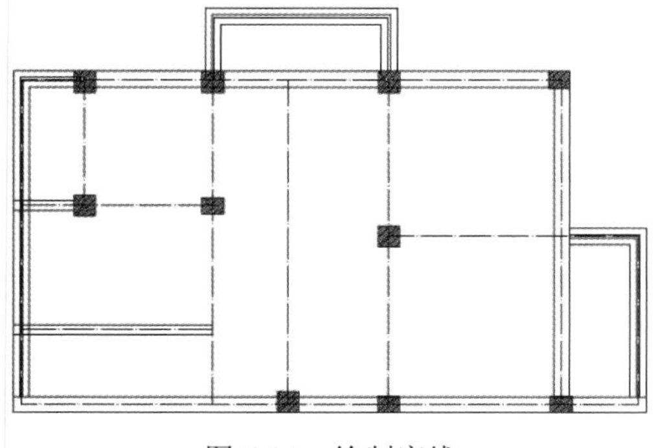

图 6-31　绘制窗线

6.3.5 编辑墙线及窗线

（1）选择菜单栏中的“修改”→“对象”→“多线”命令，打开“多线编辑工具”对话框，如图 6-32 所示。其中共包含了 12 种多线样式，用户可以根据自己的需要对多线进行编辑。本例中，将对多线与多线的交点进行编辑。

（2）选择“十字闭合”多线样式，然后选择图 6-33 中所示的多线。首先选择垂直多线，然后选择水平多线，多线交点变成如图 6-34 所示。

（3）采用相同的方法，修改其他多线的交点。同时图 6-34 中，水平多线与柱子的交点需要编辑。单击水平多线，可以看到多线显示出其编辑点（蓝色小方块），如图 6-35 所示。单击右侧的编辑点，将其移动到柱子边缘，如图 6-36 所示，编辑后的图形如图 6-37 所示。

图 6-32 “多线编辑工具”对话框

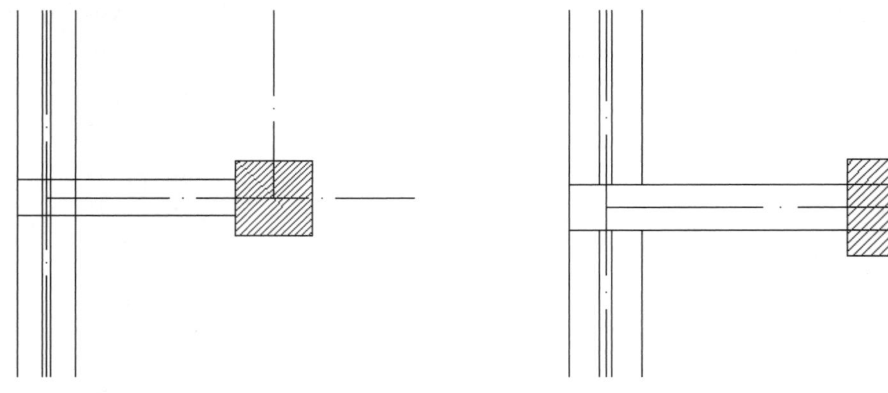

图 6-33 编辑多线

图 6-34 修改后的多线

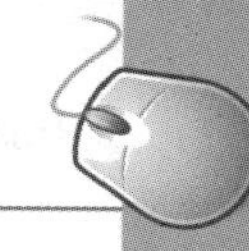

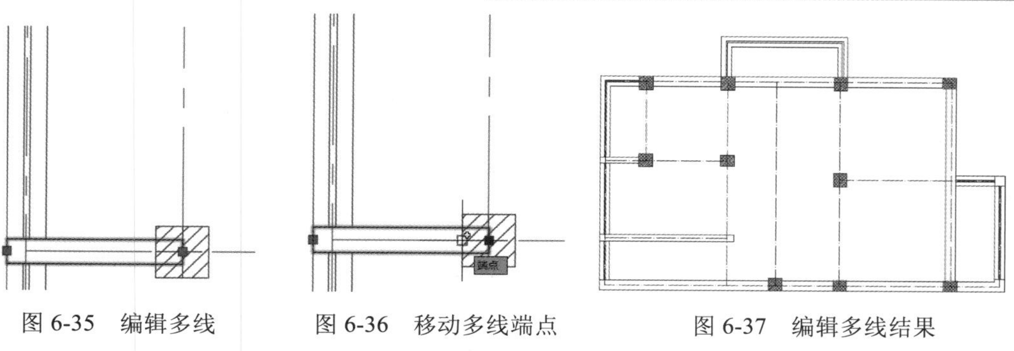

图 6-35 编辑多线　　图 6-36 移动多线端点　　图 6-37 编辑多线结果

6.4 绘制门窗

本节主要介绍门窗的一般绘制方法。

6.4.1 绘制单扇门

本例中共有 5 扇单开门和 3 扇推拉门，可以首先绘制成一个门，将其保存为图块，在以后需要的时候通过插入图块的方法调用，节省绘图时间。

绘制步骤

（1）将“门窗”图层设为当前图层。单击“默认”选项卡“绘图”面板中的“矩形”按钮，在绘图区中绘制一个 60mm×80mm 的矩形，如图 6-38 所示。

（2）单击“默认”选项卡“修改”面板中的“分解”按钮，分解刚刚绘制的矩形。

（3）单击“默认”选项卡“修改”面板中的“偏移”按钮，将矩形的左侧边界和上侧边界分别向右和向下偏移 40mm，如图 6-39 所示。

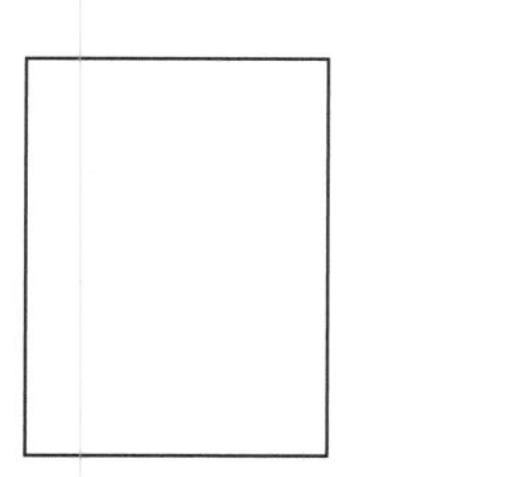

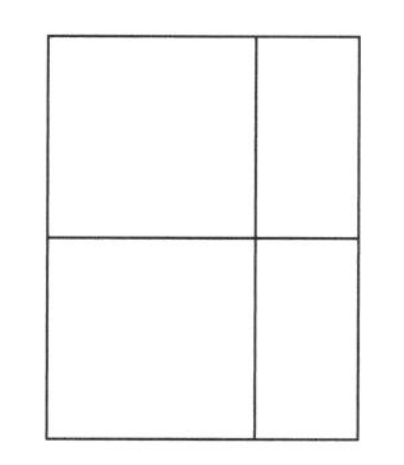

图 6-38 绘制矩形 1　　图 6-39 偏移边界

（4）单击“默认”选项卡“修改”面板中的“修剪”按钮，将矩形右上部分及内部的直线修剪掉，如图 6-40 所示，此图形即为单扇门的门垛。

（5）单击“默认”选项卡“绘图”面板中的“矩形”按钮，在门垛的上部绘制一个 920mm×40mm 的矩形，如图 6-41 所示。

（6）单击“默认”选项卡“修改”面板中的“镜像”按钮，选择门垛，然后选择矩形的中线作为基准线，将门垛对称到另外一侧，如图 6-42 所示。

（7）单击“默认”选项卡“修改”面板中的“旋转”按钮，选择中间的矩形（即门扇），以右上角的点为中心，将门扇顺时针旋转 90°，如图 6-43 所示。

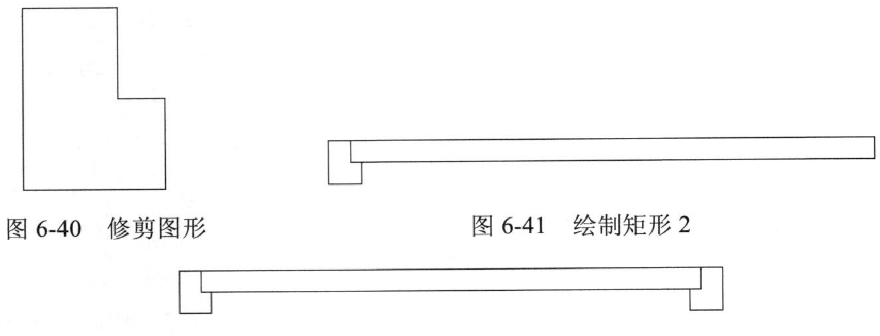

图 6-40　修剪图形

图 6-41　绘制矩形 2

图 6-42　镜像门垛

（8）单击“默认”选项卡“绘图”面板中的“圆弧”按钮，绘制门的开启线，如图 6-44 所示。

图 6-43　旋转门扇

图 6-44　绘制开启线

（9）在命令行中输入“WBLOCK”命令，❶打开“写块”对话框，如图 6-45 所示。❷单击“拾取点”按钮，在图形上选择一点作为基点，❸单击“选择对象”按钮，选择刚刚绘制的门图块，❹点选“对象”选项组中的“从图形中删除”单选钮，❺将名称修改为“单扇门”并指定路径，❻单击“确定”按钮保存该图块。

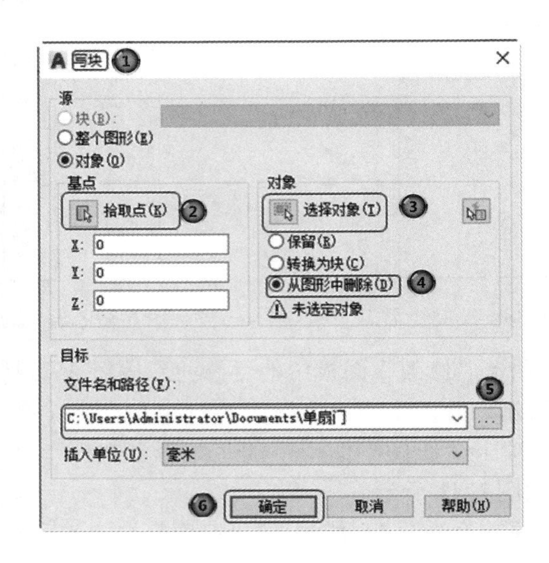

图 6-45　“写块”对话框

（10）单击“默认”选项卡“块”面板中的“插入”按钮，在弹出的下拉列表中，选择“单扇门”图块，如图 6-46 所示。继续按照图 6-47 所示的位置插入刚刚绘制的平面图中（此前

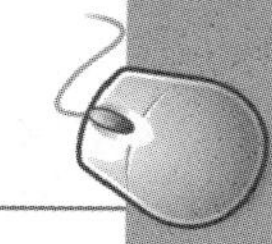

选择基点是为了绘图方便，可将基点选择在右侧门垛的中点位置，如图 6-48 所示，这样可以便于插入图块时定位）。

（11）单击“默认”选项卡“修改”面板中的“修剪”按钮，将“单扇门”图块中间的墙线删除，并在左侧的墙线处绘制封闭直线，如图 6-49 所示，完成单扇门的绘制。

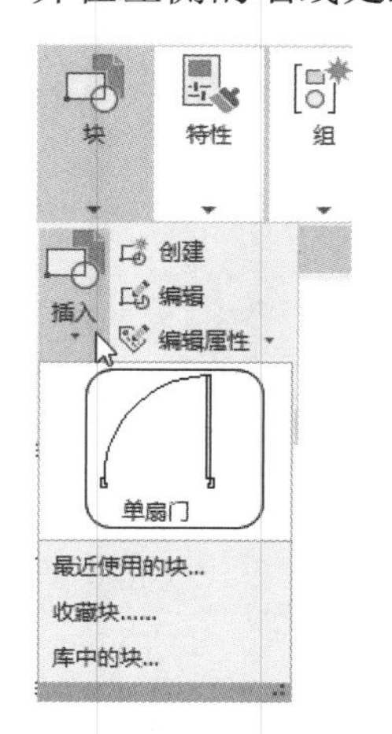

图 6-46　插入图块

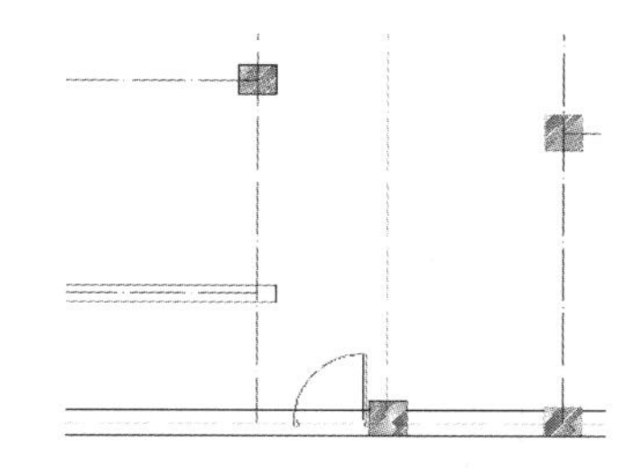

图 6-47　插入“单扇门”图块

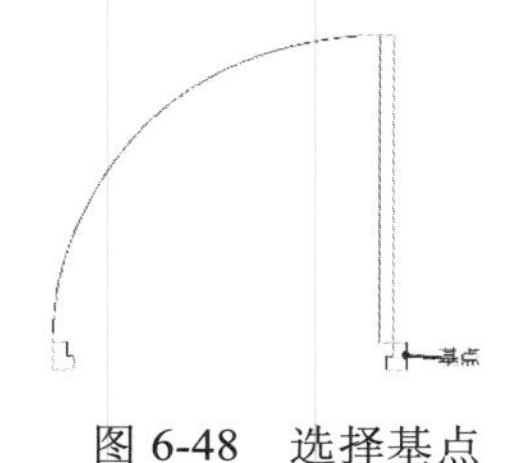

图 6-48　选择基点

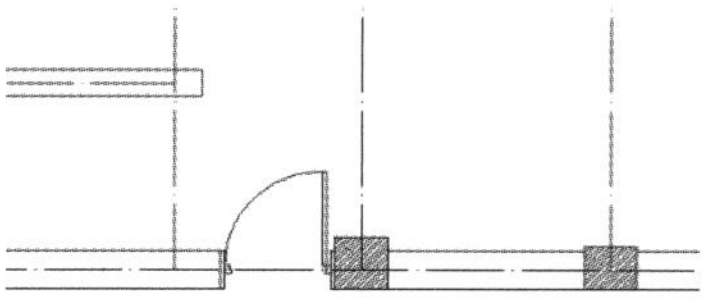

图 6-49　编辑墙线

6.4.2 绘制推拉门

（1）单击“默认”选项卡“绘图”面板中的“矩形”按钮，在图中绘制一个 1000mm×60mm 的矩形，如图 6-50 所示。

（2）单击“默认”选项卡“修改”面板中的“复制”按钮，选择矩形，将其复制到右侧。选择矩形左上角点作为基点，然后选择右上角点作为目标点，复制后的图形如图 6-51 所示。

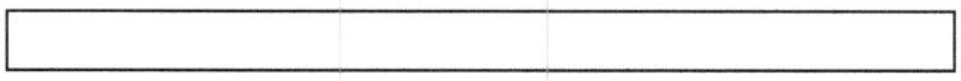

图 6-50　绘制矩形

图 6-51　复制矩形

（3）单击“默认”选项卡“修改”面板中的“移动”按钮，选择右侧矩形，然后选择两个矩形的交界处直线的上端点作为基点，选择直线的下端点作为目标点，如图 6-52 所示。移动后的图形如图 6-53 所示。

（4）在命令行中输入“WBLOCK”命令，❶打开“写块”对话框，如图 6-54 所示。❷单击“拾取点”按钮，在图形上选择一点作为基点，❸单击“选择对象”按钮，选择刚刚绘制的门图块，❹点选“对象”选项组中的“从图形中删除”单选钮，❺将名称修改为“推拉门”并指定路径，❻单击“确定”按钮保存该图块。

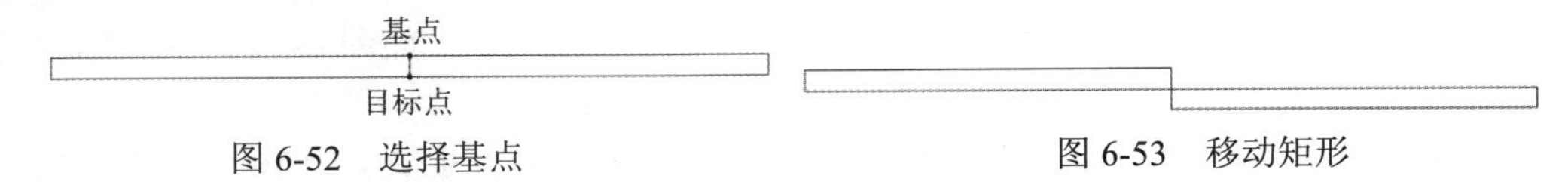

图 6-52　选择基点　　　图 6-53　移动矩形

（5）单击“默认”选项卡“块”面板中的“插入”按钮，在弹出的下拉列表中，选择“推拉门”图块，如图 6-55 所示，将其插入图 6-56 所示的位置。

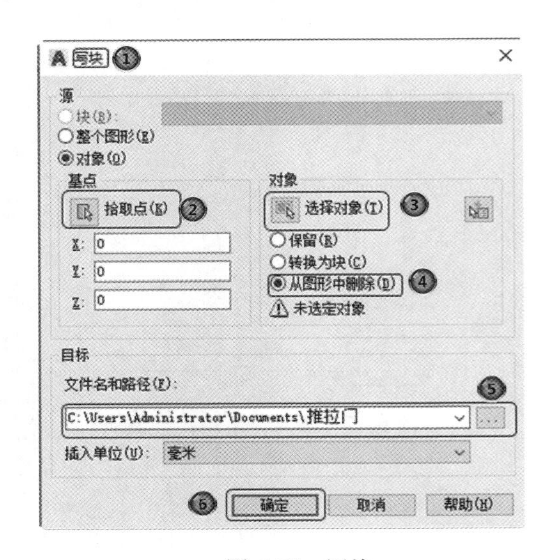

图 6-54　写块

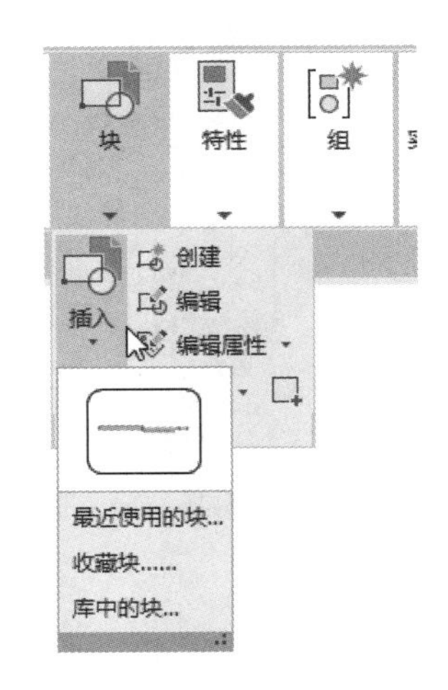

图 6-55　插入推拉门

（6）单击“默认”选项卡“修改”面板中的“旋转”按钮，选择插入的“推拉门”图块，然后以插入点为基点旋转 90°，如图 6-57 所示。

（7）单击“默认”选项卡“修改”面板中的“修剪”按钮，将“推拉门”图块间的多余墙线删除，如图 6-58 所示。

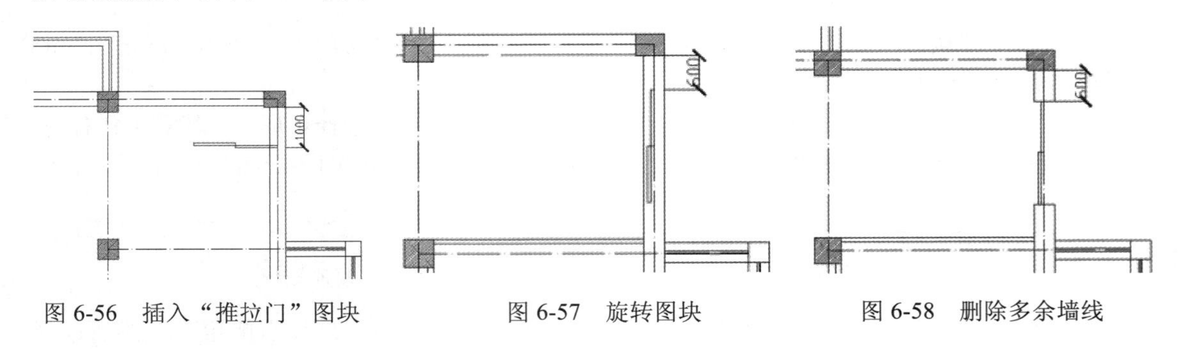

图 6-56　插入“推拉门”图块　　　图 6-57　旋转图块　　　图 6-58　删除多余墙线

6.5　绘制非承重墙

6.5.1　设置隔墙线型

在建筑结构中，包括用于承载受力的承重结构和用于分割空间、美化环境的非承重墙。本节将绘制非承重墙。

（1）将“墙线”图层设为当前层。选择菜单栏中的“格式”→“多线样式”命令，打开“多线样式”对话框。单击“新建”按钮，打开“创建新的多线样式”对话框，输入新的多线样式名为“wall_in”。

（2）单击“继续”按钮，打开“新建多线样式：WALL_IN”对话框，设置线间距分别为“50”和“–50”，如图 6-59 所示。

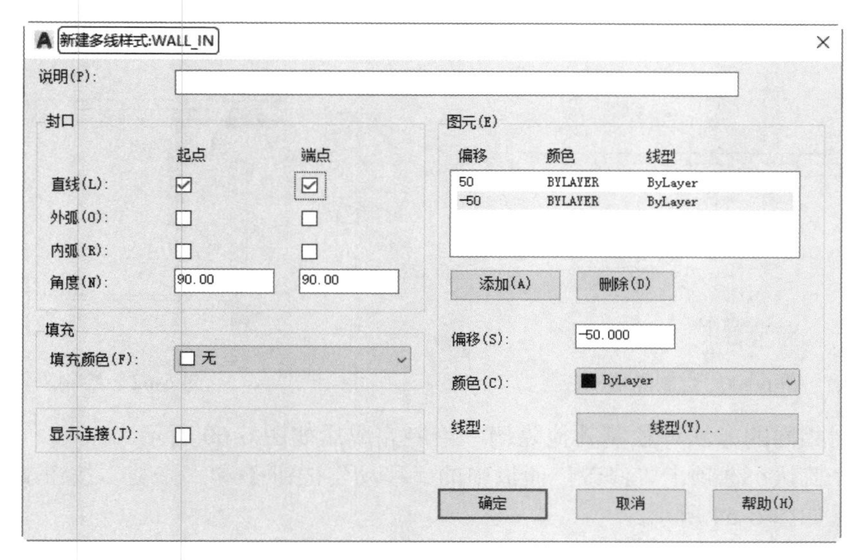

图 6-59　“新建多线样式：WALL_IN”对话框

6.5.2 绘制隔墙

按照图 6-60 所示的位置绘制隔墙。

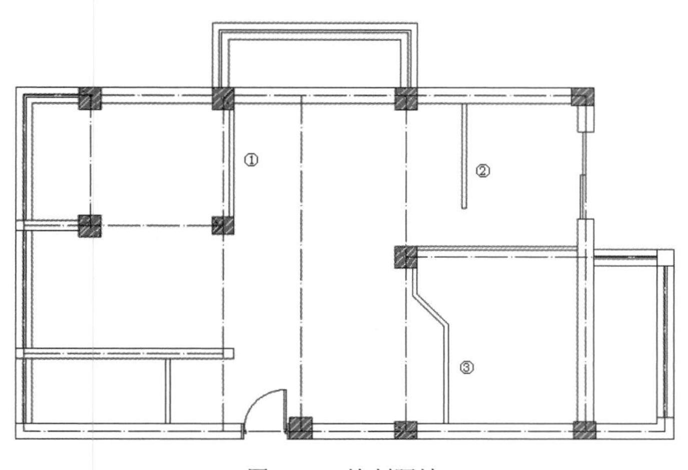

图 6-60　绘制隔墙

绘制步骤

（1）绘制隔墙①。选择菜单栏中的“绘图”→“多线”命令，设置多线样式为“wall_in”、比例为“1”、对正方式为“上”，由 A 向 B 进行绘制，如图 6-61 所示。

（2）绘制隔墙②。选择菜单栏中的“绘图”→“多线”命令，根据系统提示，首先单击如图 6-61 所示的 A 点，然后右击选择取消。重复“多线”命令，在命令行中依次输入“@1100,0”“@0,–2400”，绘制完成后的图形如图 6-62 所示。

（3）绘制隔墙③。选择菜单栏中的“绘图”→“多线”命令，首先单击图 6-63 中的 A 点，然后在命令行中依次输入“@0,–600”“@700,–700”，再单击图中的点 B，即绘制完成，结果如图 6-63 所示。

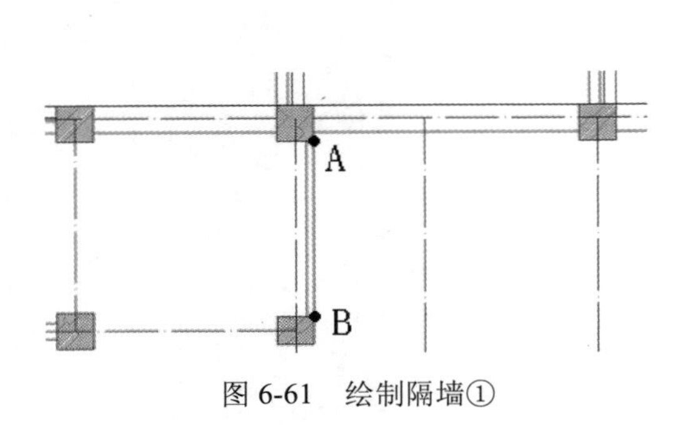

图 6-61　绘制隔墙①

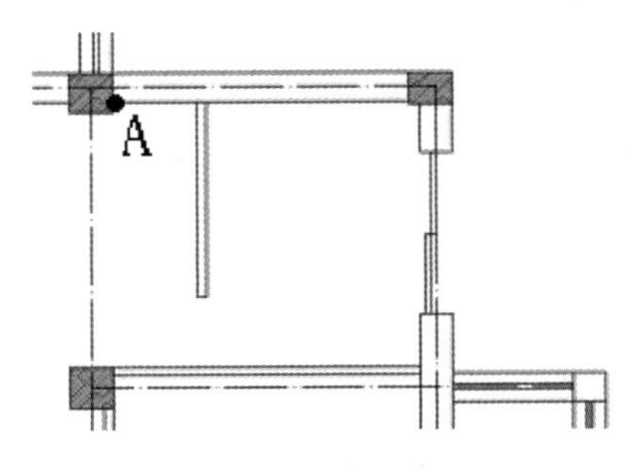

图 6-62　绘制隔墙②

（4）采用相同的方法，绘制其他隔墙，绘制完成后如图 6-60 所示。

①单击“默认”选项卡“修改”面板中的“移动”按钮和“修剪”按钮，将门窗插入图中，结果如图 6-64 所示。

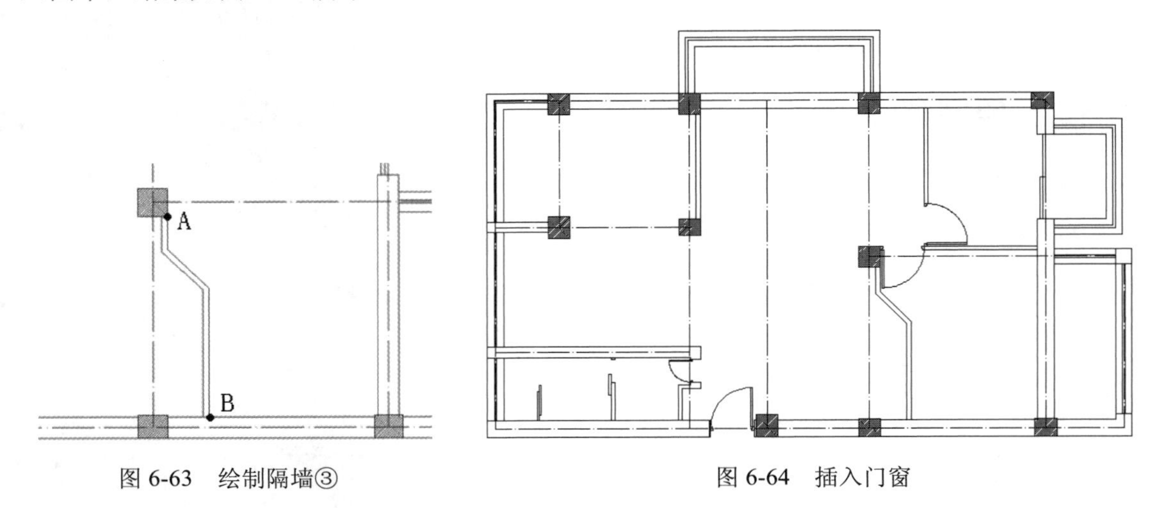

图 6-63　绘制隔墙③　　图 6-64　插入门窗

②绘制书房墙线。将“墙线”图层设为当前层。单击“默认”选项卡“绘图”面板中的“圆弧”按钮，以柱子的角点为基点绘制弧线，如图 6-65 所示。绘制过程中依次单击图中的 A、B、C 点，绘制弧线。

（5）单击“默认”选项卡“绘图”面板中的“圆弧”按钮，以柱子的角点为基点绘制弧线，如图 6-65 所示。绘制过程中依次单击图中的 A、B、C 点，绘制弧线。

（6）单击“默认”选项卡“修改”面板中的“偏移”按钮，将弧线向右偏移，偏移距离为 380mm，偏移结果如图 6-66 所示。

（7）单击“默认”选项卡“绘图”面板中的“直线”按钮，在两条弧线中间绘制小分割线，如图 6-67 所示，完成图形的绘制。

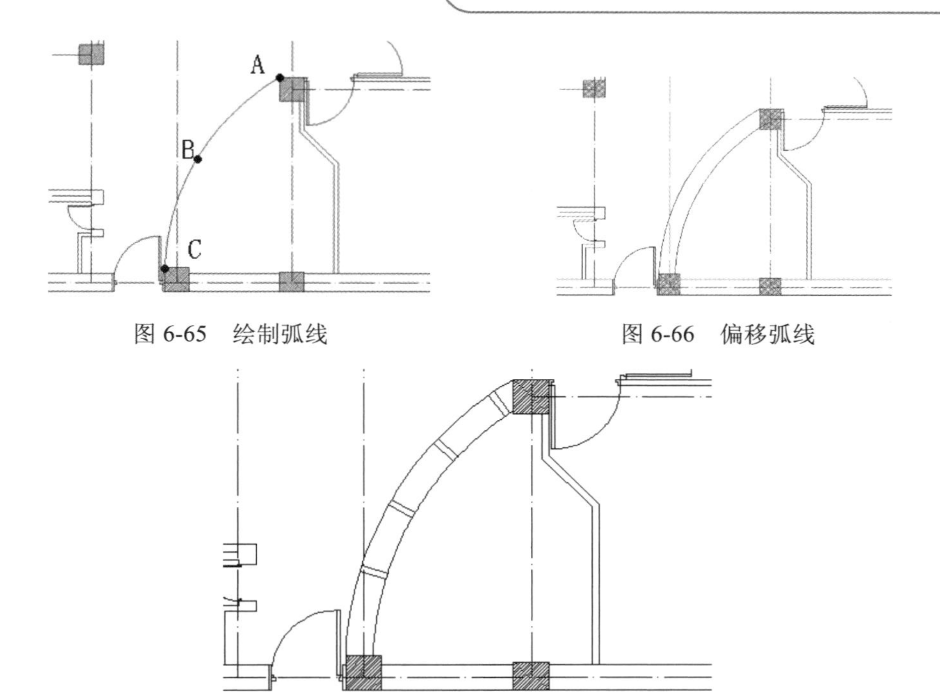

图 6-65 绘制弧线

图 6-66 偏移弧线

图 6-67 绘制分割线

6.6 绘制装饰

6.6.1 绘制餐桌

（1）将“装饰”图层设为当前层。单击“默认”选项卡“绘图”面板中的“矩形”按钮，绘制一个长为 1500mm、宽为 1000mm 的矩形，如图 6-68 所示。

（2）单击“默认”选项卡“绘图”面板中的“直线”按钮，在矩形的长边和短边方向的中点各绘制一条直线作为辅助线，如图 6-69 所示。

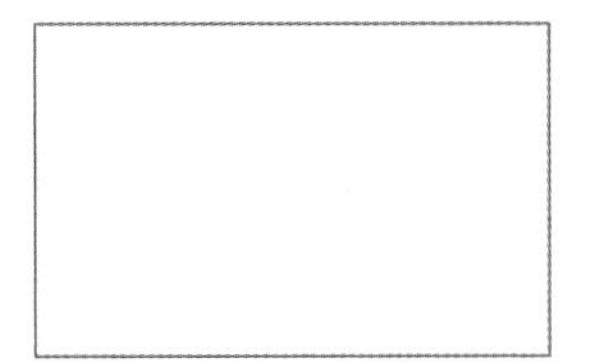

图 6-68 绘制矩形 1

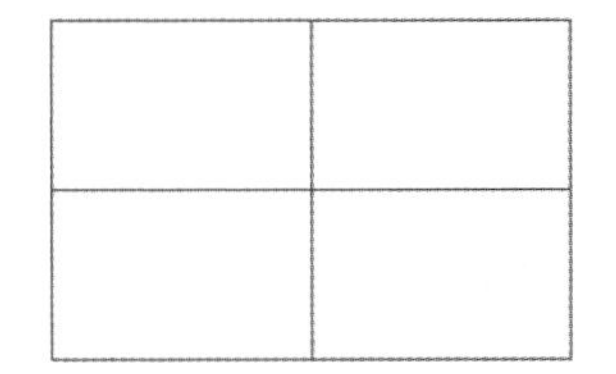

图 6-69 绘制辅助线

（3）单击“默认”选项卡“绘图”面板中的“矩形”按钮，在空白处绘制一长为 1200mm、宽为 40mm 的矩形，如图 6-70 所示。

（4）单击“默认”选项卡“修改”面板中的“移动”按钮，以矩形底边中点为基点，移动矩形至刚刚绘制的辅助线交叉处，如图 6-71 所示。

（5）单击“默认”选项卡“修改”面板中的“镜像”按钮，选择刚刚移动的矩形，然后以水平辅助线为镜像轴，将其镜像到下侧，如图 6-72 所示。

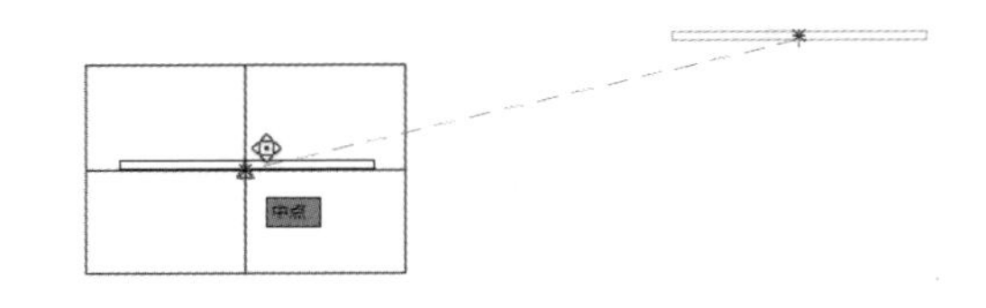

图 6-70　绘制矩形 2　　　图 6-71　移动矩形

（6）单击“默认”选项卡“绘图”面板中的“矩形”按钮，在空白处，绘制边长为 500mm 的正方形作为餐椅的外框，如图 6-73 所示。

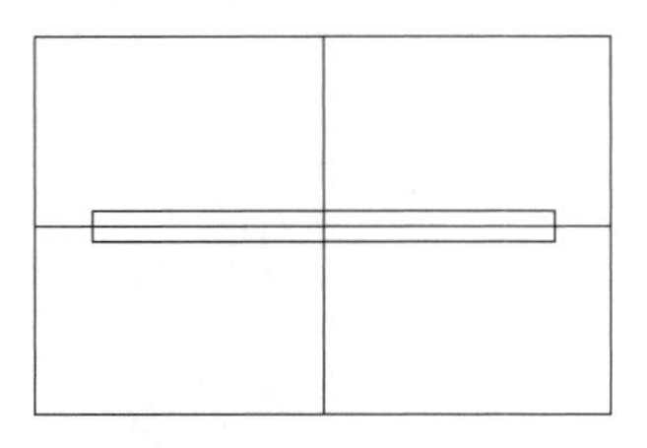

图 6-72　镜像矩形

图 6-73　绘制正方形

（7）单击“默认”选项卡“修改”面板中的“偏移”按钮，偏移距离设置为 20mm，将绘制的正方形向内偏移，如图 6-74 所示。然后在空白处绘制一个长为 400mm、宽为 200mm 的矩形。

（8）单击“默认”选项卡“修改”面板中的“圆角”按钮，对上步绘制的 400×200 矩形倒圆角，圆角半径为 50mm，如图 6-75 所示。

图 6-74　偏移矩形

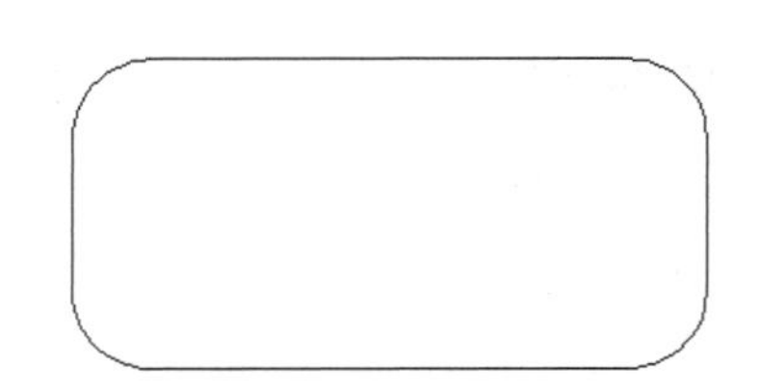

图 6-75　矩形倒圆角

（9）单击“默认”选项卡“修改”面板中的“移动”按钮，将倒圆角后的矩形移动到正方形上侧边的中心，如图 6-76 所示。

（10）单击“默认”选项卡“修改”面板中的“修剪”按钮，将矩形内部的直线修剪掉，如图 6-77 所示。

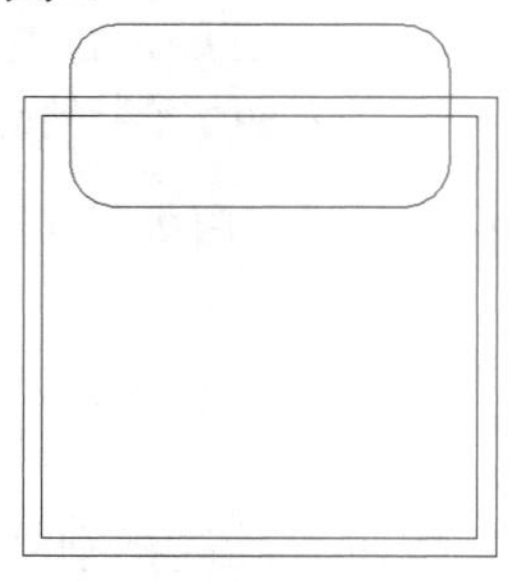

图 6-76　移动图形

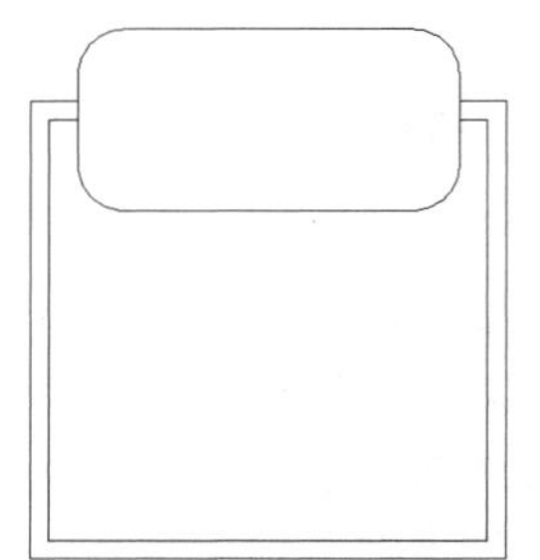

图 6-77　修剪多余直线 1

（11）单击“默认”选项卡“绘图”面板中的“直线”按钮╱，在矩形上方绘制直线，直线的端点及位置如图 6-78 所示，完成餐椅图形的绘制。

（12）单击“默认”选项卡“修改”面板中的“移动”按钮✥，将餐椅移至餐桌边，移动的基点选定为内部正方形的下侧角点，使其与餐桌的外边重合，如图 6-79 所示。

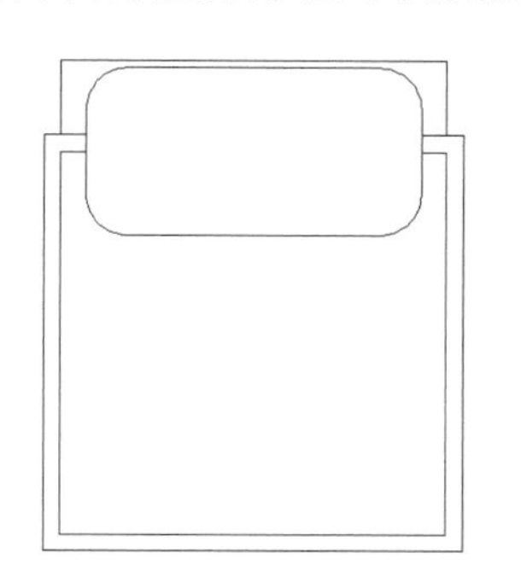

图 6-78　绘制直线

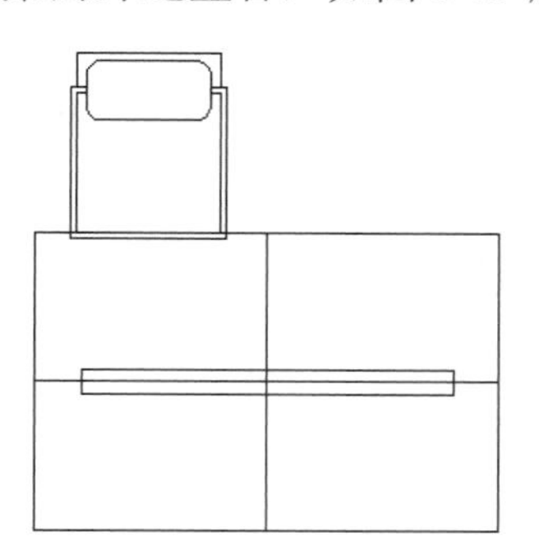

图 6-79　移动图形

（13）单击“默认”选项卡“修改”面板中的“修剪”按钮✂，将餐桌边缘内部的多余线段修剪掉，如图 6-80 所示。

（14）单击“默认”选项卡“修改”面板中的“镜像”按钮⚠和“旋转”按钮↻，将餐椅图形进行复制，并删除辅助线，如图 6-81 所示。

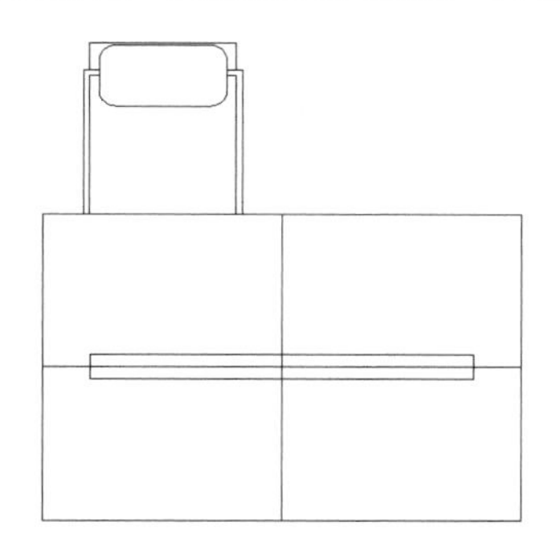

图 6-80　修剪多余直线 2

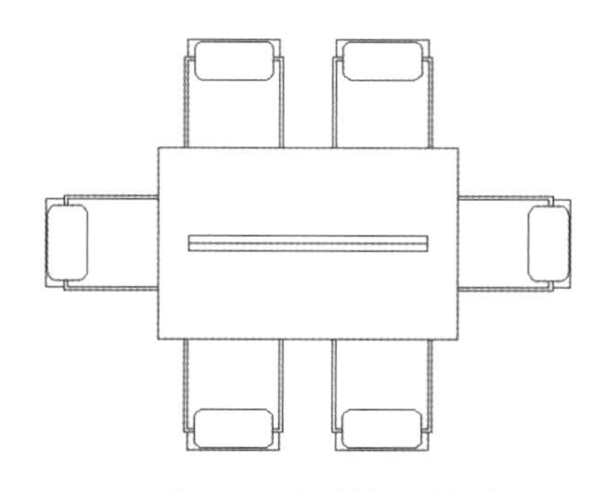

图 6-81　复制餐椅图形

（15）将图形保存为“餐桌”图块，然后插入平面图的餐厅位置，如图 6-82 所示。

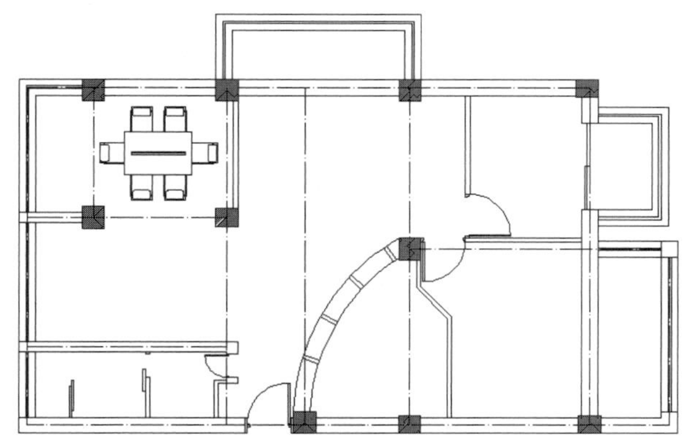

图 6-82　插入“餐桌”图块

6.6.2 绘制书房门窗

（1）将“门窗”图层设为当前层。单击“默认”选项卡“块”面板中的“插入”按钮，将 6.4.1 节中绘制的“单扇门”图块插入图中，并保证基点插入图 6-83 中的 A 点。

（2）单击“默认”选项卡“修改”面板中的“旋转”按钮，以刚才插入的 A 点为基点，将插入的“单扇门”图块逆时针旋转 90°，如图 6-84 所示。

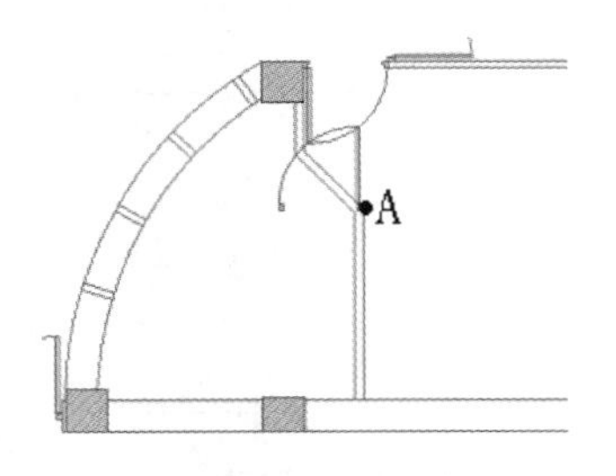

图 6-83 插入“单扇门”图块

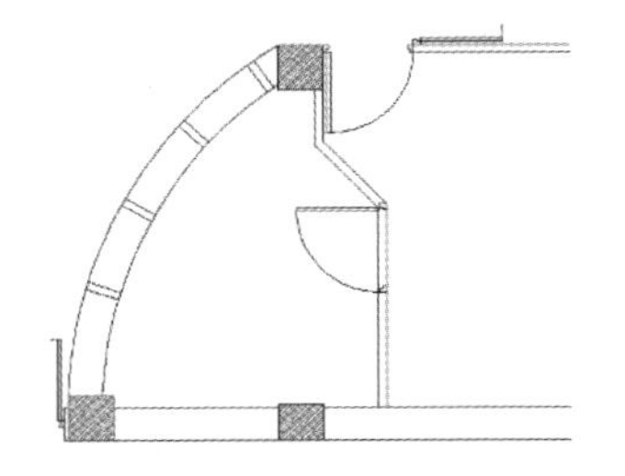

图 6-84 旋转图块

（3）单击“默认”选项卡“修改”面板中的“移动”按钮，将图块向下移动 200mm，移动后的图形如图 6-85 所示。

（4）单击“默认”选项卡“绘图”面板中的“直线”按钮，在门垛的两侧分别绘制一条直线，作为分割的辅助线，如图 6-86 所示。

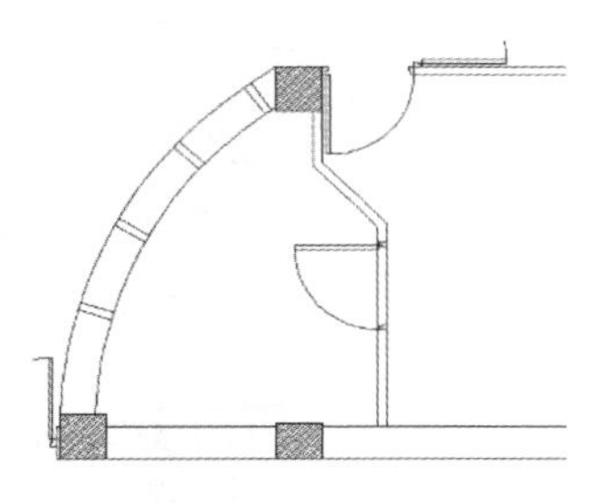

图 6-85 移动图块

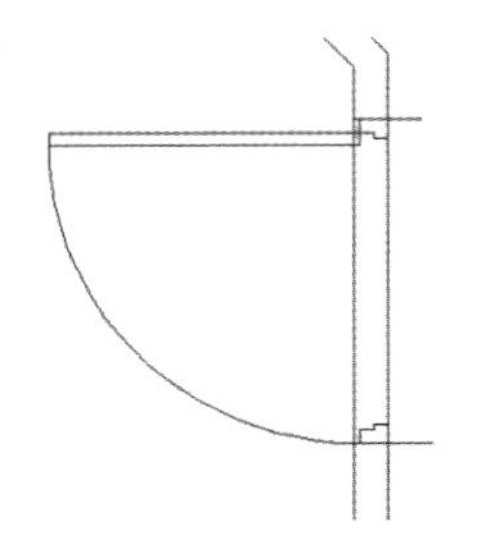

图 6-86 绘制辅助线

（5）单击“默认”选项卡“修改”面板中的“修剪”按钮，以辅助线为修剪的边界，将隔墙的多线修剪删除，并删除辅助线，如图 6-87 所示。

（6）选择菜单栏中的“格式”→“多线样式”命令，打开“多线样式“对话框。单击“新建”按钮，打开“创建新的多线样式”对话框，以隔墙类型为基准，新建多线样式“window_2”，如图 6-88 所示。

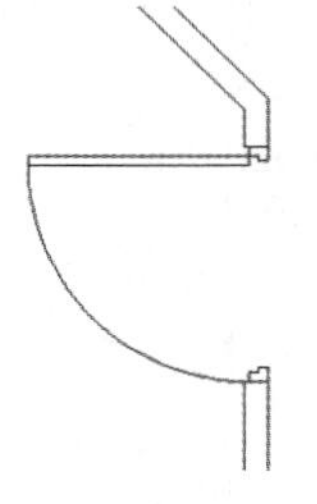

图 6-87 删除隔墙线

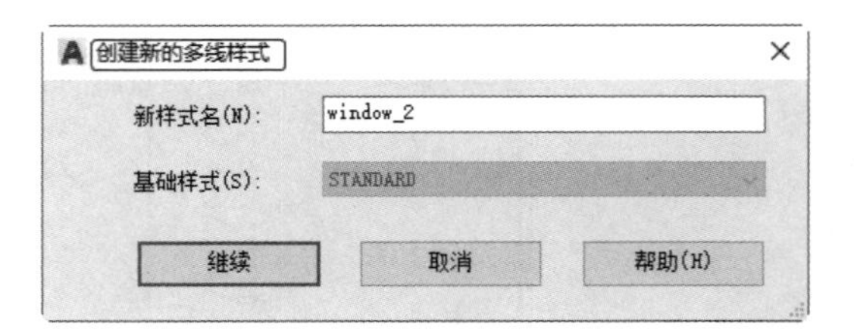

图 6-88 新建多线样式

（7）单击“继续”按钮，打开“新建多线样式：WINDOW_2”对话框，在两条多线中间

添加一条线，将偏移量分别设置为“50”“0”“-50”，如图 6-89 所示。

（8）选择菜单栏中的“绘图”→“多线”命令，在刚刚插入的门两侧绘制多线作为窗线，如图 6-90 所示。

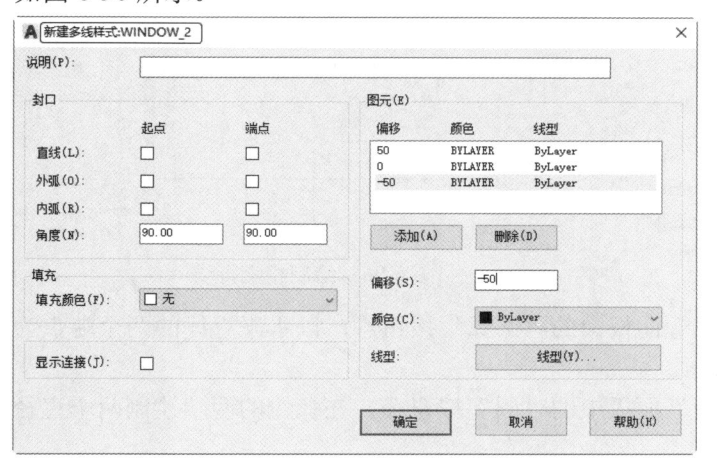

图 6-89　设置多线样式

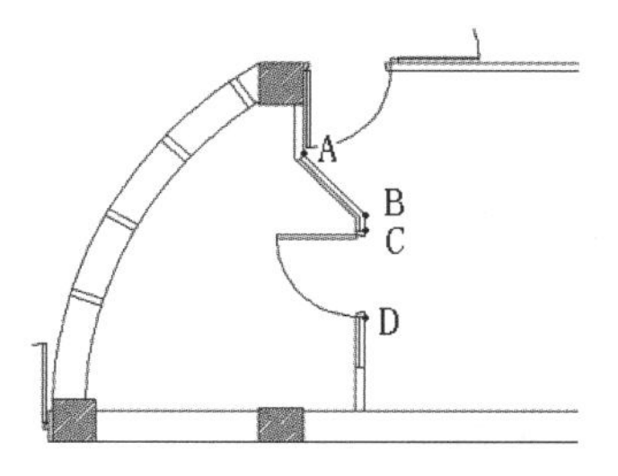

图 6-90　绘制窗线

6.6.3 绘制衣柜

衣柜是卧室中必不可少的设施，设计时注意要充分考虑空间和人的活动范围。

（1）单击“默认”选项卡“绘图”面板中的“矩形”按钮▭，绘制一长为 2000mm、宽为 500mm 的矩形，如图 6-91 所示。

（2）单击“默认”选项卡“修改”面板中的“偏移”按钮⊆，将矩形向内偏移，偏移距离为 40mm，结果如图 6-92 所示。然后单击“默认”选项卡“修改”面板中的“分解”按钮，将绘制的图形分解。

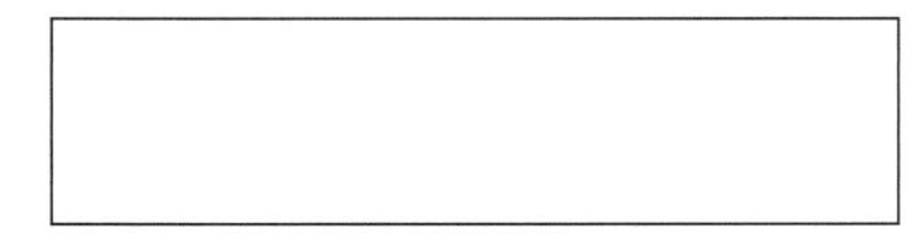

图 6-91　绘制矩形

图 6-92　偏移矩形

（3）单击“默认”选项卡“绘图”面板中的“定数等分”按钮，选择内部矩形下侧直线，将其 3 等分，命令行中的提示与操作如下。

```
命令：_divide
选择要定数等分的对象：（选择内部矩形下侧直线）
输入线段数目或[块(B)]：3↙
```

（4）单击“默认”选项卡“绘图”面板中的“直线”按钮╱，将光标移动到刚刚等分的直线的等分点附近，捕捉等分点，如图 6-93 所示，绘制两条竖直直线，如图 6-94 所示。

（5）单击“默认”选项卡“绘图”面板中的“直线”按钮╱，在矩形内部绘制一条水平直线，直线两端点分别为两侧边的中点，如图 6-95 所示。

（6）绘制衣架图块。单击“默认”选项卡“绘图”面板中的“直线”按钮╱，绘制一条长为 400mm 的水平直线，过其中点绘制一条竖直直线，如图 6-96 所示。

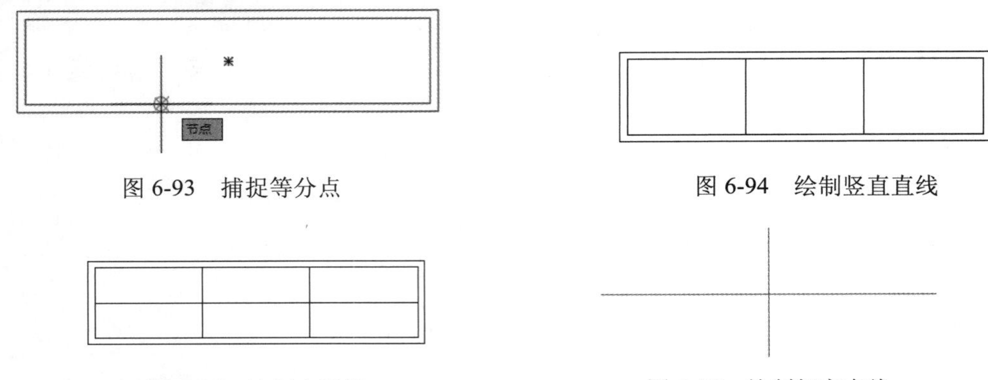

图 6-93　捕捉等分点　　　图 6-94　绘制竖直直线

图 6-95　绘制水平线　　　图 6-96　绘制相交直线

（7）单击“默认”选项卡“绘图”面板中的“圆弧”按钮，以水平直线的两个端点为端点，绘制一条弧线，如图 6-97 所示。

（8）单击“默认”选项卡“绘图”面板中的“圆”按钮，在弧线的两端绘制两个直径为 20mm 的圆，如图 6-98 所示。

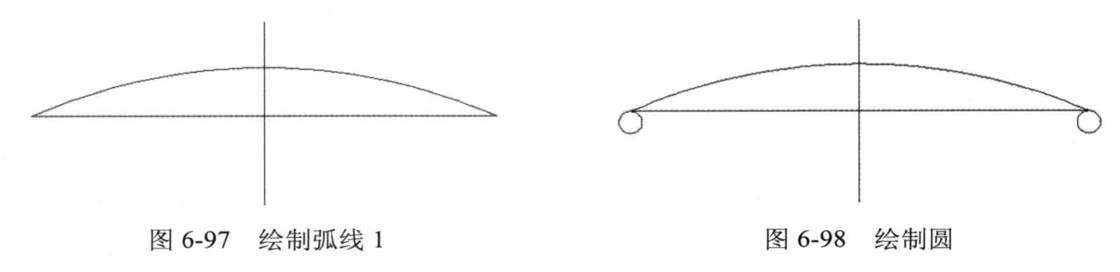

图 6-97　绘制弧线 1　　　图 6-98　绘制圆

（9）单击“默认”选项卡“绘图”面板中的“圆弧”按钮，过圆的下侧绘制另外一条与圆相切的弧线，如图 6-99 所示。

（10）单击“默认”选项卡“修改”面板中的“删除”按钮和“修剪”按钮，删除辅助线及弧线内部的圆弧部分，如图 6-100 所示，至此完成衣架模块的绘制。

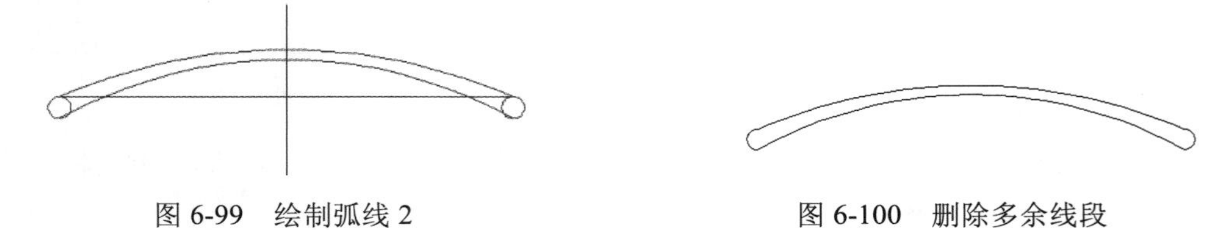

图 6-99　绘制弧线 2　　　图 6-100　删除多余线段

（11）将衣架模块保存为图块，并将插入点设定为弧线的中点，然后将其插入衣柜模块中，如图 6-101 所示。

（12）将衣柜模块插入图中，并绘制另外一个衣柜模块，最终效果如图 6-102 所示。

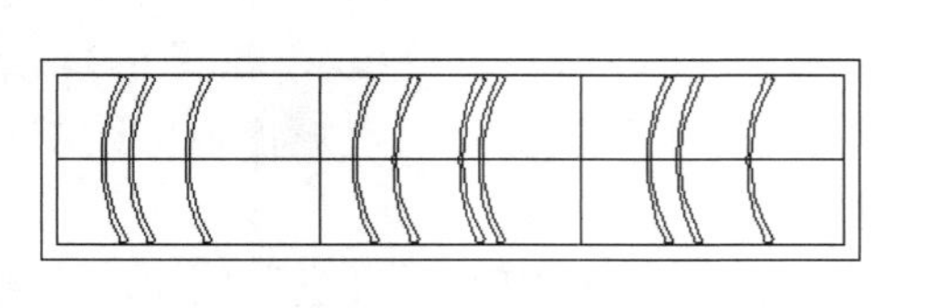

图 6-101　插入衣架模块

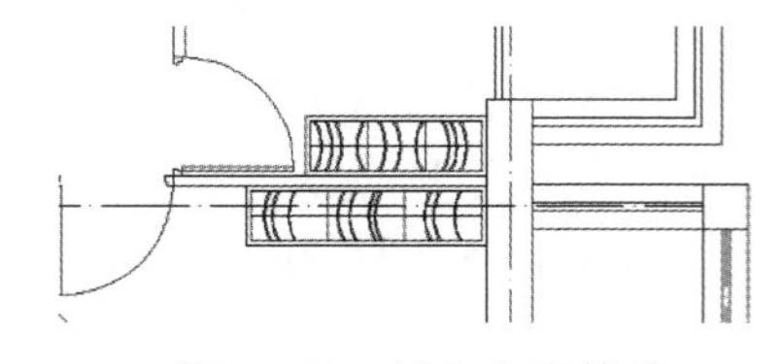

图 6-102　插入衣柜模块

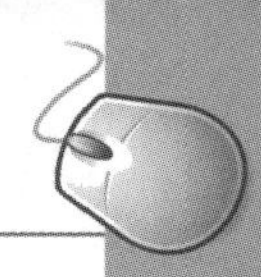

6.6.4 绘制橱柜

（1）单击“默认”选项卡“绘图”面板中的“矩形”按钮▭，绘制一个边长为 800mm 的正方形；重复“矩形”命令，在正方形的左上角绘制一个 150mm×100mm 的矩形，如图 6-103 所示。

（2）单击“默认”选项卡“修改”面板中的“镜像”按钮⚠，选择刚刚绘制的小矩形，以正方形的上边中点为基点，引出竖直对称轴，将小矩形镜像到另外一侧，如图 6-104 所示。

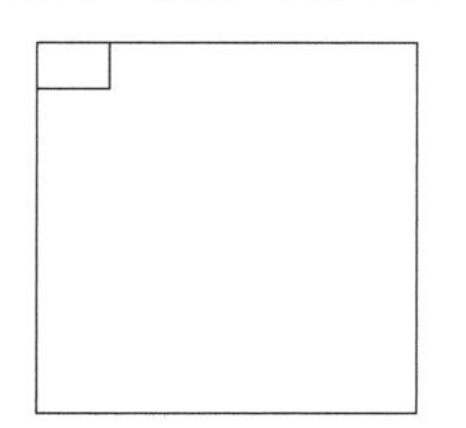

图 6-103　绘制矩形

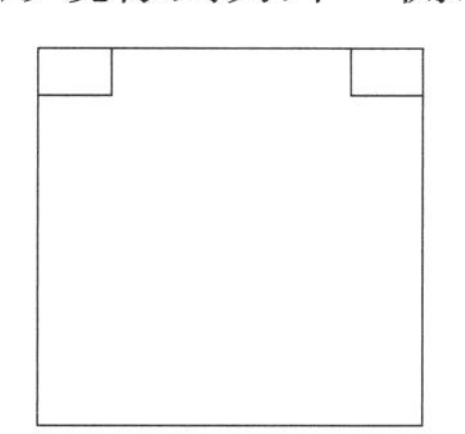

图 6-104　镜像矩形

（3）单击“默认”选项卡“绘图”面板中的“直线”按钮⁄，选择左上角矩形右侧边的中点为起点，绘制一条水平直线，作为橱柜的门，如图 6-105 所示。重复“直线”命令，在柜门中间偏右的位置绘制一条竖直直线。

（4）单击“默认”选项卡“绘图”面板中的“矩形”按钮▭，在直线上侧中间位置绘制两个边长为 50mm 的小正方形，作为柜门的拉手，如图 6-106 所示。

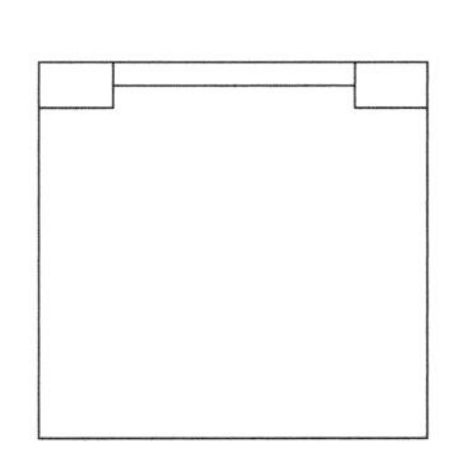

图 6-105　绘制柜门

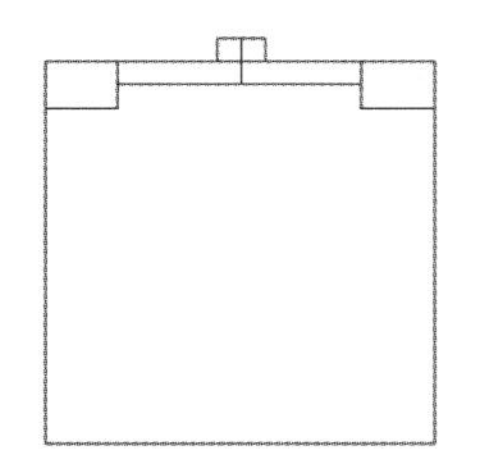

图 6-106　绘制拉手

（5）单击“默认”选项卡“修改”面板中的“移动”按钮✥，选择刚刚绘制的厨柜模块，将其移动至厨房的厨柜位置，如图 6-107 所示。

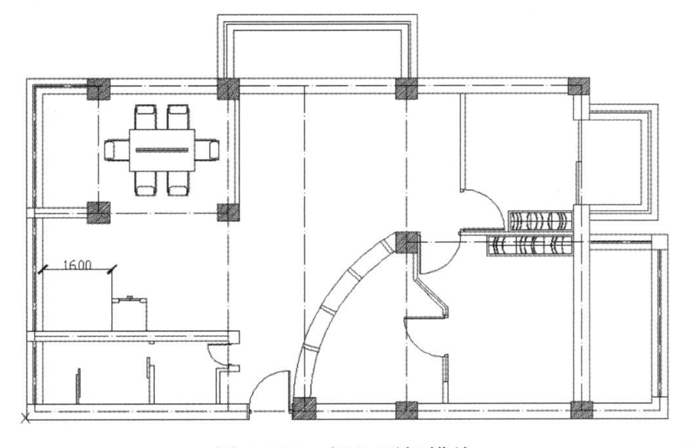

图 6-107　插入厨柜模块

6.6.5 绘制吧台

（1）单击“默认”选项卡“绘图”面板中的“矩形”按钮，绘制一个 400mm×600mm 的矩形，重复“矩形”命令，在其右侧绘制一个 500mm×600mm 的矩形，作为吧台的台板，如图 6-108 所示。

（2）单击“默认”选项卡“绘图”面板中的“圆”按钮，以矩形最右侧边线的中点为圆心绘制一个半径为 300mm 的圆，如图 6-109 所示。

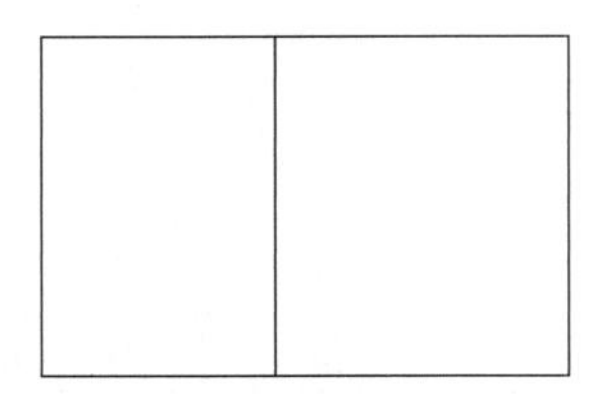

图 6-108 绘制吧台台板

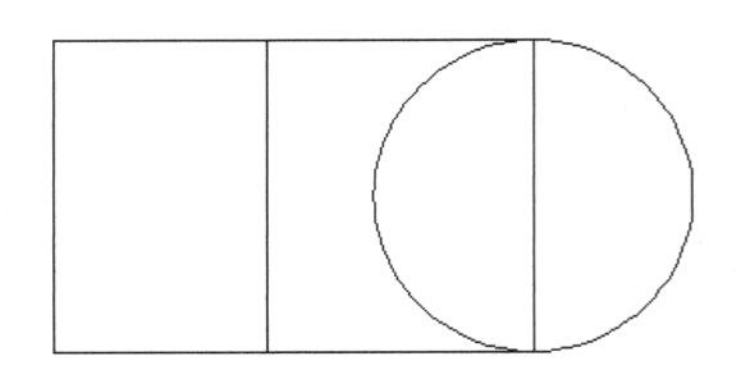

图 6-109 绘制圆

（3）单击“默认”选项卡“修改”面板中的“分解”按钮，选择右侧的矩形和圆分解，并删除右侧的竖直边，如图 6-110 所示。

（4）单击“默认”选项卡“修改”面板中的“修剪”按钮，选择上下两条水平直线作为修剪边界，将圆的左侧修剪掉，生成的吧台图形如图 6-111 所示。

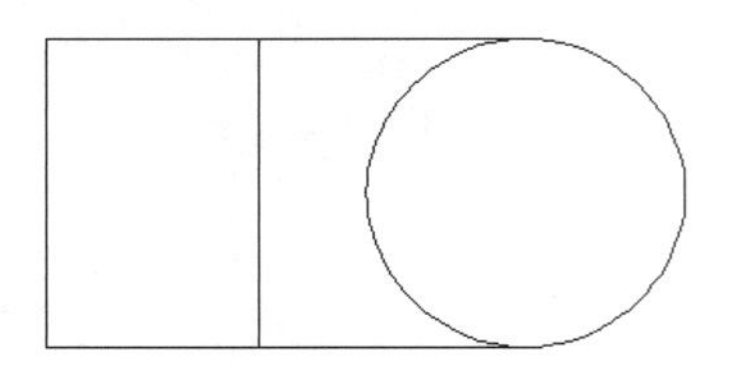

图 6-110 删除直线

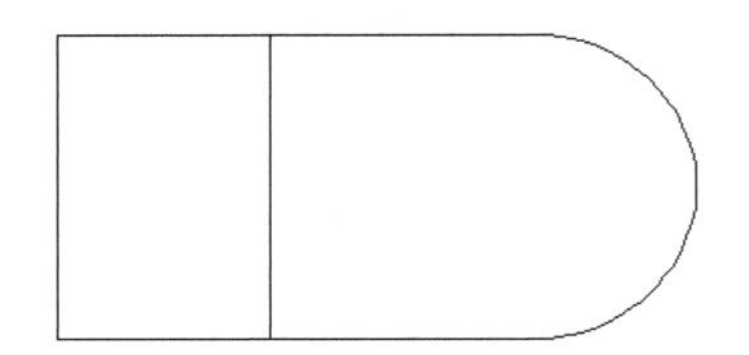

图 6-111 吧台图形

（5）单击“默认”选项卡“修改”面板中的“移动”按钮，将吧台移至如图 6-112 所示的位置。

（6）单击“默认”选项卡“修改”面板中的“分解”按钮，分解与吧台重合的柱子。单击“默认”选项卡“修改”面板中的“修剪”按钮，删除吧台内的柱子图形，如图 6-113 所示。

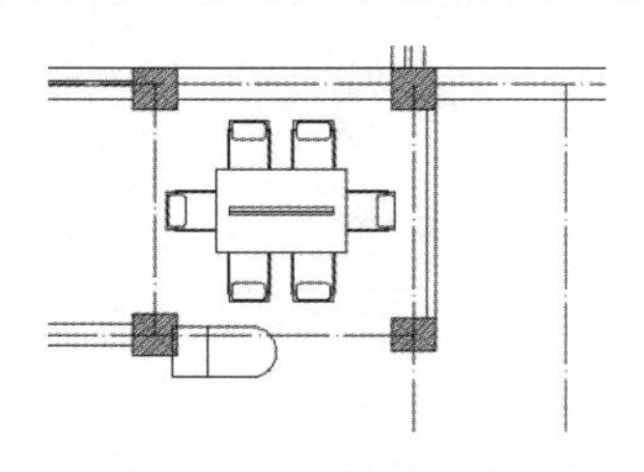

图 6-112 移动吧台

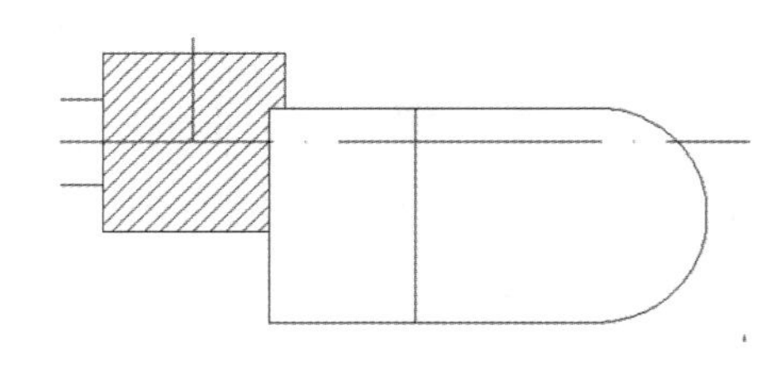

图 6-113 修剪多余直线

6.6.6 绘制厨房水池和煤气灶

（1）绘制厨房的灶台。单击“默认”选项卡“绘图”面板中的“直线”按钮，然后在橱柜模块底部的左端点处单击在命令行中依次输入：@0,600、@-1000,0、@0,1520、@1800,0，最后将其端点与吧台相连，完成灶台的绘制，如图 6-114 所示。

（2）单击“默认”选项卡“绘图”面板中的“圆弧”按钮，单击刚刚绘制的灶台线结束点，然后在图中绘制如图 6-115 所示的弧线，作为客厅与餐厅的分界线，同时也代表一级台阶。

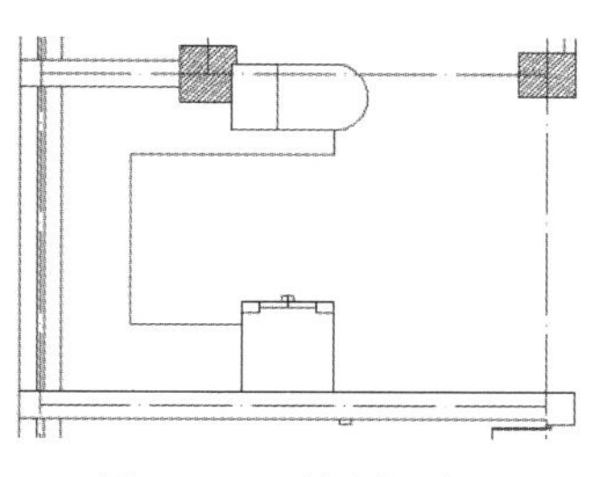

图 6-114　绘制灶台

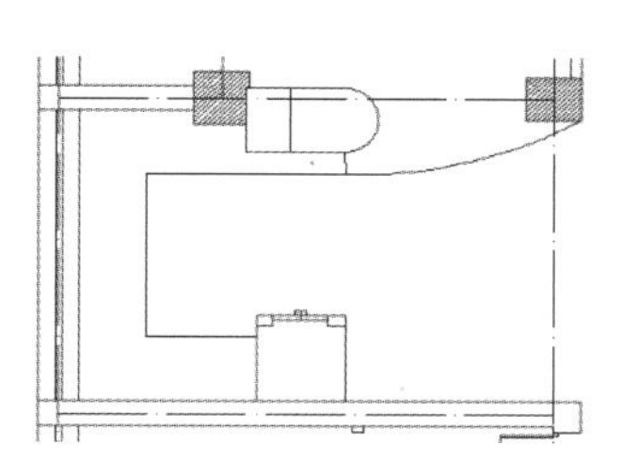

图 6-115　绘制一级台阶

（3）单击“默认”选项卡“修改”面板中的“偏移”按钮，将弧线向内侧偏移，偏移距离为 200mm，代表台阶宽度为 200mm。单击“默认”选项卡“绘图”面板中的“直线”按钮和单击“默认”选项卡“修改”面板中的“修剪”按钮，绘制二级台阶，如图 6-116 所示。

（4）单击“默认”选项卡“绘图”面板中的“矩形”按钮，在灶台左下部，绘制一个 500mm×750mm 的矩形；重复“矩形”命令，在刚绘制的矩形中绘制两个 300mm×300mm 的矩形作为水槽，放置位置如图 6-117 所示。

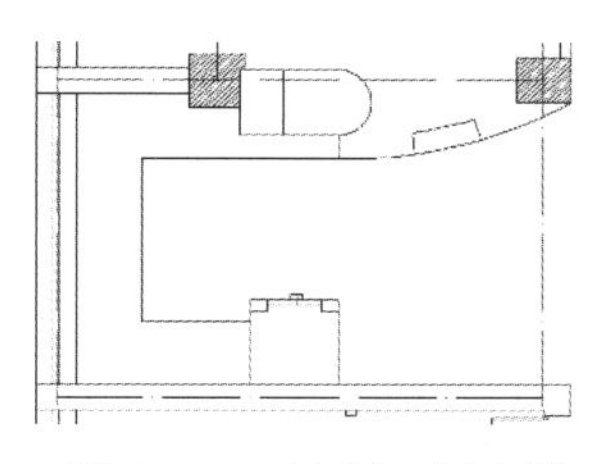

图 6-116　绘制二级台阶

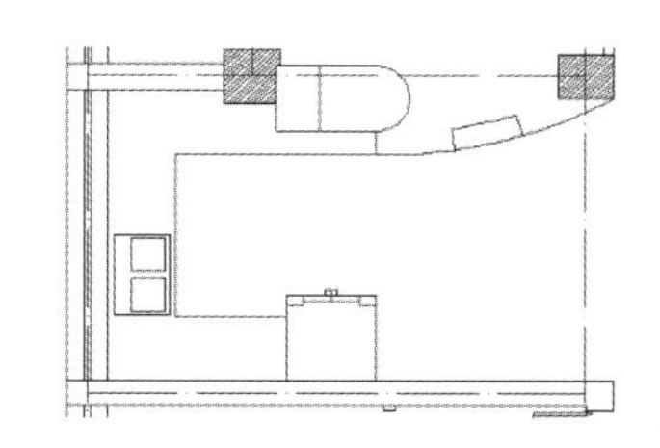

图 6-117　绘制水槽

（5）单击“默认”选项卡“修改”面板中的“圆角”按钮，设置圆角的半径为 50mm，将刚刚绘制的矩形的角均修改为圆角，如图 6-118 所示。

（6）单击“默认”选项卡“绘图”面板中的“直线”按钮和“圆”按钮，在两个小矩形的中间部位绘制水龙头，如图 6-119 所示，绘制完成后将其保存为“水池”图块。

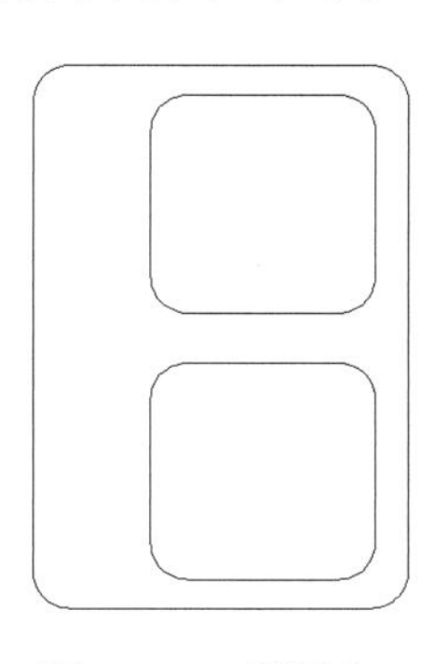

图 6-118　倒圆角

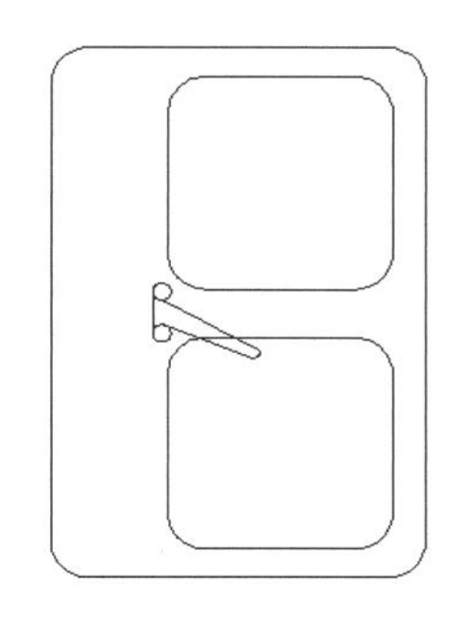

图 6-119　绘制水龙头

（7）煤气灶的绘制与水池类似，单击“默认”选项卡“绘图”面板中的“矩形”按钮，绘制一个 750mm×400mm 的矩形，如图 6-120 所示。

（8）单击“默认”选项卡“绘图”面板中的“直线”按钮，在距离底边 50mm 的位置上，绘制一条水平直线，如图 6-121 所示，作为控制板与灶台的分界线。

图 6-120　绘制矩形

图 6-121　绘制直线

（9）单击“默认”选项卡“绘图”面板中的“矩形”按钮，在下方矩形的中间位置绘制一个 70mm×40mm 的矩形作为操作显示窗口，如图 6-122 所示。在矩形左侧绘制控制旋钮图形，如图 6-123 所示。

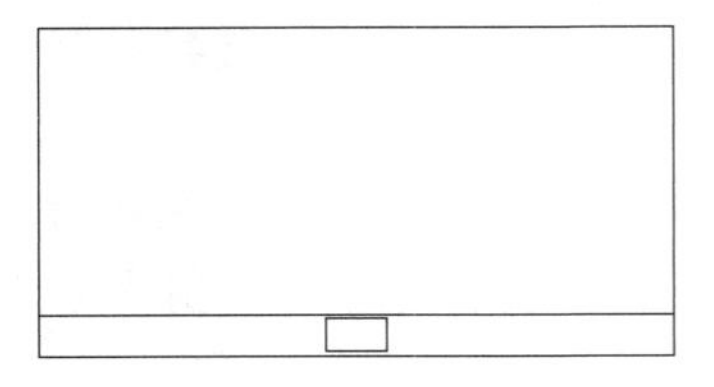

图 6-122　绘制操作显示窗口

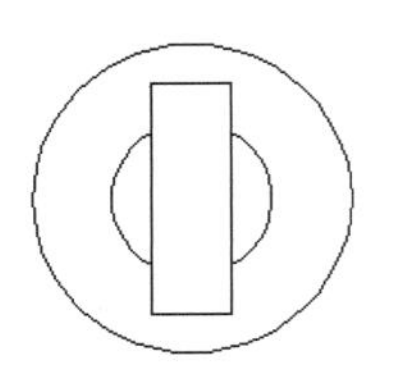

图 6-123　控制旋钮

（10）单击“默认”选项卡“修改”面板中的“镜像”按钮，将控制旋钮镜像到另外一侧，镜像轴为操作显示窗口的中线（也是大矩形的中线），如图 6-124 所示。

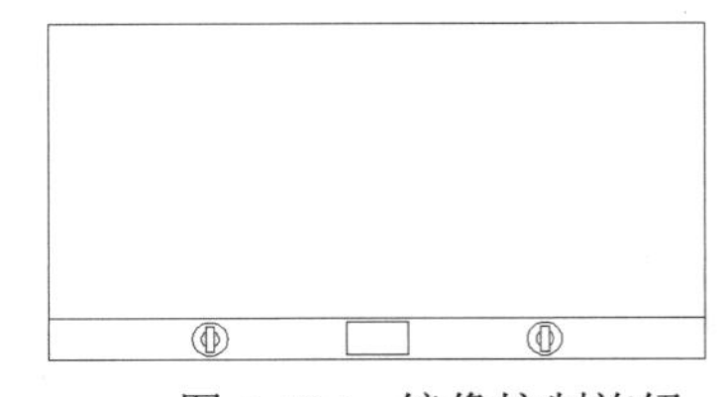

图 6-124　镜像控制旋钮

（11）单击“默认”选项卡“绘图”面板中的“矩形”按钮，在空白处绘制一个 700mm×300mm 的矩形，并绘制其中线作为辅助线，如图 6-125 所示。

（12）单击“默认”选项卡“绘图”面板中的“直线”按钮，过燃气灶上边的中点绘制一条竖直直线作为辅助线，如 6-126 所示。

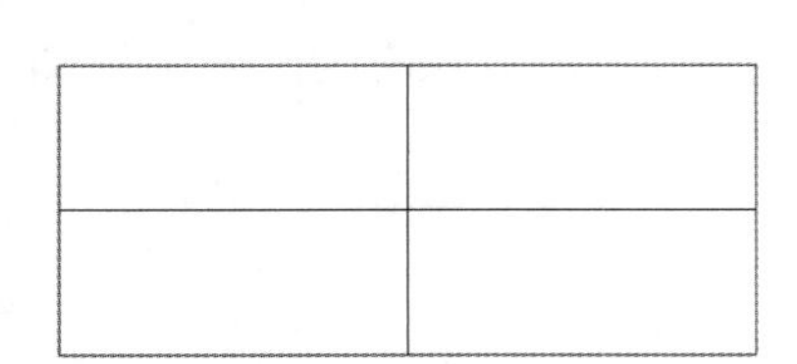

图 6-125　绘制矩形及其中线

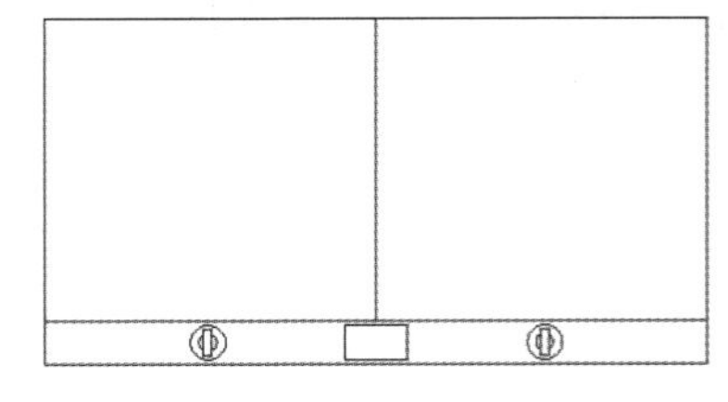

图 6-126　绘制辅助线

（13）单击“默认”选项卡“修改”面板中的“移动”按钮，移动刚刚绘制的矩形，使矩形的中心移至辅助线的中点，并将矩形的中线删除。

（14）单击“默认”选项卡“修改”面板中的“圆角”按钮，对矩形进行倒圆角，圆角半径为 30mm，如图 6-127 所示。

（15）单击“默认”选项卡“绘图”面板中的“圆”按钮，绘制一个直径为 200mm 的圆；再单击“默认”选项卡“修改”面板中的“偏移”按钮，将矩形向内偏移，偏移距离分别为 50mm、70mm、90mm，如图 6-128 所示。

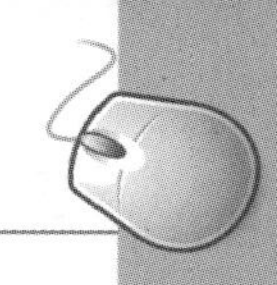

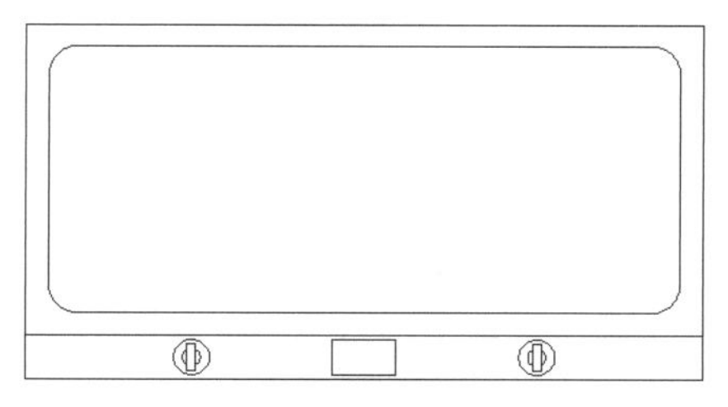

图 6-127 矩形倒圆角

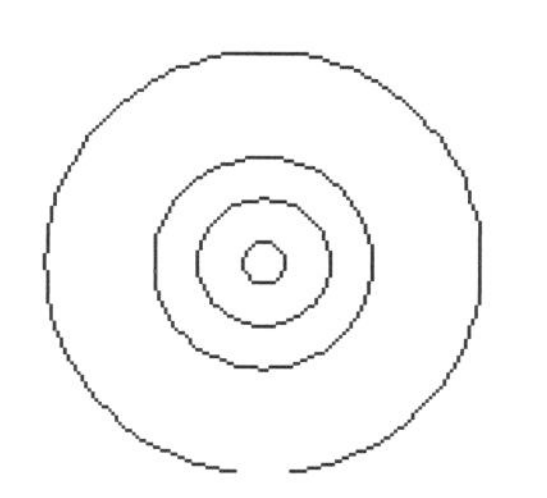

图 6-128 偏移圆形

（16）单击“默认”选项卡“绘图”面板中的“矩形”按钮，在图中绘制一个 20mm×60mm 的矩形。单击“默认”选项卡“修改”面板中的“移动”按钮，将其按照图 6-129 所示的位置移动；单击“默认”选项卡“修改”面板中的“修剪”按钮，将多余的线修剪掉。

（17）单击“默认”选项卡“修改”面板中的“复制”按钮，选择刚刚绘制的矩形，然后在原位置复制矩形。此时两个矩形重合，在图上看不出。单击“默认”选项卡“修改”面板中的“旋转”按钮，选择复制的矩形，单击大圆的圆心作为旋转基准点，给定旋转角度为 72°，旋转结果如图 6-130 所示。

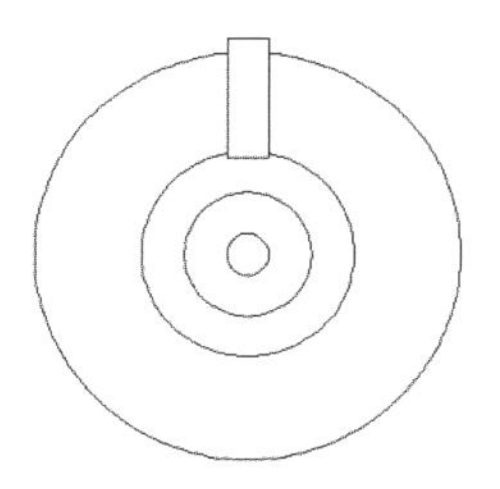

图 6-129 绘制矩形

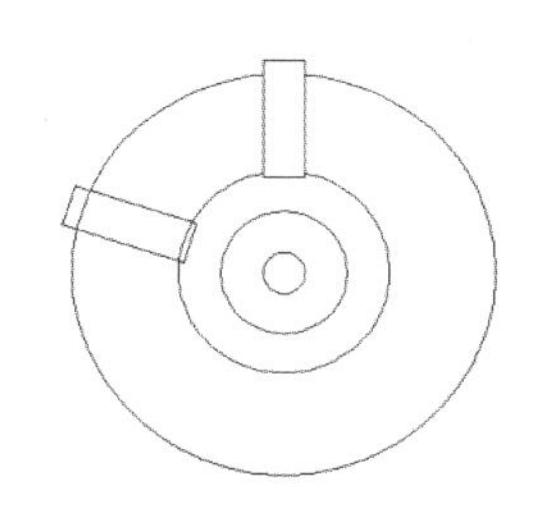

图 6-130 旋转矩形

（18）采用相同的方法复制、旋转得到其他矩形，并单击“默认”选项卡“修改”面板中的“修剪”按钮，修剪矩形内部的弧线，结果如图 6-131 所示。

（19）单击“默认”选项卡“修改”面板中的“移动”按钮，将绘制好的灶口图形移动到燃气灶图块的左侧；再单击“默认”选项卡“修改”面板中的“镜像”按钮，将灶口图形镜像到另一侧，如图 6-132 所示。最后将燃气灶图形保存为“燃气灶”图块，方便以后绘图时使用。

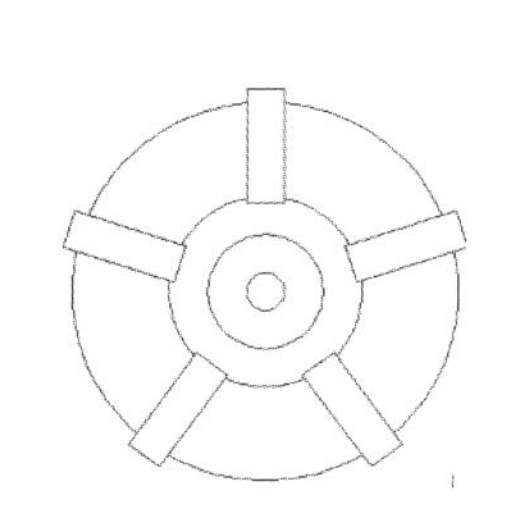

图 6-131 复制、旋转其他矩形

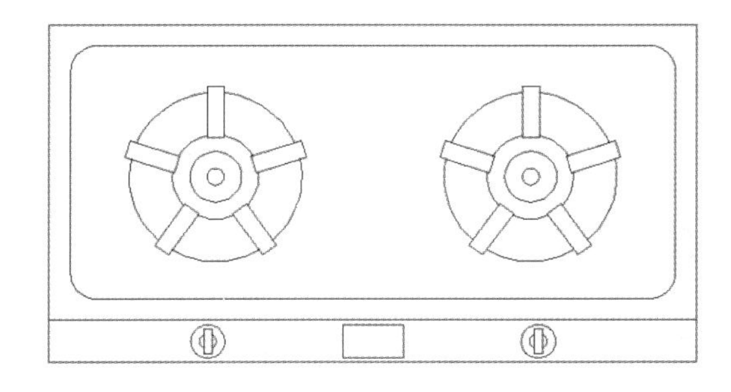

图 6-132 移动并镜像灶口图形

（20）采用相同的方法，绘制其他房间的装饰图形，结果如图 6-133 所示。

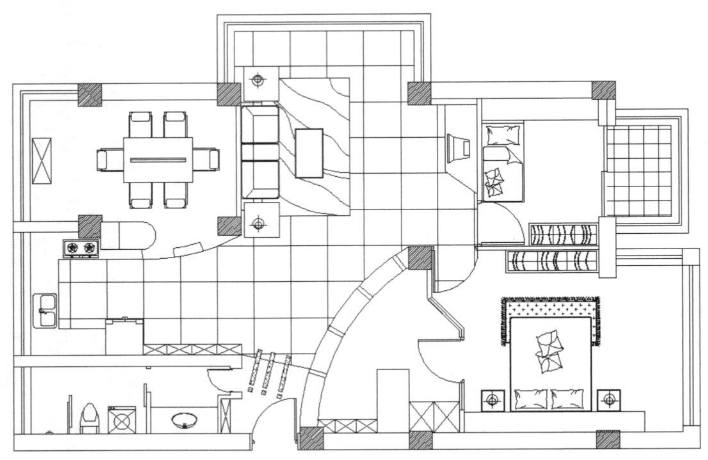

图 6-133　绘制其他装饰图形

6.7　尺寸、文字标注

6.7.1　尺寸标注

（1）单击“默认”选项卡“注释”面板中的“标注样式”按钮，❶打开“标注样式管理器”对话框，如图 6-134 所示。

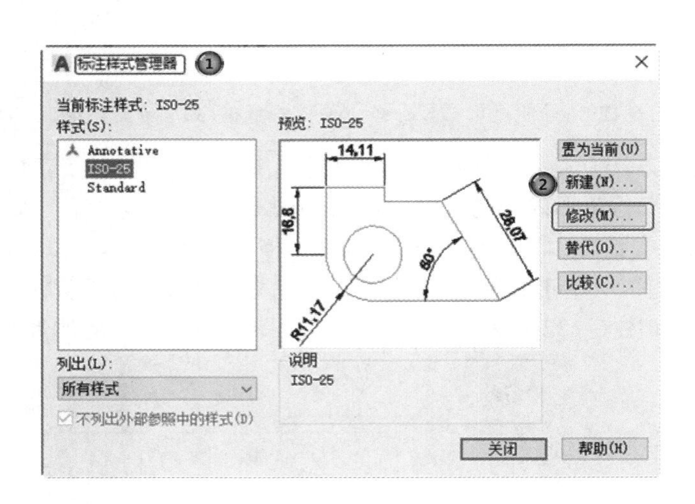

图 6-134　“标注样式管理器”对话框

（2）❷单击“修改”按钮，❸打开“修改标注样式”对话框。❹单击“线”选项卡，按如图 6-135 所示修改标注样式参数。❺单击“符号和箭头”选项卡，按照图 6-136 所示的设置进行修改，箭头样式选择为“建筑标记”，箭头大小修改为“150”。❻在“文字”选项卡中设置“文字高度”为“150”，从尺寸线偏移“50”，如图 6-137 所示。

（3）将“尺寸标注”图层设为当前层，单击“默认”选项卡“注释”面板中的“线性”按钮，标注轴线间的距离，如图 6-138 所示。

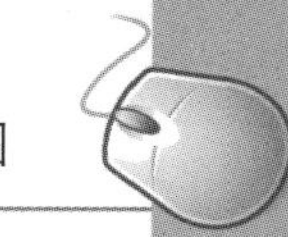

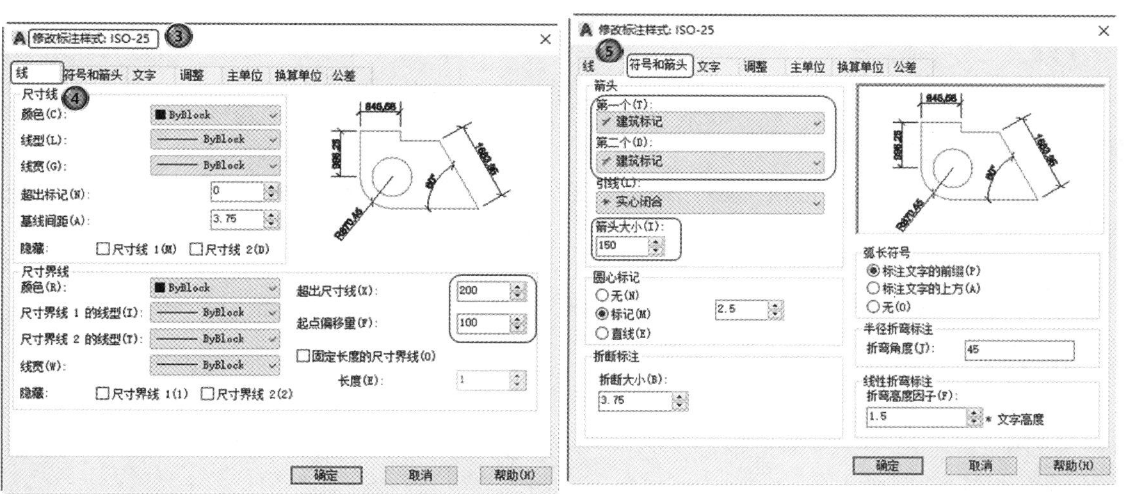

图 6-135　“线”选项卡　　　　图 6-136　“符号和箭头”选项卡

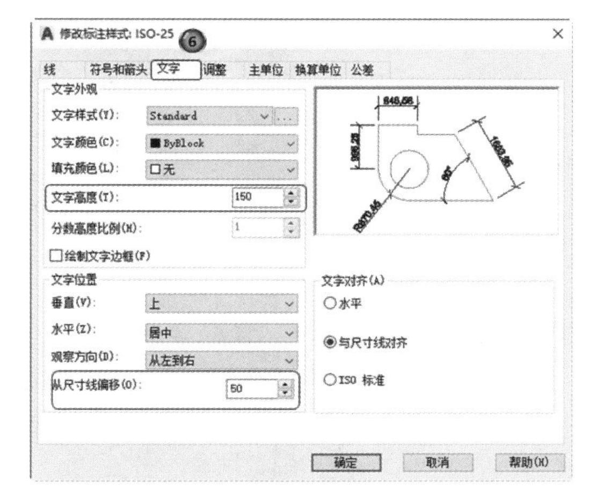

图 6-137　“文字”选项卡

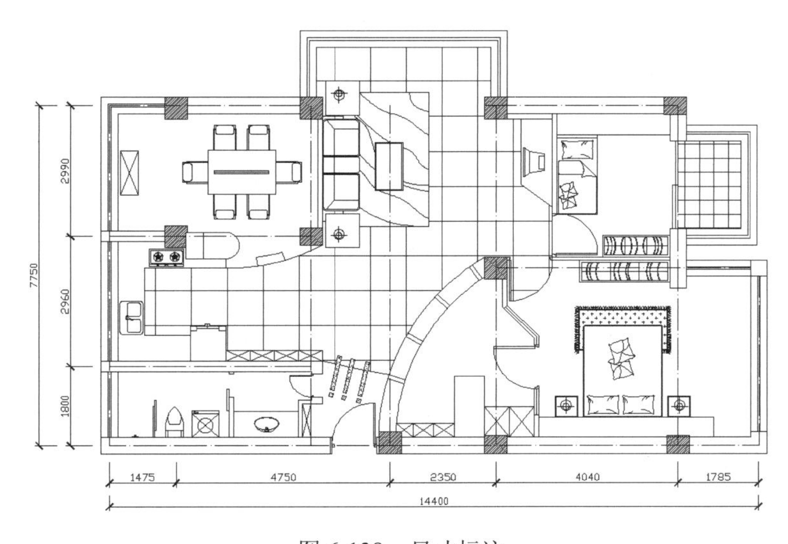

图 6-138　尺寸标注

6.7.2 文字标注

（1）单击“默认”选项卡“注释”面板中的“文字样式”按钮，❶打开“文字样式”对话框，如图 6-139 所示。

（2）❷单击“新建”按钮，❸打开“新建文字样式”对话框，❹将文字样式命名为“说明”，如图 6-140 所示。

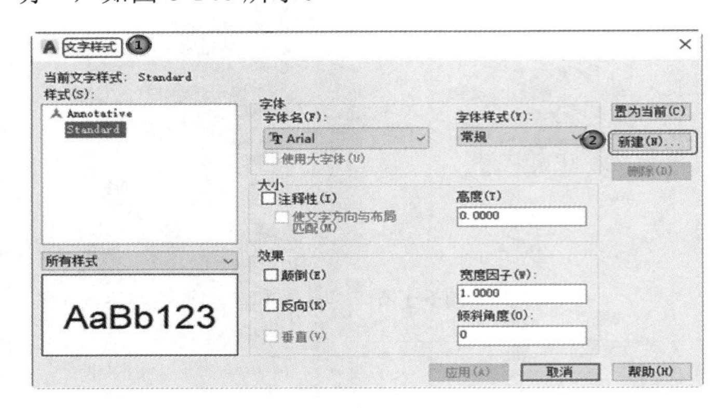

图 6-139 “文字样式”对话框

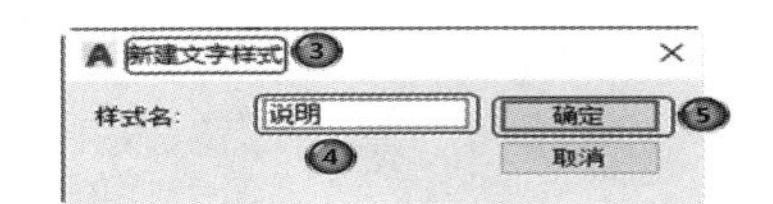

图 6-140 “新建文字样式”对话框

（3）❺单击“确定”按钮，❻在“字体名”下拉列表中选择“宋体”选项，❼设置“高度”为“150”，如图 6-141 所示，❽单击“应用”按钮，❾然后单击“关闭”按钮，关闭对话框。

注意：在 CAD 中输入汉字时，可以选择不同的字体，在“字体名”下拉列表中，有些字体前面有“@”标记，如“@仿宋_GB2312”，这说明该字体是为横向输入汉字用的，即输入的汉字逆时针旋转 90°，如图 6-142 所示。如果要输入正向的汉字，不能选择前面带“@”标记的字体。

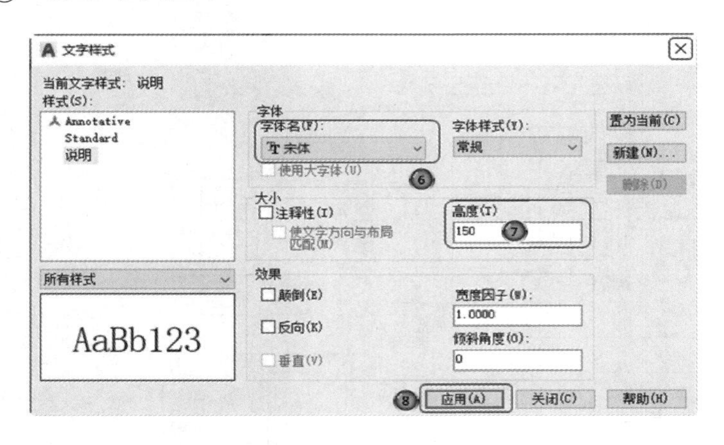

图 6-141 修改文字样式

图 6-142 横向汉字

（4）将“文字”图层设为当前层，在图中相应的位置输入需要标注的文字，结果如图 6-143 所示。

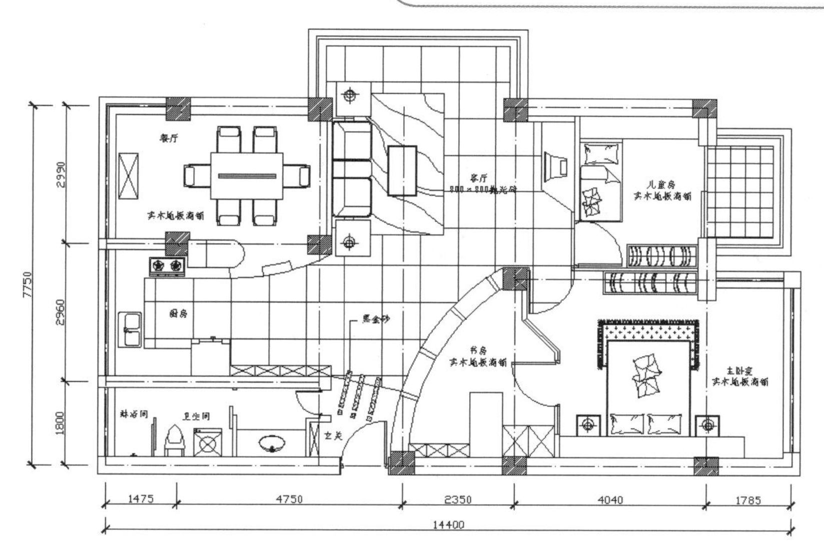

图 6-143　文字标注

6.7.3 标高

（1）单击“默认”选项卡“注释”面板中的“文字样式”按钮，打开“文字样式”对话框，新建样式“标高”，将文字字体设置为“宋体”，如图 6-144 所示。

（2）绘制如图 6-145 所示的标高符号，将其插入图中，最终效果如图 6-1 所示。

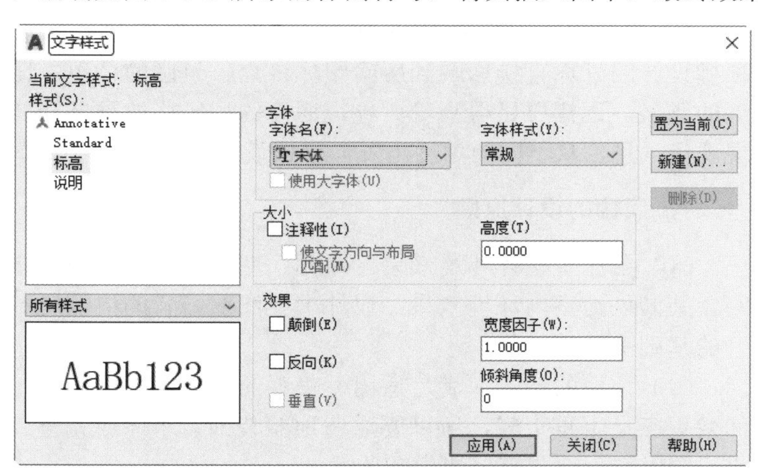

图 6-144　新建“标高”文字样式

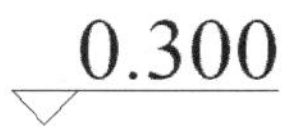

0.300

图 6-145　标高符号

Chapter

住宅顶棚布置图

7

本章将在上一章绘制的住宅平面图的基础上，绘制三居室住宅顶棚布置图。让读者逐步掌握顶棚图的绘制，以及住宅顶棚平面设计的相关知识和技巧。本章主要包括住宅平面图绘制的知识要点、顶棚布置的概念和样式、顶棚布置图的绘制等内容。

7.1 知识要点

顶棚是室内装饰不可缺少的重要组成部分，也是室内空间装饰中最富有变化、引人注目的界面。其透视感较强，通过不同的处理，配以灯具造型能增强空间感染力，使顶面造型丰富多彩、新颖美观。顶棚设计的好坏直接影响到房间整体特点、氛围的体现。比如古典型的风格，顶棚要显得高贵典雅，而简约型风格的顶棚则要充分体现现代气息，从不同的角度出发，依据设计理念进行合理搭配。

1. 顶棚的设计原则

（1）要注重整体环境效果。顶棚、墙面、基面共同组成室内空间，共同创造室内环境效果，设计中要注意三者的协调统一，在统一的基础上各具特色。

（2）顶面的装饰应满足适用、美观的要求。一般来讲，室内空间效果应是下重上轻，所以要注意顶面装饰力求简捷完整、重点突出，同时造型要具有轻快感和艺术感。

（3）顶面的装饰应保证顶面结构的合理性和安全性，不能单纯追求造型而忽视安全。

2. 顶棚的设计形式

（1）平整式顶棚。这种顶棚构造简单，外观朴素大方，装饰便利，适用于教室、办公室、展览厅等，它的艺术感染力来自顶面的形状、质地、图案及灯具的有机配置。

（2）凹凸式顶棚。这种顶棚造型华美富丽，立体感强，适用于

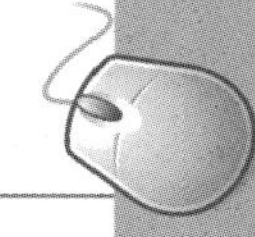

舞厅、餐厅、门厅等，要注意各凹凸层的主次关系和高差关系，不宜变化过多，要强调自身节奏的韵律感以及整体空间的艺术性。

（3）悬吊式顶棚。在屋顶承重结构下面悬挂各种折板、平板或其他形式的吊顶，这种顶棚往往是为了满足声学、照明等方面的要求或为了追求某些特殊的装饰效果而设计的，常用于体育馆、电影院等。近年来，在餐厅、商店等建筑中也常用这种形式的顶棚，使人产生特殊的美感和情趣。

（4）井格式顶棚。这是结合结构梁形式，根据主次梁交错以及井字梁的关系，配以灯具和石膏花饰图案的一种顶棚，朴实大方，节奏感强。

（5）玻璃顶棚。现代大型公共建筑的门厅、中厅等常用这种形式，主要解决大空间采光及室内绿化需要，使室内环境更富于自然情趣，为大空间增加活力。其形式一般有圆顶形、锥形和折线形。

7.2 绘图准备

7.2.1 复制图形

（1）新建“顶棚布置图”文件。打开第 6 章中绘制的平面图，将“装饰”“文字”“地板”图层关闭，关闭图层后的图形如图 7-1 所示。

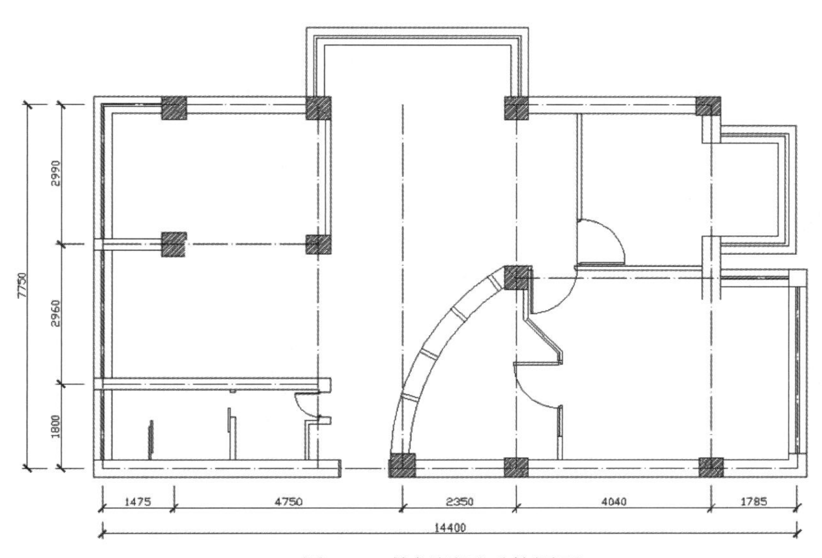

图 7-1　关闭图层后的图形

（2）选中图中的所有图形，然后按<Ctrl>+<C>键进行复制，再单击菜单栏中的“窗口”菜单，切换到“顶棚布置图”文件，按<Ctrl>+<V>键进行粘贴，将图形复制到当前的文件中。

7.2.2 设置图层

（1）在“顶棚布置图”文件上，单击“默认”选项卡“图层”面板中的“图层特性”按钮，打开“图层特性管理器”对话框，可以看到，刚刚随着图形的复制，图形所在的图层也被复制到了文件中，如图 7-2 所示。

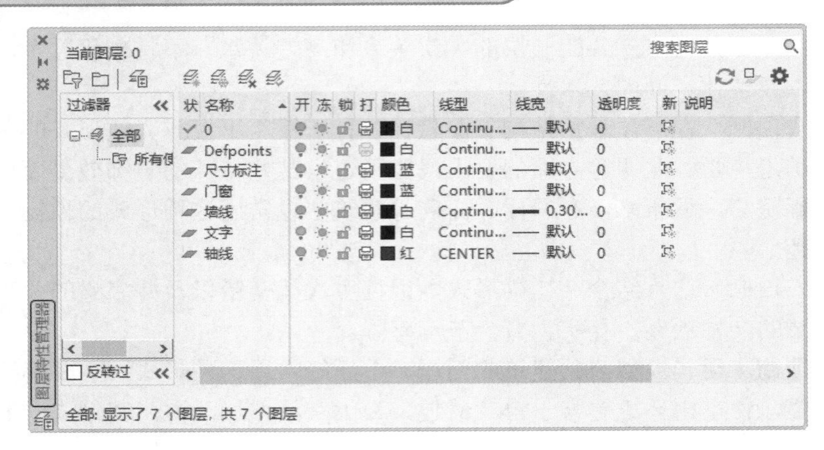

图 7-2 “图层特性管理器”对话框

（2）单击“新建图层”按钮，新建“屋顶”和“灯具”图层，可根据自己的习惯进行图层设置。

7.3 绘制屋顶

下面简单讲述一下各个屋顶的绘制方法。

7.3.1 绘制餐厅屋顶

（1）将“屋顶”图层设为当前层。选择菜单栏中的“格式”→“多线样式”命令，打开“多线样式”对话框，如图 7-3 所示。单击“新建”按钮，新建多线样式，命名为“ceiling”，参数设置如图 7-4 所示，即多线的偏移距离设置为 150 和-150。将“ceiling”多线样式设置为当前样式。

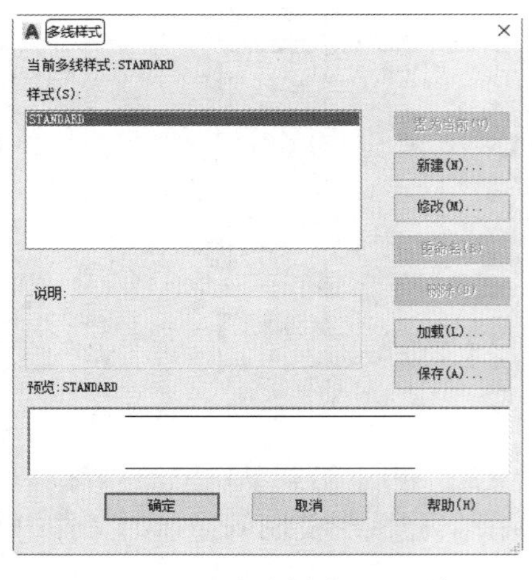

图 7-3 “多线样式”对话框

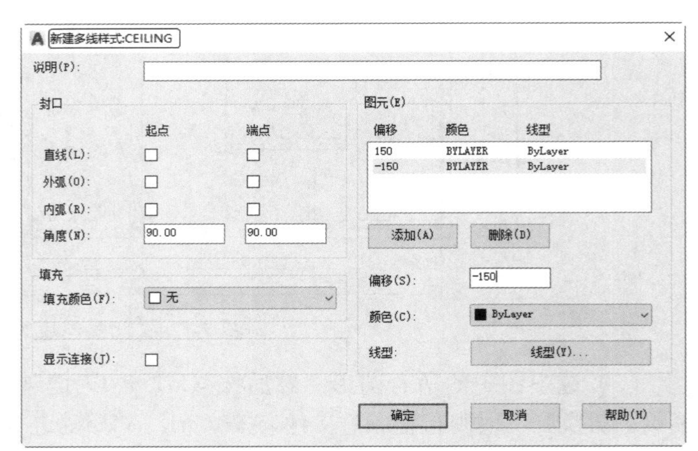

图 7-4 设置多线样式

（2）选择菜单栏中的“绘图”→“多线”命令，设置绘制比例为 1，绘制多线，如图 7-5 所示。

（3）单击“默认”选项卡“绘图”面板中的“直线”按钮，在餐厅左侧空间绘制一条

竖直直线，将空间分割为两部分。重复“直线”命令，在餐厅中部绘制一条水平辅助线，如图 7-6 所示。

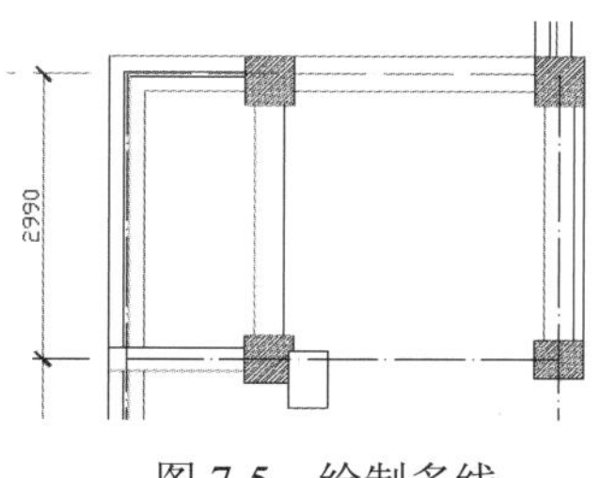

图 7-5　绘制多线

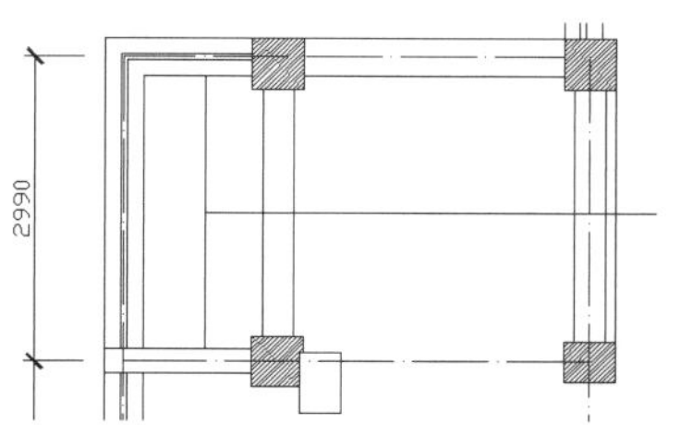

图 7-6　绘制辅助线

（4）单击“默认”选项卡“绘图”面板中的“矩形”按钮，在空白处绘制一个 300mm×180mm 的矩形，如图 7-7 所示。

图 7-7　绘制矩形

（5）单击“默认”选项卡“修改”面板中的“移动”按钮，将矩形移动到如图 7-8 所示的位置。

（6）单击“默认”选项卡“修改”面板中的“复制”按钮，复制矩形，选择一个基点，在命令行中输入移动坐标“@0,400”。采用同样的方法，复制生成其他 3 个矩形，如图 7-9 所示。

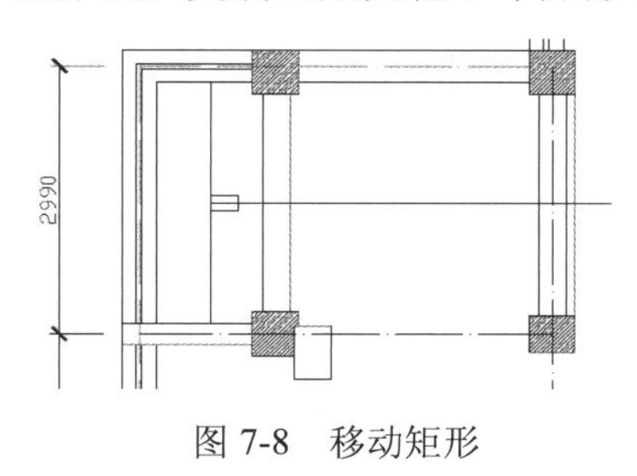

图 7-8　移动矩形

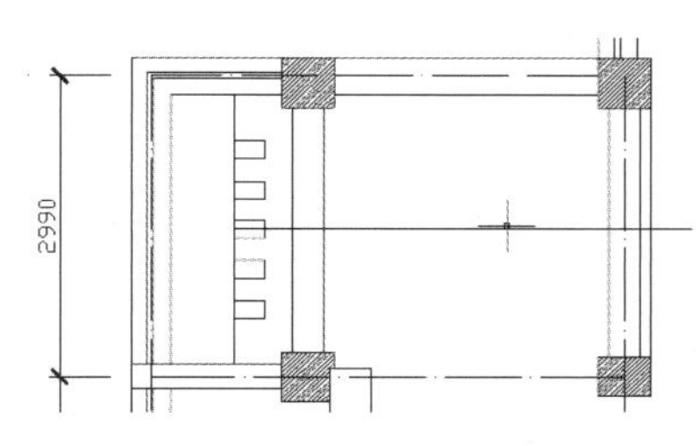

图 7-9　复制矩形

（7）先单击“默认”选项卡“修改”面板中的“分解”按钮，选择刚刚绘制的 5 个矩形，将其分解；再单击“默认”选项卡“修改”面板中的“修剪”按钮，将多余的线修剪掉，如图 7-10 所示。

（8）绘制一个 420mm×50mm 的矩形，再将其复制 2 个，将生成的矩形移动到如图 7-11 所示的位置，并修剪掉多余的线段至此完成餐厅吊顶的绘制。

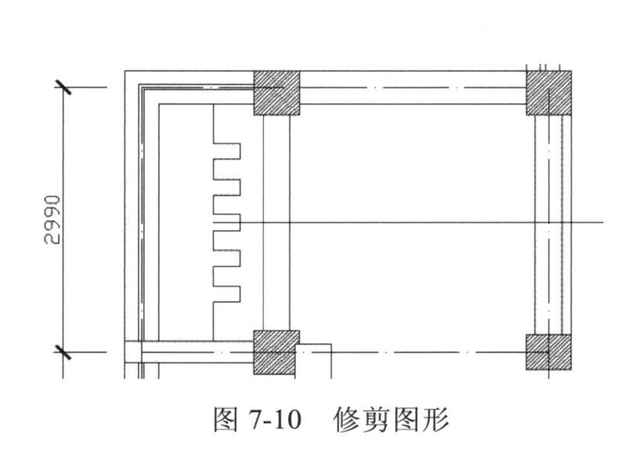

图 7-10　修剪图形

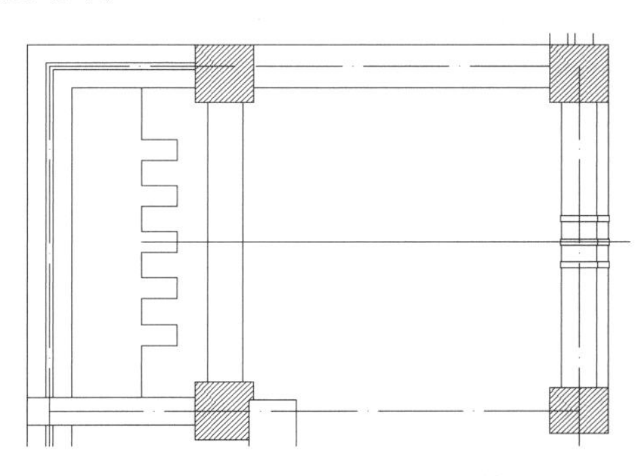

图 7-11　绘制矩形装饰

7.3.2 绘制厨房屋顶

（1）单击“默认”选项卡“绘图”面板中的“直线”按钮，将厨房顶棚分割为如图 7-12 所示的几个部分。

（2）选择菜单栏中的“绘图”→“多线”命令，选择多线样式为“ceiling”，绘制多线，如图 7-13 所示。

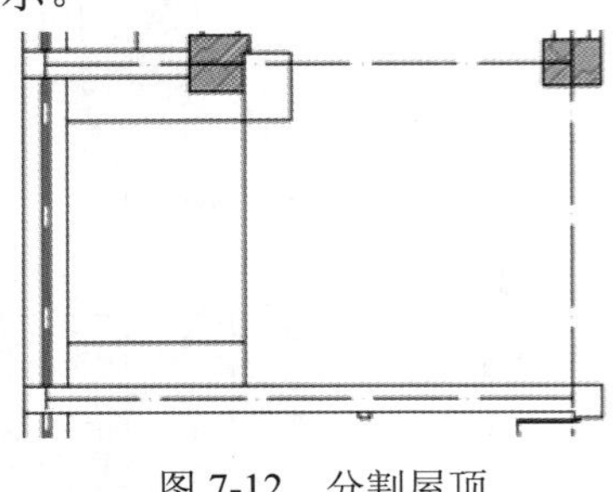

图 7-12　分割屋顶

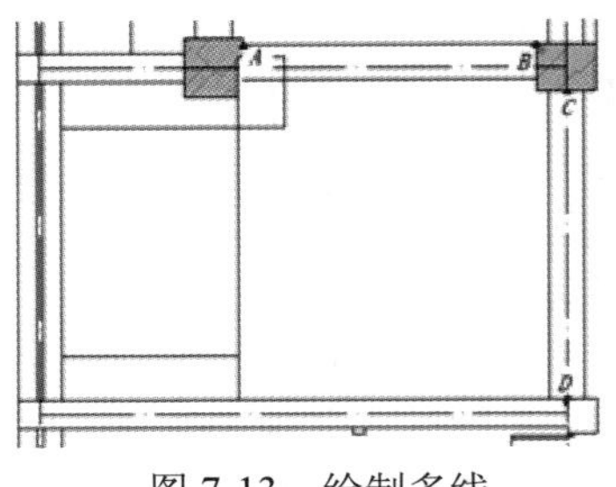

图 7-13　绘制多线

（3）单击“默认”选项卡“修改”面板中的“分解”按钮，将多线分解，并删除多余的直线。单击“默认”选项卡“绘图”面板中的“直线”按钮，在厨房右侧的空间绘制两条竖直直线，如图 7-14 所示。

（4）单击“默认”选项卡“绘图”面板中的“矩形”按钮，绘制 500mm×200mm 的矩形，（共 6 个，可通过复制完成），修剪后得到屋顶图形如图 7-15 所示。

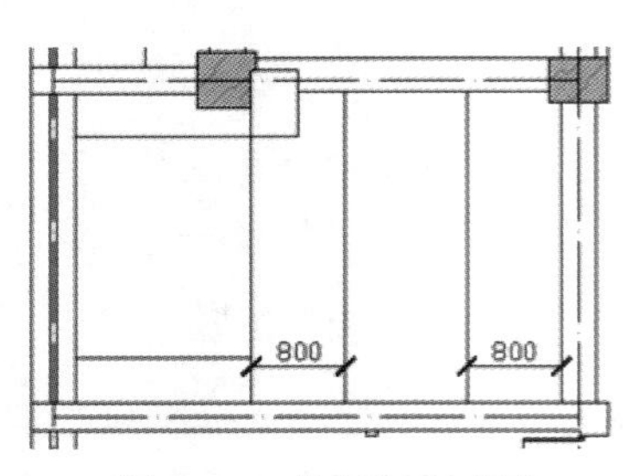

图 7-14　绘制竖直直线

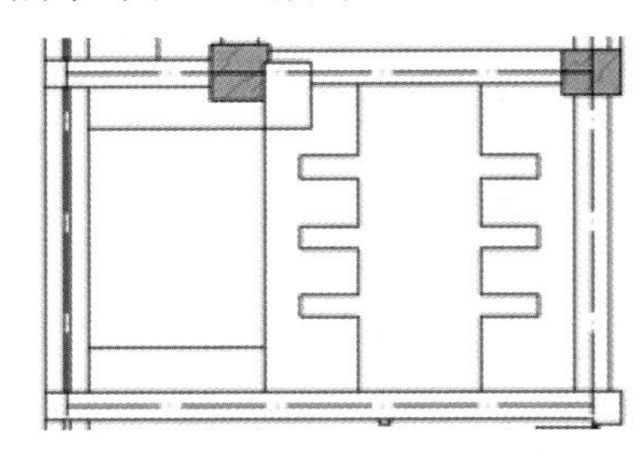

图 7-15　绘制屋顶图形

（5）单击“默认”选项卡“绘图”面板中的“矩形”按钮，绘制一个 60mm×60mm 的矩形。单击“默认”选项卡“修改”面板中的“移动”按钮，将绘制的矩形移动到右侧柱子下方，如图 7-16 所示。

（6）单击“默认”选项卡“修改”面板中的“矩形阵列”按钮，将小矩形进行矩形阵列，行数为 4，行间距为–120，阵列后的图形如图 7-17 所示，至此完成厨房屋顶的绘制。

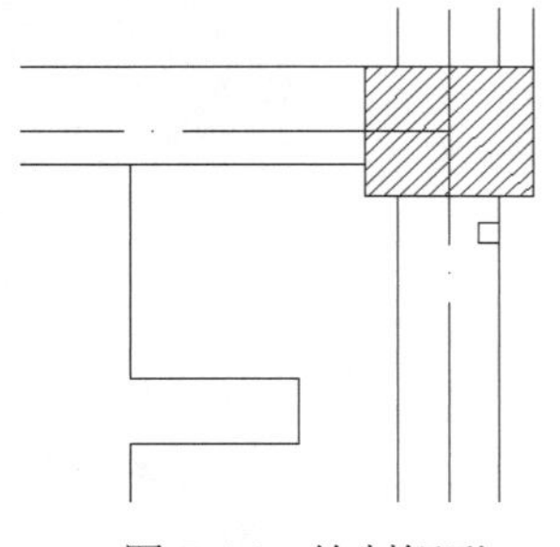

图 7-16　绘制矩形

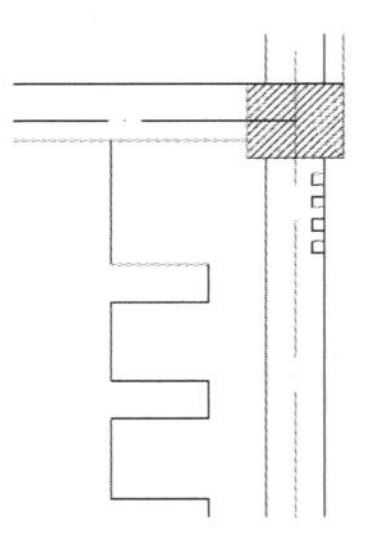

图 7-17　阵列图

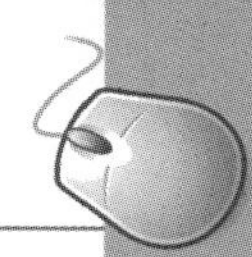

7.3.3 绘制卫生间屋顶

（1）选择菜单栏中的“格式”→“多线样式”命令，打开“多线样式”对话框。单击“新建”按钮，打开“创建新的多线样式”对话框，新建多线样式，并命名为“t_ceiling”，如图 7-18 所示。

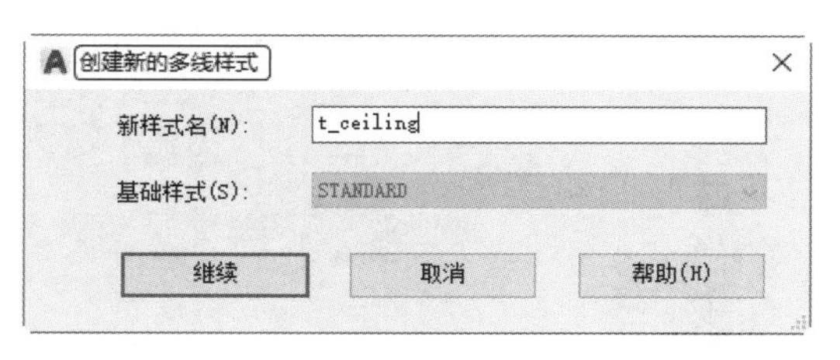

图 7-18 “创建新的多线样式”对话框

（2）单击“继续”按钮，在打开的“新建多线样式”对话框中设置多线的偏移距离分别为“25”和“–25”，如图 7-19 所示。

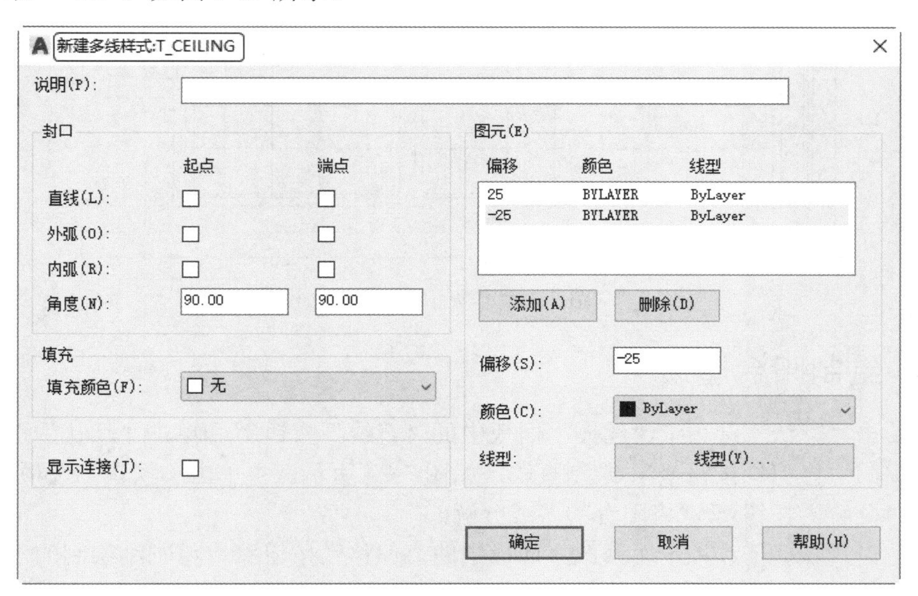

图 7-19 设置多线样式

（3）单击“默认”选项卡“修改”面板中的“删除”按钮，删除图形中的门窗，删除后的图形如图 7-20 所示。

（4）选择菜单栏中的“绘图”→“多线”命令，在图中绘制顶棚图案，如图 7-21 所示。

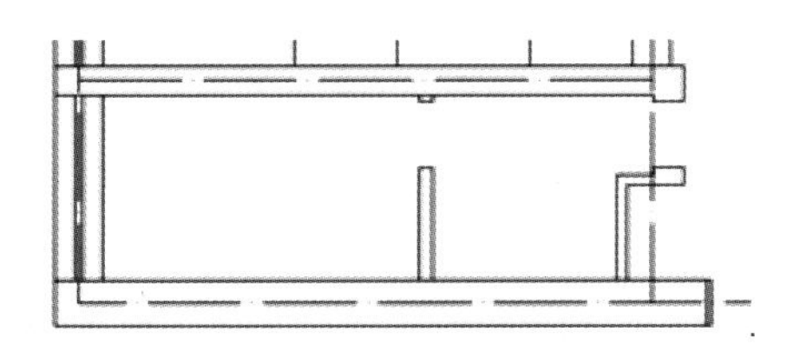

图 7-20 删除门窗图形

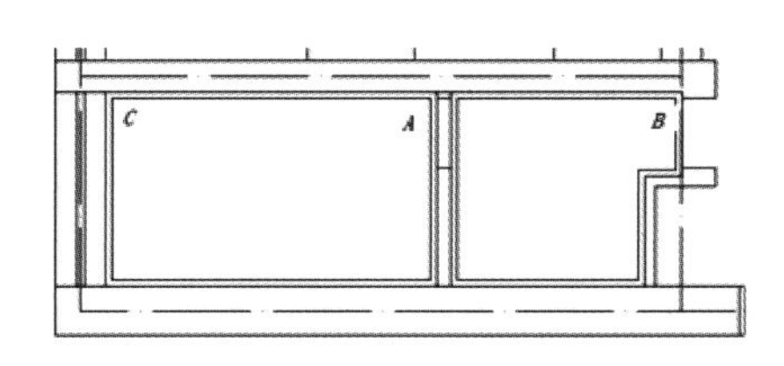

图 7-21 绘制顶棚图案

（5）单击“默认”选项卡“绘图”面板中的“图案填充”按钮，❶系统打开“图案填充创建”选项卡，如图 7-22 所示❷选择图案填充图案为“NET”图案，❸将填充图案比例设置为“100”，❹单击拾取点按钮，切换到绘图平面，选取卫生间的两个空间为填充区域，❺按关闭键后，完成填充。填充图案后的图形如图 7-23 所示。

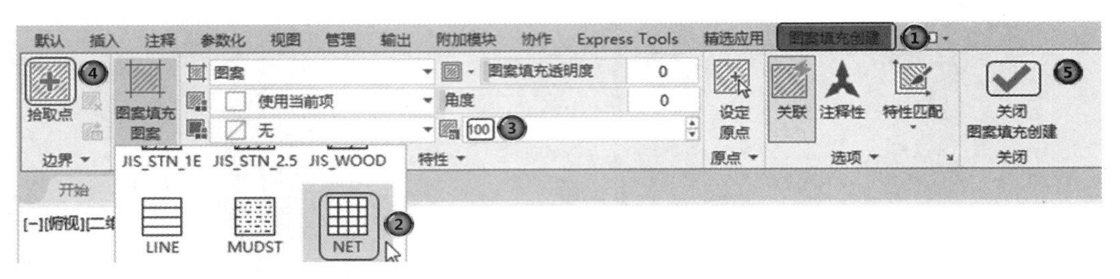

图 7-22 “图案填充创建”选项卡

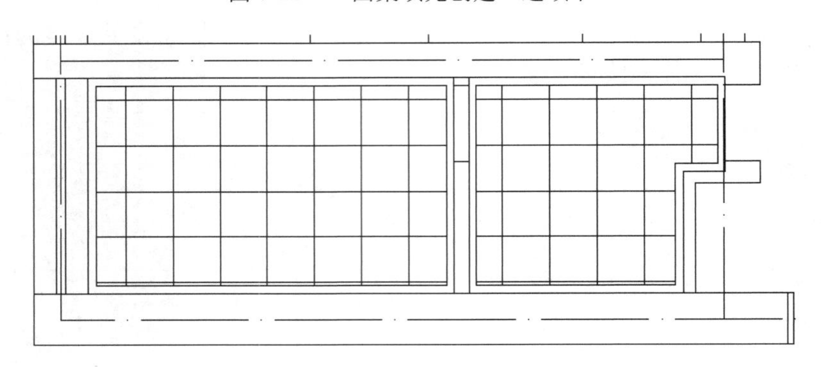

图 7-23 填充卫生间屋顶

7.3.4 绘制阳台屋顶

（1）单击“默认”选项卡“绘图”面板中的“直线”按钮和单击“默认”选项卡“修改”面板中的“修剪”按钮，绘制直线，如图 7-24 所示。再单击“默认”选项卡“修改”面板中的“分解”按钮，将阳台的多线分解。

（2）单击“默认”选项卡“修改”面板中的“偏移”按钮，将刚刚绘制的水平直线和阳台轮廓的内侧两条竖直直线向内偏移，偏移距离均为 300mm，结果如图 7-25 所示。

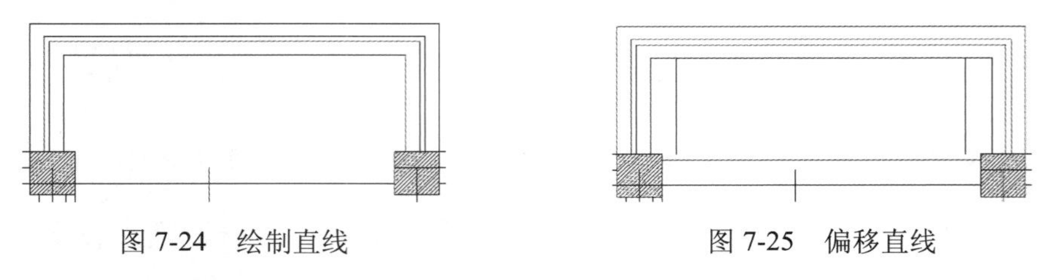

图 7-24 绘制直线　　图 7-25 偏移直线

（3）单击“默认”选项卡“修改”面板中的“修剪”按钮，将直线修剪为如图 7-26 所示的形状。

（4）选择菜单栏中的“绘图”→“多线”命令，保持多线样式为“t_ceiling”，在水平线的中点绘制多线，如图 7-27 所示。

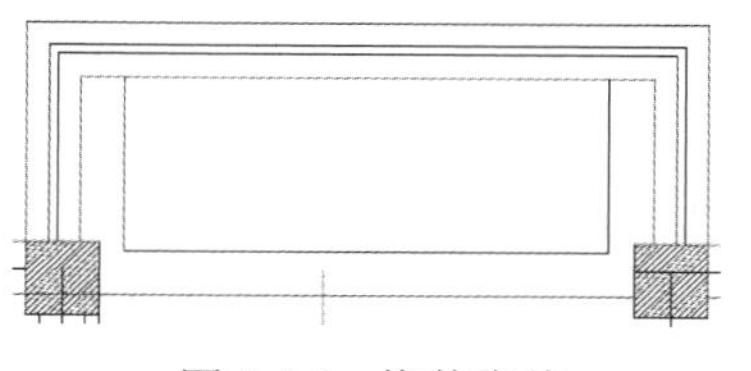
图 7-26　修剪直线

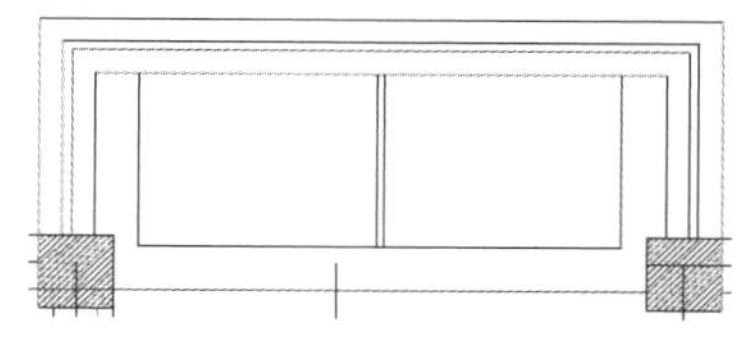
图 7-27　绘制多线

（5）单击“默认”选项卡“修改”面板中的“矩形阵列”按钮，将刚刚绘制的多线进行矩形阵列，设置列数为 5、列间距为 300，阵列后的图形如图 7-28 所示。

（6）单击“默认”选项卡“修改”面板中的“镜像”按钮，以图形的竖直中心线为镜像轴，将右侧的多线镜像到左侧，如图 7-29 所示。

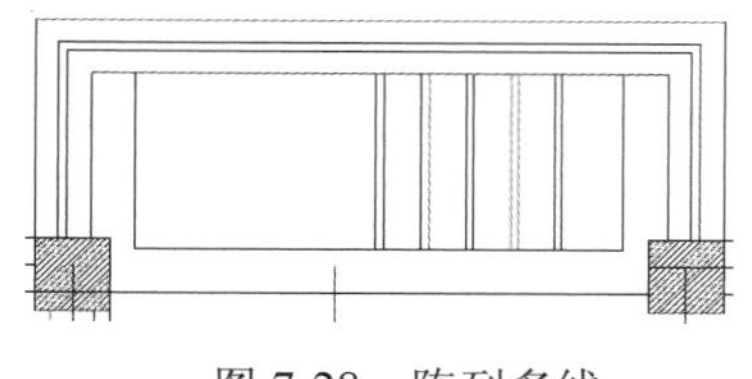
图 7-28　阵列多线

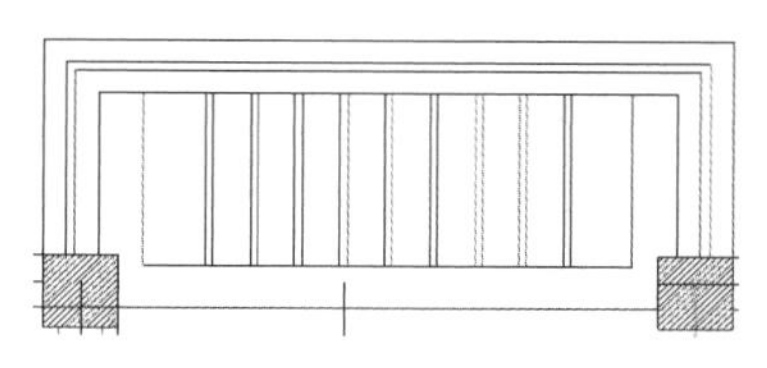
图 7-29　镜像多线

（7）采用同样的方法，绘制其他室内空间的顶棚图案，效果如图 7-30 所示。

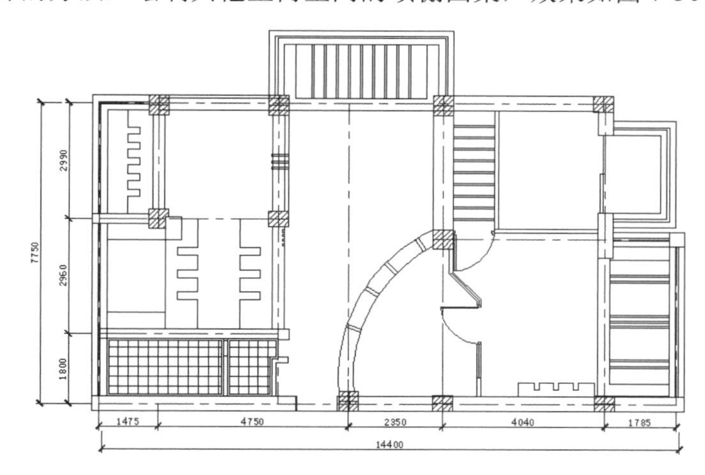

图 7-30　绘制屋顶效果

7.4　绘制灯具

下面简单讲述一下各种灯具的绘制方法。

7.4.1　绘制吸顶灯

（1）将“灯具”图层设为当前层。单击“默认”选项卡“绘图”面板中的“圆”按钮，绘制一个直径为 300mm 的圆。

（2）单击“默认”选项卡“修改”面板中的“偏移”按钮，将上步绘制的圆向内偏移，偏移距离为 50mm，如图 7-31 所示。

（3）单击“默认”选项卡“绘图”面板中的“直线”按钮╱，在空白处绘制一条长为 500mm 的水平直线。重复“直线”命令，绘制一条长为 500mm 的竖直直线。

（4）单击“默认”选项卡“修改”面板中的“移动”按钮✥，将两条直线的中点对齐，再移动直线至圆心位置，如图 7-32 所示，完成吸顶灯的绘制。

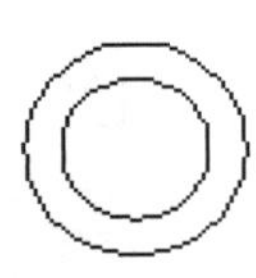

图 7-31　偏移圆

图 7-32　绘制十字图形

（5）单击“默认”选项卡“块”面板中的“创建”按钮，❶打开“块定义”对话框，如图 7-33 所示。❷在“名称”文本框中输入“吸顶灯”，❸单击“拾取点”按钮，将插入点选择为圆心，其他选项保持默认设置，❹单击“选择对象”按钮，选择刚刚绘制的图块，❺单击“确定”按钮，将吸顶灯创建成块。

（6）单击“默认”选项卡“块”面板中的“插入”按钮，在下拉列表中选择“吸顶灯”图块，如图 7-34 所示，将“吸顶灯”图块插入图中的固定位置，最终效果如图 7-35 所示。

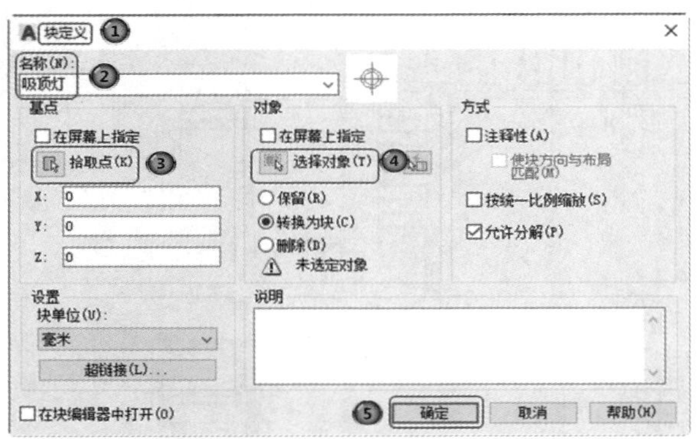

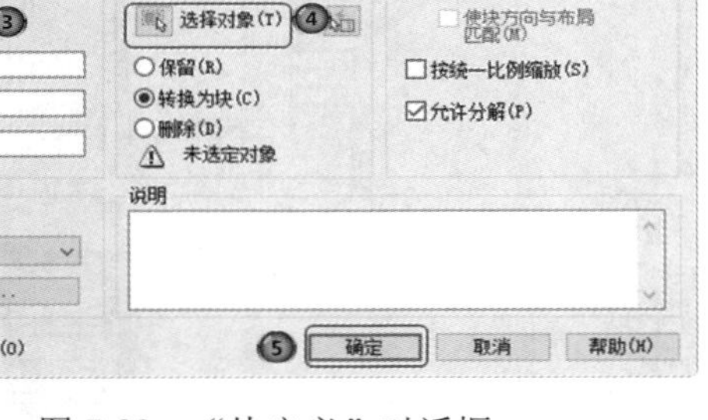

图 7-33　“块定义”对话框

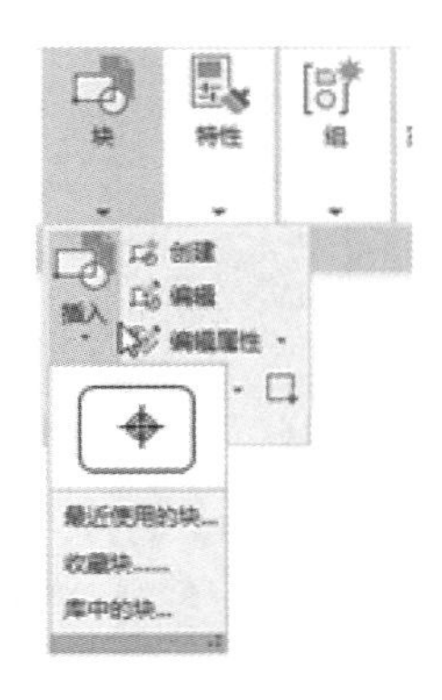

图 7-34　插入图块

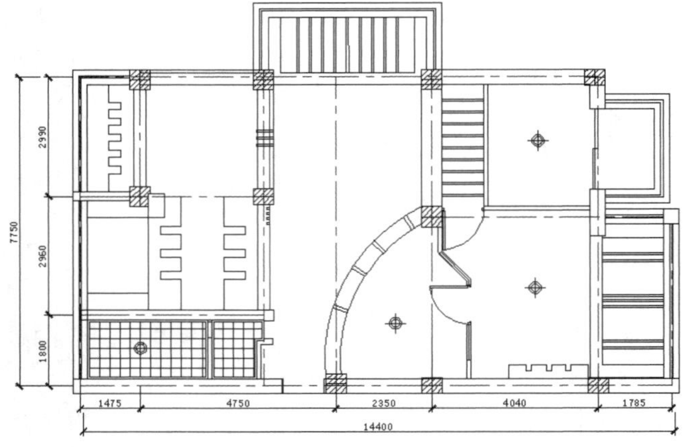

图 7-35　插入“吸顶灯”图块

7.4.2 绘制吊灯

（1）单击“默认”选项卡“绘图”面板中的“圆”按钮，绘制一个直径为 400mm 的圆，如图 7-36 所示。

（2）单击“默认”选项卡“绘图”面板中的“直线”按钮，过圆心绘制两条正交直线，长度均为 600mm，如图 7-37 所示。

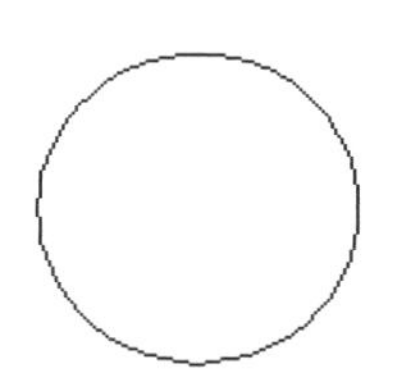

图 7-36　绘制圆

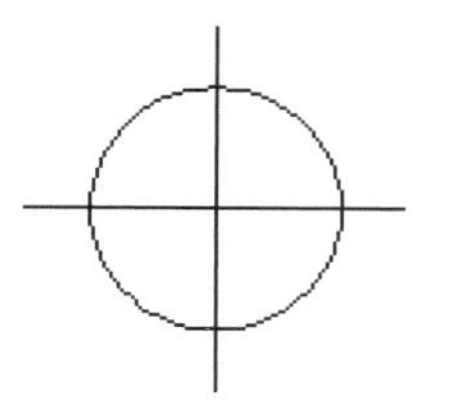

图 7-37　绘制正交直线

（3）单击“默认”选项卡“绘图”面板中的“圆”按钮，以直线和圆的交点为圆心，绘制 4 个直径为 100mm 的小圆，如图 7-38 所示。

（4）单击“默认”选项卡“块”面板中的“块定义”按钮，打开“块定义”对话框，将绘制的图形定义为“吊灯”，并插入相应的位置。再绘制如图 7-39 所示的射灯插入相应的位置，完成效果如图 7-40 所示。

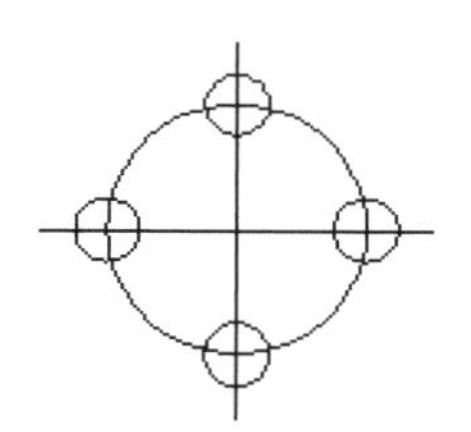

图 7-38　绘制小圆

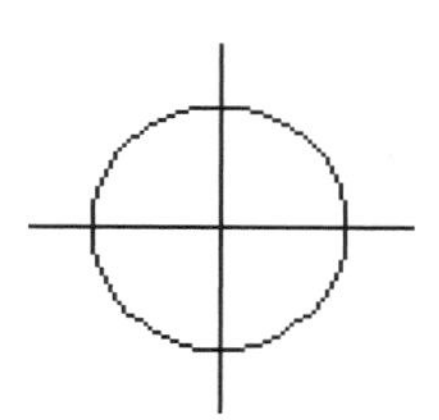

图 7-39　绘制射灯

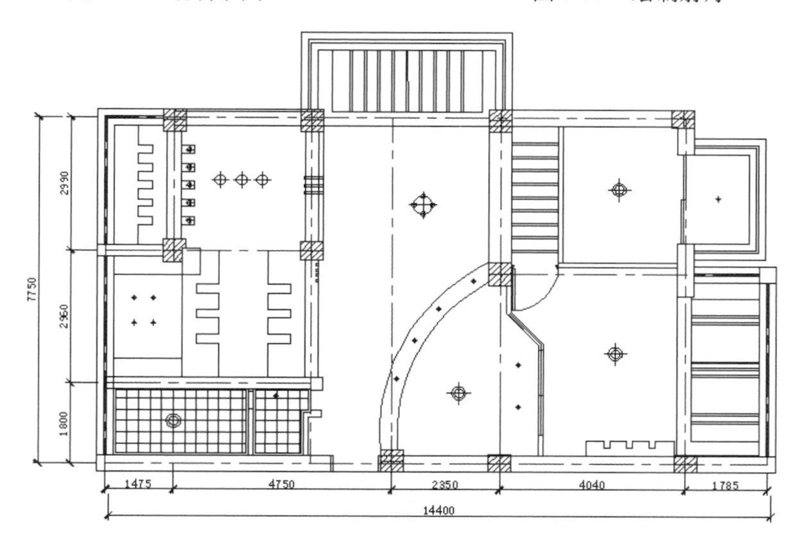

图 7-40　插入工艺吊灯及射灯

7.4.3 标注文字

文字样式的设置与第 6 章相同，在此不再赘述，插入文字后的效果如图 7-41 所示。

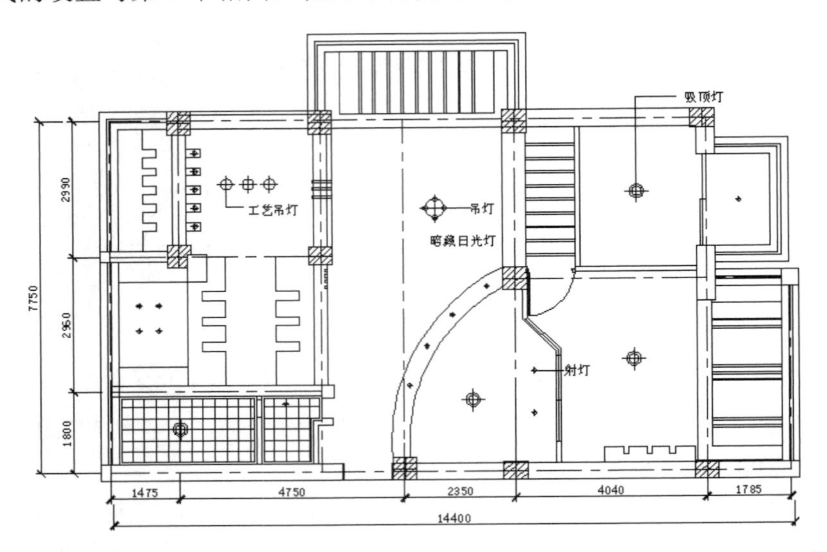

图 7-41　插入文字

Chapter

住宅立面图

8

本章将逐步绘制住宅中的各立面图，包括客厅立面图、厨房立面图以及书房立面图，还将讲解部分陈设的立面图绘制方法。通过本章的学习，让读者掌握装饰图中立面图的基本画法，并初步学习住宅建筑立面的布置方法。

8.1 客厅立面图

下面简单讲述客厅立面图的绘制方法。

8.1.1 客厅立面一

（1）单击“默认”选项卡“图层”面板中的“图层特性”按钮，打开“图层特性管理器”对话框，建立新图层，如图 8-1 所示。

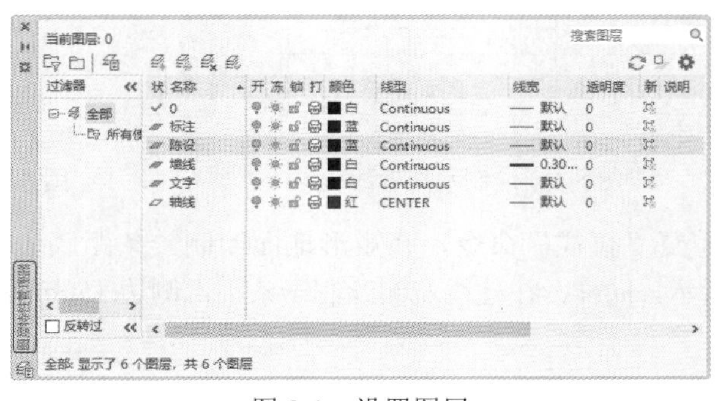

图 8-1　设置图层

（2）将“0”图层设置为当前层。单击“默认”选项卡“绘图”面板中的“矩形”按钮，在图中绘制一个 4930mm×2700mm 的矩形，作为正立面的绘图区域，如图 8-2 所示。

（3）将“轴线”图层设为当前层。单击“默认”选项卡“绘图”面板中的“直线”按钮，在矩形的左下角点单击，然后在命令行中依次输入“@1105,0”“@0,2700”，绘制如图 8-3 所示的竖直轴线。此时轴线的线型虽设置为中心线，但是由于线型比例设置的问题，在图中仍然显示为实线。

图 8-2　绘制矩形　　　　图 8-3　绘制竖直轴线

（4）选择刚刚绘制的轴线并右击，在打开的快捷菜单中选择“特性”命令，打开“特性”对话框，将“线型比例”修改为“10”，修改线型比例后的轴线如图 8-4 所示。

（5）单击“默认”选项卡“修改”面板中的“复制”按钮，选择绘制的竖直轴线，以下端点为基点复制轴线，然后将复制后的轴线进行复制，相邻轴线之间的距离依次为 445mm、500mm、650mm、650mm、400mm、280mm 和 800mm，效果如图 8-5 所示。

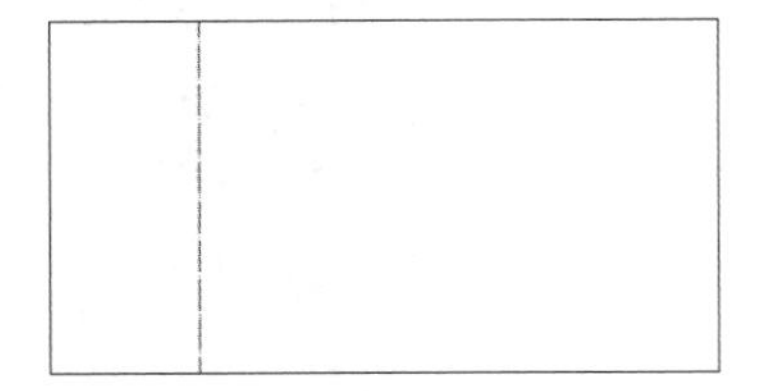

图 8-4　修改轴线线型比例

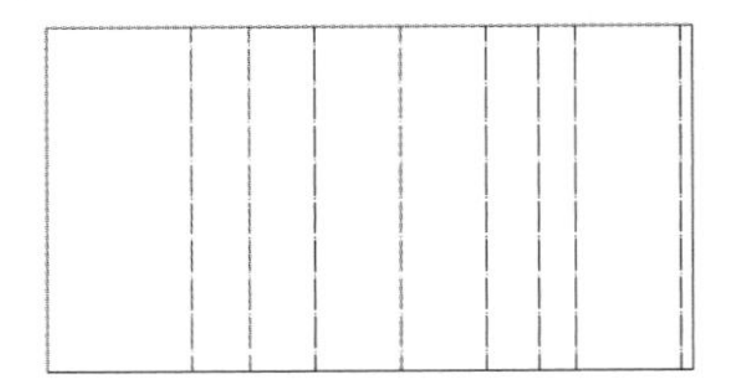

图 8-5　复制竖直轴线

（6）重复步骤 3～步骤 5，绘制距矩形上侧边 300mm 的水平轴线，然后将水平轴线向下偏移，相邻轴线之间的距离分别为 1100mm、300mm 和 750mm，效果如图 8-6 所示。

（7）将“墙线”图层设置为当前层。单击“默认”选项卡“绘图”面板中的“直线”按钮，在左侧第一条和第二条竖直轴线上绘制柱线，再绘制顶棚装饰线，如图 8-7 所示。

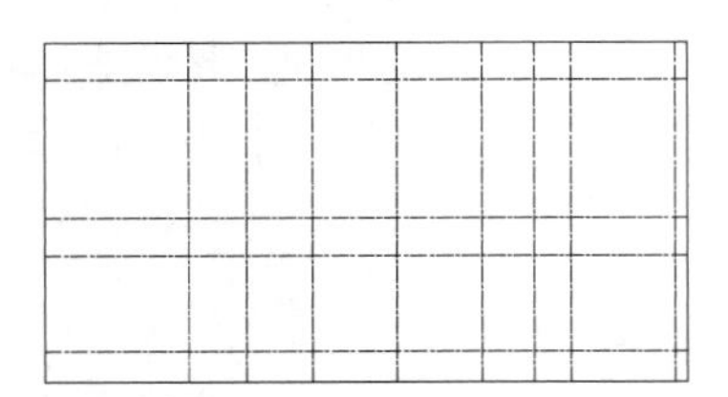

图 8-6　绘制水平轴线

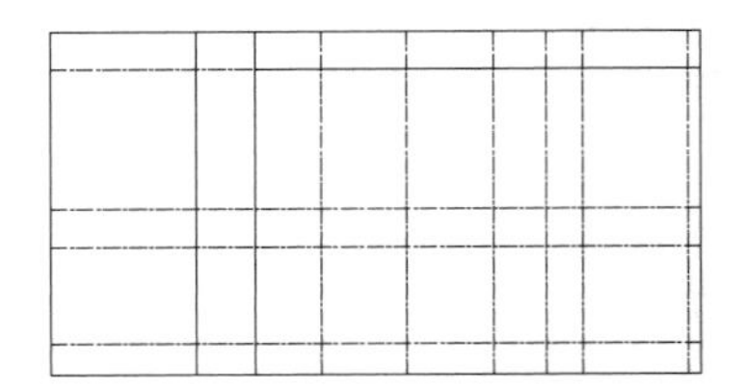

图 8-7　绘制柱线和顶棚装饰线

（8）重复“直线”命令，在矩形地面绘制一条距底边 100mm 的水平直线，作为地脚线。如图 8-8 所示。同样，在柱线左侧绘制一条距上侧边 150mm 的直线作为屋顶线，如图 8-9 所示。

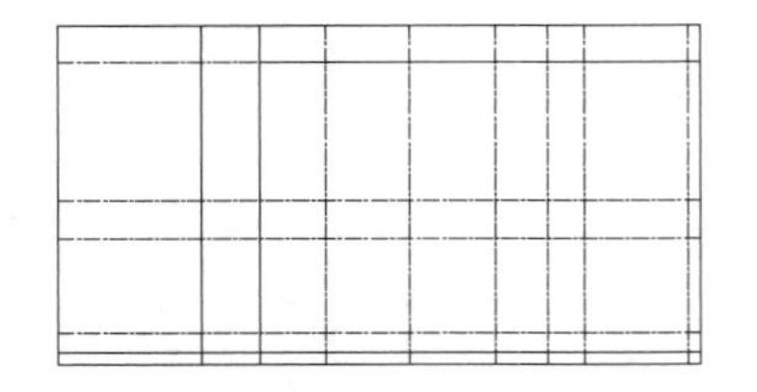

图 8-8　绘制地脚线

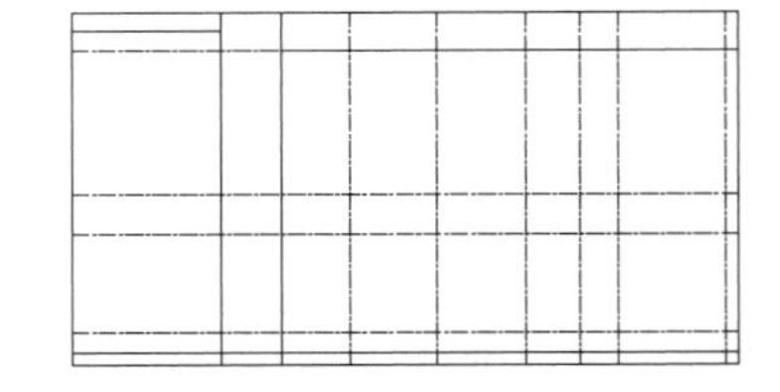

图 8-9　绘制屋顶线

利用下面的步骤 9～步骤 16 绘制落地窗窗框和窗帘。

（9）将“陈设”图层设置为当前层。单击“默认”选项卡“绘图”面板中的“直线”按钮，绘制辅助线，打开状态栏中的“对象捕捉”按钮，绘制一条通过左侧屋顶线中点的直线作为竖直辅助线，如图 8-10 所示。

（10）单击“默认”选项卡“绘图”面板中的“矩形”按钮▭，在其上部绘制一个长为50mm、高为200mm的矩形作为窗帘夹，如图8-11所示。

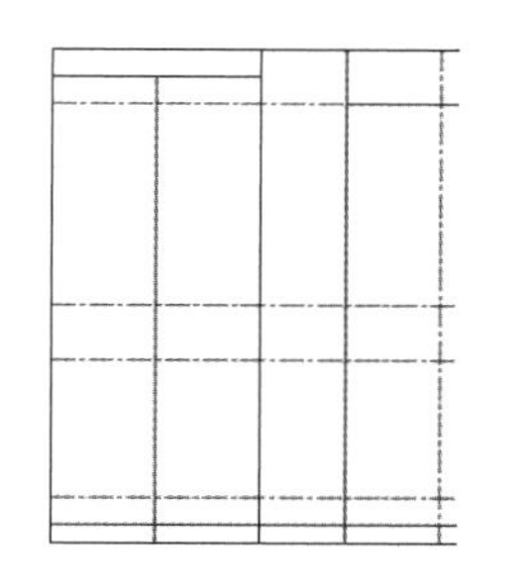

图8-10 绘制辅助线

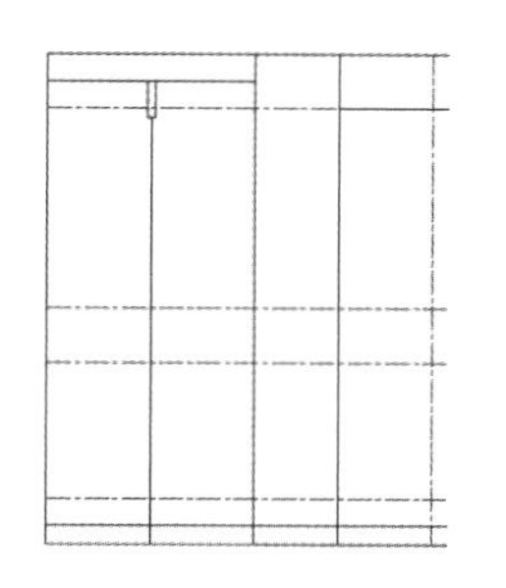

图8-11 绘制窗帘夹

（11）单击“默认”选项卡“绘图”面板中的“直线”按钮╱，在窗户下地脚线上方50mm的位置绘制一条水平直线，作为窗户的下边缘轮廓线，如图8-12所示。

（12）单击“默认”选项卡“修改”面板中的“修剪”按钮✂，将多余直线修剪掉，如图8-13所示。

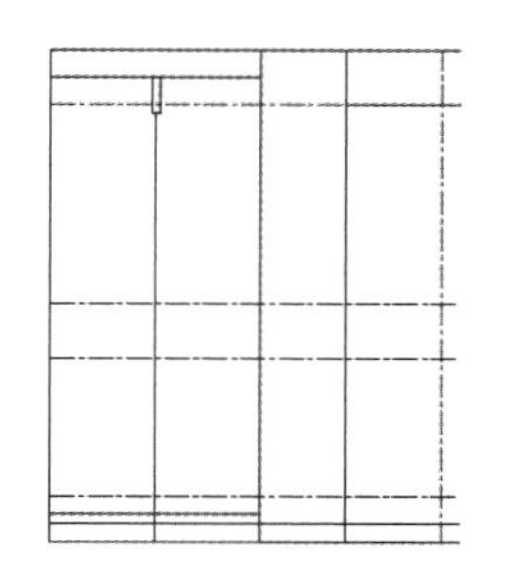

图8-12 绘制窗户下边缘轮廓线

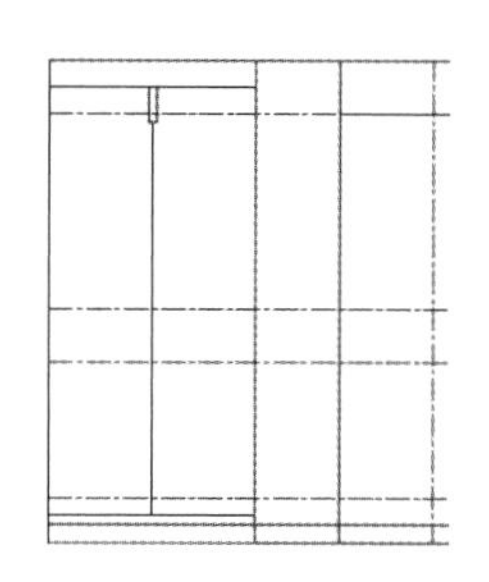

图8-13 修剪图形

（13）单击“默认”选项卡“修改”面板中的“偏移”按钮⊆，将竖直辅助线和窗户下边缘线分别偏移50mm，如图8-14所示。重复“偏移”命令，将偏移后的竖直直线向外侧偏移10mm，将偏移后的水平直线向上偏移10mm。

（14）单击“默认”选项卡“修改”面板中的“修剪”按钮✂，将多余的线段剪切掉，如图8-15所示。

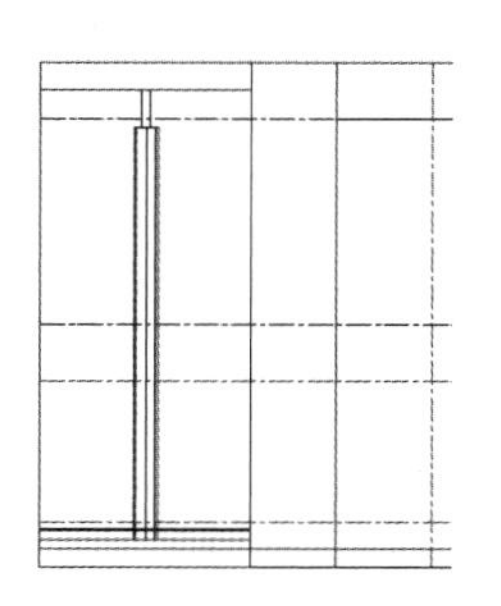

图8-14 偏移线段

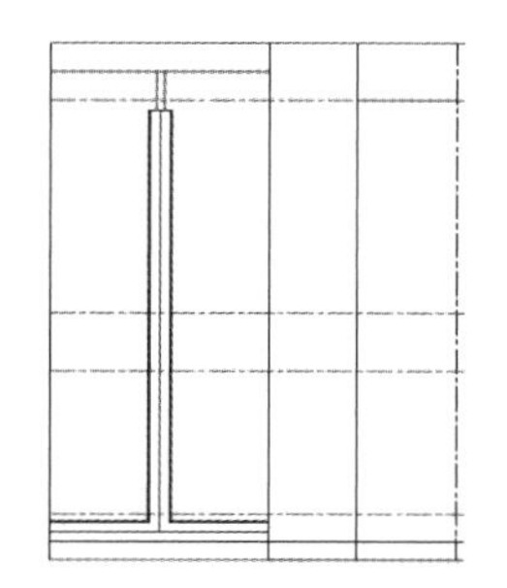

图8-15 偏移并修剪图形

（15）单击“默认”选项卡“绘图”面板中的“圆弧”按钮⌒，绘制窗帘的轮廓线，有些线型特殊的曲线可以单击“默认”选项卡“绘图”面板中的“样条曲线拟合”按钮∿，进行绘制。绘制完成后单击“默认”选项卡“修改”面板中的“镜像”按钮，将左侧窗帘镜像到右侧，效果如图 8-16 所示。

（16）单击“默认”选项卡“绘图”面板中的“直线”按钮，在窗户的中间绘制倾斜直线，代表玻璃，如图 8-17 所示。

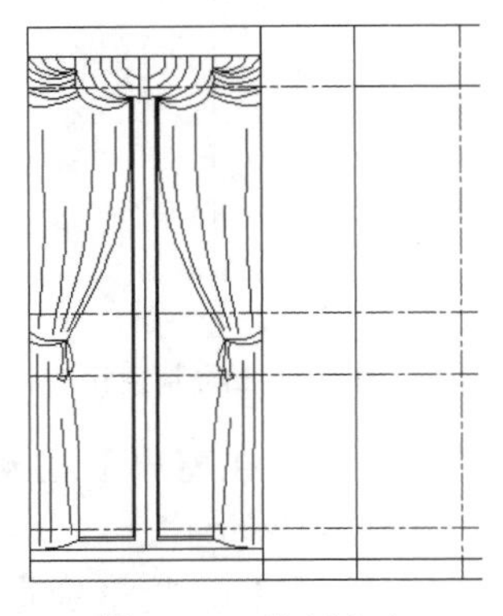

图 8-16　绘制窗帘

图 8-17　绘制玻璃装饰

接着绘制顶棚。

（17）单击“默认”选项卡“绘图”面板中的“矩形”按钮，在顶棚上绘制 6 个装饰矩形，边长为 200mm×100mm，如图 8-18 所示。

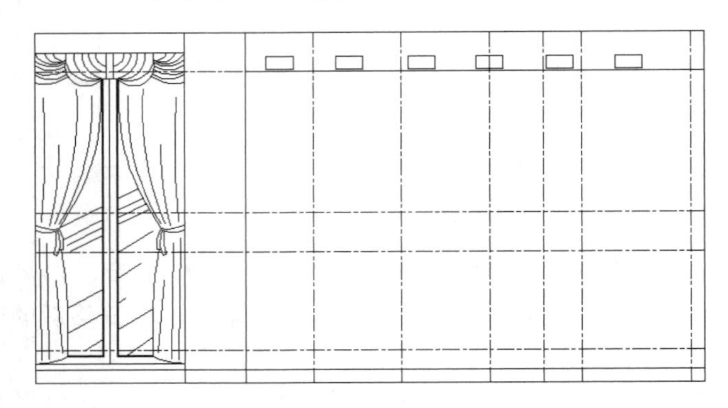

图 8-18　绘制装饰矩形

（18）单击“默认”选项卡“绘图”面板中的“图案填充”按钮，打开“图案填充创建”选项卡，将图案填充图案设置为“AR-SAND”图案，如图 8-19 所示。填充绘制的装饰矩形，效果如图 8-20 所示。

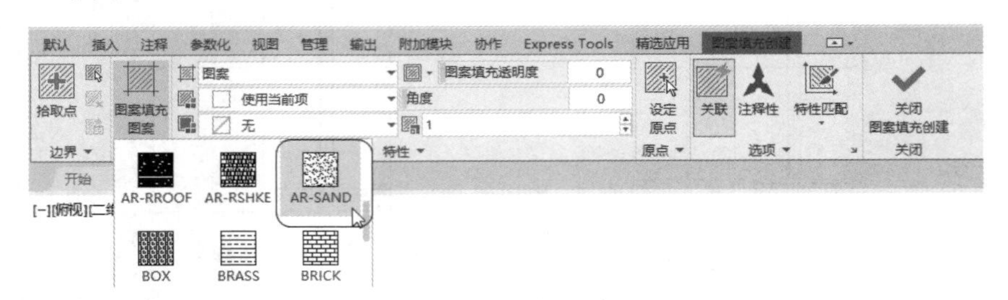

图 8-19　选择填充图案

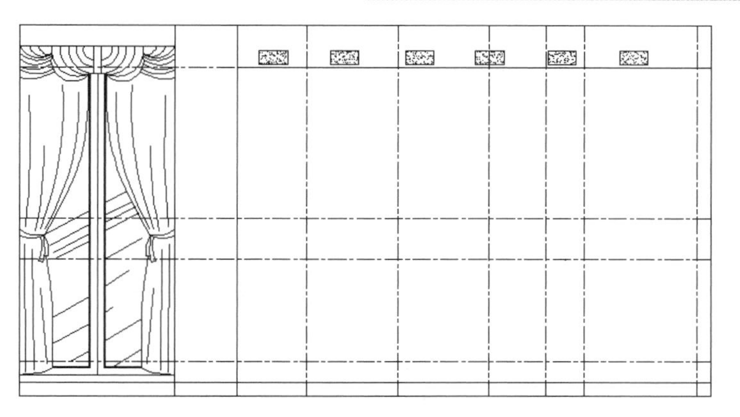

图 8-20 填充装饰矩形

（19）单击“默认”选项卡“绘图”面板中的“直线”按钮，绘制电视柜的外轮廓线，如图 8-21 所示椭圆所包围的最大矩形的 4 条边。

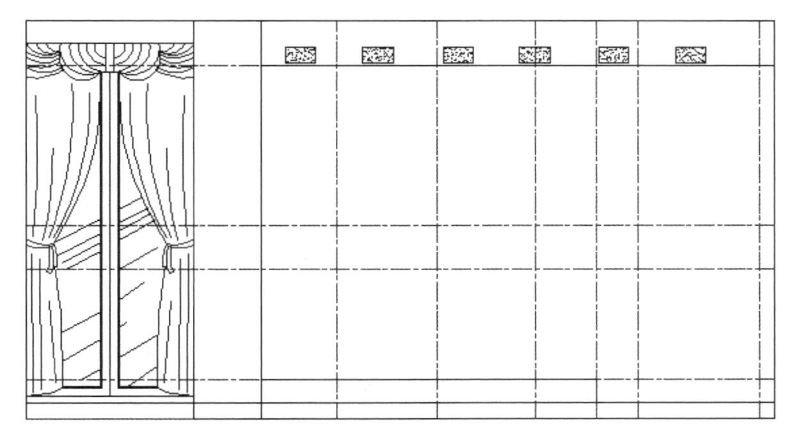

图 8-21 绘制电视柜轮廓

（20）单击“默认”选项卡“绘图”面板中的“直线”按钮和单击“默认”选项卡“修改”面板中的“偏移”按钮，将电视柜的隔板绘制出来（注：偏移距离均为 10mm），如图 8-22 所示。

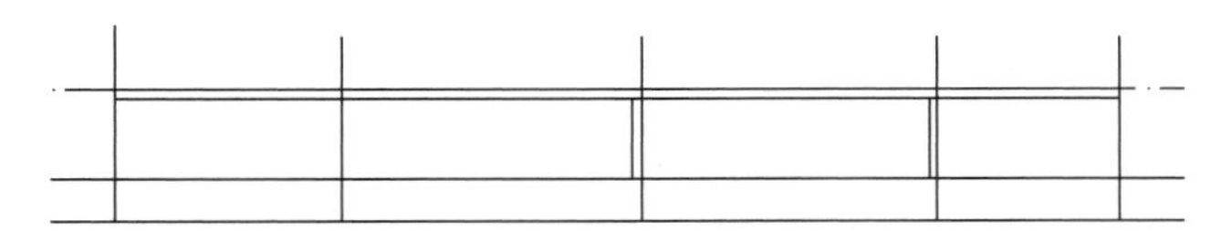

图 8-22 绘制电视柜隔板

（21）电视柜左侧为实木条纹装饰板，单击“默认”选项卡“绘图”面板中的“直线”按钮，在轴线的位置绘制一条竖直直线；然后单击“默认”选项卡“绘图”面板中的“矩形”按钮，在中部绘制一个 200mm×80mm 的矩形，如图 8-23 所示。

（22）单击“默认”选项卡“修改”面板中的“分解”按钮，将刚绘制的矩形分解；再单击“默认”选项卡“修改”面板中的“修剪”按钮，将矩形右侧的直线修剪掉，如图 8-24 所示。

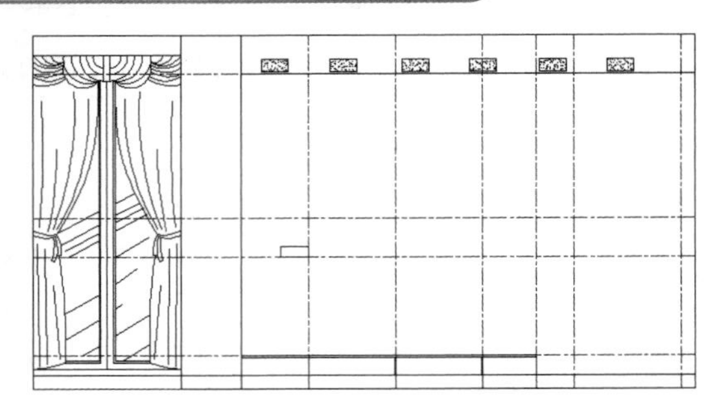

图 8-23　绘制矩形 1

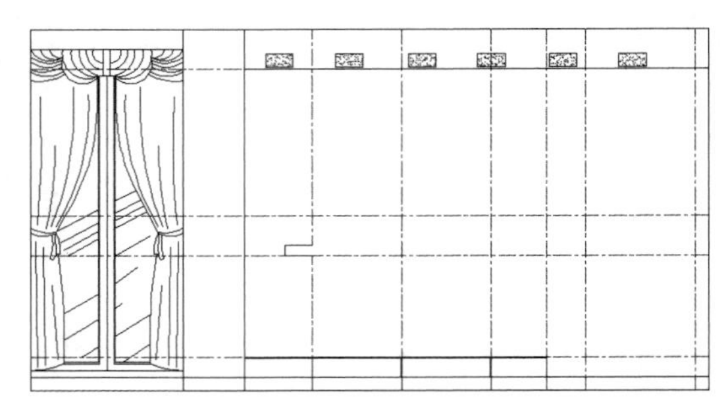

图 8-24　修剪直线

（23）单击“默认”选项卡“绘图”面板中的“图案填充”按钮，❶系统打开“图案填充创建”选项卡，❷将图案填充图案设置为“LINE”图案，❸将填充图案比例设置为“10”，如图 8-25 所示，❹单击拾取点按钮，填充装饰木板，❺按关闭键后，完成填充；然后单击“默认”选项卡“绘图”面板中的“直线”按钮，绘制直线，结果如图 8-26 所示。

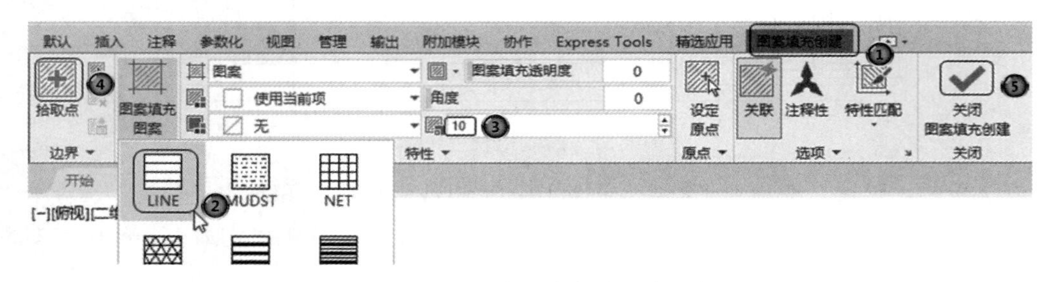

图 8-25　“图案填充创建”选项卡

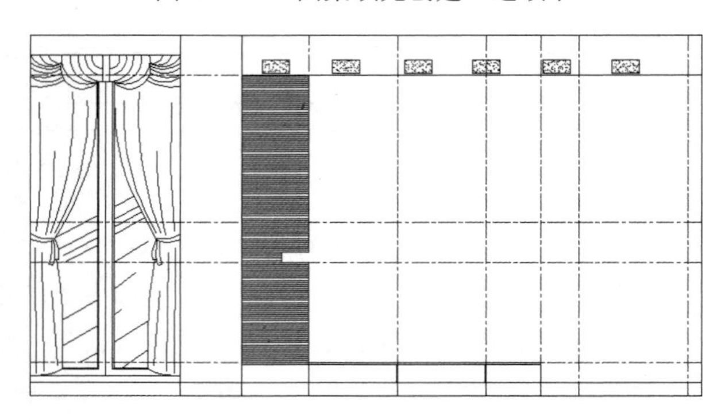

图 8-26　填充装饰木板

（24）本住宅设计时在客厅正面墙面中部设置凹陷部分，主要是起装饰作用。单击“默认”选项卡“绘图”面板中的“矩形”按钮，单击轴线的交点，绘制矩形，如图 8-27 所示。

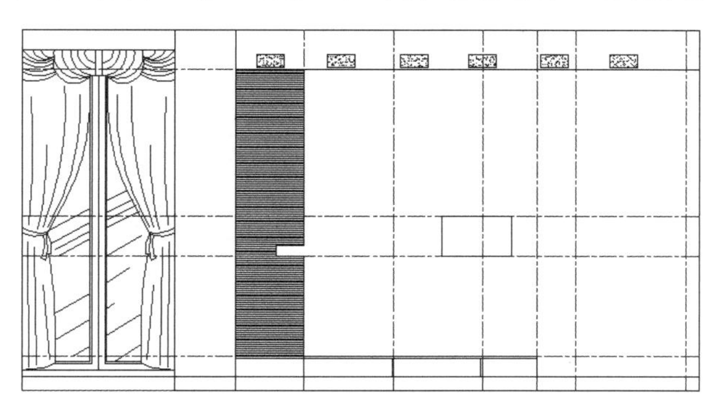

图 8-27　绘制矩形 2

（25）将上一步绘制的矩形 2 进行填充，选择图案填充图案为“DOTS”，设置填充图案比例为“20”，然后在台阶上绘制墙壁装饰和灯具，结果如图 8-28 所示。

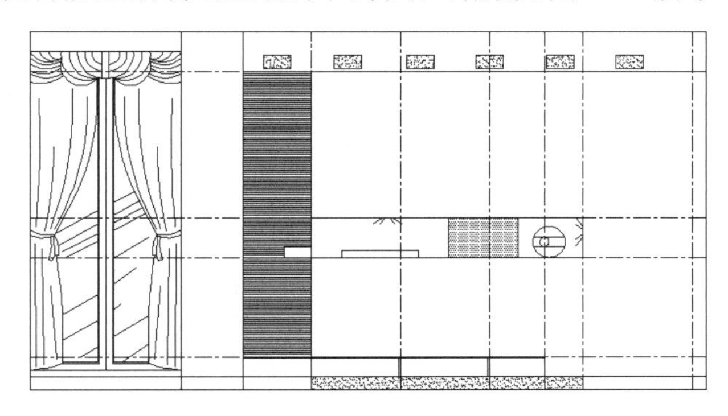

图 8-28　绘制墙壁装饰和灯具

利用下面的步骤 26～步骤 33 绘制电视模块。

（26）单击“默认”选项卡“绘图”面板中的“直线”按钮，在电视柜上方绘制辅助线，如图 8-29 所示。

（27）单击“默认”选项卡“绘图”面板中的“矩形”按钮，在空白处绘制一个 1000mm×600mm 的矩形；单击“默认”选项卡“修改”面板中的“分解”按钮，将矩形分解；单击“默认”选项卡“修改”面板中的“偏移”按钮，将两侧竖直边向内偏移 100mm，如图 8-30 所示。

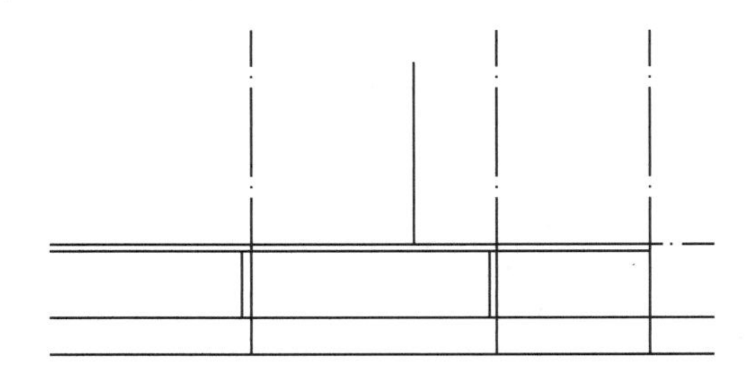

图 8-29　绘制辅助线

图 8-30　偏移竖直边

（28）单击“默认”选项卡“修改”面板中的“偏移”按钮，将两个水平边及偏移后的内侧两个竖线分别向矩形内侧偏移 30mm，如图 8-31 所示。

（29）单击“默认”选项卡“修改”面板中的“修剪”按钮，将多余部分修剪掉，如图 8-32 所示。

图 8-31　偏移直线

图 8-32　修剪图形

（30）单击“默认”选项卡“修改”面板中的“偏移”按钮，将内侧的矩形向内偏移，偏移距离为 20mm，如图 8-33 所示。

（31）单击“默认”选项卡“绘图”面板中的“直线”按钮，在内侧矩形中绘制斜向直线，如图 8-34 所示。

图 8-33　偏移内侧矩形

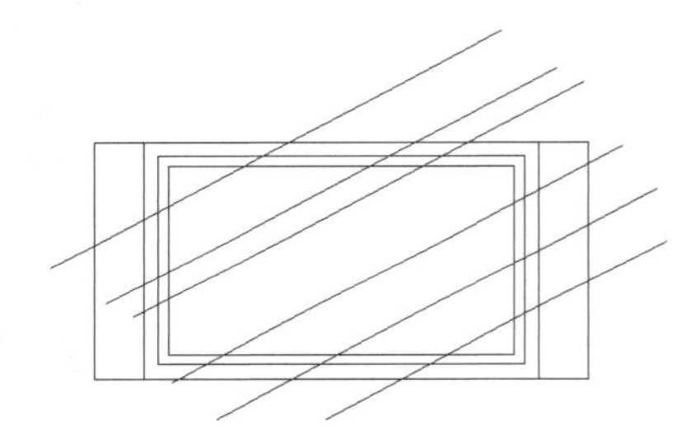

图 8-34　绘制斜向直线

（32）单击“默认”选项卡“绘图”面板中的“图案填充”按钮，打开“图案填充创建”选项卡，选择图案填充图案为“AR-SAND”，设置填充图案比例为“0.5”，间隔选择矩形中斜线的空白部位为图案填充区域，按<关闭>键完成图案填充，填充后删除斜向直线，结果如图 8-35 所示。

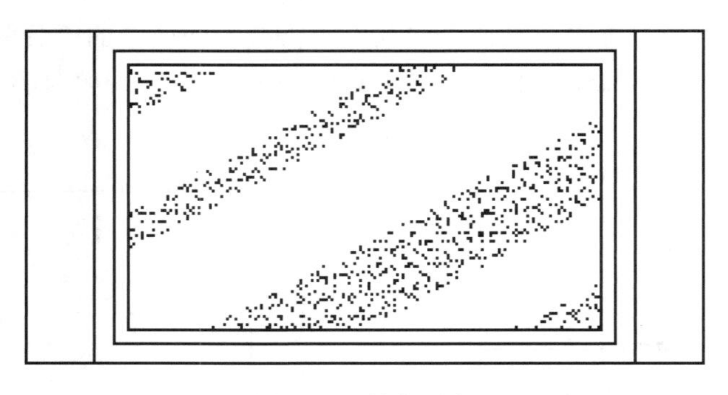

图 8-35　填充图案

（33）单击“默认”选项卡“绘图”面板中的“矩形”按钮和“直线”按钮，在电视下部绘制台座，绘制完成后插入立面图中，如图 8-36 所示。

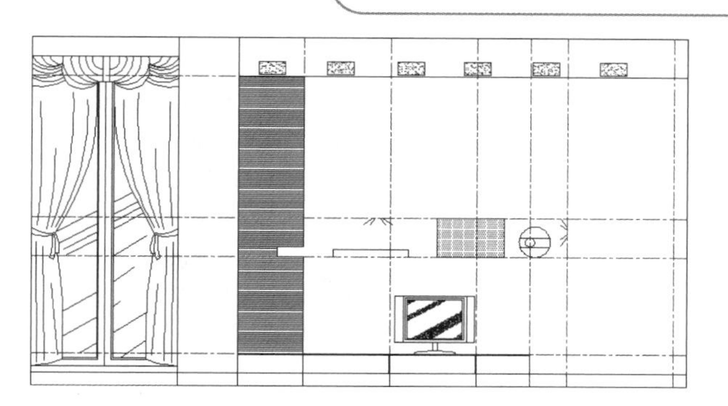

图 8-36　插入电视模块

最后标注文字和尺寸。

（34）将“文字”图层设置为当前层。单击“默认”选项卡“注释”面板中的“文字样式”按钮，打开“文字样式”对话框，单击“新建”按钮，在打开的“新建文字样式”对话框中将新文字样式命名为“文字标注”；单击“确定”按钮，返回“文字样式”对话框，取消勾选“字体”选项组中的“使用大字体”复选框，在“字体名”下拉列表中选择“宋体”选项，文字高度设置为“100”，如图 8-37 所示。

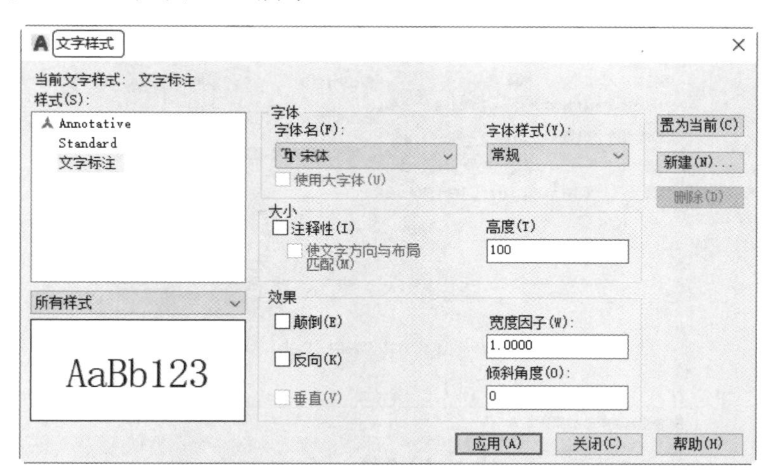

图 8-37　设置文字样式

（35）单击“默认”选项卡“注释”面板中的“单行文字”按钮A，将文字标注插入图中，并添加注释引线，如图 8-38 所示。

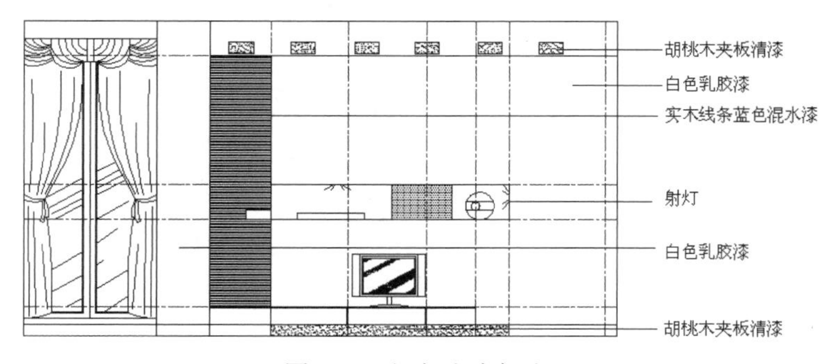

图 8-38　添加文字标注

（36）单击“默认”选项卡“注释”面板中的“标注样式”按钮，打开“标注样式”对话框，单击“新建”按钮，在打开的“创建新的标注样式”对话框中将新样式命名为“立面标注”，如图 8-39 所示；单击“继续”按钮，在打开的“新建标注样式”对话框中编辑标注样式，标注的基本参数为：超出尺寸线“50”；起点偏移量“50”；箭头样式使用“建筑标记”，箭头大小为“25”；文字高度为“100”，分别如图 8-40～图 8-42 所示。

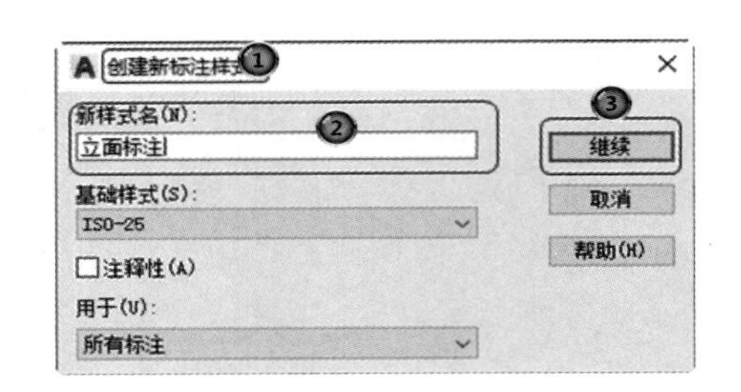

图 8-39　新建标注样式

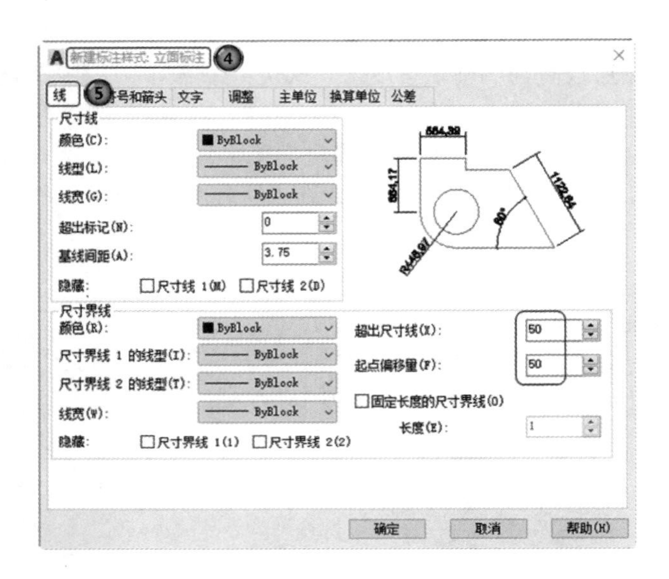

图 8-40　设置尺寸线

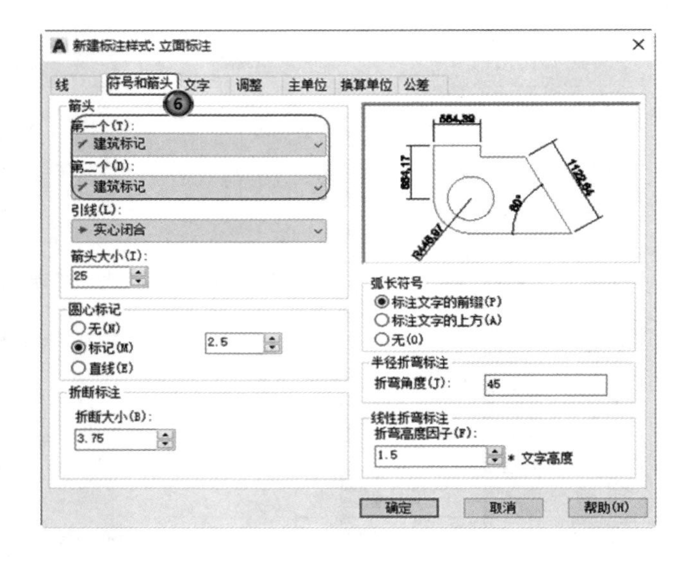

图 8-41　设置箭头

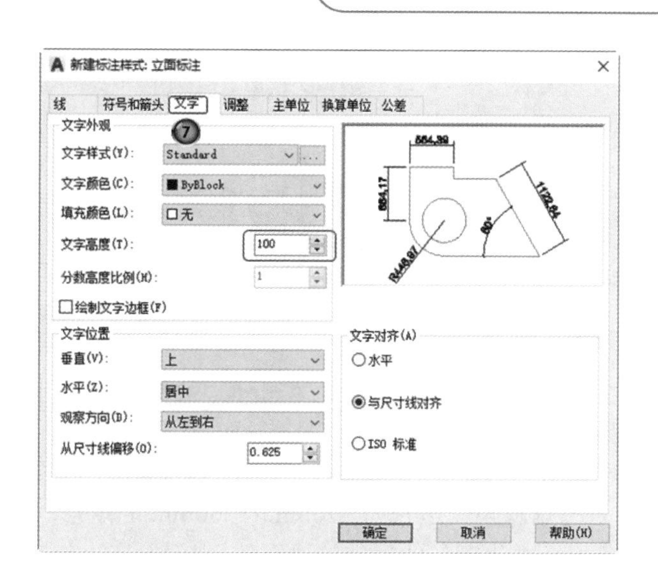

图 8-42　设置文字

（37）单击“注释”选项卡“标注”面板中的“线性”按钮和“连续”按钮，标注后关闭“轴线”图层，如图 8-43 所示。

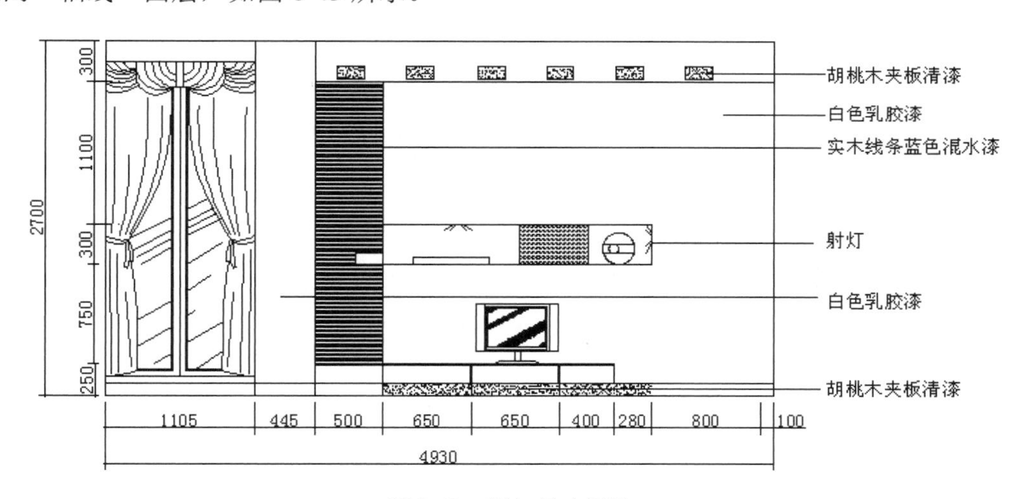

图 8-43　添加尺寸标注

8.1.2 客厅立面二

客厅的背立面为客厅与餐厅的隔断，绘制时多为直线的搭配。本设计采用栏杆和吊灯进行分隔，达到了美观简洁的效果，并考虑采光和通风的要求，从客厅既可以看到阳台，同时还能得到餐厅窗户的阳光和通风。

（1）复制立面一的轮廓矩形，作为绘图区域。

（2）将“轴线”图层设置为当前层，单击“默认”选项卡“绘图”面板中的“直线”按钮，按照图 8-44 所示的位置绘制轴线。

（3）选择矩形，将矩形右侧的边用鼠标拖动，与轴线重合，如图 8-45 所示。

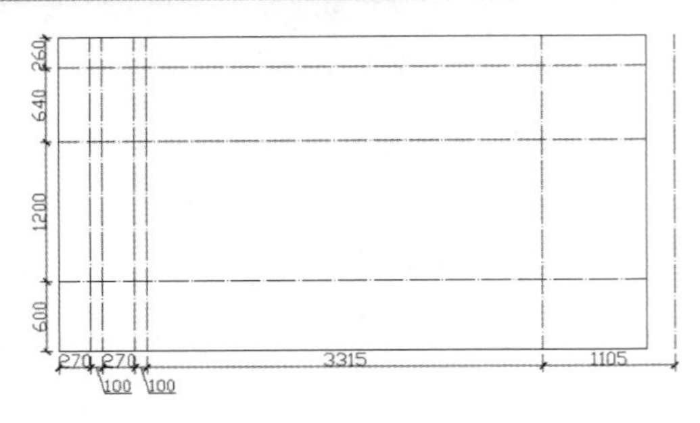

图 8-44　绘制轴线

图 8-45　修改矩形

（4）单击“默认”选项卡“修改”面板中的“延伸”按钮，将水平轴线延伸到矩形的右侧边，延伸后的图形如图 8-46 所示。

（5）将“墙线”图层设置为当前图层。单击“默认”选项卡“绘图”面板中的“矩形”按钮，以图形左上角为起点，绘制边长为 3700mm×260mm 的矩形。

（6）单击“默认”选项卡“绘图”面板中的“直线”按钮，在上步绘制的矩形中绘制距离上边缘 150mm 的水平直线，如图 8-47 所示。

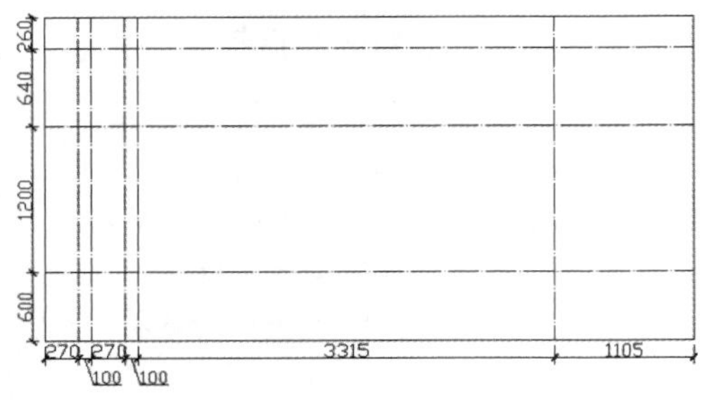

图 8-46　延伸轴线

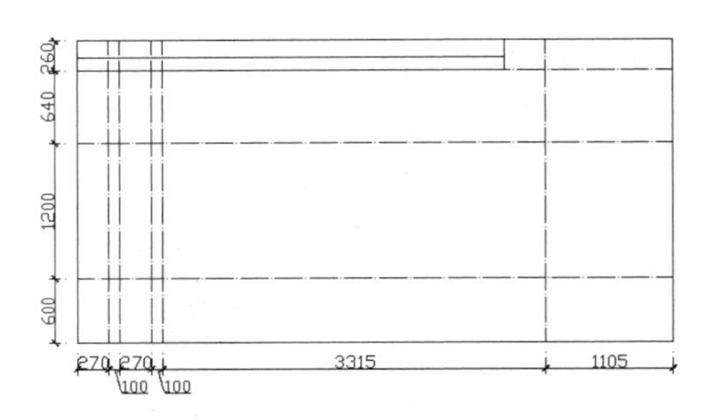

图 8-47　绘制矩形和直线

（7）单击“默认”选项卡“绘图”面板中的“矩形”按钮，在图形的右上角绘制一个 1200mm×150mm 的矩形，作为窗户顶面，如图 8-48 所示。

（8）单击“默认”选项卡“修改”面板中的“复制”按钮，选择立面图一中的窗户进行复制，将其复制到立面图二的右侧，如图 8-49 所示。

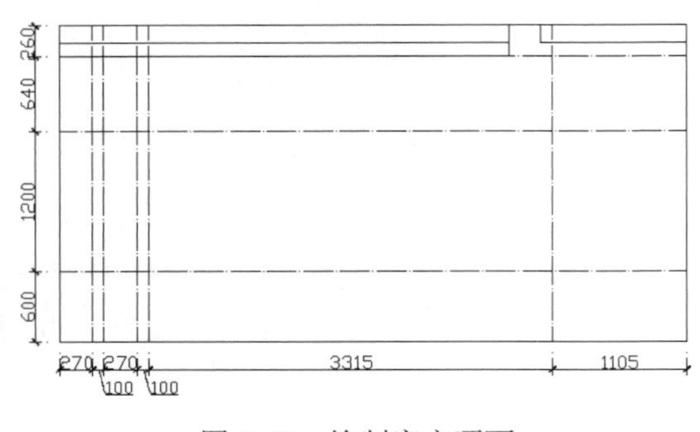

图 8-48　绘制窗户顶面

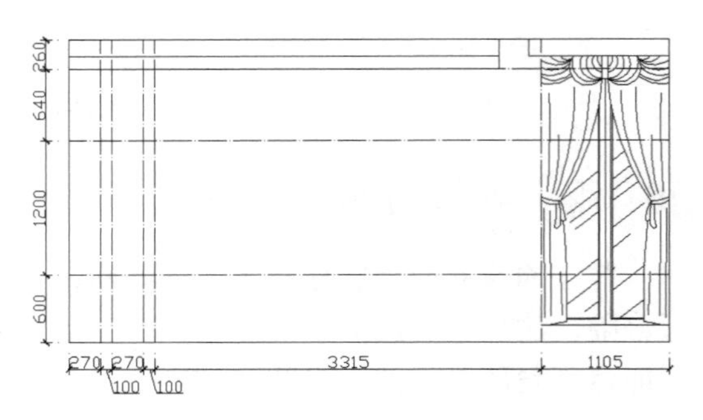

图 8-49　复制窗户图形

（9）单击“默认”选项卡“绘图”面板中的“直线”按钮，在左侧绘制隔断边界和柱子轮廓，可根据需要确定尺寸，如图 8-50 所示。

（10）单击“默认”选项卡“绘图”面板中的“矩形”按钮▭，在底部绘制一个高度为100mm、宽度为3400mm的矩形作为地脚线，并修剪图形，如图8-51所示。

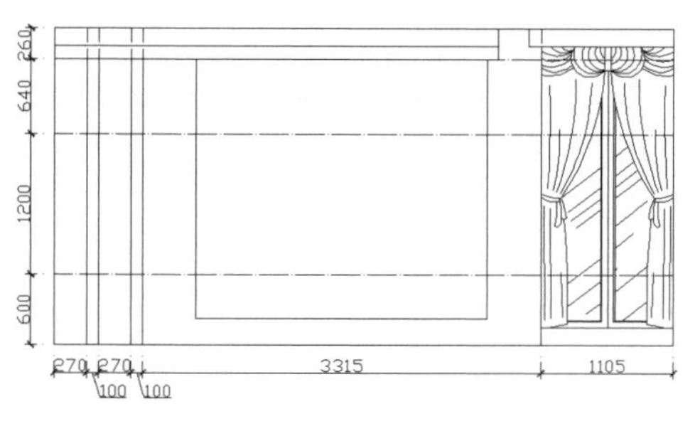

图8-50　绘制隔断边界和柱子轮廓

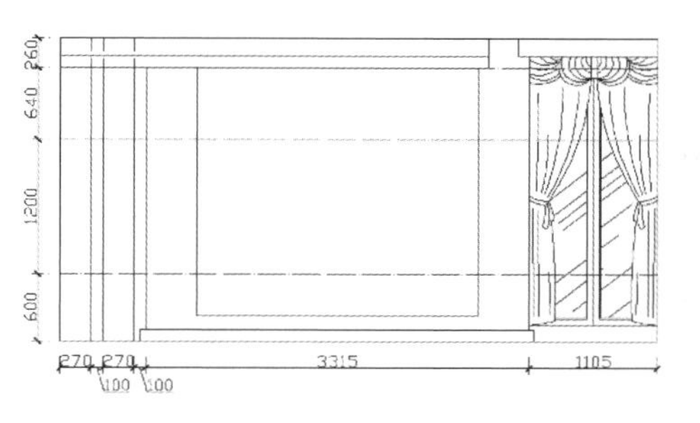

图8-51　绘制地脚线

（11）单击“默认”选项卡“修改”面板中的“偏移”按钮⊆，将左侧的隔断线偏移50mm，结果如图8-52所示。

（12）将“陈设”图层设置为当前层。在隔断线的中间绘制玻璃边界，并绘制斜线，作为填充的辅助线，如图8-53所示。

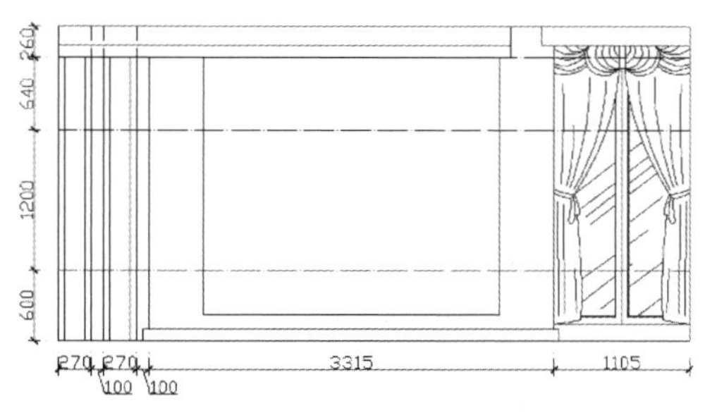

图8-52　偏移隔断线

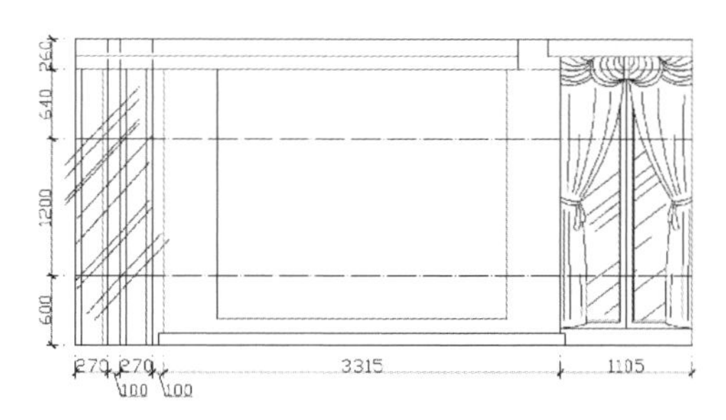

图8-53　绘制玻璃边界和斜线

（13）单击“默认”选项卡“绘图”面板中的“图案填充”按钮▦，打开“图案填充创建”选项卡，将图案填充图案选择为“AR-SAND”图案，设置填充图案比例为“0.5”，填充斜线间的空间，并删除辅助线，如图8-54所示。

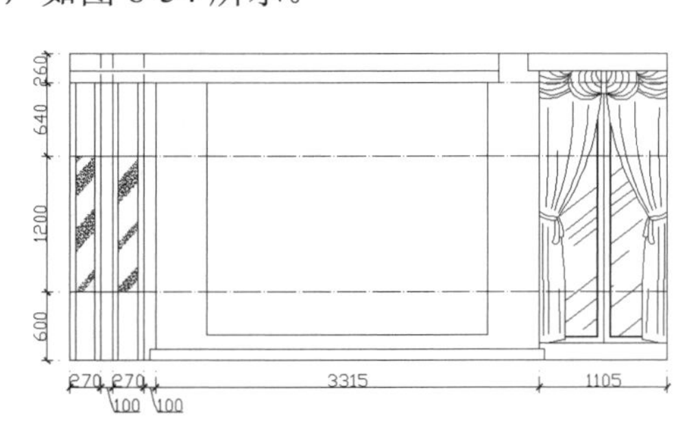

图8-54　填充玻璃图案

（14）单击“默认”选项卡“绘图”面板中的“矩形”按钮▭，在左侧柱子上绘制边长为460mm×30mm的矩形，如图8-55所示。

（15）单击“默认”选项卡“修改”面板中的“修剪”按钮✂，将矩形内部的柱子轮廓线修剪掉，如图8-56所示。

图 8-55　绘制矩形　　　　　　　　图 8-56　修剪多余直线

（16）单击“默认”选项卡“修改”面板中的“矩形阵列”按钮，将刚刚绘制的矩形进行矩形阵列，设置行数为 10，行间距为–60，阵列结果如图 8-57 所示，完成柱子装饰的绘制。

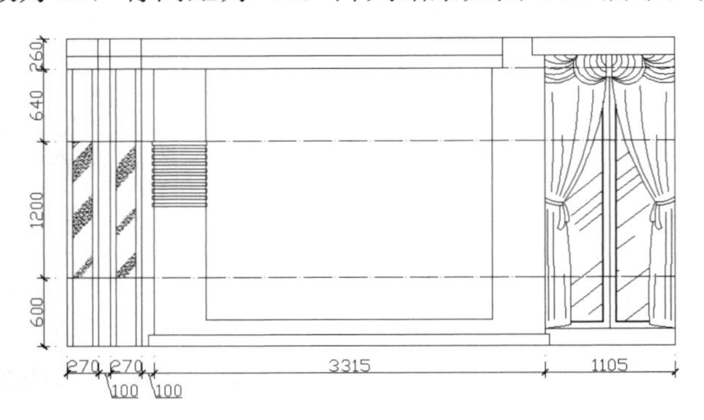

图 8-57　绘制柱子装饰

（17）采用相同的方法，在顶棚上也绘制类似的装饰，效果如图 8-58 所示。

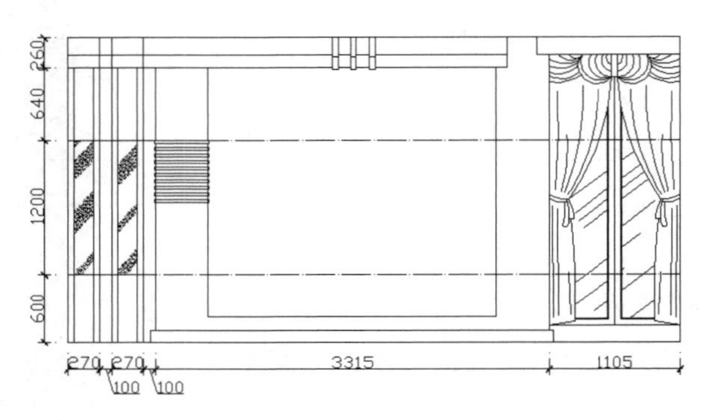

图 8-58　绘制顶棚装饰

（18）单击“默认”选项卡“绘图”面板中的“直线”按钮，首先在柱子中间绘制两条相距为 50mm 的直线作为扶手，如图 8-59 所示。

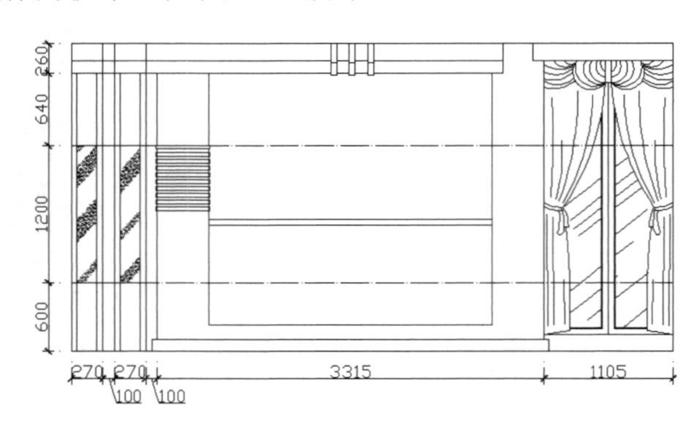

图 8-59　绘制扶手

（19）单击“默认”选项卡“绘图”面板中的“矩形”按钮，在空白位置绘制一个边

长为 60mm×600mm 和两个边长为 50mm×200mm 的矩形，并按图 8-60 所示的位置摆放。单击“默认”选项卡“修改”面板中的“偏移”按钮，将小矩形向内侧偏移 10mm，将大矩形向外侧偏移 10mm，如图 8-61 所示。单击“默认”选项卡“修改”面板中的“修剪”按钮，修剪掉多余的直线，如图 8-62 所示，完成栏杆的绘制。

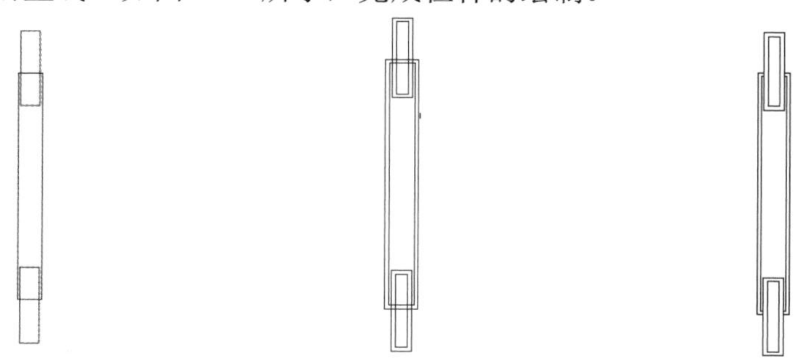

图 8-60　绘制矩形　　图 8-61　偏移矩形　　图 8-62　修剪直线

（20）单击“默认”选项卡“修改”面板中的“复制”按钮，将栏杆复制到扶手处，并调整高度，效果如图 8-63 所示。

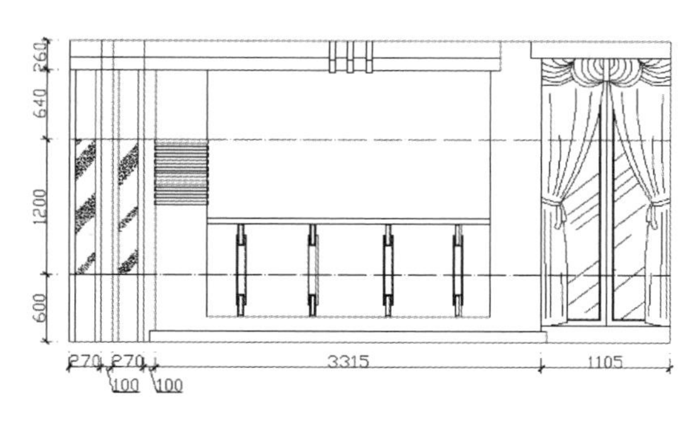

图 8-63　复制栏杆

（21）选择菜单栏中的“格式”→“多线样式”命令，打开“多线样式”对话框，单击“新建”按钮，在打开的“创建新的多线样式”对话框中将新多线样式命名为“langan”。单击“继续”按钮，打开“新建多线样式”对话框，将偏移距离设置为“5”和“–5”，如图 8-64 所示。

新建多线样式:LANGAN

说明(P):

封口

起点　端点

直线(L):

外弧(O):

内弧(R):

角度(N): 90.00　90.00

填充

填充颜色(F): 无

显示连接(J):

图元(E)

偏移	颜色	线型
5	BYLAYER	ByLayer
-5	BYLAYER	ByLayer

添加(A)　删除(D)

偏移(S): -5

颜色(C): ByLayer

线型: 线型(Y)...

确定　取消　帮助(H)

图 8-64　设置多线样式

（22）选择菜单栏中的“绘图”→“多线”命令，绘制水平栏杆，结果如图 8-65 所示。

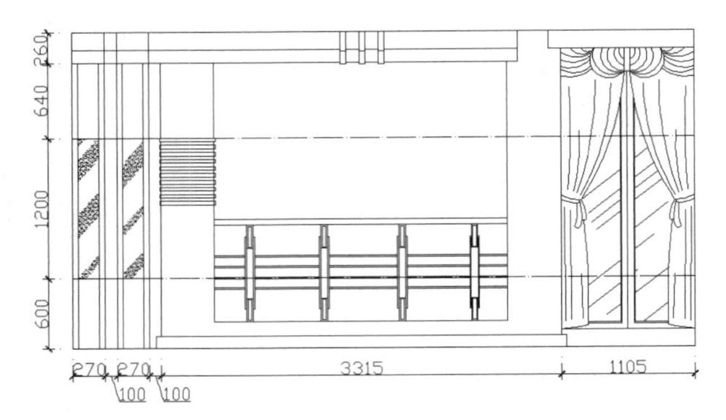

图 8-65　绘制水平栏杆

（23）添加文字标注和尺寸标注，效果如图 8-66 所示，至此完成立面图二的绘制。

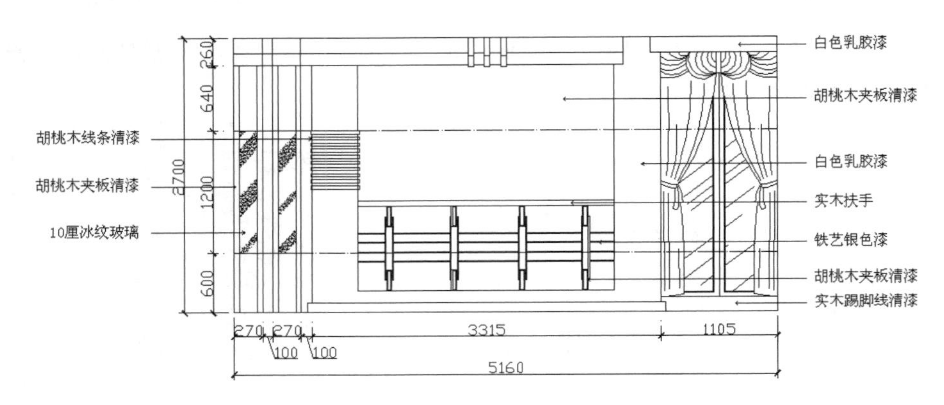

图 8-66　添加文字标注和尺寸标注

8.2　厨房立面图

下面简单讲述绘制厨房立面图的方法。

（1）将“0”图层设置为当前层。单击“默认”选项卡“绘图”面板中的“矩形”按钮▭，首先绘制边长为 4320mm×2700mm 的矩形，作为绘图边界，如图 8-67 所示。

（2）将“轴线”图层设置为当前层。单击“默认”选项卡“绘图”面板中的“直线”按钮╱，以图 8-68 所示的尺寸绘制轴线。

图 8-67　绘制绘图边界

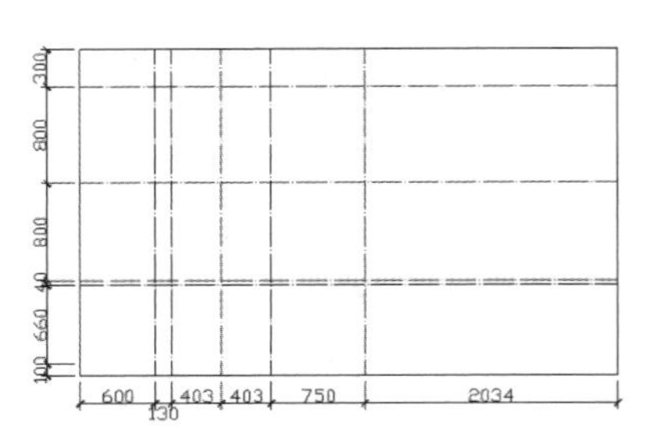

图 8-68　绘制轴线

（3）将“0”图层设置为当前层。单击“默认”选项卡“修改”面板中的“复制”按钮，将客厅立面图二中的柱子图形复制到此图右侧，如图 8-69 所示。

（4）单击“默认”选项卡“绘图”面板中的“直线”按钮，在顶棚和地面绘制装饰线和踢脚线，如图 8-70 所示。

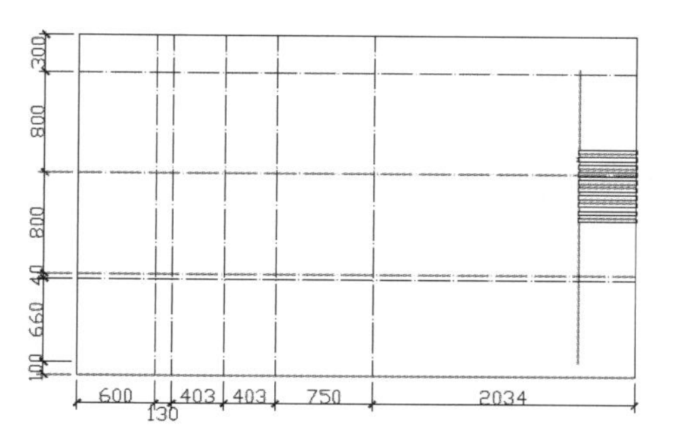

图 8-69　复制柱子图形

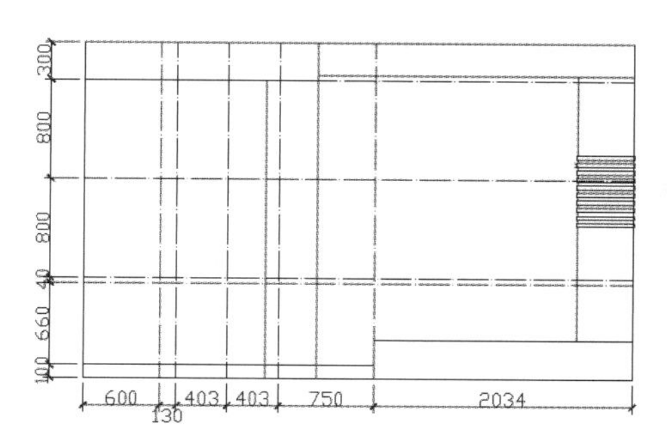

图 8-70　绘制装饰线和踢脚线

（5）将“陈设”图层设置为当前层。单击“默认”选项卡“绘图”面板中的“矩形”按钮，通过轴线的交点，绘制灶台的边缘线，并删除多余的柱线，如图 8-71 所示。

（6）单击“默认”选项卡“绘图”面板中的“矩形”按钮，单击轴线的边界，绘制灶台下面的柜门，以及分割空间的挡板，尺寸可根据需要确定，如图 8-72 所示。

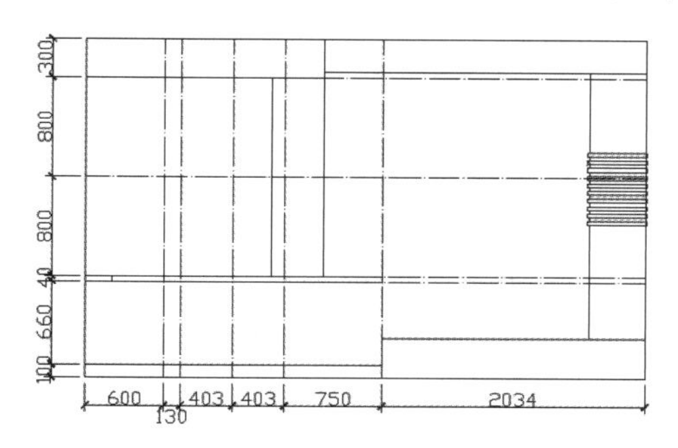

图 8-71　绘制灶台

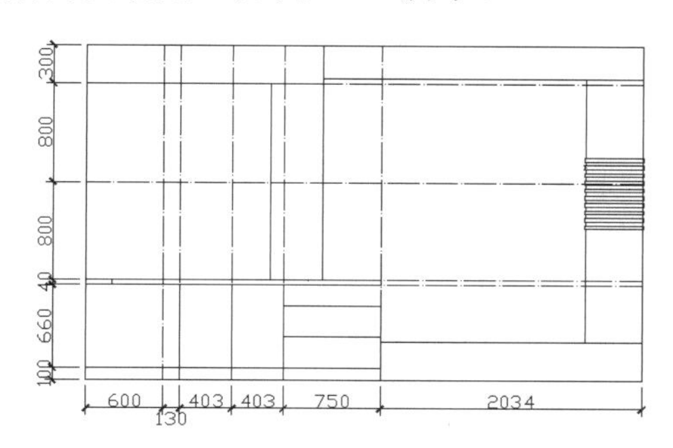

图 8-72　绘制柜门及挡板

（7）单击“默认”选项卡“修改”面板中的“偏移”按钮，选择柜门图形，向内偏移 10mm，绘制的柜门效果如图 8-73 所示。

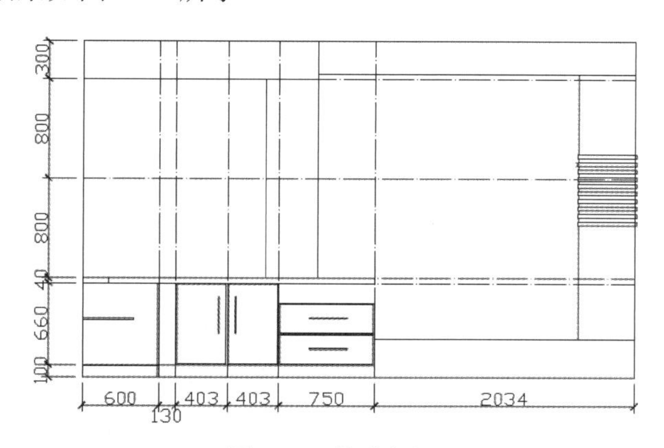

图 8-73　偏移柜门

（8）在“特性”选项卡的“线型”下拉列表中选择点画线线型，如果没有该线型，可以进行加载。单击“默认”选项卡“绘图”面板中的“直线”按钮，单击柜门中间的左上角点（图 8-74 中的 A 点），然后利用状态栏中的“对象捕捉”命令，选择柜门侧边的中点，绘制柜门的装饰线，如图 8-74 所示。

（9）选择刚刚绘制的装饰线并右击，在打开的快捷菜单中选择“特性”命令，打开“特性”对话框，将“线型比例”设置为“5”，如图 8-75 所示。

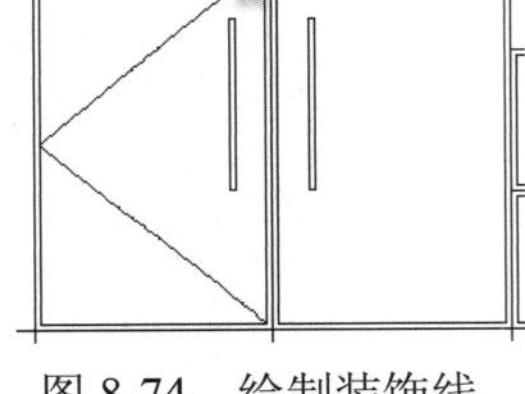

图 8-74　绘制装饰线

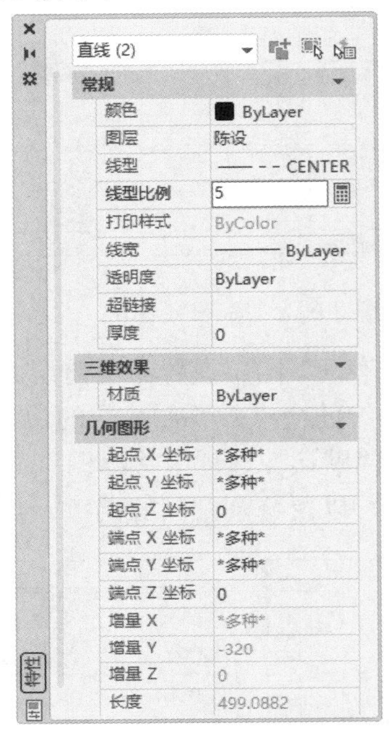

图 8-75　修改线型比例

（10）单击“默认”选项卡“修改”面板中的“镜像”按钮，选择刚刚绘制的装饰线，以柜门的中轴线为基准线，将其镜像到另外一侧，如图 8-76 所示。

（11）采用相同的方法，绘制灶台上的壁柜，绘制完成后如图 8-77 所示。

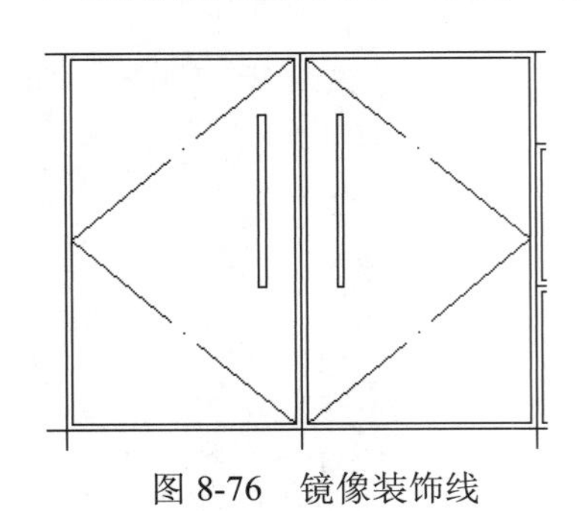

图 8-76　镜像装饰线

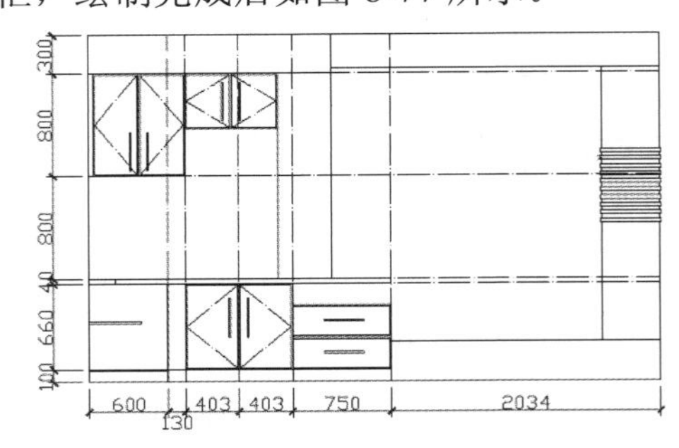

图 8-77　绘制壁柜

（12）单击“默认”选项卡“绘图”面板中的“矩形”按钮，以上壁柜的交点为起始点，绘制一个 700mm×500mm 的矩形，作为抽油烟机的外轮廓，如图 8-78 所示；再选择刚刚绘制的矩形，单击“默认”选项卡“修改”面板中的“分解”按钮，将矩形分解。

（13）单击“默认”选项卡“修改”面板中的“偏移”按钮，将矩形下边向上偏移，偏移距离为 100mm，结果如图 8-79 所示。

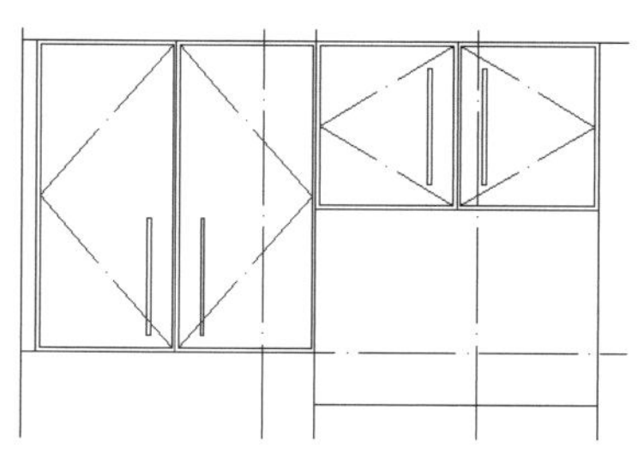

图 8-78　绘制抽油烟机轮廓

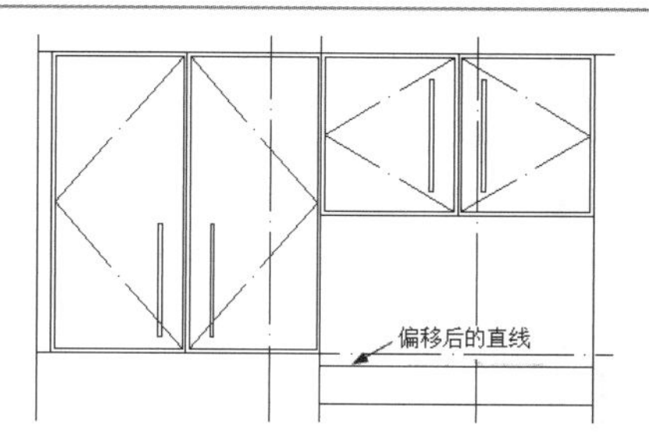

图 8-79　偏移直线

（14）单击“默认”选项卡“绘图”面板中的“直线”按钮，捕捉偏移后直线的左侧端点，绘制另一端点相对坐标为（@30,400）的直线。重复“直线”命令，捕捉直线的右端点，绘制另一相对坐标端点为（@–30,400）的直线，结果如图 8-80 所示。

（15）单击“默认”选项卡“修改”面板中的“复制”按钮，选择下部的水平直线，选择直线的左端点，然后在命令行中依次输入复制图形移动的距离“@0,200”“@0,280”“@0,330”“@0,350”“@0,380”“@0,390”“@0,395”，如图 8-81 所示。

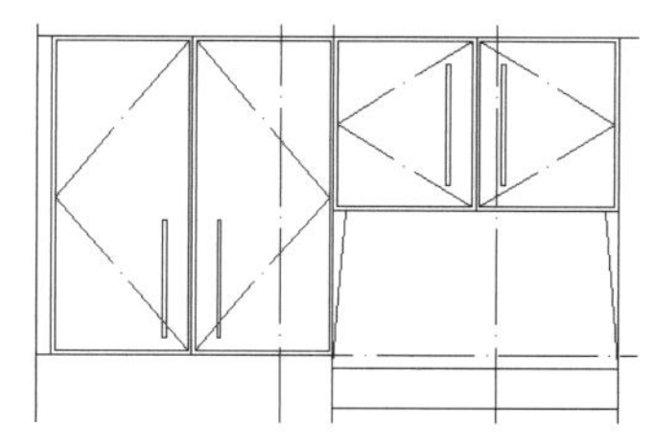

图 8-80　绘制斜线

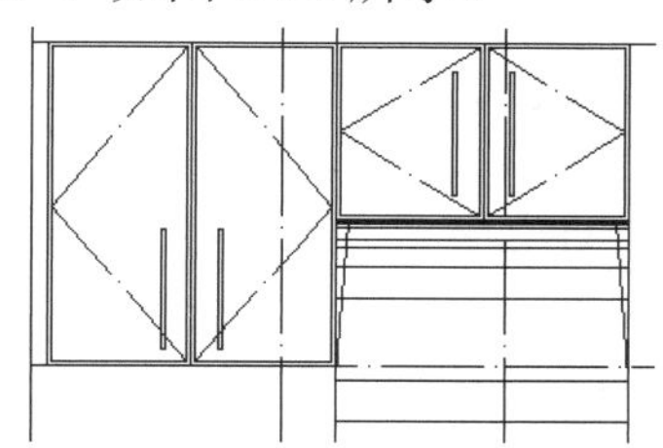

图 8-81　绘制波纹线

（16）单击“默认”选项卡“绘图”面板中的“直线”按钮，捕捉水平底边的中点绘制辅助线，如图 8-82 所示。在中线左侧绘制长度为 200mm 的竖直直线，起点在水平底边上。

（17）单击“默认”选项卡“修改”面板中的“镜像”按钮，将刚刚绘制的直线以辅助线为镜像轴镜像到另外一侧。

（18）单击“默认”选项卡“绘图”面板中的“圆弧”按钮，以两个短竖直线的上端点作为两个端点绘制圆弧，如图 8-83 所示。

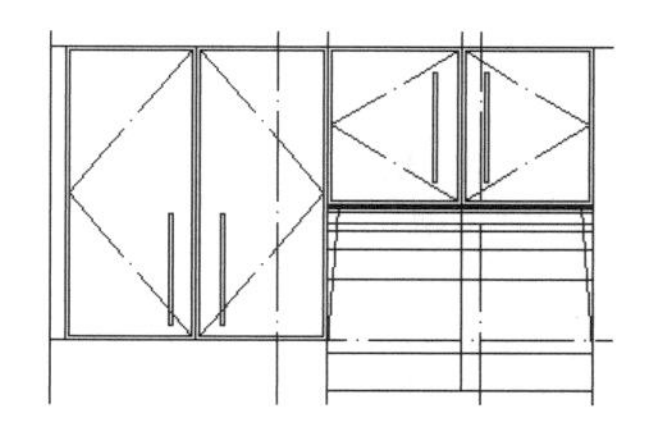

图 8-82　绘制辅助线

（19）单击“默认”选项卡“修改”面板中的“偏移”按钮，选择两个短竖线和弧线，设置偏移距离为 20mm，然后在内侧单击，偏移后的图形如图 8-84 所示。

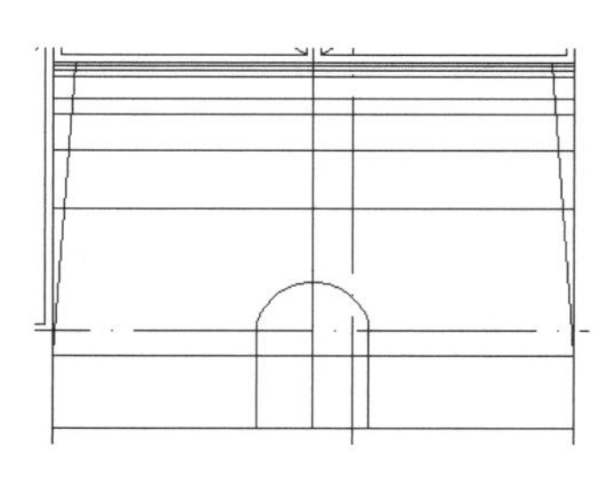

图 8-83　绘制圆弧

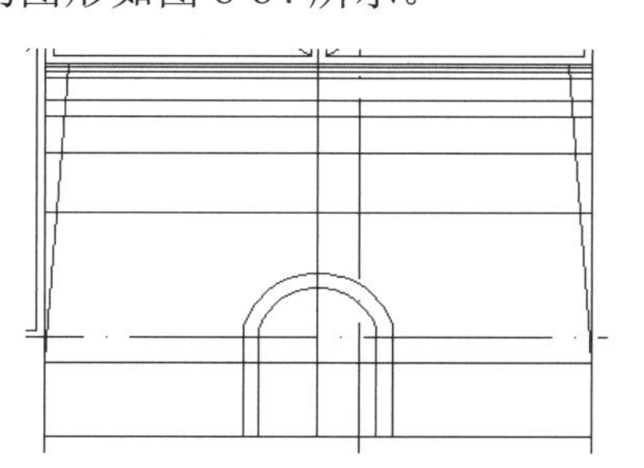

图 8-84　偏移弧线及竖直直线

接下来在右侧绘制椅子模块。

（20）单击“默认”选项卡“绘图”面板中的“圆”按钮，在弧线下面绘制直径为 30mm 和 10mm 的圆形，作为抽油烟机的指示灯；再单击“默认”选项卡“绘图”面板中的“直线”按钮，在右侧绘制开关，如图 8-85 所示。

（21）单击“默认”选项卡“绘图”面板中的“矩形”按钮，在右侧绘制一个 20mm×900mm 的矩形，如图 8-86 所示。

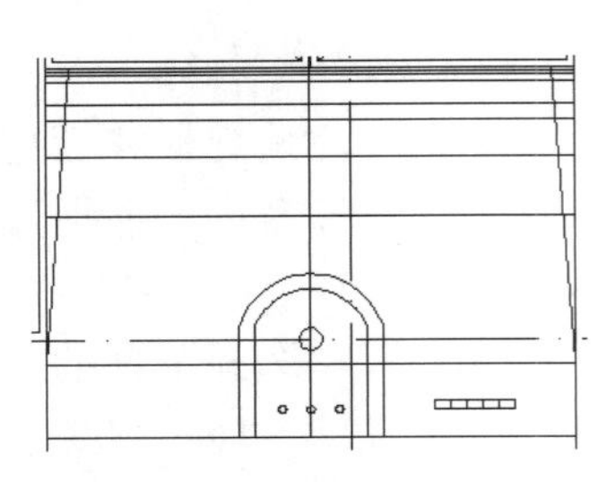

图 8-85　绘制指示灯和开关

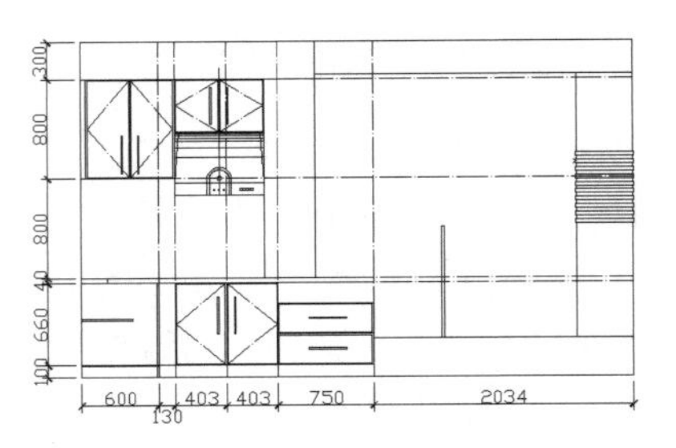

图 8-86　绘制矩形

（22）选择刚绘制的矩形，单击“默认”选项卡“修改”面板中的“旋转”按钮，将矩形绕图 8-87 中的 A 点旋转–30°；再单击“默认”选项卡“修改”面板中的“修剪”按钮，将位于地面以下的矩形部分修剪掉。

（23）采用相同的方法，在右侧绘制一个 50mm×600mm 的矩形，并将其逆时针旋转 40°，作为椅子腿，如图 8-88 所示。

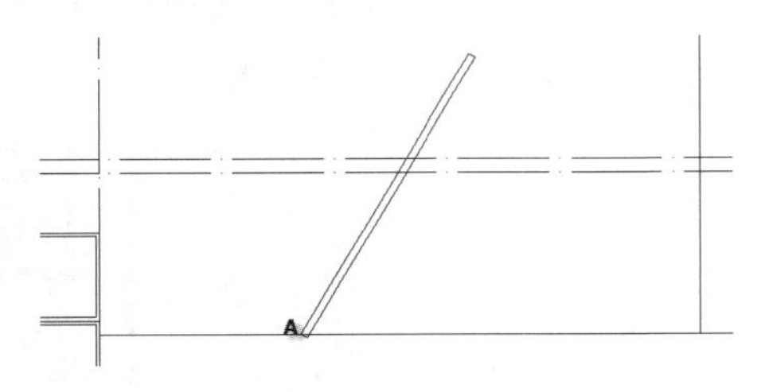

图 8-87　旋转矩形

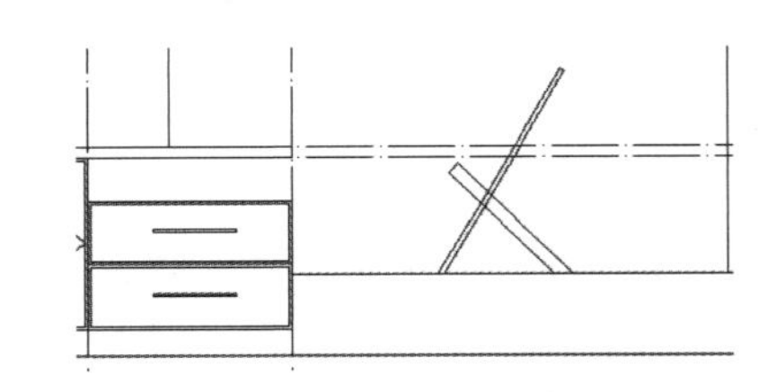

图 8-88　绘制椅子腿

（24）单击“默认”选项卡“绘图”面板中的“矩形”按钮，在新绘制的矩形的顶部，绘制一个 400mm×50mm 的矩形，作为坐垫，如图 8-89 所示。

（25）单击“默认”选项卡“修改”面板中的“分解”按钮，将刚刚绘制的矩形分解；再单击“默认”选项卡“修改”面板中的“圆角”按钮，选择要倒圆角的边，将外侧倒角半径设置为 50mm，内侧半径设置为 20mm，如图 8-90 所示。

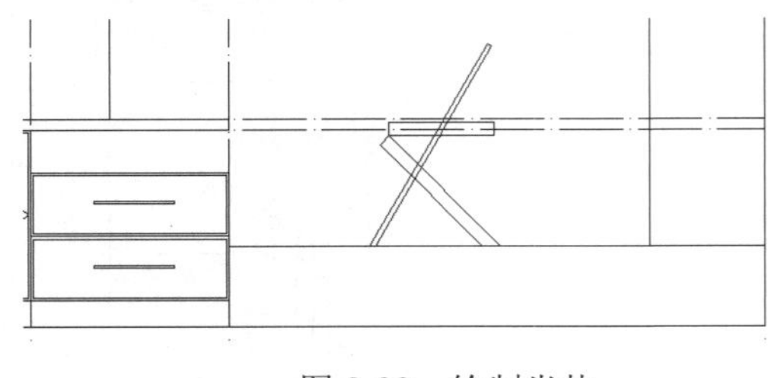

图 8-89　绘制坐垫

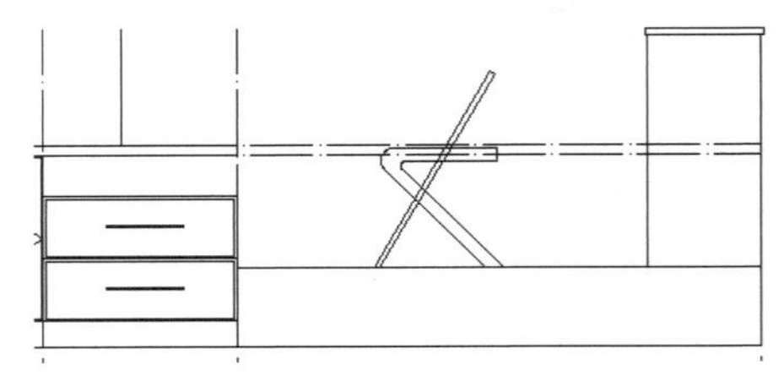

图 8-90　倒圆角

（26）单击“默认”选项卡“绘图”面板中的“圆”按钮，以椅背的顶端直线中点为

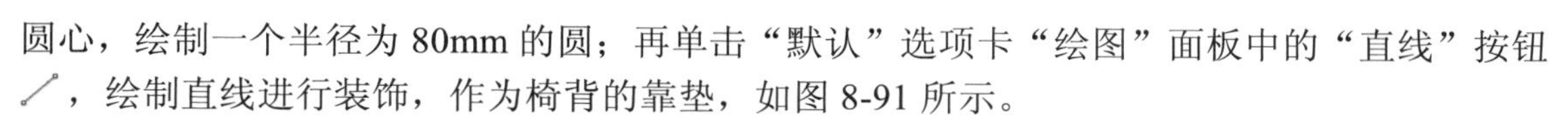

圆心，绘制一个半径为 80mm 的圆；再单击“默认”选项卡“绘图”面板中的“直线”按钮 ，绘制直线进行装饰，作为椅背的靠垫，如图 8-91 所示。

（27）采用相同的方法，绘制此立面图的其他基本设施模块，结果如图 8-92 所示。

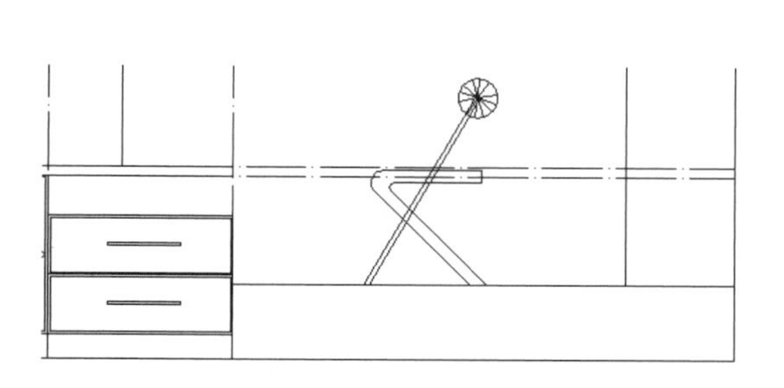

图 8-91　绘制装饰线

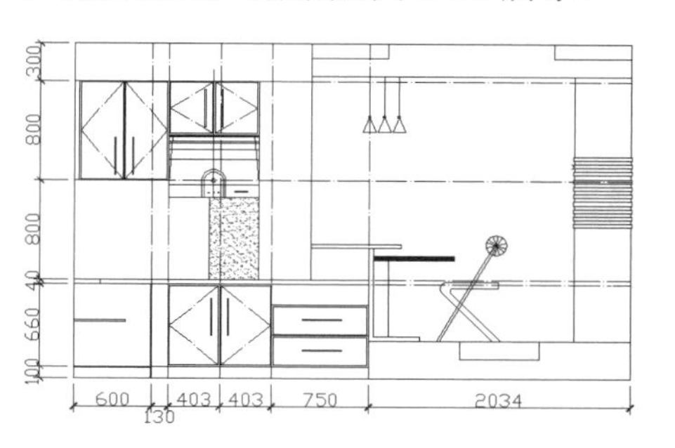

图 8-92　绘制其他设施模块

（28）将“文字”图层设置为当前层，添加文字标注，如图 8-93 所示。

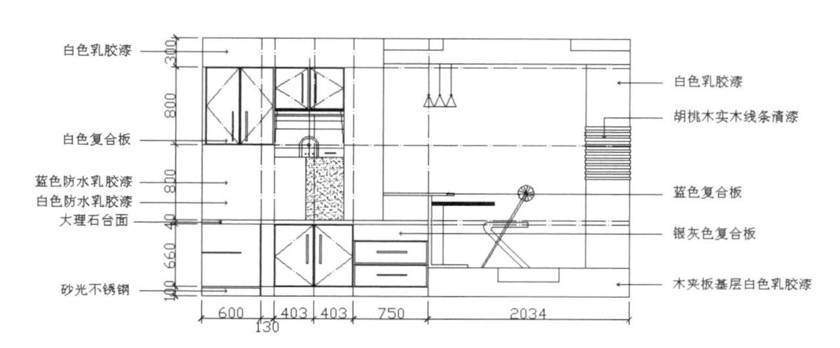

图 8-93　添加文字标注

8.3　书房立面图

下面简单讲述绘制书房立面图的方法。

（1）将“0”图层设置为当前层。单击“默认”选项卡“绘图”面板中的“矩形”按钮 ，绘制绘图边界，尺寸为 4853mm×2550mm，如图 8-94 所示。

（2）将“轴线”图层设置为当前层。单击“默认”选项卡“绘图”面板中的“直线”按钮 ，绘制轴线，如图 8-95 所示。

图 8-94　绘制绘图边界

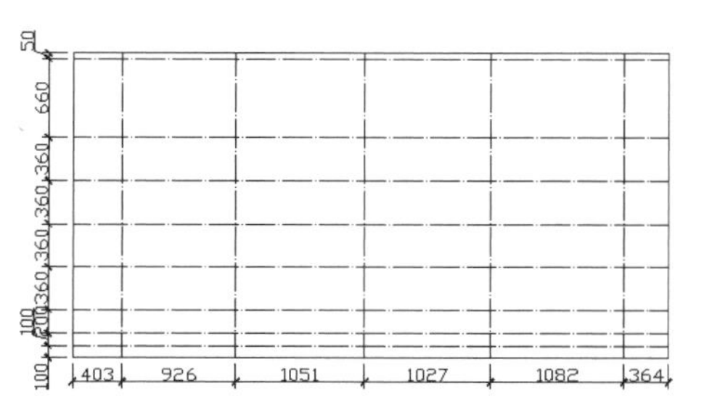

图 8-95　绘制轴线

（3）将“陈设”图层设置为当前层。单击“默认”选项卡“绘图”面板中的“直线”按钮，沿轴线绘制书柜的边界和玻璃的分界线，如图 8-96 所示。

（4）单击“默认”选项卡“绘图”面板中的“多段线”按钮，选择起点，然后在命令行中输入“W”，设置线宽为“10”，绘制书柜的水平板及两侧边缘，如图 8-97 所示。

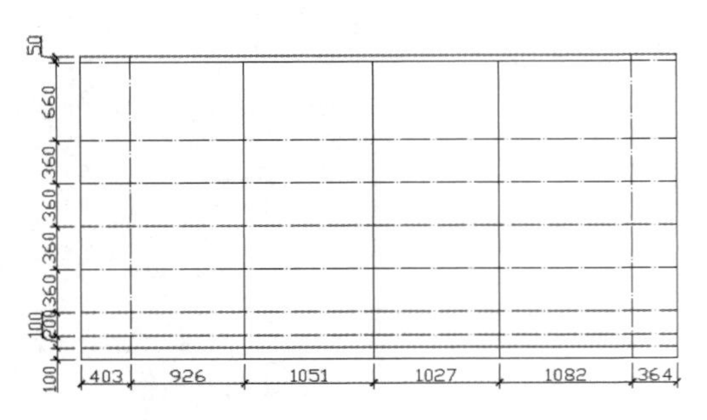

图 8-96　绘制书柜的边界和玻璃的分界线

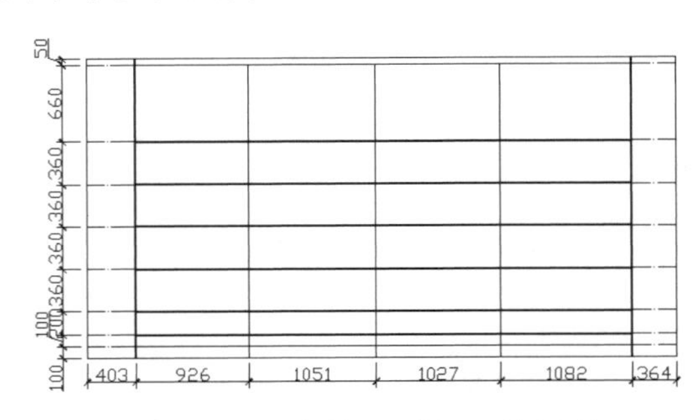

图 8-97　绘制水平板及两侧边缘

（5）单击“默认”选项卡“绘图”面板中的“矩形”按钮，绘制一个 50mm×2000mm 的矩形，然后在其上端绘制一个 100mm×10mm 的矩形，作为书柜隔挡，如图 8-98 所示。

（6）选择菜单栏中的“格式”→“多线样式”命令，打开“多线样式”对话框，单击“新建”按钮，打开“创建新的多线样式”对话框；输入样式名称为“1”，单击“继续”按钮，打开“新建多线样式”对话框，样式设置如图 8-99 所示；在隔挡中绘制多线，上侧横线之间的距离为 360mm，最下面两横线之间的距离为 560mm，偏移的数值设置为–560、0、360、720、1080，如图 8-100 所示；然后将隔挡复制到书柜的竖线上，然后删除多余线段，如图 8-101 所示。

图 8-98　绘制书柜隔挡

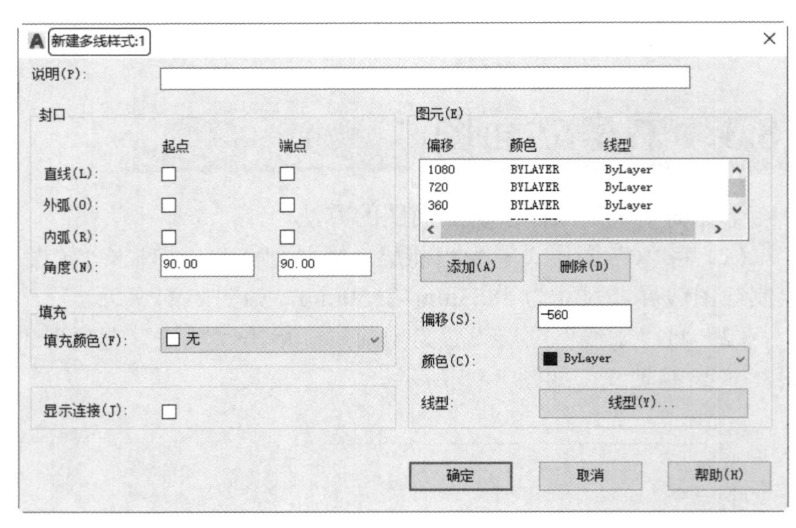

图 8-99　设置多线样式

（7）单击“默认”选项卡“绘图”面板中的“矩形”按钮，在空白处绘制一个 400mm×300mm 的矩形，然后在其中绘制竖直直线进行分割，间距自己定义即可，如图 8-102 所示。

（8）单击“默认”选项卡“绘图”面板中的“直线”按钮，绘制一条水平直线；再单击“默认”选项卡“绘图”面板中的“圆”按钮，在下方绘制圆形图形代表书名，如图 8-103 所示。

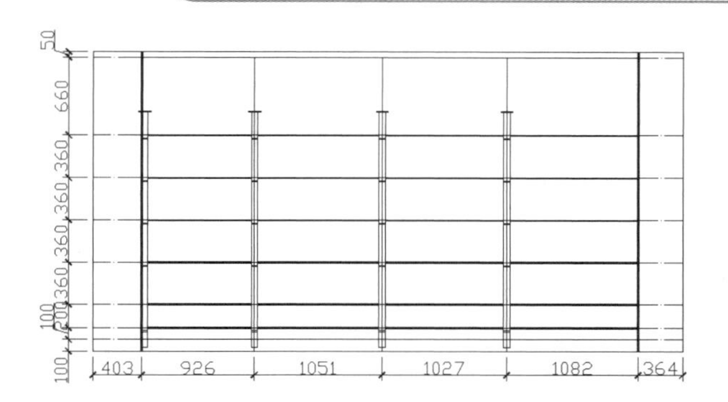

图 8-100　绘制横线

图 8-101　复制隔挡

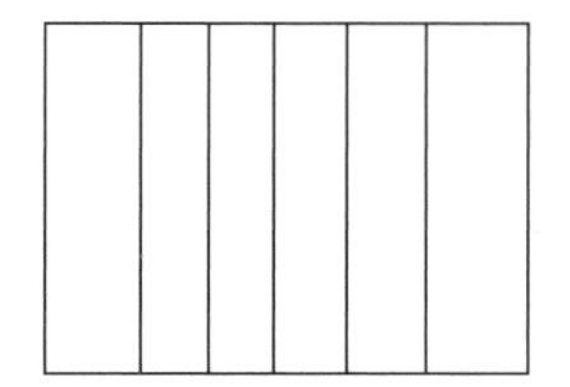

图 8-102　绘制图书造型 1

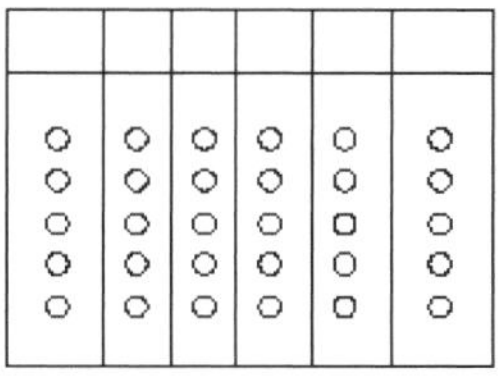

图 8-103　绘制图书造型 2

（9）采用相同的方法绘制其他图书造型，效果如图 8-104 所示。

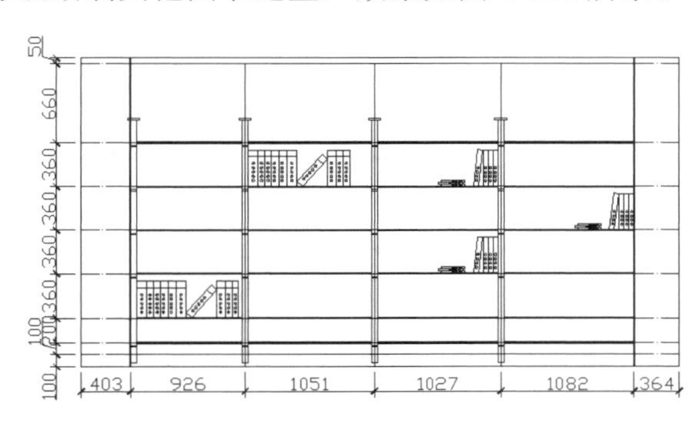

图 8-104　插入图书造型

（10）单击“默认”选项卡“绘图”面板中的“直线”按钮，绘制 45°斜向直线，作为书柜玻璃轮廓如图 8-105 所示。

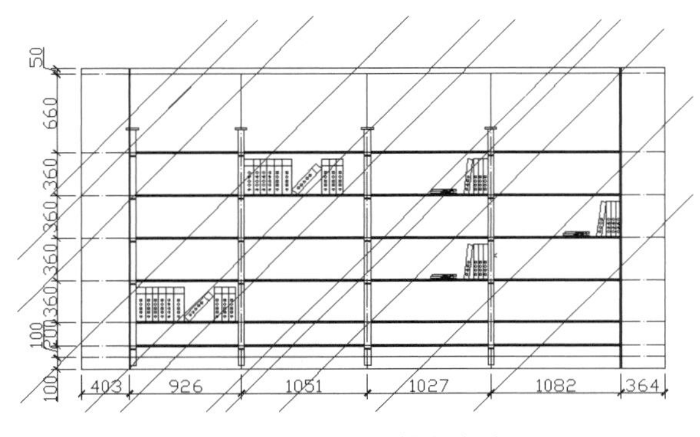

图 8-105　绘制斜向直线

（11）单击“默认”选项卡“修改”面板中的“修剪”按钮，将玻璃内轮廓外部和底部抽屉处的直线剪切掉，结果如图 8-106 所示。

（12）单击“默认”选项卡“修改”面板中的“打断”按钮，将图中的部分斜线打断，命令行提示与操作如下：

```
命令：_break
选择对象：（单击斜线上的一点）
指定第二个打断点或[第一点(F)]：（单击同一条斜线上的另外一点）
```

最后得到的书柜玻璃纹路如图 8-107 所示。

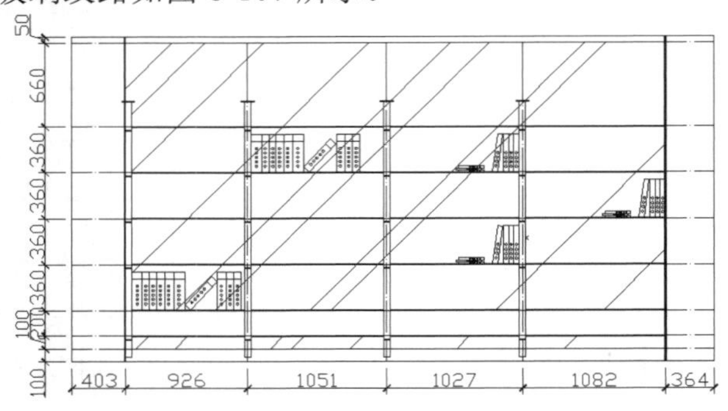

图 8-106　修剪斜线

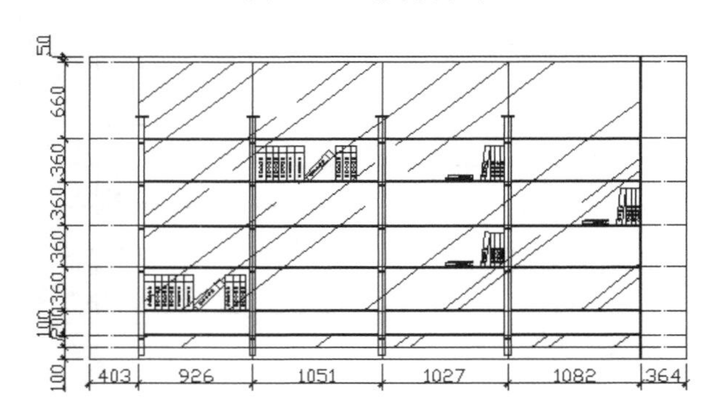

图 8-107　绘制玻璃纹路

（13）将“文字”图层设置为当前层，添加文字标注，如图 8-108 所示。

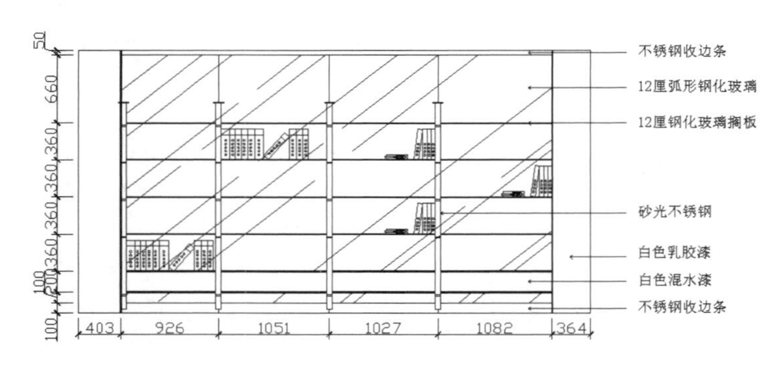

图 8-108　添加文字标注

Chapter

商业广场展示中心平面图

9

展示空间作为展品的展示舞台，具有一种活力。如视觉冲击力、听觉感染力、触觉启动力、味觉和嗅觉刺激感，通过娱乐色彩的环境、气氛和商品陈列、促销活动吸引顾客注意力，提高对展品的记忆。展示空间的生动化比大众媒体广告更直接、更富有感受力，更容易刺激购买行为和消费行为。在当前的一些大型商业中心，一般都设置有展示空间。

本章将以一个大型商业广场展示中心室内设计过程为例，讲述展示空间这类建筑的室内设计思路和方法。

9.1 设计思想

商业广场展示中心设计属于典型的大型固定展示空间设计范畴。建筑空间设计是在指定使用功能下制作能满足多数人审美观的建筑物并能加以实施的艺术创作，所以在每个创作中要关注以下方面。

（1）充分配合建设方的前期策划建筑文件。作为具体实施项目的指导性文件，直接影响建设方与使用者利益。以自身专业配合建筑方得到利益最大化的策划方案，为项目全面成功奠定基础。

（2）坚持方案设计的前瞻性、独创性与经济实用相结合。建筑作为长期存在于城市中的雕塑，其外观应满足多数人的审美要求，而使用者更在乎长期停留在其中的自我感受，功能上的完善，细节上以人为本的处理。如果忽略了建设方的经济利益，设计只能是纸上谈兵，如何得到多方认同是设计者的努力方向。

（3）注重新技术、新理念的运用，确保建筑的可持续性。成熟的新技术与理念的运用，对建筑的建造与使用成本的控制均大有裨益。可以提供给委托方、使用方一个新颖、高技术含量的产品。

（4）强调实施中的多方配合。在实施过程中，设计方的积极配合，将给建筑空间设计工程的顺利完成提供坚实的专业技术支持。

现代化的大型固定展示空间设计普遍采用高新技术手段，使展示更符合时代的要求，主要有以下几种形式。

（1）标本与活体结合展示，倍受观众喜爱。

（2）室内展示与露天展示结合，将某些展品放置在露天展示，可以使它们接近大自然，与观众的距离也缩短了，这种“回归自然”的形式新奇逼真，很适合当代人的审美情趣。

（3）动与静的结合，巧妙的运用幻灯，全息摄影，镭射、录像、电影、多媒体等现代单像技术，虚拟现实技术，使静态展品得到拓展，造成生动活泼、气氛热烈的展示环境，具有身临其境的效果。

（4）实物与电子资讯的结合，通过电子导览系统，寻找理想的参观路线，通过电脑问答机详细了解展示的知识内容，测试观看与参与相结合，更满足了观众的自主性。

本例具体设计的是某大型商业广场的展示中心。该展示中心主要用于展示本商业中心正在或即将销售的重点或贵重商品以及合作厂家意向提供的新产品。作为一个高档商业广场对外展示的窗口，所以该展示中心的设计务必豪华显眼，以给展示的商品提供一个光彩夺目的舞台，在色彩的选择上应以明亮的浅色调为主。在灯光布置上则要力尽所能地给展台上的展品提供最耀眼的照明和渲染环境。

由于展示中心往往是商业中心为意向客户或供货厂家提供交流的场所，所以为了沟通方便，往往在两侧分别设置洽谈休息室和办公区，有利于双方进行及时的沟通和交流。为了对来访的不同客人进行有序的接待，所以展示中心要设置总服务台，安排前台服务人员值班；休息区设置在总服务台附近靠墙的一测，便于服务人员与客人能够进行及时的简单交流和安排会见洽谈；洽谈区和办公区要有墙体和门隔开，这样可以保证洽谈的私密性，也便于将喧嚣的展示环境与要求相对安静的办公区分隔开。

具体设计平面图如图 9-1 所示，下面讲解具体设计过程。

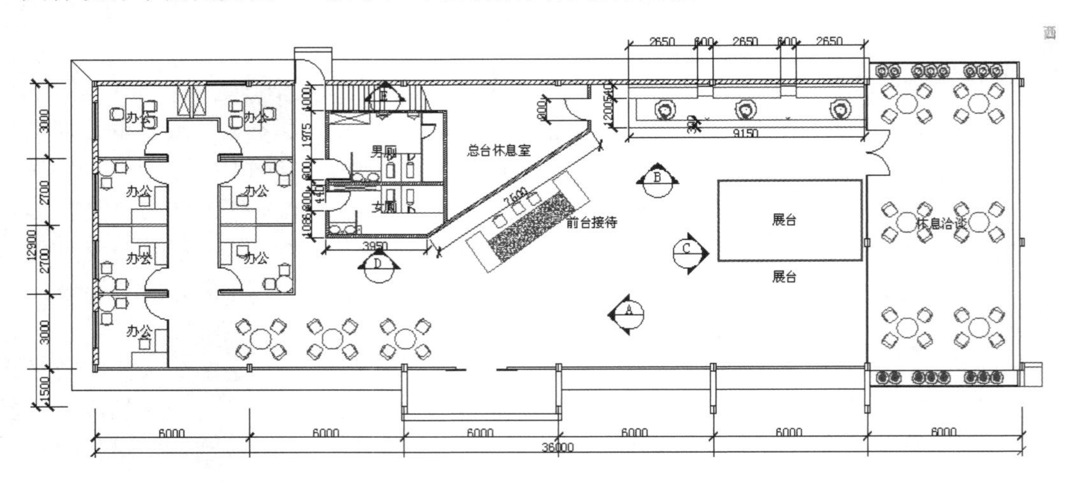

图 9-1　广场展示中心室内设计平面图

9.2　商业广场展示中心建筑平面图

注意：室内平面图的绘制是在建筑平面图的基础上逐步细化展开的，掌握建筑平面图的绘制是一个必备的基础环节，因此本节讲解应用 AutoCAD 2022 绘制建筑平面图如图 9-2 所示。

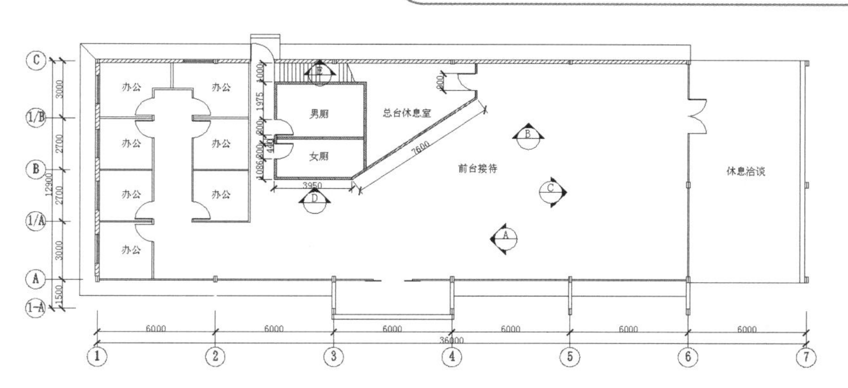

图 9-2　广场展示中心建筑平面图

9.2.1 设置绘图区域

1. 新建文件

单击“快速访问”工具栏中的“新建”按钮，打开“选择样板”对话框，新建一个文件，单击“快速访问”工具栏中的“保存”按钮，将图形文件保存为“广场展示中心平面图”。

2. 设置图形界限

AutoCAD 的绘图空间很大，绘图时要设定绘图区域。可以通过两种方法设定绘图区域。

（1）可以绘制一个已知长度的矩形，将图形充满程序窗口，就可以估计出当前的绘图大小。

（2）选择菜单栏中的“格式”→“图形界限”命令，来设定绘图区大小。命令行提示与操作如下。

```
命令: '_limits
重新设置模型空间界限:
指定左下角点或 [开(ON)/关(OFF)] <0.0000,0.0000>:
指定右上角点 <420.0000,297.0000>: 42000,29700↙
```

3. 图层设置

单击“默认”选项卡“图层”面板中的“图层特性”按钮，打开“图层特性管理器”对话框，设置图层如图 9-3 所示。

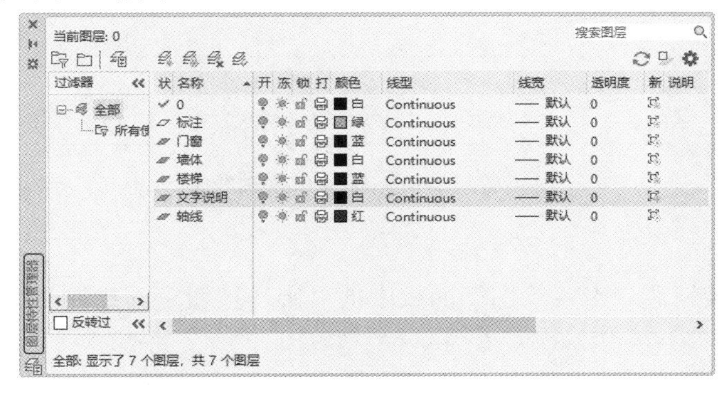

图 9-3　“图层特性管理器”对话框

9.2.2 绘制轴线

1. 图层设置

将“轴线”图层设置为当前图层。

注意：初学者务必首先学会图层的灵活运用。图层分类合理，则图样的修改很方便，在改一个图层的时候可以把其他图层都关闭。把图层颜色设为不同，这样不会画错图层。要灵活使用冻结和关闭。

2. 绘制相交轴线

单击“默认”选项卡“绘图”面板中的“直线”按钮，在状态栏中单击“正交”按钮，打开正交，绘制相交轴线，水平轴线长度为 37000mm，竖直轴线长度为 13900mm。

3. 线型设置

选中上步创建的直线，单击鼠标右键，在打开的快捷菜单中选择“特性”，打开 “特性”对话框，修改线型比例为“30”，结果如图 9-4 所示。

4. 偏移轴线

（1）单击“默认”选项卡“修改”面板中的“偏移”按钮，选择竖直轴线依次向右偏移 6000mm、6000mm、6000mm、6000mm、6000mm、6000mm，如图 9-5 所示。

图 9-4 绘制轴线　　图 9-5 偏移竖直轴线

（2）单击“默认”选项卡“修改”面板中的“偏移”按钮，选择水平轴线依次向上偏移 1500mm，3000mm、2700mm、2700mm、3000mm，偏移结果如图 9-6 所示。

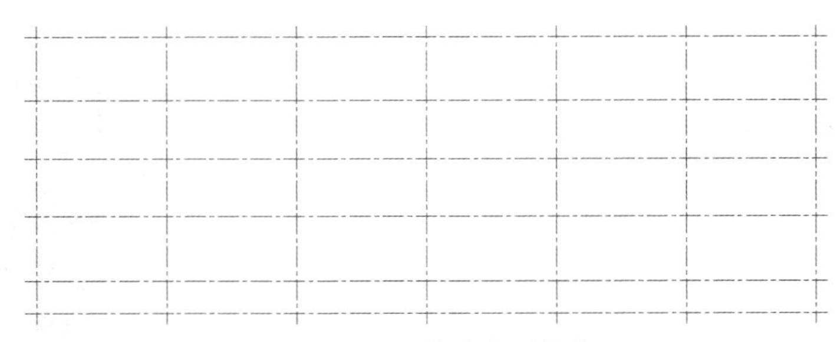

图 9-6 偏移水平轴线

5. 绘制轴号

（1）单击“默认”选项卡“绘图”面板中的“圆”按钮，绘制一个半径为 500mm 的圆，圆心为轴号线的端点，如图 9-7 所示。

（2）单击“默认”选项卡“修改”面板中的“移动”按钮，将上步绘制的圆移动到适当位置，如图 9-8 所示。

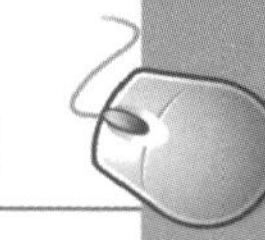

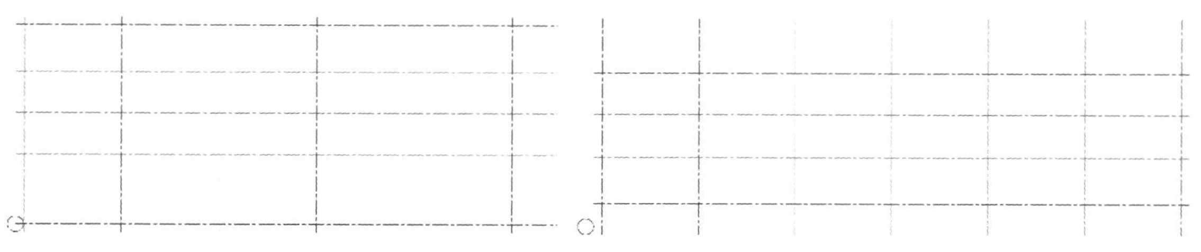

图 9-7　绘制轴号　　　　图 9-8　移动圆

（3）单击“默认”选项卡“块”面板中的“定义属性”按钮，打开“属性定义”对话框，如图 9-9 所示，单击“确定”按钮，在圆心位置，写入一个块的属性值。设置完成，如图 9-10 所示。

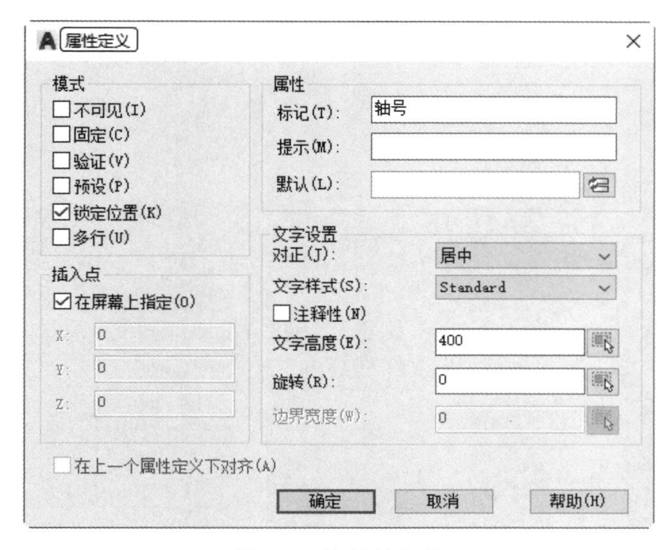

图 9-9　块属性定义

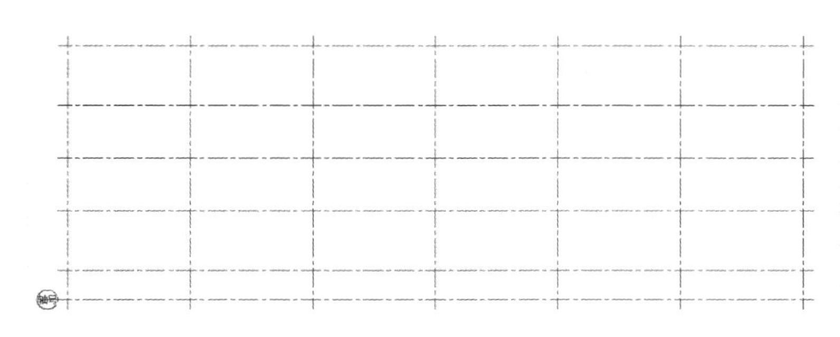

图 9-10　在圆心位置写入属性值

（4）单击“默认”选项卡“块”面板中的“创建”按钮，❶打开“块定义”对话框，如图 9-11 所示。❷在“名称”文本框中写入“块定义”，❸单击“拾取点”按钮，指定圆心为基点；❹单击“选择对象”按钮，选择整个圆和刚才的“轴号”标记为对象，❺单击“确定”按钮，❻打开如图 9-12 所示的“编辑属性”对话框，❼输入轴号为“1-A”，❽单击“确定”按钮，轴号效果图如图 9-13 所示。

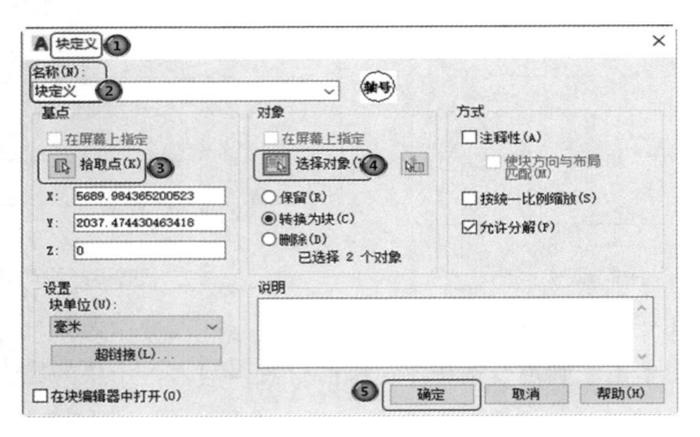

图 9-11　创建块

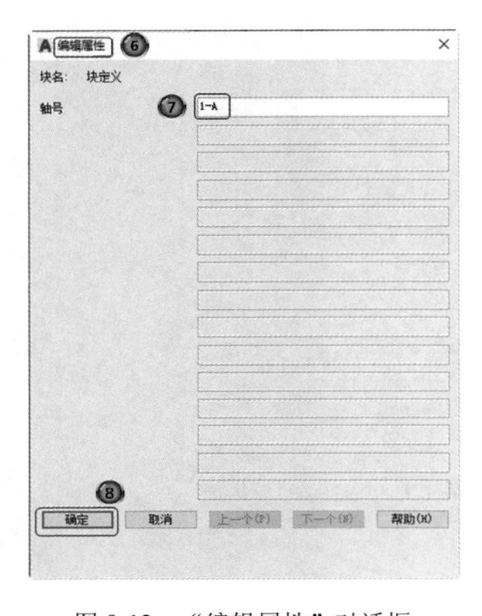

图 9-12　“编辑属性”对话框

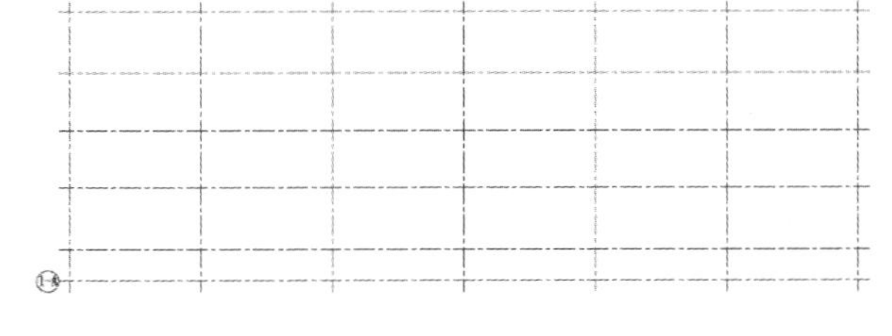

图 9-13　输入轴号

（5）单击“默认”选项卡“修改”面板中的“复制”按钮，将轴号复制到适当位置，双击轴号内数字，打开“增强属性编辑器”对话框，如图 9-14 所示。利用上述方法绘制出图形竖直轴号。绘制结果如图 9-15 所示。

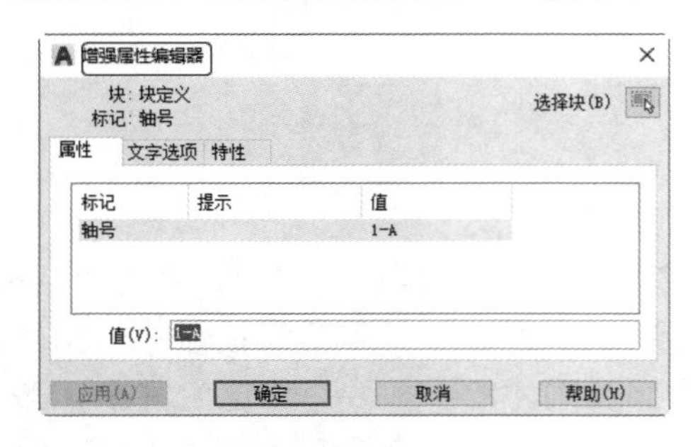

图 9-14　“增强属性编辑器”对话框

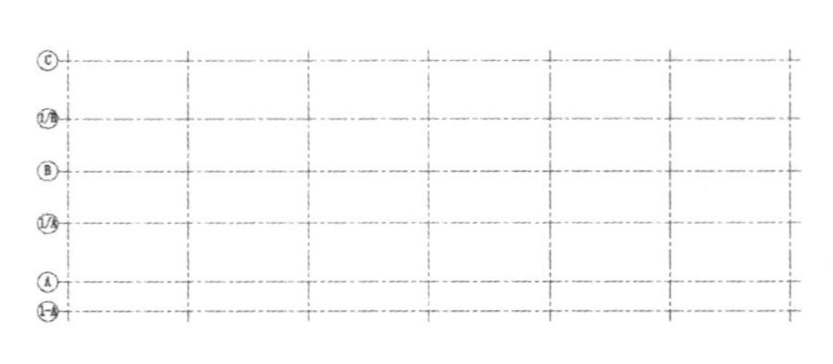

图 9-15　标注竖直轴号

（6）利用上述方法标注水平轴号，如图 9-16 所示。

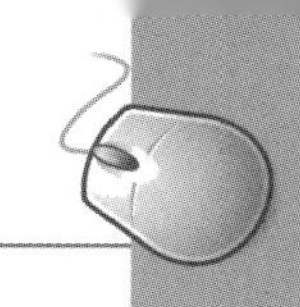

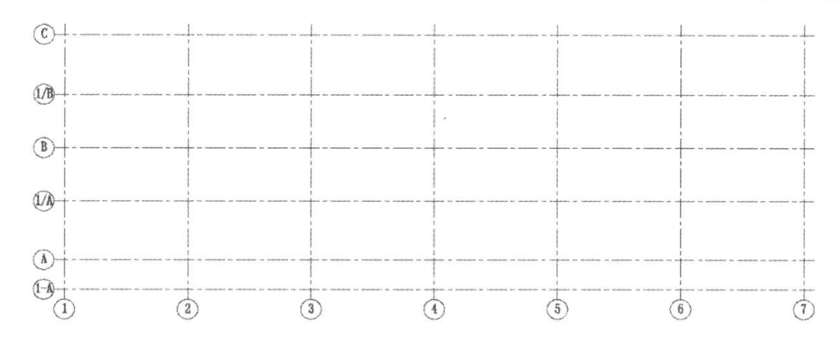

图 9-16　标注水平轴号

注意：轴线的长度可以使用 STRETCH（拉伸功能命令）或热点键进行调整某个轴线的长短。

9.2.3 绘制墙线、门窗、洞口

1．绘制砖砌墙体

（1）将“墙体”图层设置为当前图层。

（2）选择菜单栏中的“格式”→“多线样式”命令，❶打开如图 9-17 所示的“多线样式”对话框，❷单击“新建”按钮，❸打开如图 9-18 所示的“创建新的多线样式”对话框，❹输入新样式名为“200”，❺单击“继续”按钮，❻打开如图 9-19 所示的“新建多线样式：200”对话框，❼在偏移文本框中输入 100 和–100，❽单击“确定”按钮，返回到“多线样式”对话框。

图 9-17　“多线样式”对话框

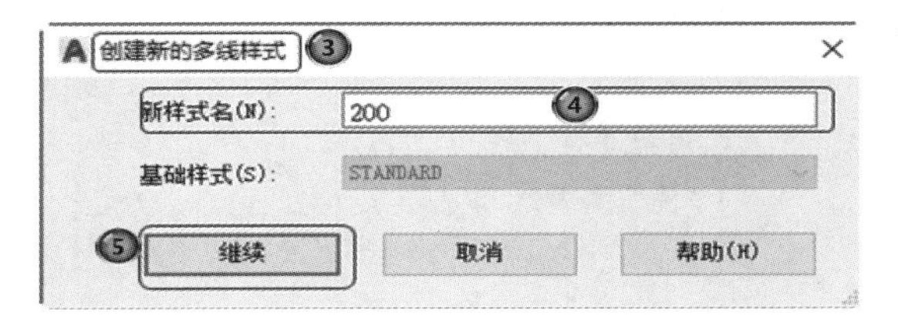

图 9-18　“创建新的多线样式”对话框

（3）在“多线样式”对话框，单击“新建”按钮，打开如图 9-20 所示的“创建新的多线样式”对话框，输入新样式名为“120”，如图 9-20 所示。

单击“继续”按钮，打开如图 9-21 所示的“新建多线样式：120”对话框，在偏移文本框中输入 60 和–60，单击“确定”按钮，返回到“多线样式”对话框。选择多线样式“120”，单击“置为当前”按钮，将其置为当前多线样式，单击“确定”按钮，关闭对话框。

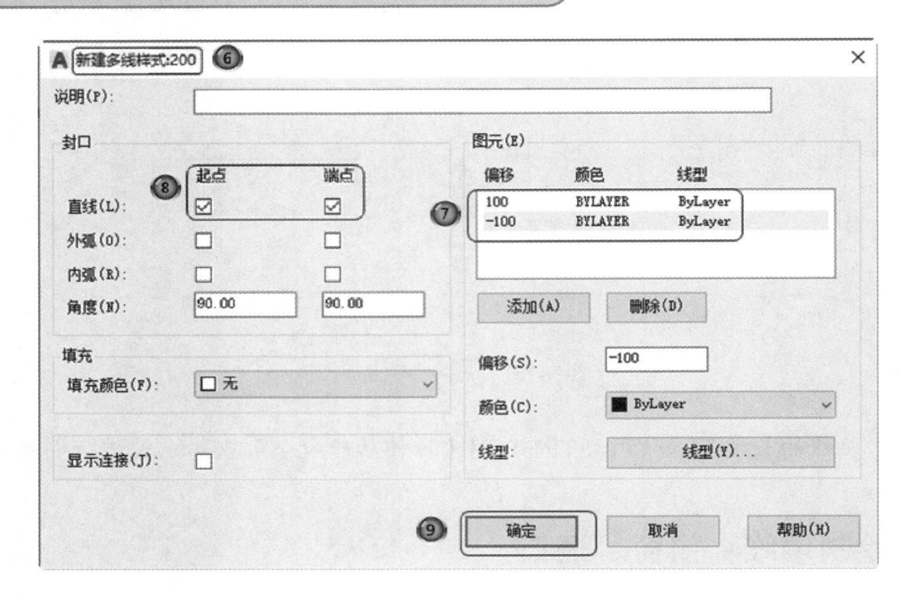

图 9-19 “新建多线样式：200”对话框

图 9-20 “创建新的多线样式”对话框

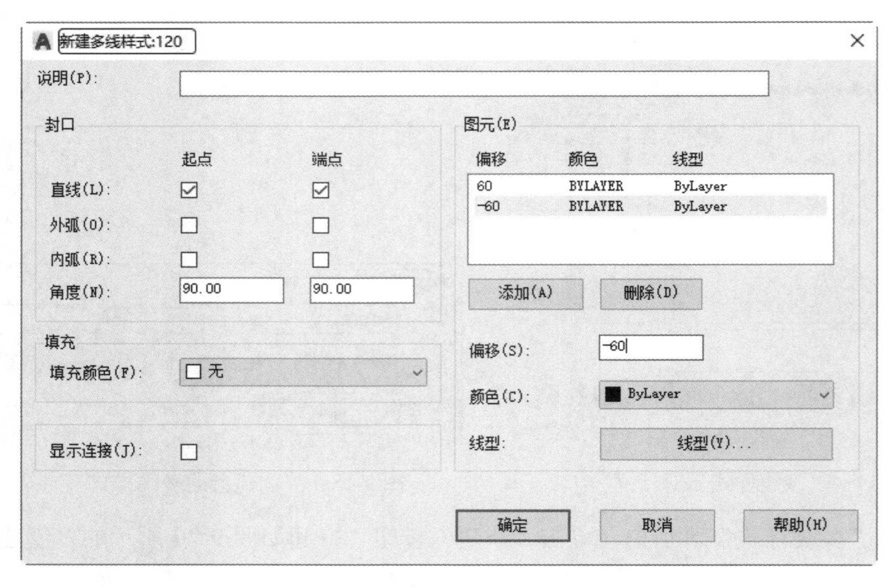

图 9-21 “新建多线样式：120”对话框

（4）将多线样式“200”置为当前，选择菜单栏中的“绘图”→“多线”命令，选取轴线上一点为起点绘制墙体。结果如图 9-22 所示。

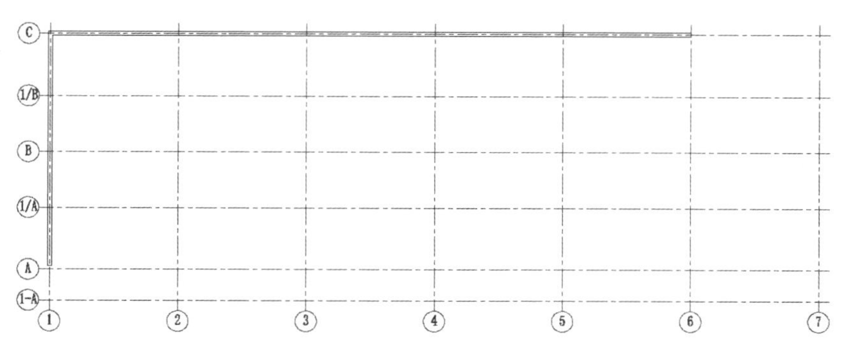

图 9-22　绘制砖砌墙体

2．绘制成品玻璃隔断

（1）选择菜单栏中的“格式”→“多线样式”命令，打开“多线样式”对话框，单击“新建”按钮，打开如图 9-23 所示的“创建新的多线样式”对话框，输入新样式名为“180”，单击“继续”按钮，打开如图 9-24 所示的“新建多线样式：180”对话框，在偏移文本框中输入 90 和–90，并将起点和端点进行封闭，单击“确定”按钮，返回到“多线样式”对话框。

（2）选择菜单栏中的“绘图”→“多线”命令，选取起点绘制成品玻璃隔墙，如图 9-25 所示。

（3）利用上述方法绘制剩余相同的成品玻璃隔墙，如图 9-26 所示。

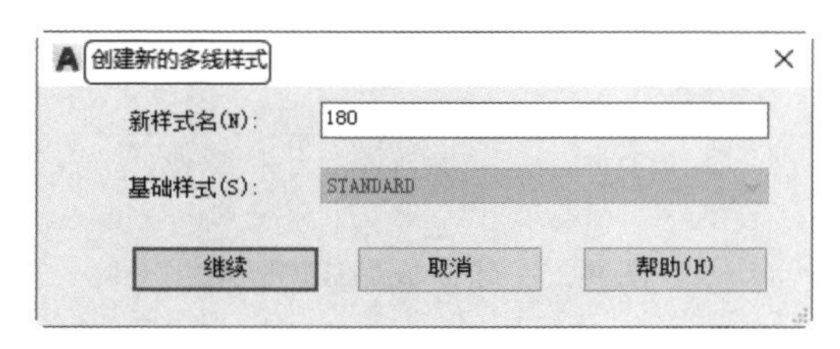

图 9-23　“创建新的多线样式”对话框

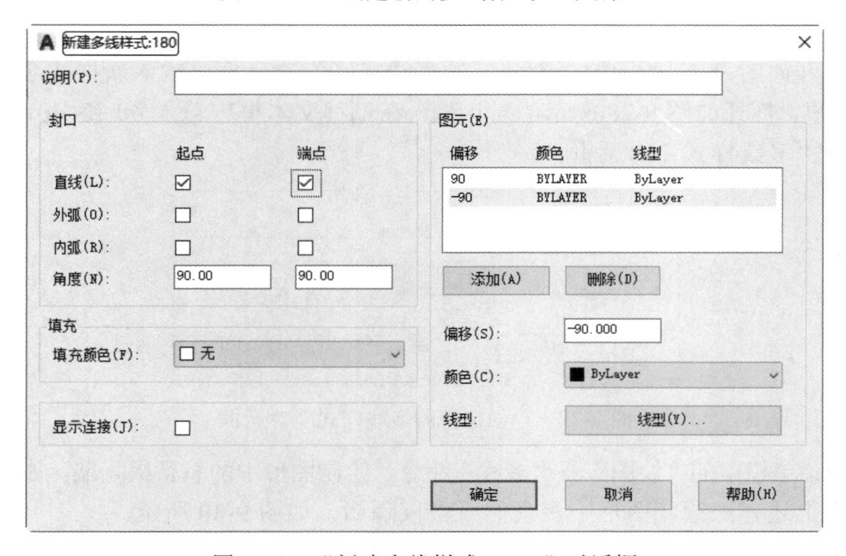

图 9-24　“新建多线样式：180”对话框

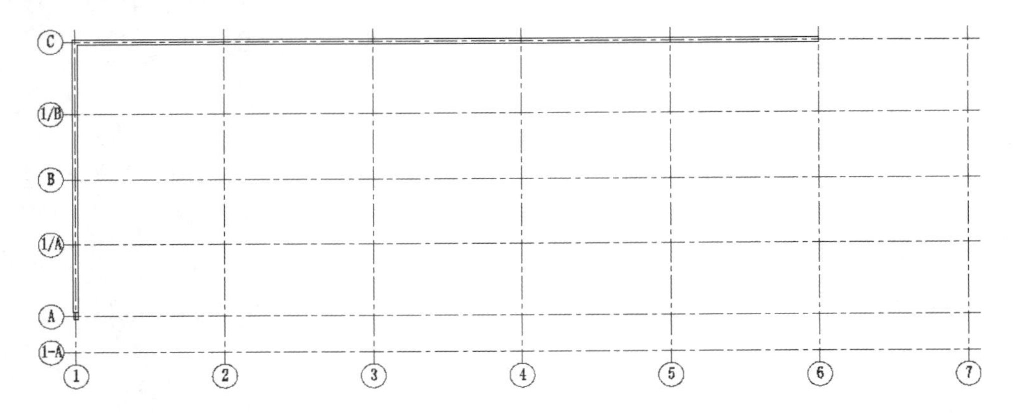

图 9-25　绘制成品玻璃隔断

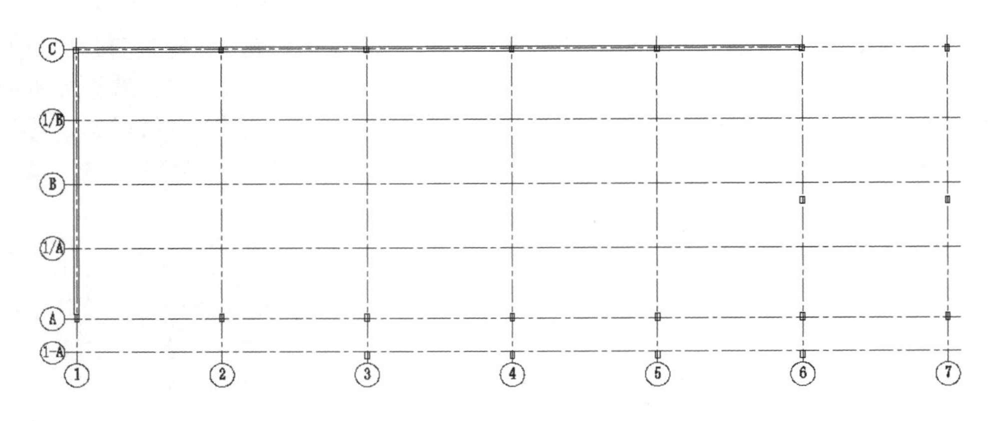

图 9-26　绘制成品玻璃隔墙

3．绘制80隔墙

（1）选择菜单栏中的“格式”→“多线样式”命令，打开“多线样式”对话框，单击“新建”按钮，打开如图 9-27 所示的“创建新的多线样式”对话框，输入新样式名为“80”，单击“继续”按钮，打开如图 9-28 所示的对话框，在偏移文本框中输入 40 和–40，单击“确定”按钮，返回到“多线样式”对话框。

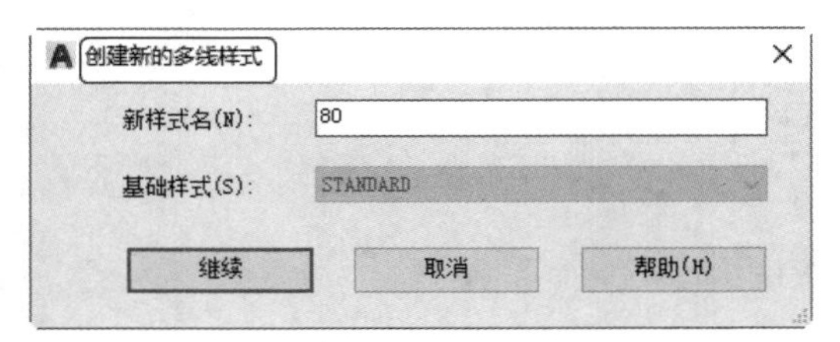

图 9-27　“创建新的多线样式”对话框

（2）选择菜单栏中的“绘图”→“多线”命令，绘制图形中的石膏板隔墙。如图 9-29 所示。

（3）利用上述方法绘制图形中剩余的石膏板隔墙，如图 9-30 所示。

（4）利用上述方法完成剩余墙体的绘制，如图 9-31 所示。

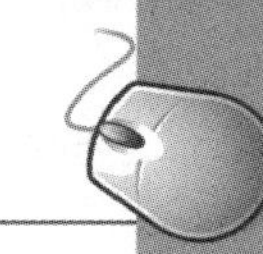

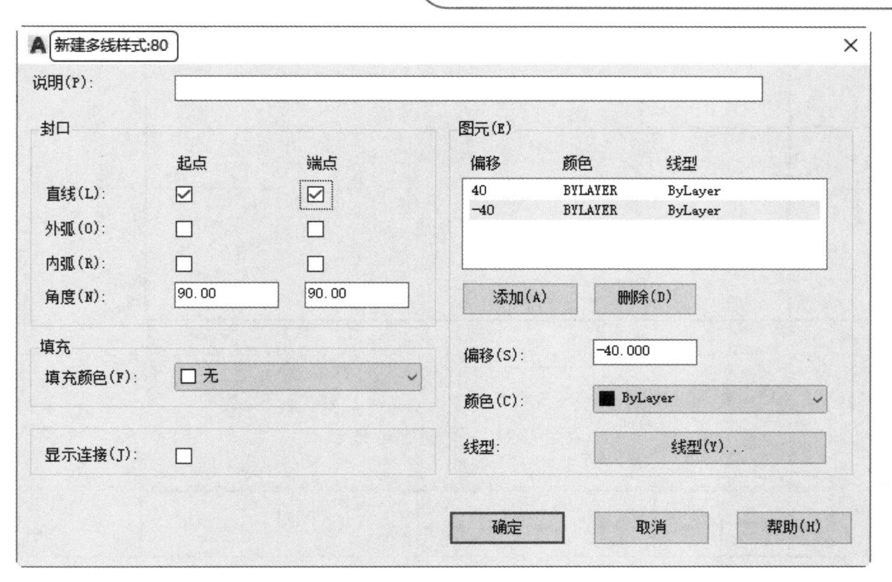

图 9-28 “新建多线样式：80”对话框

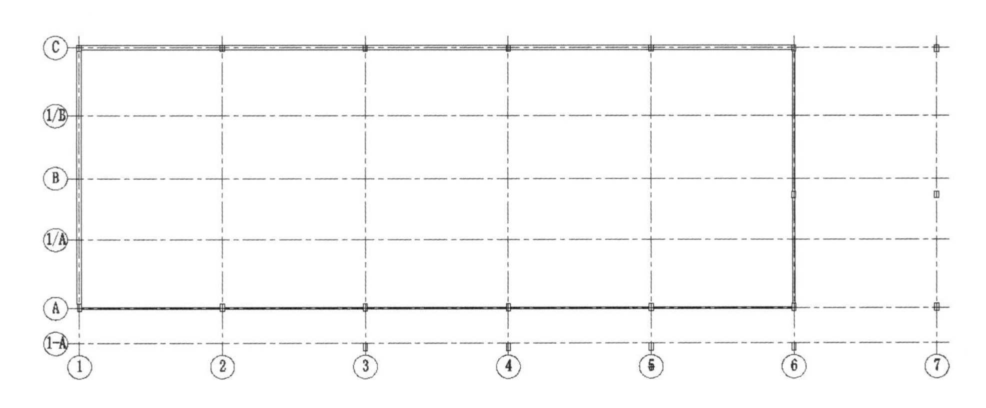

图 9-29 绘制石膏板隔墙

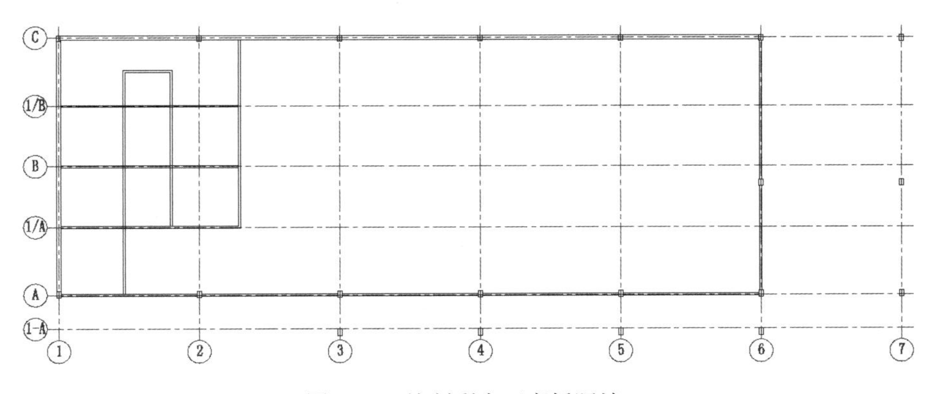

图 9-30 绘制剩余石膏板隔墙

（5）单击“默认”选项卡“修改”面板中的“移动”按钮，选取图形中的下端轴号向下移动 1000mm，左端轴号向左移动 1000mm，如图 9-32 所示。

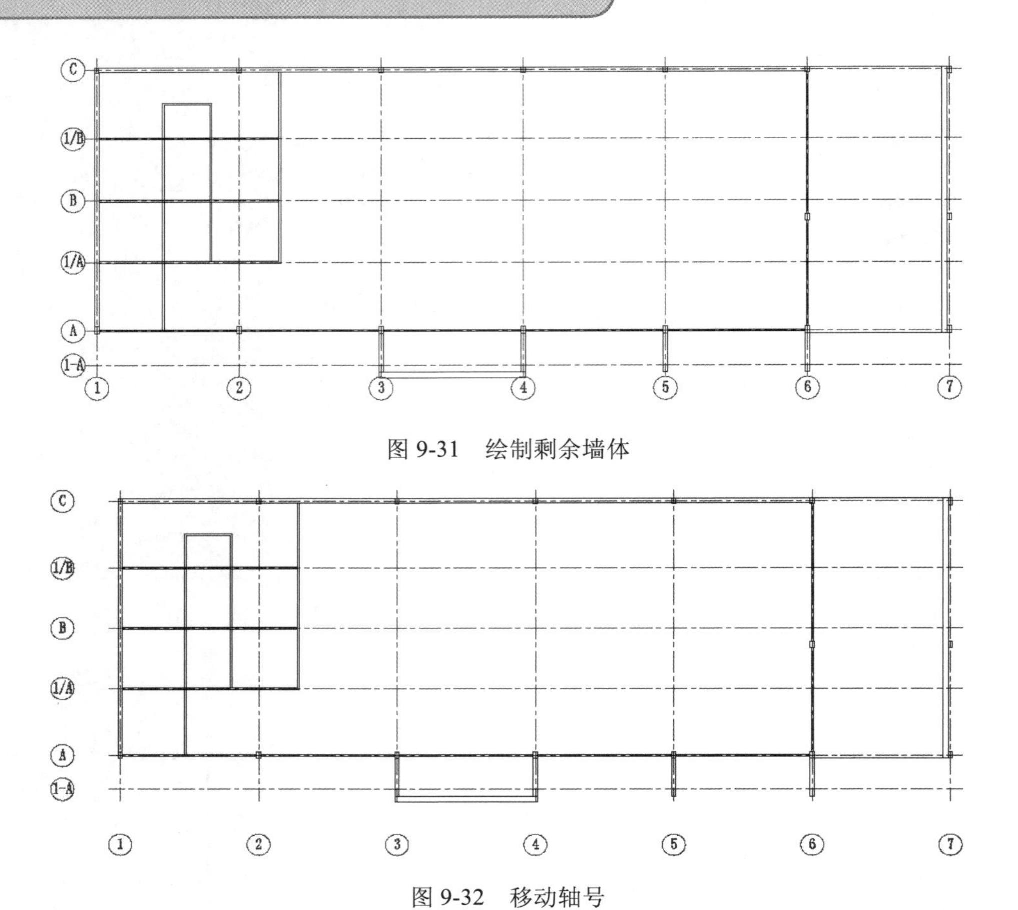

图 9-31　绘制剩余墙体

图 9-32　移动轴号

（6）单击“默认”选项卡“修改”面板中的“延伸”按钮，将轴线延伸至轴号上部，如图 9-33 所示。

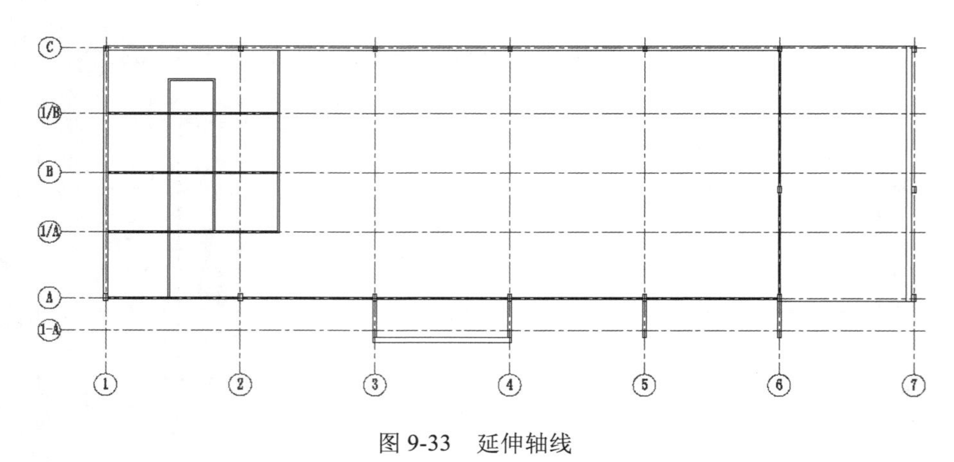

图 9-33　延伸轴线

（7）单击“默认”选项卡“修改”面板中的“分解”按钮，选取全部墙体并回车，对墙体进行分解。

（8）单击“默认”选项卡“修改”面板中的“修剪”按钮，对上步分解的墙体进行修剪，如图 9-34 所示。

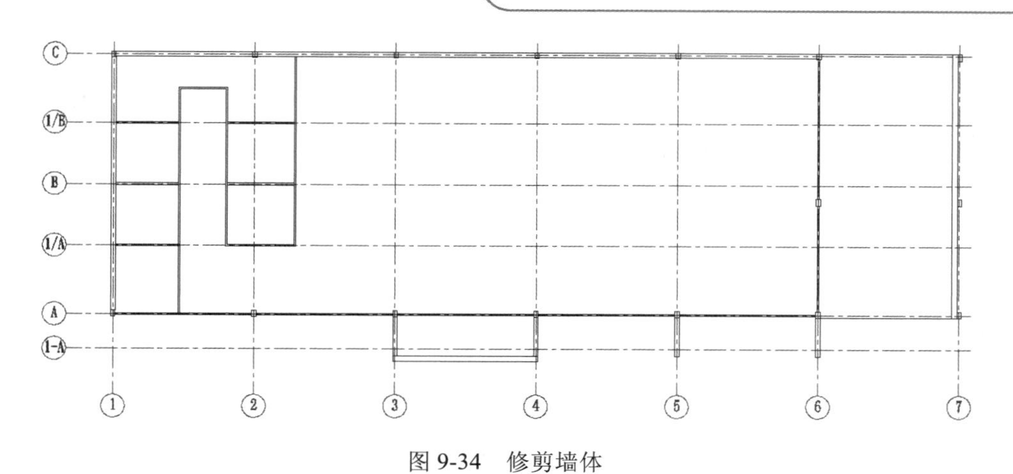

图 9-34　修剪墙体

4．绘制内部墙体

（1）单击“默认”选项卡“绘图”面板中的“直线”按钮，在图形适当位置绘制连续直线，尺寸如图 9-35 所示。

（2）单击“默认”选项卡“修改”面板中的“偏移”按钮，选取上步绘制的直线向内偏移，偏移距离为 120mm，如图 9-36 所示。

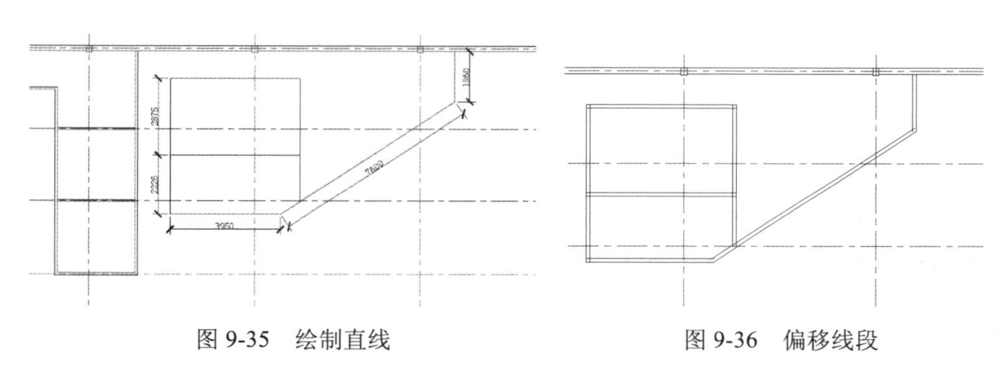

图 9-35　绘制直线　　　　图 9-36　偏移线段

（3）单击“默认”选项卡“修改”面板中的“修剪”按钮，选择上步绘制墙线进行修剪，结果如图 9-37 所示。

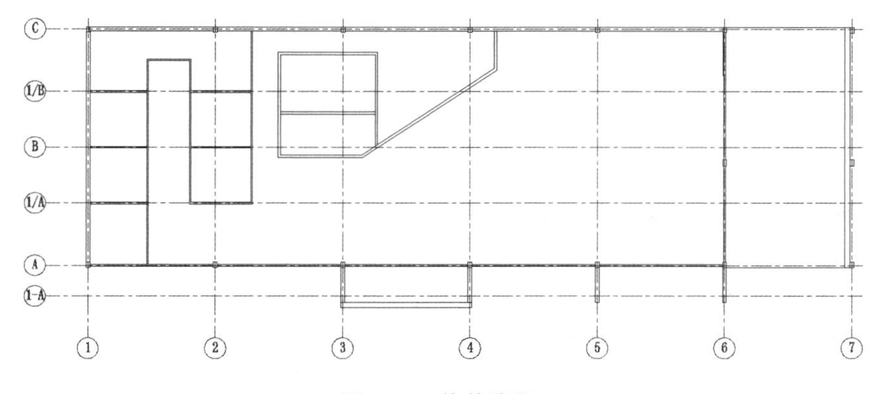

图 9-37　修剪线段

5. 绘制门窗

（1）单击“默认”选项卡“绘图”面板中的“直线”按钮╱，在适当位置绘制一条直线，如图 9-38 所示。

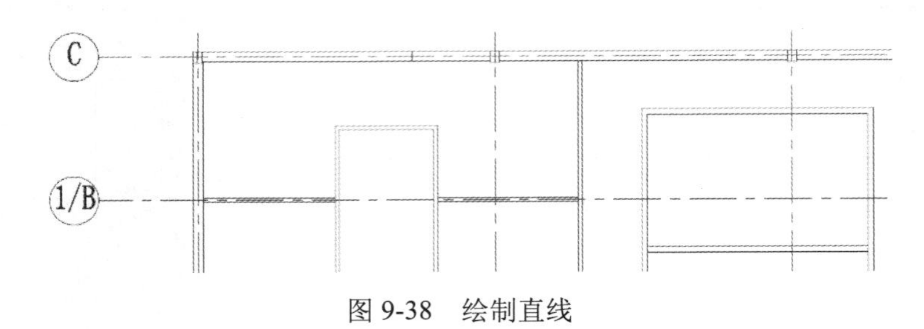

图 9-38　绘制直线

（2）单击“默认”选项卡“修改”面板中的“偏移”按钮⊆，选择上步绘制的直线向右偏移，偏移距离为 1500mm，如图 9-39 所示。

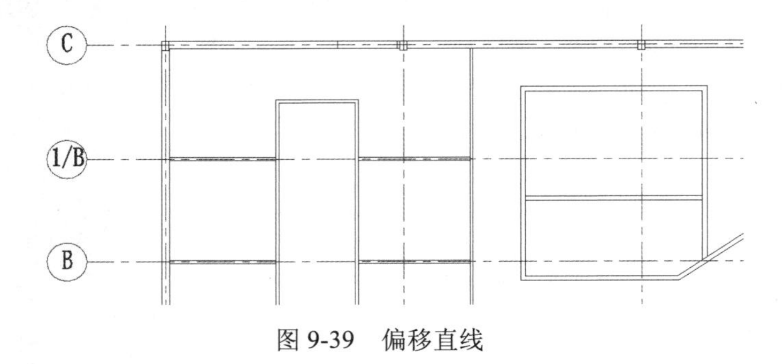

图 9-39　偏移直线

（3）将“门窗”图层设置为当前图层。

（4）选择菜单栏中的“格式”→“多线样式”命令，打开如“多线样式”对话框，单击“新建”按钮，打开如图 9-40 所示的“创建新的多线样式”对话框，输入新样式名为“门窗”，单击“继续”按钮，打开如图 9-41 所示的“新建多线样式：门窗”对话框，在偏移文本框中输入 100 和 30，–30 和–100，单击“确定”按钮，返回到“多线样式”对话框。

图 9-40　“创建新的多线样式”对话框

（5）选取前面绘制的左侧竖直直线中点为起点，选取右侧直线中点为终点，绘制窗线，如图 9-42 所示。

（6）选择最上侧的水平直线，向下进行偏移，偏移距离为 880mm、1500mm、1320mm、1500mm、1200mm、1500mm、1280mm、1500mm，如图 9-43 所示。

（7）单击“默认”选项卡“修改”面板中的“修剪”按钮✂，对上步偏移线段进行修剪，如图 9-44 所示。

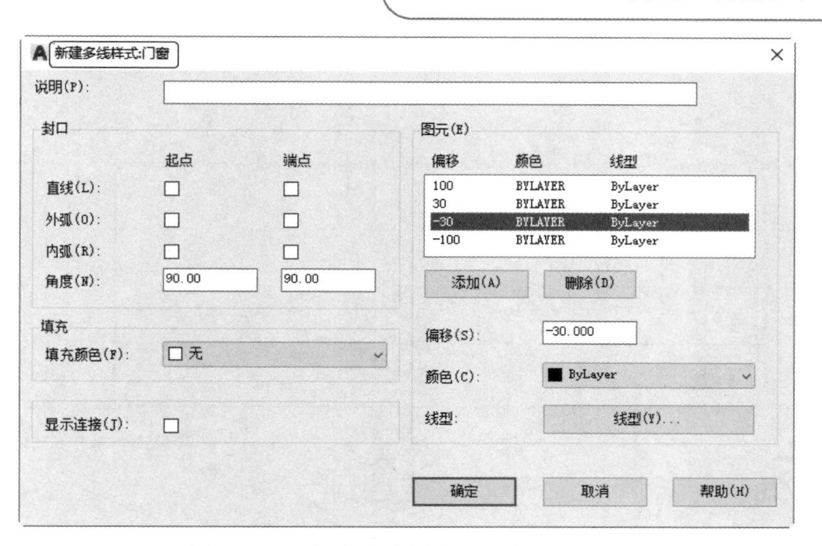

图 9-41　“新建多线样式：门窗”对话框

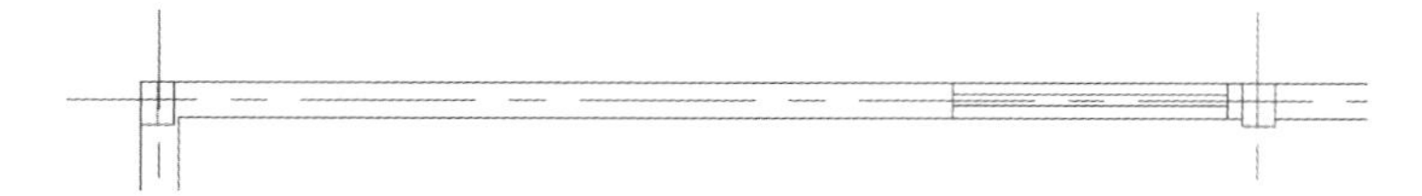

图 9-42　绘制窗线

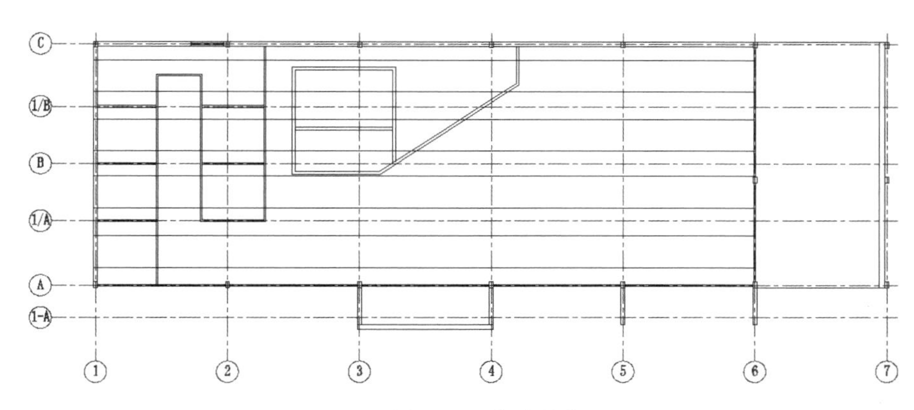

图 9-43　偏移墙线

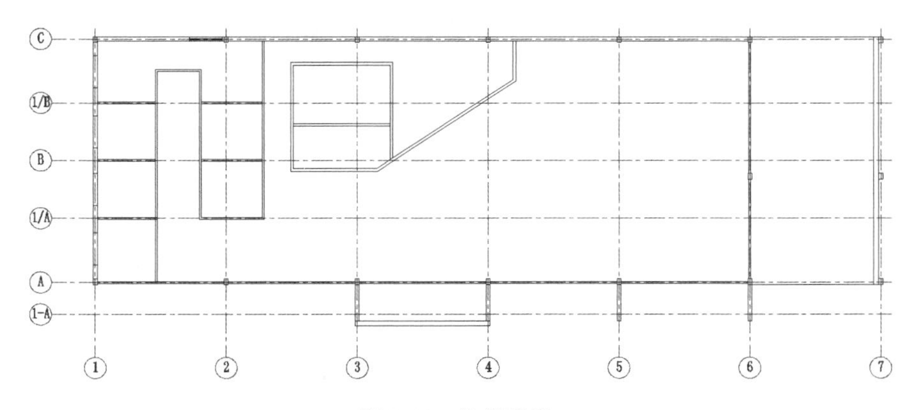

图 9-44　修剪线段

（8）选择菜单栏中的“绘图”→“多线”命令，在上步修剪的窗口内绘制窗线，如图 9-45 所示。

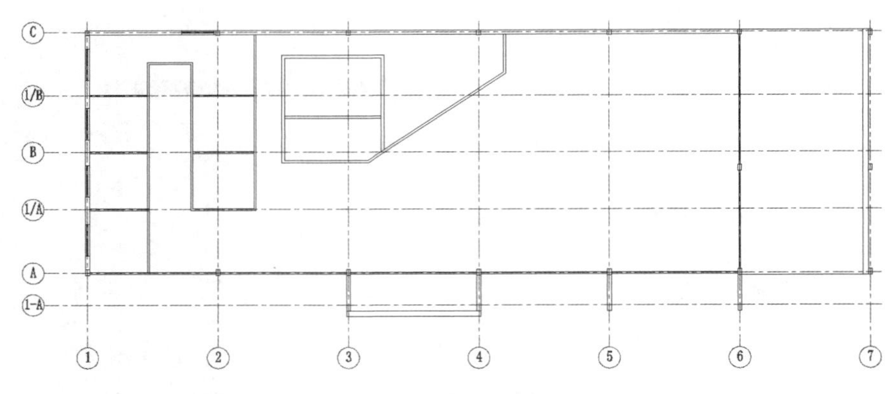

图 9-45　绘制多线

（9）利用修剪窗口的方法完成所有门洞的修剪，如图 9-46 所示。

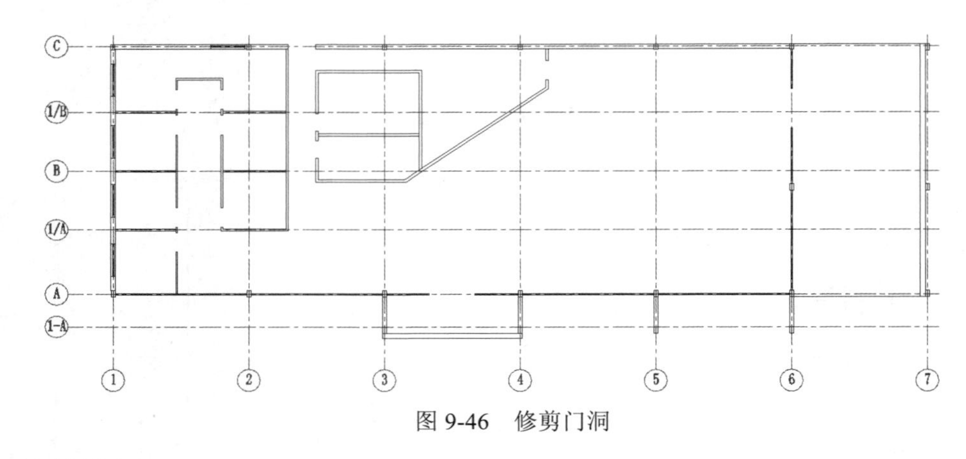

图 9-46　修剪门洞

6．绘制门窗

（1）单击“默认”选项卡“绘图”面板中的“矩形”按钮，在门洞处绘制一个 900mm×40mm 的矩形，如图 9-47 所示。

（2）单击“默认”选项卡“绘图”面板中的“圆弧”按钮，选取上步绘制的矩形上端点为起点，选取墙体终点绘制一段 90° 圆弧，如图 9-48 所示。

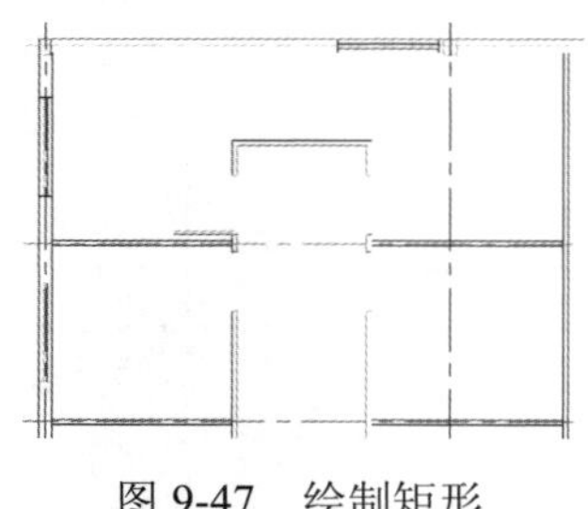

图 9-47　绘制矩形

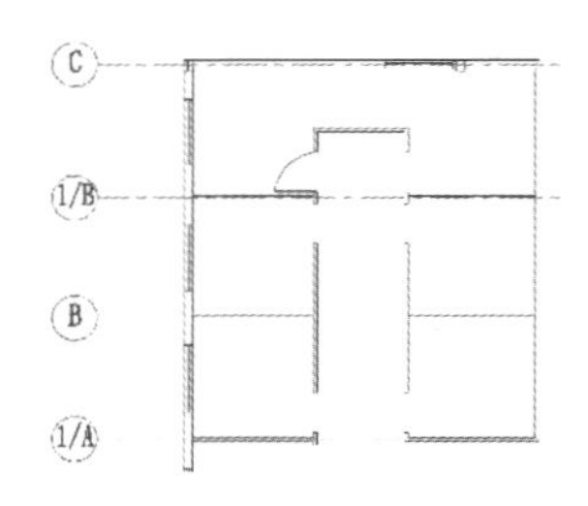

图 9-48　绘制圆弧

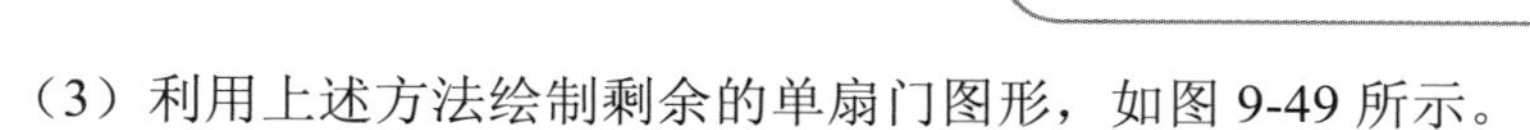

（3）利用上述方法绘制剩余的单扇门图形，如图 9-49 所示。

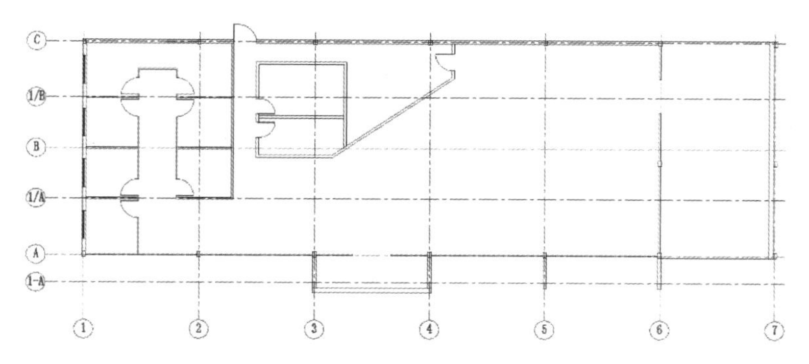

图 9-49　绘制单扇门图形

（4）单击“默认”选项卡“修改”面板中的“复制”按钮，选取上步绘制的单扇门图形进行复制，放置到双开门位置，如图 9-50 所示。

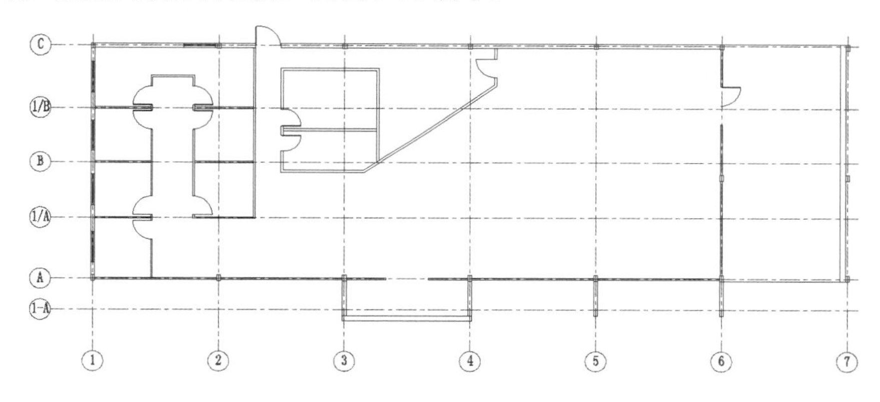

图 9-50　复制单扇门图形

（5）单击“默认”选项卡“修改”面板中的“镜像”按钮，选取上步复制的单扇门图形，进行镜像，如图 9-51 所示。

（6）单击“默认”选项卡“修改”面板中的“复制”按钮，选择上步绘制的矩形进行复制，如图 9-52 所示。

（7）单击“默认”选项卡“修改”面板中的“复制”按钮，选择上步绘制的矩形进行复制，如图 9-53 所示。

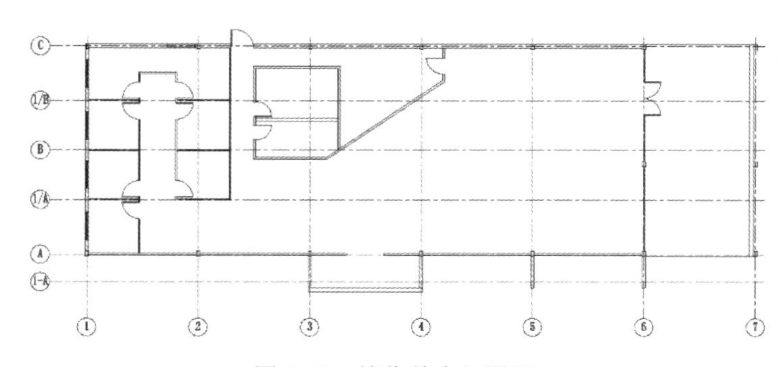

图 9-51　镜像单扇门图形

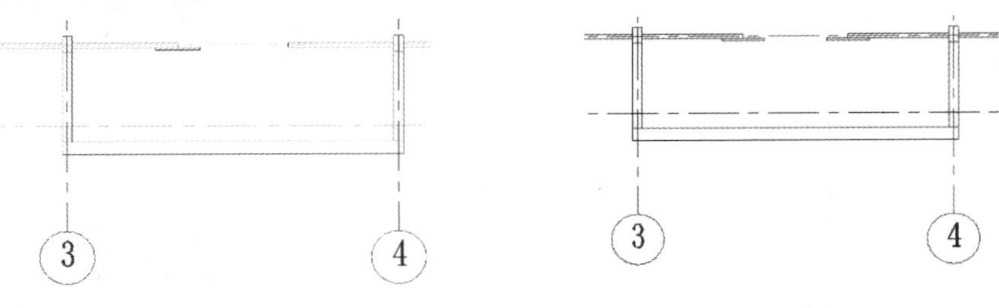

图 9-52　复制矩形（一）　　　　图 9-53　复制矩形（二）

7. 填充墙体

（1）单击“默认”选项卡“绘图”面板中的“图案填充”按钮，打开“图案填充创建”选项卡，对选项卡进行设置，如图 9-54 所示。选择“砖砌墙体”为填充区域，对其进行填充，如图 9-55 所示。

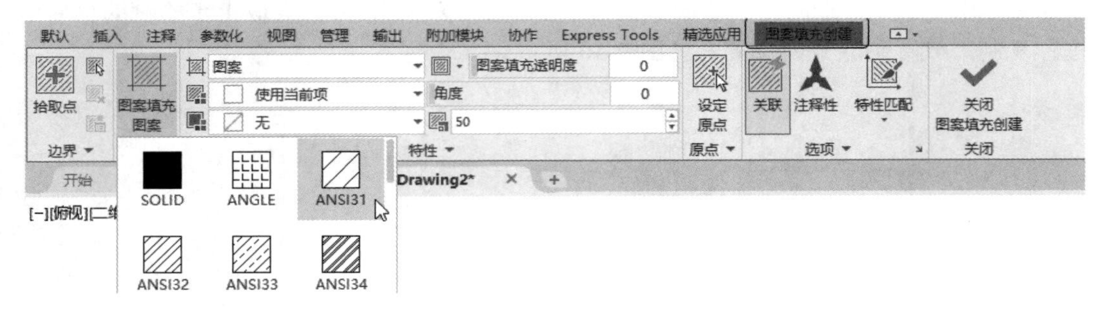

图 9-54　“图案填充创建”选项卡

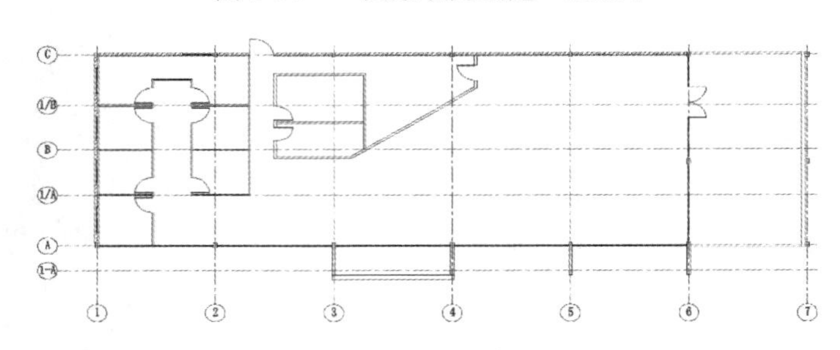

图 9-55　填充墙体

（2）单击“默认”选项卡“绘图”面板中的“图案填充”按钮，选取图形中间墙体为填充区域，如图 9-56 所示。

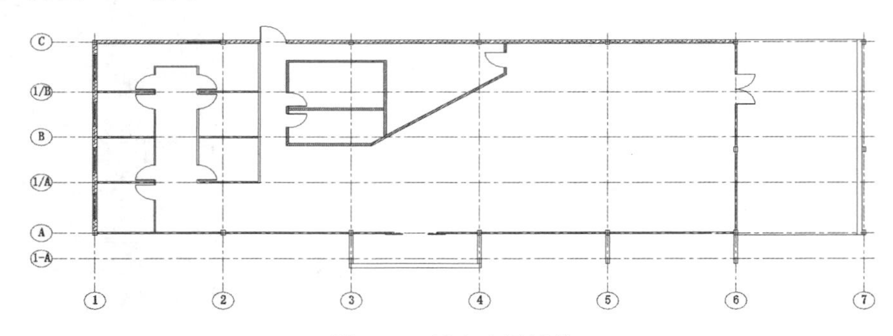

图 9-56　填充中间墙体

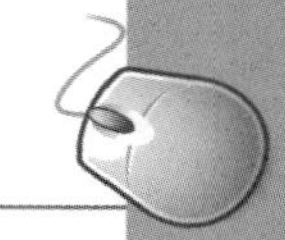

8．绘制楼梯线

（1）单击“默认”选项卡“绘图”面板中的“直线”按钮，在楼梯间处绘制一条水平直线，如图 9-57 所示。

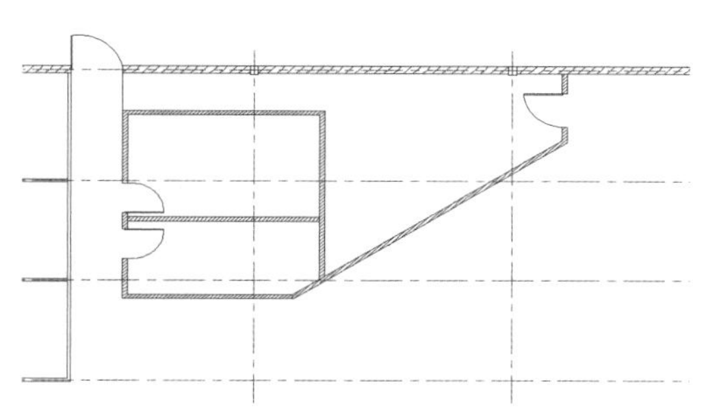

图 9-57　绘制直线

（2）单击“默认”选项卡“修改”面板中的“偏移”按钮，选取上步绘制的水平直线向下偏移，偏移距离为 300mm、200mm、200mm、200mm、200mm、200mm、200mm、200mm、200mm、200mm、200mm、1000mm、200mm、200mm、200mm、200mm，如图 9-58 所示。

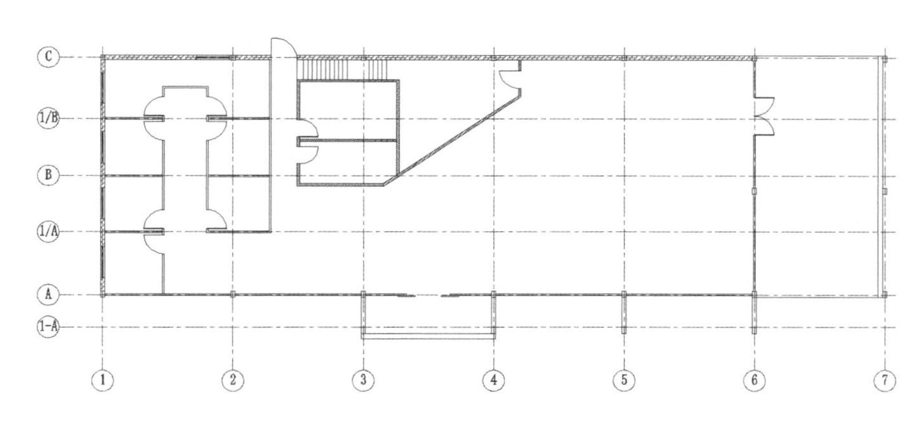

图 9-58　偏移直线

（3）单击“默认”选项卡“绘图”面板中的“直线”按钮，在图形适当位置绘制一条直线，如图 9-59 所示，

（4）单击“默认”选项卡“修改”面板中的“修剪”按钮，对上步绘制的线段进行修剪，如图 9-60 所示。

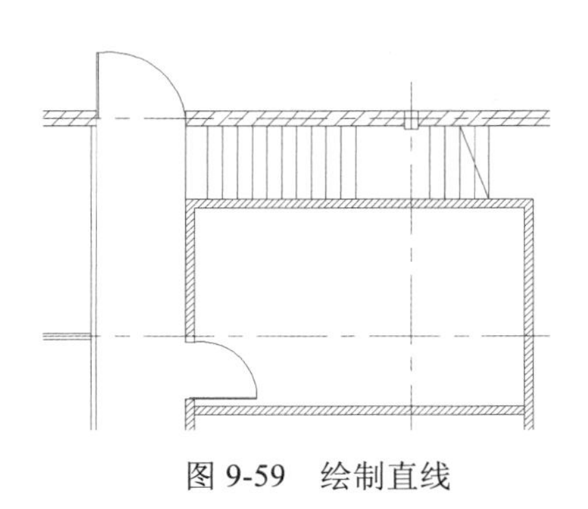

图 9-59　绘制直线

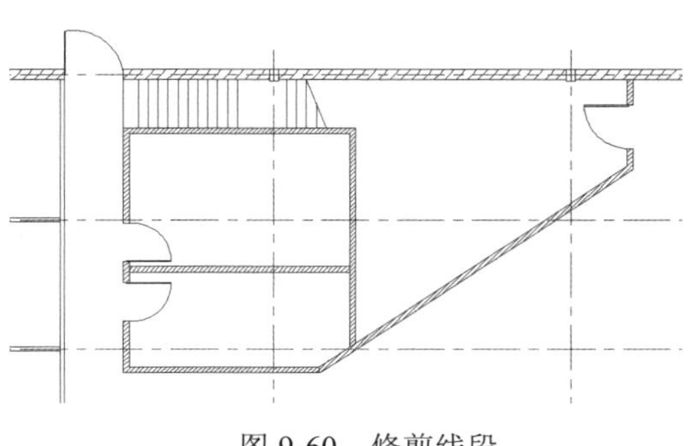

图 9-60　修剪线段

9.2.4 绘制立面符号

1. 绘制立面符号

（1）单击“默认”选项卡“图层”面板中的“图层特性”按钮，将“标注”图层置为当前，

（2）单击“默认”选项卡“绘图”面板中的“圆”按钮，绘制一个半径为 500mm 的圆，如图 9-61 所示。

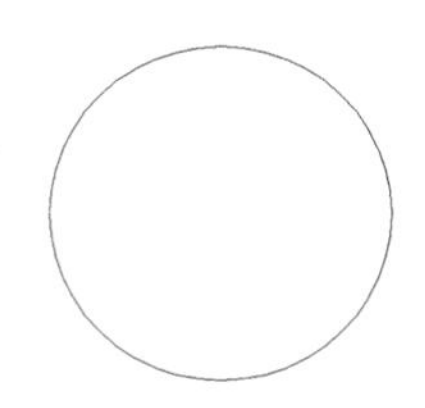

图 9-61 绘制圆

（3）单击“默认”选项卡“块”面板中的“定义属性”按钮，打开“属性定义”对话框，如图 9-62 所示，单击“确定”按钮，在圆心位置，写入一个块的属性值。设置完成后的效果如图 9-63 所示。

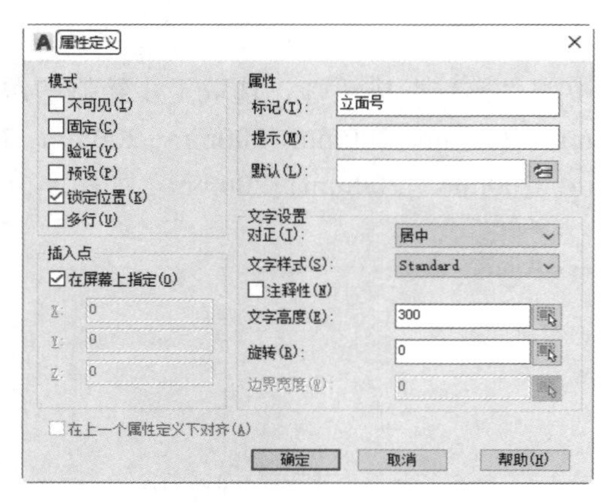

图 9-62 块属性定义

图 9-63 在圆心位置写入属性值

（4）单击“默认”选项卡“块”面板中的“创建”按钮，打开“块定义”对话框，如图 9-64 所示。在“名称”文本框中写入“立面号”，指定圆心为基点；选择整个圆和刚才的“立面号”标记为对象，单击“确定”按钮，打开如图 9-65 所示的“编辑属性”对话框，输入轴号为“A”。单击“确定”按钮，结果如图 9-66 所示。

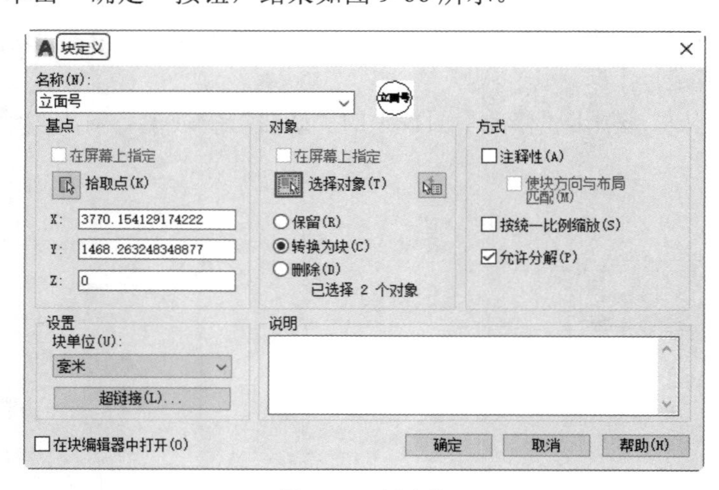

图 9-64 创建块

（5）单击“默认”选项卡“绘图”面板中的“直线”按钮，单击“默认”选项卡“修改”面板中的“修剪”按钮和“镜像”按钮，绘制索引符号，完成图形如图 9-67 所示。

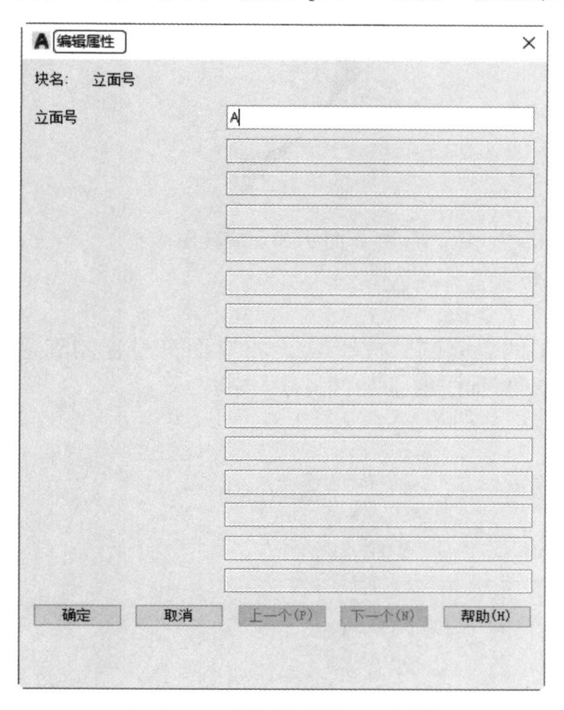

图 9-65 “编辑属性”对话框

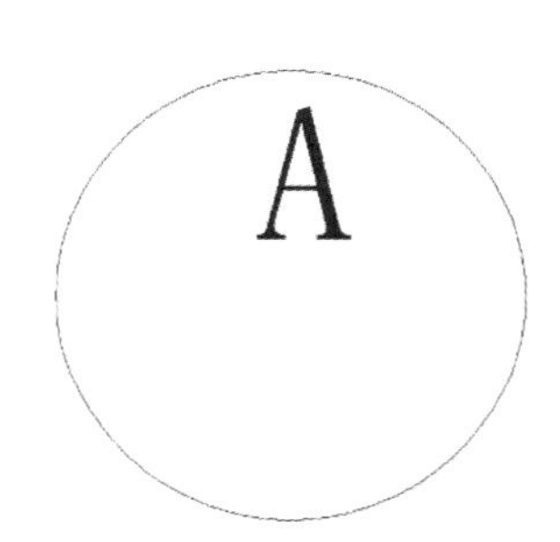

图 9-66 输入轴号

（6）单击“默认”选项卡“绘图”面板中的“图案填充”按钮，打开“图案填充创建”选项卡，设置图案填充图案为“SOLID”图案，如图 9-68 所示。单击“拾取点”按钮，拾取填充区域，按回车键，完成填充，结果如图 9-69 所示。

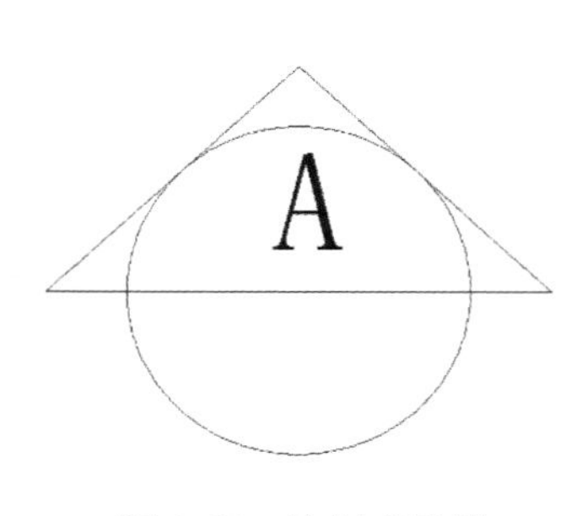

图 9-67 绘制索引号

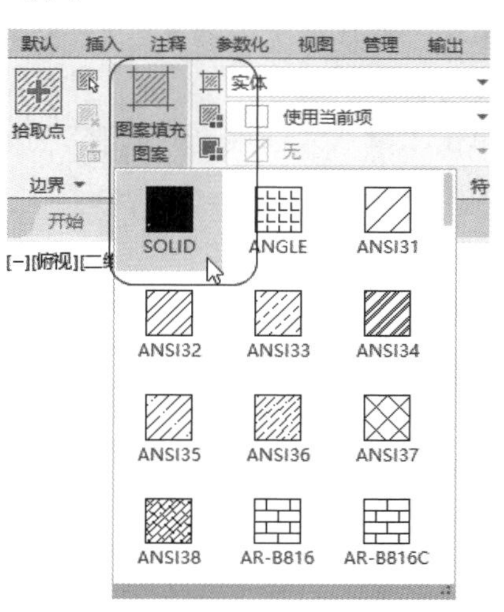

图 9-68 图案填充图案

（7）单击“默认”选项卡“修改”面板中的“复制”按钮和“旋转”按钮，将立面索引符号复制旋转到另外两个立面符号上，如图 9-70 所示。

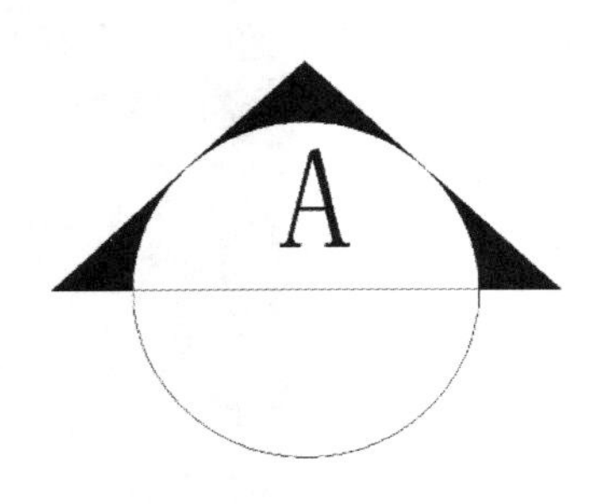

图 9-69　填充图形

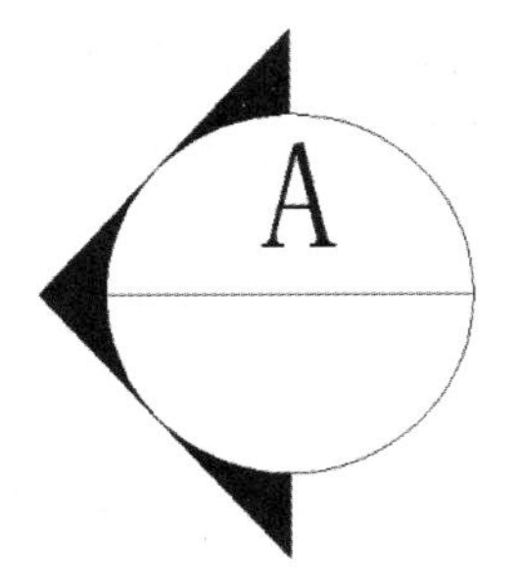

图 9-70　旋转图形

2. 插入立面符号

（1）单击“默认”选项卡“修改”面板中的“复制”按钮，将立面符号复制到适当位置，双击立面号标号，打开“增强属性编辑器”对话框，如图 9-71 所示。

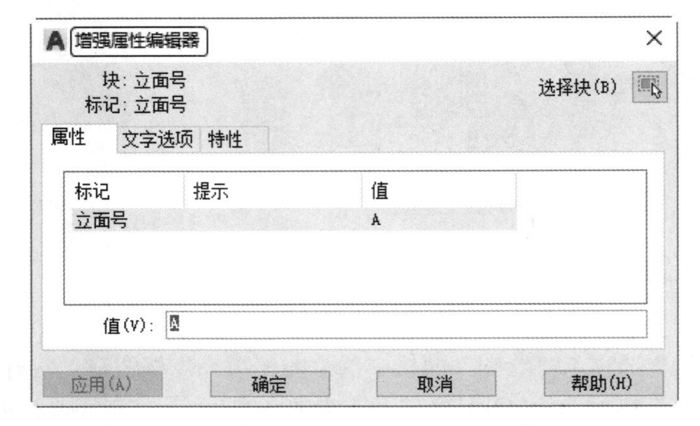

图 9-71　“增强属性编辑器”对话框

（2）单击“默认”选项卡“修改”面板中的“复制”按钮和“旋转”按钮，按要求旋转索引符号。

（3）单击“默认”选项卡“修改”面板中的“移动”按钮，将立面符号放置到适当位置，绘制结果如图 9-72 所示。

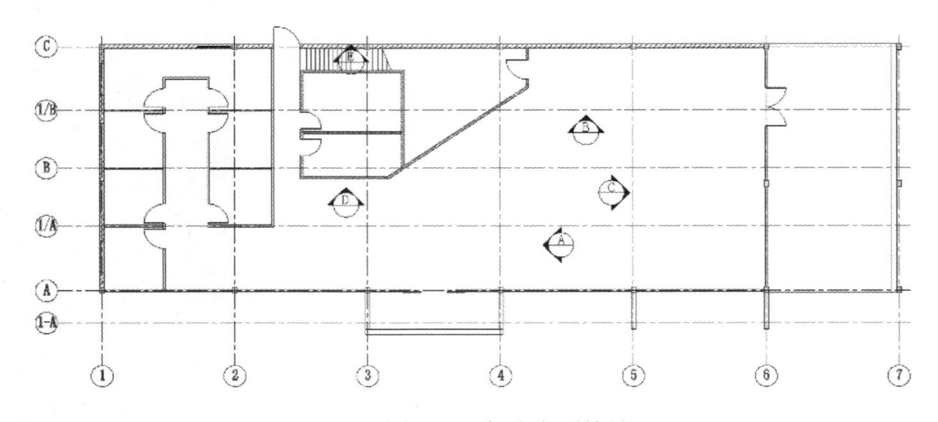

图 9-72　标注立面符号

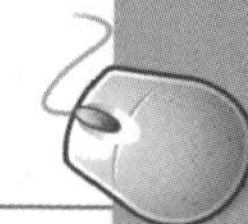

3．绘制雨篷

（1）单击“默认”选项卡“修改”面板中的“偏移”按钮，选择外围墙线向外侧偏移，偏移距离为 700mm，如图 9-73 所示。

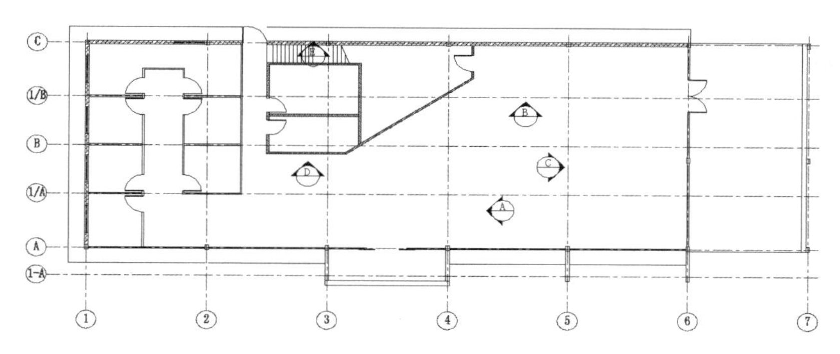

图 9-73　绘制雨篷线

（2）单击“默认”选项卡“绘图”面板中的“直线”按钮，在上步偏移的雨篷线内绘制对角线，如图 9-74 所示。

（3）单击“默认”选项卡“绘图”面板中的“直线”按钮，绘制连续图形，如图 9-75 所示。

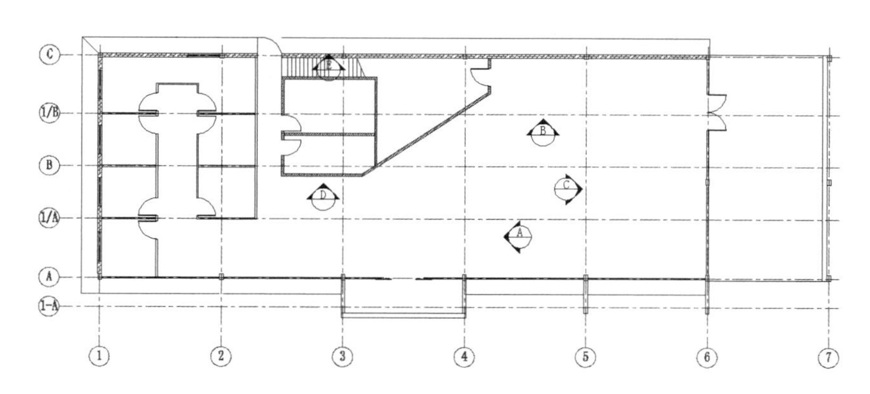

图 9-74　绘制雨篷线

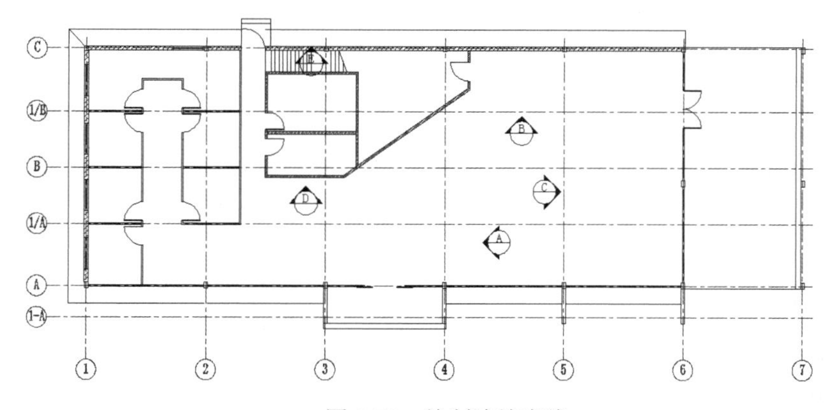

图 9-75　绘制连续直线

（4）单击“默认”选项卡“修改”面板中的“修剪”按钮，对多余线段进行修剪，如图 9-76 所示。

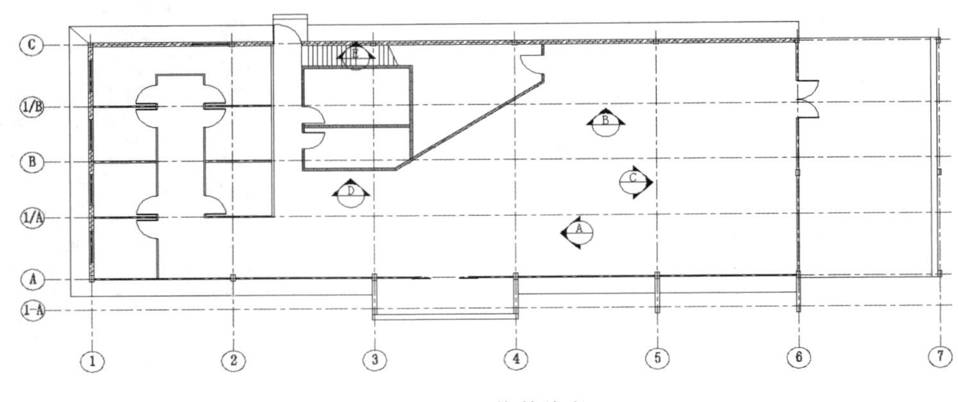

图 9-76　修剪线段

9.2.5 标注尺寸

1．创建标注样式

（1）单击“默认”选项卡“注释”面板中的“标注样式”按钮，打开“标注样式管理器”对话框，如图 9-77 所示。

（2）单击“新建”按钮，打开“创建新标注样式”对话框，输入新样式名为“建筑平面图”，如图 9-78 所示。

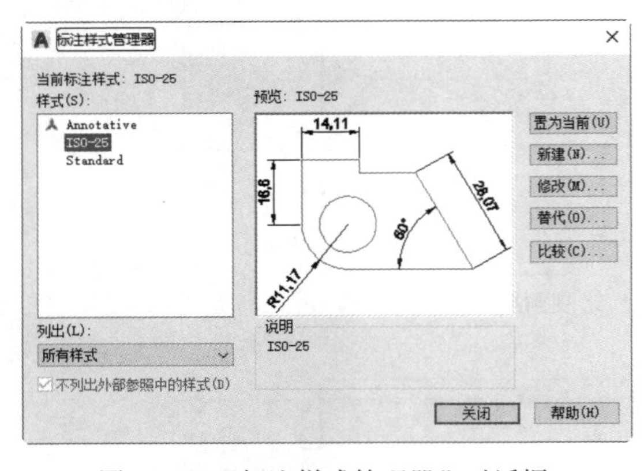

图 9-77　“标注样式管理器”对话框

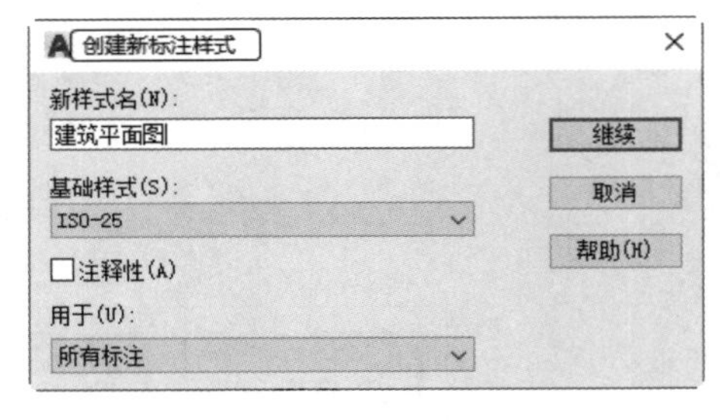

图 9-78　“创建新标注样式”对话框

（3）单击“继续”按钮，打开“新建标注样式：建筑平面图”对话框，各个选项卡，设置参数如图 9-79 所示。设置完参数后，单击“确定”按钮，返回到“标注样式管理器”对话框，将“建筑”样式置为当前。

2．标注图形

（1）单击“默认”选项卡“注释”面板中的“线性”按钮和“连续”按钮，标注内部尺寸，如图 9-80 所示。

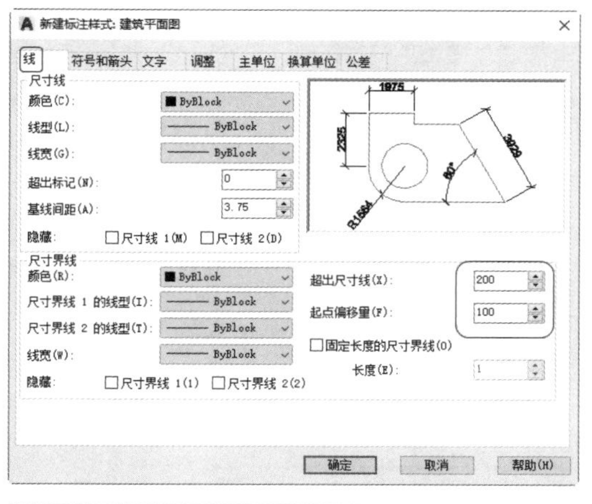

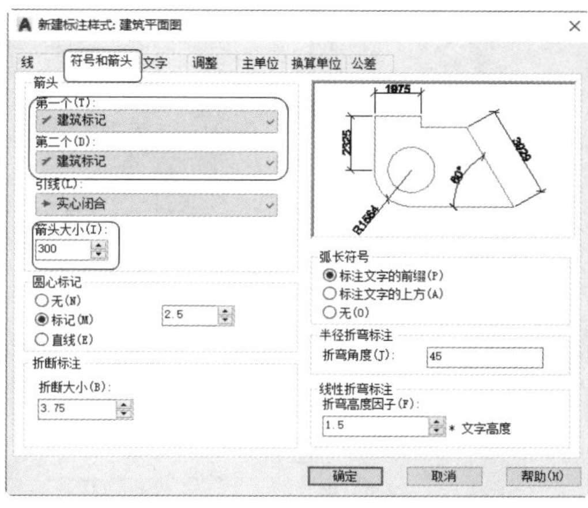

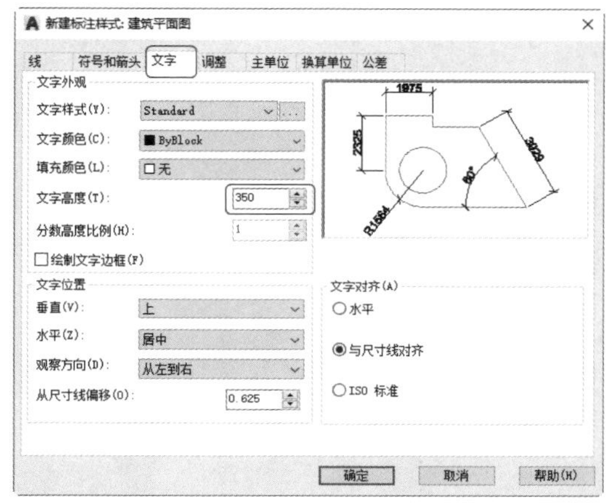

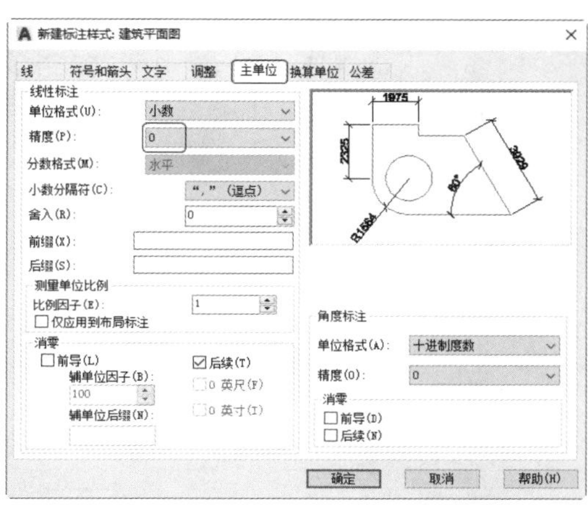

图 9-79 “新建标注样式：建筑平面图”对话框

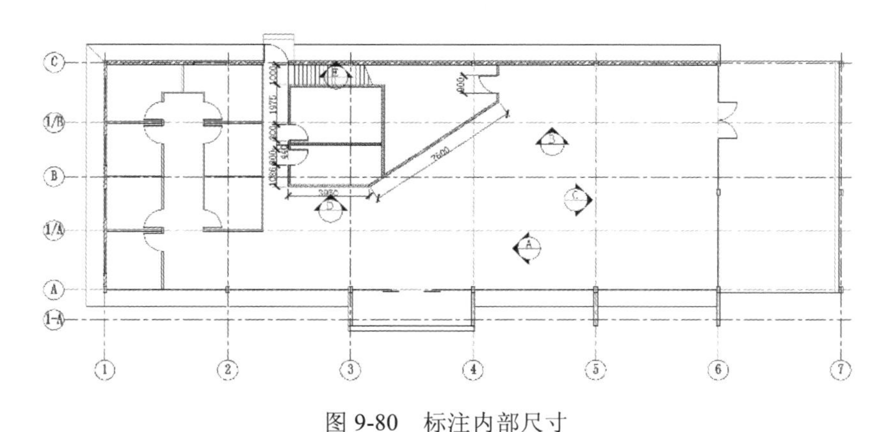

图 9-80 标注内部尺寸

（2）单击“默认”选项卡“注释”面板中的“线性”按钮和“连续”按钮，标注轴线之间尺寸，如图 9-81 所示。

（3）单击“默认”选项卡“注释”面板中的“线性”按钮，标注总尺寸，如图 9-82 所示。

（4）单击“默认”选项卡“修改”面板中的“删除”按钮，选择全部轴线进行删除。

（5）利用夹点编辑功能，将标注线延伸至轴号处，如图 9-83 所示。

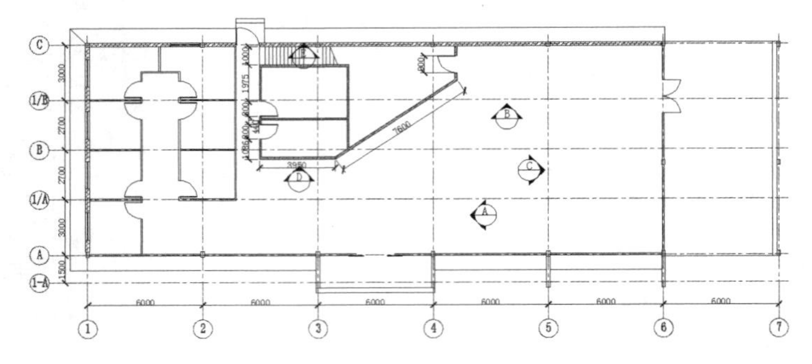

图 9-81　标注轴线尺寸

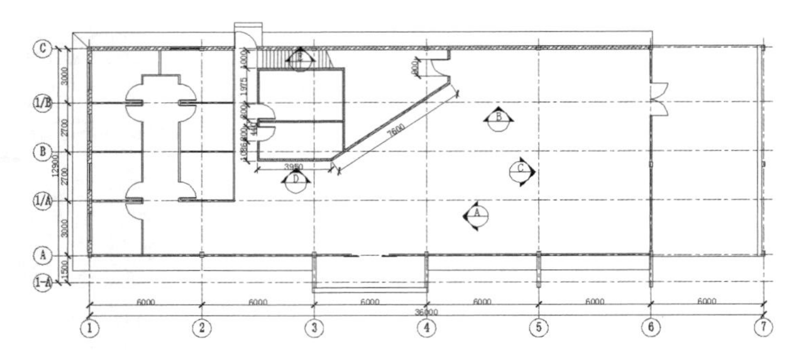

图 9-82　标注总尺寸

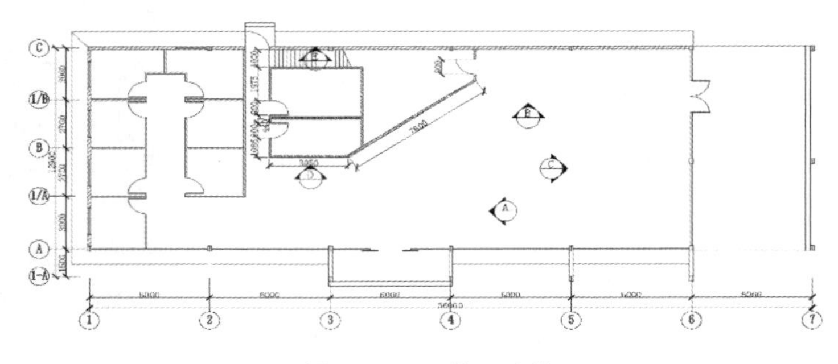

图 9-83　延伸尺寸线

（6）单击“默认”选项卡“修改”面板中的“移动”按钮，选择左侧标注线和轴号，向左进行适当移动，如图 9-84 所示。

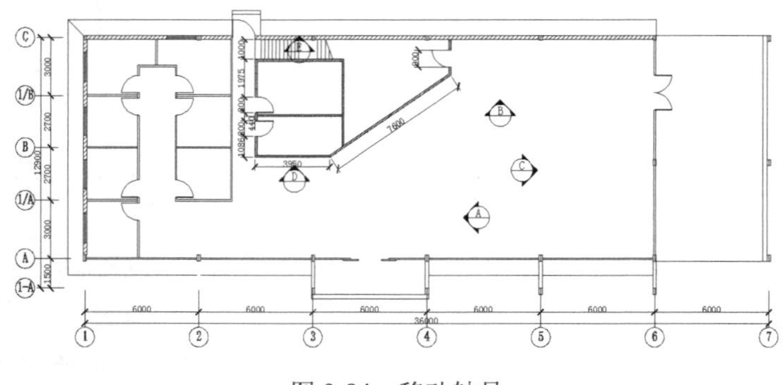

图 9-84　移动轴号

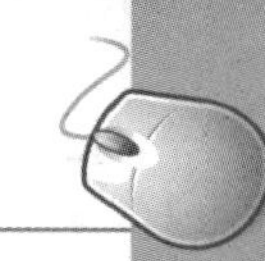

9.2.6 标注文字

（1）单击“默认”选项卡“注释”面板中的“文字样式”按钮，打开“文字样式”对话框，对对话框进行设置，如图 9-85 所示。

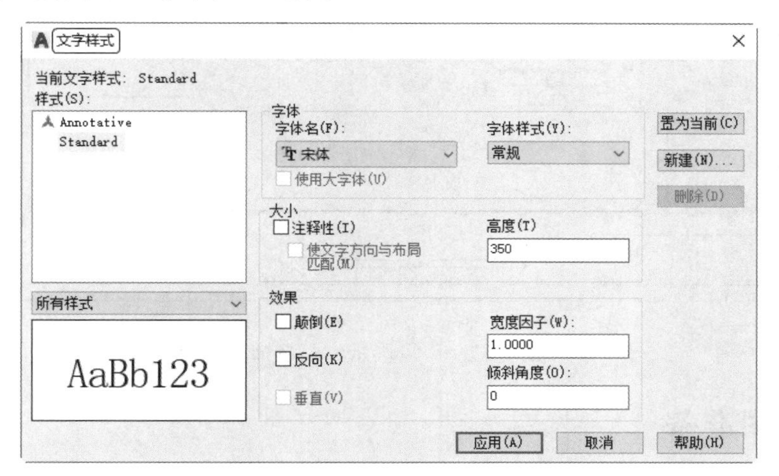

图 9-85 “文字样式”对话框

（2）单击“默认”选项卡“注释”面板中的“多行文字”按钮**A**，为图形添加文字说明，如图 9-86 所示。

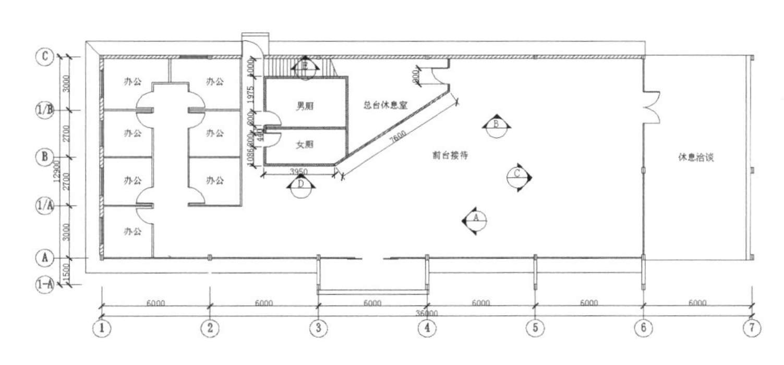

图 9-86 广场展示中心建筑平面图

注意：一般一幅工程图中可能涉及几种不同的标注样式，此时读者可建立不同的标注样式，进行“新建”或“修改”或“替代”，然后使用某标注样式时，可直接单击选用“样式名”下拉列表中的样式。用户对于标注样式设置的各细节有不理解的地方，可随时调用帮助（F1）文档进行学习。

9.3 商业广场展示中心装饰平面图

注意：在上一节建筑平面图的基础上，本节展开室内平面图的绘制。依次介绍各个室内空间布局、桌椅布置、装饰元素及细部处理、地面材料绘制、尺寸标注、文字说明及其他符号标注等内容，如图 9-87 所示。

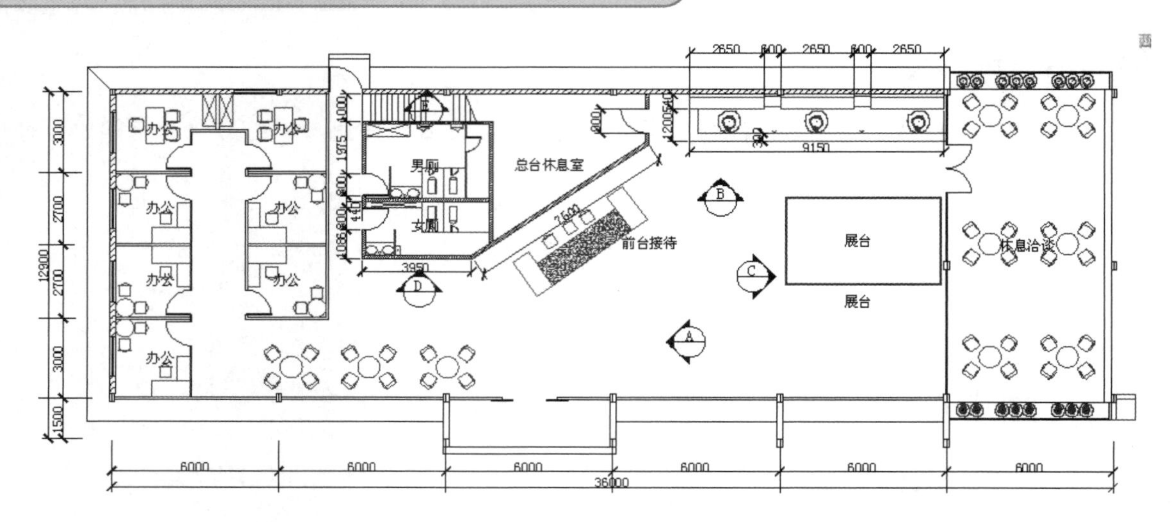

图 9-87　广场展示中心装饰平面图

9.3.1 绘图准备

（1）单击“快速访问”工具栏中的“打开”按钮，打开前面绘制的“广场展示中心平面图”，并将其另存为“广场展示中心装饰平面图”。

（2）单击“默认”选项卡“图层”面板中的“图层特性”按钮，打开“图层特性管理器”对话框，新建“装饰”图层，将“装饰”图层设置为当前图层。关闭“文字说明”图层和“标注”图层。

9.3.2 绘制图块

1．绘制置物柜

（1）单击“默认”选项卡“绘图”面板中的“矩形”按钮，在图形适当位置绘制一个 600mm×950mm 的矩形，如图 9-88 所示。

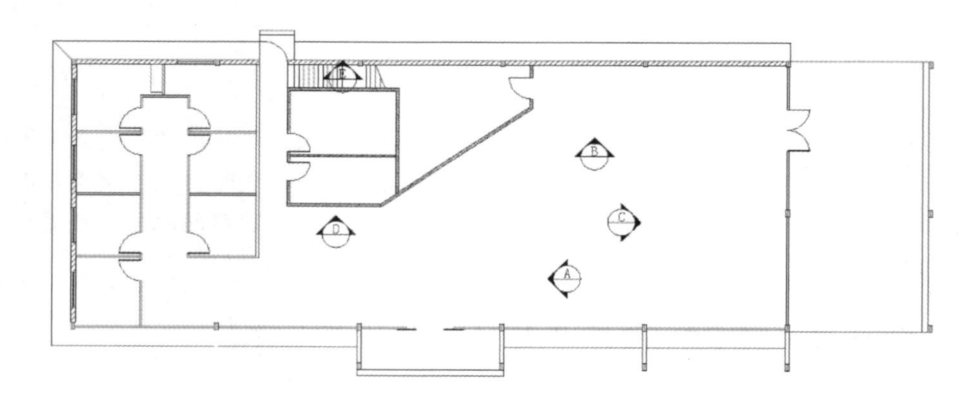

图 9-88　广场展示中心装饰平面图

（2）单击“默认”选项卡“绘图”面板中的“直线”按钮，在上步绘制的矩形内绘制对角线，如图 9-89 所示。

（3）单击“默认”选项卡“修改”面板中的“复制”按钮，选取绘制的置物柜进行复制，如图 9-90 所示。

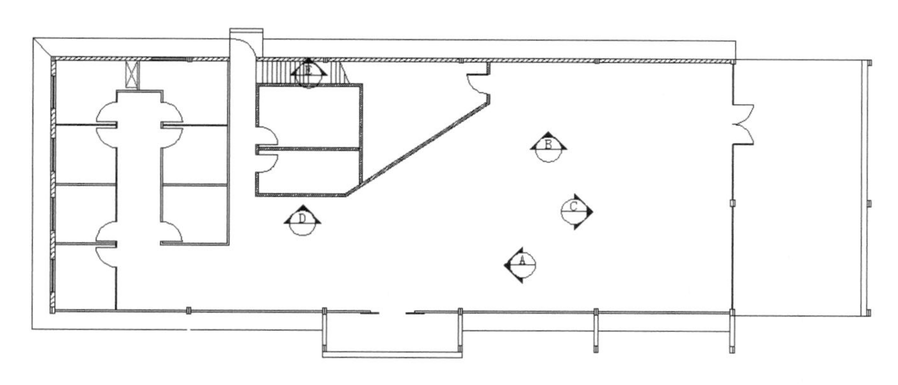

图 9-89　绘制直线

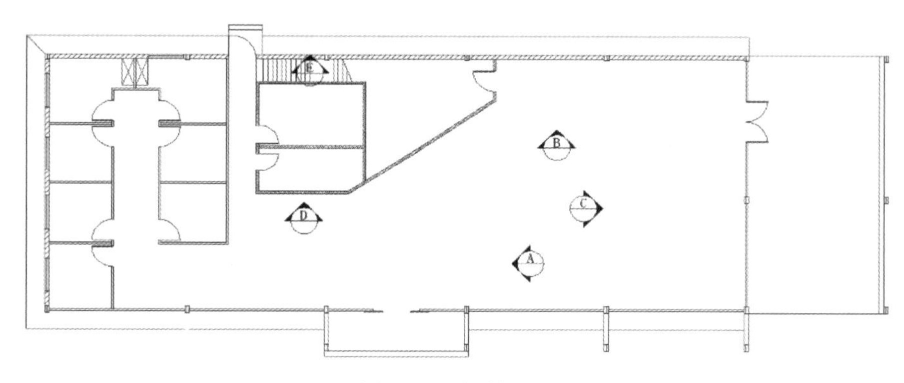

图 9-90　复制图形

2．绘制办公桌椅

（1）单击“默认”选项卡“绘图”面板中的“矩形”按钮，在办公区域内绘制一个 1300mm×600mm 的矩形，如图 9-91 所示。

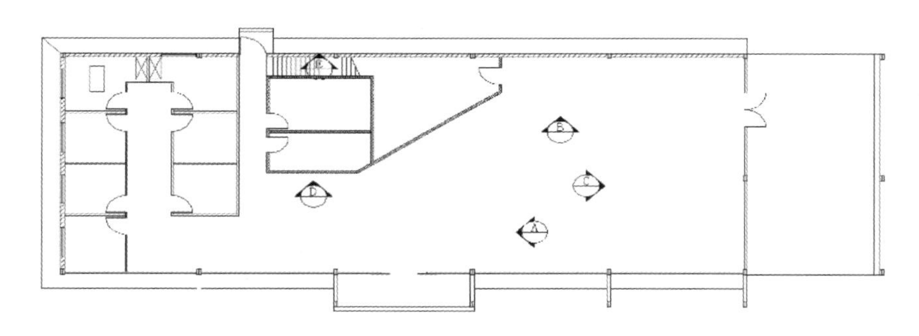

图 9-91　绘制矩形

（2）单击“默认”选项卡“绘图”面板中的“矩形”按钮，在办公桌适当位置绘制一个 500mm×400mm 的矩形，如图 9-92 所示。

（3）单击“默认”选项卡“修改”面板中的“圆角”按钮，选择上步绘制的矩形四边进行圆角操作，圆角半径为 50，如图 9-93 所示。

（4）单击“默认”选项卡“绘图”面板中的“圆弧”按钮，在上步圆角的矩形内绘制一段圆弧，如图 9-94 所示。

（5）单击“默认”选项卡“绘图”面板中的“矩形”按钮，在绘制的椅子适当位置绘制一个 300mm×50mm 的矩形，如图 9-95 所示。

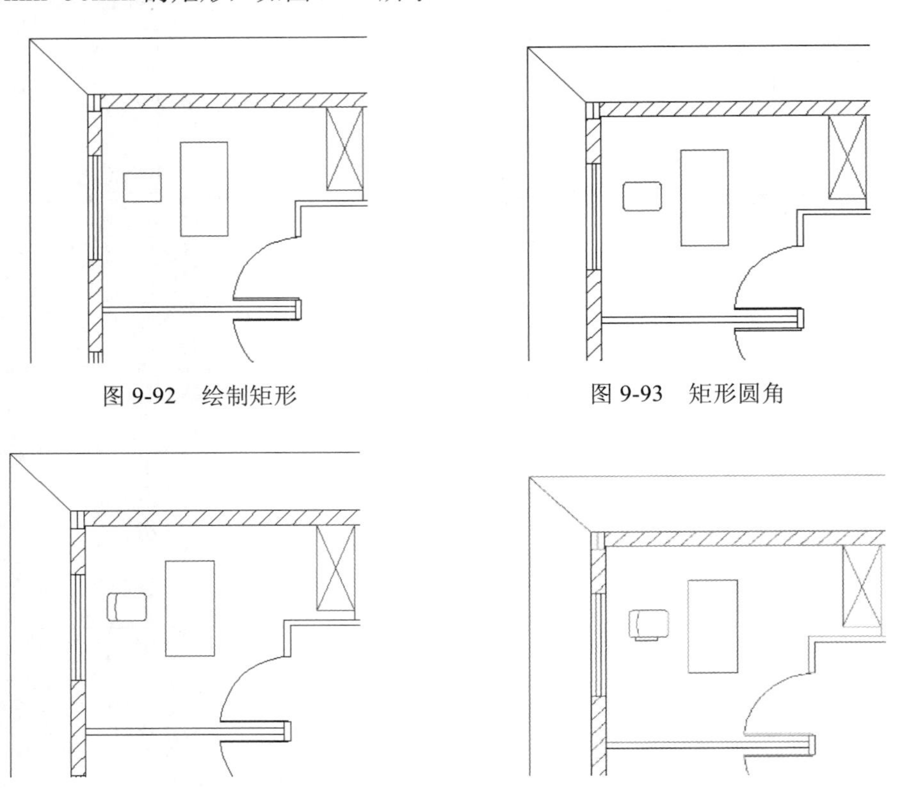

图 9-92　绘制矩形

图 9-93　矩形圆角

图 9-94　绘制圆弧

图 9-95　绘制矩形

（6）单击“默认”选项卡“修改”面板中的“圆角”按钮，选择上步绘制的矩形进行圆角处理，圆角半径为 20mm，结果如图 9-96 所示。

（7）单击“默认”选项卡“修改”面板中的“镜像”按钮，选取上步倒圆角后矩形进行镜像，结果如图 9-97 所示。

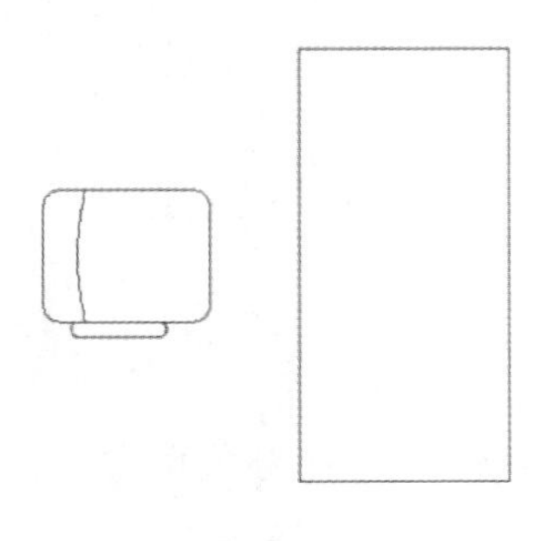

图 9-96　矩形圆角

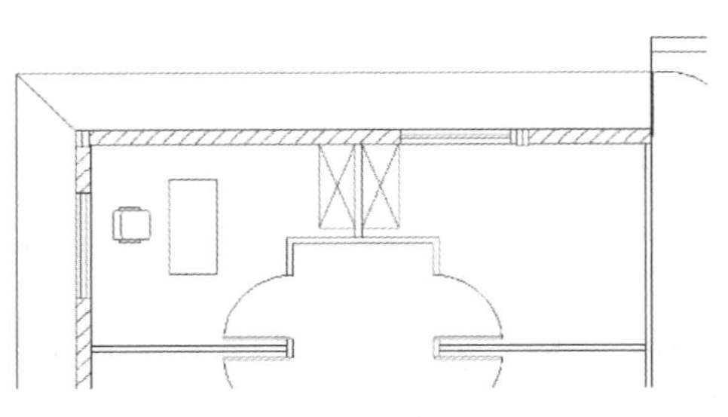

图 9-97　镜像图形

（8）在命令行中输入“WBLOCK”命令，打开如图 9-98 所示“写块”对话框，选择上步绘制的图形为定义块对象。

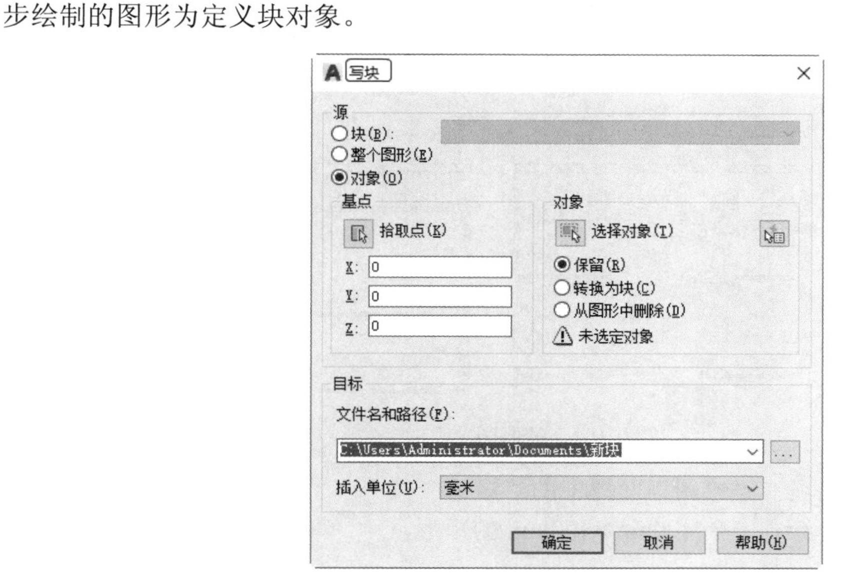

图 9-98 “写块”对话框

（9）单击“默认”选项卡“块”面板中的“插入”按钮，选择上步创建的椅子图形进行插入，结果如图 9-99 所示。

（10）单击“默认”选项卡“修改”面板中的“镜像”按钮，选取绘制的桌椅为镜像对象，以图形中中间分隔墙上下两点为镜像点进行镜像，如图 9-100 所示。

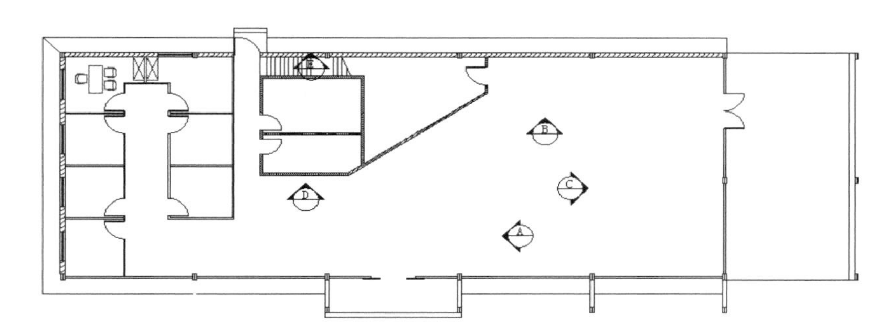

图 9-99 插入椅子

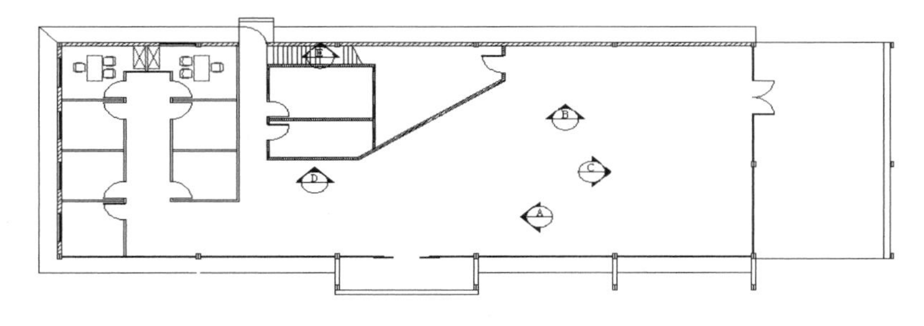

图 9-100 镜像椅子

3. 绘制会客桌椅

（1）单击“默认”选项卡“绘图”面板中的“圆”按钮，在办公区域内绘制一个半径为 250mm 的圆，如图 9-101 所示。

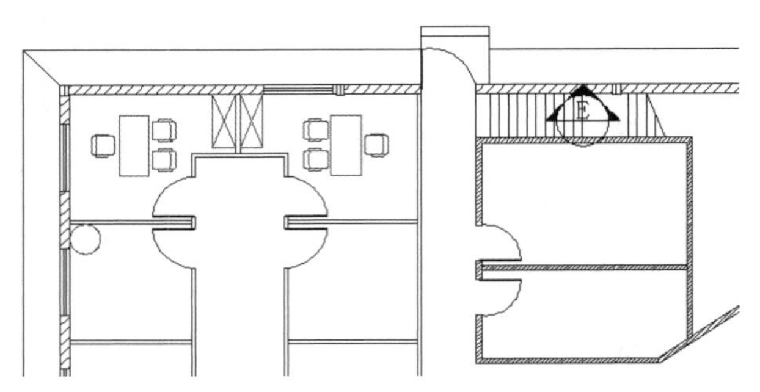

图 9-101　绘制圆

（2）单击“默认”选项卡“绘图”面板中的“矩形”按钮，在上步绘制的圆旁绘制一个 400mm×400mm 的矩形，如图 9-102 所示。

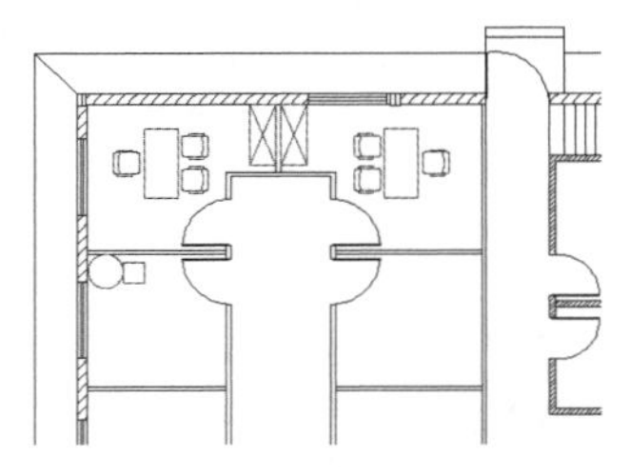

图 9-102　绘制矩形（一）

（3）单击“默认”选项卡“修改”面板中的“圆角”按钮，对上步绘制的矩形进行圆角处理，圆角半径为 30mm，如图 9-103 所示。

（4）单击“默认”选项卡“绘图”面板中的“直线”按钮，绘制连续直线，如图 9-104 所示。

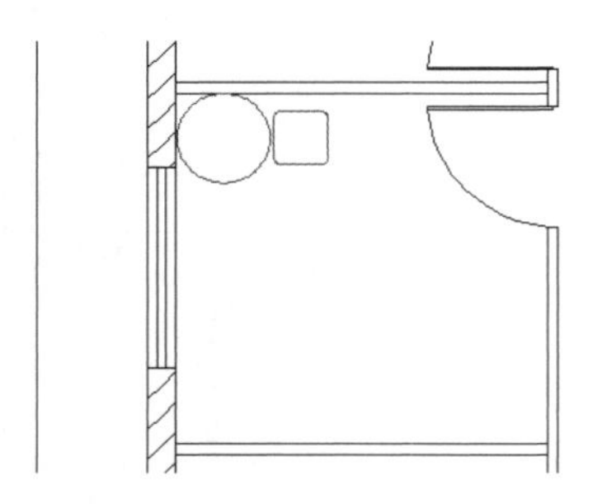

图 9-103　矩形圆角处理

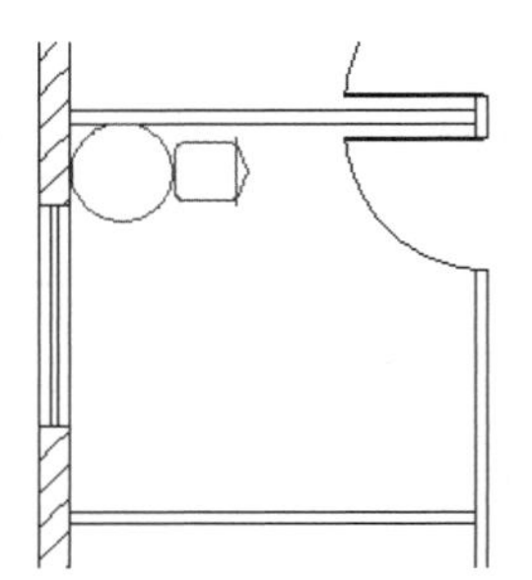

图 9-104　绘制连续直线

（5）单击“默认”选项卡“块”面板中的“创建”按钮，打开“块定义”对话框，选择上步绘制完成的会客椅为块定义对象，将其创建成块。

（6）单击“默认”选项卡“块”面板中的“插入”按钮，选择上步绘制完成的会客椅插入图形中，如图 9-105 所示。

（7）单击“默认”选项卡“绘图”面板中的“矩形”按钮，在如图 9-105 所示左下矩形框的右下角点位置绘制一个 1370mm×630mm 的矩形，如图 9-106 所示。

（8）单击“默认”选项卡“绘图”面板中的“矩形”按钮，在如图 9-106 所示的刚绘制矩形右上方位置绘制一个 440mm×880mm 的矩形，如图 9-107 所示。

（9）单击“默认”选项卡“块”面板中的“插入”按钮，选择办公椅插入图形中，如图 9-108 所示。

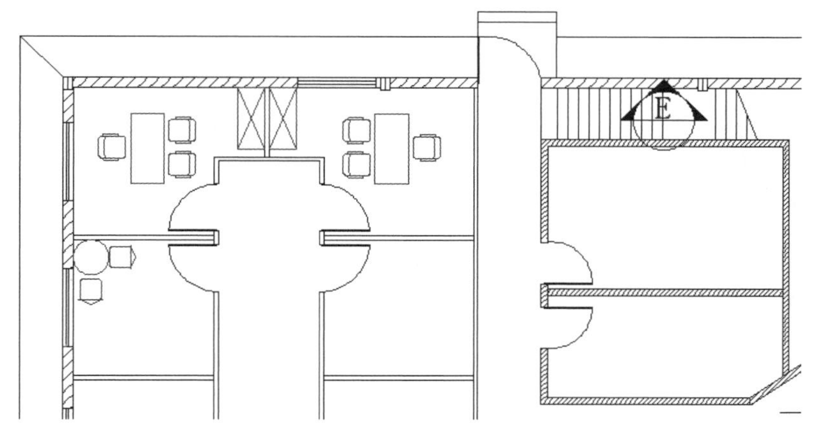

图 9-105　插入图形（一）

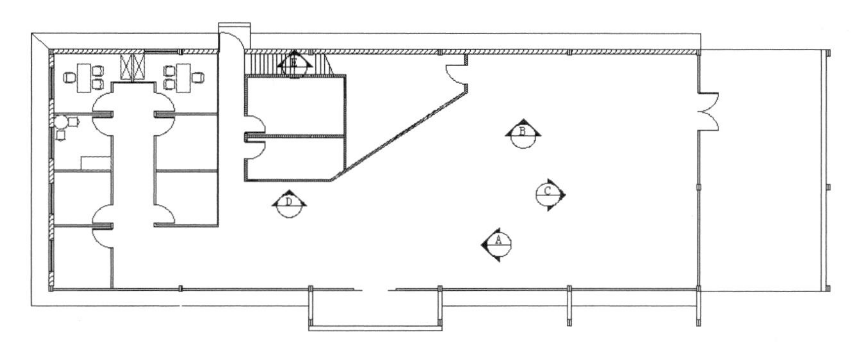

图 9-106　绘制矩形（二）

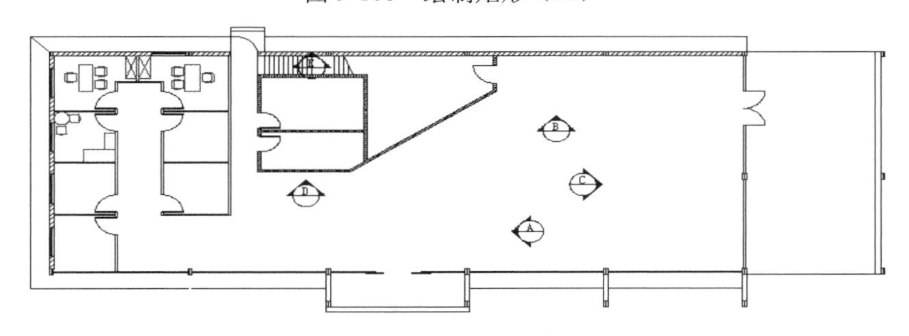

图 9-107　绘制矩形（三）

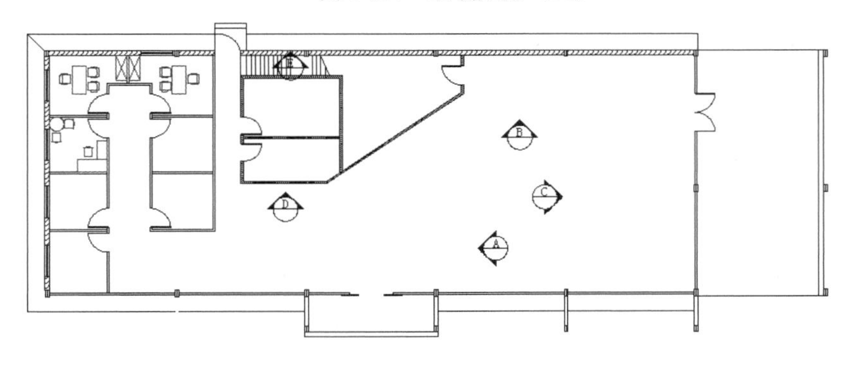

图 9-108　插入图形（二）

（10）单击“默认”选项卡“修改”面板中的“复制”按钮，选择已有办公桌椅进行复制，结果如图 9-109 所示。

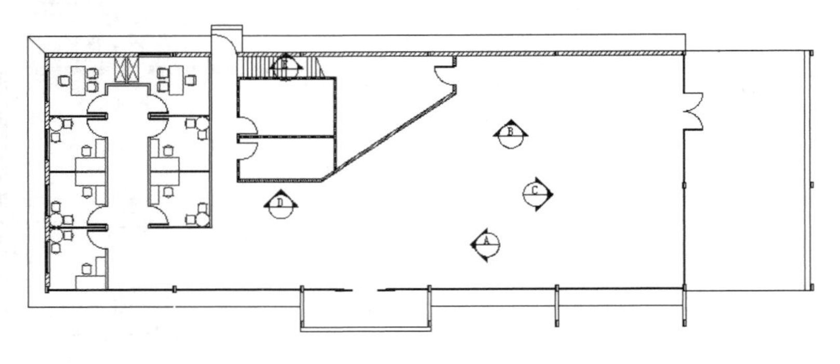

图 9-109　复制图形

4．四人座洽谈桌椅

（1）单击“默认”选项卡“绘图”面板中的“圆”按钮，在洽谈室内绘制一个半径为 400mm 的圆，如图 9-110 所示。

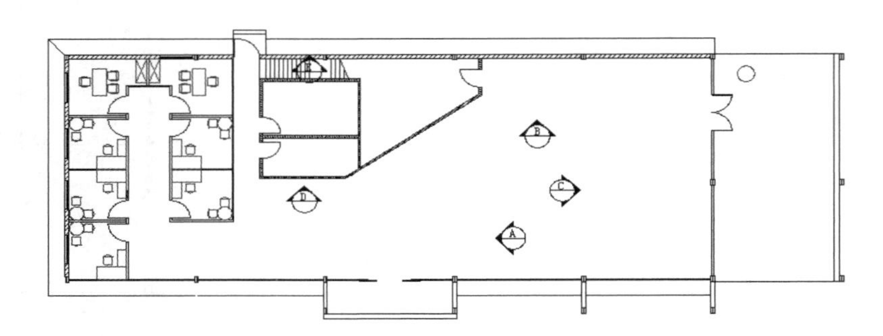

图 9-110　绘制圆

（2）单击“默认”选项卡“块”面板中的“插入”按钮，选择前面绘制的“椅子”图形，插入放置到洽谈桌周边，结果如图 9-111 所示。

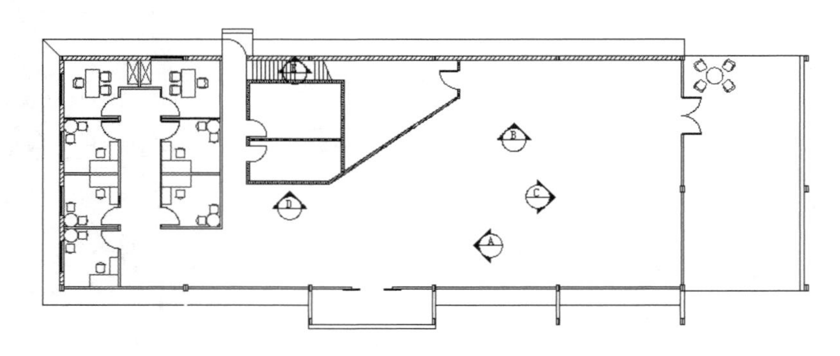

图 9-111　绘制椅子

（3）单击“默认”选项卡“修改”面板中的“复制”按钮，选择已有桌椅进行复制，如图 9-112 所示。

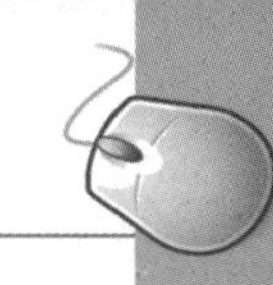

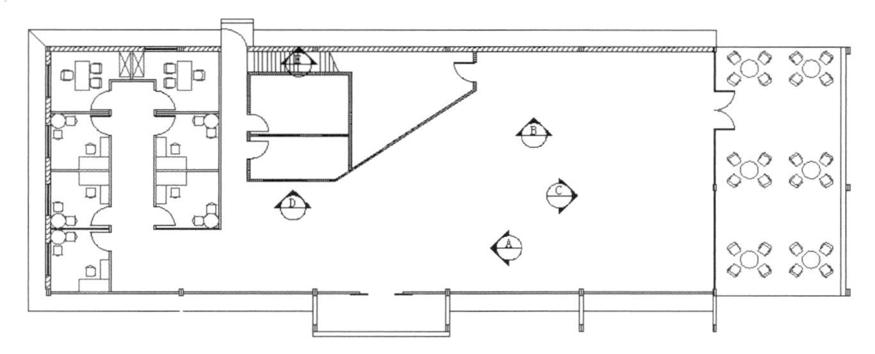

图 9-112　复制洽谈室桌椅

（4）单击“默认”选项卡“绘图”面板中的“矩形”按钮▭，在如图 9-112 所示的适当位置绘制一个 3200mm×5600mm 的矩形，如图 9-113 所示。

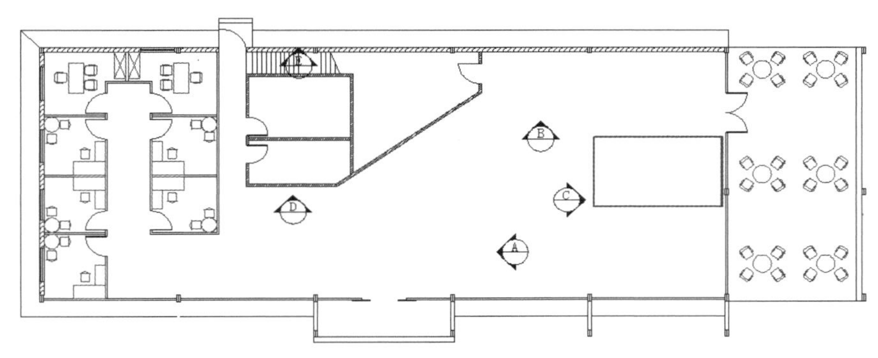

图 9-113　绘制矩形（一）

（5）单击“默认”选项卡“绘图”面板中的“矩形”按钮▭，在如图 9-114 所示的位置绘制一个 700mm×1500mm 的矩形。

（6）单击“默认”选项卡“绘图”面板中的“矩形”按钮▭，在如图 9-115 所示的位置绘制一个 3400mm×1000mm 的矩形。

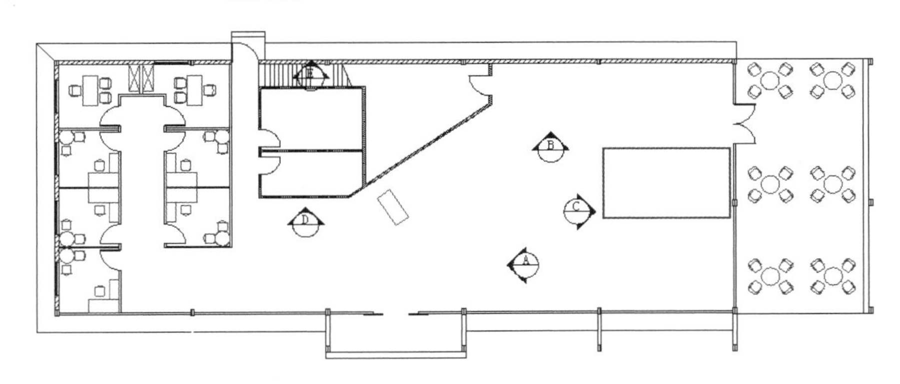

图 9-114　绘制矩形（二）

（7）单击“默认”选项卡“修改”面板中的“复制”按钮，选取 700mm×1500mm 的矩形进行复制，如图 9-116 所示。

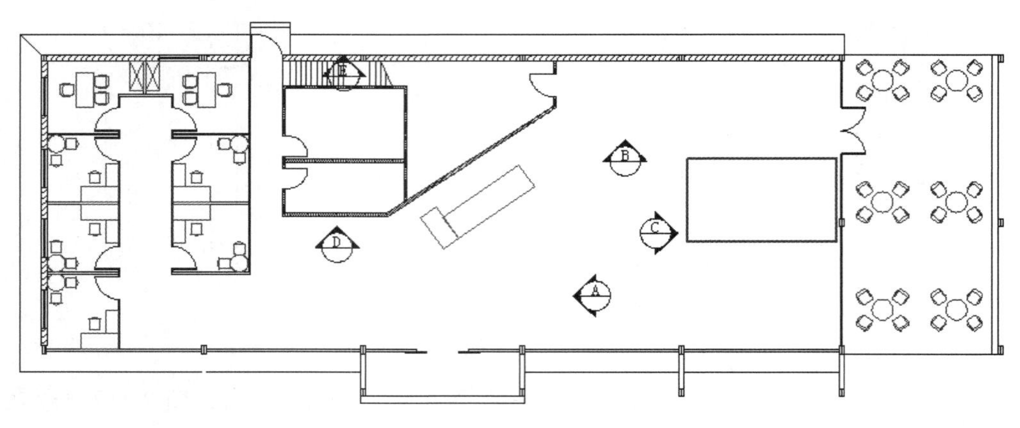

图 9-115　绘制矩形（三）

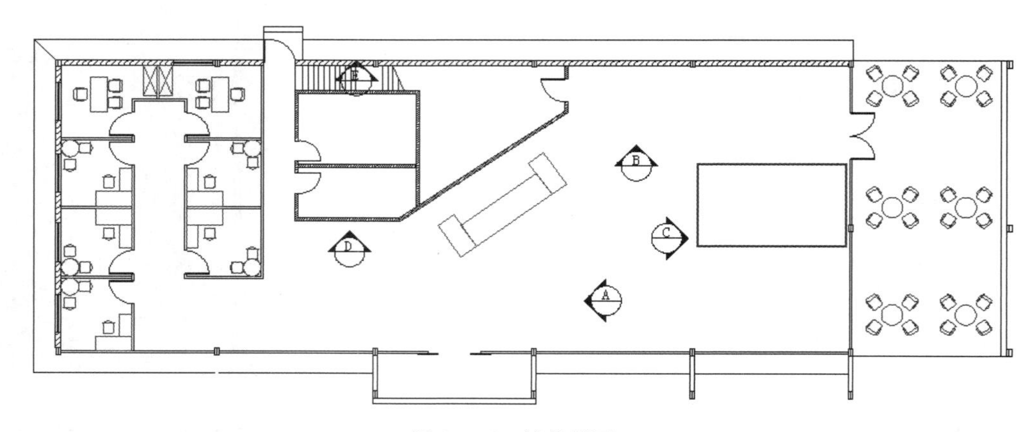

图 9-116　镜像矩形

（8）单击“默认”选项卡“块”面板中的“插入”按钮，选择前面定义的“椅子”图块，将其插入图形中，如图 9-117 所示。

（9）单击“默认”选项卡“绘图”面板中的“图案填充”按钮，打开“图案填充创建”选项卡，按如图 9-118 所示设置。选择如图 9-119 所示的区域为填充区域。

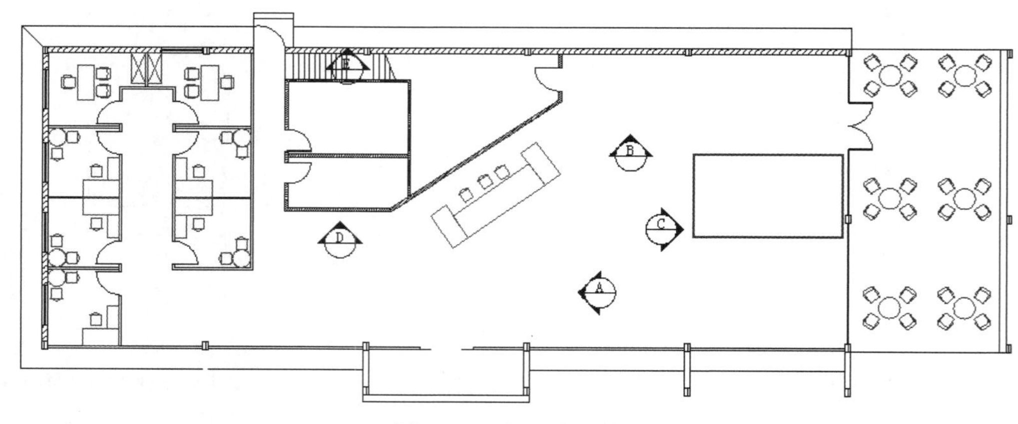

图 9-117　插入办公椅

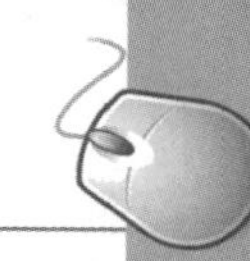

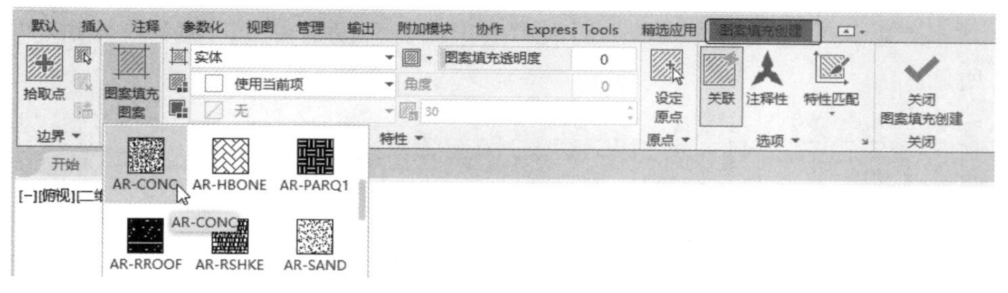

图 9-118　“图案填充创建”选项卡

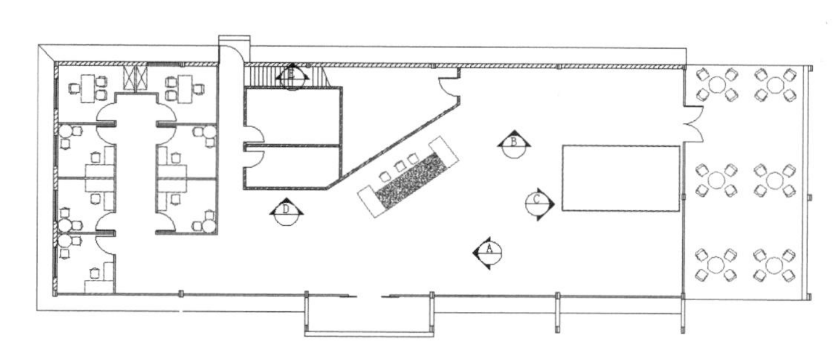

图 9-119　填充图形

5．绘制室内花坛

（1）单击“默认”选项卡“修改”面板中的“偏移”按钮⊆，选择如图 9-120 所示的线段进行偏移，偏移距离为 50mm、2650mm、600mm、2650mm、600mm、2650mm。

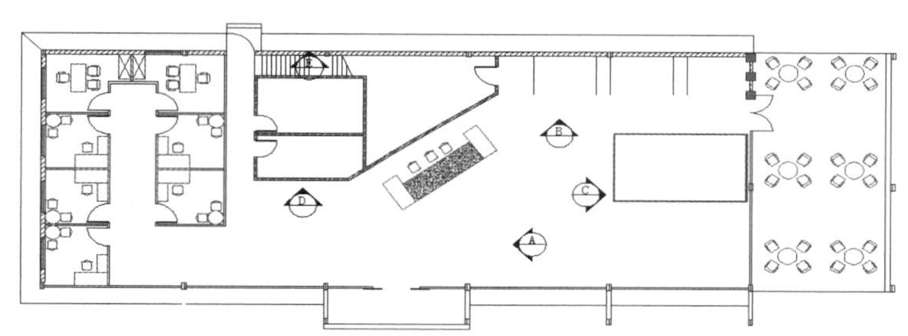

图 9-120　偏移直线

（2）单击“默认”选项卡“修改”面板中的“偏移”按钮⊆，选择如图 9-120 所示的直线左边最下面直线向下偏移，偏移距离为 50mm、390mm、100mm，如图 9-121 所示。

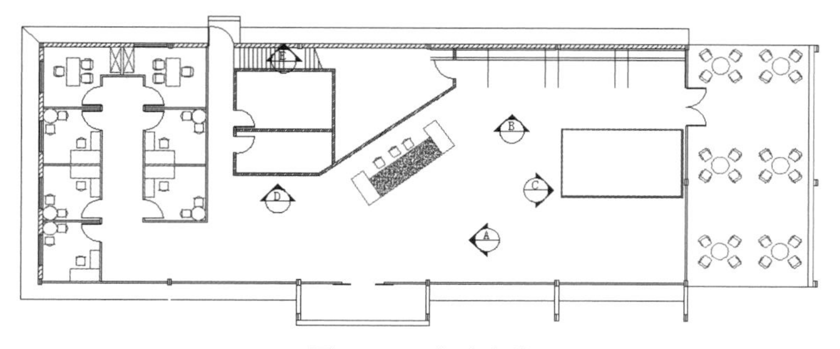

图 9-121　偏移直线

（3）单击“默认”选项卡“修改”面板中的“修剪”按钮，对偏移线段进行修剪，如图 9-122 所示。

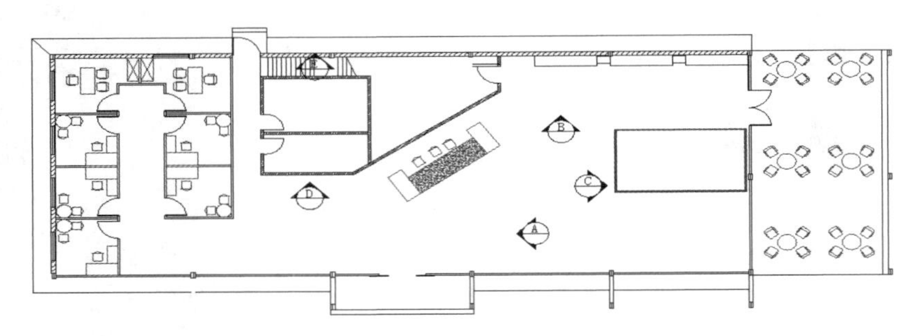

图 9-122　修剪线段

（4）单击“默认”选项卡“绘图”面板中的“直线”按钮，在上步修剪线段内绘制水平直线，如图 9-123 所示。

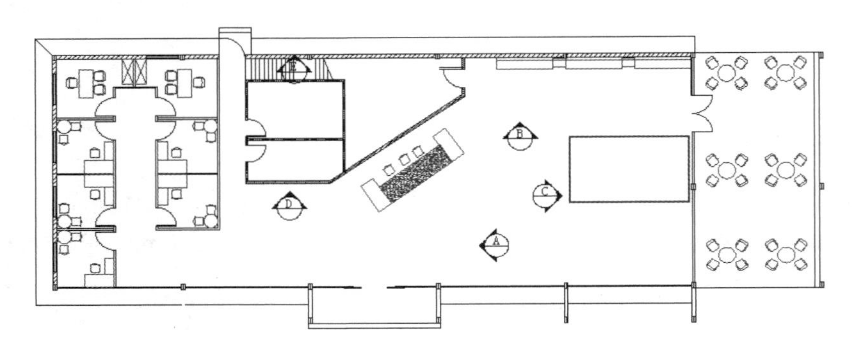

图 9-123　绘制直线

（5）单击“默认”选项卡“修改”面板中的“修剪”按钮，对上步绘制的线段进行修剪，如图 9-124 所示。

（6）单击“默认”选项卡“绘图”面板中的“直线”按钮，在图形适当位置绘制连续直线，如图 9-125 所示，

（7）单击“默认”选项卡“修改”面板中的“偏移”按钮，选择上步绘制的线段分别向内偏移 300mm，单击“默认”选项卡“修改”面板中的“修剪”按钮，对偏移线段进行修剪，如图 9-126 所示。

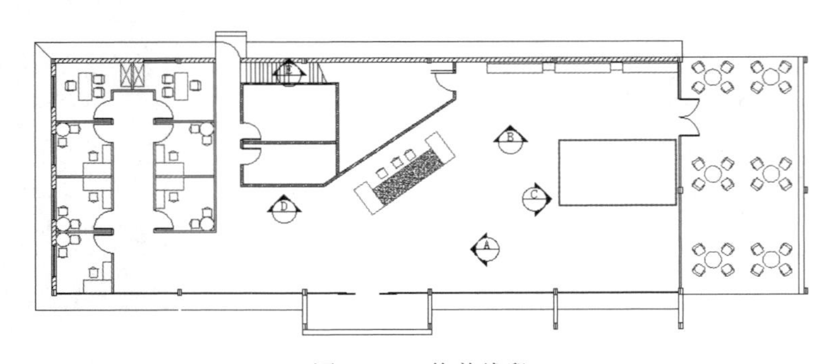

图 9-124　修剪线段

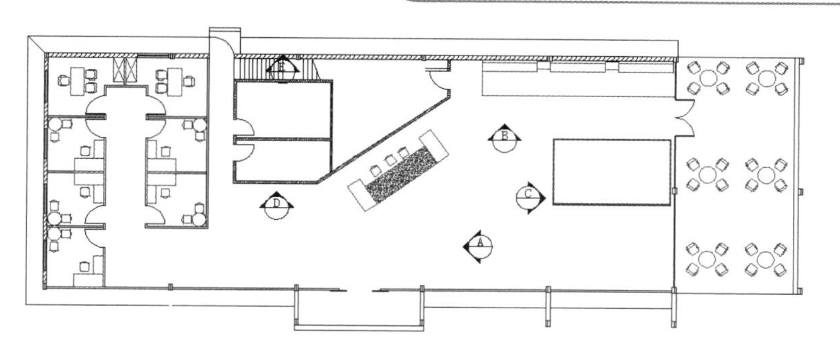

图 9-125　绘制直线

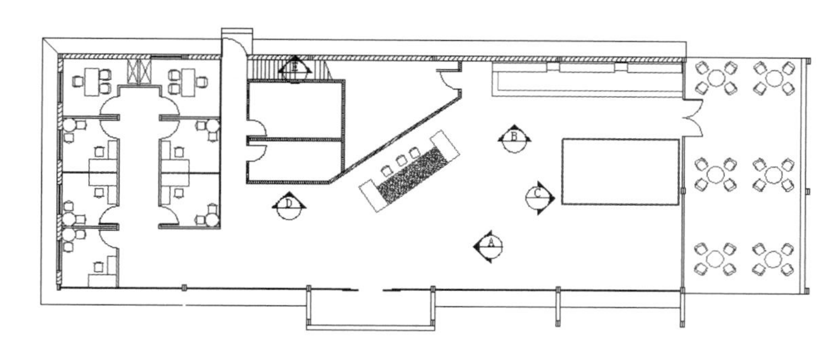

图 9-126　修剪线段

（8）单击“默认”选项卡“块”面板中的“插入”按钮，选择“源文件/图库/花”插入如图 9-127 所示的位置。

（9）单击“默认”选项卡“块”面板中的“插入”按钮，选择“源文件/图库/草”插入如图 9-128 所示的位置。

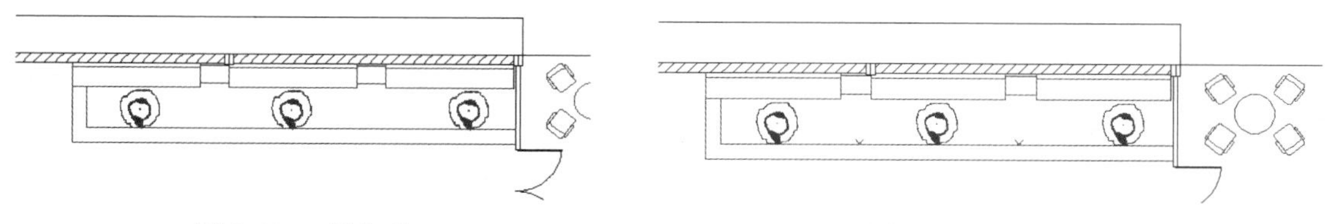

图 9-127　插入花　　　　图 9-128　插入草

（10）单击“默认”选项卡“绘图”面板中的“矩形”按钮，在如图 9-128 所示的位置，绘制一个 1600mm×480mm 的矩形，如图 9-129 所示。

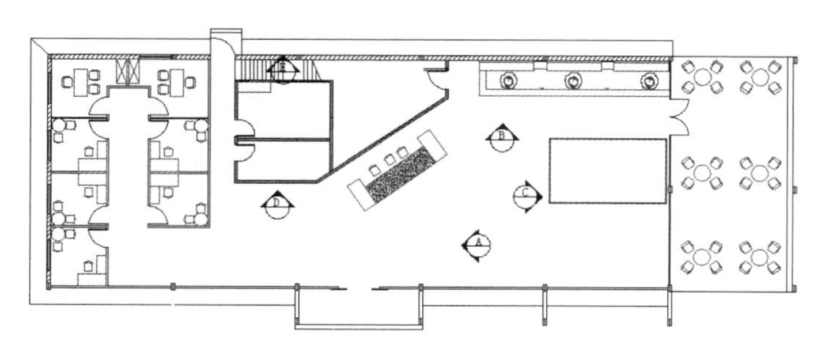

图 9-129　绘制矩形

（11）单击“默认”选项卡“绘图”面板中的“直线”按钮╱，在上步绘制的矩形内绘制对角线，如图 9-130 所示。

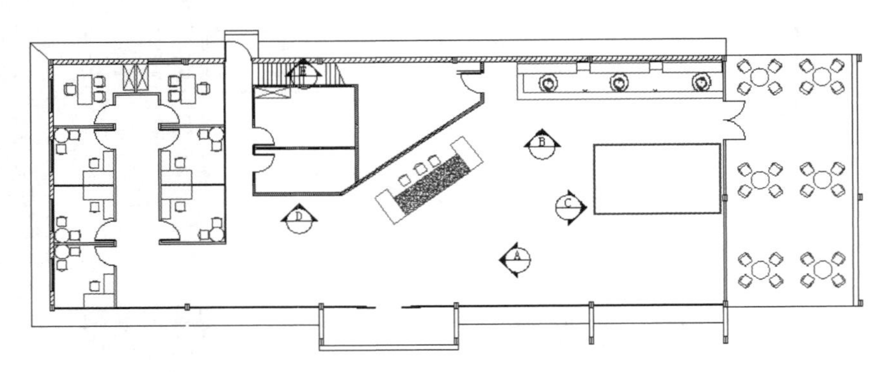

图 9-130　绘制对角线

（12）利用上述方法绘制相同图形，如图 9-131 所示。

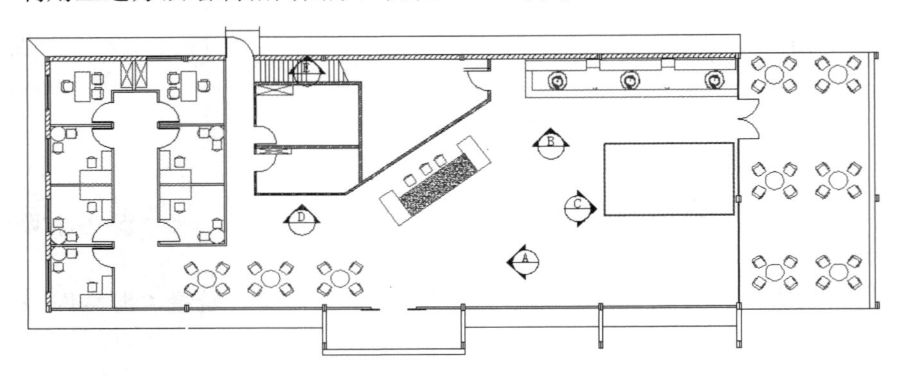

图 9-131　复制图形

（13）单击“默认”选项卡“块”面板中的“插入”按钮，选择“源文件/图库/小便器”插入图形适当位置，如图 9-132 所示。

（14）单击“默认”选项卡“块”面板中的“插入”按钮，选择“源文件/图库/座便器”插入图形适当位置，如图 9-133 所示。

（15）单击“默认”选项卡“块”面板中的“插入”按钮，选择“源文件/图库/洗手盆”插入图形适当位置，如图 9-134 所示。

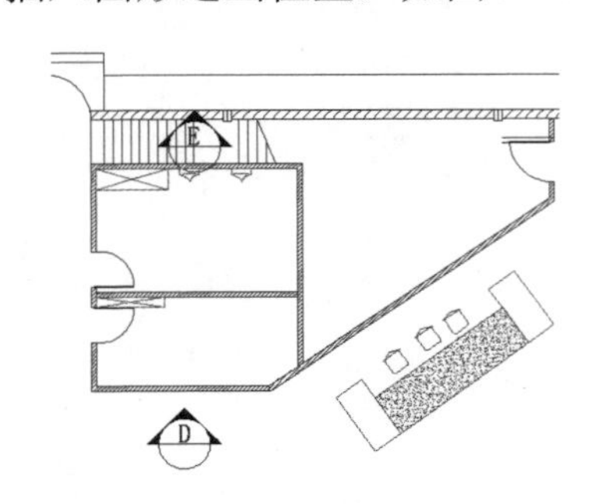

图 9-132　插入小便器

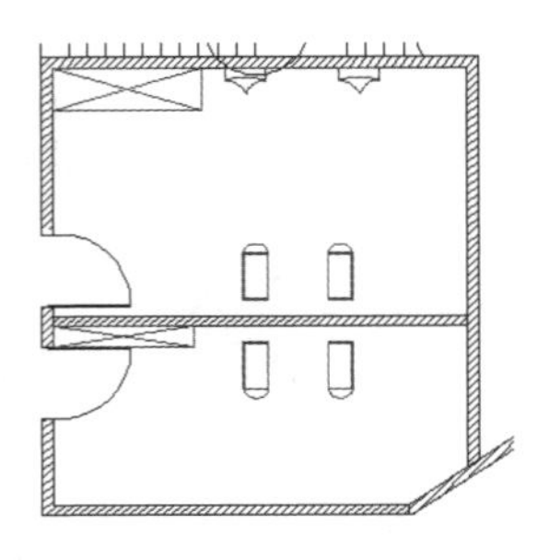

图 9-133　插入坐便器

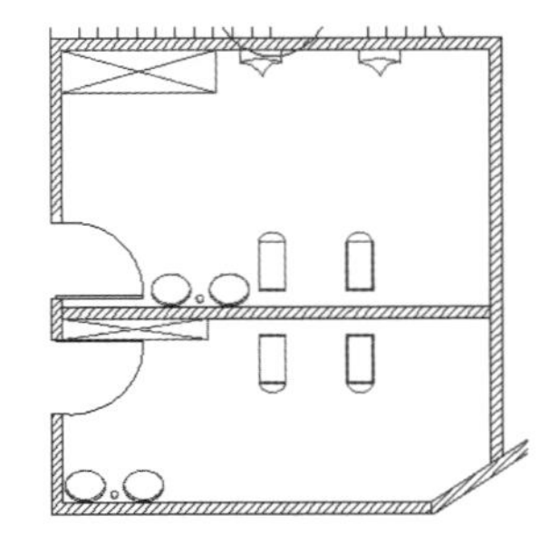

图 9-134　插入洗手盆

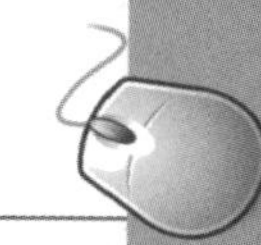

（16）利用前面章节绘制卫生间内门墙体的绘制及剩余图形，如图 9-135 所示。

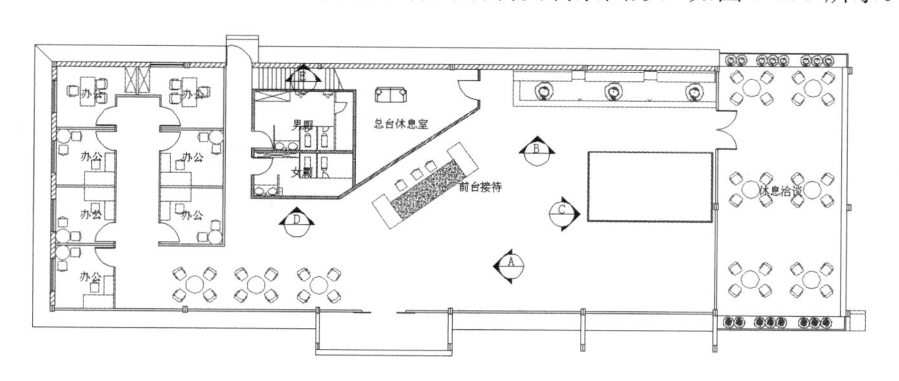

图 9-135 绘制墙体

（17）打开关闭的“文字说明”图层和“标注”图层。

（18）单击“默认”选项卡“注释”面板中的“多行文字”按钮**A**和单击“默认”选项卡“注释”面板中的“线性”按钮⊢⊣，完成图形中剩余的文字及标注，结果如图 9-87 所示。

Chapter

10 商业广场展示中心地坪图与顶棚图

对商业广场的展示中心而言，地坪图和顶棚图尤为重要。因为这两种图样是显示展示中心设计效果的精华所在。

本章将继续以某商业广场展示中心地坪图和顶棚图设计过程为例讲述展示中心这类建筑的室内设计思路和方法。

10.1 广场展示中心地坪图的绘制

注意：在上一节建筑平面图的基础上，本节展开室内平面图的绘制。依次介绍各个室内空间布局、桌椅布置、装饰元素及细部处理、地面材料绘制、尺寸标注、文字说明及其他符号标注等内容。广场展示中心地坪图如图 10-1 所示。

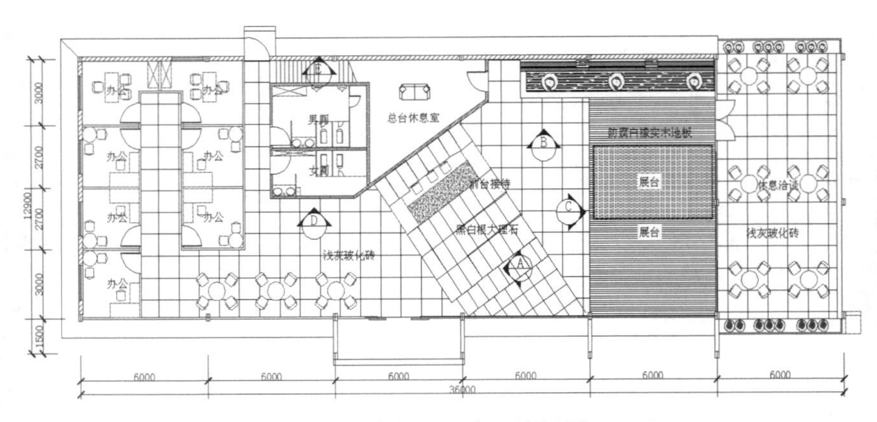

图 10-1 广场展示中心地坪图

10.1.1 绘图准备

（1）单击“标准”工具栏中的“打开”按钮，打开前面绘制的“广场展示中心装饰平面图”，并将其另存为“广场展示中心地坪图”。

（2）单击“默认”选项卡“图层”面板中的“图层特性”按钮，新建“地坪”图层，并将其置为当前图层，关闭“轴线”“尺寸 1”图层，并删除多余图形，如图 10-2 所示。

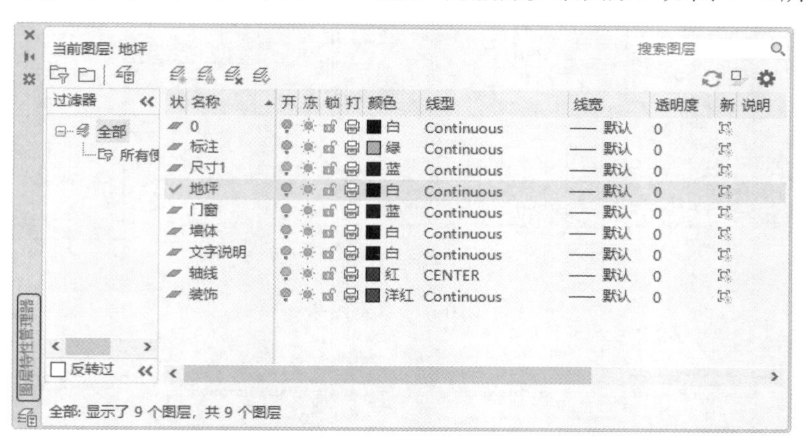

图 10-2 设置图案填充图层

10.1.2 绘制地坪图

（1）单击“默认”选项卡“绘图”面板中的“图案填充”按钮，打开“图案填充创建”选项卡，单击“图案填充图案”选项，在打开的填充图案下拉列表中选择“NET”图例，设置填充图案比例为“200”，如图 10-3 所示。

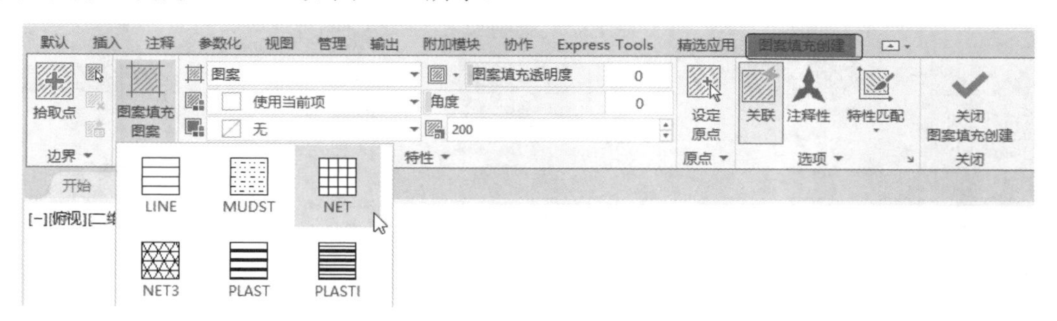

图 10-3 设置图案填充

单击“拾取点”按钮，拾取填充区域，按回车键，完成填充，结果如图 10-4 所示。

（2）单击“默认”选项卡“绘图”面板中的“矩形”按钮，在前台区域内绘制黑白大理石，如图 10-5 所示。

（3）单击“默认”选项卡“绘图”面板中的“图案填充”按钮，打开“图案填充创建”选项卡，单击“图案填充图案”选项，在打开的“填充图案”下拉列表中选择“LINE”图例，设置填充图案比例为“60”，如图 10-6 所示。单击“拾取点”按钮，拾取填充区域，按回车键，完成填充，结果如图 10-7 所示。

（4）单击“默认”选项卡“绘图”面板中的“图案填充”按钮，打开“图案填充创建”选项卡，单击“图案填充图案”选项，在打开的“填充图案”下拉列表中选择“MUDST”图例，设置填充图案比例为“5”，如图 10-8 所示，单击“拾取点”按钮，拾取展台为填充区域，按回车键，完成填充，结果如图 10-9 所示。

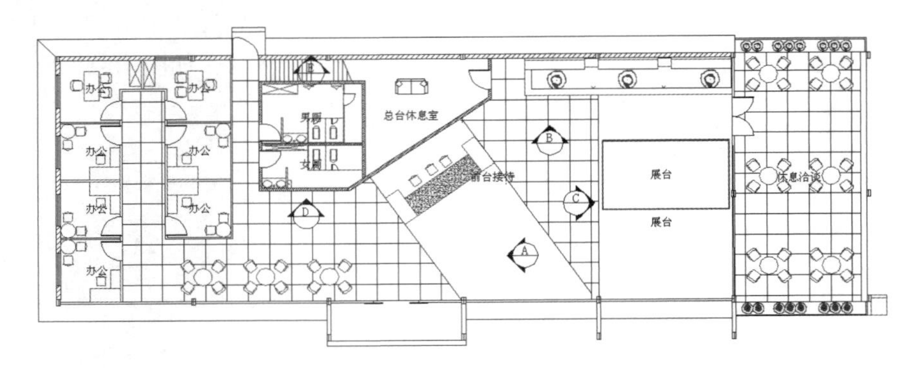

图 10-4　填充结果

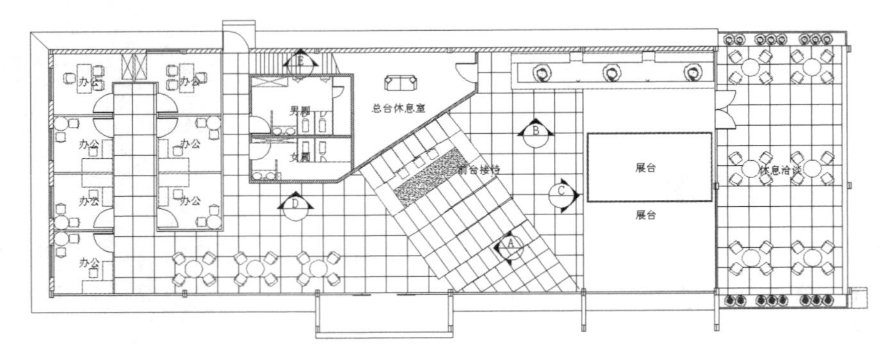

图 10-5　绘制封闭线

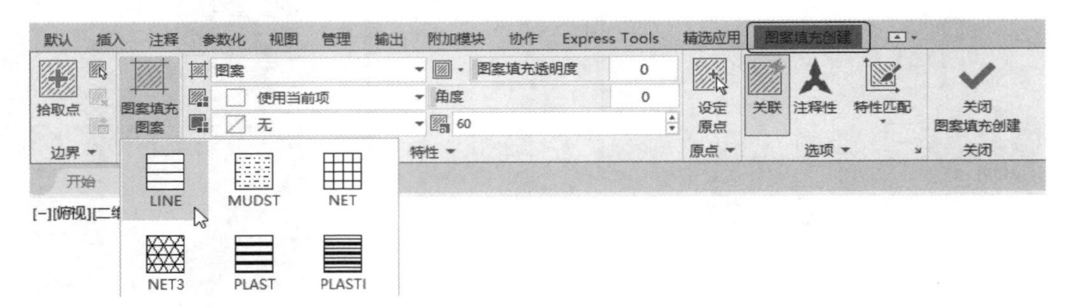

图 10-6　设置图案填充

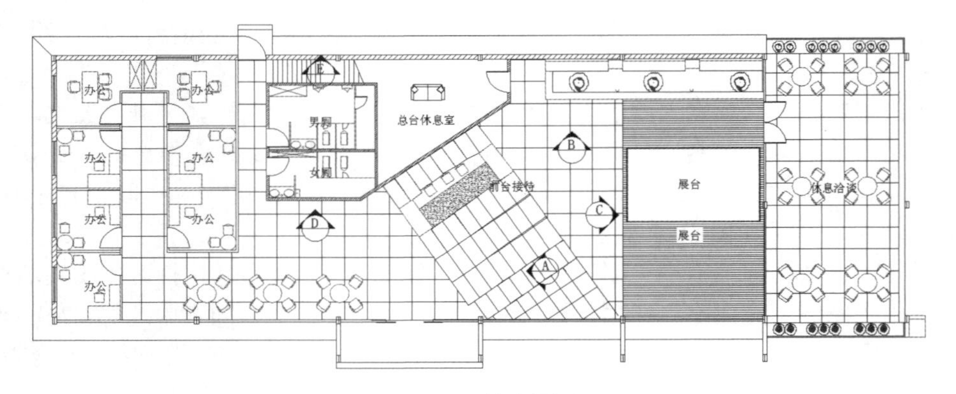

图 10-7　填充图形

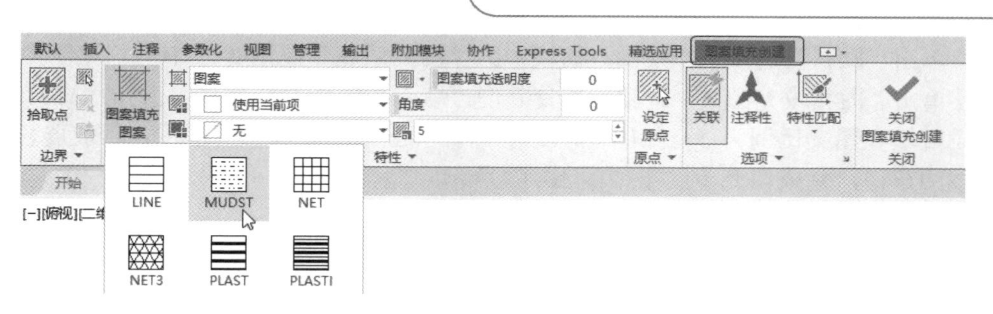

图 10-8 图案填充

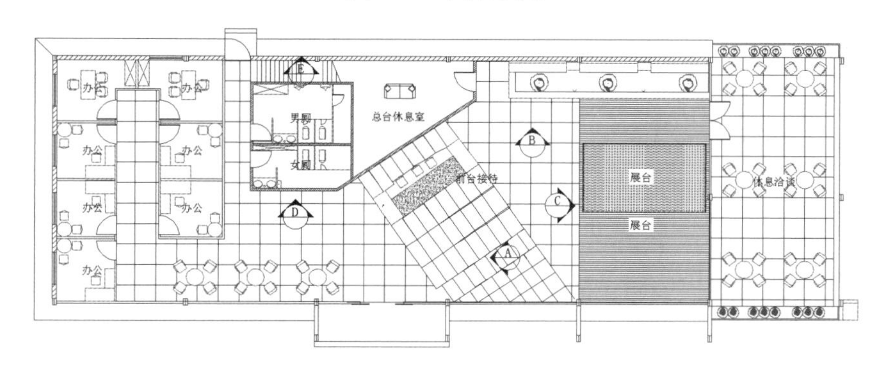

图 10-9 填充图形

（5）单击“默认”选项卡“绘图”面板中的“图案填充”按钮，打开“图案填充创建”选项卡，单击“图案填充图案”选项，在打开的“填充图案”下拉列表中选择“PLAST”图例，设置填充图案比例为“6”，如图 10-10 所示。单击“拾取点”按钮，拾取展台为填充区域，按回车键，完成填充，结果如图 10-11 所示。

图 10-10 图案填充

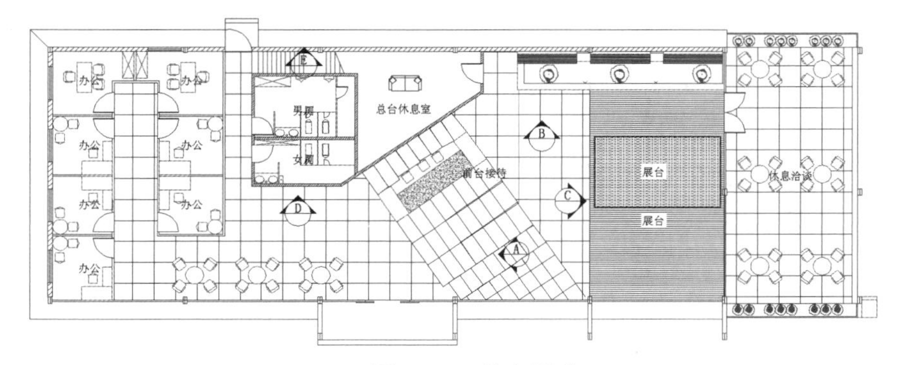

图 10-11 填充图形

（6）单击“默认”选项卡“绘图”面板中的“图案填充”按钮▦，打开“图案填充创建”选项卡，单击“图案填充图案”选项，在打开的“填充图案”下拉列表中选择“AR-RROOF”图例，设置填充图案比例为 5，如图 10-12 所示。单击“拾取点”按钮⊞，拾取展台为填充区域，按回车键，完成填充，结果如图 10-13 所示。

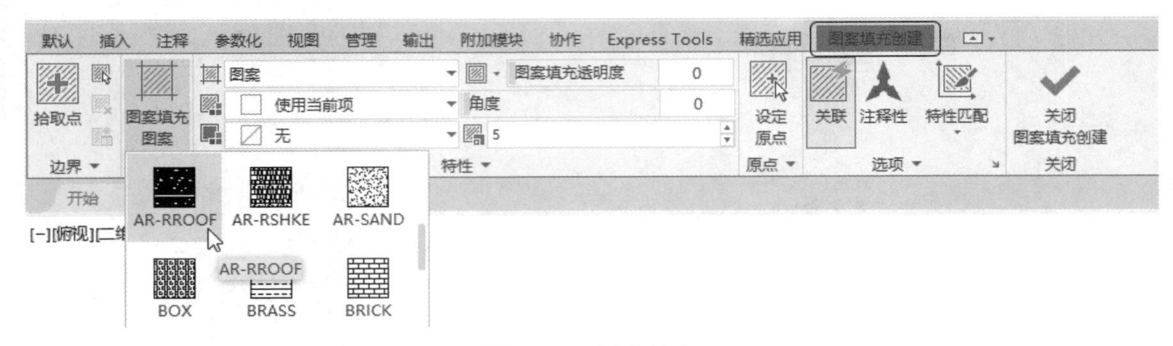

图 10-12　图案填充

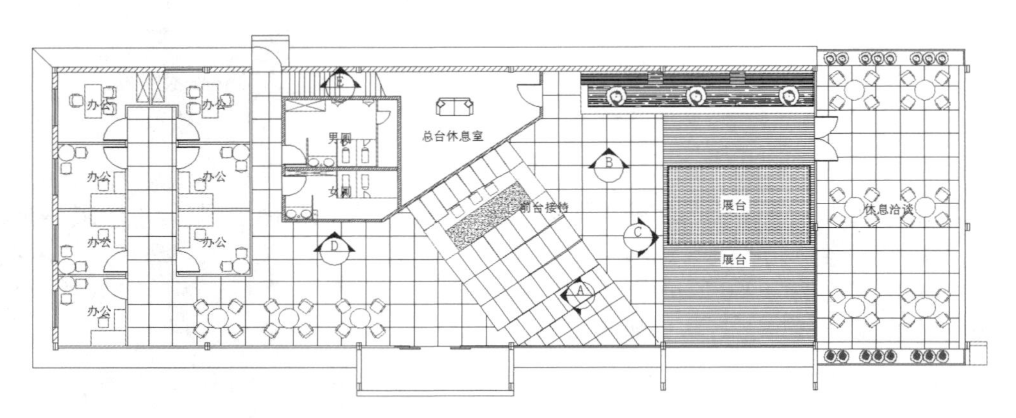

图 10-13　填充图形

（7）打开关闭的“尺寸 1”图层，如图 10-14 所示。

（8）单击“默认”选项卡“注释”面板中的“多行文字”按钮A，为填充的地面图形添加文字说明，如图 10-1 所示。

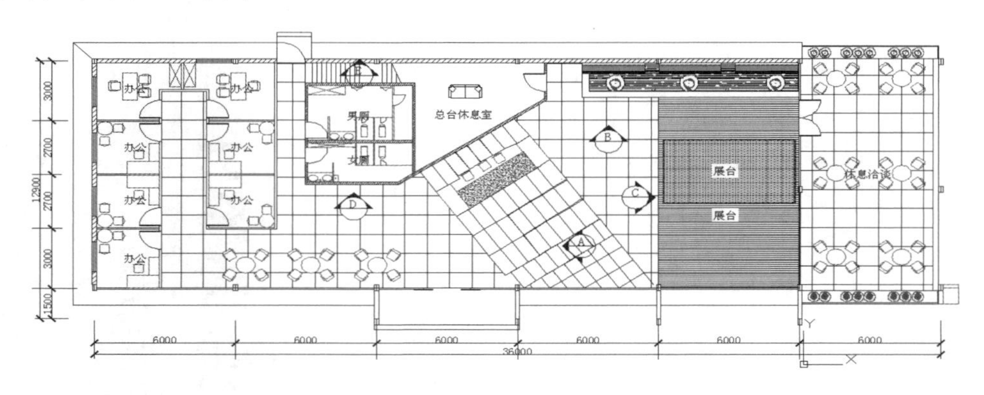

图 10-14　打开图层

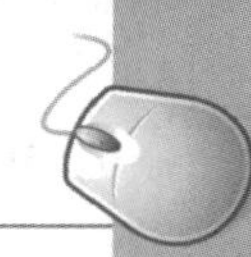

注意：用户可以根据需要，从已完成的图纸中导入该图纸中所使用的标注样式，然后直接应用于新的图纸绘制。

10.2 广场展示中心顶棚图

顶棚图用于表达室内顶棚造型、灯具及相关电器布置的顶棚水平镜像投影图。在绘制顶棚图时，可以利用室内平面图墙线形成的空间分隔，而删除其门窗洞口图线，在此基础上完成顶棚图绘制。

在讲解顶棚图绘制的过程中，按室内平面图修改、顶棚造型绘制、灯具布置、文字尺寸标注、符号标注及线宽设置的顺序进行。广场展示中心顶棚图如图 10-15 所示。

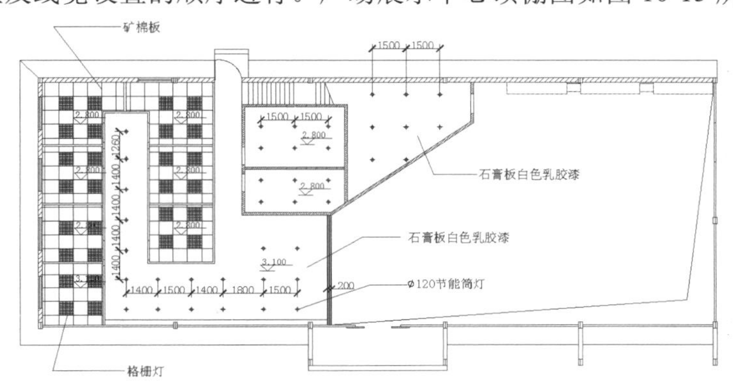

图 10-15 广场展示中心顶棚图

10.2.1 绘图准备

（1）单击“标准”工具栏中的“打开”按钮，打开前面绘制的“广场展示中心建筑平面图”，并将其另存为“商业广场展示中心顶棚平面图”。

（2）单击“默认”选项卡“图层”面板中的“图层特性”按钮，打开“图层特性管理器”对话框，新建“顶棚”图层，将“顶棚”设置为当前图层，关闭“标注”“轴线”图层。如图 10-16 所示。

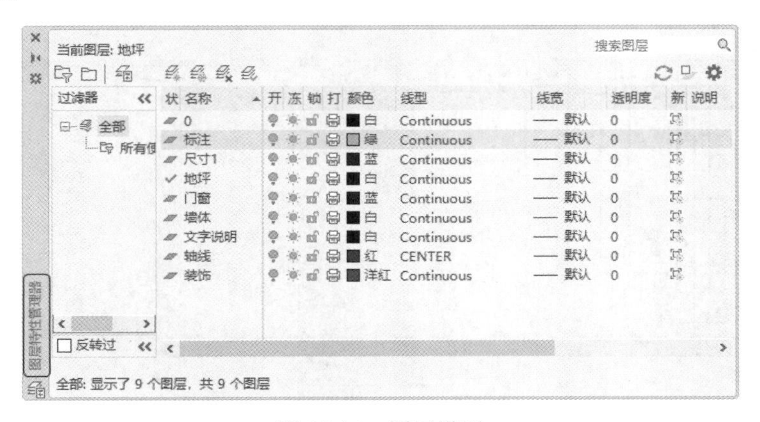

图 10-16 图层设置

（3）单击“默认”选项卡“修改”面板中的“删除”按钮和“延伸”按钮，修理图形如图 10-17 所示。

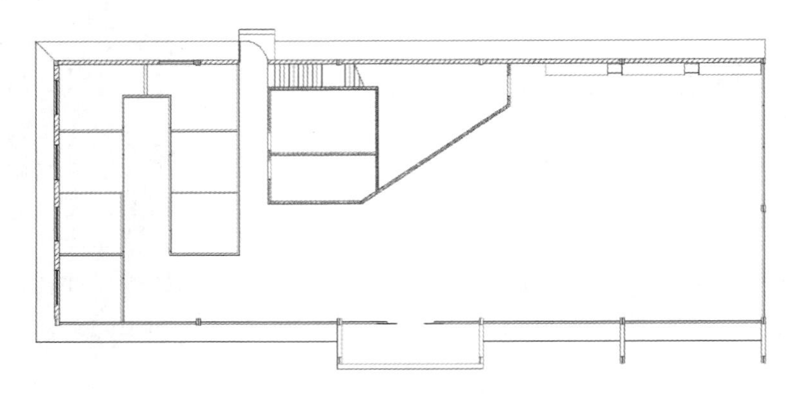

图 10-17　顶棚平面图

10.2.2 绘制顶棚图

1. 设置图形

（1）单击“默认”选项卡“绘图”面板中的“图案填充”按钮，打开“图案填充创建”选项卡，单击“图案填充图案”选项，在打开的“填充图案”下拉列表中选择“NET”图例，设置填充图案比例为“200”，如图 10-18 所示。单击“拾取点”按钮，拾取展台为填充区域，按回车键，完成填充，结果如图 10-19 所示。

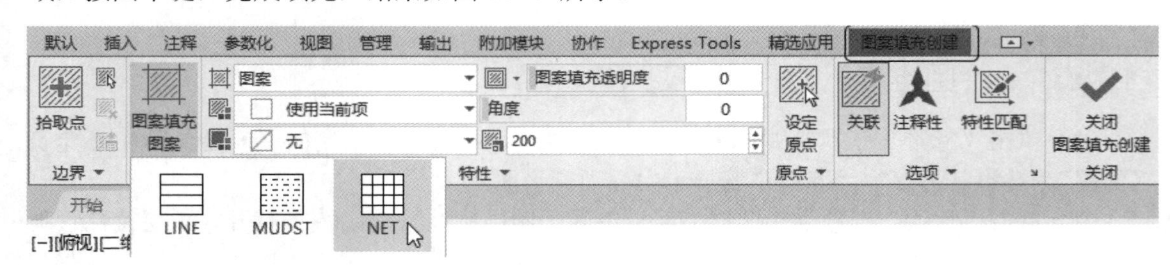

图 10-18　图案填充（一）

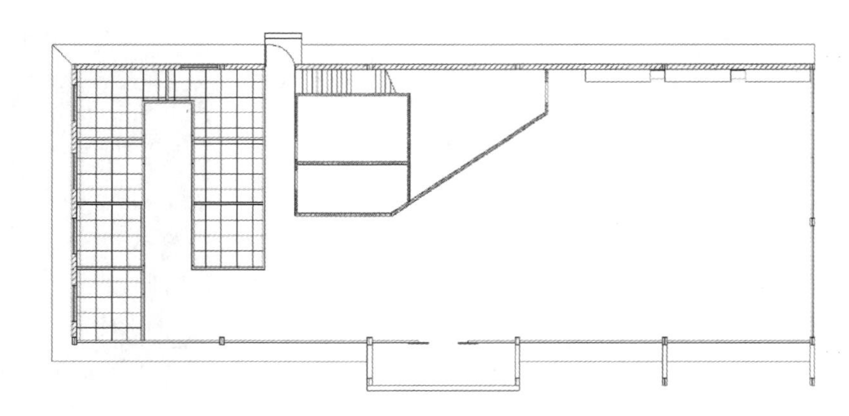

图 10-19　填充图形

（2）单击“默认”选项卡“绘图”面板中的“图案填充”按钮，打开“图案填充创建”选项卡，单击“图案填充图案”选项，在打开的“填充图案”下拉列表中选择“NET”图例，设置填充图案比例为“20”，如图 10-20 所示。单击“拾取点”按钮，拾取展台为填充区域，按回车键，完成填充，结果如图 10-21 所示。

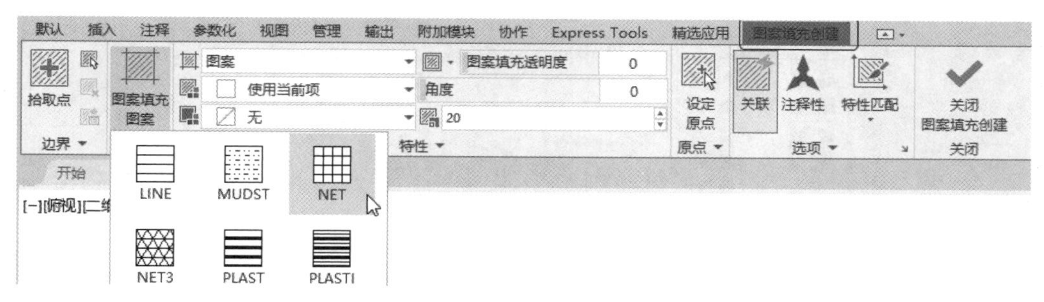

图 10-20　图案填充（二）

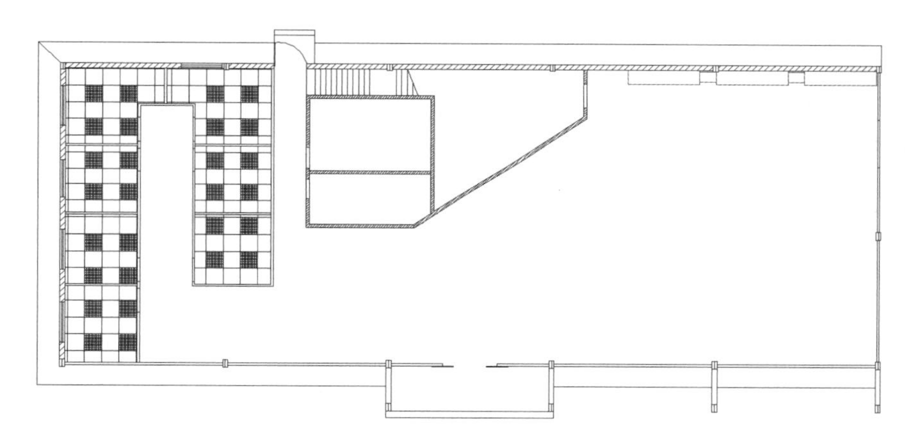

图 10-21　图案填充（三）

2. 绘制节能筒灯

（1）单击“默认”选项卡“绘图”面板中的“圆”按钮，在图形空白区域绘制一个半径为 60mm 的圆，如图 10-22 所示。

（2）单击“默认”选项卡“绘图”面板中的“直线”按钮，在圆内绘制相交直线，如图 10-23 所示。

（3）单击“默认”选项卡“修改”面板中的“拉长”按钮，选择上步绘制的两条直线，分别延伸 50mm，如图 10-24 所示。

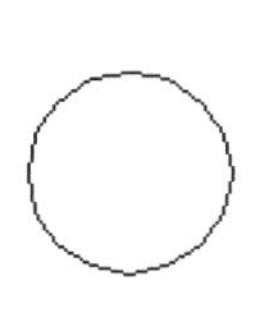

图 10-22　绘制圆

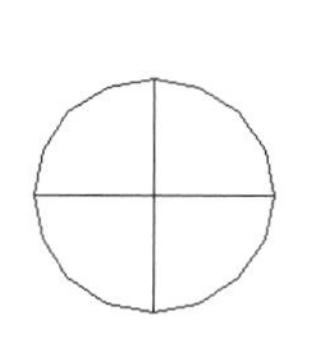

图 10-23　绘制直线

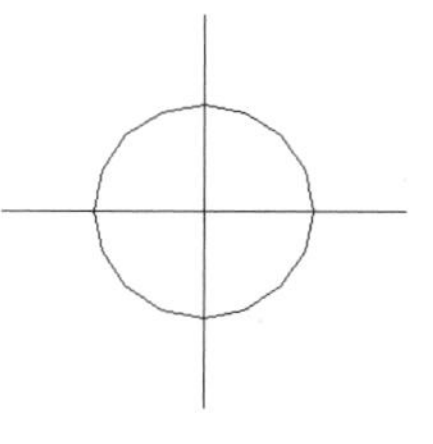

图 10-24　拉长直线

（4）单击“默认”选项卡“块”面板中的“创建”按钮，打开“块定义”对话框，选择绘制完成的筒灯图形为定义对象，将其命名为筒灯图形。

（5）单击“默认”选项卡“块”面板中的“插入”按钮，选择上步创建的筒灯图块，插入图形中，如图 10-25 所示。

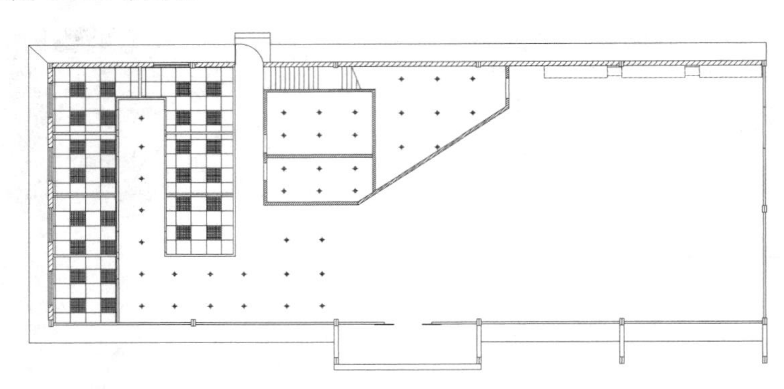

图 10-25 插入筒灯

（6）单击“默认”选项卡“绘图”面板中的“直线”按钮，在图形适当位置绘制一条竖直直线，如图 10-26 所示。

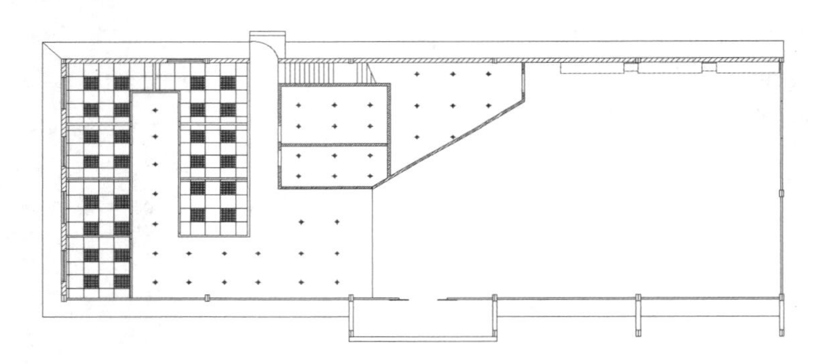

图 10-26 绘制直线（一）

（7）单击“默认”选项卡“修改”面板中的“偏移”按钮，选择上步绘制的直线向左偏移，偏移距离为 40mm、40mm、40mm、40mm、40mm，如图 10-27 所示。

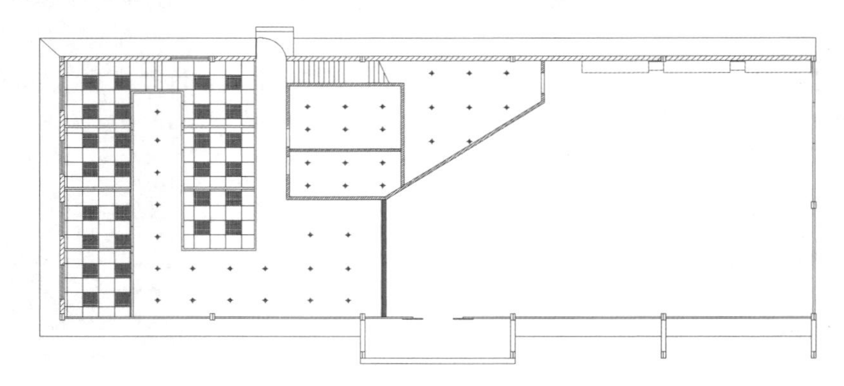

图 10-27 偏移直线

（8）单击“默认”选项卡“绘图”面板中的“直线”按钮，在图形适当位置绘制连续直线，如图 10-28 所示。

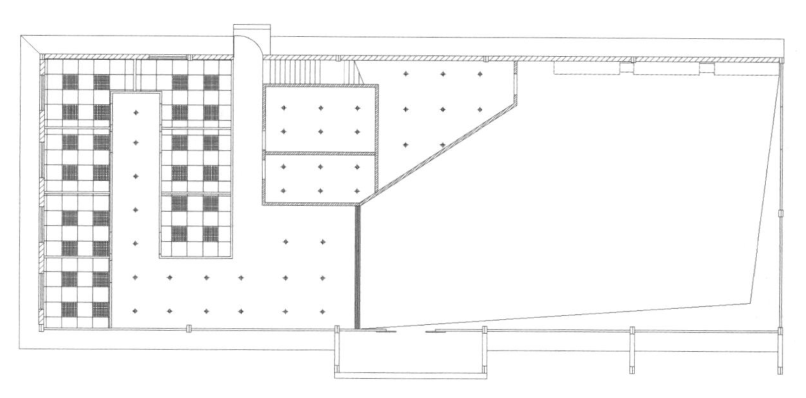

图 10-28　绘制直线（二）

（9）单击“默认”选项卡“绘图”面板中的“直线”按钮，在图形适当位置绘制窗帘箱。如图 10-29 所示。

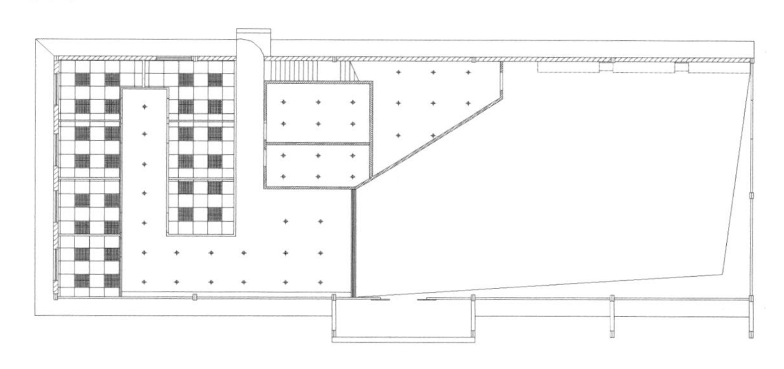

图 10-29　绘制直线（三）

（10）单击“默认”选项卡“注释”面板中的“线性”按钮，为图形添加细部标注，如图 10-30 所示。

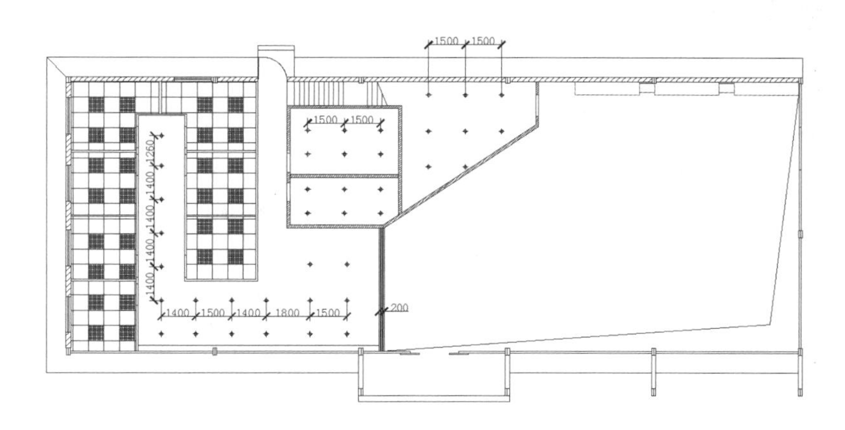

图 10-30　添加标注

（11）单击“默认”选项卡“注释”面板中的“文字样式”按钮，打开“文字样式”对话框，新建“说明”文字样式，设置高度为 150mm，并将其置为当前图层。

（12）在命令行中输入“QLEADER”命令，命令行提示与操作如下。

```
命令: QLEADER↙
指定第一个引线点或 [设置(S)] <设置>: s↙
指定第一个引线点或 [设置(S)] <设置>:(打开“引线设置”对话框，如图 10-31 所示)
指定下一点:
指定下一点:
指定文字宽度 <0>: 150↙
输入注释文字的第一行 <多行文字(M)>: 矿棉板
输入注释文字的下一行:
```

标注文字说明，如图 10-32 所示。

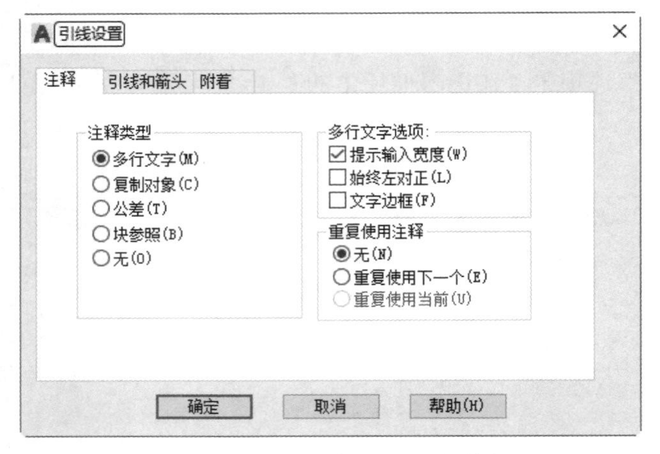

图 10-31 “引线设置”对话框

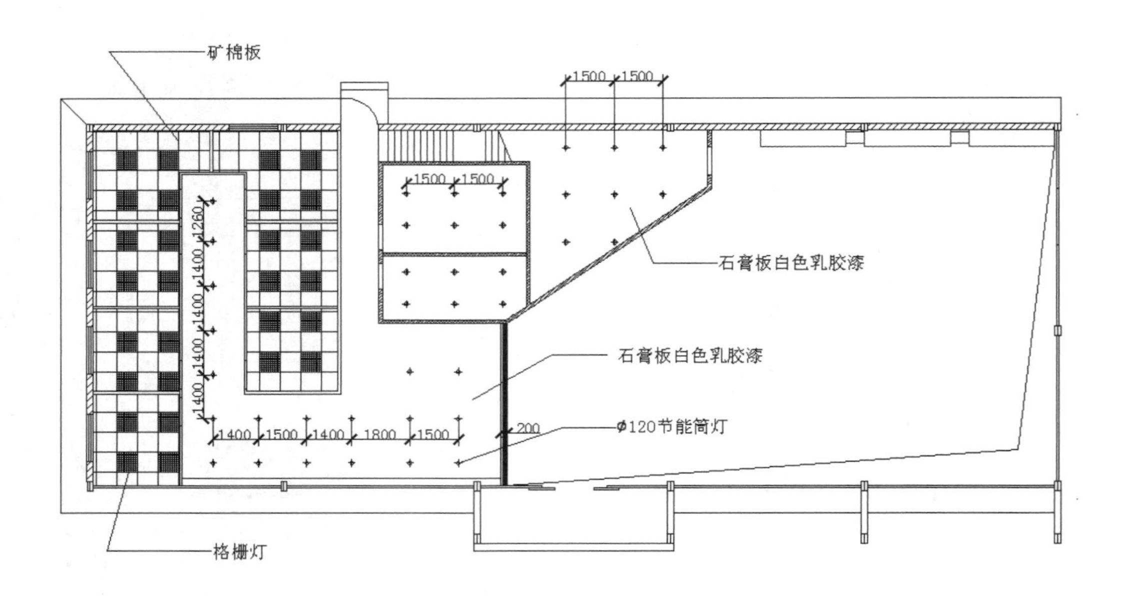

图 10-32 添加文字说明

3. 标高符号

（1）单击“默认”选项卡“绘图”面板中的“直线”按钮，输入第二点坐标值（@50<45），如图 10-33 所示。

（2）单击“默认”选项卡“修改”面板中的“旋转”按钮，旋转复制直线，旋转角度为 90 度，如图 10-34 所示。

图 10-33　绘制直线　　图 10-34　旋转复制直线

（3）单击“默认”选项卡“绘图”面板中的“直线”按钮，绘制水平直线，如图 10-35 所示。

（4）单击“默认”选项卡“注释”面板中的“多行文字”按钮A，设置文字高度为 30，在水平直线上放输入标高值，如图 10-36 所示。

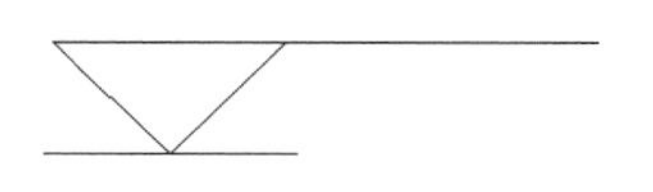

图 10-35　绘制直线

图 10-36　绘制标高

（5）在命令行中输入“WBLOCK”命令，打开“写块”对话框，选择对象，如图 10-37 所示，完成块的创建。

（6）单击“默认”选项卡“块”面板中的“插入”按钮，插入“标高”，如图 10-38 所示，在图中相应位置标高，结果如图 10-15 所示。

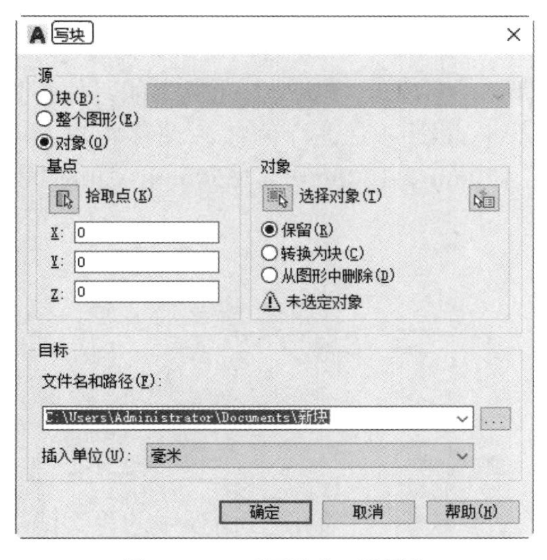

图 10-37　“写块”对话框

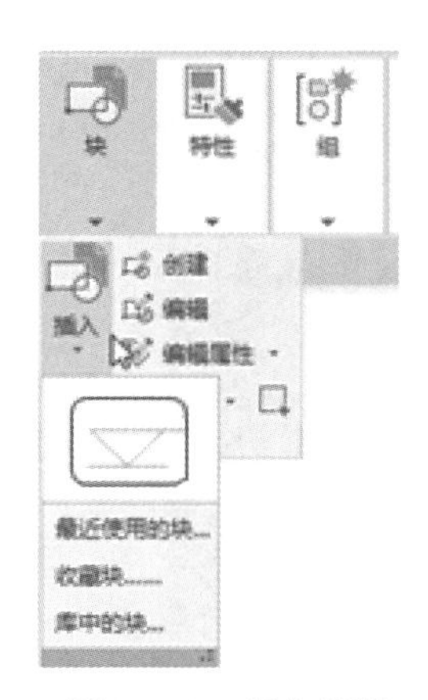

图 10-38　插入图块

Chapter 11

商业广场展示中心立面图、剖面图与详图

立面图和剖面图以及详图是室内设计中典型的图样。展示中心的立面图和剖面图能够表达其墙面的设计思想，详图则可以表达局部节点的设计细节。

本章将继续以某商业广场展示中心立面图、剖面图和详图设计过程为例，讲述展示空间这类建筑的室内设计思路和方法。

11.1 商业广场展示中心立面图

注意：本章依次介绍A、C两个室内立面图的绘制。在每一个立面图中，大致按立面轮廓绘制、家具陈设立面绘制、立面装饰元素及细部处理、尺寸标注、文字说明及其他符号标注、线宽设置的顺序来介绍。

11.1.1 商业广场展示中心A立面图

（1）单击“默认”选项卡“绘图”面板中的“直线”按钮，在图形适当位置绘制一条11850mm的直线，如图11-1所示。

（2）单击“默认”选项卡“修改”面板中的“偏移”按钮，选择上步绘制的水平直线向上进行偏移，偏移距离为3100mm、860mm、120mm、120mm、1000mm、1650mm，如图11-2所示。

图11-1 绘制直线

图11-2 偏移直线

（3）单击“默认”选项卡“绘图”面板中的“直线”按钮，在图形适当位置绘制一条竖直直线，如图11-3所示。

（4）单击“默认”选项卡“修改”面板中的“偏移”按钮，选择上步绘制的竖直直线向右偏移，偏移距离为 1500mm、90mm、1455mm、1455mm、1455mm、1455mm、90mm、1350mm、1600mm，如图 11-4 所示。

图 11-3　绘制竖直直线

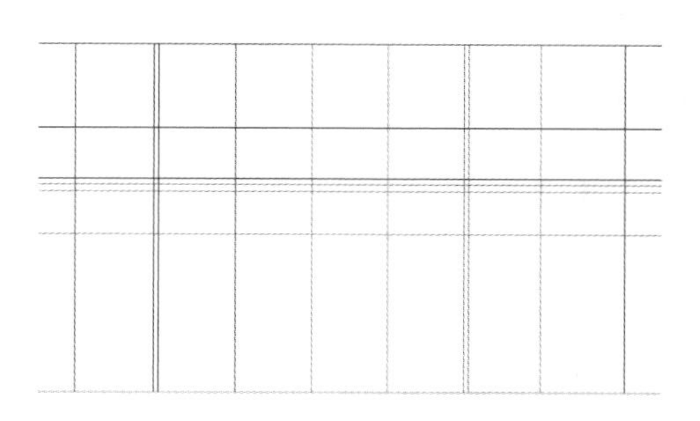

图 11-4　绘制竖直直线

（5）单击“默认”选项卡“绘图”面板中的“矩形”按钮，在偏移直线内绘制一个 7600mm×50mm 的矩形，如图 11-5 所示。

（6）单击“默认”选项卡“修改”面板中的“修剪”按钮，对上步绘制的矩形内线段进行修剪，如图 11-6 所示。

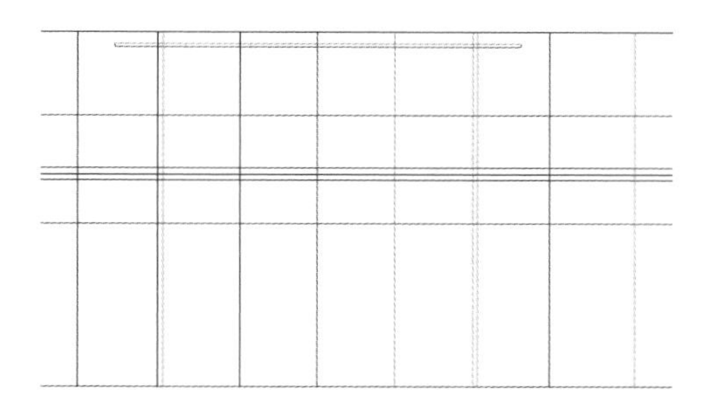

图 11-5　绘制矩形

图 11-6　修剪图形

（7）单击“默认”选项卡“修改”面板中的“修剪”按钮，选择多余线段进行修剪，如图 11-7 所示。

（8）选择如图 11-8 所示的直线向下偏移，偏移距离为 50mm、240mm、120mm、120mm、120mm、240mm，如图 11-8 所示。

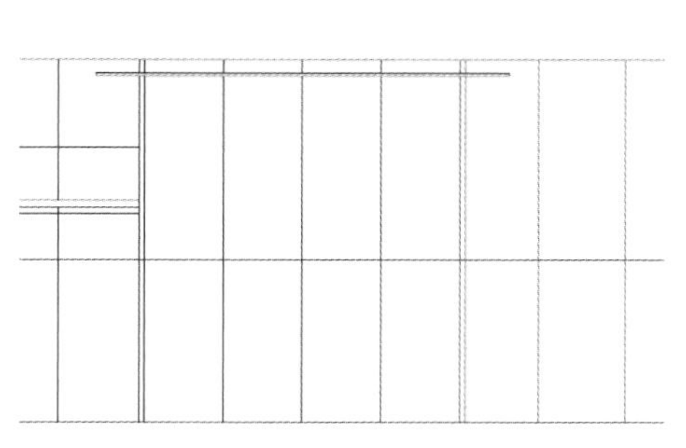

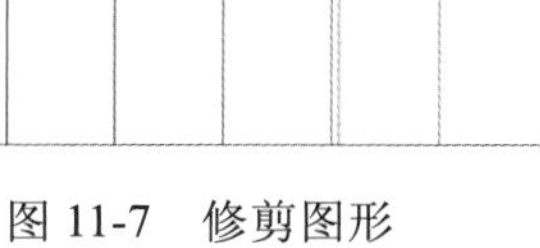

图 11-7　修剪图形

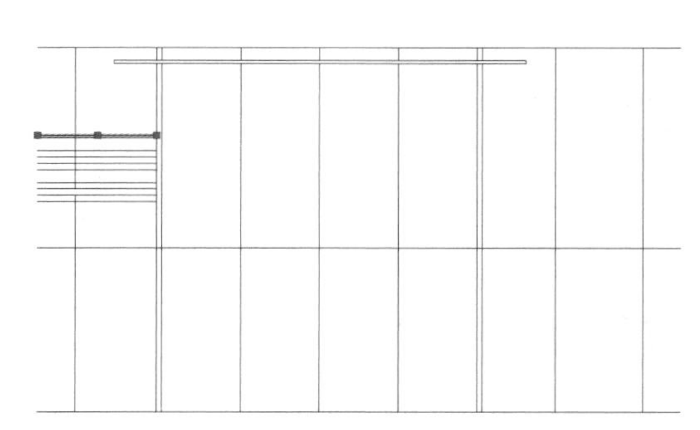

图 11-8　偏移图形

（9）利用同样方法绘制右侧相同线段，如图 11-9 所示。

（10）单击“默认”选项卡“绘图”面板中的“直线”按钮，在左侧图形适当位置绘制一条竖直直线，如图 11-10 所示。

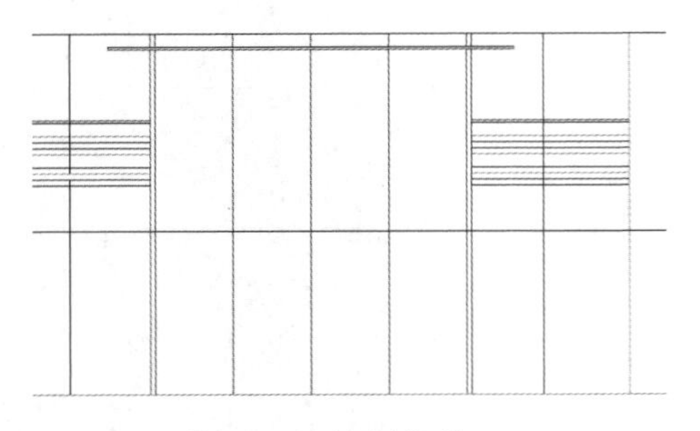

图 11-9　绘制线段

图 11-10　绘制线段

（11）单击“默认”选项卡“绘图”面板中的“直线”按钮，在右侧图形适当位置绘制一条竖直直线，如图 11-11 所示。

（12）单击“默认”选项卡“修改”面板中的“偏移”按钮，选择最下端水平直线为偏移对象向上偏移，偏移距离为 600mm、1250mm，如图 11-12 所示。

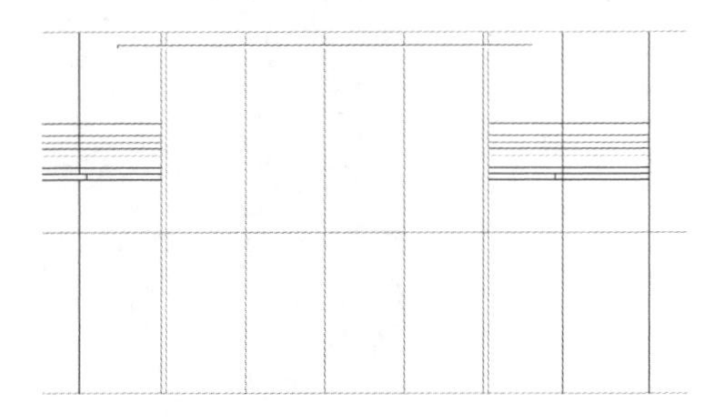

图 11-11　绘制线段

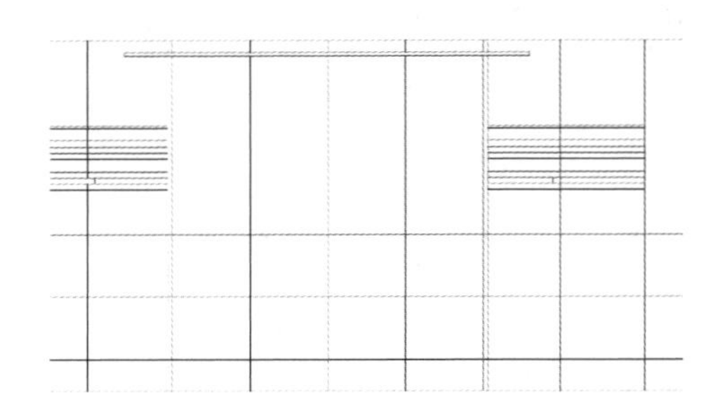

图 11-12　偏移线段

（13）单击“默认”选项卡“修改”面板中的“修剪”按钮，对上步偏移线段进行修剪，如图 11-13 所示。

（14）单击“默认”选项卡“修改”面板中的“偏移”按钮，选取右侧竖直直线向左偏移，偏移距离为 180mm，900mm。如图 11-14 所示。

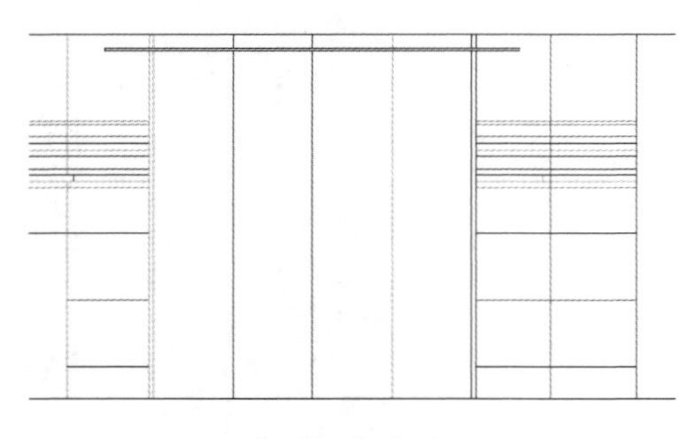

图 11-13　修剪线段

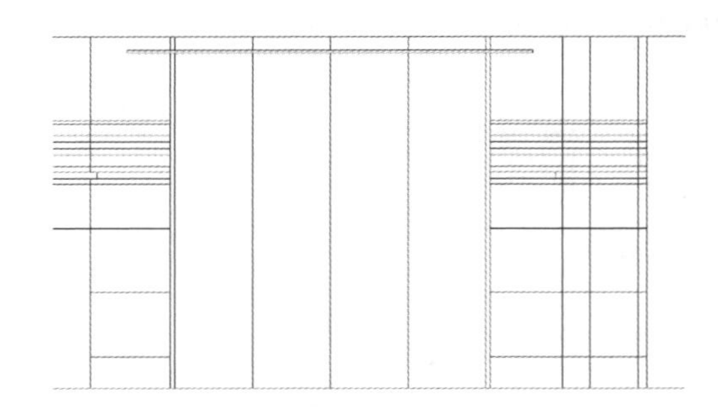

图 11-14　偏移线段

（15）单击“默认”选项卡“修改”面板中的“偏移”按钮，选择最下边水平直线向上偏移，偏移距离为 2100mm，如图 11-15 所示。

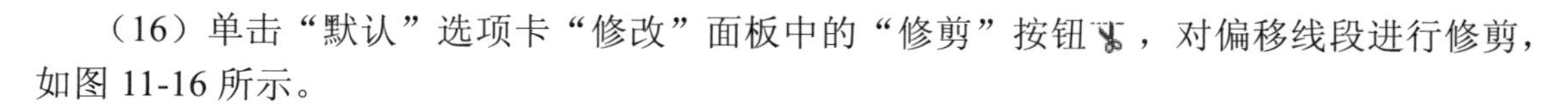

（16）单击“默认”选项卡“修改”面板中的“修剪”按钮，对偏移线段进行修剪，如图 11-16 所示。

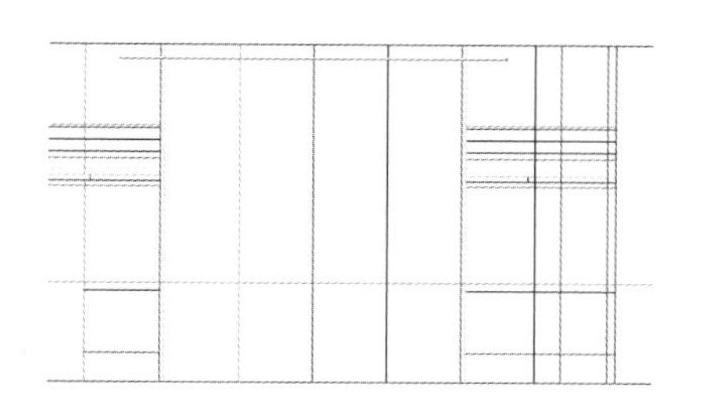

图 11-15　偏移线段

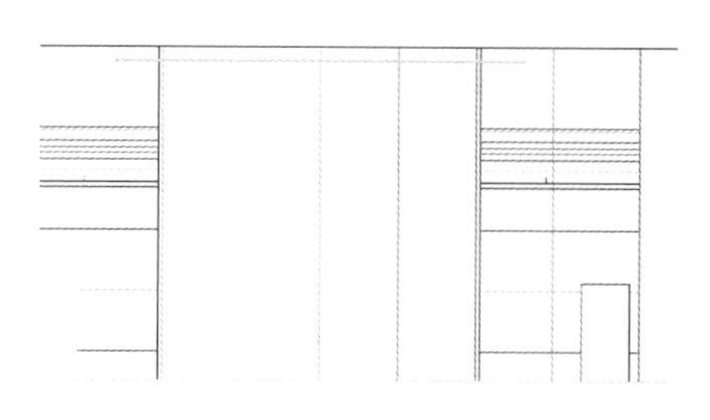

图 11-16　修剪线段

（17）单击“默认”选项卡“修改”面板中的“偏移”按钮，选择上步修剪线段向内偏移，偏移距离为 50mm，如图 11-17 所示。

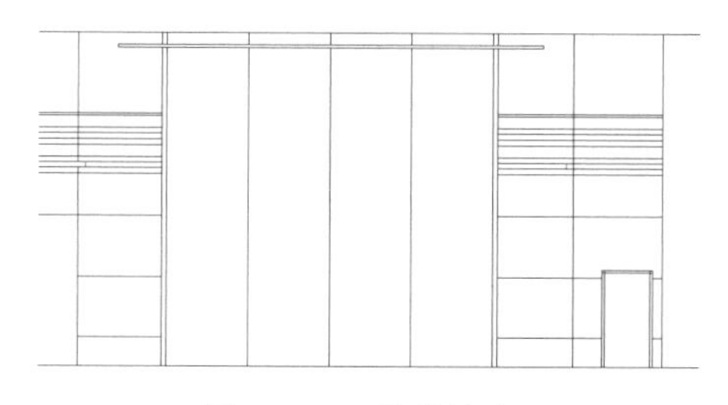

图 11-17　偏移线段

（18）单击“默认”选项卡“修改”面板中的“修剪”按钮，对偏移线段进行修剪，如图 11-18 所示。

（19）单击“默认”选项卡“绘图”面板中的“直线”按钮，在修剪线段内绘制图形对角线，如图 11-19 所示。

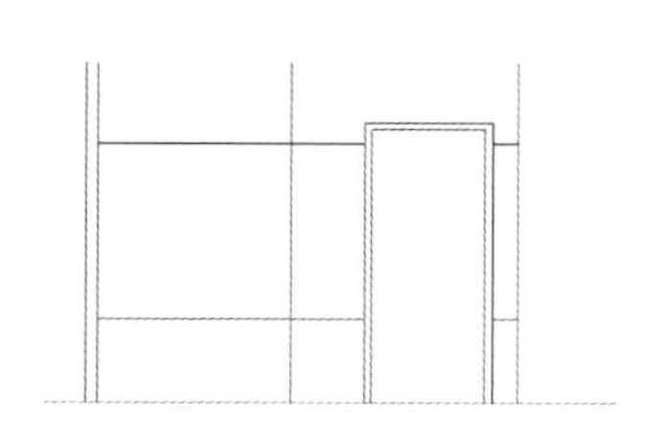

图 11-18　修剪线段

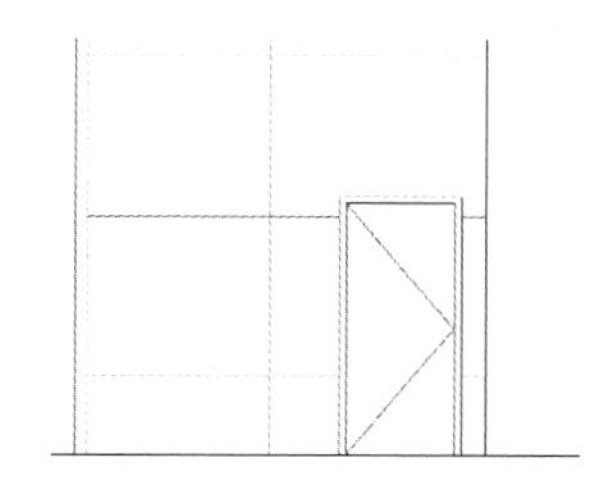

图 11-19　绘制对角线

（20）单击“默认”选项卡“绘图”面板中的“矩形”按钮，在图形适当位置绘制一个的矩形，如图 11-20 所示。

（21）单击“默认”选项卡“绘图”面板中的“多段线”按钮，指定起点宽度为 20mm 端点宽度为 20mm，绘制门把手，如图 11-21 所示。

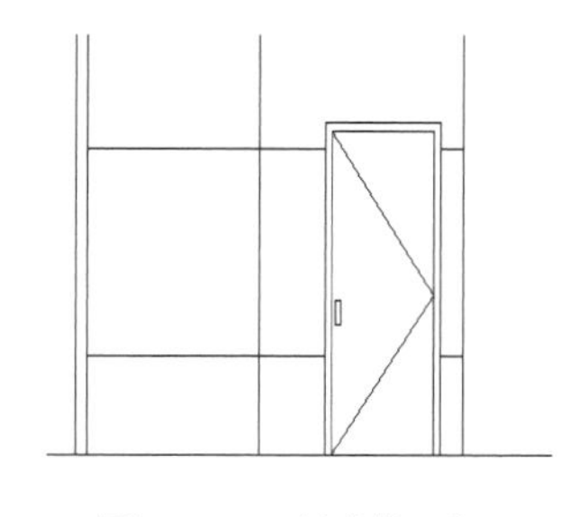

图 11-20　绘制矩形

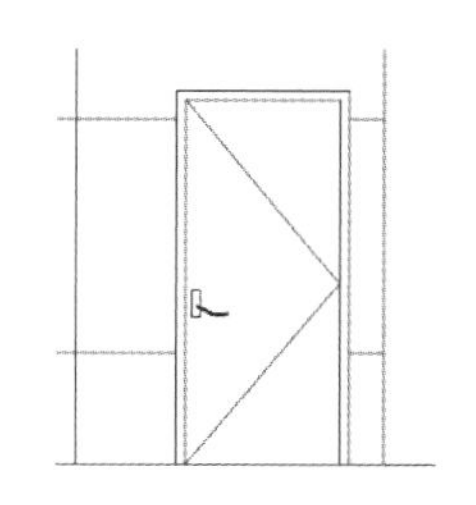

图 11-21　绘制门把手

（22）单击“默认”选项卡“修改”面板中的“偏移”按钮，选择最下端水平直线，向上偏移，偏移距离为 818mm，如图 11-22 所示。

（23）单击“默认”选项卡“修改”面板中的“修剪”按钮，对上步偏移的多余线段进行修剪，如图 11-23 所示。

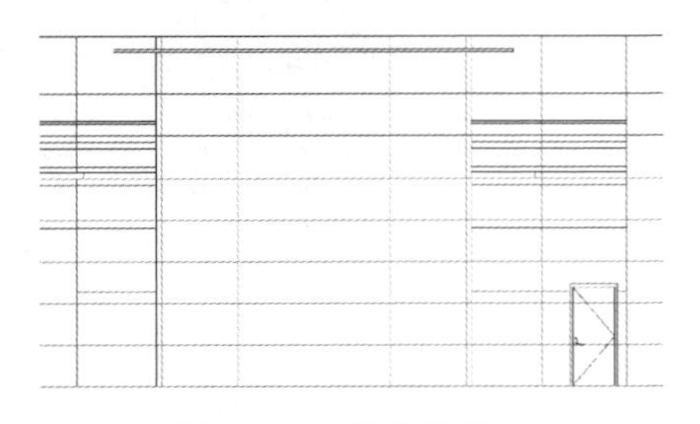
图 11-22　偏移线段

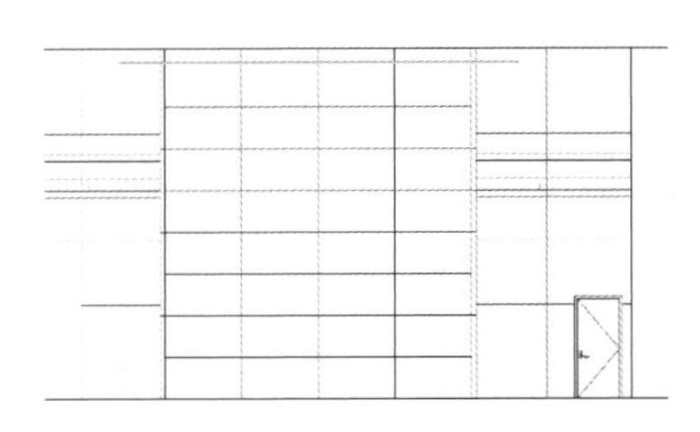
图 11-23　偏移线段

（24）单击“默认”选项卡“修改”面板中的“偏移”按钮，选择如图 11-24 所示的线段向下偏移，偏移距离为 60mm，如图 11-25 所示。

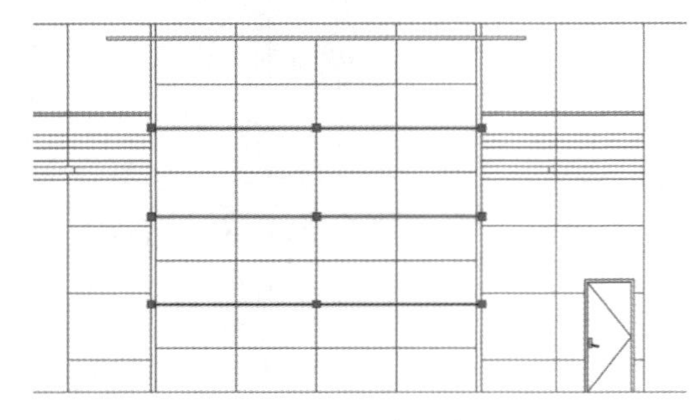
图 11-24　选择线段

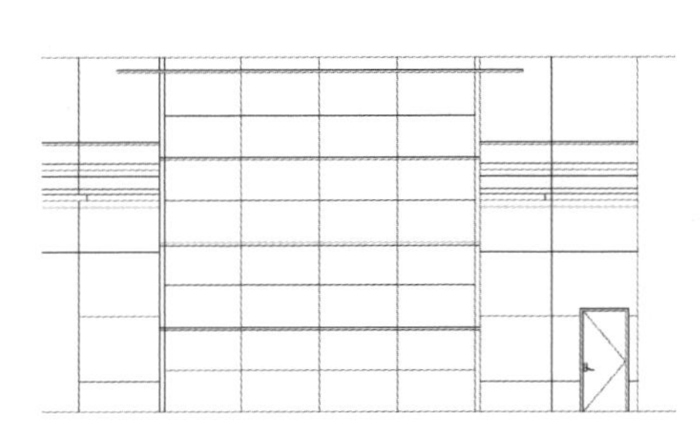
图 11-25　偏移线段

（25）单击“默认”选项卡“修改”面板中的“修剪”按钮，对偏移线段进行修剪，如图 11-26 所示。

（26）单击“默认”选项卡“绘图”面板中的“直线”按钮，在图形适当位置绘制连续直线，如图 11-27 所示。

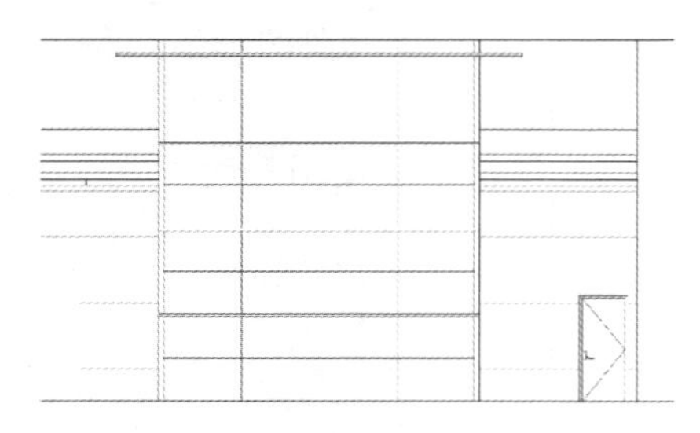
图 11-26　修剪线段

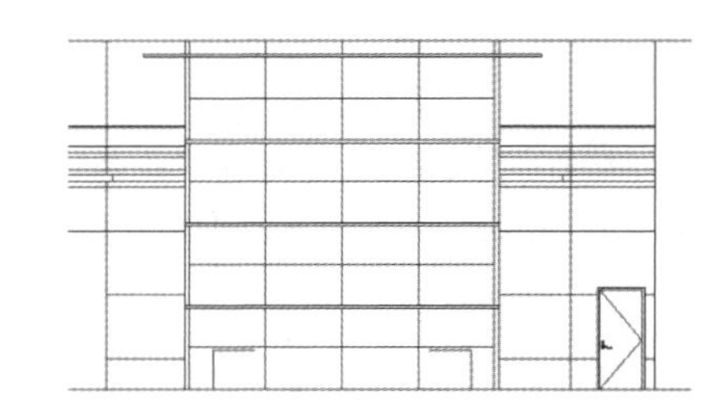
图 11-27　绘制直线

（27）单击“默认”选项卡“修改”面板中的“偏移”按钮，选择上步绘制的矩形向内偏移，偏移距离为 30mm，如图 11-28 所示。

（28）单击“默认”选项卡“绘图”面板中的“直线”按钮，绘制两条竖直直线，如图 11-29 所示。

（29）单击“默认”选项卡“绘图”面板中的“图案填充”按钮，打开“图案填充创建”选项卡，单击“图案填充图案”选项，在打开的“填充图案”下拉列表中选择“AR-SAND”

图例，设置填充图案比例为“0.5”，如图 11-30 所示。单击“拾取点”按钮，拾取填充区域，按回车键，完成填充，结果如图 11-31 所示。

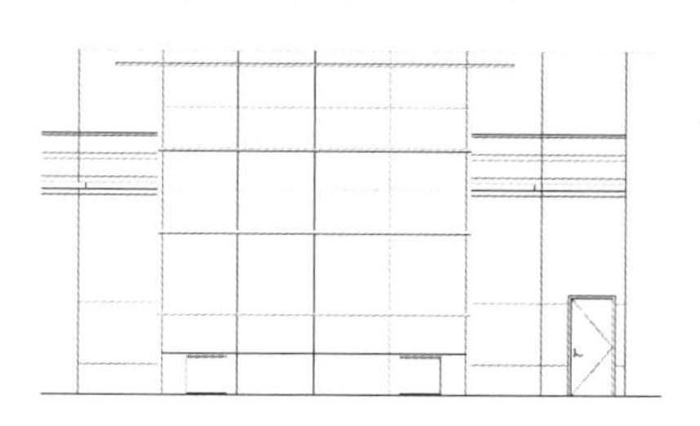

图 11-28　偏移线段

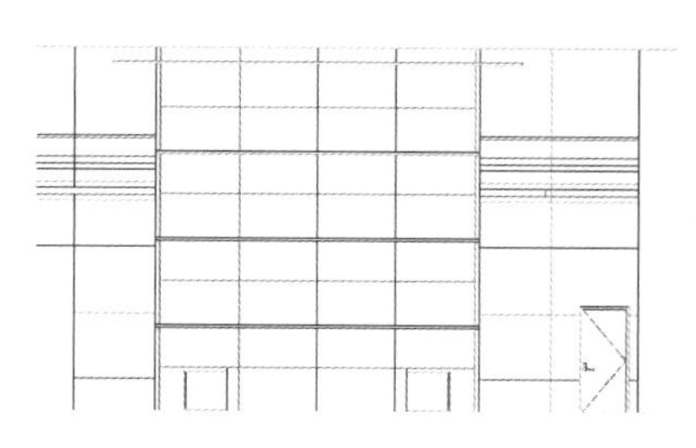

图 11-29　绘制直线

图 11-30　设置图案填充

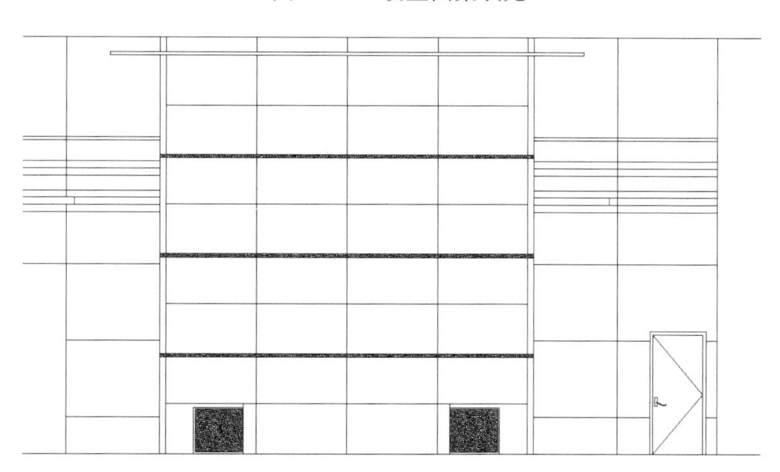

图 11-31　填充结果

（30）单击“默认”选项卡“绘图”面板中的“图案填充”按钮，打开“图案填充创建”选项卡，单击“图案填充图案”选项，在打开的“填充图案”下拉列表中选择“AR-SAND”图例，设置填充图案比例为“1”，如图 11-32 所示，单击“拾取点”按钮，拾取填充区域，按回车键，完成填充，结果如图 11-33 所示。

（31）单击“默认”选项卡“注释”面板中的“标注样式”按钮，打开“标注样式管理器”对话框，如图 11-34 所示。

（32）单击“新建”按钮，打开“创建新标注样式”对话框，输入新样式名为“立面”。如图 11-35 所示。

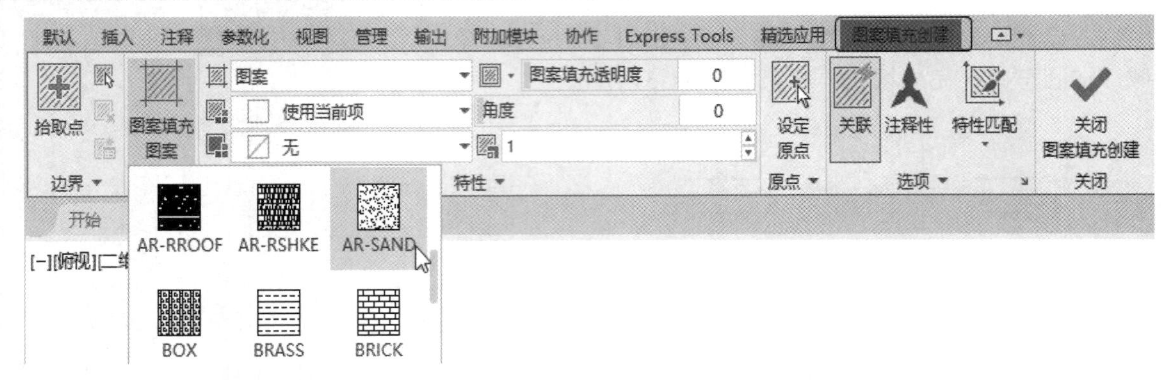

图 11-32　设置图案填充

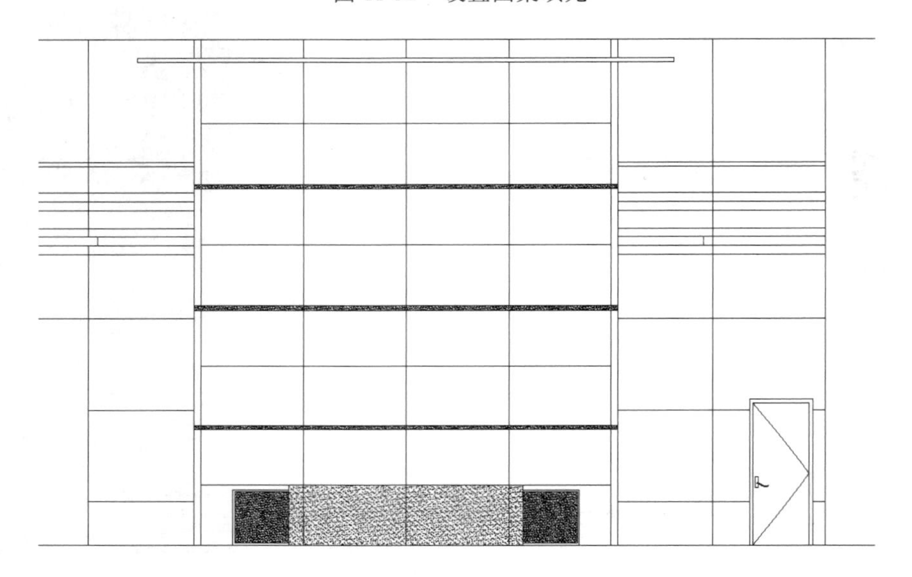

图 11-33　填充图形

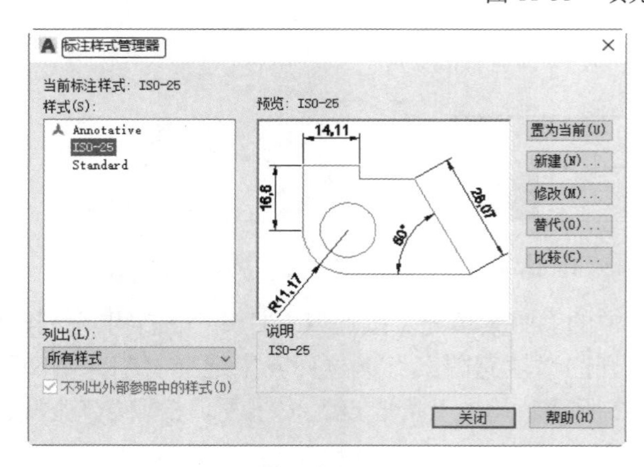

图 11-34　“标注样式管理器”对话框

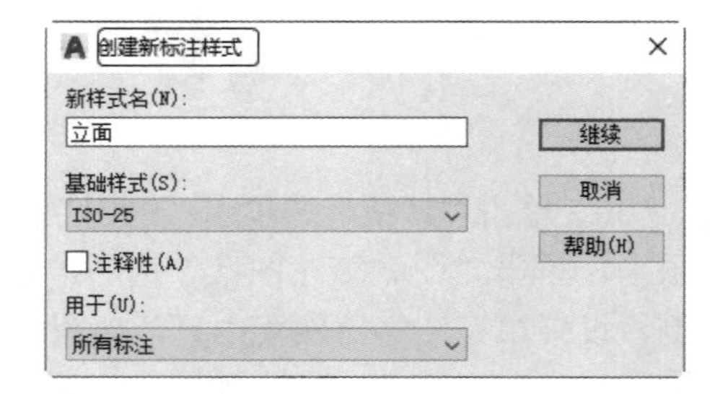

图 11-35　“创建新标注样式”对话框

（33）单击“继续”按钮，打开“新建标注样式：立面”对话框，各个选项卡，设置参数如图 11-36、图 11-37、图 11-38 所示。设置完参数后，单击“确定”按钮，返回到“标注样式管理器”对话框，将“立面”样式置为当前。

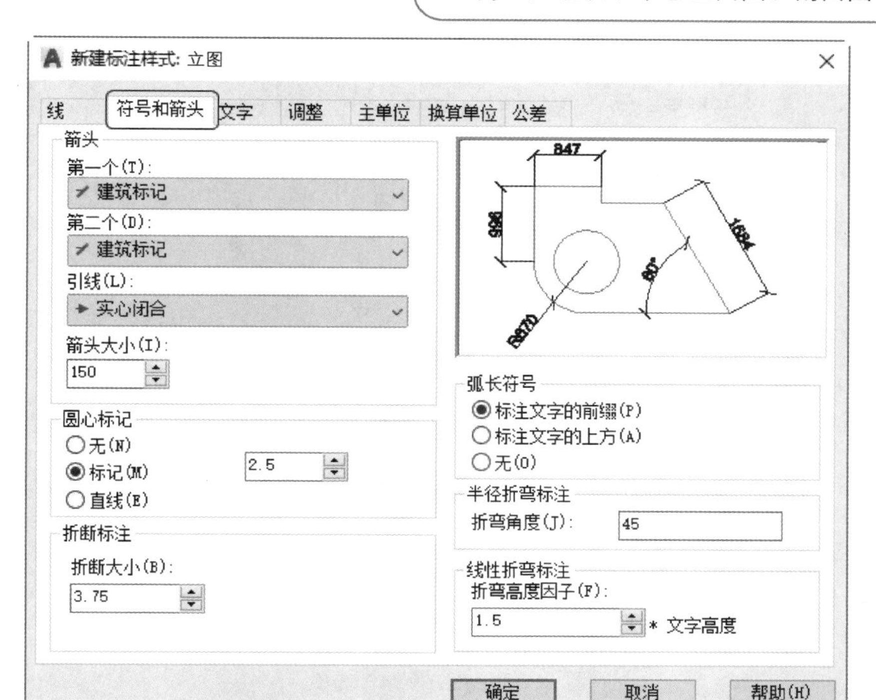

图 11-36 “符号和箭头”选项卡

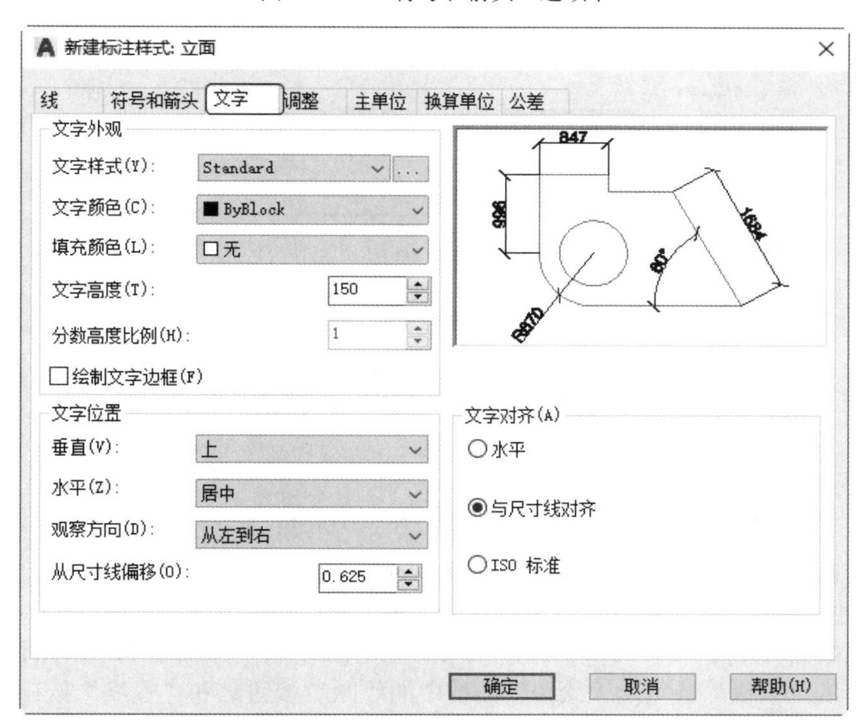

图 11-37 “文字”选项卡

（34）单击“注释”选项卡“标注”面板中的“线性”按钮⊢⊣和“连续”按钮⊢⊢⊣，标注立面图尺寸，如图 11-39 所示。

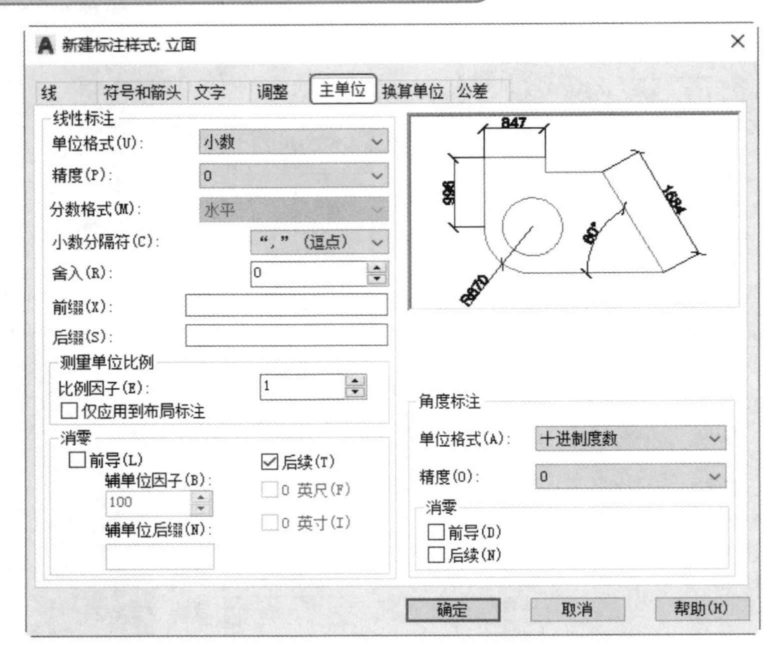

图 11-38 “主单位”选项卡

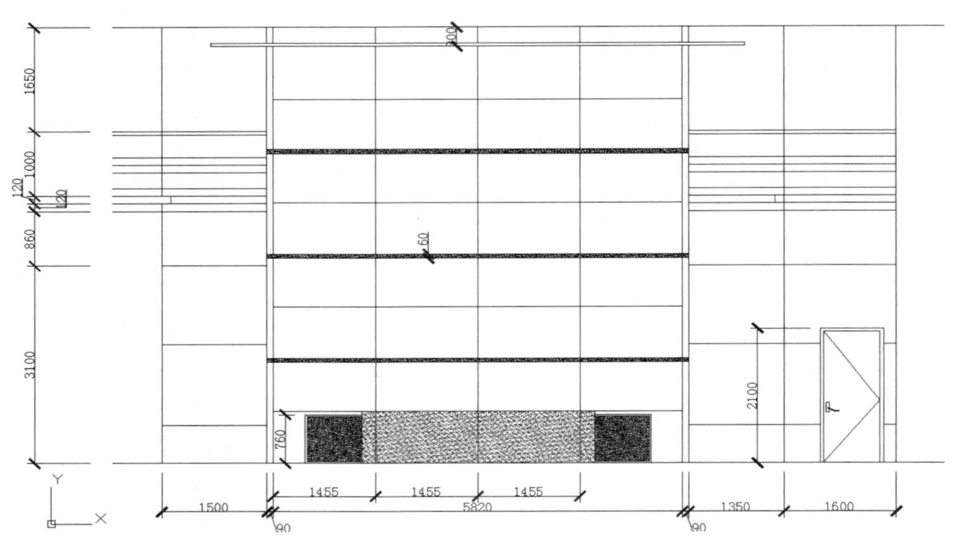

图 11-39 标注立面图

（35）单击“默认”选项卡“注释”面板中的“文字样式”按钮，打开“文字样式”对话框，新建“说明”文字样式，设置高度为 150，并将其置为当前。

（36）在命令行中输入“QLEADER”命令，标注文字说明，如图 11-40 所示。

（37）单击“默认”选项卡“绘图”面板中的“圆”按钮和“直线”按钮，绘制剖面符号。

（38）单击“默认”选项卡“注释”面板中的“多行文字”按钮A和单击“默认”选项卡“修改”面板中的“复制”按钮，绘制剖面号 3、4，如图 11-41 所示。

（39）单击“标准”工具栏中的“保存”按钮，保存文件。

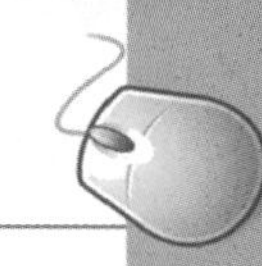

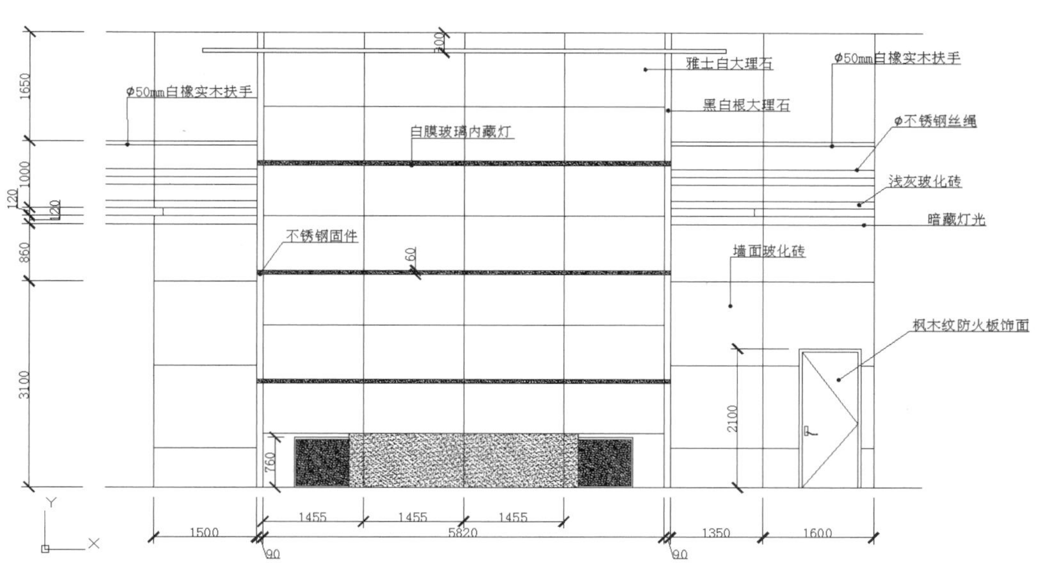

图 11-40　文字说明

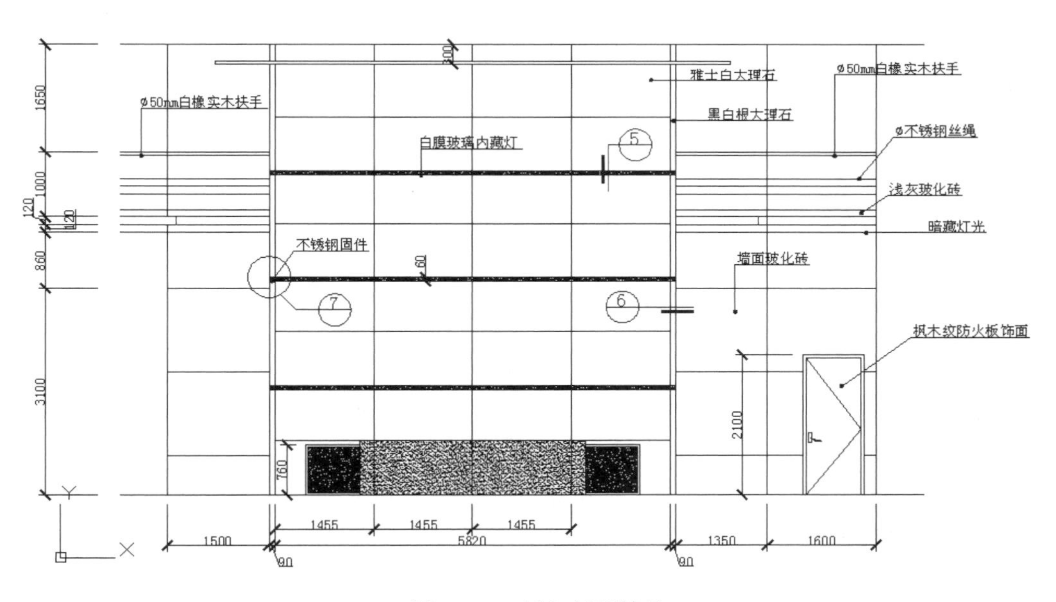

图 11-41　插入剖面符号

注意：可利用 DWT 模板文件创建某专业 CAD 制图的统一文字及标注样式，方便下次制图时直接调用，而不必重复设置样式。用户也可以从 CAD 设计中心查找所需的标注样式，直接导入至新建的图纸中，即完成了对其的调用。

11.1.2 商业广场展示中心 B 立面图

（1）单击“快速访问”工具栏中的“新建”按钮，打开“选择样板”对话框，新建一个缺省文件，单击“快速访问”工具栏中的“保存”按钮，建立名为“B 立面图”的图形文件。

（2）单击“默认”选项卡“图层”面板中的“图层特性”按钮，打开“图层特性管理器”对话框，新建“立面”图层，属性默认，并将其设置为当前图层。图层设置如图 11-42 所示。

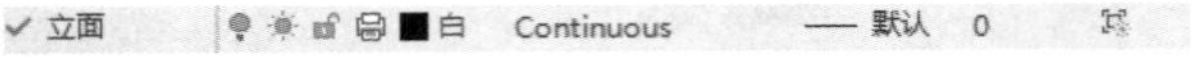

✓ 立面 ■ 白 Continuous —— 默认 0

图 11-42　立面图层设置

（3）单击“图层”工具栏中的“图形特性管理器”按钮，打开“图层特性管理器”对话框，新建“标注”图层，并将其设置为当前图层。图层设置如图 11-43 所示。

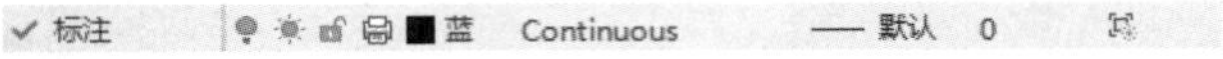

✓ 标注 ■ 蓝 Continuous —— 默认 0

图 11-43　“标注”图层

（4）单击“默认”选项卡“绘图”面板中的“直线”按钮，在图形适当位置绘制一条长度为 6850mm 的竖直直线，如图 11-44 所示。

（5）单击“默认”选项卡“修改”面板中的“偏移”按钮，选择上步绘制的竖直直线向右偏移，偏移距离为 1500mm、2650mm、600mm、2650mm、600mm、2650mm，如图 11-45 所示。

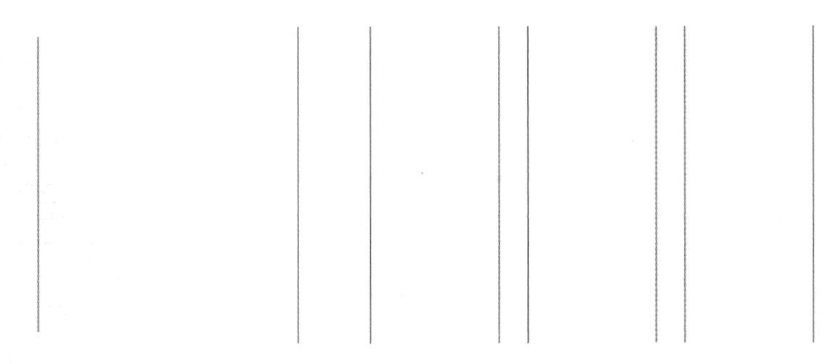

图 11-44　绘制竖直直线　　　图 11-45　偏移竖直直线

（6）单击“默认”选项卡“绘图”面板中的“直线”按钮，连接偏移线段绘制一条水平直线，如图 11-46 所示。

（7）单击“默认”选项卡“修改”面板中的“偏移”按钮，选择上步绘制的水平线段向上偏移，偏移距离为 500mm、907mm、907mm、907mm、907mm、907mm、907mm、907mm。如图 11-47 所示。

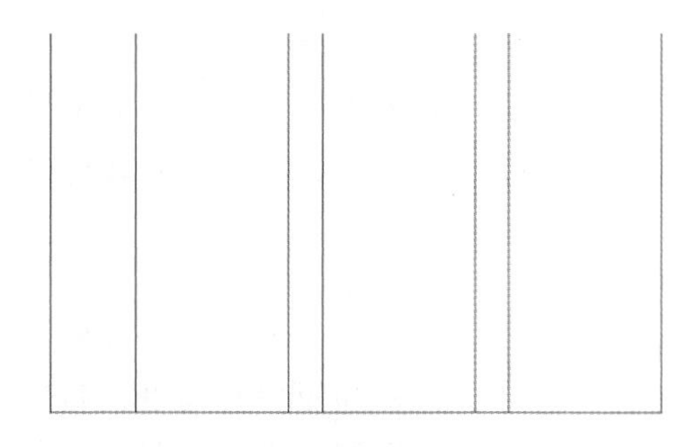

图 11-46　绘制水平直线

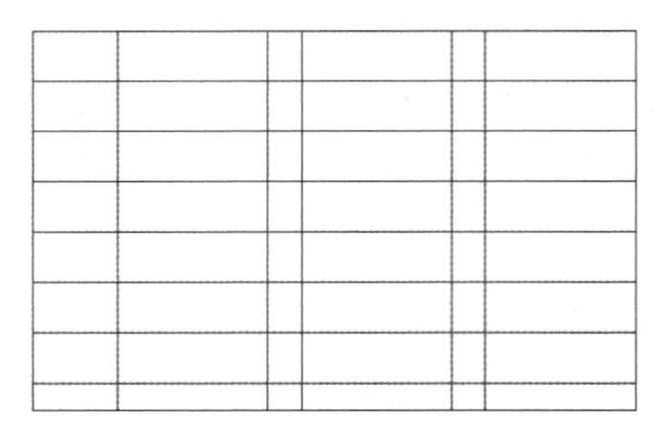

图 11-47　绘制直线

（8）单击“默认”选项卡“修改”面板中的“修剪”按钮，对偏移线段进行修剪，如图 11-48 所示。

（9）单击“默认”选项卡“修改”面板中的“偏移”按钮，选择最下边水平直线向上偏移，偏移距离为 210mm、30mm、60mm，如图 11-49 所示。

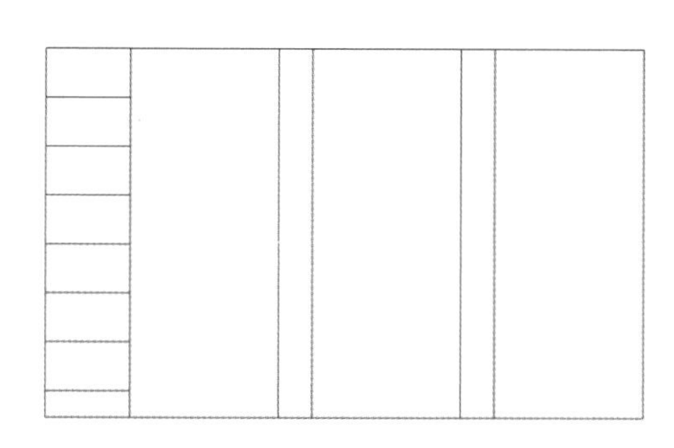

图 11-48 修剪直线

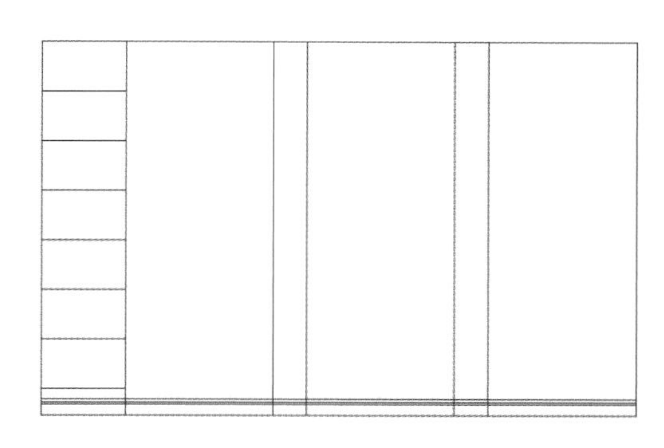

图 11-49 偏移线段

（10）单击“默认”选项卡“修改”面板中的“修剪”按钮，选择上步偏移线段进行修剪，如图 11-50 所示。

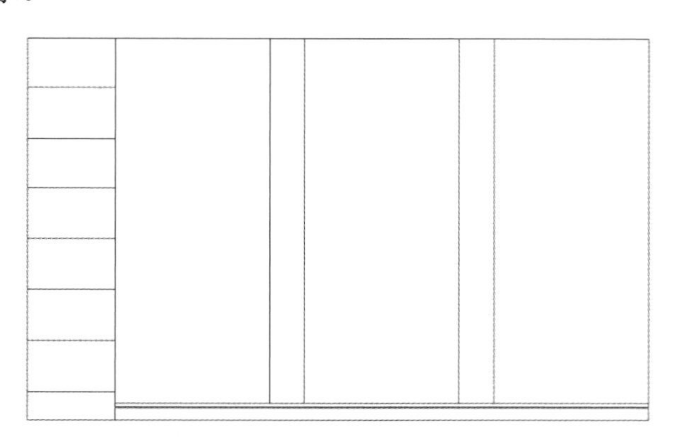

图 11-50 修剪线段

（11）单击“默认”选项卡“修改”面板中的“偏移”按钮，选择左边最外侧竖直直线向右偏移，偏移距离为 300mm、1230mm、30mm、2530mm、30mm、660mm、30mm、2530mm、30mm、660mm、30mm、2530mm、30mm，如图 11-51 所示。

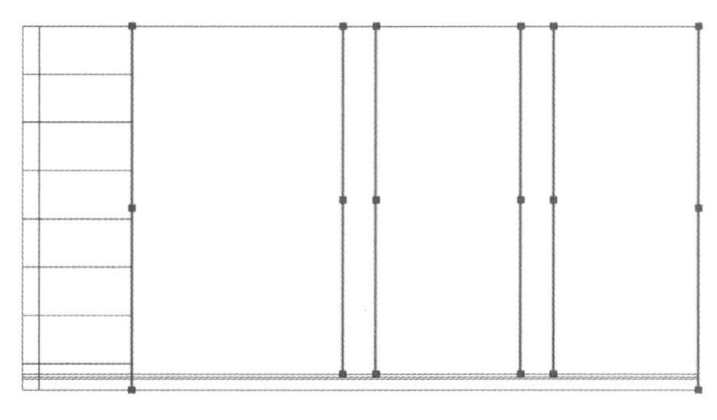

图 11-51 偏移线段

（12）单击“默认”选项卡“修改”面板中的“修剪”按钮，对上步偏移线段进行修剪，如图 11-52 所示。

（13）单击“默认”选项卡“绘图”面板中的“徒手画修订云线”按钮，在上步修剪线段内绘制连续线段，如图 11-53 所示。

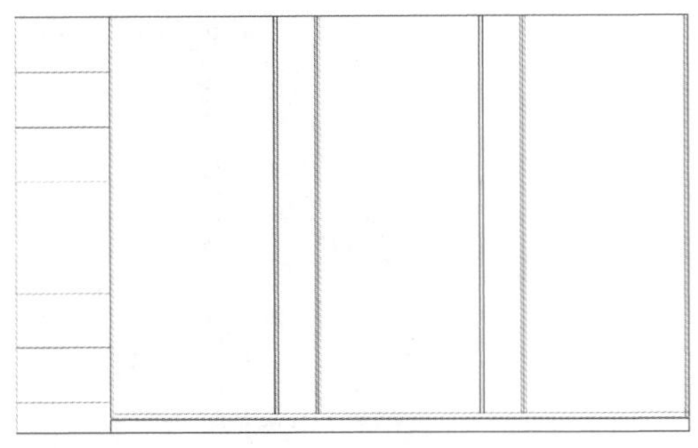

图 11-52 修剪线段

图 11-53 绘制直线

（14）单击“默认”选项卡“绘图”面板中的“直线”按钮，在上步绘制的连续线段内绘制多条不等直线，如图 11-54 所示。

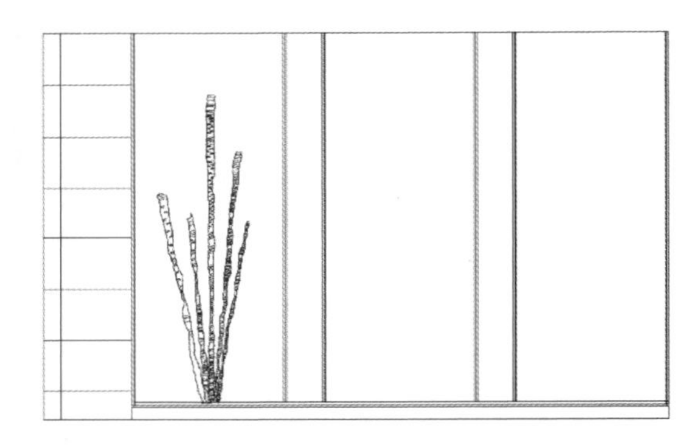

图 11-54 绘制直线

（15）单击“默认”选项卡“修改”面板中的“复制”按钮，选择上步绘制的图形进行复制，如图 11-55 所示。

（16）单击“默认”选项卡“绘图”面板中的“矩形”按钮，在图形适当位置绘制一个矩形，如图 11-56 所示。

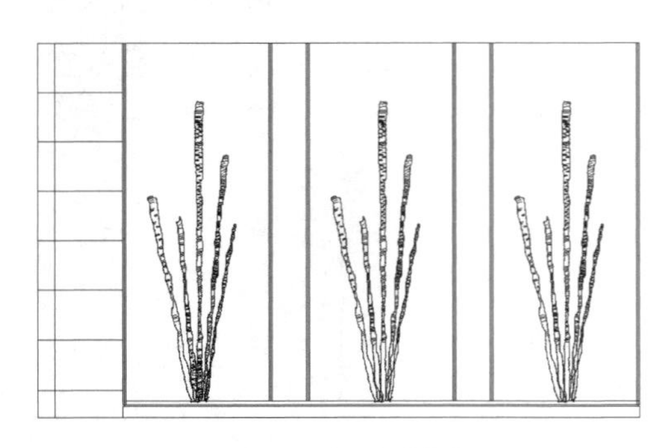

图 11-55 复制图形

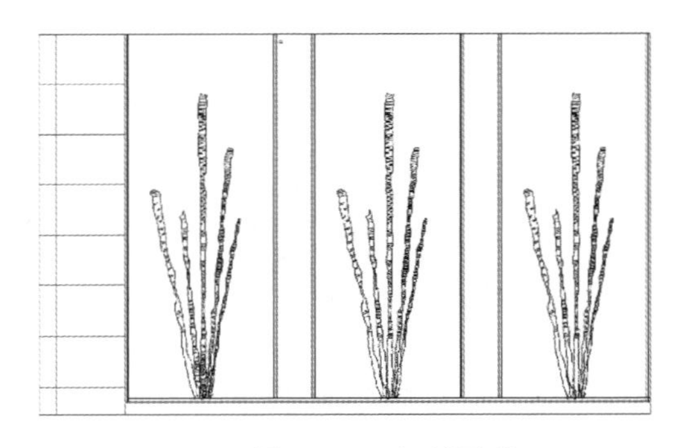

图 11-56 复制图形

（17）单击“默认”选项卡“修改”面板中的“矩形阵列”按钮，选择上步绘制的矩形为阵列对象，设置列数为 7，行数为 80，行间距为-70，列间距为 70，阵列后的图形如图 11-57 所示。

（18）利用上述方法绘制剩余图形，如图 11-58 所示。

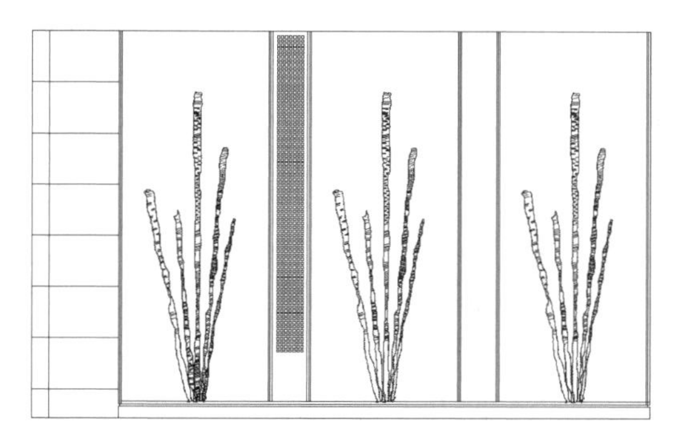

图 11-57　绘制矩形

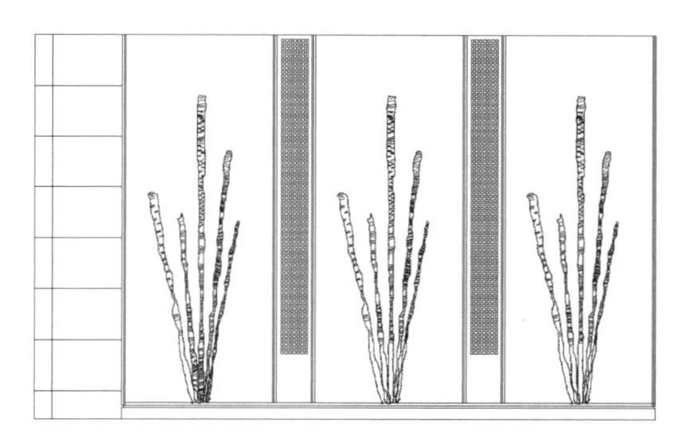

图 11-58　绘制剩余图形

（19）单击“默认”选项卡“修改”面板中的“偏移”按钮，选择左侧竖直直线向左偏移，偏移距离为 1500mm、200mm、300mm、300mm，如图 11-59 所示。

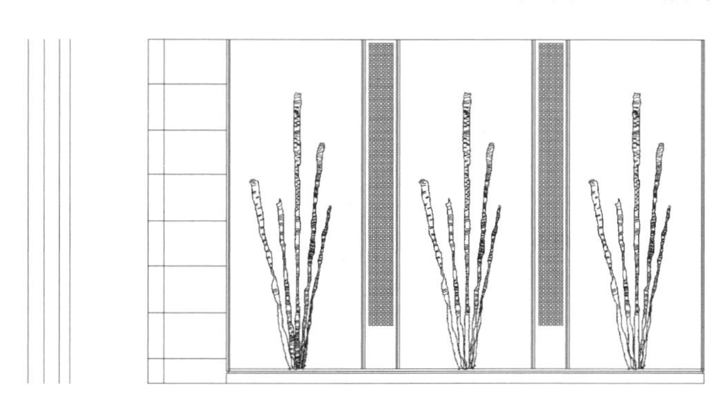

图 11-59　偏移直线

（20）单击“默认”选项卡“修改”面板中的“延伸”按钮，选择图形中的水平直线向偏移的竖直直线进行延伸，如图 11-60 所示。

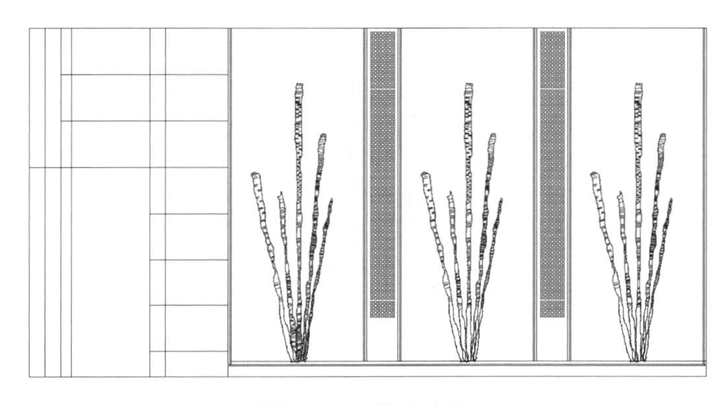

图 11-60　偏移直线

（21）单击“默认”选项卡“修改”面板中的“修剪”按钮，对多余线段进行修剪，如图 11-61 所示。

（22）单击“默认”选项卡“绘图”面板中的“直线”按钮，在图形适当位置绘制连续直线，如图 11-62 所示。

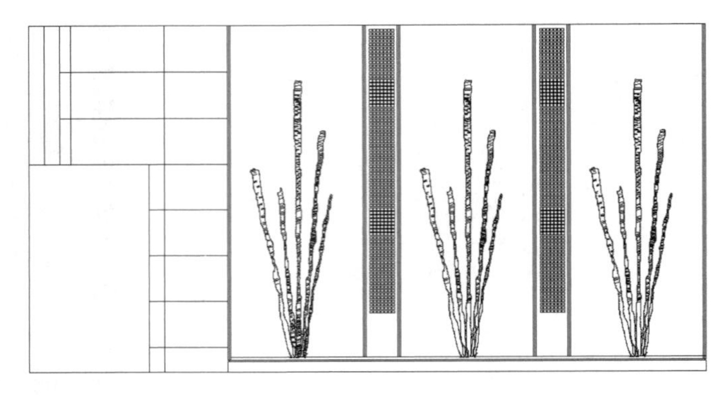

图 11-61　修剪图形

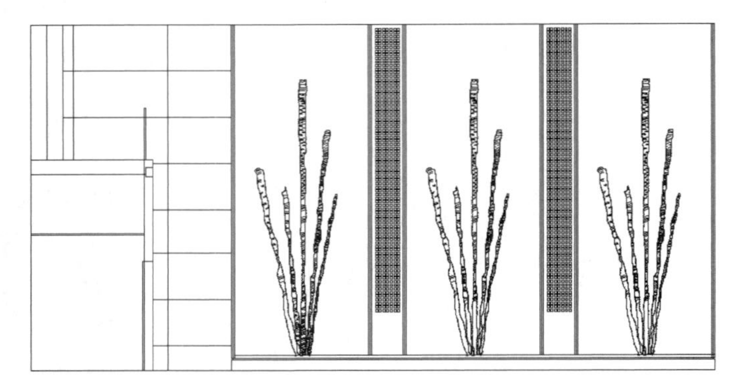

图 11-62　绘制连续线段

（23）单击“默认”选项卡“修改”面板中的“修剪”按钮，对上步绘制的线段进行修剪，如图 11-63 所示。

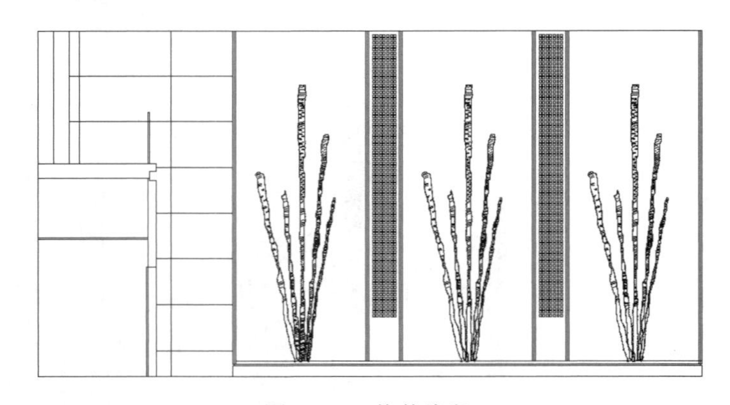

图 11-63　修剪线段

（24）单击“默认”选项卡“绘图”面板中的“图案填充”按钮，打开“图案填充创建”

选项卡，单击“图案填充图案”选项，在打开“填充图案”下拉列表中选择“NET”图例，如图 11-64 所示。单击“拾取点”按钮，拾取填充区域，按回车键，完成填充，结果如图 11-65 所示。

（25）单击“默认”选项卡“修改”面板中的“拉长”按钮，选择左侧竖直直线分别向上向下拉长 600mm，如图 11-66 所示。

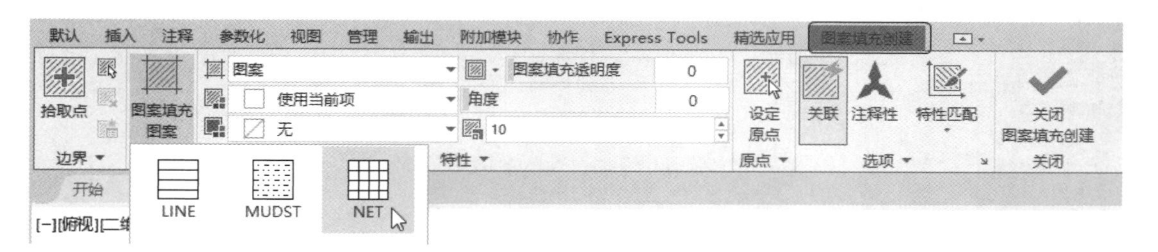

图 11-64 设置图案填充

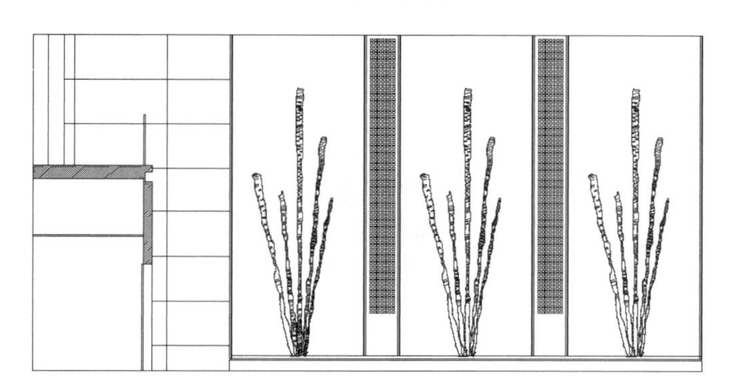

图 11-65 填充图形

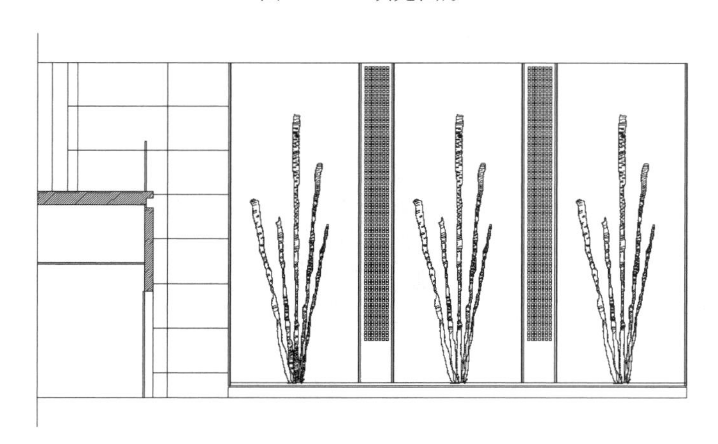

图 11-66 拉长图形

（26）单击“默认”选项卡“绘图”面板中的“图案填充”按钮，打开“图案填充创建”选项卡，单击“图案填充图案”选项，在打开“填充图案”下拉列表中选择“LINE”图例，如图 11-67 所示，单击“拾取点”按钮，拾取填充区域，按回车键，完成填充，结果如图 11-68 所示。

（27）单击“默认”选项卡“绘图”面板中的“直线”按钮，绘制立面图折断线，如图 11-69 所示。

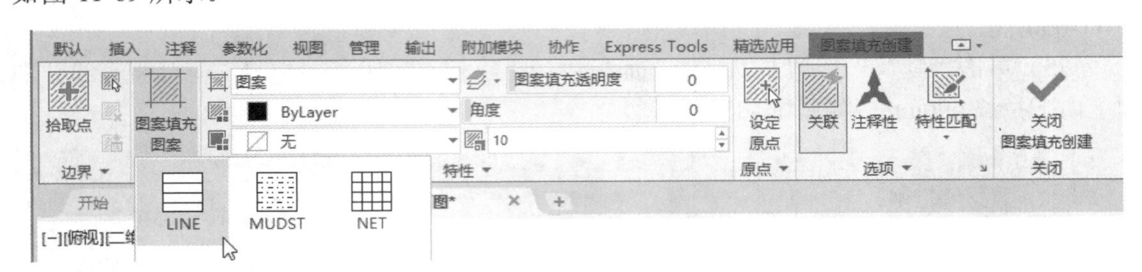

图 11-67　设置图案填充

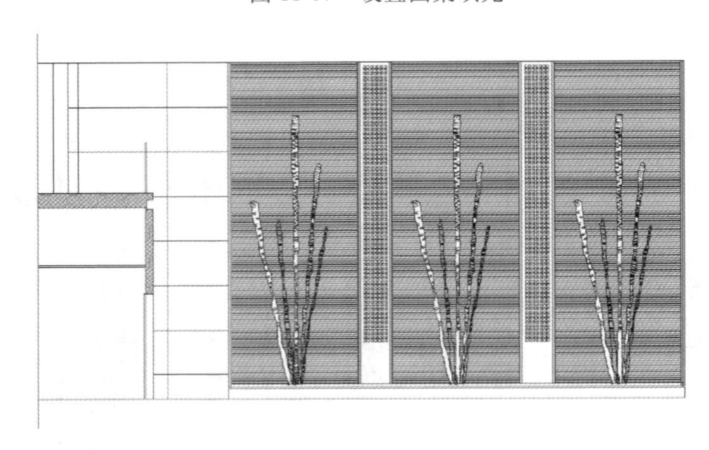

图 11-68　填充图形

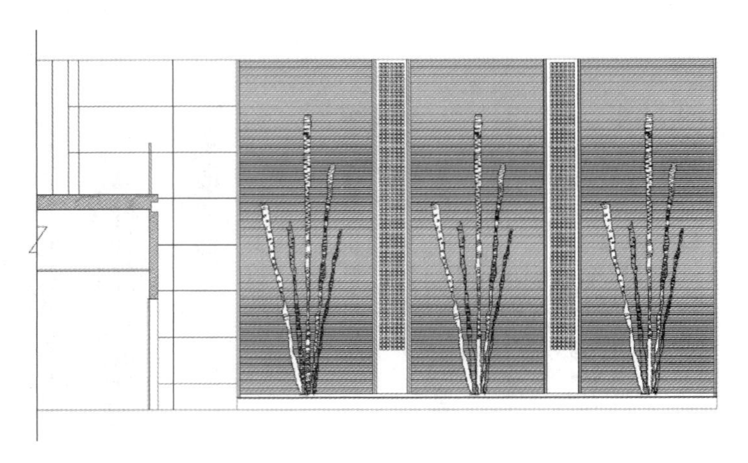

图 11-69　绘制折线

（28）单击“默认”选项卡“修改”面板中的“修剪”按钮，对上步绘制的线段进行修剪，如图 11-70 所示。

（29）单击“注释”选项卡“标注”面板中的“线性”按钮和“连续”按钮，标注立面图尺寸，如图 11-71 所示。

（30）单击“默认”选项卡“注释”面板中的“文字样式”按钮，打开“文字样式”对话框，新建“说明”文字样式，设置高度为 150，并将其置为当前图层。

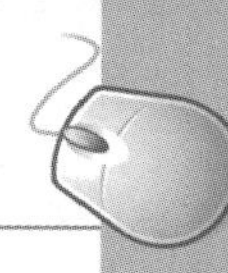

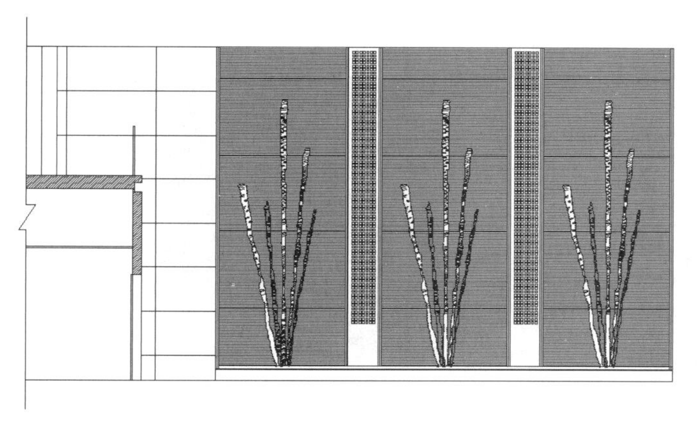

图 11-70　修剪图形

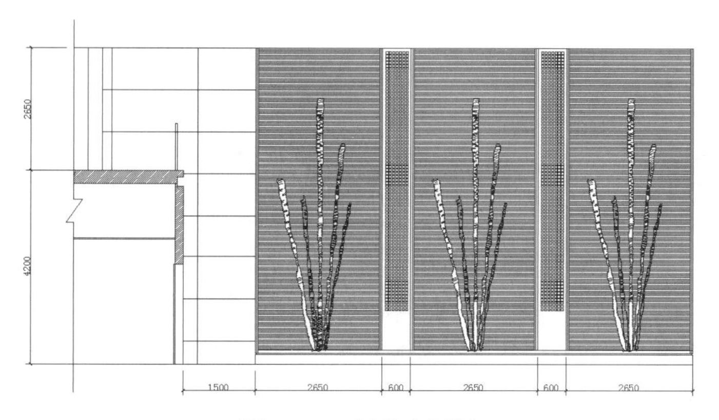

图 11-71　标注立面图

（31）在命令行中输入“QLEADER”命令，标注文字说明，结果如图 11-72 所示。

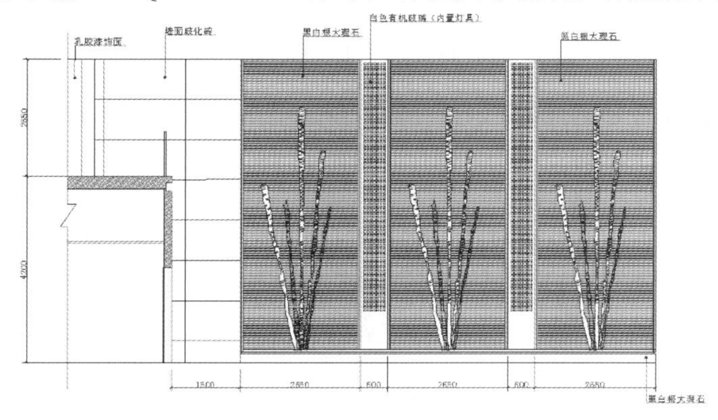

图 11-72　文字说明

（32）单击“默认”选项卡“绘图”面板中的“圆”按钮和“直线”按钮，绘制剖面符号。

（33）单击“默认”选项卡“注释”面板中的“多行文字”按钮A，添加文字说明，如图 11-73 所示。

（34）单击“快速访问”工具栏中的“保存”按钮，保存文件。

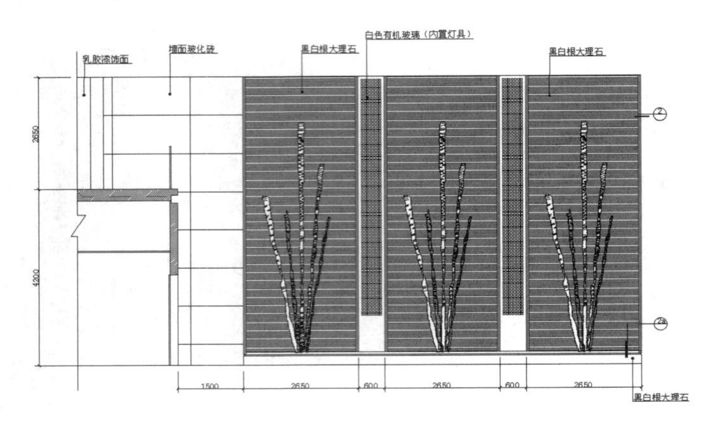

图 11-73　插入剖面号

注意：做图样尺寸及文字标注时，一个好的制图习惯是首先设置完成文字样式，即先准备好写字的字体。

11.2　商业广场展示中心剖面图

注意：本章依次介绍两个室内立面图的绘制。在每一个剖面图中，大致按剖面轮廓绘制、家具陈设立面绘制、剖面装饰元素及细部处理、尺寸标注、文字说明及其他符号标注、线宽设置的顺序来介绍。

室内设计中，剖面图作为其他图样的有益补充，在其他图样对室内设计具体结构表达不够充分时，具有独到的作用。这里简要介绍广场展示中心剖面图的绘制方法。

11.2.1　绘制商业广场展示中心剖面图

（1）单击“快速访问”工具栏中的“新建”按钮，打开“选择样板”对话框，新建一个缺省文件，单击“快速访问”工具栏中的“保存”按钮，建立名为“剖面图 2”的图形文件。

（2）单击“图层”工具栏中的“图形特性管理器”按钮，新建“剖面”图层，属性默认，并将其设置为当前图层。图层设置如图 11-74 所示。

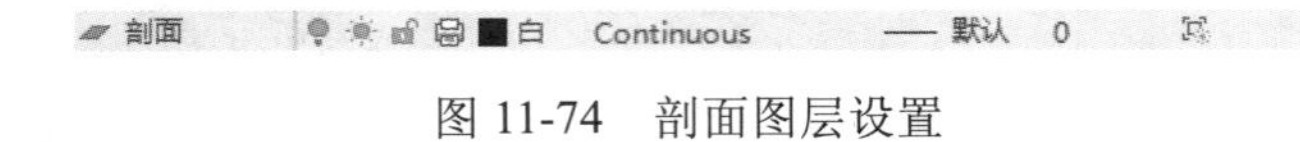

图 11-74　剖面图层设置

（3）单击“默认”选项卡“绘图”面板中的“直线”按钮，在图形适当位置绘制一条长为 1740mm 的竖直直线，如图 11-75 所示。

图 11-75　立面图层设置

（4）单击“默认”选项卡“修改”面板中的“偏移”按钮，选择上步绘制的直线进行偏移，偏移距离为 300mm、2350mm、600mm、2650mm、600mm、2350mm、300mm，如图 11-76 所示。

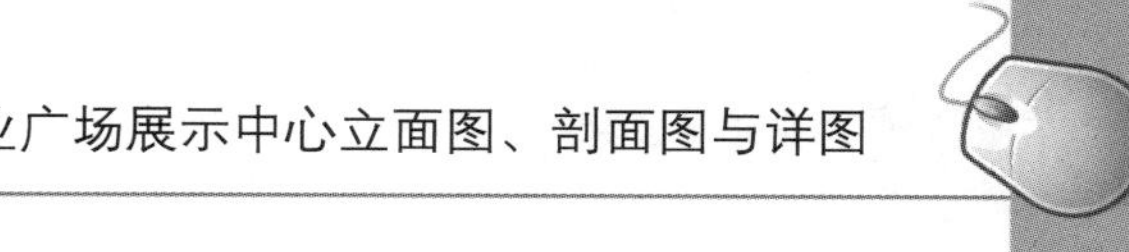

图 11-76　偏移直线

（5）单击“默认”选项卡“绘图”面板中的“直线”按钮，连接上步偏移线的水平直线，如图 11-77 所示。

图 11-77　绘制直线

（6）单击“默认”选项卡“修改”面板中的“偏移”按钮，选择上步绘制的偏移直线向上偏移，偏移距离为 300mm、900mm、540mm，如图 11-78 所示。

图 11-78　偏移直线

（7）单击“默认”选项卡“修改”面板中的“修剪”按钮，对偏移线段进行修剪，如图 11-79 所示。

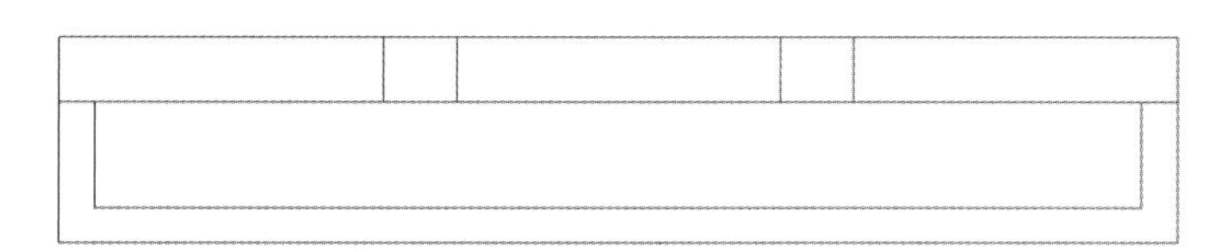

图 11-79　偏移直线

（8）单击“默认”选项卡“绘图”面板中的“直线”按钮，在如图 11-79 所示的位置绘制两条水平直线，如图 11-80 所示。

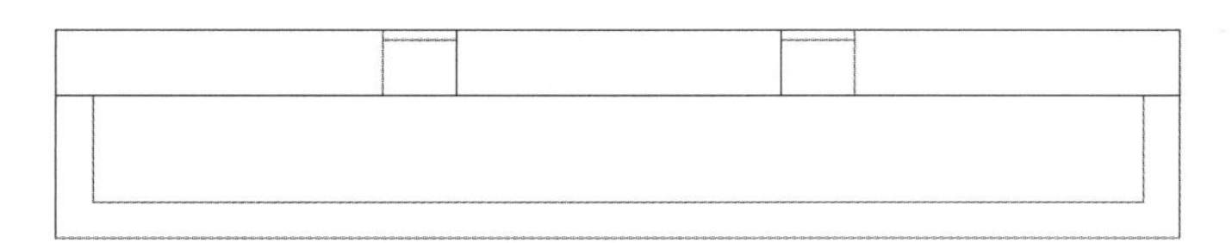

图 11-80　绘制直线

（9）单击“默认”选项卡“绘图”面板中的“多段线”按钮，指定起点宽度为 10mm，端点宽度 10mm，再绘制连续多段线，如图 11-81 所示。

（10）单击“默认”选项卡“绘图”面板中的“圆弧”按钮，在图形适当位置绘制圆弧，如图 11-82 所示。

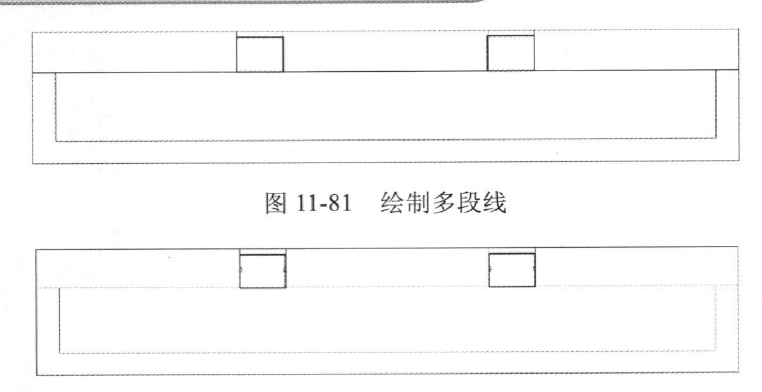

图 11-81　绘制多段线

图 11-82　绘制圆弧

（11）单击“默认”选项卡“块”面板中的“插入”按钮，选择“源文件/第 11 章/花”插入如图 11-83 所示的位置。

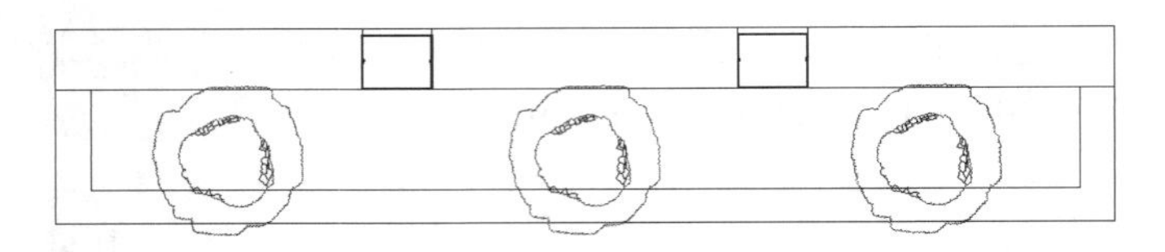

图 11-83　插入花

（12）单击“默认”选项卡“修改”面板中的“修剪”按钮，对多余线段进行修剪，如图 11-84 所示。

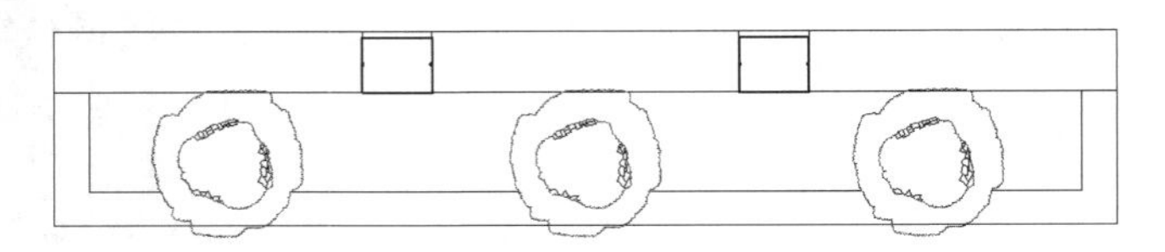

图 11-84　修剪图形

（13）单击“默认”选项卡“绘图”面板中的“图案填充”按钮，打开“图案填充创建”选项卡，单击“图案填充图案”选项，在打开“填充图案”下拉列表中选择“AR-RROOF”图例，如图 11-85 所示，设置填充图案比例为 10，单击“拾取点”按钮，拾取填充区域，按回车键，完成填充，结果如图 11-86 所示。

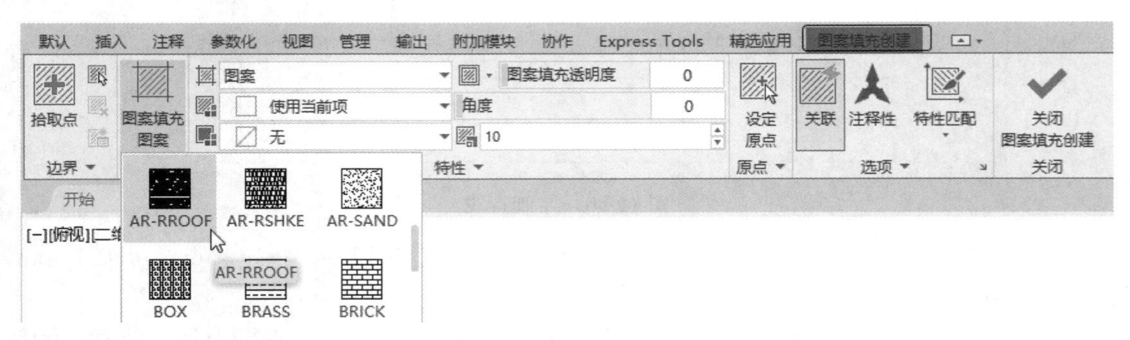

图 11-85　设置图案填充

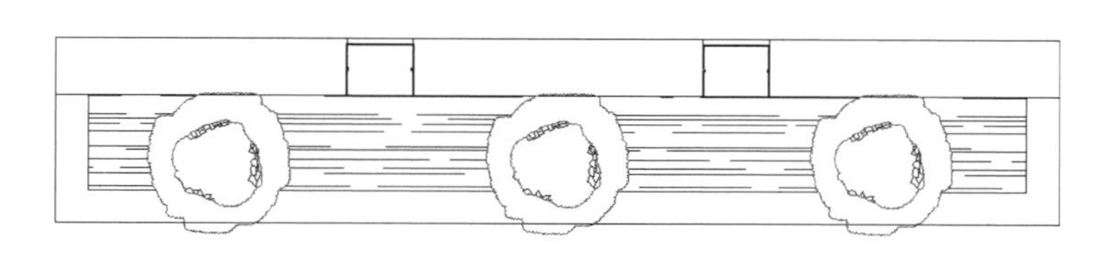

图 11-86　填充图形

（14）单击“默认”选项卡“修改”面板中的“偏移”按钮，选择上步绘制的直线向下偏移，偏移距离为 240mm，如图 11-87 所示。

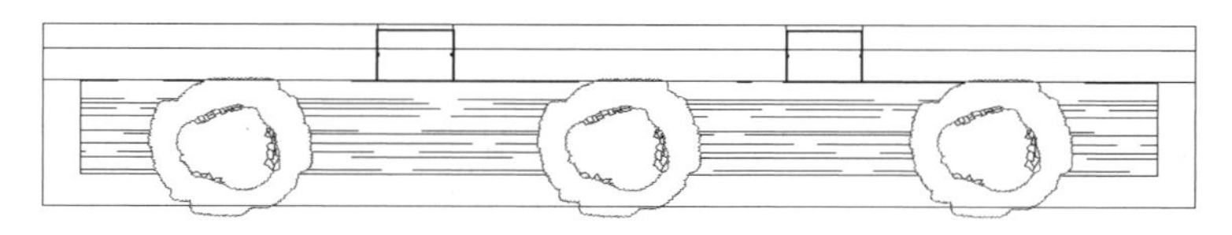

图 11-87　偏移线段

（15）单击“默认”选项卡“修改”面板中的“修剪”按钮，对偏移图形进行修剪，如图 11-88 所示。

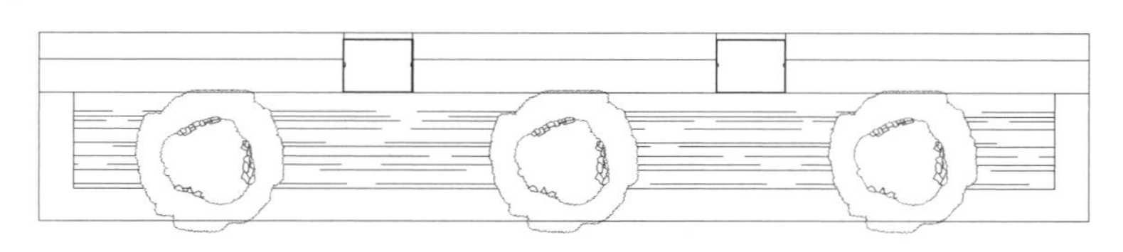

图 11-88　修剪线段

（16）单击“默认”选项卡“绘图”面板中的“图案填充”按钮，打开“图案填充创建”选项卡，单击“图案填充图案”选项，在打开的“填充图案”下拉列表中选择“ANSI31”图例，设置填充图案比例为 10，单击“拾取点”按钮，拾取填充区域，按回车键，完成填充，结果如图 11-89 所示。

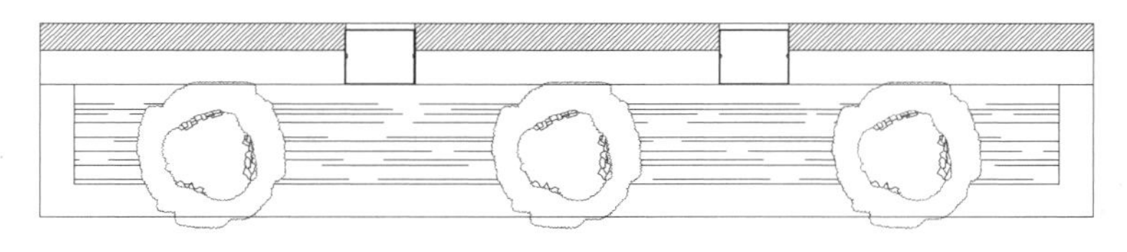

图 11-89　填充图形

（17）单击“绘图”工具栏中的“图案填充”按钮，打开“图案填充创建”选项卡，单击“图案填充图案”选项，在打开的“填充图案”下拉列表中选择“LINE”图例，设置打开图案比例为 10，单击“拾取点”按钮，拾取填充区域，按回车键，完成填充，结果如图 11-90 所示。

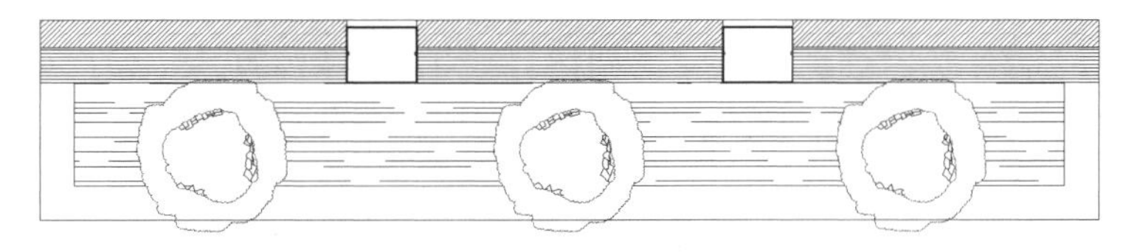

图 11-90　填充图形

（18）单击“默认”选项卡“块”面板中的“插入”按钮，选择“源文件/图库/草”插入如图 11-91 所示的位置。

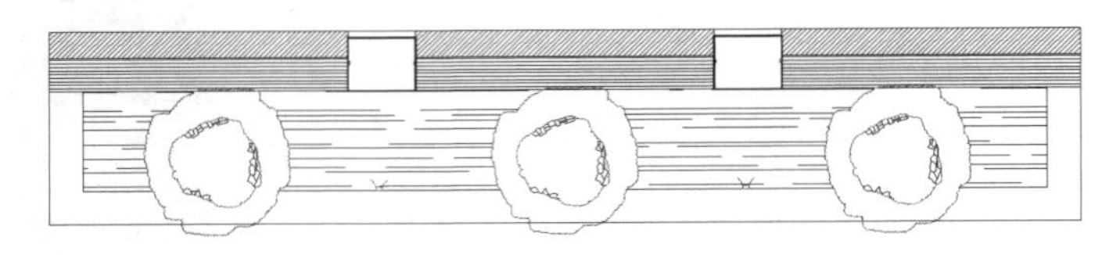

图 11-91　插入草图形

（19）单击“默认”选项卡“修改”面板中的“拉长”按钮，将最上面水平直线分别向左向右进行拉长，拉长距离为 300mm，如图 11-92 所示。

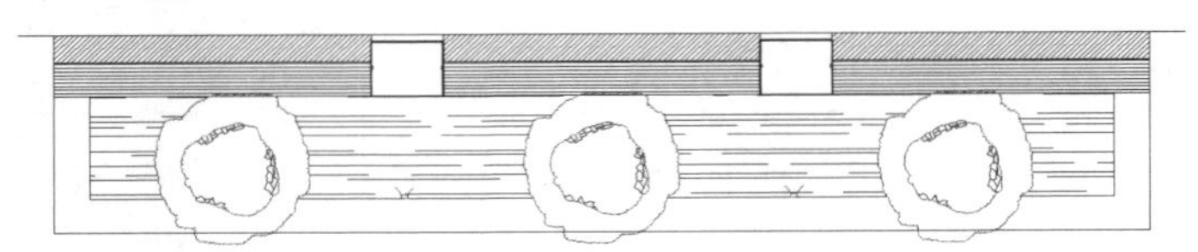

图 11-92　拉长图形

（20）单击“默认”选项卡“图层”面板中的“图层特性”按钮，新建“标注”图层，属性默认，并将其设置为当前图层。图层设置如图 11-93 所示。

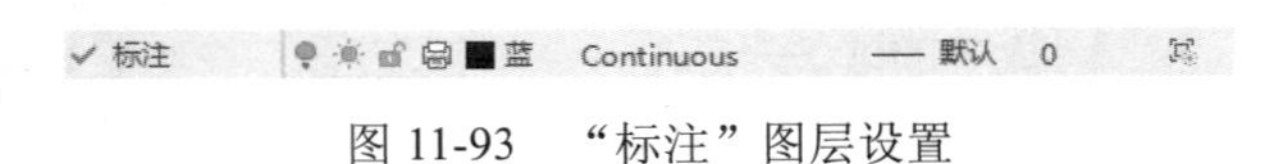

图 11-93　“标注”图层设置

（21）单击“注释”选项卡“标注”面板中的“线性”按钮和“连续”按钮，标注“剖面图”尺寸，如图 11-94 所示。

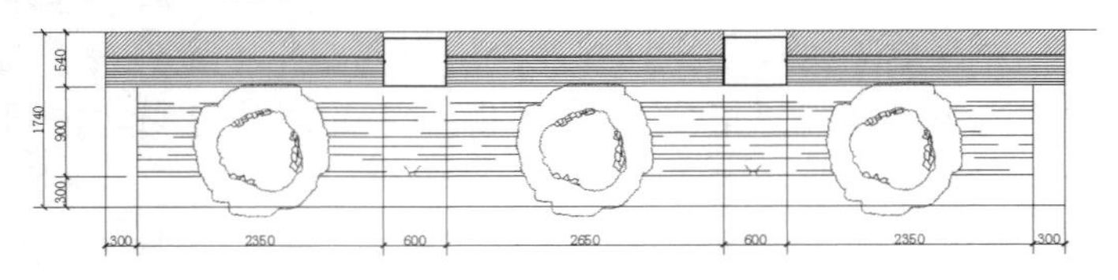

图 11-94　标注尺寸

（22）单击“默认”选项卡“注释”面板中的“文字样式”按钮，打开“文字样式”对话框，新建“说明”文字样式，设置高度为 30，并将其置为当前图层。

（23）在命令行中输入“QLEADER”命令，并通过“引线设置”对话框设置参数，如图 11-95 所示。标注说明文字，结果如图 11-96 所示。

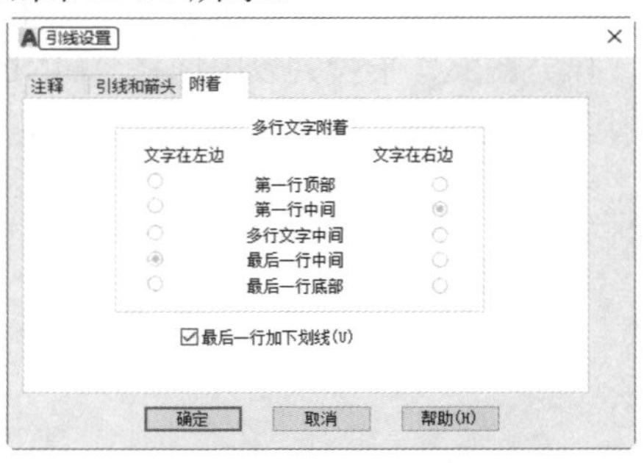

图 11-95　“引线设置”对话框

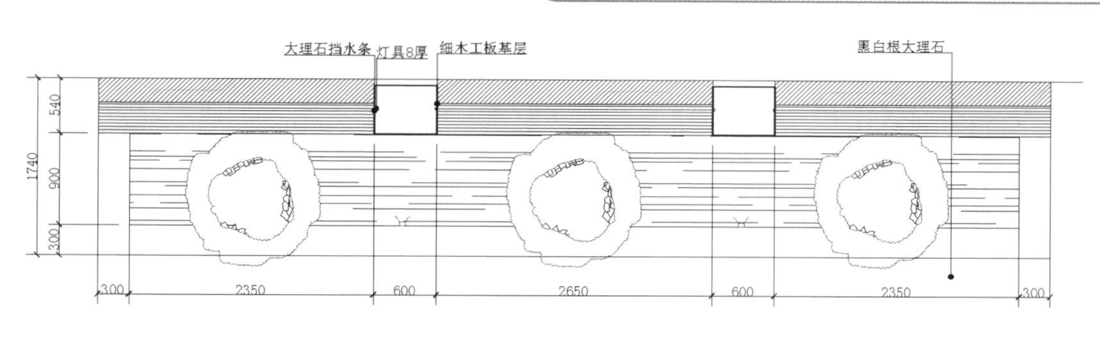

图 11-96　文字说明

11.2.2 绘制商业广场展示中心剖面图

（1）单击“快速访问”工具栏中的“新建”按钮，打开“选择样板”对话框，新建一个缺省文件，单击“快速访问”工具栏中的“保存”按钮，建立名为“剖面图 3”的图形文件。

（2）单击“图层”工具栏中的“图形特性管理器”按钮，新建“剖面”图层，属性默认，并将其设置为当前图层。图层设置如图 11-97 所示。

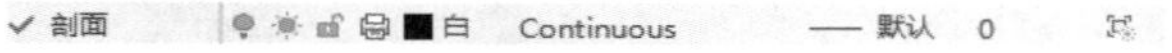

✓ 剖面　白　Continuous　—— 默认　0

图 11-97　剖面图层设置

（3）单击“默认”选项卡“绘图”面板中的“直线”按钮，在图形适当位置绘制一条长为 3190mm 的竖直直线，如图 11-98 所示。

（4）单击“默认”选项卡“修改”面板中的“偏移”按钮，选择上步绘制的竖直直线向右偏移，偏移距离为 10mm、50mm、300mm，如图 11-99 所示。

图 11-98　插入剖面号　　　　图 11-99　插入剖面号

（5）单击“默认”选项卡“绘图”面板中的“直线”按钮，在上步偏移直线下端绘制一条水平直线，如图 11-100 所示。

（6）单击“默认”选项卡“修改”面板中的“偏移”按钮，选择上步绘制的水平直线向上偏移，偏移距离为 90mm、10mm、2490mm、10mm、590mm，如图 11-101 所示。

（7）单击“默认”选项卡“修改”面板中的“偏移”按钮，选择最外侧竖直直线向右偏移，单击“默认”选项卡“修改”面板中的“修剪”按钮，对上不偏移线段进行修剪，如图 11-102 所示。

（8）单击“默认”选项卡“绘图”面板中的“矩形”按钮，在图形适当位置绘制一个 400mm×600mm 的矩形，如图 11-103 所示。

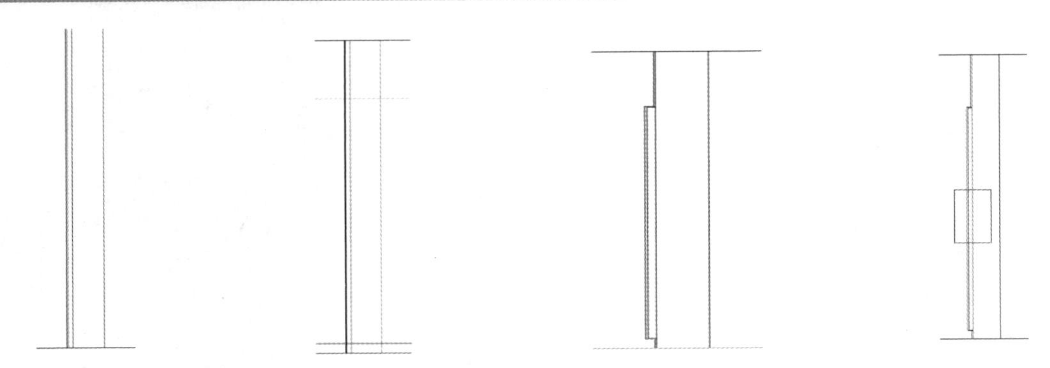

图 11-100　绘制水平直线　　图 11-101　偏移水平直线　　图 11-102　对图形进行修剪　　图 11-103　绘制矩形

（9）单击“默认”选项卡“绘图”面板中的“图案填充”按钮▦，打开“图案填充创建”选项卡，单击“图案填充图案”选项，在打开“填充图案”下拉列表中选择“ANSI31”图例，设置填充图案比例为 10，如图 11-104 所示，单击“拾取点”按钮⊞，拾取填充区域，按回车键，完成填充，结果如图 11-105 所示。

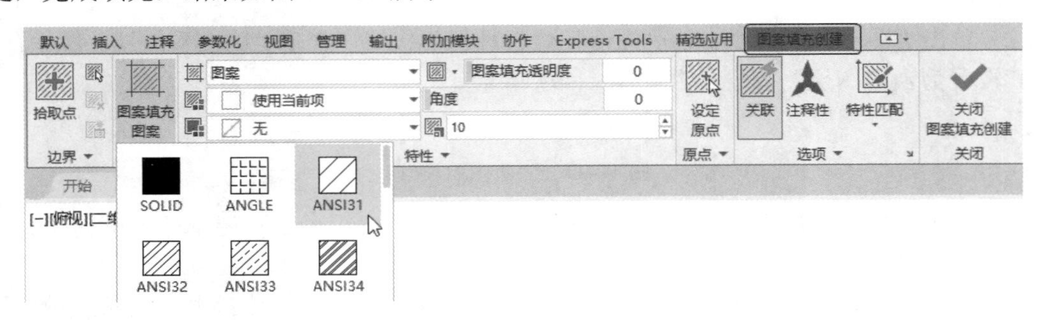

图 11-104　设置图案填充

（10）单击“默认”选项卡“绘图”面板中的“图案填充”按钮▦，打开“图案填充创建”选项卡，单击“图案填充图案”选项，在打开的“填充图案”下拉列表中选择“AR-CONC”图例，如图 11-106 所示，设置比例为 1，单击“拾取点”按钮⊞，拾取填充区域，按回车键，完成填充，结果如图 11-107 所示。

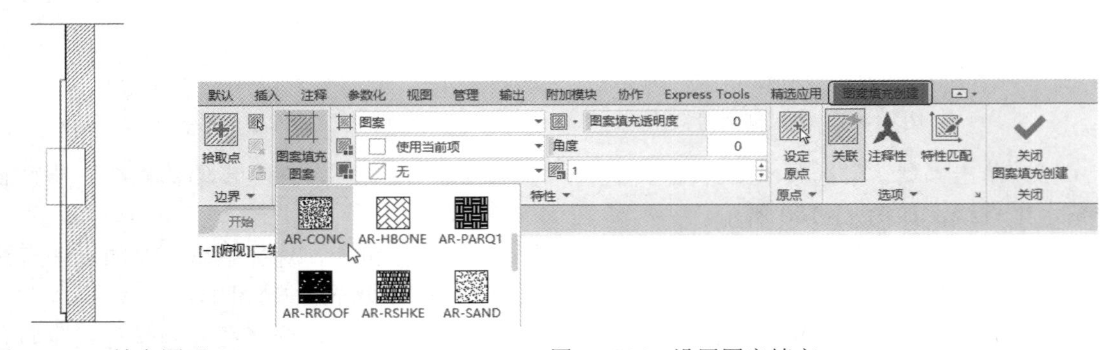

图 11-105　填充图形　　　　图 11-106　设置图案填充

（11）单击“默认”选项卡“注释”面板中的“标注样式”按钮，打开“标注样式管理器”对话框，新建“剖面图”标注样式，如图 11-108 所示。

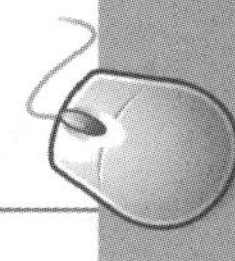

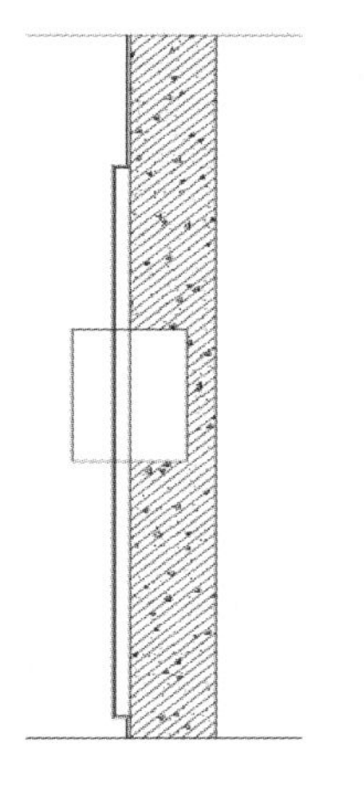

图 11-107　填充图形

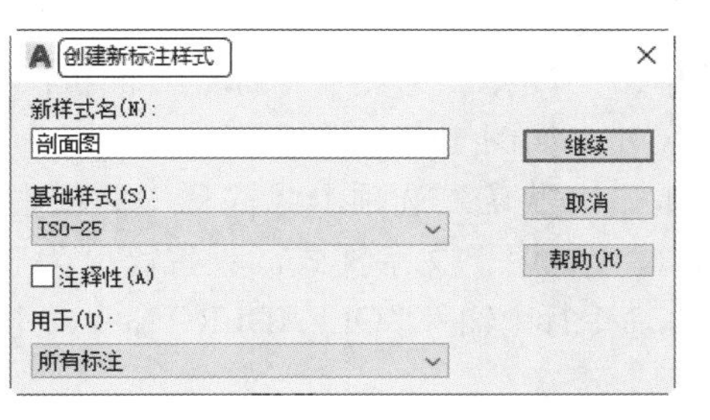

图 11-108　创建新标注

（12）在“线”选项卡中设置超出尺寸线为 10，起点偏移量为 10；“符号和箭头”选项卡中设置箭头符号为“建筑标记”，箭头大小为 10；“文字”选项卡中设置文字大小为 15；“主单位”选项卡中设置“精度”为 0，小数分割符为“句点”，如图 11-109 所示。

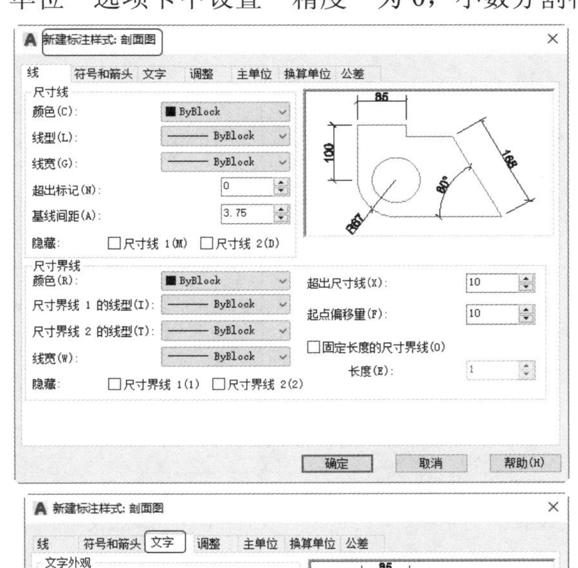

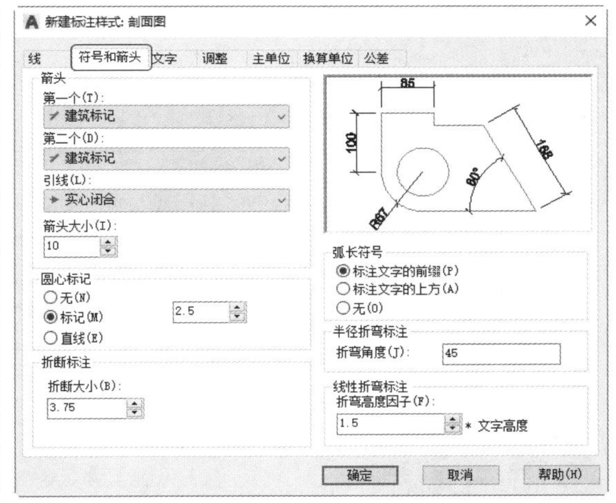

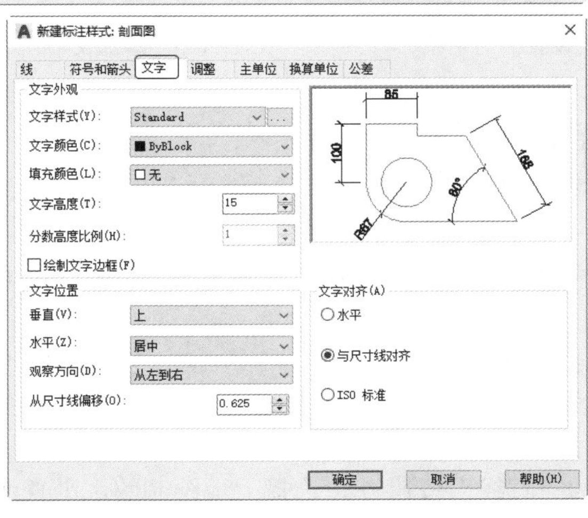

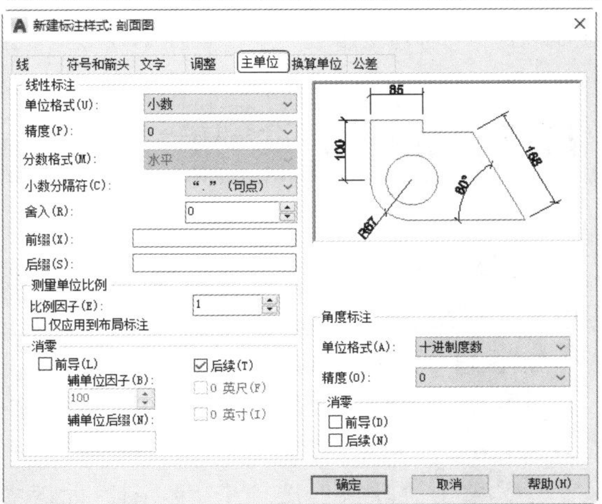

图 11-109　设置新建标注

（13）单击“默认”选项卡“图层”面板中的“图层特性”按钮，打开“图层特性管理器”对话框，新建“标注”图层，属性默认，并将其设置为当前图层。图层设置如图 11-110 所示。

✓ 标注 蓝 Continuous —— 默认 0

图 11-110 “标注”图层设置

（14）单击“注释”选项卡“标注”面板中的“线性”按钮和“连续”按钮，标注“剖面图”尺寸，如图 11-111 所示。

（15）单击“默认”选项卡“注释”面板中的“文字样式”按钮，打开“文字样式”对话框，新建“说明”文字样式，设置高度为 30，并将其置为当前图层。

（16）在命令行中输入“QLEADER”命令，并通过“引线设置”对话框设置参数，如图 11-112 所示。

（17）标注说明文字，结果如图 11-113 所示。

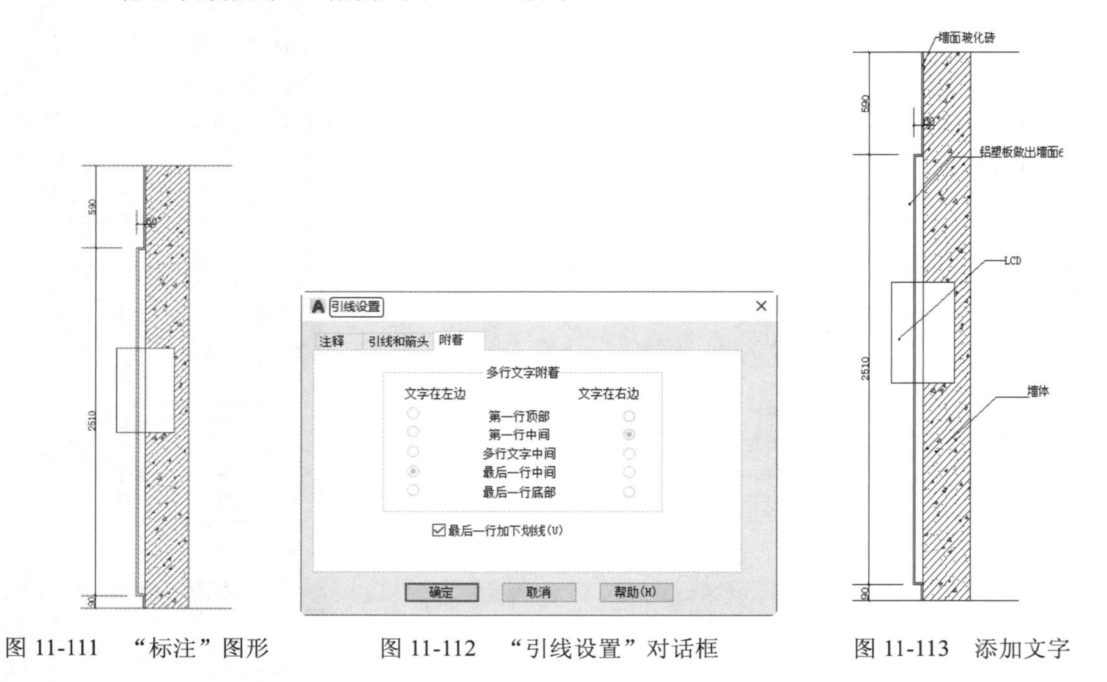

图 11-111 “标注”图形　　图 11-112 “引线设置”对话框　　图 11-113 添加文字

11.3 商业广场展示中心详图

注意：对于一些在前面图样中表达不够清楚而又相对重要的室内单元，可以通过节点详图加以详细表达。

如图 11-114 所示为玻璃台面节点详图，下面讲述其设计方法。

（1）单击“默认”选项卡“绘图”面板中的“直线”按钮，在图形适当位置绘制一条长为 280mm 的水平直线，如图 11-115 所示。

（2）单击“默认”选项卡“绘图”面板中的“直线”按钮，选择上步绘制的水平直线左端点为起点向下绘制竖直直线，如图 11-116 所示。

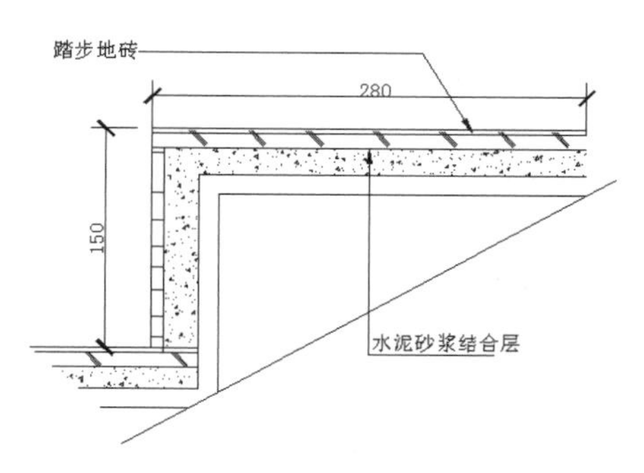

图 11-114　节点详图　　　　图 11-115　绘制水平　　　　图 11-116　绘制竖直线

（3）单击“默认”选项卡“绘图”面板中的“直线”按钮╱，选择上步绘制的竖直直线下端点为起点，向左绘制水平直线，如图 11-117 所示。

（4）单击“默认”选项卡“修改”面板中的“偏移”按钮⊆，选择上步水平直线向下偏移，如图 11-118 所示。

图 11-117　绘制水平直线　　　　图 11-118　偏移竖直直线

（5）单击“默认”选项卡“修改”面板中的“偏移”按钮⊆，选择竖直直线向右偏移，如图 11-119 所示。

（6）单击“默认”选项卡“修改”面板中的“延伸”按钮→|，选择下端水平直线向右延伸，如图 11-120 所示。

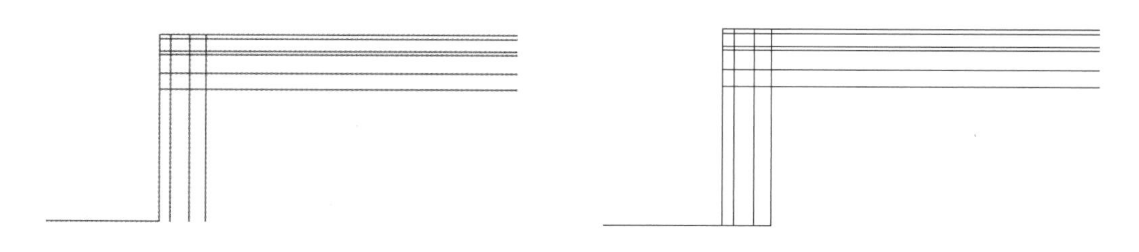

图 11-119　延伸直线　　　　图 11-120　延伸直线

（7）单击“默认”选项卡“修改”面板中的“偏移”按钮⊆，选择上步延伸直线向下偏移，如图 11-121 所示。

（8）单击“默认”选项卡“修改”面板中的“延伸”按钮→|，选择竖直直线向下端水平直线进行延伸，如图 11-122 所示。

（9）单击“默认”选项卡“修改”面板中的“修剪”按钮✂，对上步偏移的线段进行修剪，如图 11-123 所示。

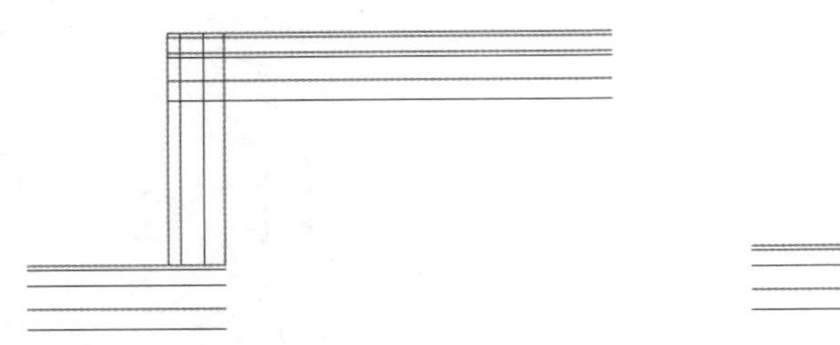

图 11-121　偏移直线

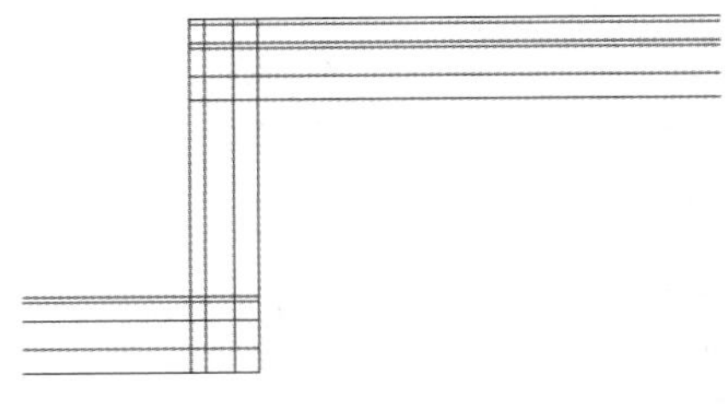

图 11-122　偏移直线

（10）单击“默认”选项卡“绘图”面板中的“直线”按钮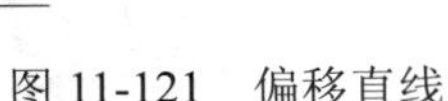，在图形适当位置绘制多段斜向直线，如图 11-124 所示。

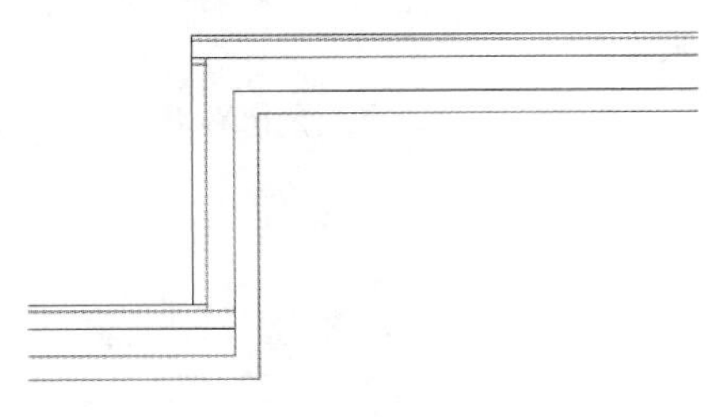

图 11-123　修剪直线

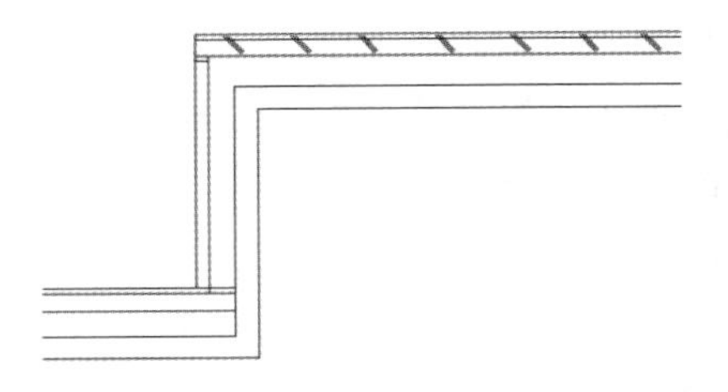

图 11-124　绘制斜向直线

（11）单击“默认”选项卡“绘图”面板中的“直线”按钮，在图形底部绘制两条斜向直线，如图 11-125 所示。

（12）单击“默认”选项卡“修改”面板中的“修剪”按钮，对多余图形进行修剪，如图 11-126 所示。

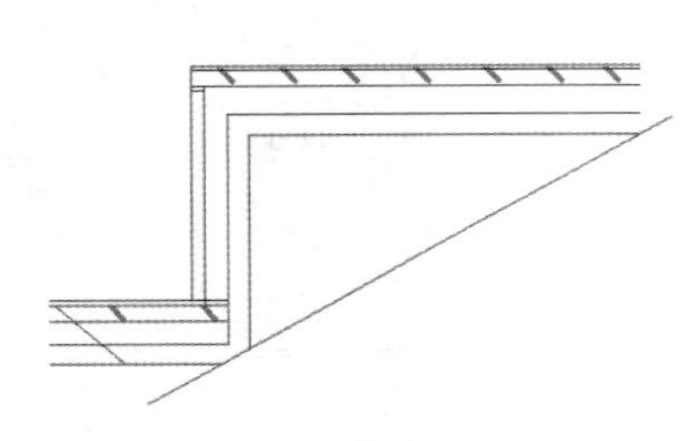

图 11-125　绘制斜向直线

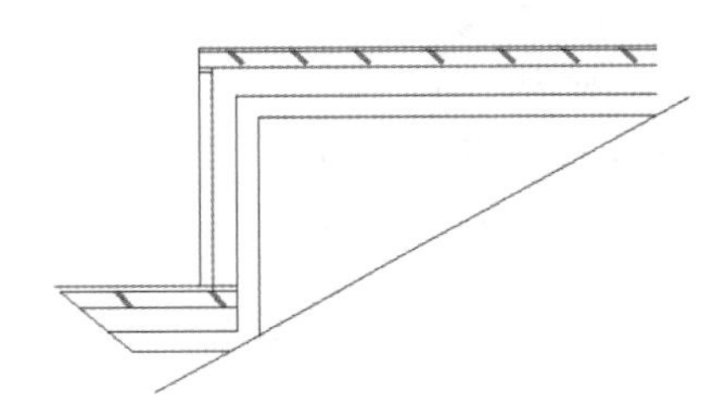

图 11-126　修剪图形

（13）单击“默认”选项卡“绘图”面板中的“直线”按钮，在图形适当位置绘制直线，如图 11-127 所示。

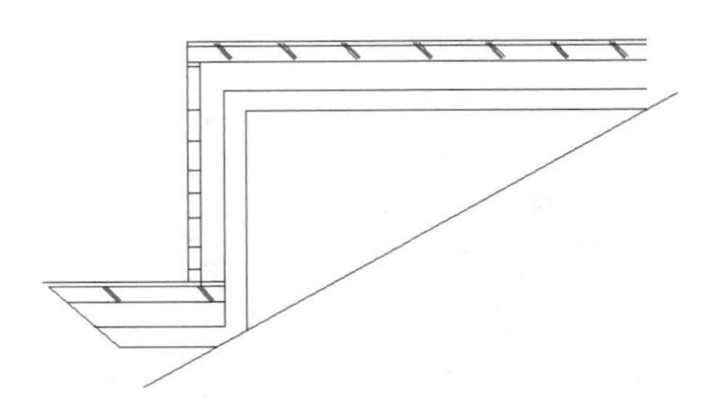

图 11-127　绘制直线

（14）单击“默认”选项卡“绘图”面板中的“图案填充”按钮，打开“图案填充创建”选项卡，单击“图案填充图案”选项，在打开的“填充图案”下拉列表中选择“AR-CONC”图例，如图 11-128 所示，设置填充图案比例为 0.1，单击“拾取点”按钮，拾取填充区域，按回车键，完成填充，结果如图 11-129 所示。

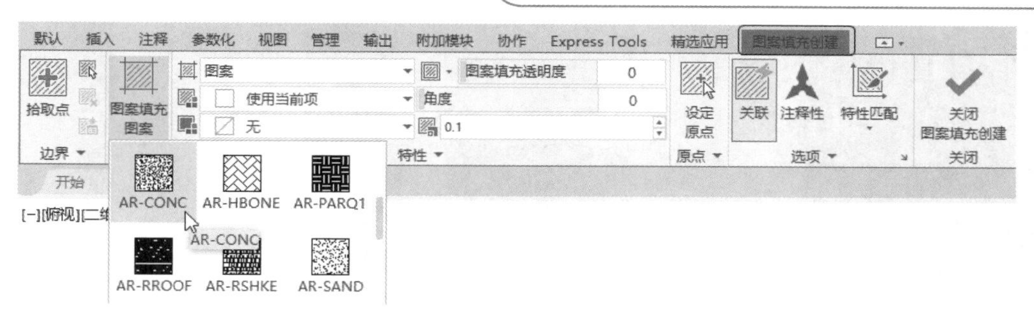

图 11-128　设置图案填充

（15）单击“默认”选项卡“修改”面板中的“删除”按钮，选择多余线段进行删除，如图 11-130 所示。

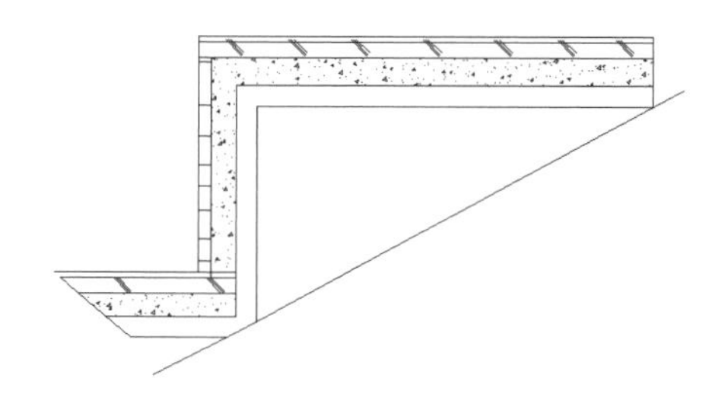

图 11-129　填充图形

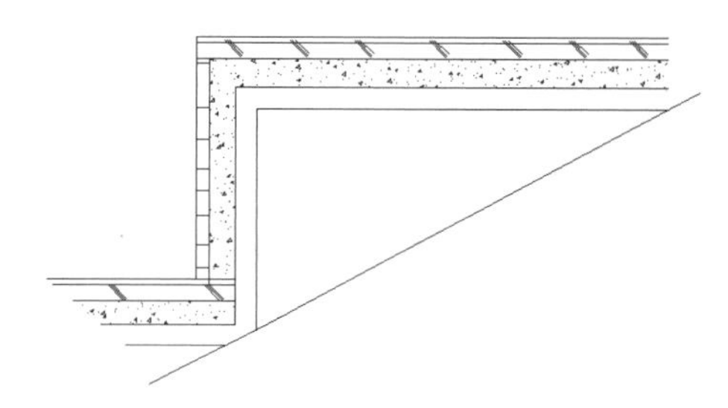

图 11-130　填充图形

（16）单击“注释”选项卡“标注”面板中的“线性”按钮，标注细部尺寸，如图 11-131 所示。

（17）单击“默认”选项卡“注释”面板中的“文字样式”按钮，打开“文字样式”对话框，新建“说明”文字样式，设置高度为 30，并将其置为当前图层。

（18）在命令行中输入“QLEADER”命令，并通过“引线设置”对话框设置参数，如图 11-132 所示。为图形添加所有文字说明，结果如图 11-114 所示。

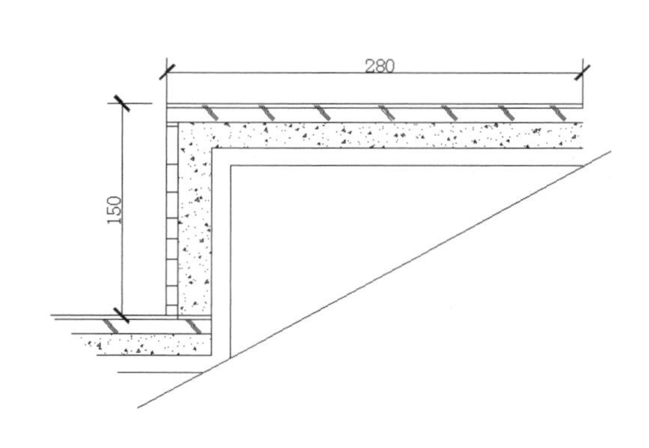

图 11-131　填充图形

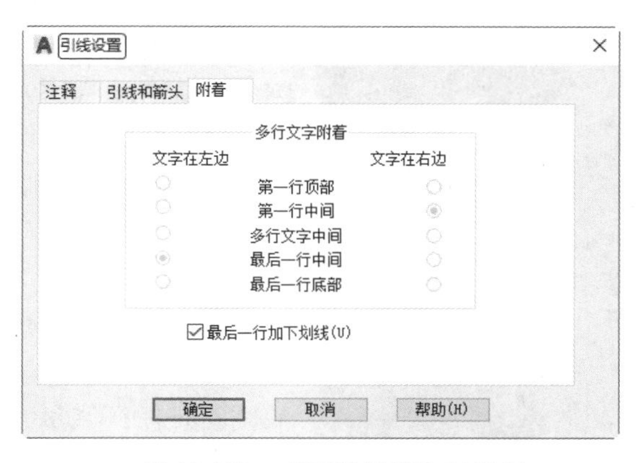

图 11-132　“引线设置”对话框

Chapter

咖啡吧室内装潢设计

12

咖啡吧是现代都市人休闲生活中的重要去处，是人们休息时间与朋友畅聊的最佳场所。作为一种典型的都市商业建筑，咖啡吧一般设施健全、环境幽雅，是喧嚣都市内难得的安静去处。

本章将以某写字楼底层咖啡吧室内设计为例，讲述咖啡吧这类休闲商业建筑室内设计的基本思路和方法。

12.1 设计思想

消费者喝咖啡之际，不仅对咖啡在物理性及实质上的吸引力有所反应，甚至对于整个环境，诸如服务、广告、印象、包装、乐趣及其他各种附带因素等也会有所反应。而其中最重要的因素之一就是休闲环境。

因此，咖啡馆经营者对于营业空间的表现，如何巧妙地运用空间美学，设计出理想喝咖啡的环境，在提高顾客饮用率上产生情感效果，这是塑造咖啡馆气氛的意义。

顾客要喝咖啡时往往会选择充满适合自己所需氛围的咖啡馆，因此在从事咖啡馆室内设计时，必须考虑下列几个方面。

（1）应先确定以哪些顾客为目标。

（2）依据他们喝咖啡的经验，对咖啡馆的气氛有何期望。

（3）了解哪些气氛能加强顾客对咖啡馆的信赖度及引起情绪上的反应。

（4）对于所构想的气氛，应与竞争店的气氛做比较，以分析彼此的优劣点。

同时，在气氛表现上，必须由咖啡馆所经营的咖啡品牌，透过整个营业的空间，让顾客充分地感觉到，所以对于咖啡陈列展示的技巧与效果，是整体气氛塑造战略运用上的要领。

商业建筑的室内设计装潢，有不同的风格，大商场、大酒店有豪华的外观装饰，具有现代感；咖啡馆也应有自己的风格和特点。在具体装潢上，可从以下两方面来设计。

（1）装潢要具有广告效应，即要给消费者以强烈的视觉刺激。可以把咖啡馆门面装饰成形状独特或怪异的形状，争取在外观上别出心裁，以吸引消费者。

（2）装潢要结合咖啡特点加以联想，新颖独特的装潢不仅是对消费者进行视觉刺激，更重要的是使消费者没进店门就知道里面可能有什么东西。

咖啡馆内的装饰和设计，主要应注意以下几个问题。

（1）防止人流进入咖啡馆后拥挤。

（2）吧台应设置在显眼处，以方便顾客咨询。

（3）咖啡馆内的布置要体现一种独特的与咖啡适应的气氛。

（4）咖啡馆中应尽量设置一个休息之处，备好坐椅。

（5）充分利用各种色彩。墙壁、天花板、灯、陈列咖啡和饮料组成咖啡馆内部环境。

不同的色彩对人的心理刺激效果不一样。以紫色为基调，布置显得华丽、高贵；以黄色为基调，布置显得柔和；以蓝以为基调，布置显得不可捉摸；以深色为基调，布置显得大方、整洁；以白色为基调，布置显得毫无生气；以红色为基调，布置显得热烈。色彩运用不是单一的，而是综合的。不同时期，不同季节，节假日，色彩运用不一样；冬天与夏天也不一样。不同的人，对色彩的反映也不一样。儿童对红、桔黄、蓝绿反应强烈；年轻女性对流行色的反应敏锐。这方面，灯光的运用尤其重要。

（6）咖啡馆内最好在光线较暗或微弱处设置一面镜子。

这样做的好处在于，镜子可以反射灯光，使咖啡更显亮、更醒目、更具有光泽。有的咖啡馆用整面墙作镜子，除了上述好处，还给人一种空间增大了的假象。

（7）收银台设置在吧台两侧且应高于吧台。

下面具体讲述咖啡吧室内设计的思路和方法。

12.2 绘制咖啡吧建筑平面图

注意：就建筑功能而言，咖啡吧需要设置的空间虽然不多，但应齐全，要满足客人消费的基本需要。咖啡吧主要有下面一些设计单元。

（1）厅：门厅和消费大厅等。

（2）辅助房间：厨房、更衣室等。

（3）生活配套：卫生间、吧台等。

其中消费大厅是主体，应设置尽量大的空间。厨房由于在磨制咖啡时容易发出声响，不利于创造幽静的消费氛围，所以要尽量与消费大厅间隔开来或加强隔音措施。卫生间等设施应该尽量充裕而宽敞，满足大量消费人群的需要，同时提供一种温馨而舒适的环境。

与其他建筑平面图的绘制方法类似，先建立各个功能单元的开间和进深轴线，然后按轴线位置绘制各个功能开间墙体及相应的门窗洞口的平面造型，最后绘制楼梯、电梯井及管道等辅助空间的平面图形，同时标注相应的尺寸和文字说明。如图 12-1 所示。

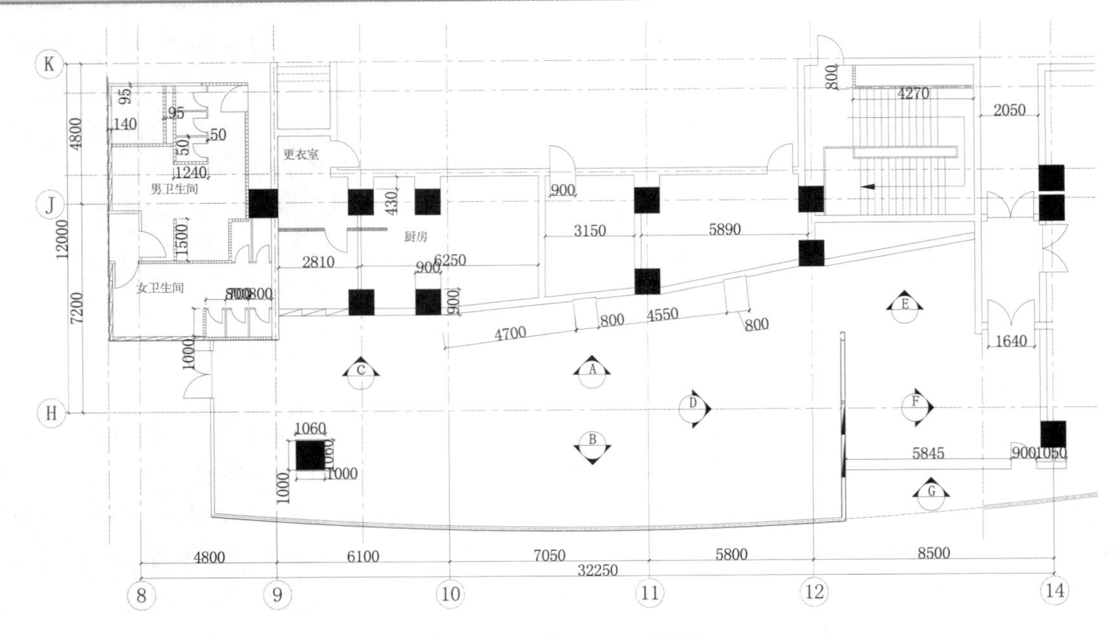

图 12-1　咖啡吧建筑平面图

12.2.1 绘图前准备

1. 建立新文件

在具体的绘图工作中，为了图纸统一，许多项目需要统一标准，如文字样式、标注样式、图层等。建立标准绘图环境的有效方法是使用样板文件，样板文件保存了各种标准设置。这样，每当建立新图时，新图以样板文件为原型，使得新图与原图具有相同的绘图标准。AutoCAD 样板文件的扩展名为“dwt”，用户可根据需要建立自己的样板文件。

本节建立名为“咖啡吧平面图”的图形文件。

2. 设置绘图区域

用 AutoCAD 绘图时，要设定绘图区域，可以通过以下两种方法设定绘图区域。

（1）可以绘制一个已知长度的矩形，将图形充满程序窗口，就可以估计出当前绘图的大小。

（2）选择菜单栏中的“格式”→“图形界限”命令，设定绘图区大小。命令行提示与操作如下。

```
命令：_limits
重新设置模型空间界限：
指定左下角点或 [开(ON)/关(OFF)] <0.0000,0.0000>:↙
指定右上角点 <420.0000,297.0000>: 42000,29700↙
```

这样绘图区域就设置好了。

3. 设置图层、颜色、线型及线宽

单击“默认”选项卡“图层”面板中的“图层特性”按钮，打开“图层特性管理器”对话框，设置图层如图 12-2 所示。

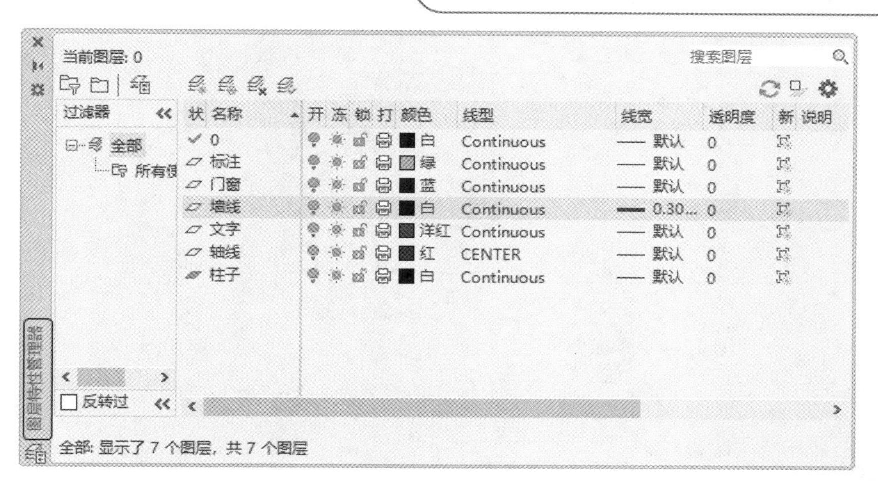

图 12-2 “图层特性管理器”对话框

注意：如果绘制的是共享工程中的图形或是基于一组图层标准的图形，删除图层时要小心。

12.2.2 绘制轴线

1. 设置轴线

（1）将“轴线”图层设置为当前图层。

（2）单击“默认”选项卡“绘图”面板中的“直线”按钮，在状态栏中单击“正交”按钮，绘制长度为 36000mm 的水平轴线和长度为 19000mm 竖直轴线。

（3）选中上步创建的直线，单击鼠标右键，在打开的快捷菜单中选择“特性”，在打开的“特性”对话框中修改线型比例为“30”，结果如图 12-3 所示。

图 12-3 绘制轴线

（4）单击“默认”选项卡“修改”面板中的“偏移”按钮，将竖直轴线向右偏移，偏移距离为 1100mm、4800mm、3050mm、3050mm、7050mm、5800mm、6000mm 和 2500mm，将水平轴线向上偏移，偏移距离为 7200mm、3800mm、1000mm。

（5）单击“默认”选项卡“绘图”面板中的“圆弧”按钮，在起始水平直线 3000mm 处绘制一段长度为 36000 的圆弧，结果如图 12-4 所示。

2. 绘制轴号

（1）单击“默认”选项卡“绘图”面板中的“圆”按钮，绘制一个半径为 500mm 的圆，圆心在轴线的端点，如图 12-5 所示。

（2）单击“默认”选项卡“块”面板中的“定义属性”按钮，打开“属性定义”对话框，如图 12-6 所示，单击“确定”按钮，在圆心位置，写入一个块的属性值。设置完成后的效果如图 12-7 所示。

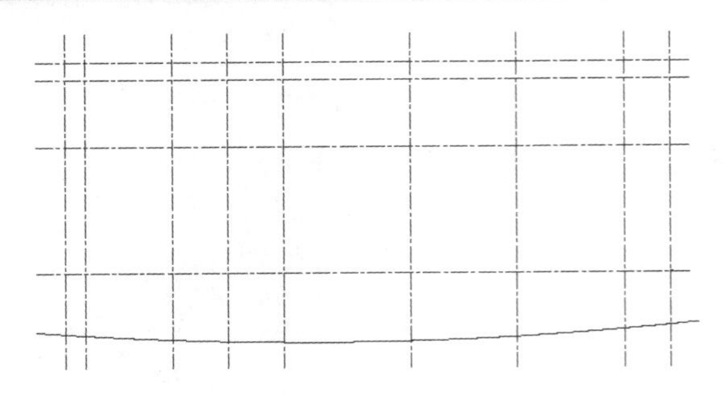

图 12-4　添加轴网

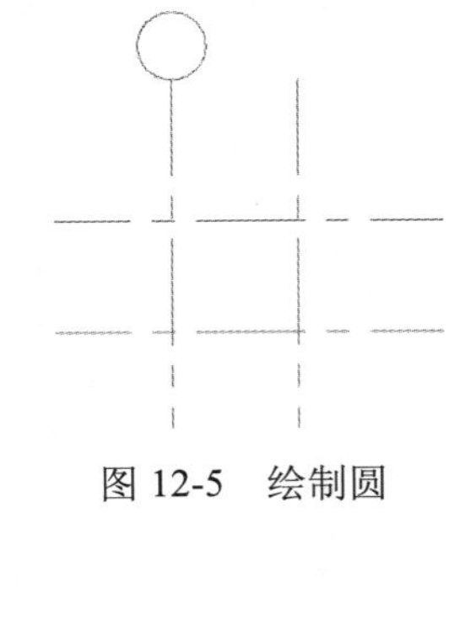

图 12-5　绘制圆

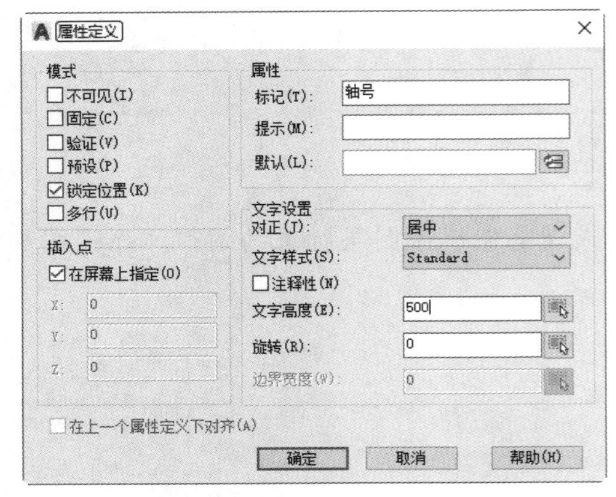

图 12-6　块属性定义

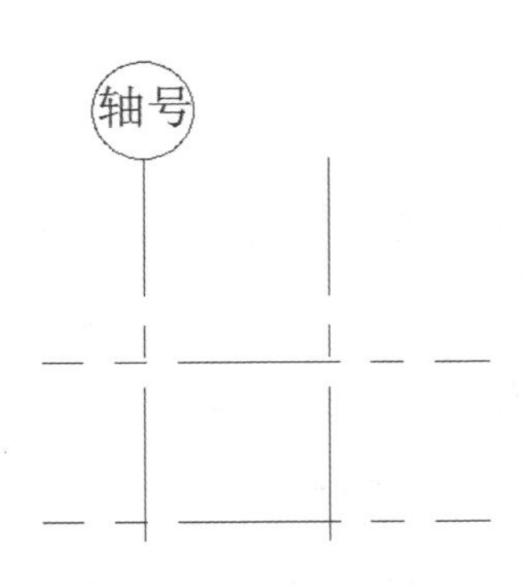

图 12-7　在圆心位置写入属性值

（3）单击“默认”选项卡“块”面板中的“创建”按钮，打开“块定义”对话框。在“名称”文本框中写入“轴号”，指定圆心为基点；选择整个圆和刚才的“轴号”标记为对象，如图 12-8 所示，单击“确定”按钮，打开“编辑属性”对话框，输入轴号为“8”，单击“确定”按钮，如图 12-9 所示，轴号效果图如图 12-10 所示。

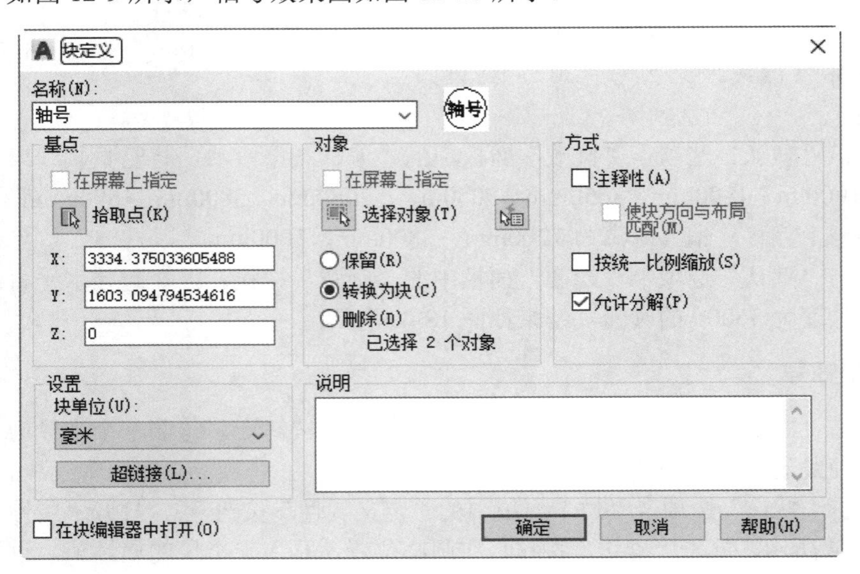

图 12-8　创建块

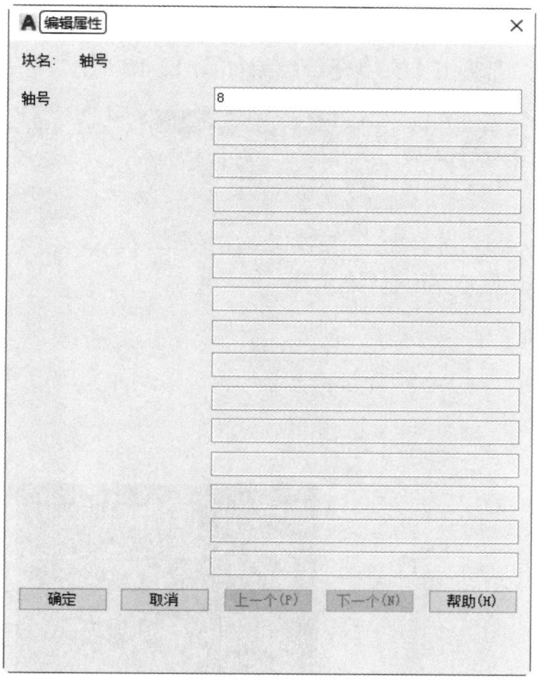

图 12-9 “编辑属性”对话框

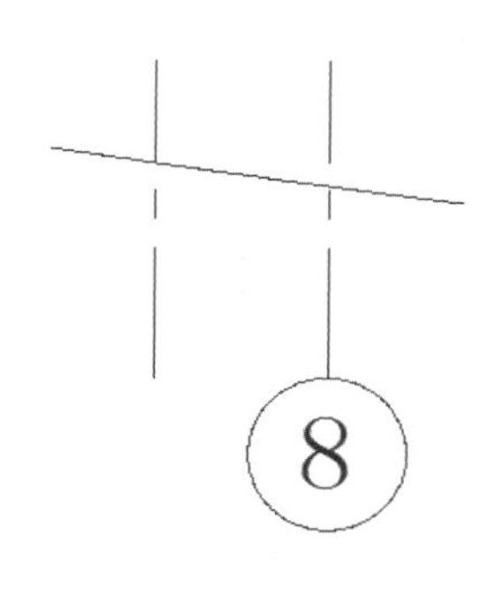

图 12-10 输入轴号

（4）利用上述方法绘制出图形所有轴号，如图 12-11 所示。

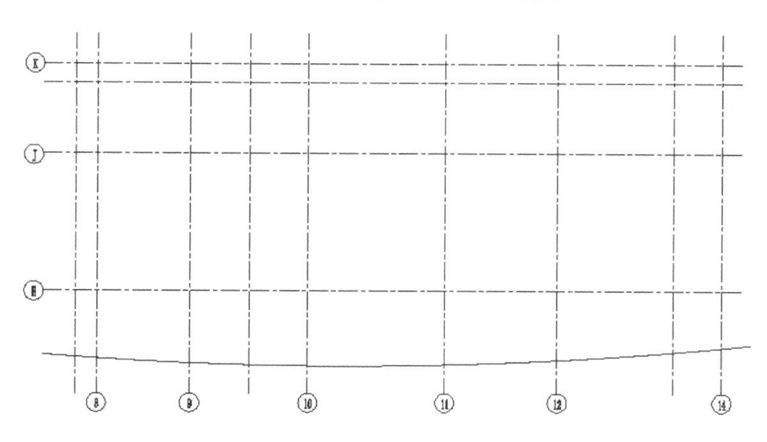

图 12-11 标注轴号

12.2.3 绘制柱子

（1）将“柱子”图层设置为当前图层。

（2）单击“默认”选项卡“绘图”面板中的“矩形”按钮▭，在空白处绘制一个 900mm×900mm 的矩形，结果如图 12-12 所示。

图 12-12 绘制矩形图

（3）单击“默认”选项卡“绘图”面板中的“图案填充”按钮▦，系统打开如图 12-13 所示的“图案填充创建”选项卡，单击“图案填充图案”按钮，在打开“填充图案”下拉列表中选择“SOLID”图例，如图 12-14 所示“拾取点”按钮，拾取上步绘制的矩形，按回车键，完成柱子的填充，结果如图 12-15 所示。

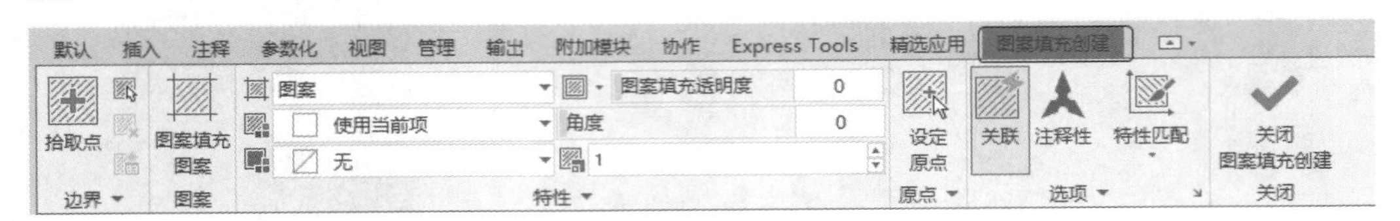

图 12-13 “图案填充创建”选项卡

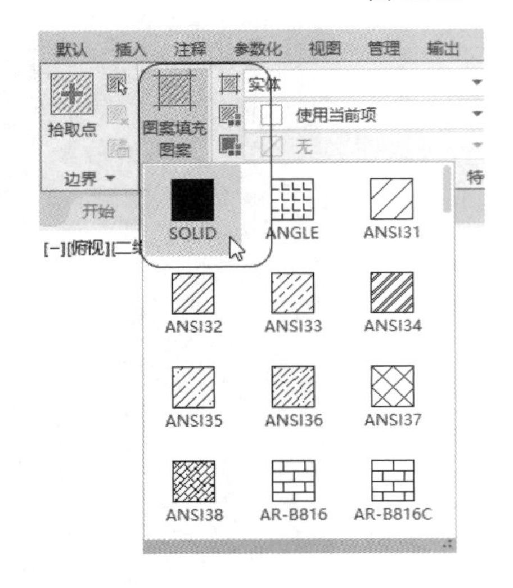

图 12-14 图案填充设置

图 12-15 柱子

（4）单击“默认”选项卡“修改”面板中的“复制”按钮，将上步绘制的柱子复制到如图 12-16 所示的位置，命令行提示与操作如下。

```
命令: _copy
选择对象:找到 2 个
选择对象:↙
当前设置:  复制模式 = 多个
指定基点或 [位移(D)/模式(O)] <位移>: (捕捉柱子上边线的中点)
指定第二个点或[阵列(A)] <使用第一个点作为位移>:(捕捉第二根水平轴线和偏移后轴线的交点)
指定第二个点或 [阵列(A)/退出(E)/放弃(U)] <退出>:↙
```

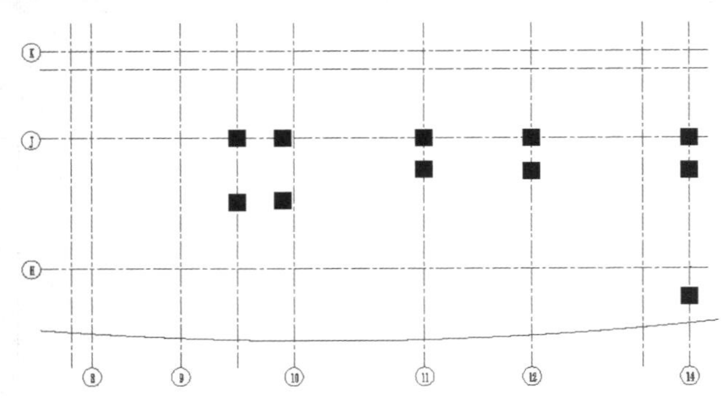

图 12-16 布置柱子

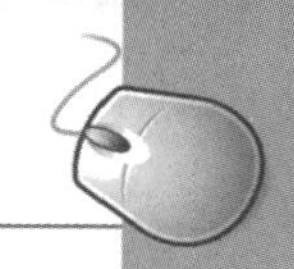

12.2.4 绘制墙线、门窗、洞口

1. 绘制建筑墙体

（1）将“墙线”图层设置为当前图层。

（2）单击“默认”选项卡“修改”面板中的“偏移”按钮⊆，将轴线“J”向上偏移1000mm，将轴线“14”向左偏移2400mm。

（3）选择菜单栏中的“格式”→“多线样式”命令，打开如图12-17所示的“多线样式”对话框，单击“新建”按钮，打开如图12-18所示的“创建新的多线样式”对话框，输入新样式名为“240”，单击“继续”按钮，打开如图12-19所示的“新建多线样式：240”对话框，在偏移文本框中输入120和−120，单击“确定”按钮，返回到“多线样式”对话框。

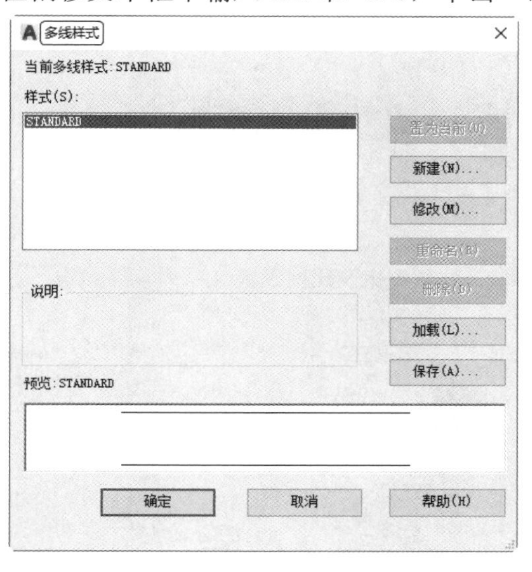

图12-17 “多线样式”对话框

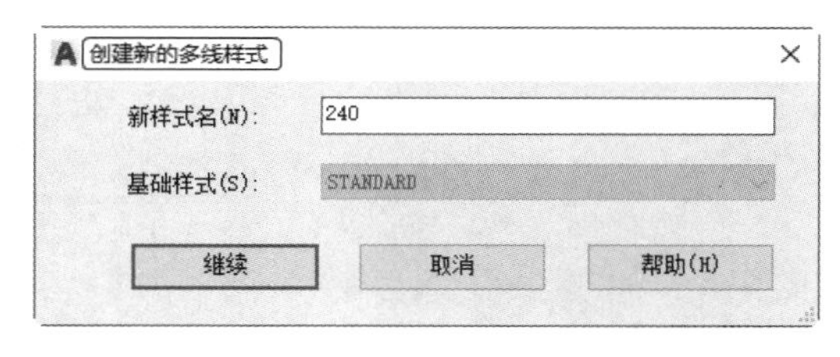

图12-18 “创建新的多线样式”对话框

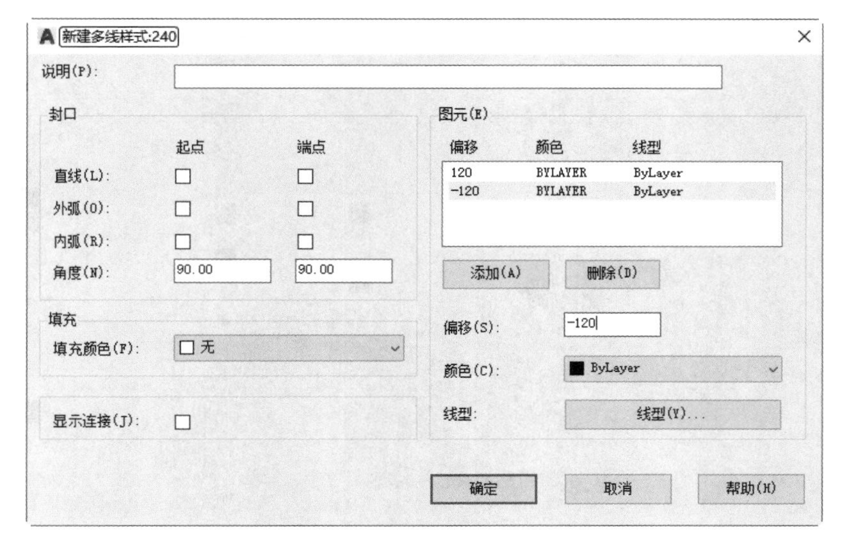

图12-19 “新建多线样式：240”对话框

（4）选择菜单栏中的“绘图”→“多线”命令，绘制主要墙体。结果如图 12-20 所示。

--

图 12-20　绘制大厅两侧墙体

2．绘制新砌95砖墙

（1）单击“默认”选项卡“绘图”面板中的“直线”按钮，绘制一段长 3850mm 的直线，单击“默认”选项卡“修改”面板中的“偏移”按钮，将直线向下偏移 95mm，如图 12-21 所示。

（2）单击“默认”选项卡“绘图”面板中的“图案填充”按钮，打开“图案填充创建”选项卡，单击“拾取点”按钮，拾取上步绘制的墙体为边界对象。选取图案及比例设置如图 12-22 所示。结果如图 12-23 所示。

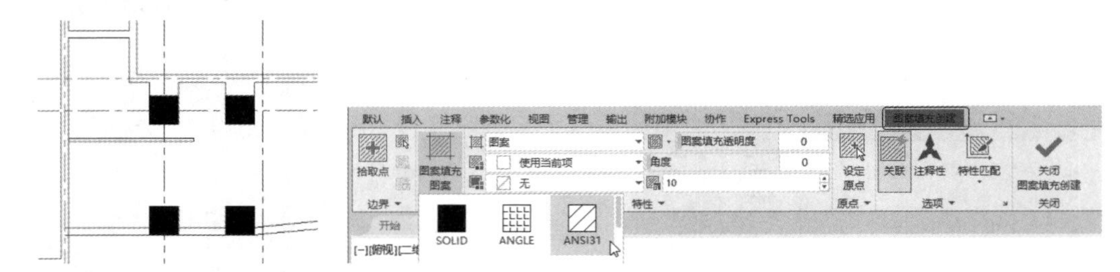

图 12-21　绘制新砌 95 砖墙　　　图 12-22　选取图案及比例设置

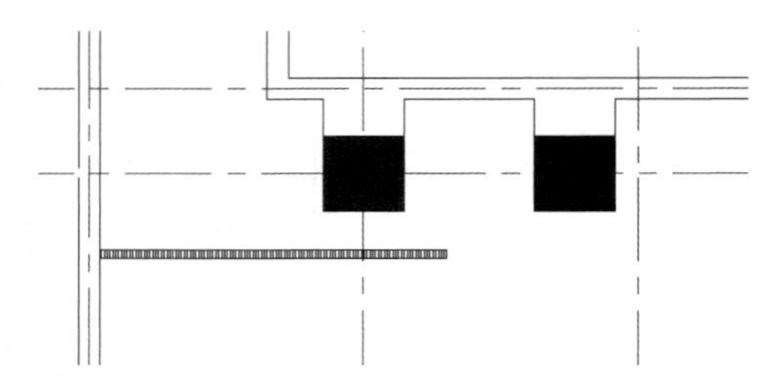

图 12-23　95 砖墙的绘制

（3）用相同方法绘制剩余的新砌 95 砖墙，结果如图 12-24 所示。

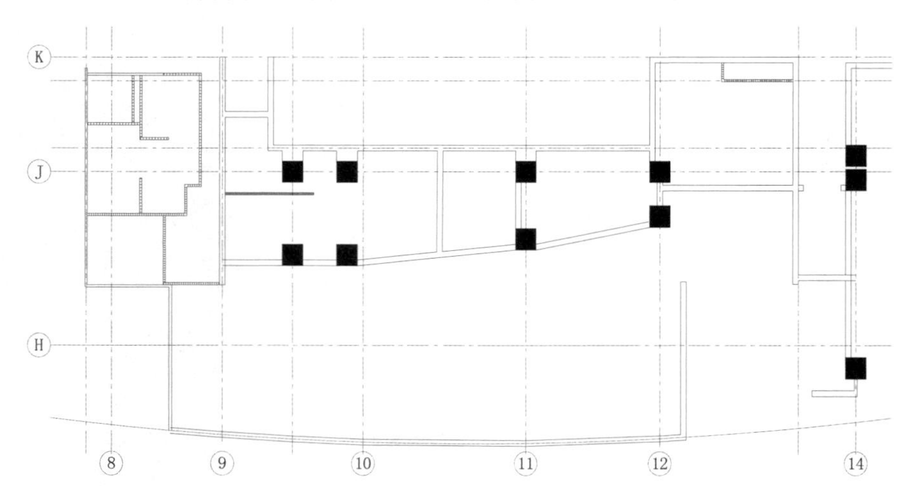

图 12-24　新砌 95 砖墙的绘制

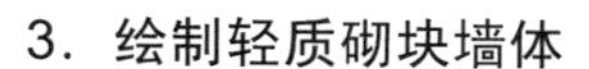

3. 绘制轻质砌块墙体

（1）单击“默认”选项卡“修改”面板中的“偏移”按钮，将底边内墙线向上偏移120mm，单击“默认”选项卡“绘图”面板中的“直线”按钮，表示砖块墙体，如图 12-25 所示。

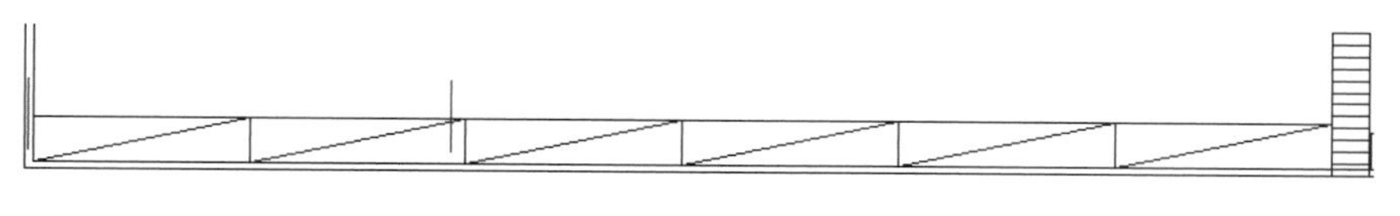

图 12-25 砖块墙体

注意：轻质砌块必须在工程砌筑前一个月进场，使其完全达到强度。施工中严格按砌筑工程施工验收规范要求进行施工。转角筋、拉墙筋必须严格按图纸要求进行施工。顶砖应待墙体施工半月后进行顶砖。

（2）用相同方法绘制剩余的轻质砖块墙体，如图 12-26 所示。

（3）选择菜单中的“绘图”→“多线”命令，设置多线比例为 50，绘制轻钢龙骨墙体作为卫生间隔断。

注意：玻璃幕墙由于设有隔热保温结构，并可预制成或在现场组装成墙体，因而能有效降低能源消耗。

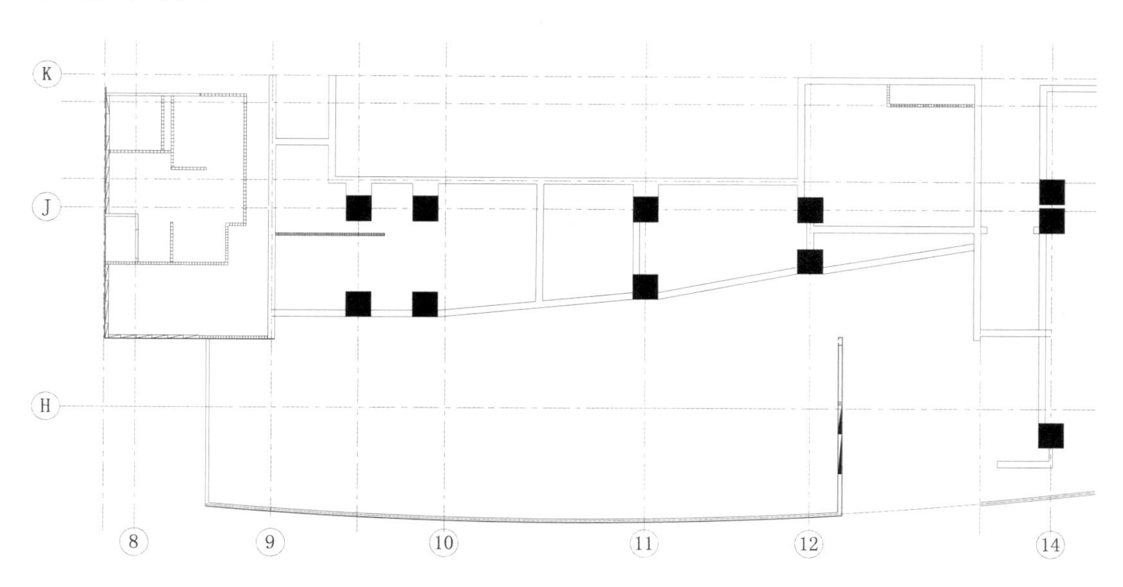

图 12-26 所有轻质砖块墙体

（4）单击“默认”选项卡“绘图”面板中的“直线”按钮，绘制玻璃墙体。完成所有墙体的绘制结果如图 12-27 所示。

4. 绘制打单台

（1）单击“默认”选项卡“绘图”面板中的“矩形”按钮，绘制一个 1000mm×1000mm 的矩形，如图 12-28 所示。

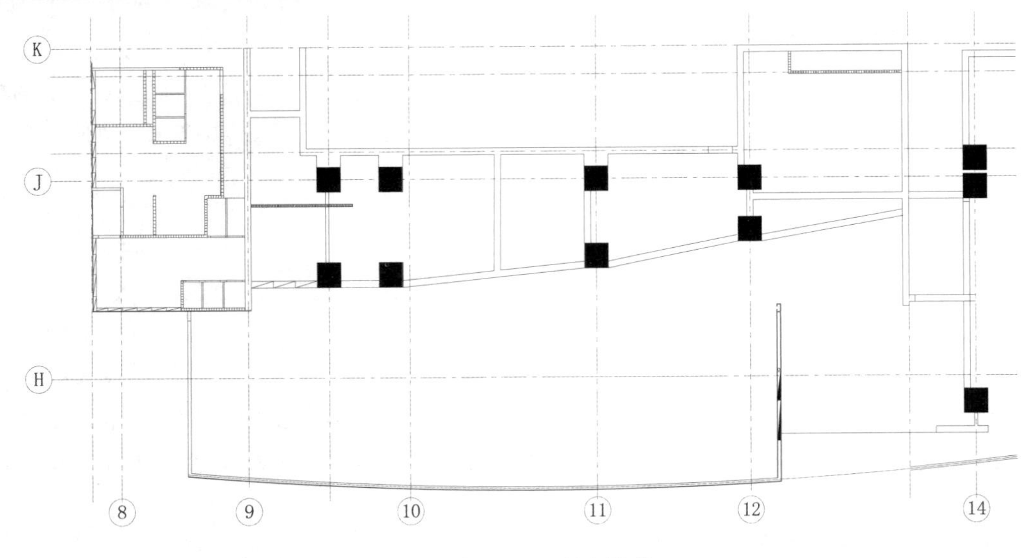

图 12-27　所有墙体

（2）单击“默认”选项卡“修改”面板中的“偏移”按钮，矩形向外偏移 30mm，将作为装饰柱，如图 12-29 所示。

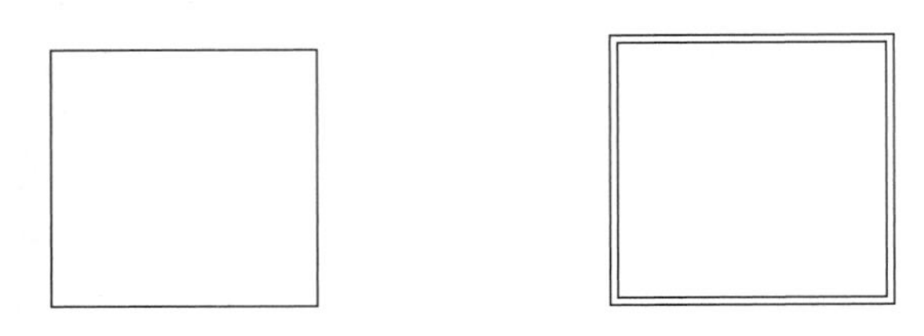

图 12-28　绘制矩形　　　　图 12-29　偏移矩形

（3）单击“默认”选项卡“绘图”面板中的“直线”按钮，在矩形内绘制四条连接线。并选取连接线中点绘制两条垂直线。如图 12-30 所示。

（4）单击“默认”选项卡“修改”面板中的“修剪”按钮，修剪图形，完成装饰柱的轮廓绘制，如图 12-31 所示。

图 12-30　绘制线段　　　　图 12-31　修剪图形

（5）单击“默认”选项卡“绘图”面板中的“图案填充”按钮，将小矩形填充为黑色。完成打单台的绘制，如图 12-32 所示。

（6）单击“默认”选项卡“修改”面板中的“移动”按钮，将上步绘制的打单台移动搭配适当位置。最终结果如图 12-33 所示。

图 12-32　装饰柱图形

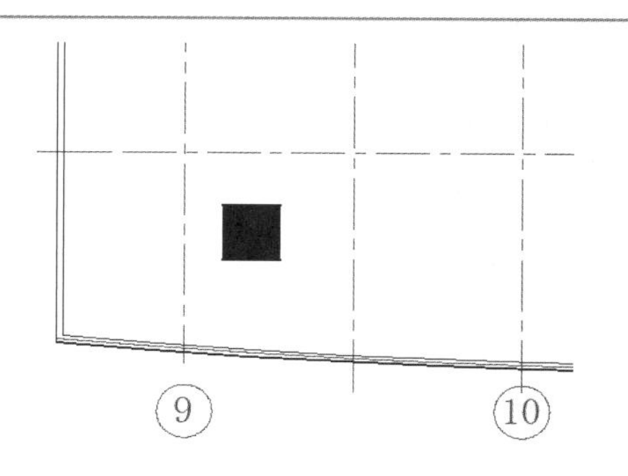

图 12-33　移动打单台

5．绘制洞口

（1）将“门窗”图层设置为当前图层。

（2）单击“默认”选项卡“绘图”面板中的“直线”按钮，绘制长度为 900mm 的直线，单击“默认”选项卡“修改”面板中的“偏移”按钮，偏移直线，距离端部 1050mm，结果如图 12-34 所示。

（3）单击“默认”选项卡“修改”面板中的“分解”按钮，将墙线进行分解。

（4）单击“默认”选项卡“修改”面板中的“修剪”按钮，对多余的线进行修剪，然后封闭端线，结果如图 12-35 所示。

6．绘制单扇门

（1）单击“默认”选项卡“绘图”面板中的“直线”按钮，绘制一段长为 900mm 的直线，如图 12-36 所示。

（2）单击“默认”选项卡“绘图”面板中的“圆弧”按钮，绘制一个角度为 90 度的弧线，结果如图 12-37 所示。

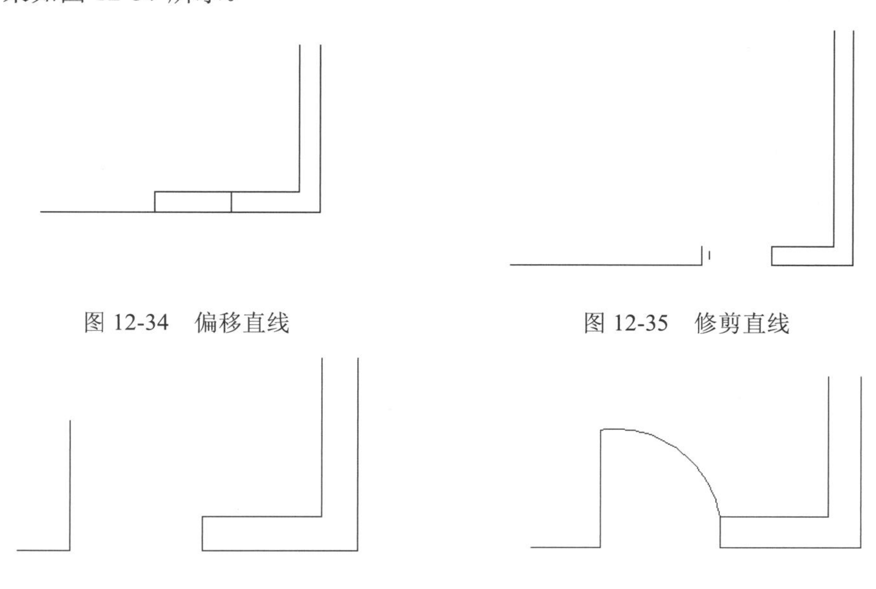

图 12-34　偏移直线

图 12-35　修剪直线

图 12-36　绘制直线

图 12-37　绘制圆弧

（3）单击“默认”选项卡“块”面板中的“创建”按钮和“插入”按钮，将单扇门定义为块并插入适当的位置，最终结果如图 12-38 所示。

图 12-38　插入单扇门

注意：绘制门洞时，要先将墙线分解，再进行修剪。

7．绘制双扇门

（1）单击“默认”选项卡“绘图”面板中的“直线”按钮，连接两端墙的中点作为辅助线。

（2）单击“默认”选项卡“绘图”面板中的“圆弧”按钮，绘制两条 90° 的弧线。

（3）单击“默认”选项卡“块”面板中的“创建”按钮，打开“创建块”对话框，拾取门上矩形端点为基点，选取门为对象，输入名称为“双开门”，单击“确定”按钮，完成双开门块的创建。

（4）单击“默认”选项卡“块”面板中的“插入”按钮，打开“插入”下拉列表，将上步创建的双开门图块插入适当位置，结果如图 12-39 所示。

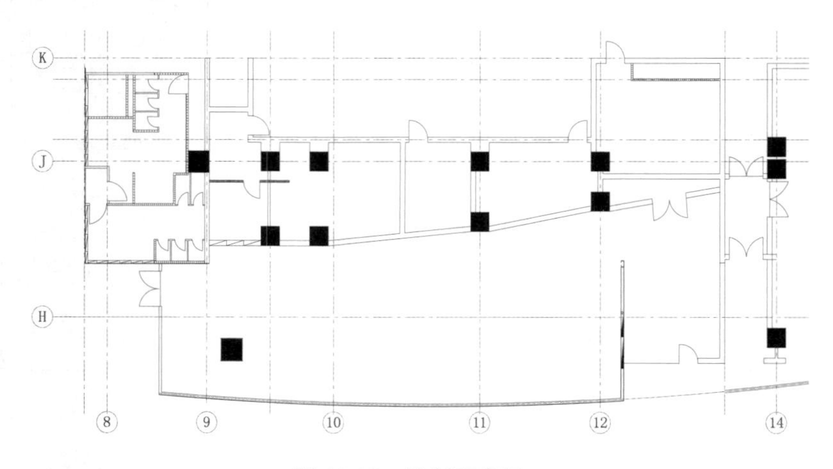

图 12-39　绘制双扇门

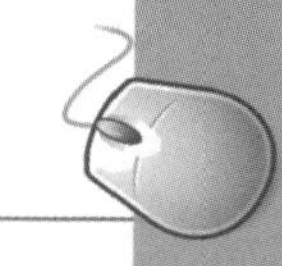

12.2.5 绘制楼梯及台阶

1. 绘制台阶

（1）单击“默认”选项卡“图层”面板中的“图层特性”按钮，打开“图层特性管理器”对话框，新建“台阶”图层，属性默认，将其设置为当前图层。图层设置如图 12-40 所示。

台阶	洋红	Continuous	—— 默认	0

图 12-40　台阶图层设置

（2）单击“默认”选项卡“绘图”面板中的“直线”按钮，绘制一段长度为 1857mm 的水平直线。

（3）单击“默认”选项卡“修改”面板中的“偏移”按钮，将直线向下偏移 250mm，连续向下偏移两次。结果如图 12-41 所示。

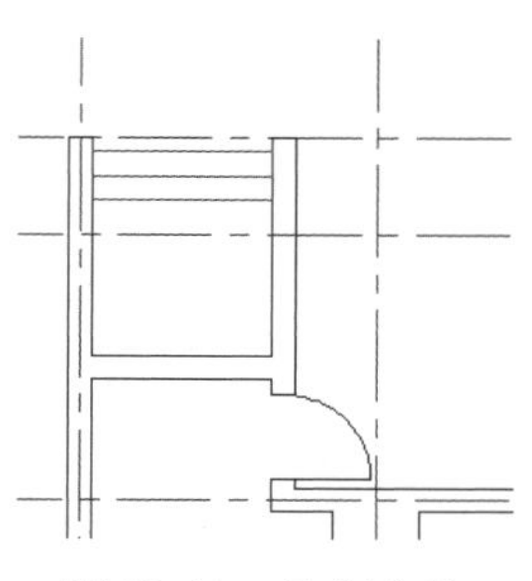

图 12-41　绘制台阶

2. 绘制楼梯

（1）单击“默认”选项卡“图层”面板中的“图层特性”按钮，打开“图层特性管理器”对话框，新建“楼梯”图层，属性默认，将其设置为当前图层。图层设置如图 12-42 所示。

楼梯	蓝	Continuous	—— 默认	0

图 12-42　楼梯图层设置

（2）单击“默认”选项卡“绘图”面板中的“矩形”按钮，绘制一个 3600mm×300mm 的矩形。单击“默认”选项卡“修改”面板中的“偏移”按钮，将绘制的矩形向外偏移 30mm。如图 12-43 所示。

（3）单击“默认”选项卡“绘图”面板中的“直线”按钮，绘制出一条竖直直线。单击“默认”选项卡“修改”面板中的“偏移”按钮，将绘制的直线向内偏移 250mm，结果如图 12-44 所示。

（4）单击“默认”选项卡“绘图”面板中的“多段线”按钮，绘制方向线。命令行提示与操作如下。

```
命令: _pline
指定起点:
当前线宽为 300.0000
指定下一个点或 [圆弧(A)/半宽(H)/长度(L)/放弃(U)/宽度(W)]: w↙
指定起点宽度 <300.0000>: 0↙
指定端点宽度 <0.0000>: 200↙
指定下一个点或 [圆弧(A)/半宽(H)/长度(L)/放弃(U)/宽度(W)]:
指定下一点或 [圆弧(A)/闭合(C)/半宽(H)/长度(L)/放弃(U)/宽度(W)]: w↙
指定起点宽度 <200.0000>: 0↙
指定端点宽度 <0.0000>: 0↙
指定下一点或 [圆弧(A)/闭合(C)/半宽(H)/长度(L)/放弃(U)/宽度(W)]:
指定下一点或 [圆弧(A)/闭合(C)/半宽(H)/长度(L)/放弃(U)/宽度(W)]:
指定下一点或 [圆弧(A)/闭合(C)/半宽(H)/长度(L)/放弃(U)/宽度(W)]:
指定下一点或 [圆弧(A)/闭合(C)/半宽(H)/长度(L)/放弃(U)/宽度(W)]:
```

完成楼梯的绘制，如图 12-45 所示。

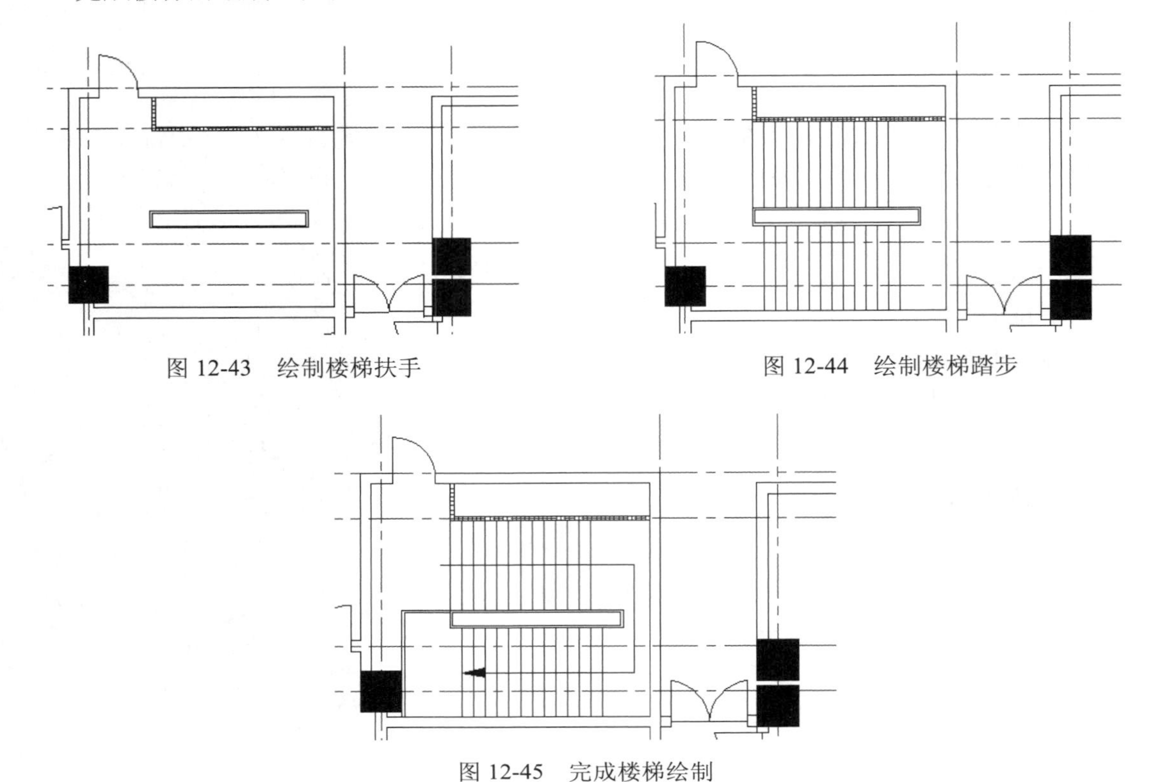

图 12-43　绘制楼梯扶手

图 12-44　绘制楼梯踏步

图 12-45　完成楼梯绘制

12.2.6 绘制装饰凹槽

（1）单击“默认”选项卡“图层”面板中的“图层特性”按钮，打开“图层特性管理器”对话框，新建“装饰凹槽”图层，属性默认，将其设置为当前图层。图层设置如图 12-46 所示。

图 12-46　楼梯图层设置

（2）单击“默认”选项卡“绘图”面板中的“矩形”按钮，绘制一个 800mm×110mm 的矩形作为装饰凹槽，如图 12-47 所示。

（3）单击“默认”选项卡“修改”面板中的“修剪”按钮，对装饰凹槽进行修剪。结果如图 12-48 所示。

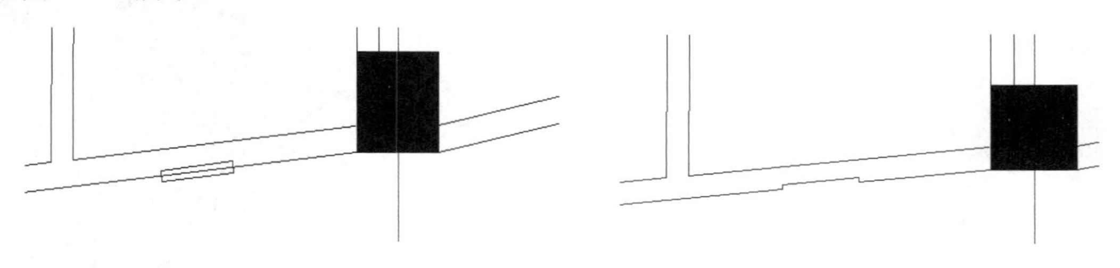

图 12-47　绘制装饰凹槽

图 12-48　修剪装饰凹槽

（4）利用上述方法绘制剩余装饰凹槽，如图 12-49 所示。

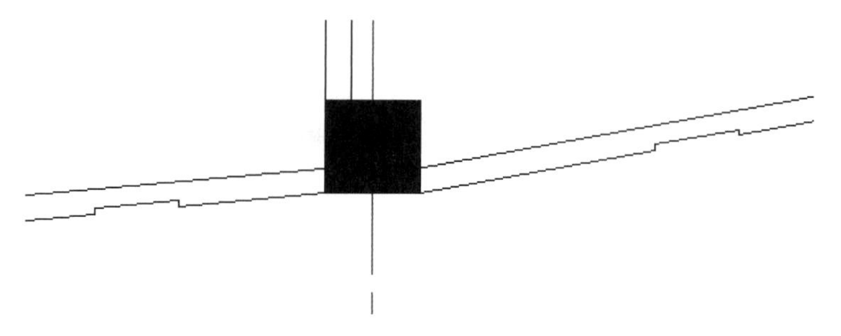

图 12-49 修剪装饰凹槽

12.2.7 标注尺寸

1. 设置标注样式

（1）将“标注”图层设置为当前图层。

（2）单击“默认”选项卡“注释”面板中的“标注样式”按钮，打开“标注样式管理器”对话框，如图 12-50 所示。

（3）单击“新建”按钮，打开“创建新标注样式”对话框，输入新样式名为“建筑”，如图 12-51 所示。

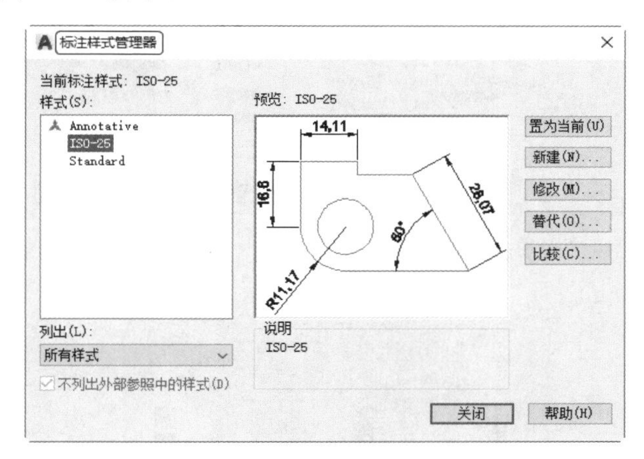

图 12-50 “标注样式管理器”对话框

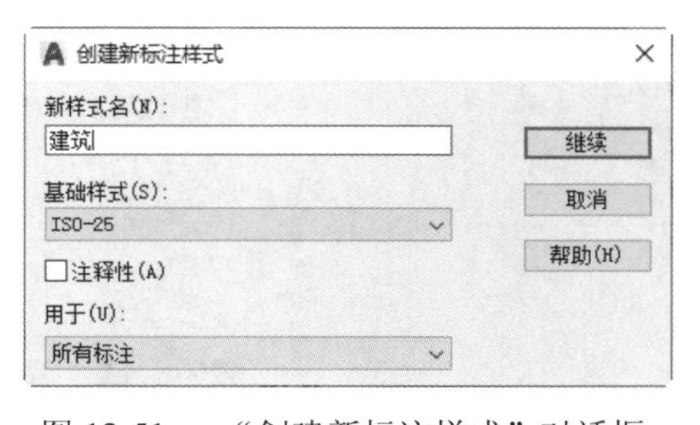

图 12-51 “创建新标注样式”对话框

（4）单击“继续”按钮，打开“新建标注样式：建筑”对话框，各个选项卡设置参数如图 12-52 所示。设置完参数后，单击“确定”按钮，返回到“标注样式管理器”对话框，将“建筑”样式设置为当前图层。

2. 标注图形

（1）单击“注释”选项卡“标注”面板中的“线性”按钮和“连续”按钮，标注细节尺寸，如图 12-53 所示。

（2）单击“注释”选项卡“标注”面板中的“线性”按钮和“连续”按钮，标注第一道尺寸，如图 12-54 所示。

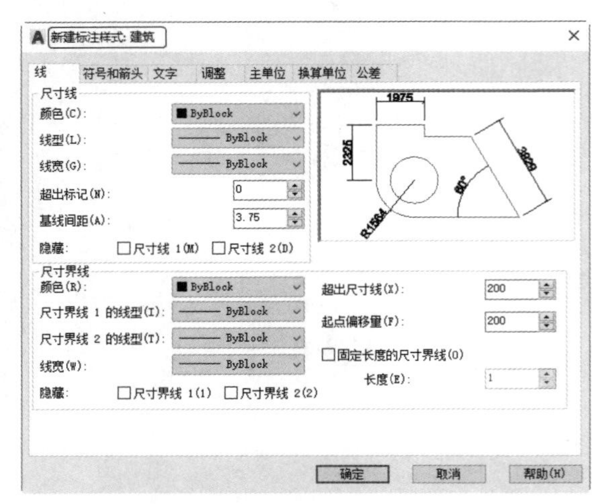

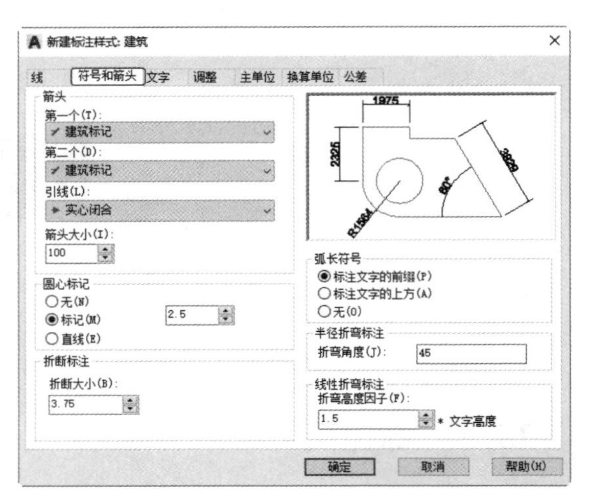

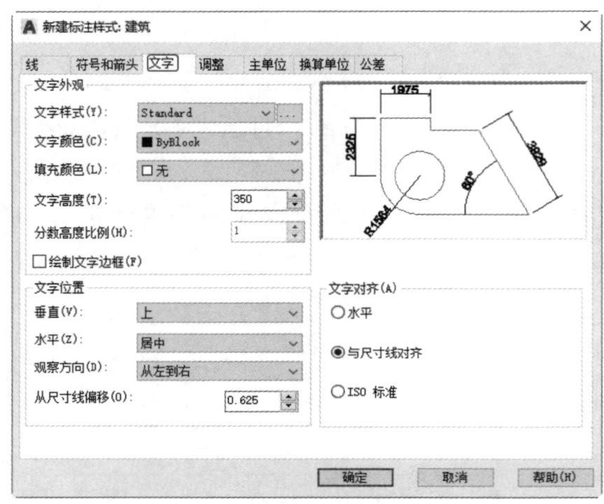

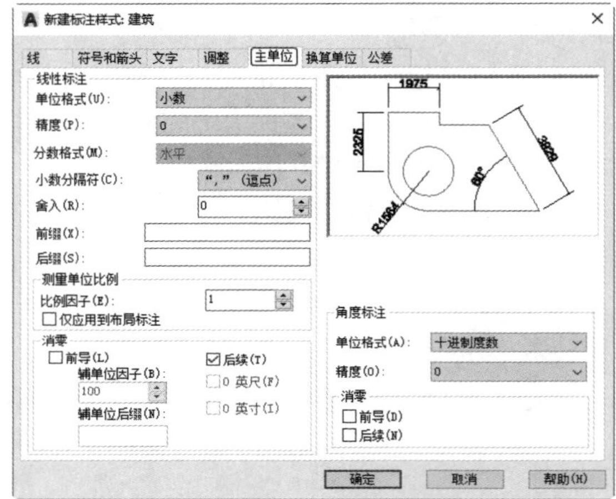

图 12-52 “新建标注样式：建筑”对话框

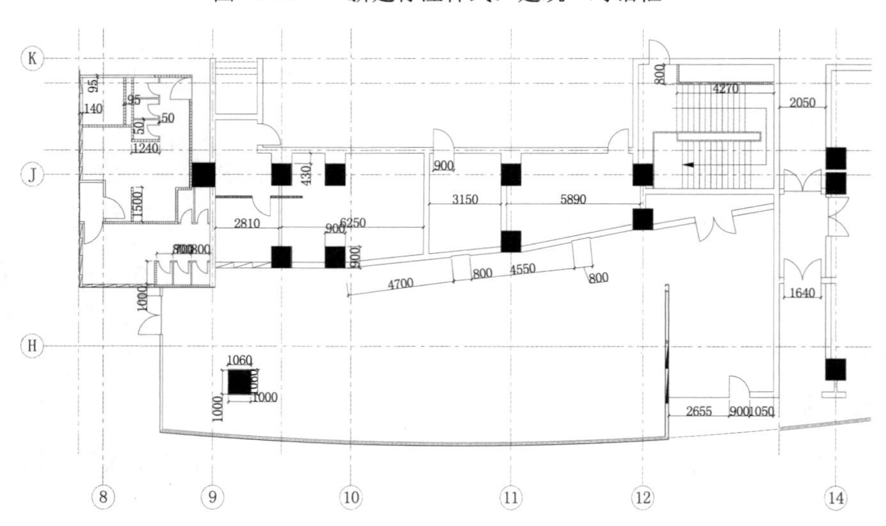

图 12-53 细节标注

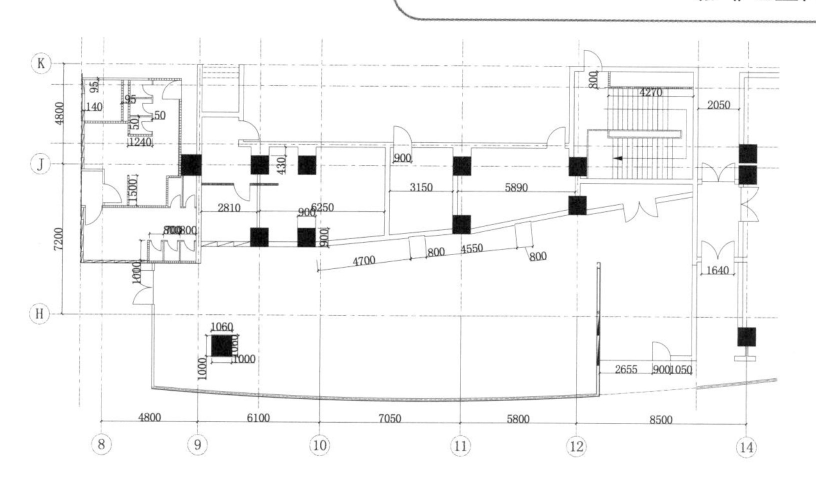

图 12-54　标注第一道尺寸

（3）单击“注释”选项卡“标注”面板中的“线性”按钮，标注图形总尺寸，如图 12-55 所示。

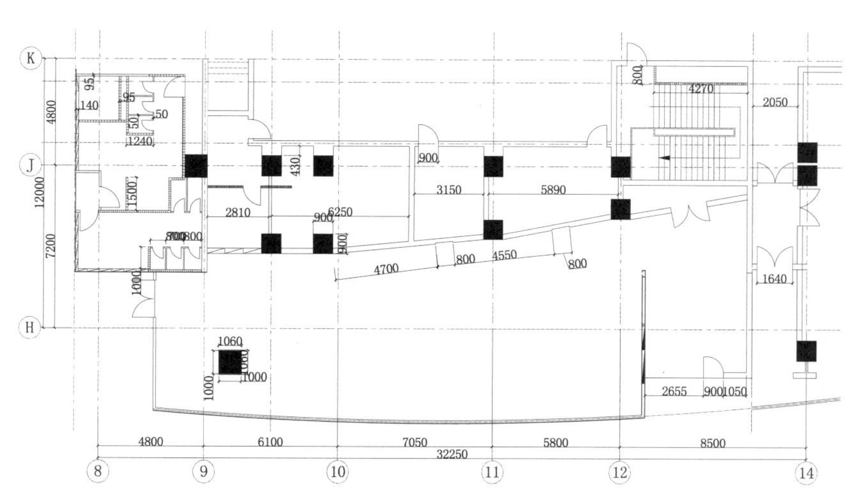

图 12-55　标注图形总尺寸

12.2.8 标注文字

在工程图中，设计人员需要用文字对图形进行文字说明。适当设置文字样式，使图纸看起来干净整洁。

1．设置文字样式

（1）单击“默认”选项卡“注释”面板中的“文字样式”按钮，打开“文字样式对话框”如图 12-56 所示。

（2）单击“新建”按钮，打开“新建文字样式”对话框，在“样式名”文本框中输入“平面图”，如图 12-57 所示。

（3）在字体名下拉列表中选择“宋体”，在“高度”文本框中输入“300”，其他设置如图 12-58 所示。

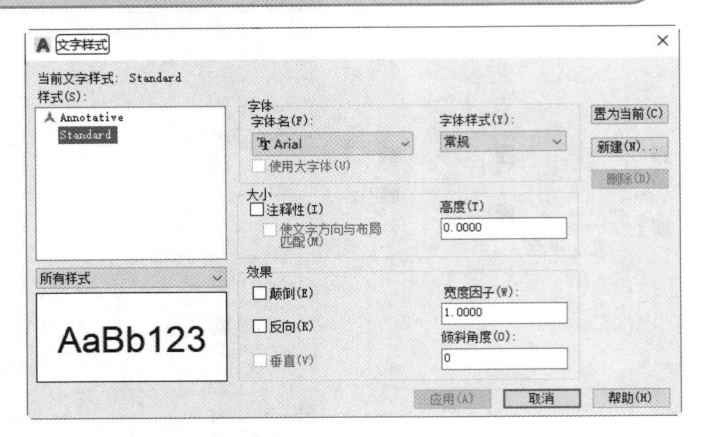

图 12-56 “文字样式”对话框

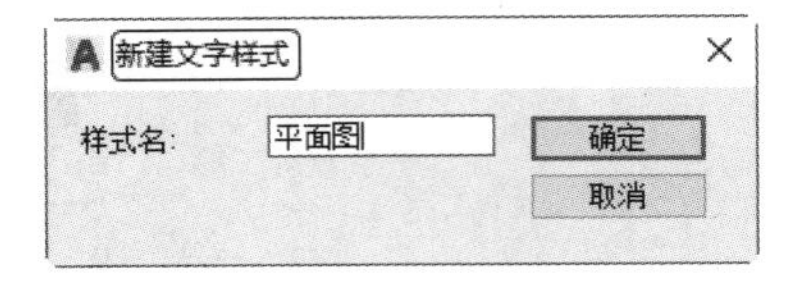

图 12-57 “新建文字样式”对话框

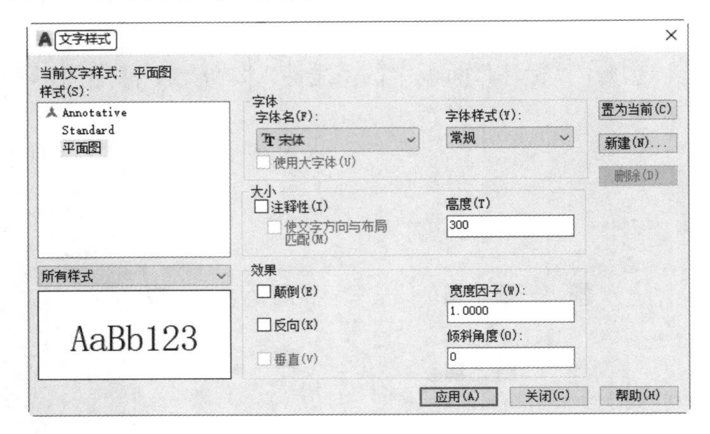

图 12-58 设置文字样式

2. 标注文字

（1）将“文字”图层设置为当前图层。

（2）单击“默认”选项卡“注释”面板中的“多行文字”按钮A，在平面图的适当位置输入文字，如图 12-59 所示。

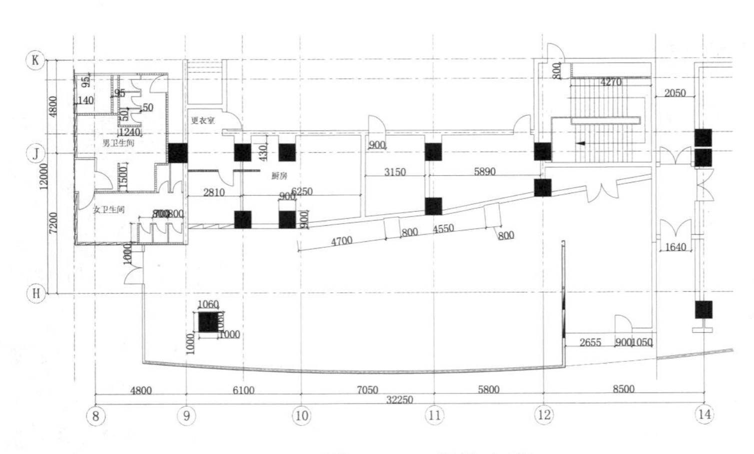

图 12-59 标注文字

（3）单击“默认”选项卡“块”面板中的“插入”按钮，插入“源文件/图块/方向符号”。咖啡吧平面图绘制完成，如图 12-60 所示。

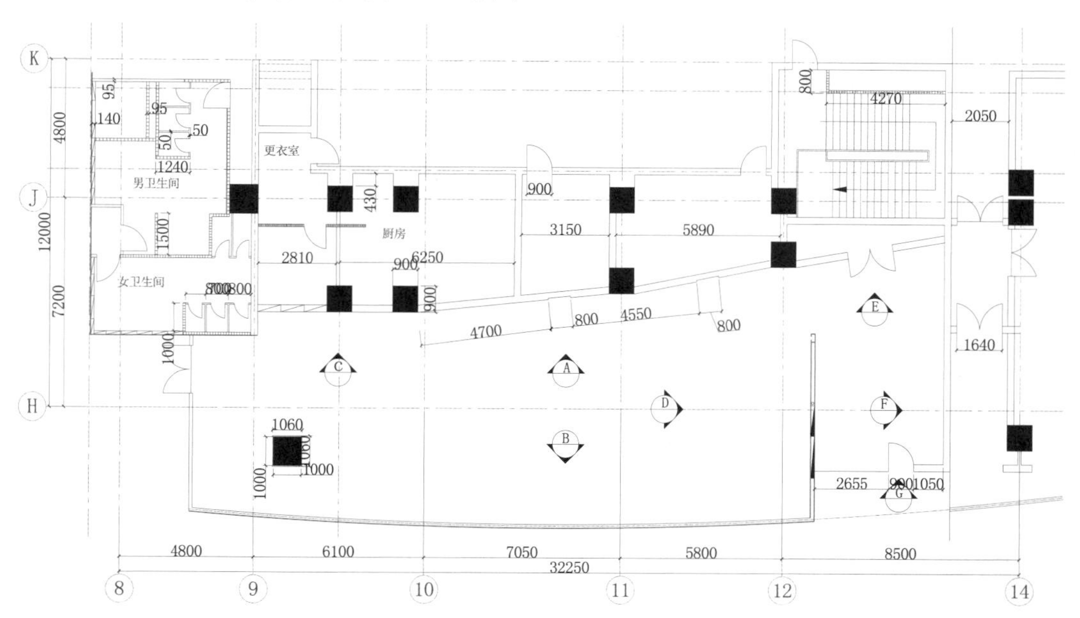

图 12-60　咖啡吧平面图

注意：图纸是用来交流的，不同单位使用的字体可能会不同，对于图纸中的文字，如果不是专门用于印刷出版的话，不一定必须找回原来的字体来显示。只要能看懂其中文字所要说明的内容就够了。所以，找不到的字体首先考虑的是使用其他字体来替换，而不是到处查找字体。

在图形打开时，没有的字体，AutoCAD 会提示用户指定替换字体，但每次打开都进行这样操作未免有些繁琐。这里介绍一种一次性操作，免除以后的烦恼。

方法如下：复制要替换的字库为被替换的字库名。如，打开一幅图，提示找不到 jd.shx 字库，想用 hztxt.shx 替换它，那么可以把 hztxt.shx 复制一份，命名为 jd.shx，就可以解决了。不过这种办法的缺点是太占用磁盘空间。

12.3　咖啡吧装饰平面图

注意：随着社会的发展，人们的生活水平不断提高，对休闲场所的要求也逐步提高。咖啡吧是人们工作繁忙之际一个缓解疲劳的最佳场所，所以设计咖啡吧的首要目标是休闲，要求里面设施健全、环境幽雅。

本例的咖啡吧吧厅开阔，能同时容纳多人，室内布置花台、电视，布局合理。前厅位置宽阔，人流畅通，避免人流过多相互交叉和干扰。下面介绍如图 12-61 所示的咖啡吧装饰平面图的设计。

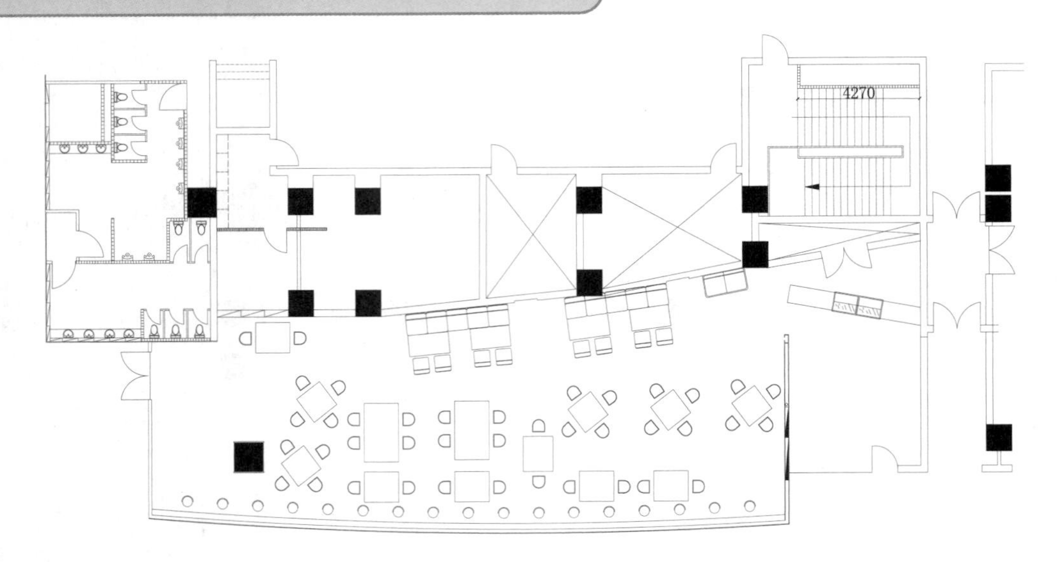

图 12-61　咖啡吧装饰平面图

12.3.1 绘制准备

在绘图过程中，绘图准备占有重要位置，整理好图形，使图形看起来整洁而不杂乱，对初学者来说可以节省后面绘制装饰平面图的时间

（1）单击“快速访问”工具栏中的“打开”按钮，打开前面绘制的“咖啡吧建筑平面图”，并将其另存为“咖啡吧平面布置图”。

（2）关闭“标注”图层和“文字”图层。

（3）单击“默认”选项卡“图层”面板中的“图层特性”按钮，打开“图层特性管理器”对话框，新建“装饰”图层，将其设置为当前图层。图层设置如图 12-62 所示。

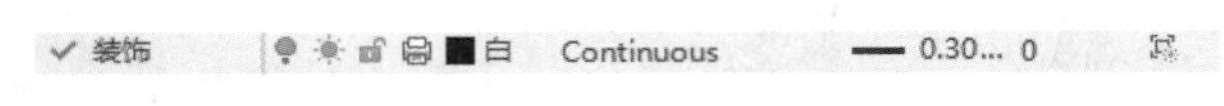

图 12-62　装饰图层设置

12.3.2 绘制所需图块

图块是多个对象组成的一个整体，在图形中图块可以反复使用，大大节省绘图时间。下面我们绘制家具，并将其制作成图块布置到图形中。

1. 绘制餐桌椅

（1）单击“默认”选项卡“绘图”面板中的“矩形”按钮，在空白位置绘制一个 200mm×100mm 的矩形，如图 12-63 所示。

（2）单击“默认”选项卡“绘图”面板中的“圆弧”按钮，起点为矩形左上端点，终点为矩形右上端点，绘制一段圆弧，如图 12-64 所示。

（3）单击“默认”选项卡“修改”面板中的“修剪”按钮，修剪图形，如图 12-65 所示。

（4）单击“默认”选项卡“修改”面板中的“偏移”按钮，将上步绘制的图形向外偏移 10mm，完成椅子的制作，如图 12-66 所示。

图 12-63　绘制矩形

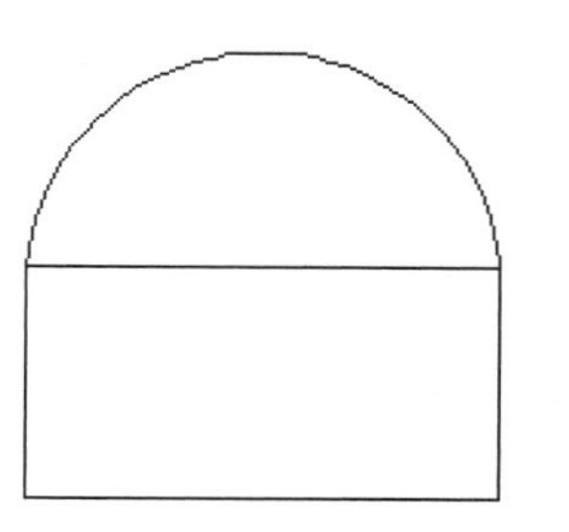

图 12-64　绘制圆弧

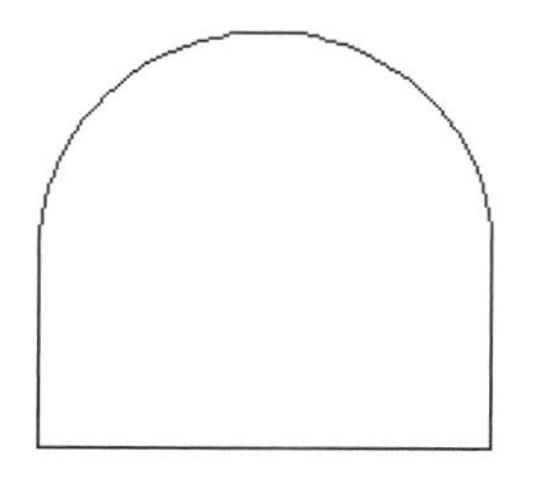

图 12-65　绘制水平直线

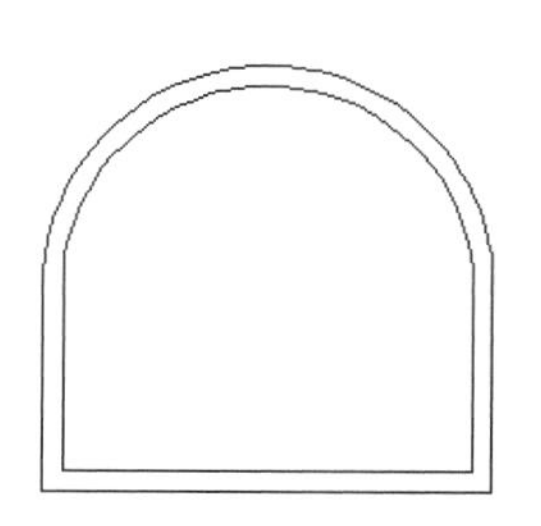

图 12-66　椅子

（5）单击“默认”选项卡“块”面板中的“创建”按钮，打开“块定义”对话框，在“名称”文本框中输入“餐椅 1”，如图 12-67 所示。单击“拾取点”按钮，选择“餐椅 1”的坐垫下中点为基点，单击“选择对象”按钮，选择全部对象，单击“确定”按钮，完成餐椅 1 块的创建。

图 12-67　定义餐椅 1 图块

（6）单击“默认”选项卡“绘图”面板中的“矩形”按钮，绘制一个 300mm×500mm 的方形桌子，如图 12-68 所示。

（7）单击“默认”选项卡“块”面板中的“插入”按钮，打开“插入”下拉列表，如图 12-69 所示。

（8）在“名称”下拉列表中选择“餐椅 1”，指定桌子任意一点为插入点，旋转 90° 指定比例为 0.5。结果如图 12-70 所示。

（9）继续插入椅子图形，结果如图 12-71 所示。

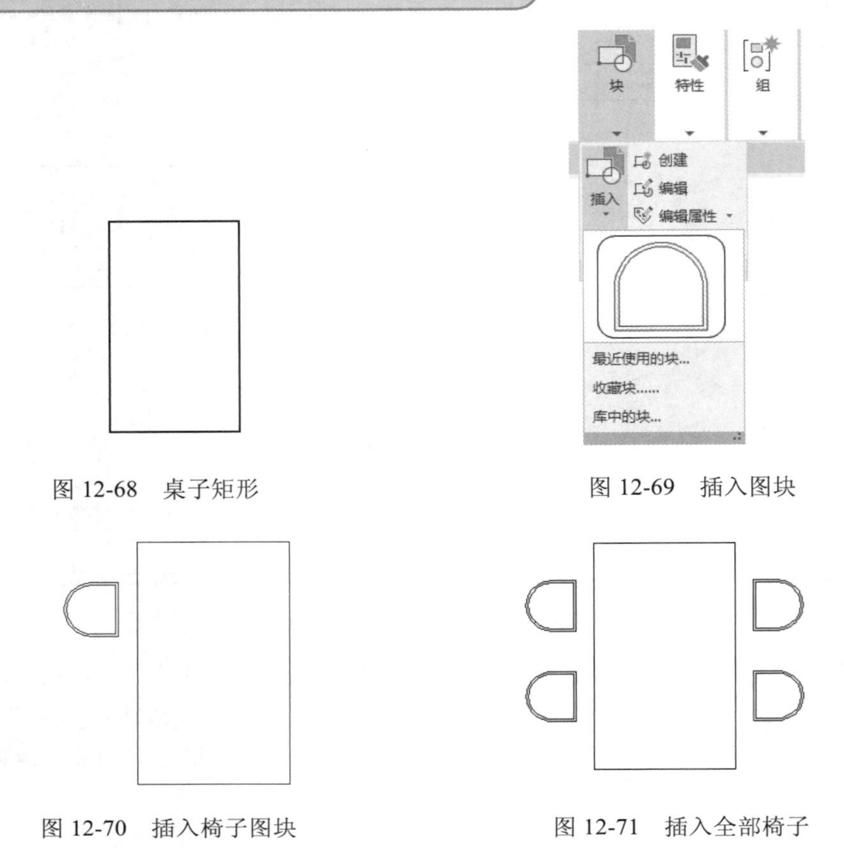

图 12-68　桌子矩形

图 12-69　插入图块

图 12-70　插入椅子图块

图 12-71　插入全部椅子

注意：在图形插入块时，可以对相关参数（如插入点、插入比例及插入角度），进行设置。

（10）利用上述方法绘制两人座桌椅，结果如图 12-72 所示。

图 12-72　两人座桌椅

2. 绘制四人座桌椅

（1）单击“默认”选项卡“绘图”面板中的“矩形”按钮，绘制一个 500mm×500mm 的方形桌子，如图 12-73 所示。

（2）单击“默认”选项卡“块”面板中的“插入”按钮，打开“插入”下拉列表。在“名称”下拉列表中选择“餐椅 1”，指定桌子上边中点为插入点，旋转 45°，指定比例为 0.5。结果如图 12-74 所示。

（3）继续插入椅子图形，结果如图 12-75 所示。

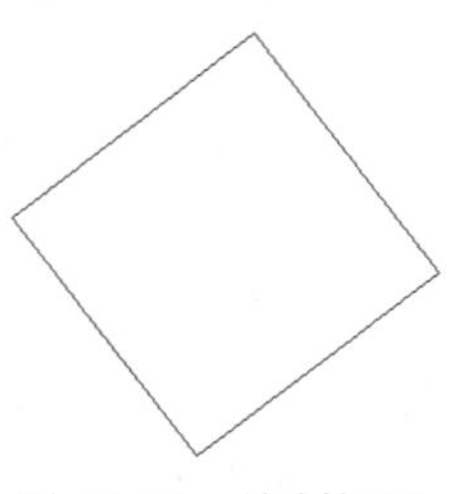

图 12-73　绘制矩形

图 12-74 插入椅子

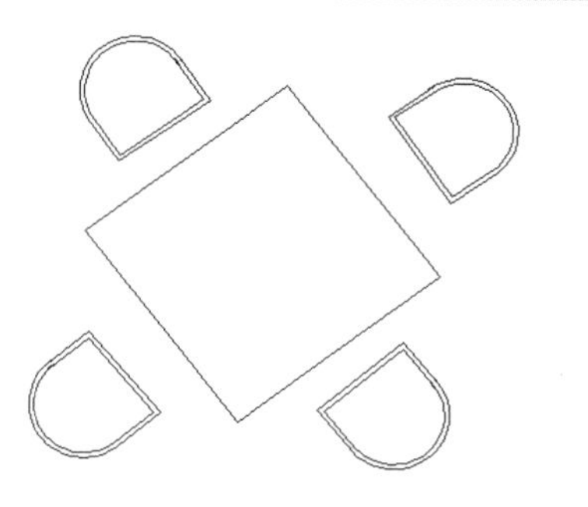

图 12-75 插入全部椅子

3. 绘制卡座沙发

（1）单击“默认”选项卡“绘图”面板中的“矩形”按钮，绘制一个 200mm×200mm 的矩形，如图 12-76 所示。

（2）单击“默认”选项卡“修改”面板中的“分解”按钮，将上步绘制的矩形分解。

（3）单击“默认”选项卡“修改”面板中的“偏移”按钮，将矩形上边向下偏移 50mm，如图 12-77 所示。

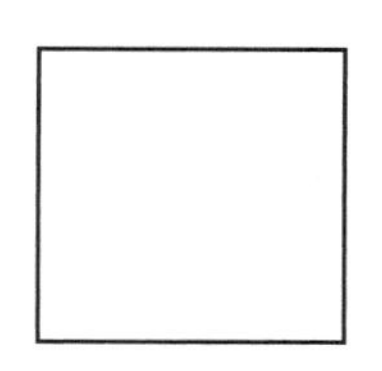

图 12-76 绘制矩形

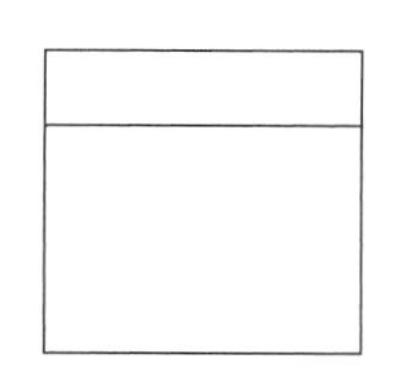

图 12-77 偏移直线

（4）单击“默认”选项卡“修改”面板中的“偏移”按钮，将矩形上边和上步偏移的直线分别向下偏移 5mm。

（5）单击“默认”选项卡“修改”面板中的“圆角”按钮，将矩形上两边和底边进行圆角处理，圆角半径为 15mm。结果如图 12-78 所示。

（6）单击“默认”选项卡“修改”面板中的“复制”按钮，将上步绘制的图形复制 4 个完成卡座沙发的绘制，如图 12-79 所示。

图 12-78 圆角处理

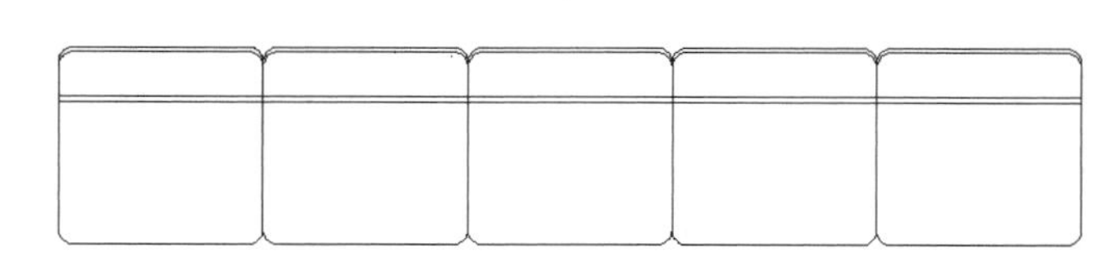

图 12-79 卡座沙发

（7）单击“默认”选项卡“块”面板中的“创建”按钮，打开“块定义”对话框，在“名称”文本框中输入“卡座沙发”，如图 12-80 所示。单击“拾取点”按钮，选择“卡座沙发”坐垫下中点为基点，单击“选择对象”按钮，选择全部对象，单击“确定”按钮。

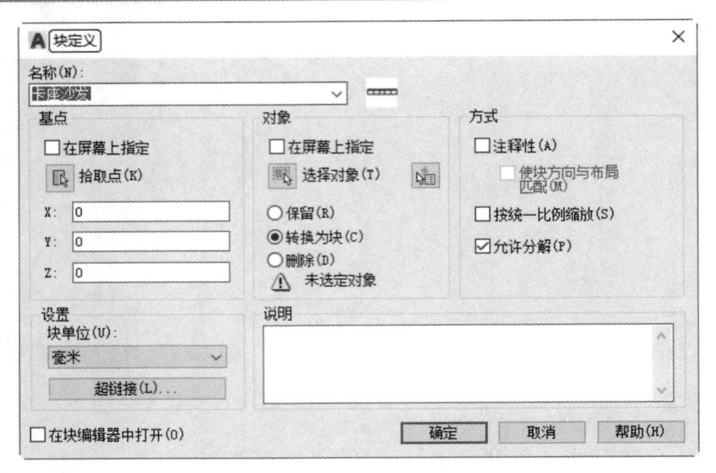

图 12-80　卡座沙发图块

4．绘制双人沙发

（1）单击“默认”选项卡“绘图”面板中的“矩形”按钮，绘制一个 200mm×100mm 的矩形，如图 12-81 所示。

（2）单击“默认”选项卡“修改”面板中的“分解”按钮，将上步绘制的矩形分解。

（3）单击“默认”选项卡“修改”面板中的“偏移”按钮，将矩形上边向下偏移 2mm、15mm、2mm，将矩形左边竖直边和矩形下边分别向外偏移 5mm，如图 12-82 所示。

图 12-81　绘制矩形　　　　图 12-82　偏移直线

（4）单击“默认”选项卡“修改”面板中的“圆角”按钮，将矩形边进行倒圆角处理。圆角半径为 5mm，如图 12-83 所示。

（5）单击“默认”选项卡“修改”面板中的“镜像”按钮，将图形镜像，镜像线为矩形右边竖直边。完成双人沙发的绘制，结果如图 12-84 所示。

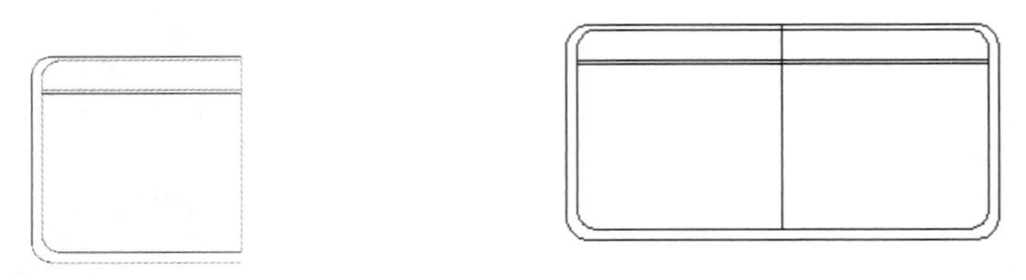

图 12-83　矩形倒圆角　　　　图 12-84　双人沙发

（6）单击“默认”选项卡“块”面板中的“创建”按钮，打开“块定义”对话框，在“名称”文本框中输入“双人沙发”，如图 12-85 所示。单击“拾取点”按钮，选择“双人沙发”坐垫下中点为基点，单击“选择对象”按钮，选择全部对象，单击“确定”按钮。

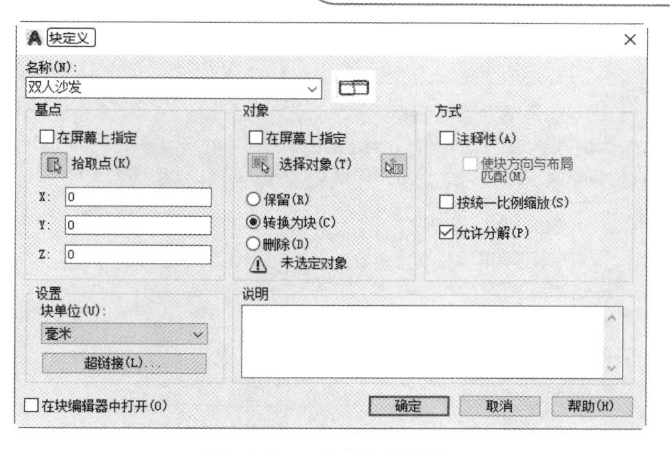

图 12-85 双人沙发图块

5. 绘制吧台椅

（1）单击“默认”选项卡“绘图”面板中的“圆”按钮，绘制一个直径为 140mm 的圆，如图 12-86 所示。

（2）单击“默认”选项卡“修改”面板中的“偏移”按钮，将圆向外偏移 10mm，如图 12-87 所示。

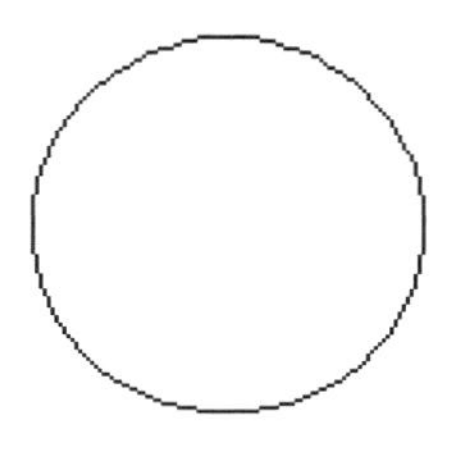

图 12-86 绘制圆

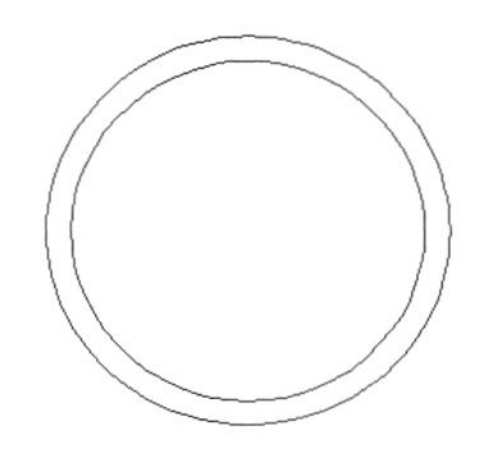

图 12-87 偏移圆

（3）单击“默认”选项卡“绘图”面板中的“直线”按钮，绘制内圆与外圆的连接线，如图 12-88 所示。

（4）单击“默认”选项卡“修改”面板中的“修剪”按钮，修剪图形，完成吧台椅的绘制，如图 12-89 所示。

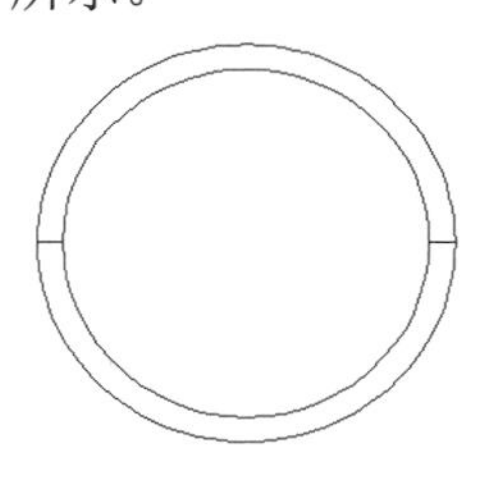

图 12-88 绘制连接线

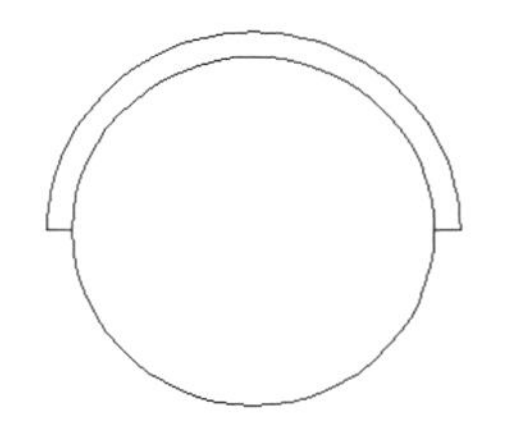

图 12-89 吧台椅的绘制

（5）单击“默认”选项卡“块”面板中的“创建”按钮，打开“块定义”对话框，在“名称”文本框中输入“吧台椅”，如图 12-90 所示。单击“拾取点”按钮，选择“吧台椅”坐垫下中点为基点，单击“选择对象”按钮，选择全部对象，单击“确定”按钮。

图 12-90　吧台椅图块

6. 绘制座便器

（1）单击“默认”选项卡“绘图”面板中的“矩形”按钮，在空白位置绘制一个 350mm×110mm 的矩形，再单击“默认”选项卡“修改”面板中的“偏移”按钮，将矩形向内偏移 20mm，如图 12-91 所示。

（2）单击“默认”选项卡“绘图”面板中的“椭圆”按钮，绘制一个短轴半径为 118mm、长轴半径为 174mm 的椭圆，如图 12-92 所示。

图 12-91　偏移矩形

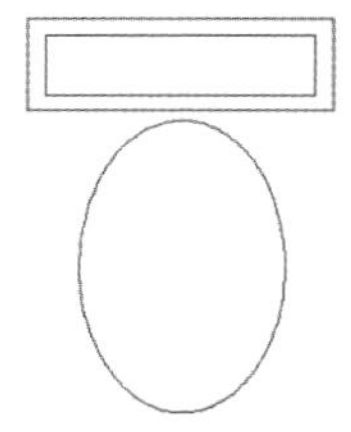

图 12-92　绘制椭圆

（3）单击“默认”选项卡“绘图”面板中的“圆弧”按钮，绘制两段圆弧，结果如图 12-93 所示。

（4）单击“默认”选项卡“修改”面板中的“偏移”按钮，将椭圆向内偏移 10mm，结果如图 12-94 所示。

（5）单击“默认”选项卡“绘图”面板中的“圆”按钮，绘制一个半径为 5mm 的圆。完成座便器的绘制，如图 12-95 所示。

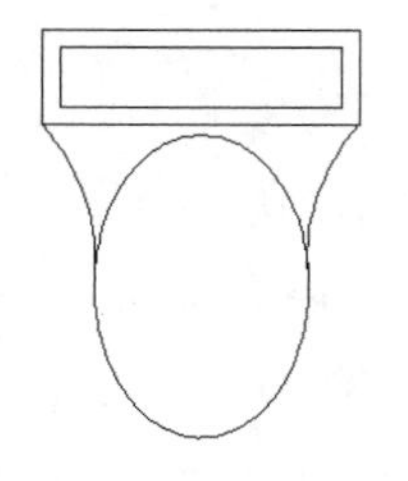

图 12-93　绘制圆弧

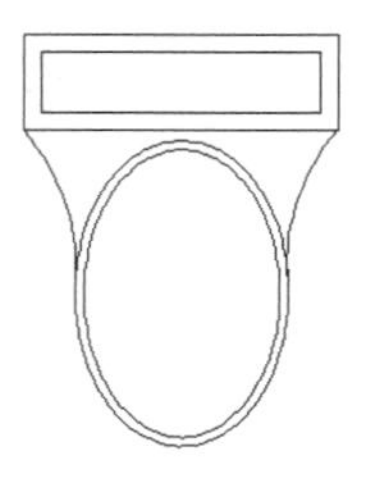

图 12-94　偏移椭圆

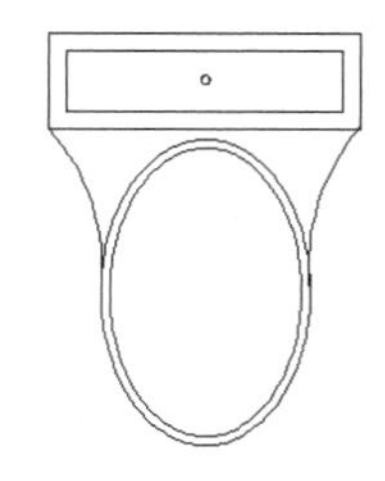

图 12-95　绘制小圆

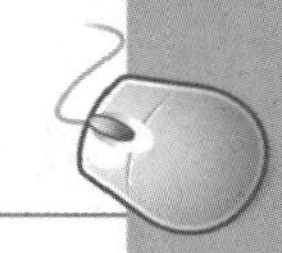

12.3.3 布置咖啡吧

1. 咖啡吧大厅布置

（1）单击“默认”选项卡“块”面板中的“插入”按钮，在名称下拉列表中选择“餐桌椅 1”，在图中相应位置插入图块，如图 12-96 所示。

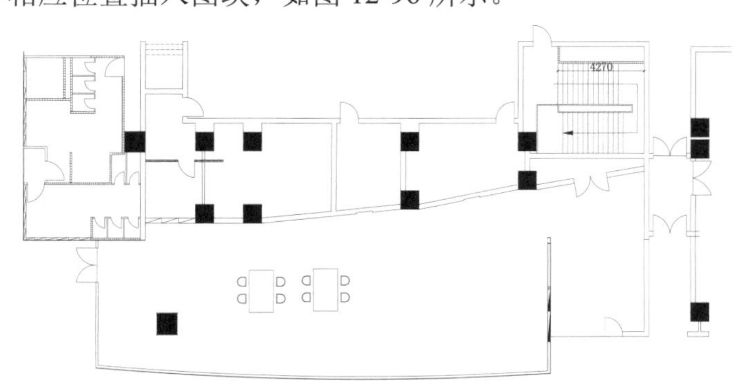

图 12-96 插入餐桌椅

（2）单击“默认”选项卡“块”面板中的“插入”按钮，在名称下拉列表中选择“四人座桌椅”，在图中相应位置插入图块，适当调整插入比例，使图块与图形相匹配，如图 12-97 所示。

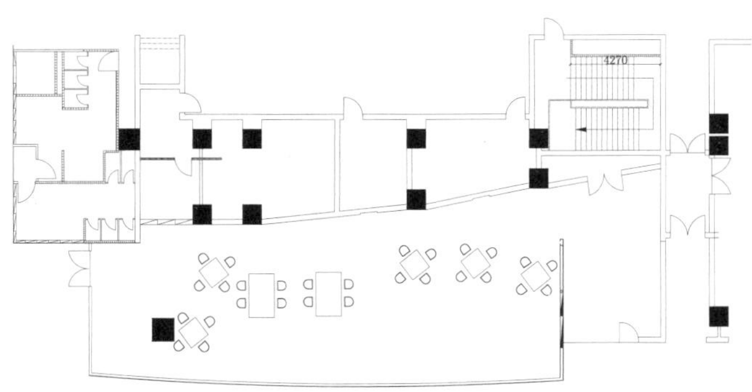

图 12-97 插入四人座桌椅

（3）单击“默认”选项卡“块”面板中的“插入”按钮，在名称下拉列表中选择“双人桌椅”，在图中相应位置插入图块，适当调整插入比例，使图块与图形相匹配，如图 12-98 所示。

（4）单击“默认”选项卡“块”面板中的“插入”按钮，在名称下拉列表中选择“卡座沙发”，在图中相应位置插入图块，适当调整插入比例，使图块与图形相匹配，如图 12-99 所示。

（5）单击“默认”选项卡“块”面板中的“插入”按钮，在名称下拉列表中选择“双人座沙发”，在图中相应位置插入图块，适当调整插入比例，使图块与图形相匹配。

（6）单击“默认”选项卡“修改”面板中的“偏移”按钮，选择弧度墙体向内偏移 300mm，绘制出吧台桌子。

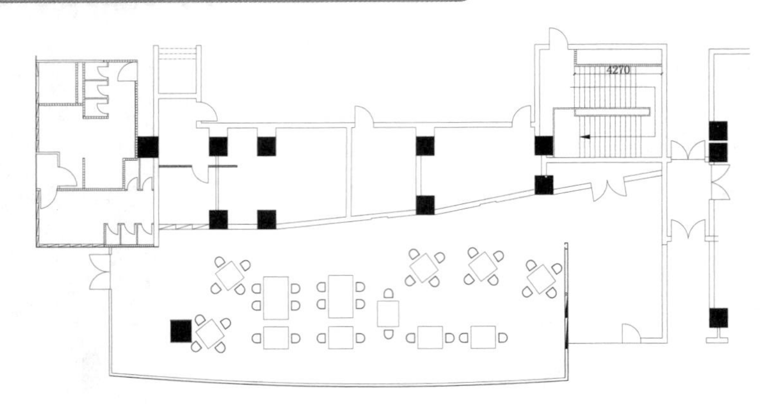

图 12-98　插入双人桌椅

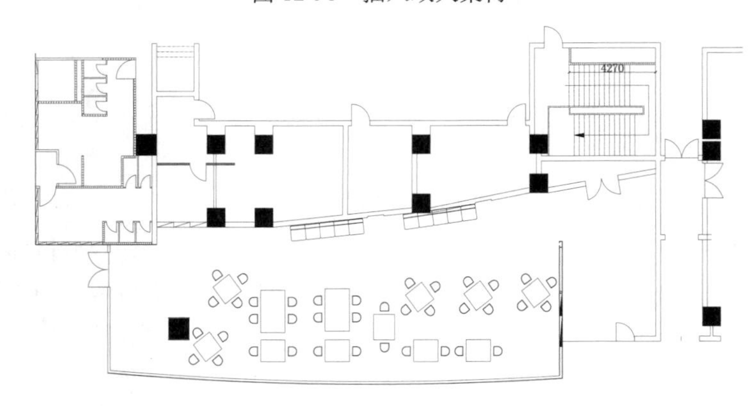

图 12-99　插入卡座沙发

（7）单击“默认”选项卡“块”面板中的“插入”按钮，在名称下拉列表中选择“吧台椅”，插入吧台椅，如图 12-100 所示。

（8）利用上述方法插入图块，完成咖啡吧大厅装饰布置图的绘制，结果如图 12-100 所示。

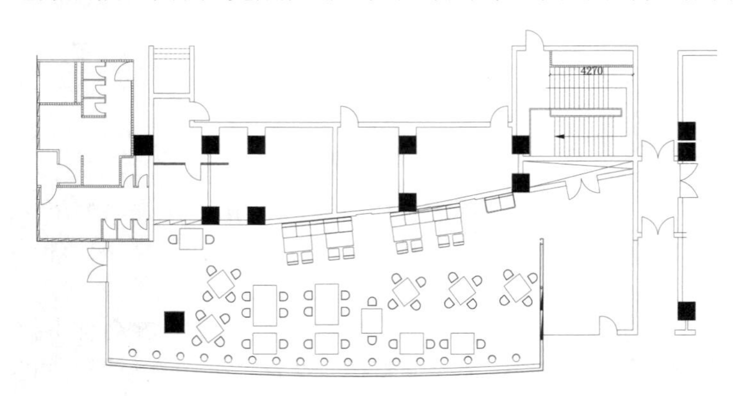

图 12-100　咖啡吧大厅装饰布置图

2. 咖啡吧前厅布置

咖啡吧前厅是咖啡吧的入口，也是顾客对咖啡吧产生第一印象的地方。

（1）单击“默认”选项卡“绘图”面板中的“矩形”按钮，绘制一个 4720mm×600mm 的矩形，在刚绘制的矩形内绘制一个 1600mm×600mm 的矩形，结果如图 12-101 所示。

（2）单击“默认”选项卡“修改”面板中的“偏移”按钮，将上步绘制的矩形向外偏移 20mm，如图 12-102 所示。

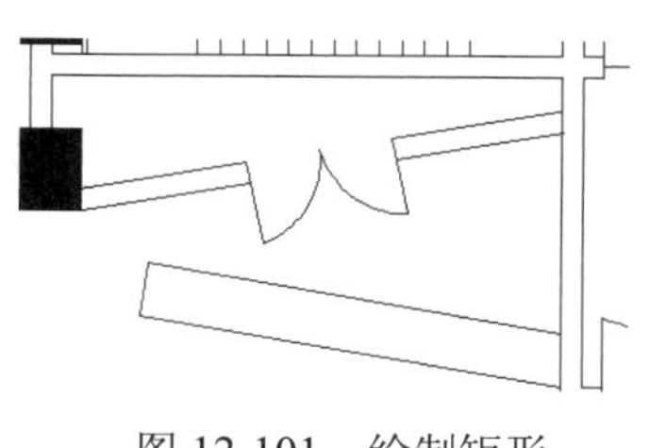
图 12-101　绘制矩形

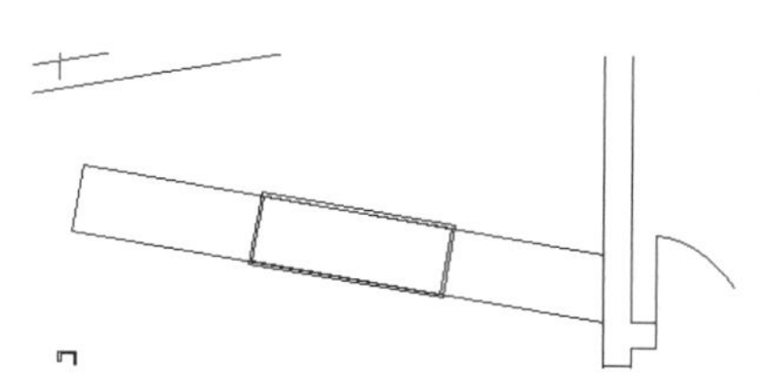
图 12-102　偏移矩形

（3）单击“默认”选项卡“绘图”面板中的“直线”按钮，拾取矩形上边中点为起点绘制一条垂直直线，取内部矩形左边中点为起点绘制一条水平直线。

（4）单击“默认”选项卡“修改”面板中的“偏移”按钮，将垂直直线分别向两侧偏移 30mm。

（5）单击“默认”选项卡“修改”面板中的“修剪”按钮，修剪图形结果如图 12-103 所示。

（6）单击“默认”选项卡“绘图”面板中的“直线”按钮，在矩形内部绘制直线细化图形，结果如图 12-104 所示。

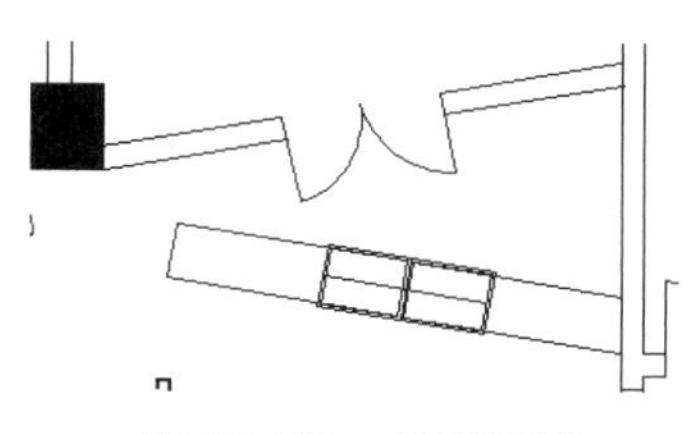
图 12-103　修剪图形

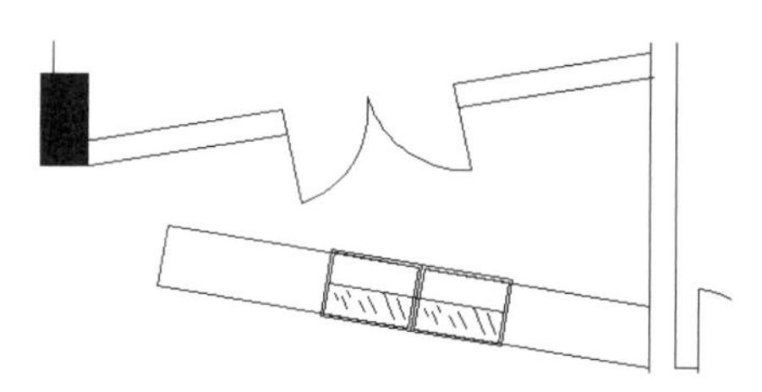
图 12-104　细化图形

（7）单击“默认”选项卡“绘图”面板中的“直线”按钮，在图形内部绘制两条交叉直线，如图 12-105 所示。

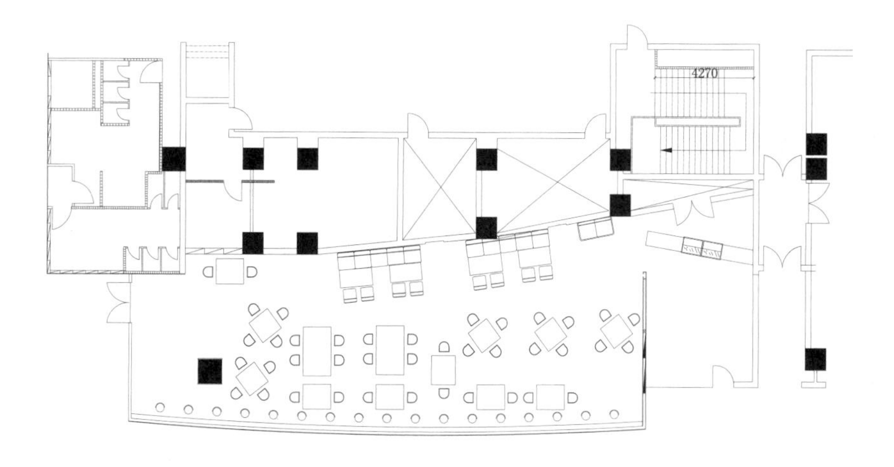

图 12-105　绘制交叉线

3．咖啡吧更衣室布置

单击“默认”选项卡“绘图”面板中的“直线”按钮╱，绘制更衣室的更衣柜。绘制方法简单，使用的命令前面已经讲述过，在这不再详细阐述，结果如图 12-106 所示。

4．咖啡吧卫生间布置

（1）单击“默认”选项卡“块”面板中的“插入”按钮，在名称下拉列表中选择“坐便器”，在卫生间图形中插入座便器图块，如图 12-107 所示。

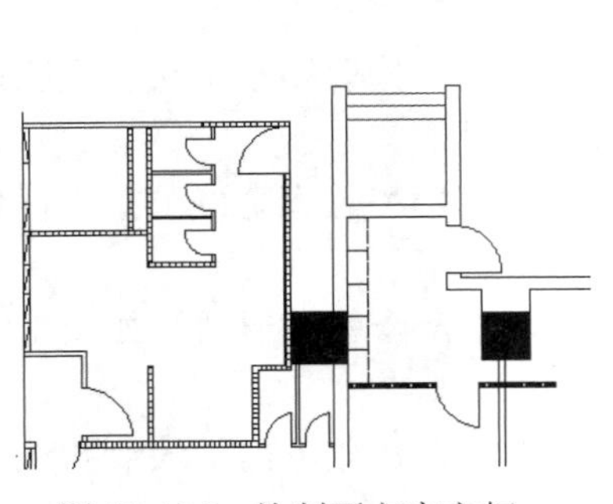

图 12-106　绘制更衣室衣柜

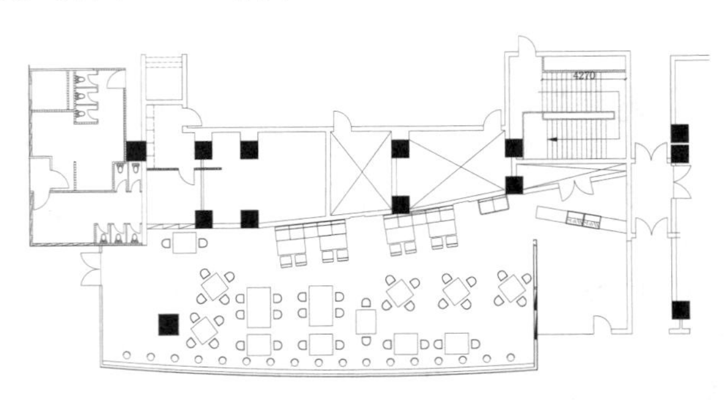

图 12-107　插入座便器图块

（2）单击“默认”选项卡“绘图”面板中的“直线”按钮╱，在距离墙体位置 300mm 处绘制一条直线，作为洗手台边线，如图 12-108 所示。

（3）单击“默认”选项卡“块”面板中的“插入”按钮，插入“源文件/图块/洗手盆”，在卫生间图形中插入洗手盆图块，如图 12-109 所示。

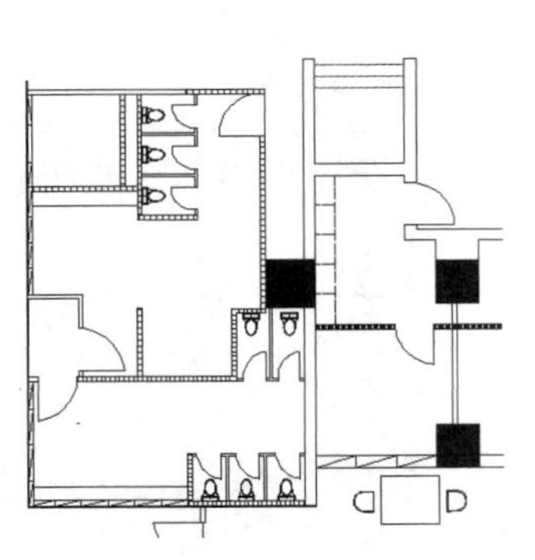

图 12-108　绘制洗手台边线

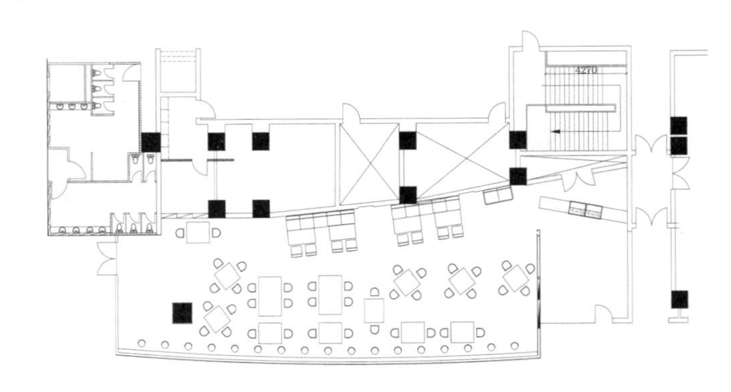

图 12-109　插入洗手盆图形

（4）单击“默认”选项卡“块”面板中的“插入”按钮，插入“源文件/图块/小便器”，在卫生间图形中插入小便器图块，如图 12-110 所示。

注意：利用前面讲过的方法为厨房开一个门。

5．布置厨房

单击“默认”选项卡“块”面板中的“插入”按钮，插入图块，完成咖啡吧装饰平面图的绘制，如图 12-111 所示。

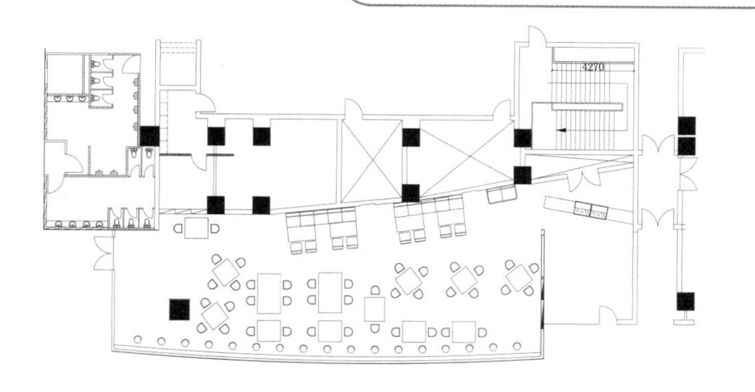

12-110　插入小便器图形

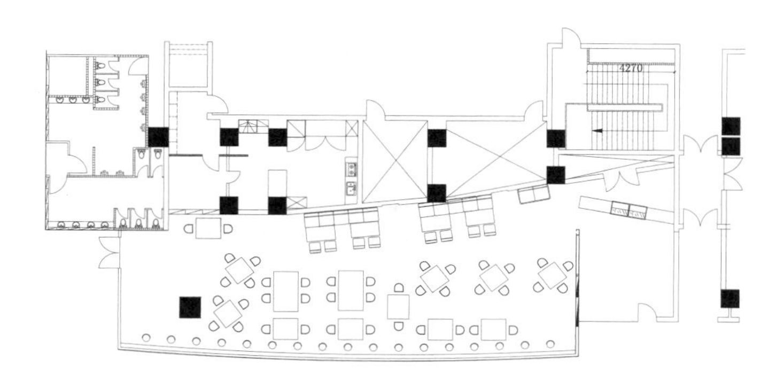

图 12-111　完成的咖啡吧装饰平面图

Chapter

咖啡吧顶棚和地面平面图

13

地面图和顶棚图是建筑设计的灵性所在。对于地面和顶棚要充分考虑材料的质地、色彩等多方面的因素。

本章将在上一章的基础上继续讲解设计咖啡吧顶棚图和地面平面图的绘制方法和技巧。

13.1 绘制咖啡吧顶棚平面图

注意：本例的咖啡吧做了一个错层吊顶，中间以开间区域自然分开。其中，咖啡厅为方通管顶棚，按灯光需要在靠近厨房顶棚沿线布置装饰吊灯，在中间区域布置射灯，灯具布置不要过密，要形成一种相对柔和的光线氛围；厨房为烤漆格栅扣板顶棚。由于厨房为工作场所，灯具在保证亮度的前提下可以根据需要相对随意布置；门厅顶棚为相对明亮的白色乳胶漆饰面的纸面石膏板，这样可以使空间高度相对充裕，再配以软管射灯和格栅射灯，使整个门厅显得清新明亮，如图 13-1 所示。

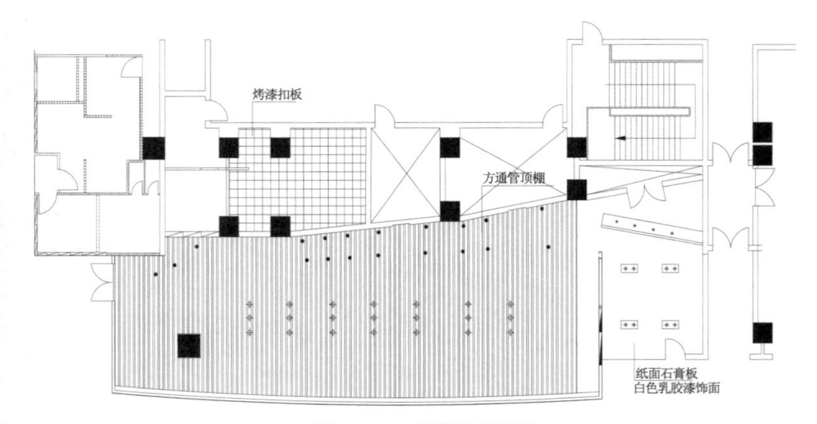

图 13-1 顶棚平面图

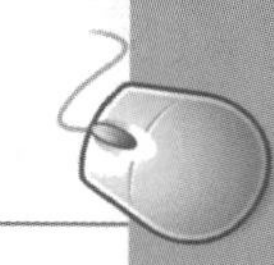

13.1.1 绘制准备

（1）单击“快速访问”工具栏中的“打开”按钮，打开前面绘制的“某咖啡吧平面布置图”，并将其另存为“咖啡吧顶棚布置图”。

（2）关闭“装饰”“轴线”“门窗”“文字”和“台阶”图层，删除卫生间隔断和洗手台。

（3）单击“默认”选项卡“绘图”面板中的“直线”按钮，绘制一条直线，如图 13-2 所示。

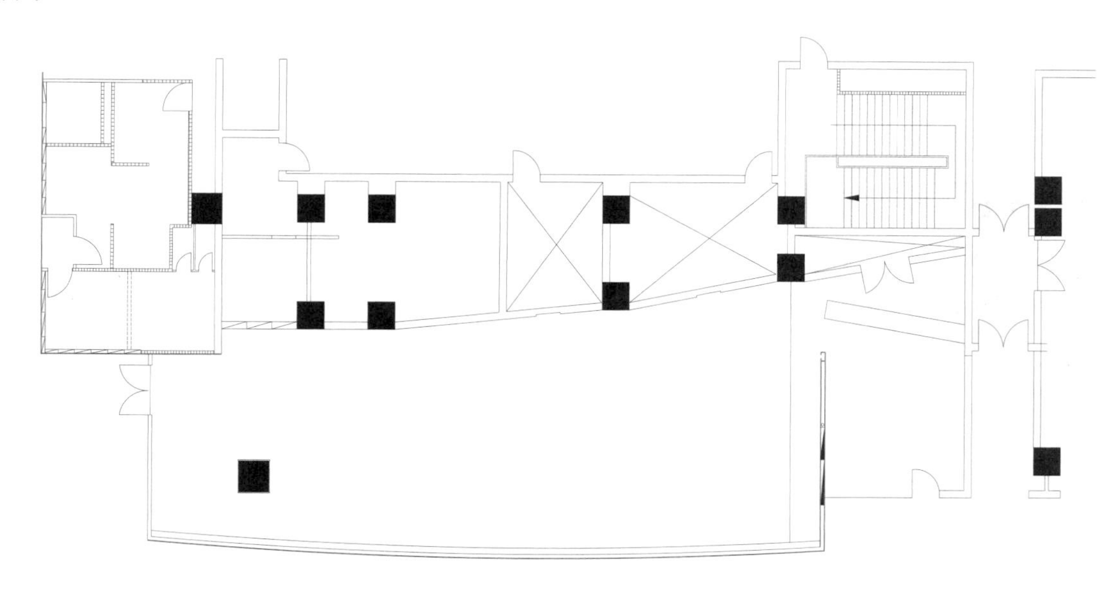

图 13-2　整理图形

13.1.2 绘制吊顶

（1）单击“默认”选项卡“绘图”面板中的“图案填充”按钮，打开“图案填充创建”选项卡，该选项卡设置如图 13-3 所示。

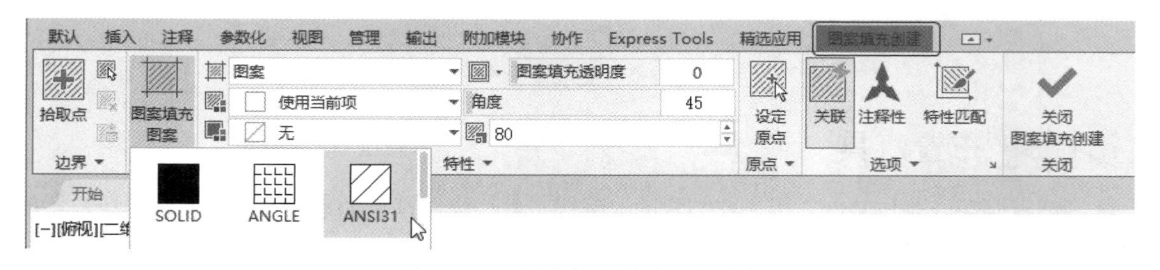

图 13-3　“图案填充创建”选项卡

（2）选择咖啡厅吊顶为填充区域，如图 13-4 所示。

（3）单击“默认”选项卡“绘图”面板中的“图案填充”按钮，打开“图案填充创建”选项卡，该选项卡设置如图 13-5 所示。

（4）选择咖啡厅厨房为填充区域，如图 13-6 所示。

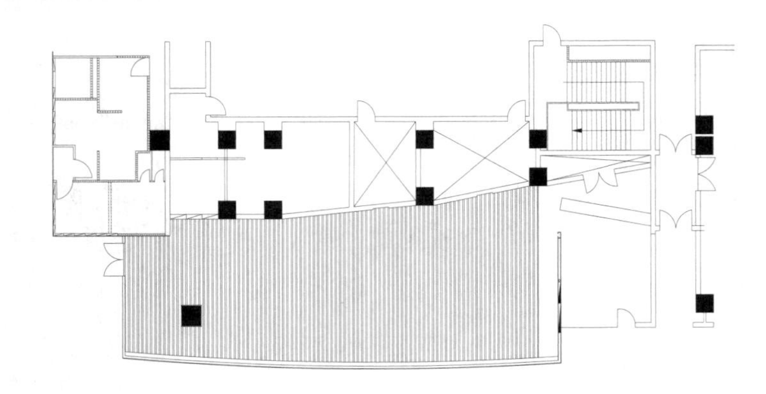

图 13-4　填充咖啡厅

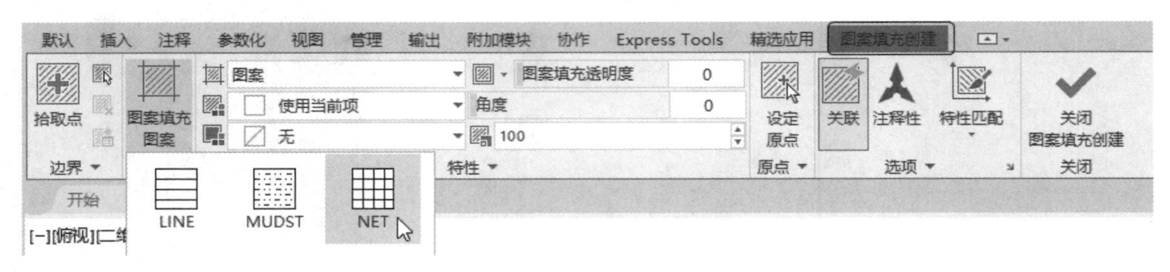

图 13-5　“图案填充创建”选项卡

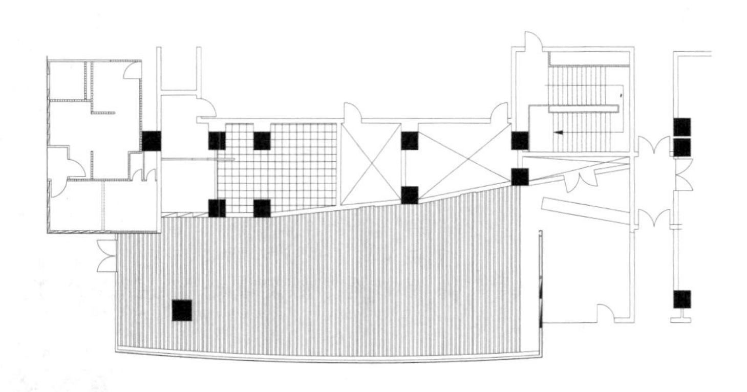

图 13-6　填充厨房区域

13.1.3 布置灯具

灯饰有照明或兼作装饰之用，在装置的时候，一般说来，浅色的墙壁，如白色、米色，均能反射大量的光线，达 90%；而颜色深的背景，如深蓝、深绿、咖啡色，只能反射 5%～10%的光线。

一般的室内装饰设计，彩色色调最好用明朗的颜色，照明效果较佳，不过，也不是说凡深色的背景都不好，有时为了实际的需要，强调浅颜色与背景的对比，另外灯光投在咖啡器皿上，更能使咖啡品牌显眼突出或富有立体感。

因此，咖啡馆灯光的总亮度要低于周围，以显示咖啡馆的特性，使咖啡馆形成优雅的休闲环境，这样，才能使顾客循灯光进入温馨的咖啡馆。如果光线过于暗淡，会使咖啡馆显出一种沉闷的感觉，不利于顾客品尝咖啡。其次，光线用来吸引顾客对咖啡的注意力。因此，

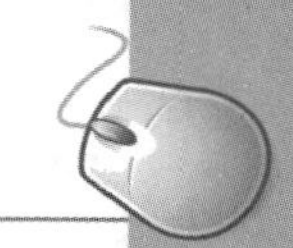

灯暗的吧台，咖啡可能显得古老而神秘有吸引力。

咖啡制品，本来就是以褐色为主，深色的、颜色较暗的咖啡，都会吸收较多的光，所以若使用较柔和的日光灯照射，整个咖啡馆的气氛就会舒适起来。

下面具体讲述本例咖啡吧灯具的具体布置。

（1）单击“默认”选项卡“块”面板中的“插入”按钮，插入“源文件/图块/软管射灯”图块，结果如图 13-7 所示。

（2）单击“默认”选项卡“块”面板中的“插入”按钮，插入“源文件/图块/嵌入式格栅射灯”图块，结果如图 13-8 所示。

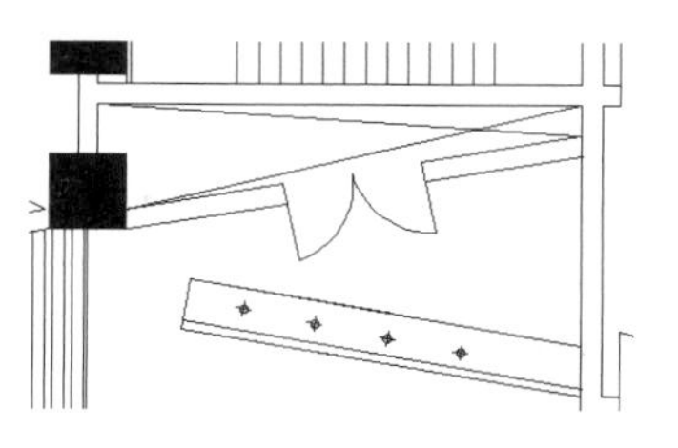

图 13-7　插入软管射灯

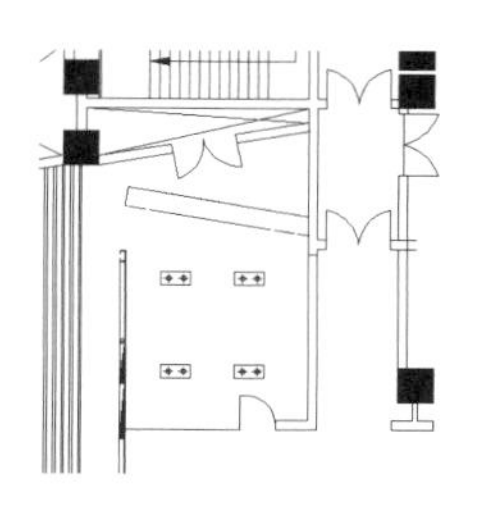

图 13-8　嵌入式格栅射灯

（3）单击“默认”选项卡“块”面板中的“插入”按钮，插入“源文件/图块/装饰吊灯”图块，结果如图 13-9 所示。

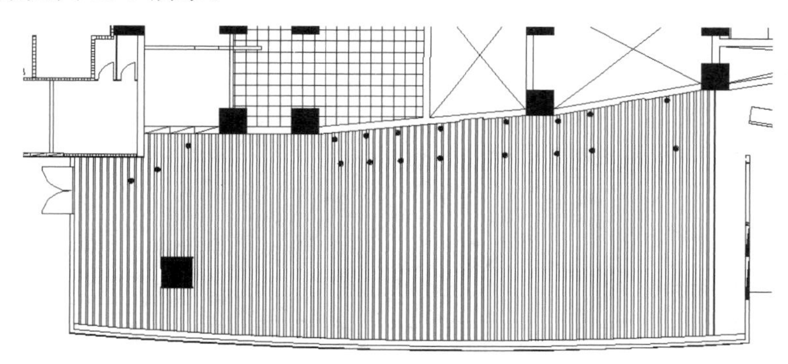

图 13-9　装饰吊灯

（4）单击“默认”选项卡“块”面板中的“插入”按钮，插入“源文件/图块/射灯”图块，结果如图 13-10 所示。

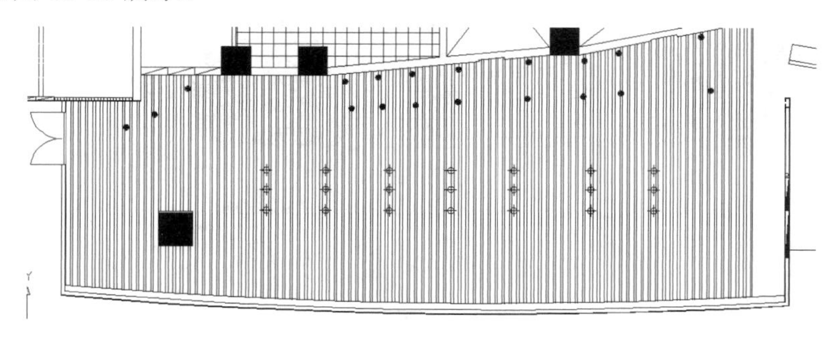

图 13-10　插入射灯

（5）在命令行中输入“QLEADER”命令，为咖啡厅顶棚添加文字说明，如图 13-11 所示。

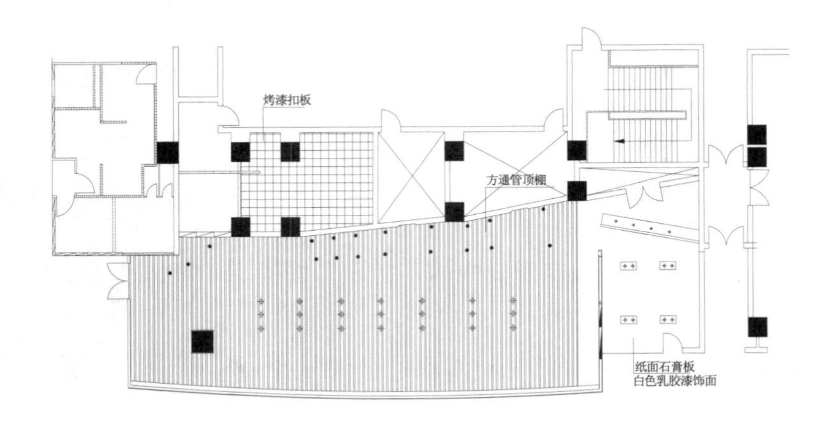

图 13-11　输入文字说明

13.2　咖啡吧地面平面图的绘制

注意：咖啡吧是一种典型的休闲建筑，所以其室内地面设计就必须相对考究，要折射出一种安逸舒适的气质。本例中，采用深灰色地形岩和条形木地板交错排列（平面造型可以相对新奇），中间间隔以下置 LED 灯的喷沙玻璃隔栅，通过地面灯光的投射，与顶棚灯光交相辉映，使整个大厅显得朦胧迷离，如梦如幻，同时又使深灰色地形岩和条形木地板界限分明，几何图案美感得到进一步强化。门厅采用深灰色地形岩，厨房采用防滑地砖配以不锈钢格栅地沟，以突出实用性的简化处理，如图 13-12 所示。

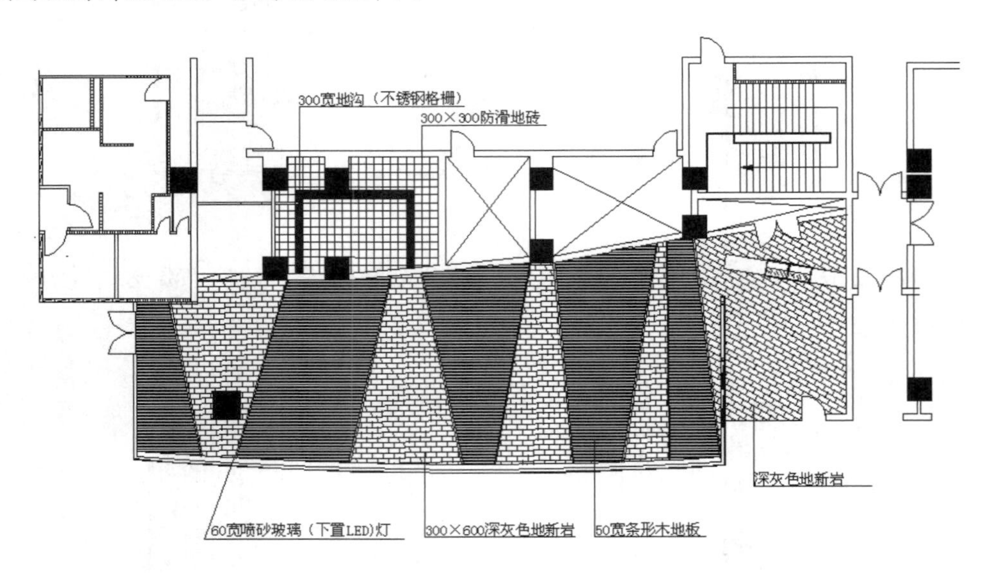

图 13-12　咖啡吧地面平面图

（1）单击“默认”选项卡“绘图”面板中的“直线”按钮，绘制一条直线，单击“默认”选项卡“修改”面板中的“偏移”按钮，将绘制的直线向外偏移 60mm，结果如图 13-13 所示。

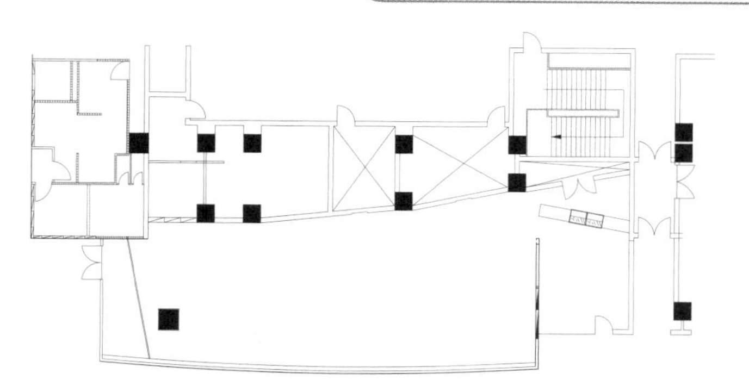

图 13-13　绘制喷砂玻璃

（2）利用上述方法完成所有喷砂玻璃的绘制，如图 13-14 所示。

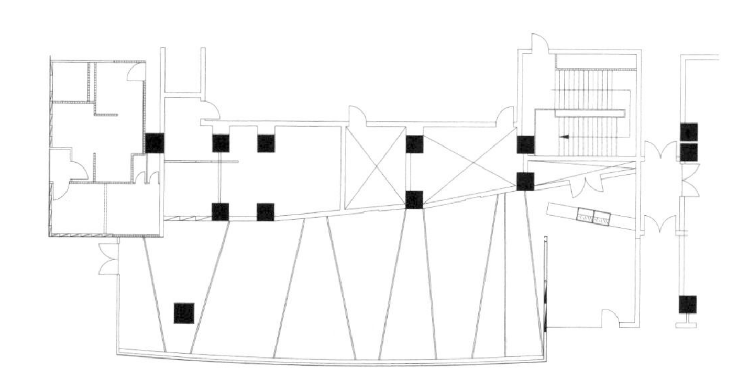

图 13-14　绘制所有喷砂玻璃

（3）单击“默认”选项卡“绘图”面板中的“图案填充”按钮，打开“图案填充创建”选项卡。设置图案填充图案为“ANSI31”图案，设置图案填充角度为“-45”，设置填充图案比例为 20，为图形填充条形木地板，结果如图 13-15 所示。

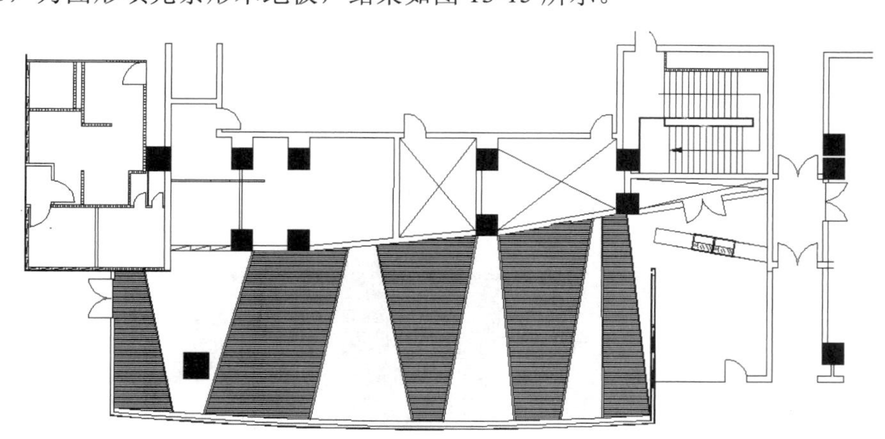

图 13-15　填充条形地板

（4）单击“默认”选项卡“绘图”面板中的“图案填充”按钮，打开“图案填充创建”选项卡。设置图案填充图案为“AR-B816”图案，设置图案填充角度“1”，设置填充图案比例为 1，为图形填充地形岩，结果如图 13-16 所示。

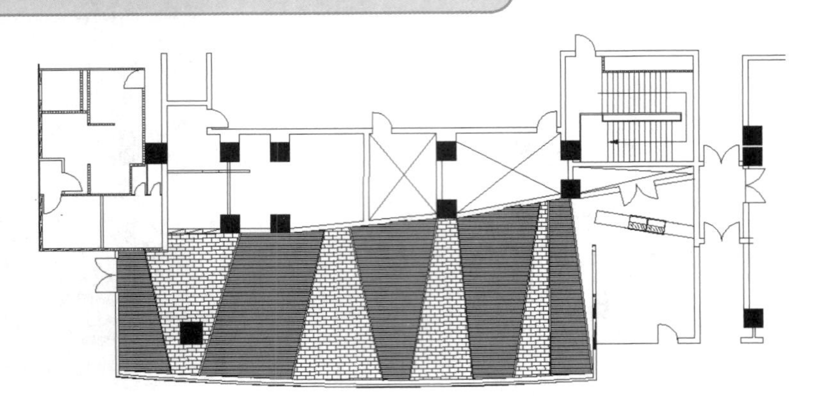

图 13-16　填充地形岩

（5）单击“默认”选项卡“绘图”面板中的“图案填充”按钮，打开“图案填充创建”选项卡。设置图案填充图案为“AR-B816”图案，设置填充图案比例为“1”，为前厅填充地砖，如图 13-17 所示。

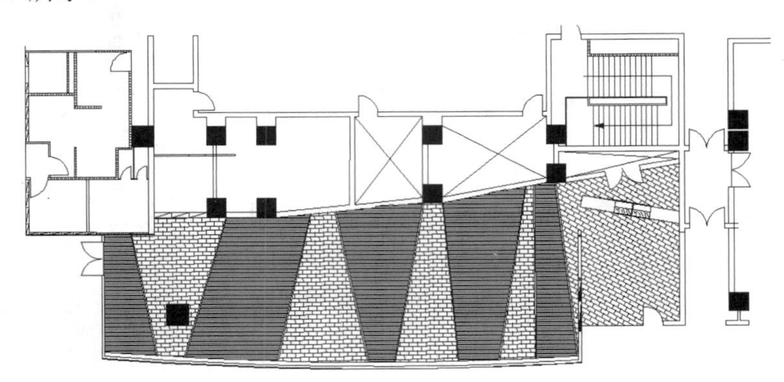

图 13-17　填充前厅

（6）单击“默认”选项卡“修改”面板中的“偏移”按钮，选择厨房水平直线连续向下偏移 300mm，选择厨房竖直墙线连续向内偏移 300mm，结果如图 13-18 所示。

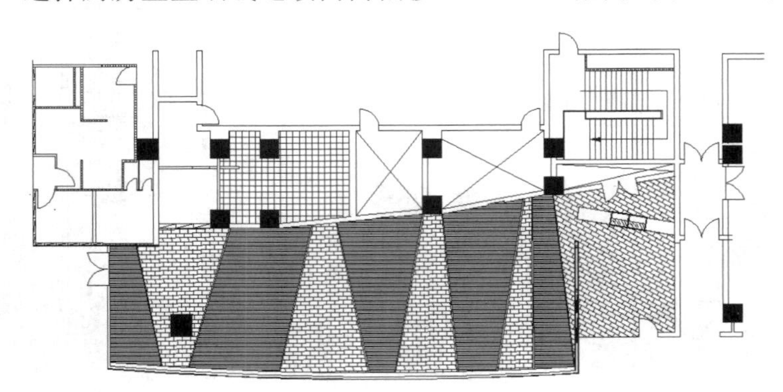

图 13-18　填充厨房

（7）单击“默认”选项卡“绘图”面板中的“直线”按钮，在厨房内地面绘制 300 宽地沟，并单击“默认”选项卡“绘图”面板中的“图案填充”按钮，填充地沟区域，如图 13-19 所示。

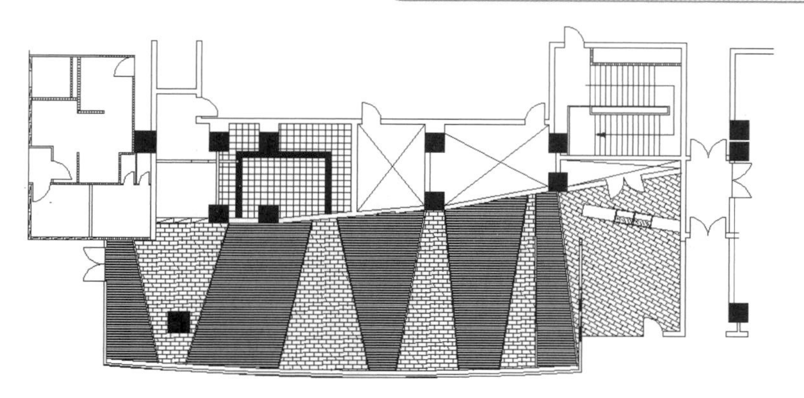

图 13-19　填充地沟图形

（8）在命令行中输入“QLEADER”命令，为咖啡厅地面添加文字说明，如图 13-20 所示。

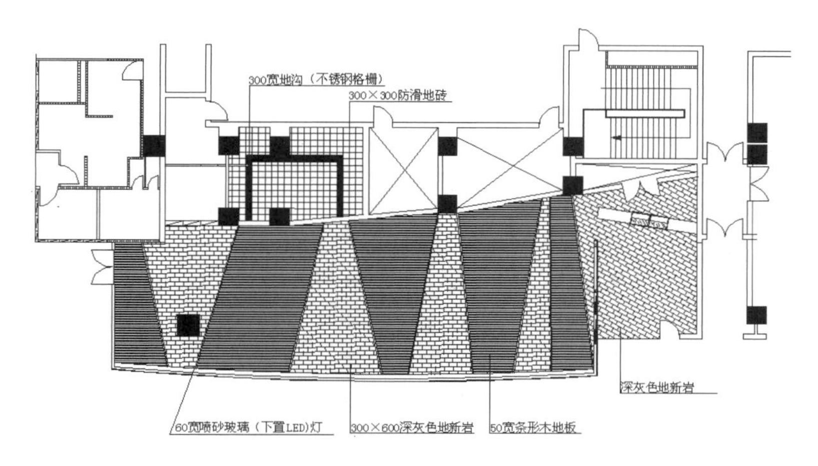

图 13-20　添加文字说明

Chapter

咖啡吧室内设计立面图及详图

14

立面设计是体现咖啡吧休闲气质的一个重要途径，所以必须重视咖啡吧的立面设计。

本章将在上一章的基础上继续讲解绘制咖啡吧立面图和详图的方法和技巧。

14.1 绘制咖啡吧立面图

注意：A 立面是咖啡厅内部立面，如图 14-1 所示。所以可以在此立面进行休闲设计，用以渲染舒适安逸的气氛。其主体为振纹不锈钢和麦哥利水波纹木贴皮交错布置。在振纹不锈钢装饰区域可以布置墙体电视显示屏，用以播放一些音乐和风景影象，再配置一些绿色盆景或装饰古董，显得文化气息扑面而来，浪漫情调浓郁。在麦哥利水波纹木贴皮装饰区域配置一些卡坐区沙发，整个布局显得和谐舒适。

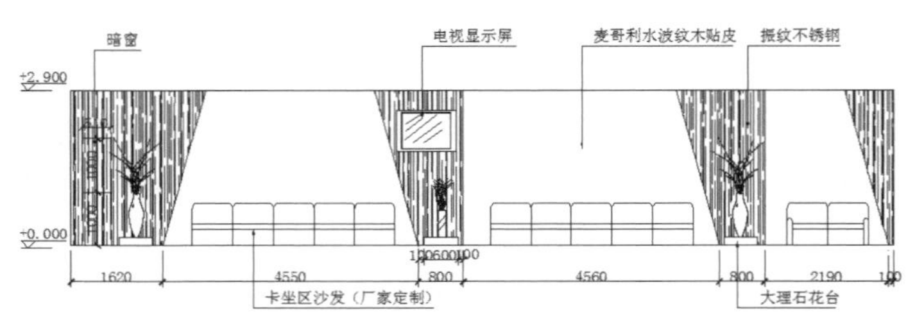

图 14-1　A 立面图

如图 14-2 所示，B 立面是咖啡厅与外界的分隔立面，所以此立面的首要功能是要突出一种朦胧的隔离感，又要适当考虑外界光线的穿透。其主体为不锈钢立柱分隔的蚀刻玻璃隔墙，再配以各种灯光投射装饰。既有一种明显的区域隔离感，同时又通过打在蚀刻玻璃的灯光反射出的模糊柔和光，营造出一种恍如隔世的怡然自得的闲情逸致。

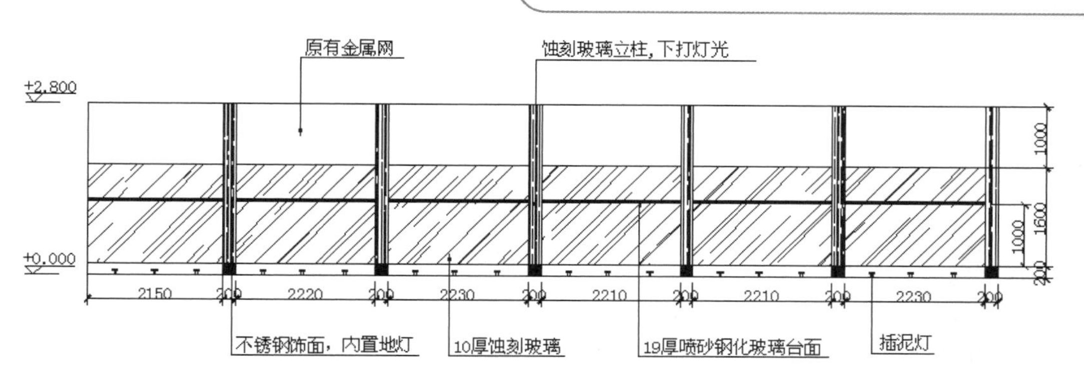

图 14-2　B 立面图

14.1.1　绘制咖啡吧 A 立面图

1．绘制立面图

（1）单击“默认”选项卡“图层”面板中的“图层特性”按钮，新建“立面”图层，属性默认，将其设置为当前图层，图层设置如图 14-3 所示。

✓ 立面　白　Continuous　—— 默认　0

图 14-3　图层设置

（2）单击“默认”选项卡“绘图”面板中的“矩形”按钮，绘制一个 14620mm×2900mm 的矩形。并将其进行分解，结果如图 14-4 所示。

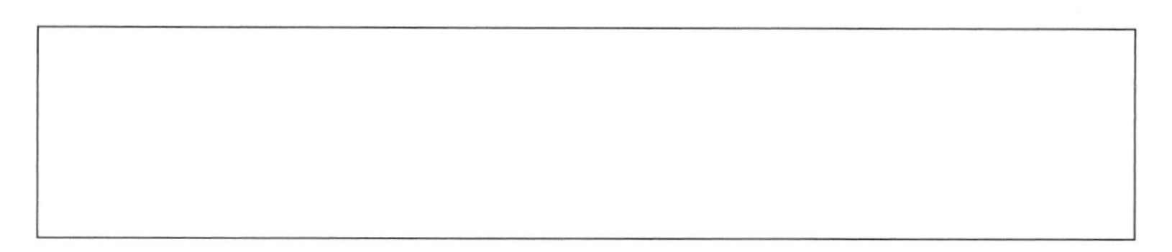

图 14-4　绘制矩形

（3）单击“默认”选项卡“修改”面板中的“分解”按钮，将上步绘制的矩形进行分解。

（4）单击“默认”选项卡“修改”面板中的“偏移”按钮，将最左端竖直直线向右偏移，偏移距离为 1620mm、4550mm、800mm、4560mm、800mm、2190mm、100mm。结果如图 14-5 所示。

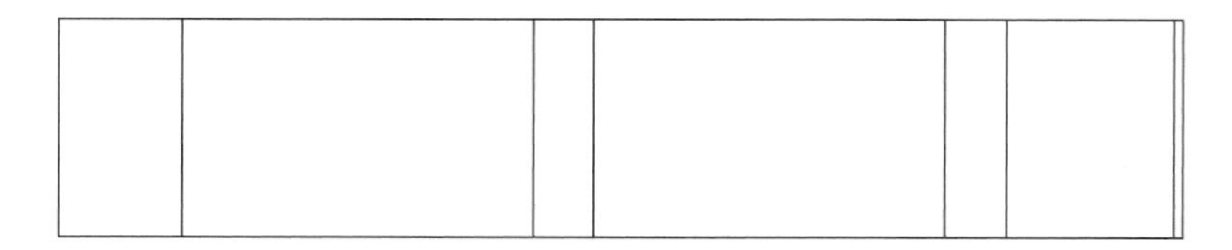

图 14-5　偏移直线

（5）单击“默认”选项卡“修改”面板中的“旋转”按钮。将偏移的直线以下端点为旋转基点，分别旋转–15°、15°、15°、15°，然后单击“默认”选项卡“修改”面板中的“延伸”按钮，延伸旋转后的直线如图 14-6 所示。

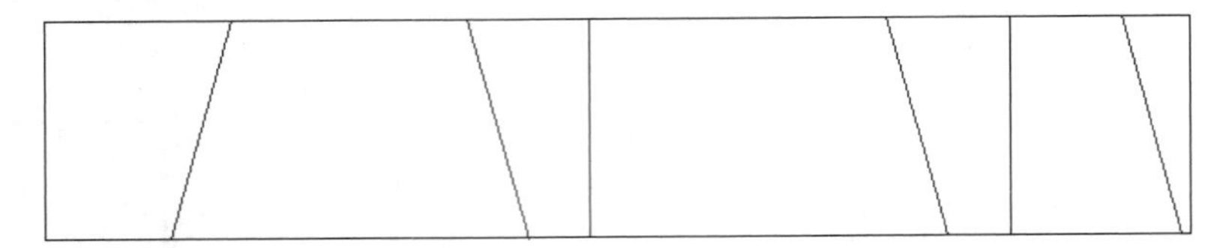

图 14-6 旋转直线

（6）单击“默认”选项卡“绘图”面板中的“图案填充”按钮，打开“图案填充创建”选项卡，设置图案填充图案为“AR-RROOF”图案，设置图案填充角度为“90”，设置填充图案比例为“5”，如图 14-7 所示。

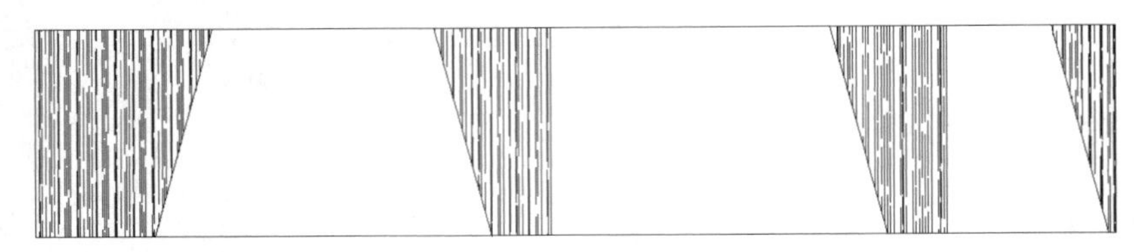

图 14-7 填充图案

（7）单击“默认”选项卡“绘图”面板中的“矩形”按钮，绘制一个 720mm×800mm 的矩形，如图 14-8 所示。

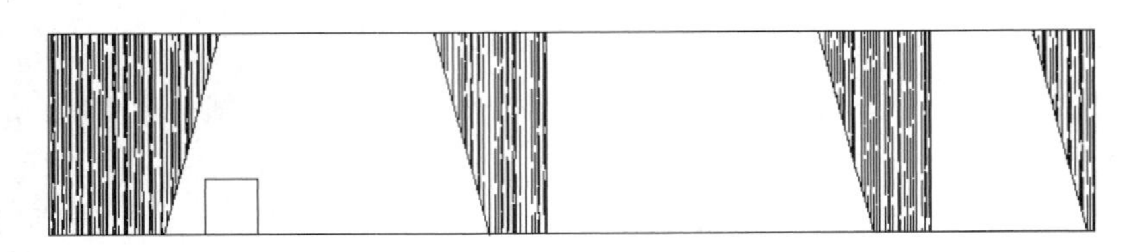

图 14-8 绘制矩形

（8）单击“默认”选项卡“修改”面板中的“分解”按钮，将上步绘制的矩形进行分解。

（9）单击“默认”选项卡“修改”面板中的“偏移”按钮，选择分解矩形的最上边，分别向下偏移 400mm、100mm、300mm，如图 14-9 所示。

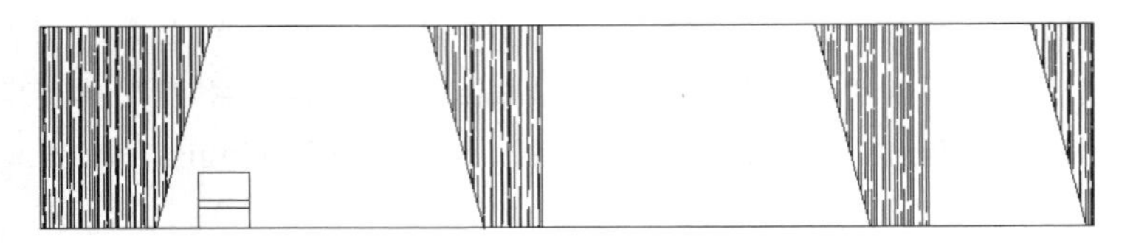

图 14-9 偏移直线

（10）单击“默认”选项卡“修改”面板中的“圆角”按钮，选择圆角上边进行圆角处理，圆角半径为 100mm，如图 14-10 所示。

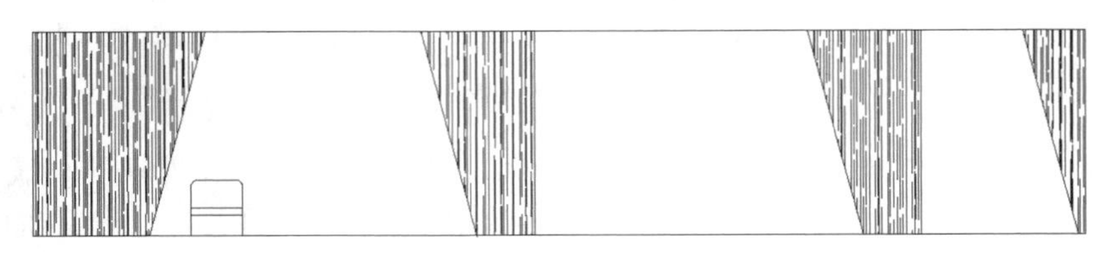

图 14-10 圆角处理

（11）单击“默认”选项卡“修改”面板中的“复制”按钮，选择图形进行复制，如图 14-11 所示。

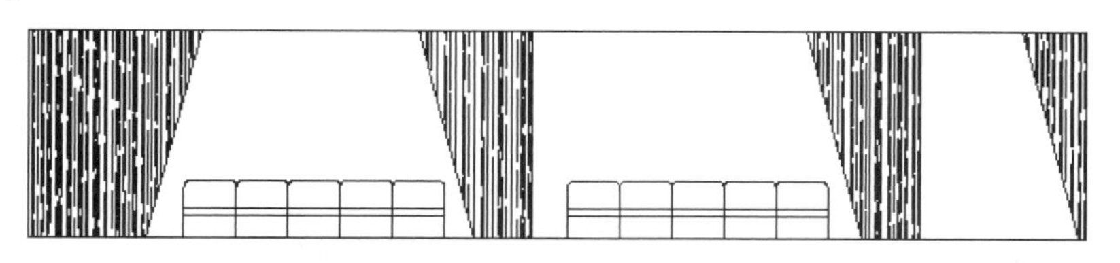

图 14-11　复制图形

（12）两人座沙发的绘制方法与五人座沙发的绘制方法基本相同，不再详细阐述，结果如图 14-12 所示。

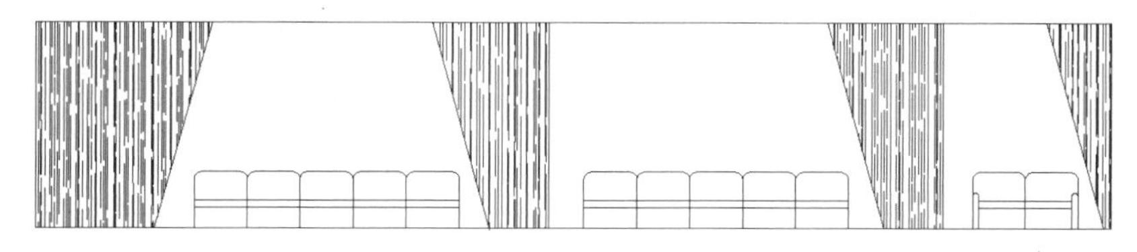

图 14-12　绘制其他图形

（13）单击“默认”选项卡“绘图”面板中的“直线”按钮，绘制一个 500mm×150mm 的矩形。

（14）单击“默认”选项卡“修改”面板中的“分解”按钮，将图形中的填充区域分解。

（15）单击“默认”选项卡“修改”面板中的“修剪”按钮，修剪花台内区域，如图 14-13 所示。

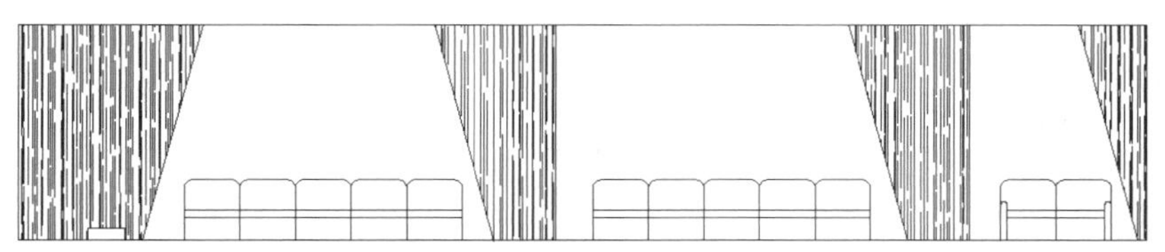

图 14-13　绘制花台

（16）用相同方法绘制剩余花台，并单击“默认”选项卡“块”面板中的“插入”按钮，在花台上方插入装饰物，并单击“默认”选项卡“修改”面板中的“修剪”按钮，将图形内多余线段进行修剪，如图 14-14 所示。

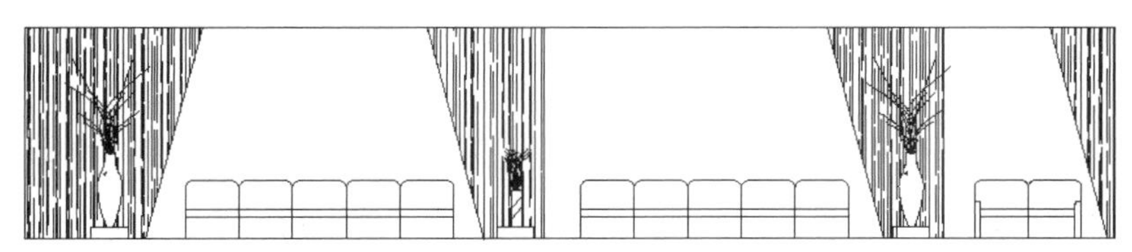

图 14-14　插入装饰瓶

（17）单击“默认”选项卡“块”面板中的“插入”按钮，在图形中适当位置插入“电视显示屏”，并单击“默认”选项卡“修改”面板中的“修剪”按钮，将插入图形内的多余线段进行修剪，如图 14-15 所示。

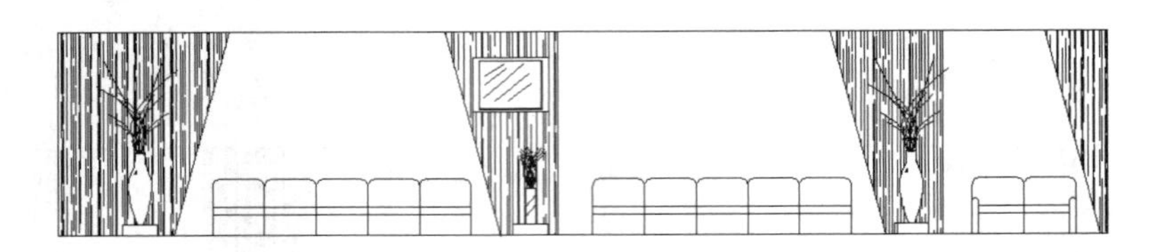

图 14-15　修剪图形

（18）单击“默认”选项卡“绘图”面板中的“矩形”按钮，绘制一个矩形作为暗窗，如图 14-16 所示。

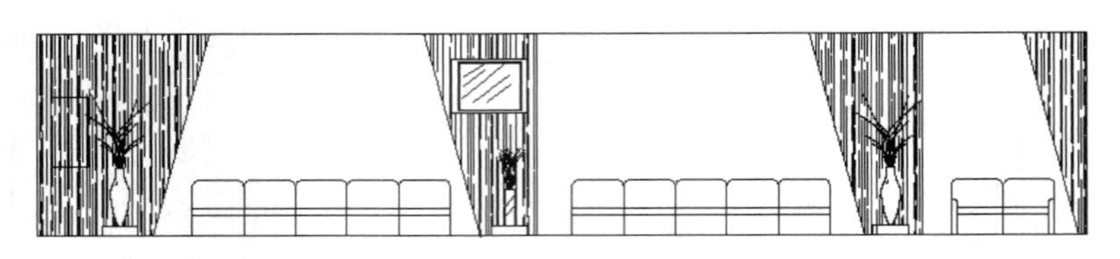

图 14-16　绘制暗窗

2. 标注尺寸

（1）单击“默认”选项卡“图层”面板中的“图层特性”按钮，打开“图层特性管理器”对话框，将“标注”图层设置为当前图层。

（2）单击“默认”选项卡“注释”面板中的“标注样式”按钮，打开“标注样式管理器”对话框，如图 14-17 所示。

（3）单击“新建”按钮，打开“创建新标注样式”对话框，输入新样式名为“立面”，如图 14-18 所示

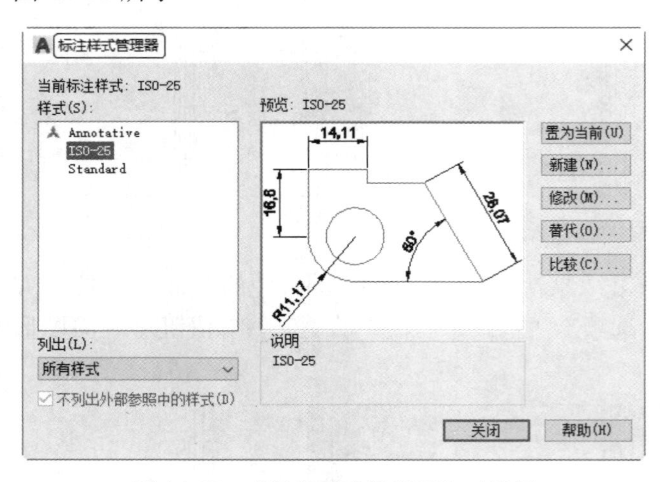

图 14-17　“标注样式管理器”对话框

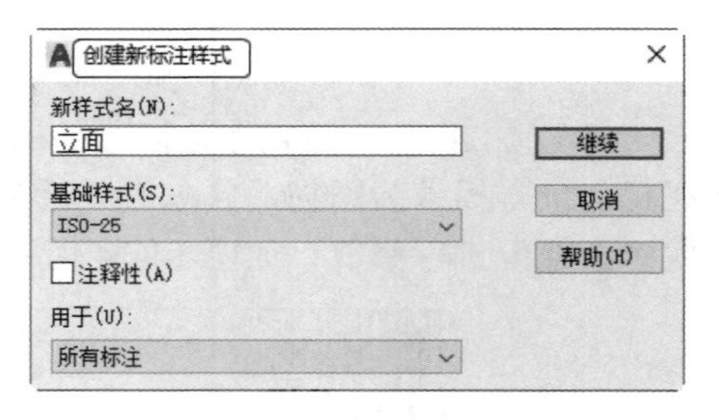

图 14-18　“创建新标注样式”对话框

（4）单击“继续”按钮，打开“新建标注样式：立面”对话框，各个选项卡设置参数如图 14-19 所示。设置完参数后，单击“确定”按钮，返回到“标注样式管理器”对话框，将“立面”样式置为当前图层。

（5）单击“默认”选项卡“注释”面板中的“线性”按钮，标注立面图尺寸，如图 14-20 所示。

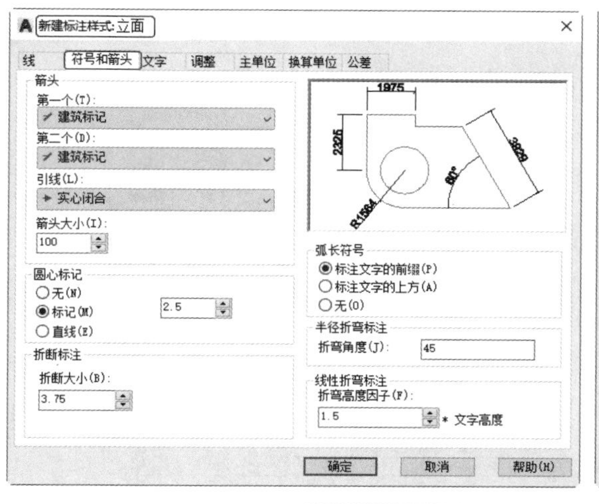

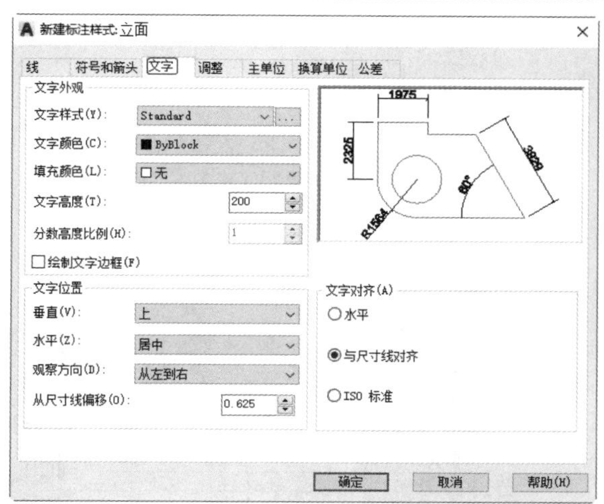

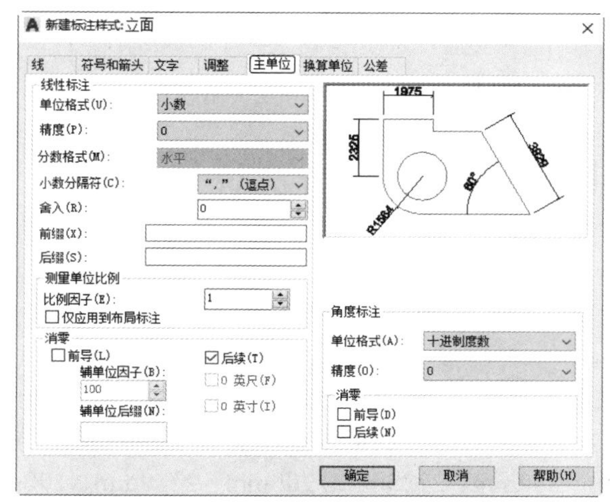

图 14-19 “新建标注样式：立面”对话框

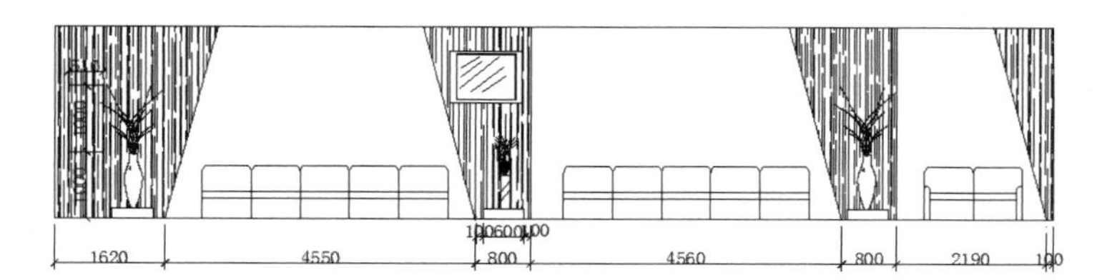

图 14-20 标注立面图

（6）单击“默认”选项卡“块”面板中的“插入”按钮，在图形中适当位置插入标高，如图 14-21 所示。

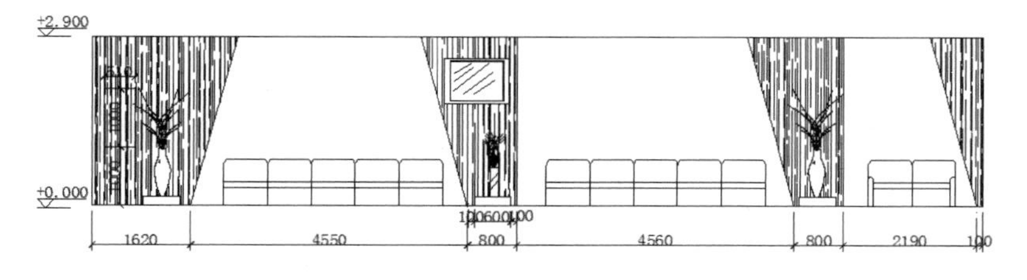

图 14-21 插入标高

3．标注文字

（1）单击“默认”选项卡“注释”面板中的“文字样式”按钮，打开“文字样式”对话框，新建说明文字样式，设置高度为 150，并将其置为当前图层。

（2）在命令行中输入“QLEADER”命令，标注文字说明，如图 14-22 所示。

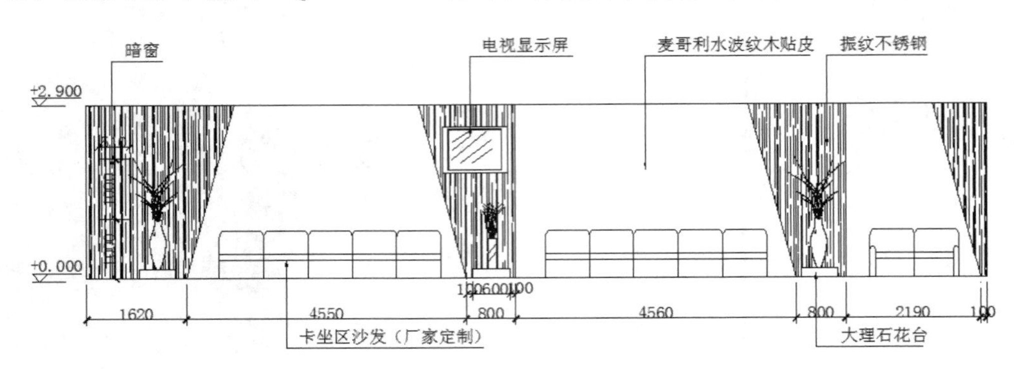

图 14-22　文字说明

14.1.2 绘制咖啡吧 B 立面图

1．绘制图形

（1）单击“默认”选项卡“绘图”面板中的“矩形”按钮，绘制一个 14450mm×2800mm 的矩形，如图 14-23 所示。

（2）单击“默认”选项卡“修改”面板中的“分解”按钮，将上步绘制的矩形进行分解。

（3）单击“默认”选项卡“修改”面板中的“偏移”按钮，将最左端竖直直线向右偏移，偏移距离为 2150mm、200mm、2220mm、200mm、2230mm、200mm、2210mm、200mm、2210mm、200mm、2230mm、200mm，将最上端水平直线向下偏移，偏移距离 1000mm、1600mm、200mm，结果如图 14-24 所示。

图 14-23　绘制矩形

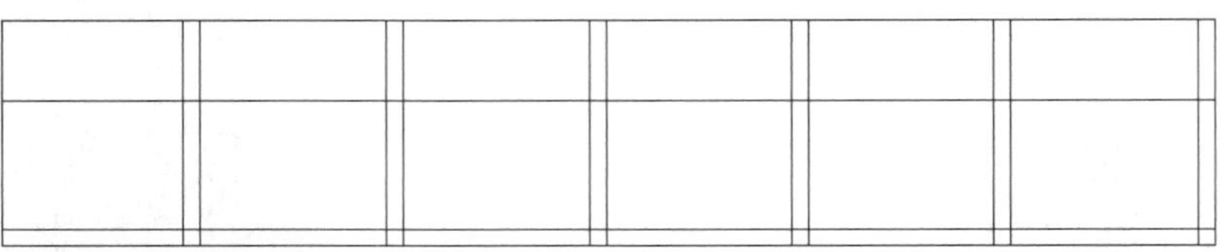

图 14-24　偏移直线

（4）单击“默认”选项卡“修改”面板中的“修剪”按钮，修剪多余线段，如图 14-25 所示

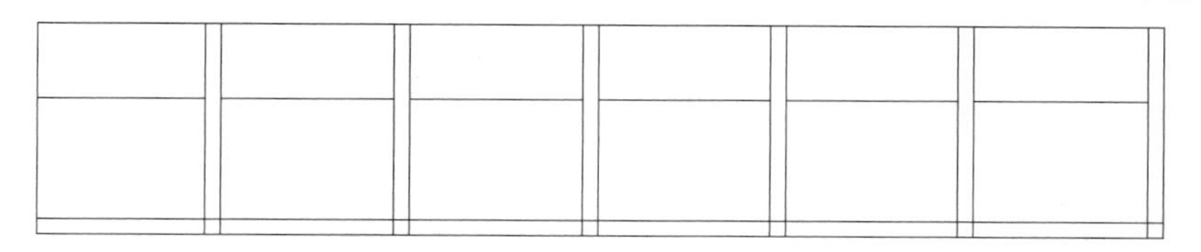

图 14-25　修剪图形

（5）单击“默认”选项卡“绘图”面板中的“图案填充”按钮，打开“图案填充创建”选项卡，设置图案填充图案为“AR-RROOF”图案，设置图案填充角度为“90”，设置填充图案比例为“3”，填充图形，如图 14-26 所示。

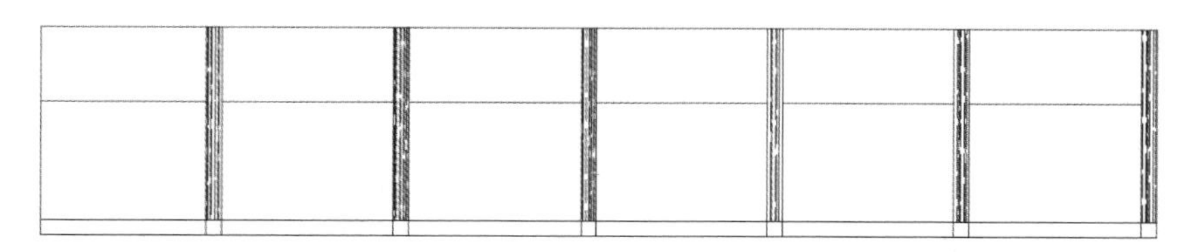

图 14-26　填充图案

（6）单击“默认”选项卡“绘图”面板中的“图案填充”按钮，打开“图案填充创建”选项卡，设置图案填充图案为“SOLID”图案，设置填充图案比例“1”，填充图形，如图 14-27 所示。

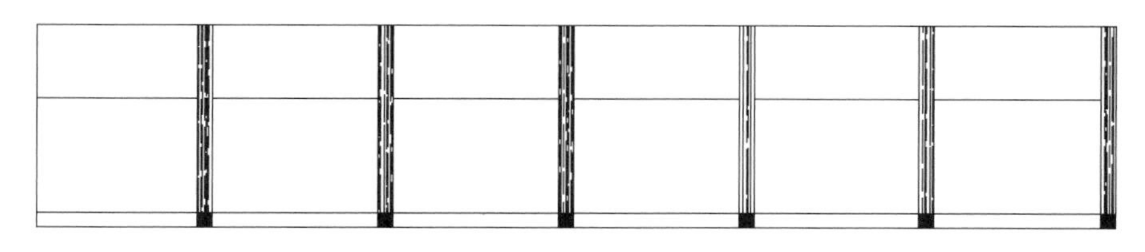

图 14-27　填充图案

（7）单击“默认”选项卡“修改”面板中的“偏移”按钮，选矩形底边向上偏移 1200mm 和 50mm，如图 14-28 所示。

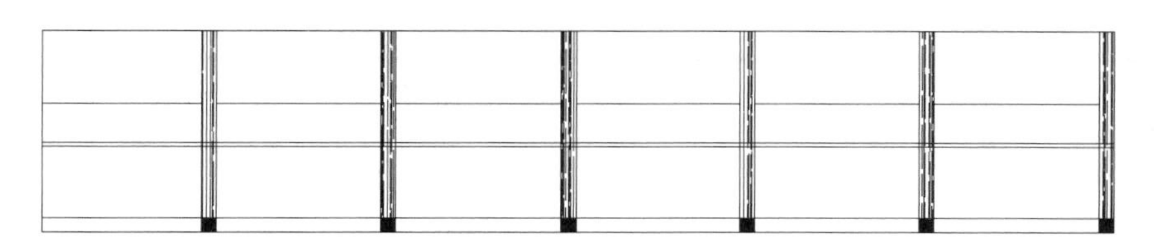

图 14-28　偏移直线

（8）单击“默认”选项卡“修改”面板中的“修剪”按钮，修剪多余线段，如图 14-29 所示。

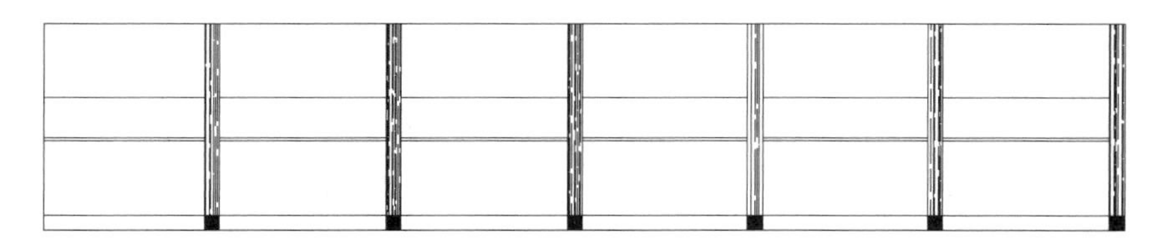

图 14-29　修剪图形

（9）单击“默认”选项卡“绘图”面板中的“图案填充”按钮▦，打开“图案填充创建”选项卡，设置图案填充图案为“SOLID”图案，设置填充图案比例“1”，填充图形。

（10）单击“默认”选项卡“绘图”面板中的“图案填充”按钮▦，打开“图案填充创建”选项卡，设置图案填充图案为“AR-RROOF”图案，设置图案填充角度为“45”，设置填充图案比例“20”，填充图形，如图 14-30 所示。

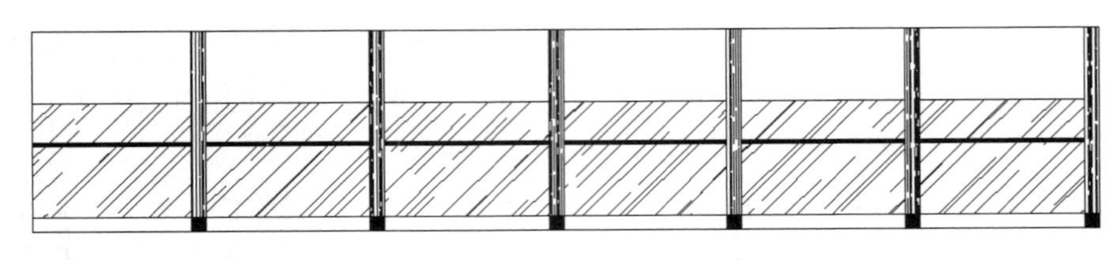

图 14-30　填充图形

（11）单击“默认”选项卡“块”面板中的“插入”按钮，在名称下拉列表中选择“插泥灯”，在图中相应位置插入图块，如图 14-31 所示。

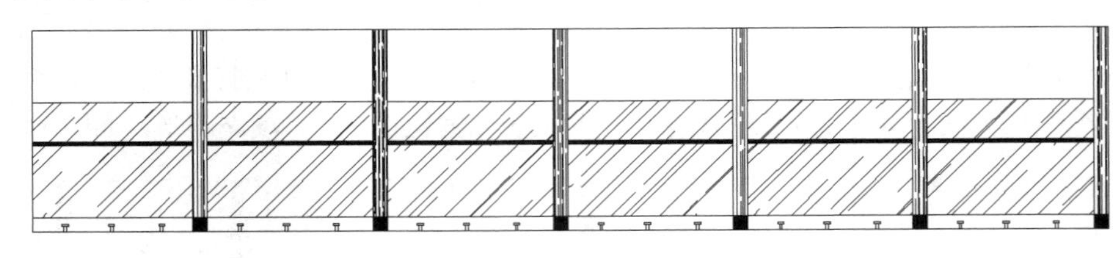

图 14-31　插入“插泥灯”

2．标注尺寸和文字

（1）单击“注释”选项卡“标注”面板中的“线性”按钮⊢⊣，标注立面图尺寸，如图 14-32 所示。

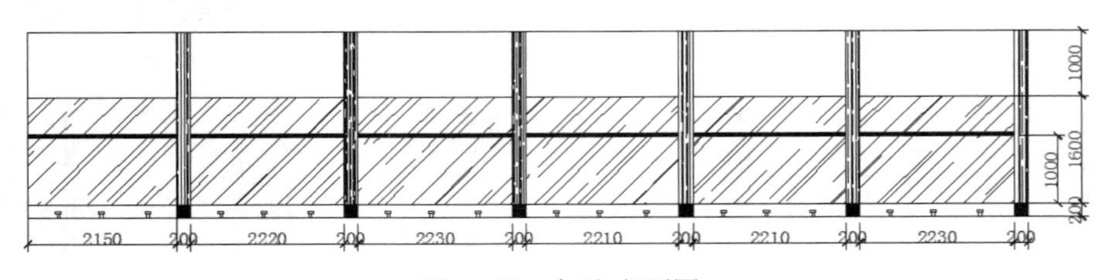

图 14-32　标注立面图

（2）单击“默认”选项卡“块”面板中的“插入”按钮，在图形中适当位置插入标高，如图 14-33 所示。

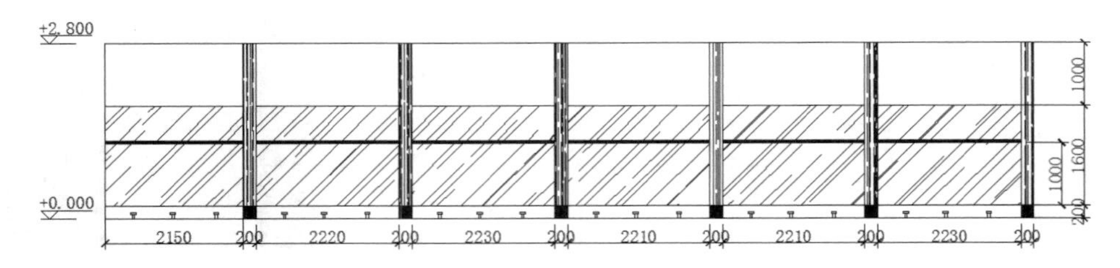

图 14-33　插入标高

（3）单击“默认”选项卡“注释”面板中的“文字样式”按钮，打开“文字样式”对话框，新建说明文字样式，设置高度为 150，并将其置为当前图层。

（4）在命令行中输入“QLEADER”命令，标注文字说明，结果如图 14-34 所示。

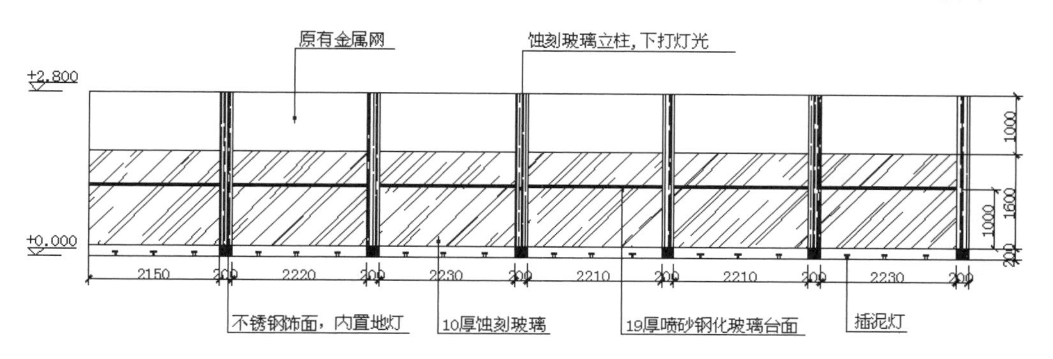

图 14-34　文字说明

14.2　玻璃台面节点详图

注意：对于一些在前面图样中表达不够清楚而又相对重要的室内单元，可以通过节点详图加以详细表达，如图 14-35 所示为玻璃台面节点详图。下面讲述其设计方法。

（1）单击“默认”选项卡“绘图”面板中的“直线”按钮，绘制一条竖直直线，结果如图 14-36 所示。

（2）单击“默认”选项卡“修改”面板中的“偏移”按钮，将左端竖直直线向右偏移，偏移距离 50mm、10mm、160mm、240mm、10mm，如图 14-37 所示。

（3）单击“默认”选项卡“修改”面板中的“偏移”按钮，将左端第 2 条竖直直线分别向两侧偏移，偏移距离 3mm，如图 14-38 所示。

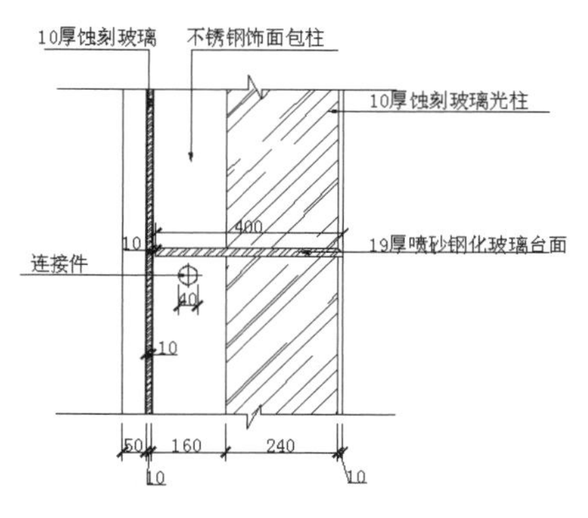

图 14-35　玻璃台面节点详图

图 14-36　绘制直线

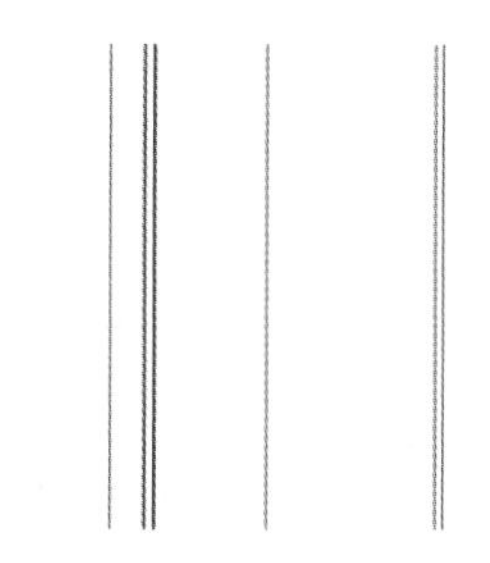

图 14-37　偏移直线

（4）单击“默认”选项卡“绘图”面板中的“直线”按钮和“修改”面板中的“修剪”按钮，绘制图形的折弯线，如图 14-39 所示。

（5）单击“默认”选项卡“修改”面板中的“偏移”按钮，将最右端竖直直线向左偏移，偏移距离 400mm。

（6）单击“默认”选项卡“绘图”面板中的“直线”按钮，取上步偏移的竖直直线中点为起点绘制一条水平直线，如图 14-40 所示。

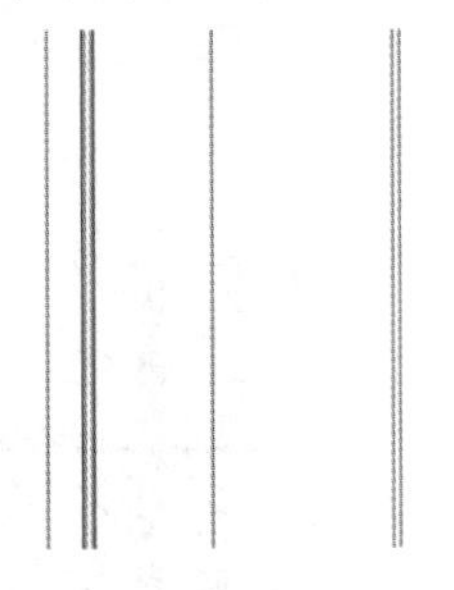

图 14-38　偏移直线

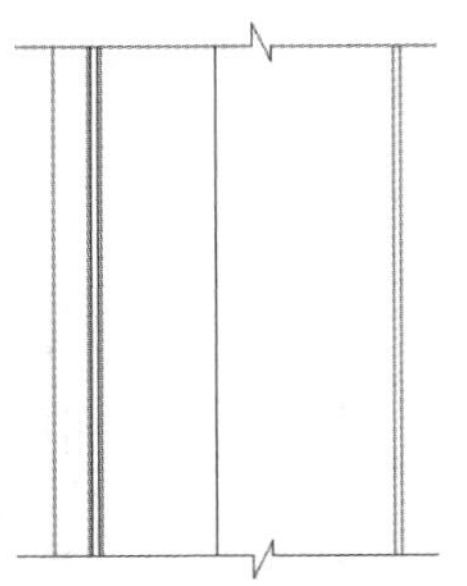

图 14-39　绘制折弯线

（7）单击“默认”选项卡“修改”面板中的“偏移”按钮，将上步绘制的水平直线分别向外偏移，偏移距离 9.5mm，如图 14-41 所示。

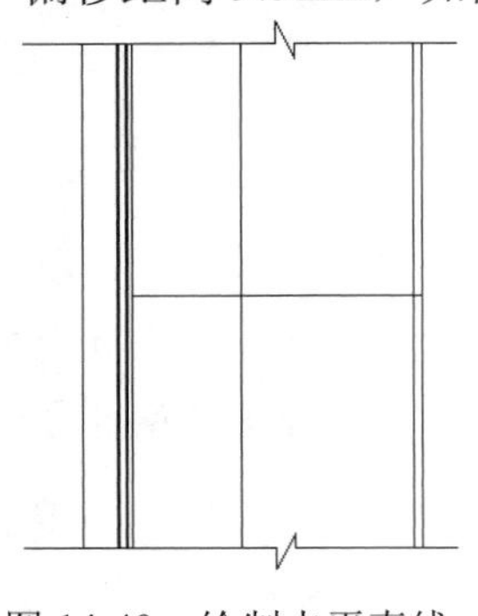

图 14-40　绘制水平直线

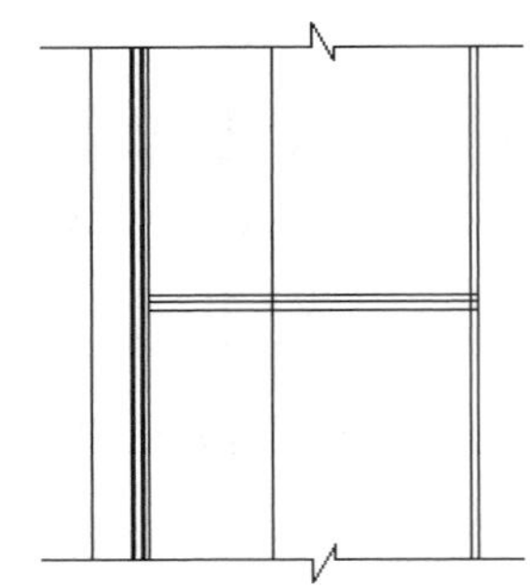

图 14-41　偏移水平直线

（8）单击“默认”选项卡“修改”面板中的“修剪”按钮，对图形进行修剪。单击“默认”选项卡“修改”面板中的“删除”按钮，删除图形中多余线段，如图 14-42 所示。

（9）单击“默认”选项卡“修改”面板中的“圆角”按钮，对图形采用不修剪模式下的圆角处理，圆角半径为 20mm，如图 14-42 所示。

（10）单击“默认”选项卡“绘图”面板中的“图案填充”按钮，对图形进行图案填充，如图 14-43 所示。

（11）单击“默认”选项卡“绘图”面板中的“圆”按钮，绘制一个半径为 20mm 的圆，单击“默认”选项卡“绘图”面板中的“直线”按钮，绘制一条水平直线和一条竖直直线，完成连接件的绘制，如图 14-44 所示。

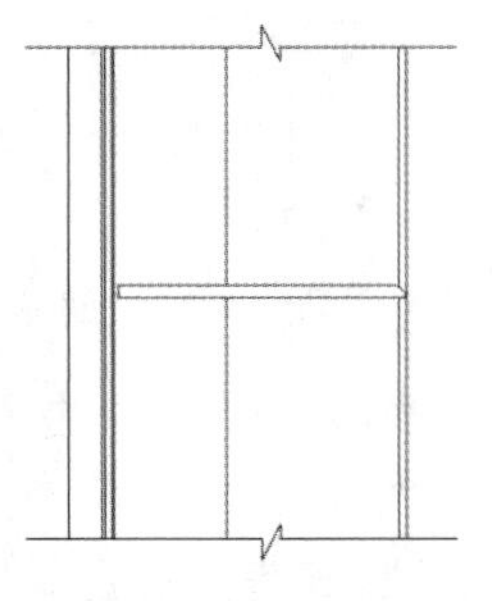

图 14-42　图形圆角处理

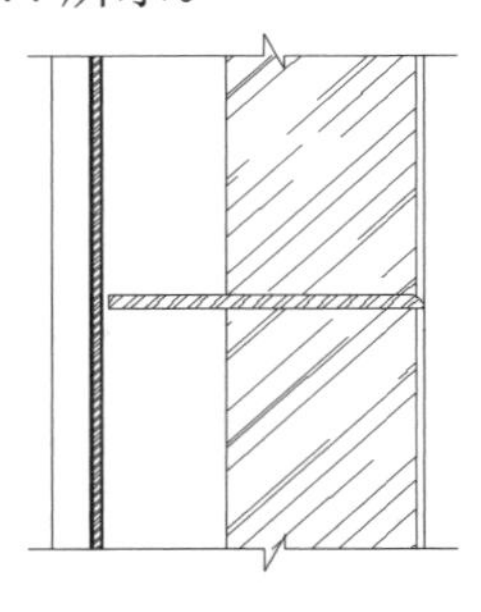

图 14-43　填充图形

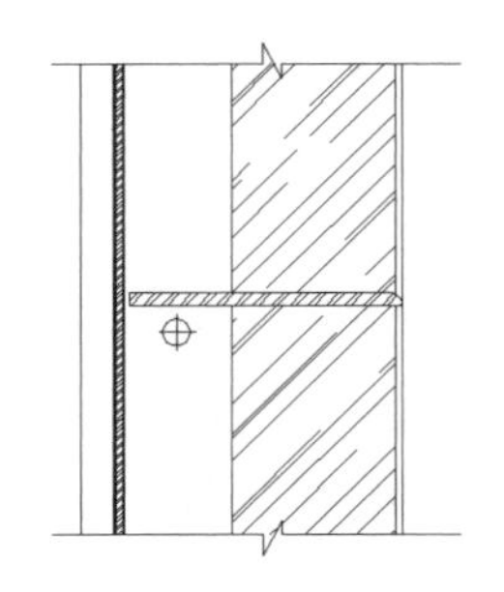

图 14-44　绘制连接件

（12）单击“默认”选项卡“注释”面板中的“标注样式”按钮，打开“标注样式管理器”对话框，新建“详图”标注样式。

（13）在“线”选项卡中设置超出尺寸线为30mm，起点偏移量为20mm；“符号和箭头”选项卡中设置箭头符号为“建筑标记”，箭头大小为20；“文字”选项卡中设置文字大小为30；“主单位”选项卡中设置“精度”为0，小数分割符为“句点”。

（14）单击“注释”选项卡“标注”面板中的“线性”按钮和“连续”按钮，标注详图尺寸，如图14-45所示。

（15）单击“默认”选项卡“注释”面板中的“文字样式”按钮，打开“文字样式”对话框，新建说明文字样式，设置高度为30，并将其置为当前图层。

（16）在命令行中输入“QLEADER”命令，并通过“引线设置”对话框设置参数。标注说明文字，如图14-46所示。

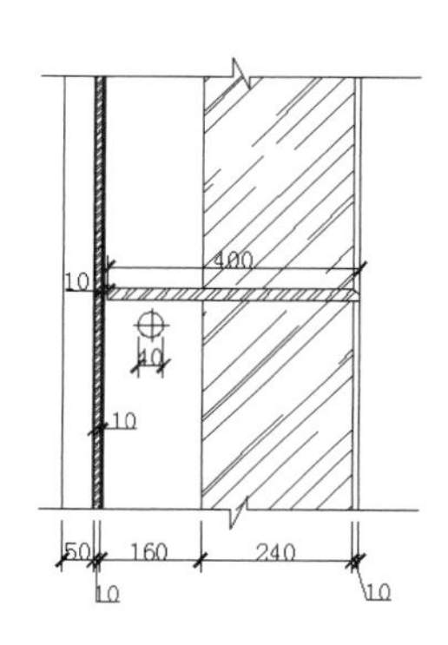

图14-45　标注尺寸

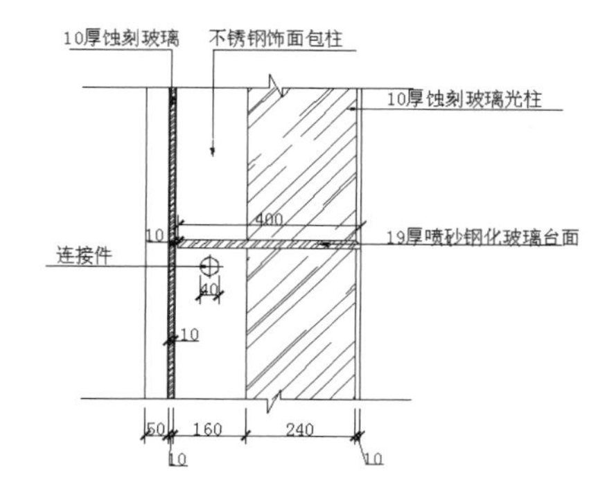

图14-46　文字说明